一次學會 Revit 2024

Architecture・MEP・Structure

完整解析Revit建築、機電、結構配筋

我國營建產業界正面臨內部生產力提升及激烈的國際競爭雙重考驗，然世界各國高科技發展及零碳、環保意識的抬頭，更令建築物智慧化的需求水漲船高。智慧建築乃未來國家推動建築發展的政策主軸，人工智慧（Artificial Intelligence，簡稱 AI）的導入則是建立主動化與最佳化的管理模式，時值 BIM 技術帶來技術與市場雙重變革的關鍵時刻，吾等更需以前瞻的角色協助產業界因應此變革；而身處時代之洪流，具備足夠之 BIM 之能力，實已漸成為現代營建工程師之必備工具。

本書作者倪文忠先生長期鑽研於營建專案管理資訊系統，尤其對於 BIM 之推廣與教學，經驗均相當豐富。藉由他在國立高雄科技大學推廣教育中心任教多年之心得，他依照軟體更新內容，重新編寫本書「一次學會 Revit 2020：Architecture、MEP、Structure」，期望因應智慧建築及新的工程管理技術發展，能藉由本書協助初學者輕鬆、逐步且更快速學好 Revit 建築、結構及機電繪圖技能，從而培養 BIM 之基礎實力。

謹此向各界鄭重推薦此書，亦期盼此書能伴您快樂學習。

國立高雄科技大學
特聘教授兼工學院院長

中華民國 112 年 7 月 18 日

Autodesk 公司於 2023 年 4 月發表 2024 版之 Revit，其中操作介面圖示大幅改版，而自 2016 版至 2024 版，其功能大幅提昇，而主要提升為文檔工程流程改善，並針對電氣分析中之負載計算及圖元定義新增功能，並利用 Dynamo，使鋼筋及鋼結構接頭的自動化程度提升；並藉由 Autodesk Docs 中的資料交換來管理和共用資料，以展現 Revit 資料在協作、互通性和自動化。

本書距離作者撰寫之「一次學會 Revit 2020：Architecture、MEP、Structure」已過了四年，期間 Autodesk Revit 已更迭許多版本，尤其近幾年增加了許多功能及歷經指令名稱的更換，還有 2024 版軟體操作圖示大幅修正，因此原書籍內容亟待更新。正逢 Revit 2024 版的發行，因此按照原有「一次學會 Revit 2020：Architecture、MEP、Structure」架構，重新改寫內容。

本書章節重新修正，以目前在營造業及建築業現場繪圖人員為主要學習對象，並按照 Revit 2024 之功能，重新調整章節編排作業。作者在國立高雄科技大學及國立高雄師範大學教學經驗下，依造目前學校課程分配，規劃能在大學部一學期的課程時間內，完成 Revit Architecture、MEP、Structure 基本功能之學習，並加強鋼筋繪製及鋼結構接頭設定及配置，使能讀者能了解結構繪製之方法，更能讓學生及現場營造作業人員，快速及有效率的學習 Revit 的基本操作及數量統計；本書編寫方式仍沿用 2020 版寫作內容，以單一專案方式，貫穿三種軟體之基本操作，以一個基本範例，讓讀者針對建築、機電、結構之建模，能統合運用，惟因 Revit 將鋼構接頭部分，因樣板檔修正，有所調整內容。

本書之完成，感謝所有師長及同學的支持與協助，得以順利完成；另外最感謝的是我最親愛的家人，讓我在工作之餘，無後顧之憂，順利的將本書編寫完成。

倪文忠

中華民國 112 年 7 月 18 日

目錄

01 Autodesk Revit 2024 概述

02 樣板製作及專案建立

03 專案管理

04 基礎、柱、樑、牆結構繪製

05 基礎、柱、樑、牆編號及數量明細表

06 樓板、門、窗、樓梯、欄杆扶手

目錄

目錄

下載說明

本書範例檔案請至以下碁峰網站下載
http://books.gotop.com.tw/download/AEC010700，檔案為 ZIP 格式，讀者自行解壓縮。其內容僅供合法持有本書的讀者使用，未經授權不得抄襲、轉載或任意散佈。

Autodesk Revit 2024 概述

1.1 工作面介紹與基本工具應用

1.2 Revit 基本工具應用

1.3 Revit 3D 設計製圖原理

1.4 基本術語說明

1.1 工作面介紹與基本工具應用

1.1.1 工作介面介紹

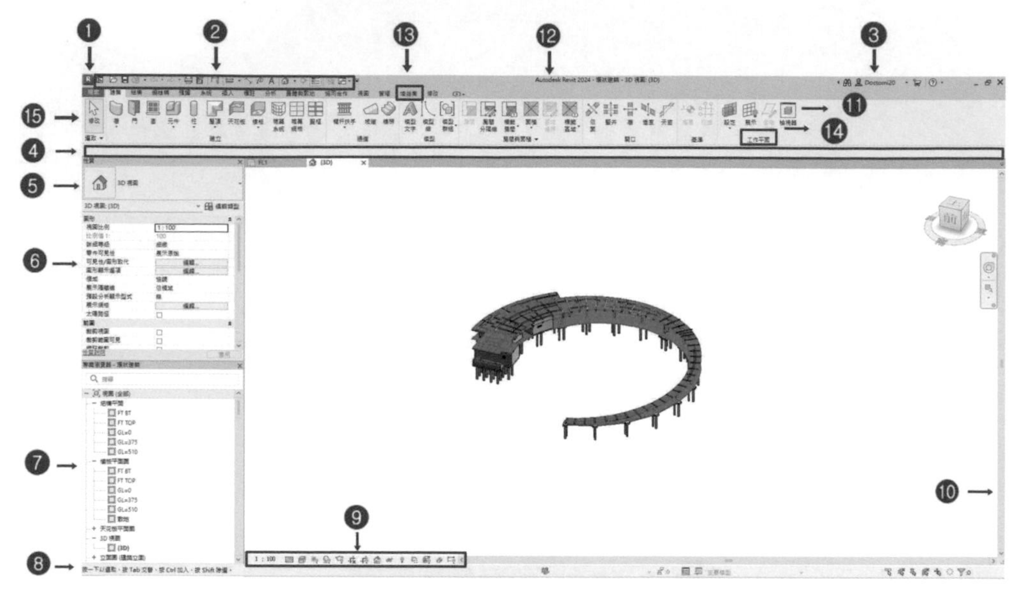

圖 1-1

❶ 應用程式功能表

❷ 快速存取工具欄

❸ 資訊中心

❹ 選項列

❺ 專案瀏覽器

❻ 類型選取器屬性選項板

❼ 屬性選項板

❽ 狀態列

❾ 檢視控制欄

❿ 繪圖區域

⓫ 功能區

⓬ 功能區上的選項列

⓭ 功能區上的上下選項列

⓮ 功能區當前選項列的工具

⓯ 功能區上的面板

1.1.2 快速存取工具欄

單擊功能區之「檔案」頁籤，開啟功能列，如圖 1-2 所示，可以控制快速訪問工具檔中按鈕的顯示；如要將快速存取工具欄中添加功能區按鈕，在功能區的按鈕上單擊，在彈出快捷列目錄中選擇「自訂快速存取工具列」命令，如圖 1-3 所示，功能區按鈕會增加到快速存取工具欄中默認命令的右側，如圖 1-4。

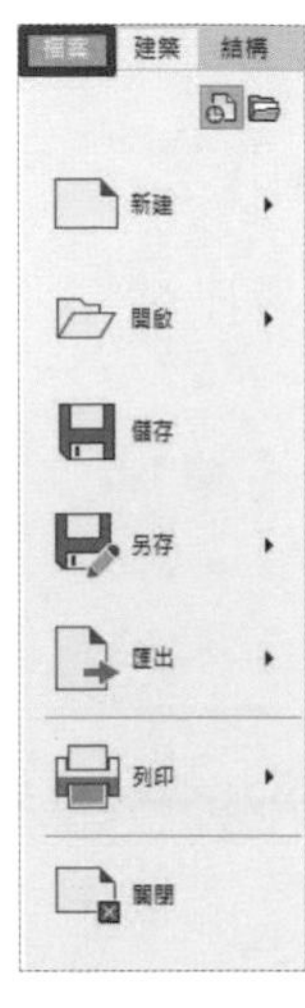

圖 1-2

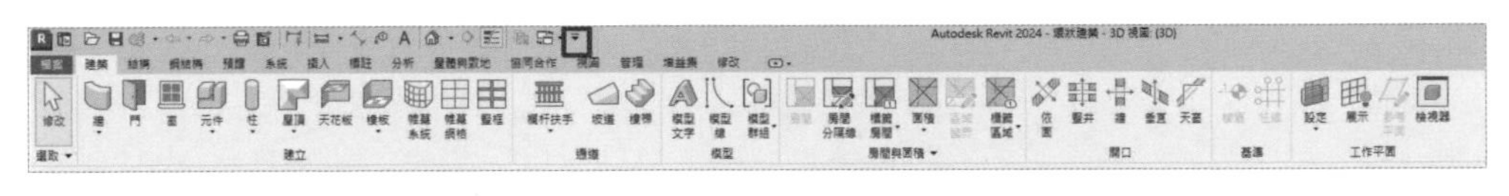

圖 1-3

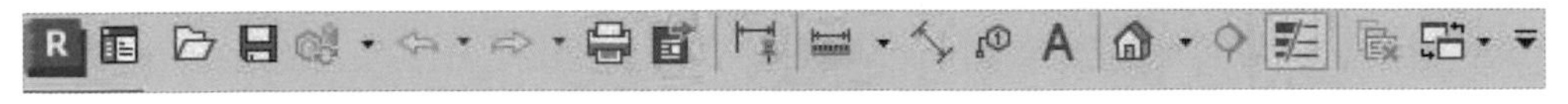

圖 1-4

1.1.3 功能區按鈕

1. 普通按鈕：如「可見性 / 圖形」，單擊可使用工具。

2. 下拉按鈕：如，單擊箭頭，用來顯示附加工具。

3. 分割按鈕：為常用工具。

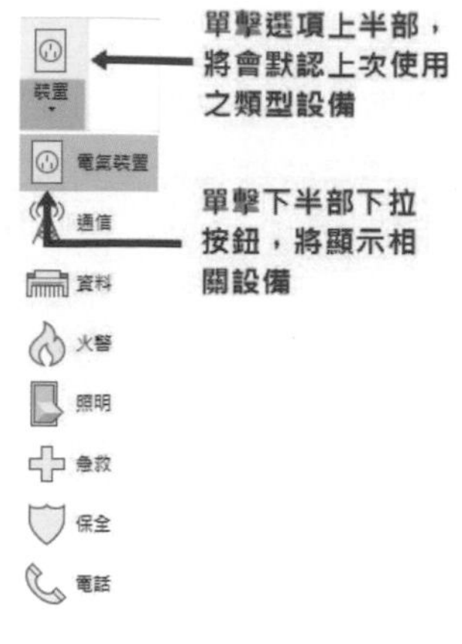

圖 1-5

1.1.4 功能區選項列

在使用工具或選擇圖元時，會自動增加並切換到「功能區選項列」，包含該工具及圖元之相關工具列。如圖 1-6。

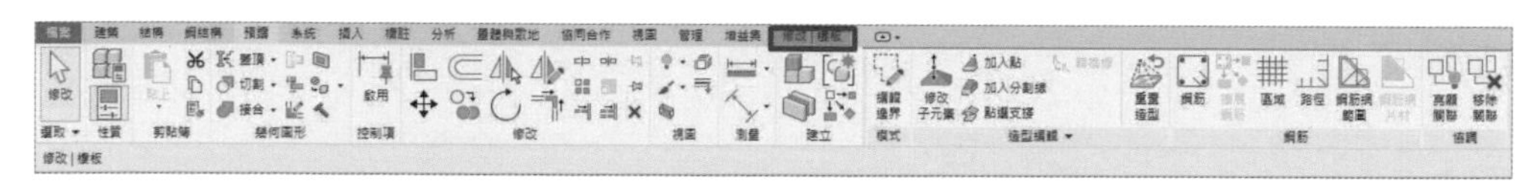

圖 1-6

1.1.5 檢視控制欄

檢視控制欄在 Revit 畫面之下方，如圖 1-7。

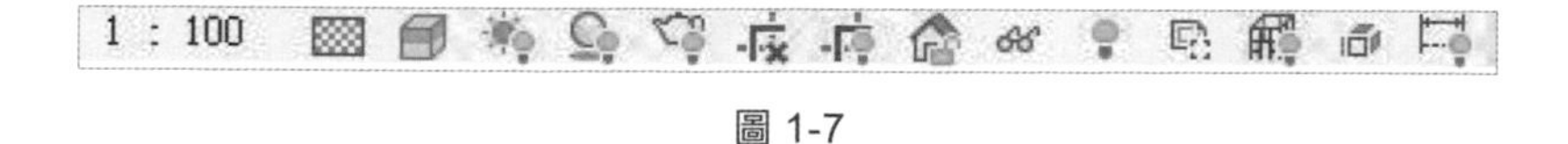

圖 1-7

1.1.6 導覽操控盤

導覽操控盤（如圖 1-8）主要用查看各式視圖及圍繞模型進行漫遊及導航，如圖 1-9、圖 1-10。

圖 1-8

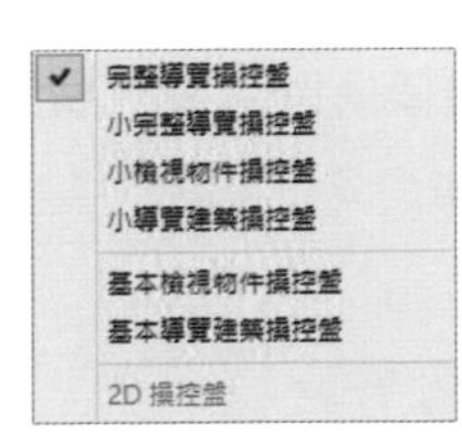

圖 1-9

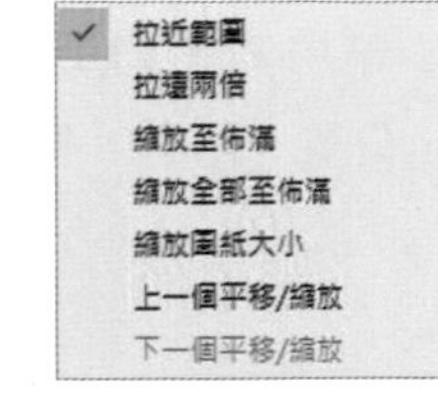

圖 1-10

1.1.7 ViewCube

ViewCube 是一個 3D 導航工具，可引導模型當前方向，並可調整視角，如圖 1-11、圖 1-12。

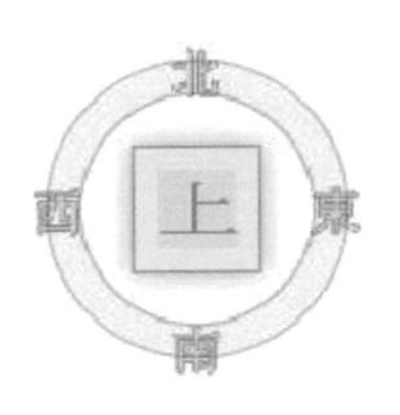

圖 1-11

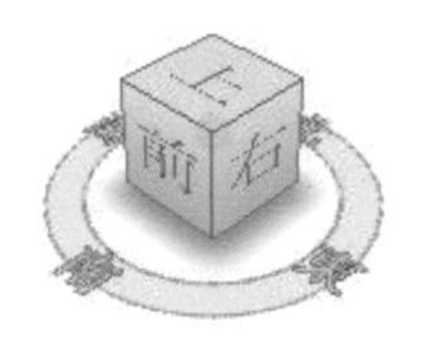

圖 1-12

點擊 🏠 可將視圖縮放至 45。視角位置，如圖 1-13。

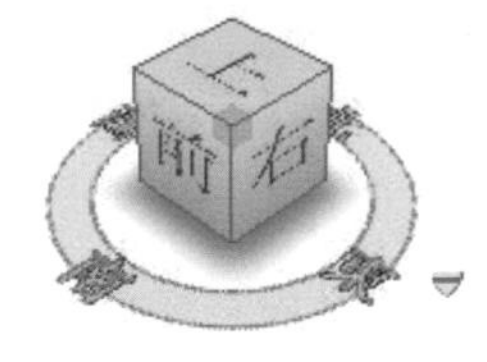

圖 1-13

1.2 Revit 基本工具應用

1.2.1 圖元編輯工具

1. 修改工具：常用的工具用於編輯整個繪圖過程，例如複製、旋轉、移動、鏡像、對其、分離、修剪、偏移等編輯命令，如圖 1-14。

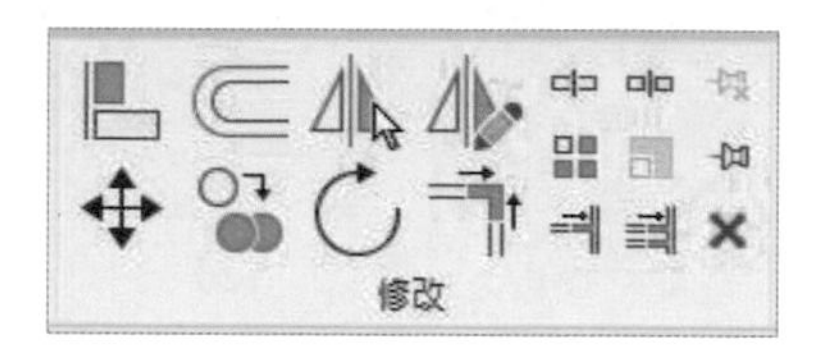

圖 1-14

2. 視窗工具：包含切換視窗、關閉隱藏、複製、重疊顯示、並排、使用者介面及圖元區主題，如圖 1-15。

圖 1-15

1.3 Revit 3D 設計製圖原理

在 Revit Architecture，Revit MEP，Revit，Revit Structure 三種產品軟體，每一種立面、剖面、透視、軸側、明細表都視為視圖的一種。這些顯示包含視圖可見性、線型、線寬、顏色等。Revit Architecture，Revit MEP，Revit，Revit Structure 三種功能不同的軟體，為參數化功能之設計軟體，就必須了解，如何透過 3D 模型建模並進行相關圖説繪製，以得到預想之設計結果，因此使用者必須學習 Revit 3D 設計製圖的原理。

1.3.1 平面圖建立

1. 圖形可見性

在建築設計圖紙表達上，需以套圖或調整視圖內容，將圖元隱藏或設定其可見性，使用者可以點功能區「視圖」頁籤 ，或在平面視圖下，在「性質」功能欄中，點籍「可見性 / 圖形取代」右側「編輯」按鈕，可開啟「可見性 / 圖形取代」對話框進行設定，如圖 1-16。

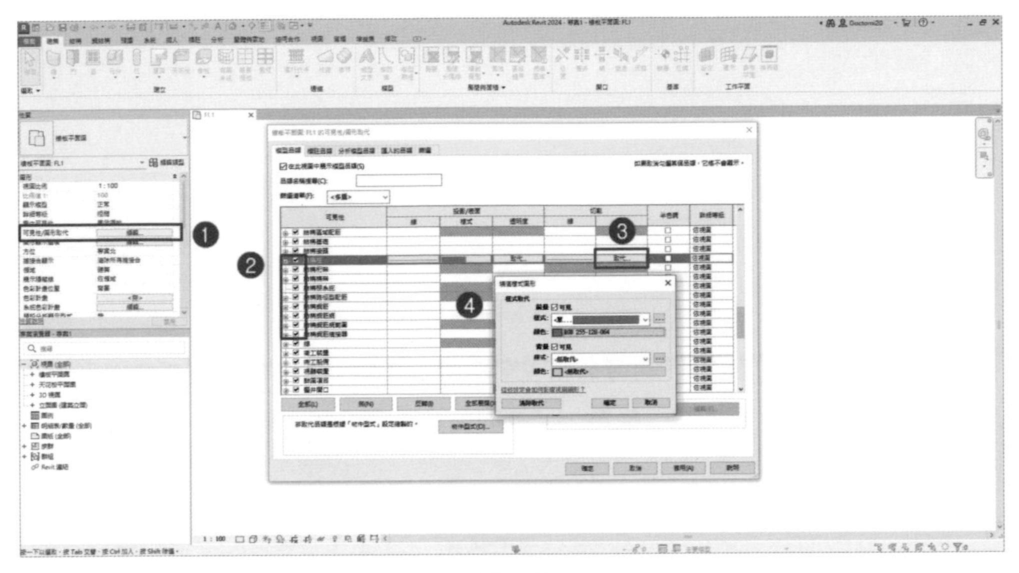

圖 1-16

2. 過濾器

在繪圖的過程中，可以藉由過濾器工具，選取所需要的圖元。例如圖 1-17。

❶ 在平面視圖下選取建築平面圖型，框選模型，❷ 在「修改 | 多重選取」頁籤下之畫面下，可點擊「篩選」 ，❸ 開啟「篩選」對話框，呼叫出來，❹ 使用者可依所需之圖元勾選並予以修改。

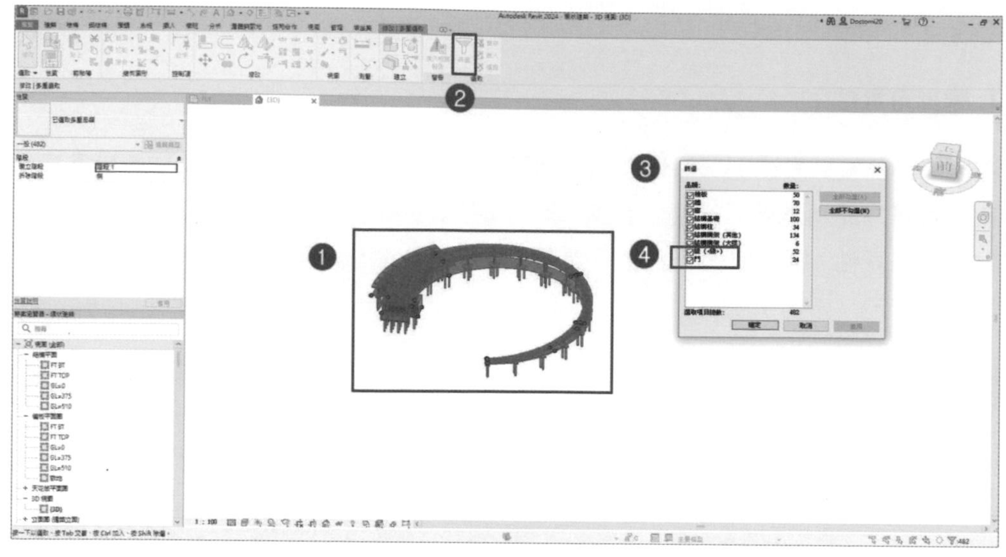

圖 1-17

3. 圖形顯示選項

在視圖控制欄下，選取 ，可呼叫出「圖形顯示選項」對話框，可選擇圖形顯示之樣式，有線架構、隱藏線、描影、一致的顏色、擬真等，如圖 1-18、圖 1-19、圖 1-20。

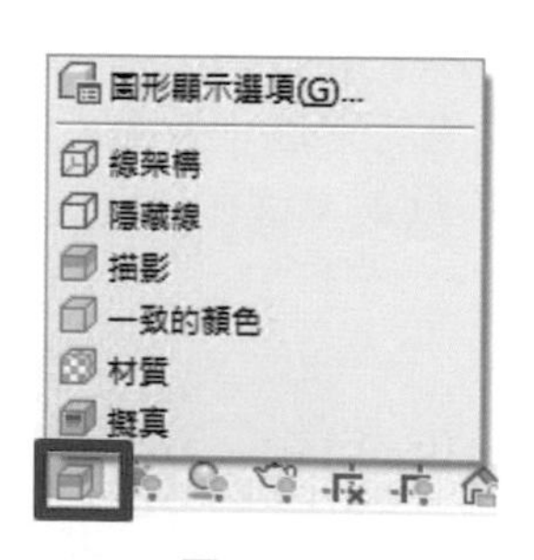

圖 1-18

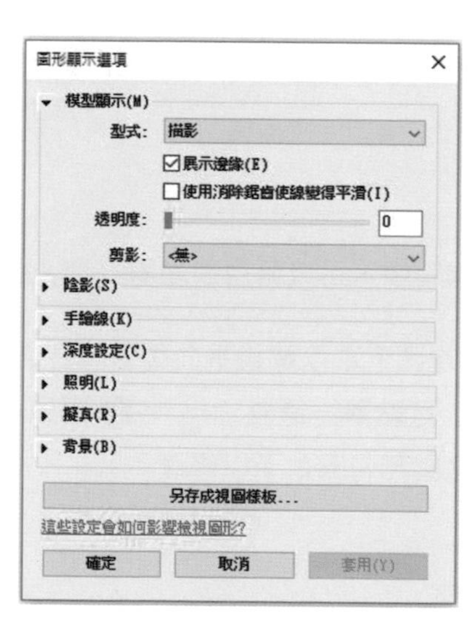

圖 1-19

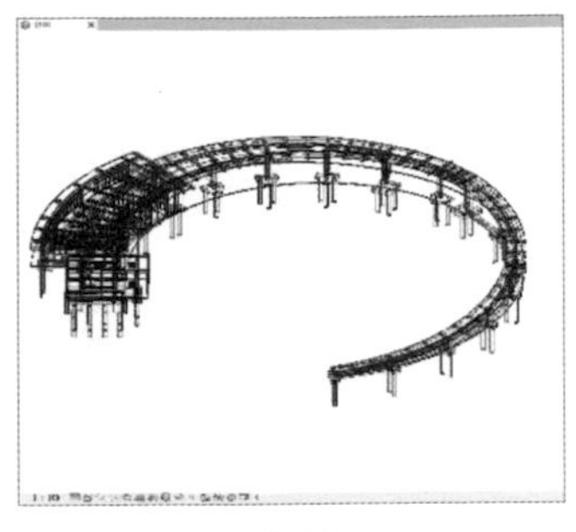

線架構

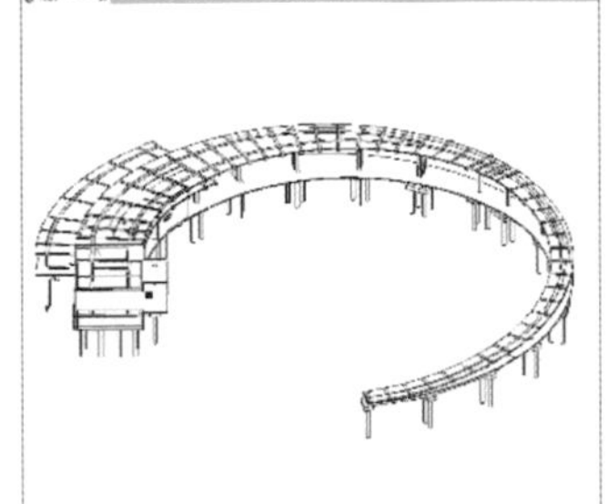

隱藏線

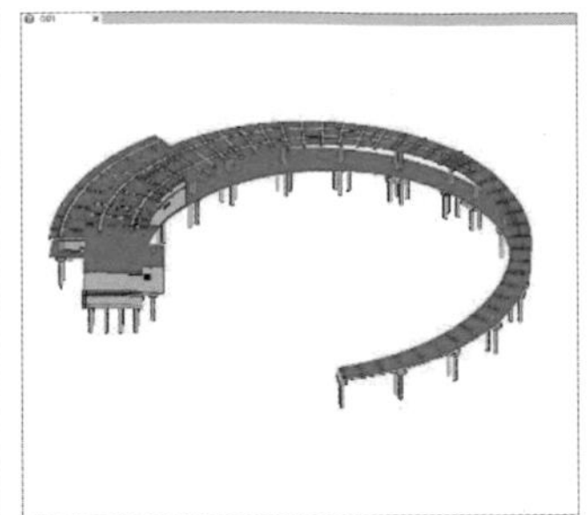

描影

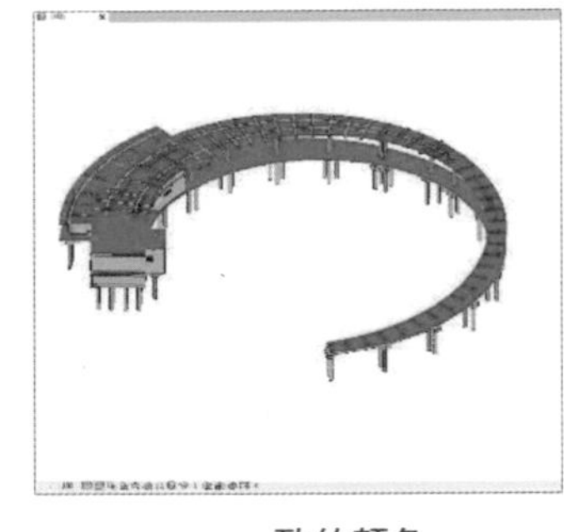

一致的顏色

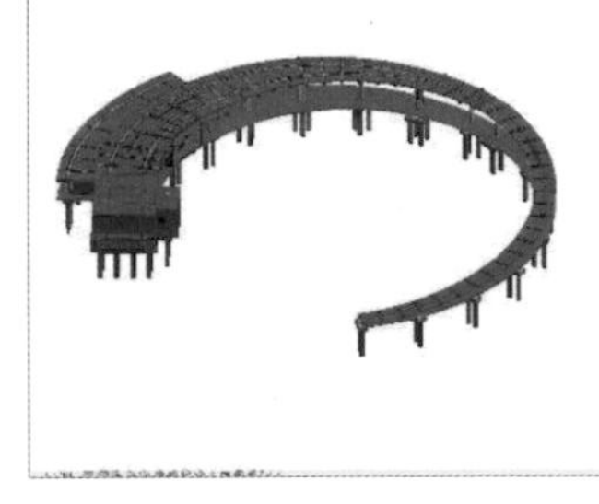

擬真

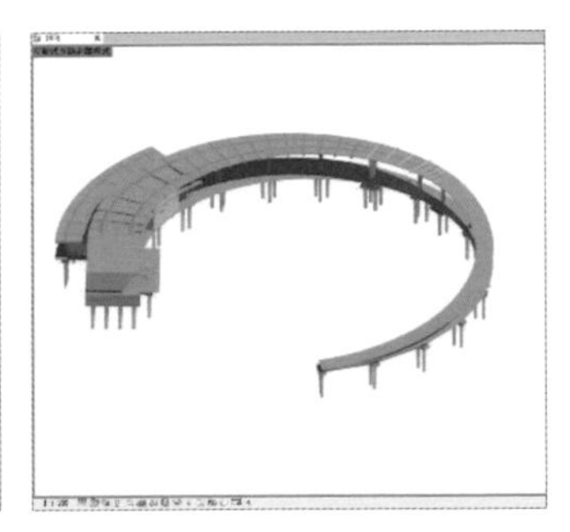

光跡追蹤

圖 1-20

4. 太陽設定

在視圖控制欄下，選取「關閉太陽路徑」，可呼叫出「太陽設定」對話框，可以設置真實的建築地點、虛擬的或者真實的太陽位置，控制視圖的陰影投射等功能，如圖 1-21、圖 1-22。

圖 1-21

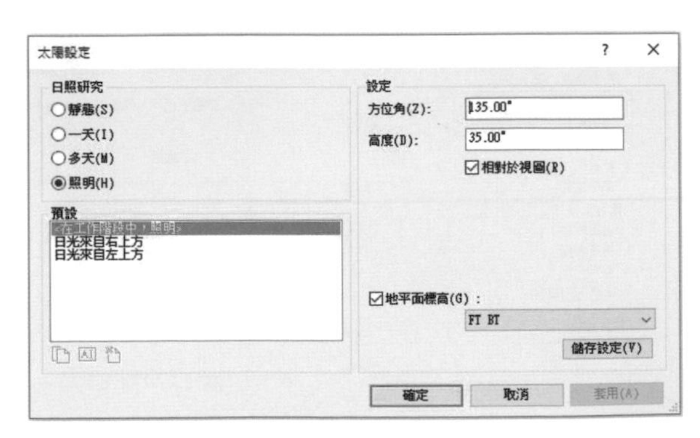

圖 1-22

5. 平面視圖

在功能區「建立」頁籤之「平面視圖」，可建立專案之樓板平面圖、天花板反射平面圖、結構平面、平面區域、建地平面圖，可從建立的建築物模型上方或下方獲取所需圖面。通過基線的設置，可以看到建築物內樓上或樓下各層平面配置，如圖 1-23。

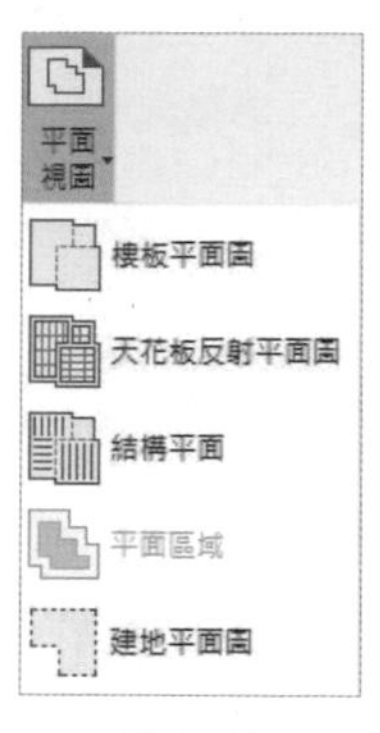

圖 1-23

6. 視圖範圍

在平面視圖中，選取性質瀏覽器，點擊「視圖範圍」-「編輯」，出現「視圖範圍」對話框，可由對話內容中的空格，填註預劃圖面展現之深度，如圖 1-24。

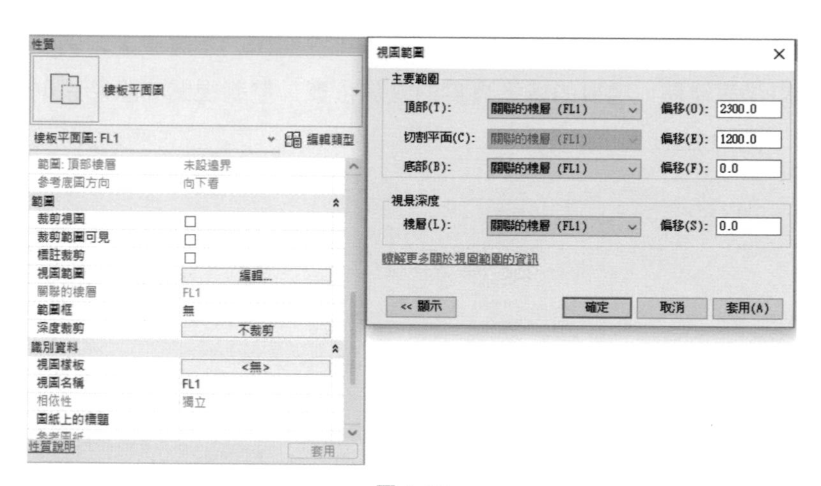

圖 1-24

視圖範圍為水平平面視圖，可控制平面視圖中物件的可見性和顯示。每個平面視圖皆有稱為視圖範圍（又稱可見範圍）。定義視圖範圍的水平平面是頂部、切割平面和底部。頂部和底部裁剪平面分別表示視圖範圍的最上方和最下方的部分。切割平面可決定在何種高度下，視圖中的某些元素會展示為切割。這三個平面用於定義視圖範圍的主要範圍。

視圖深度為主要範圍外的額外平面。變更視圖深度可展示底部裁剪平面下的元素。依預設，視圖深度與底部裁剪平面重合。以下立面可展示平面視圖的視圖範圍 ❼：頂部 ❶、切割平面 ❷、底部 ❸、偏移（從底部）❹、主要範圍 ❺ 和視圖深度 ❻，如圖 1-25。

右側的平面視圖會展示此視圖範圍的結果。

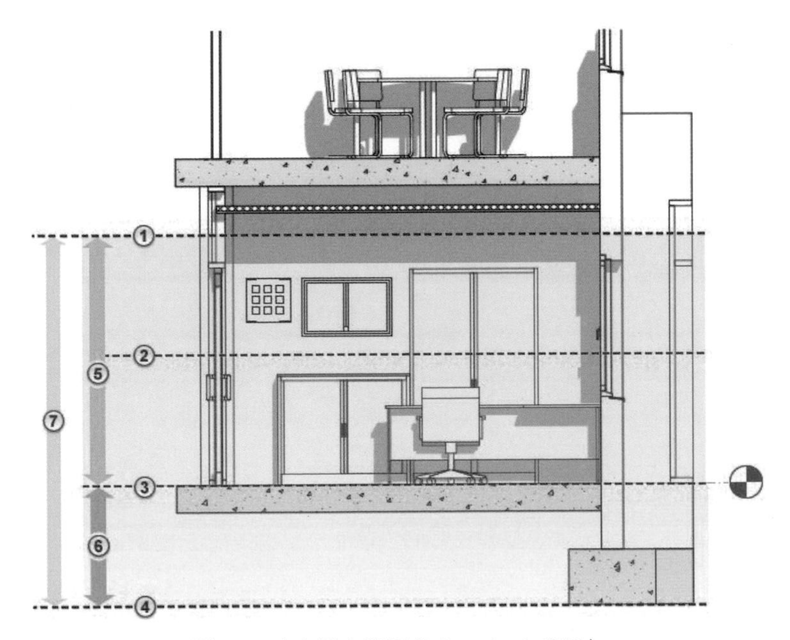

圖 1-25（本圖文引用自 Autodesk 公司）

7. 深度裁剪

用來控制位於指定的裁剪平面模型的零件的可見性，如圖 1-26。

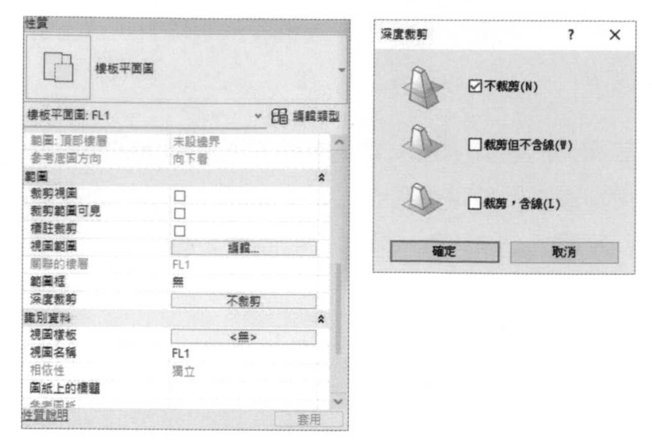

圖 1-26

1.3.2 立面圖建立

在 Revit 預設情況下，有東、西、南、北四個正立面，並可以使用「立面」命令建立另外之內部及外部立面視圖，如圖 1-27。

圖 1-27

1.3.3 剖面圖建立

建立剖面視圖

1. 打開一平面、剖面、立面或詳圖視圖。
2. 單擊「視圖」選項列 - 在「建立」頁籤 - 點擊「剖面」 按鈕。在「剖面」選項列下的「性質選擇器」中「剖面 - 建築剖面」，選擇「建築剖面」、「牆剖面」或「詳圖」，如圖 1-28。

圖 1-28

3. 在視圖控制欄下，選取所需視圖比例。
4. 將滑鼠鼠標放置在剖面的起點，並拖曳鼠標穿過模型，當到達剖面終點時點擊，完成剖面建立。

1.3.4 透視圖建立

建立透視圖

單擊「視圖」選項列在「建立」頁籤，點擊「3D 視圖」 按鈕，可使用「預設 3D 視圖」或「相機」，如圖 1-29。亦可在「專案瀏覽器」中，選擇「3D 視圖」中預設「3D」，產生 3D 視圖，如圖 1-30。

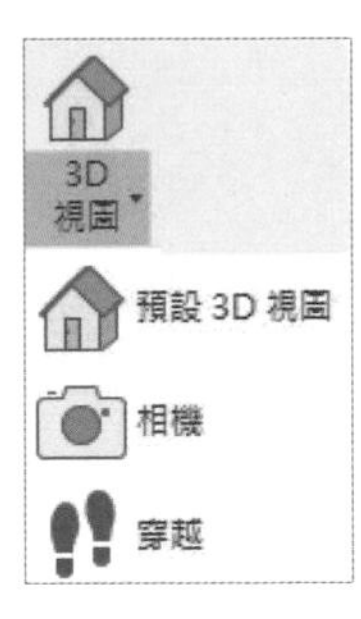

圖 1-29

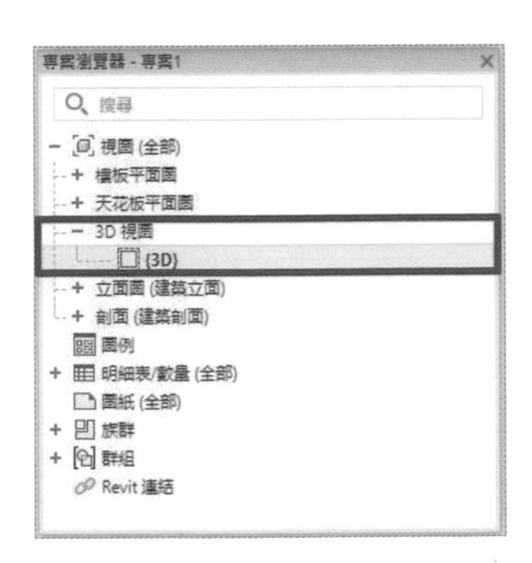

圖 1-30

1.4 基本術語説明

在使用 Revit 之前，要先瞭解到 Revit 軟體常用術語，其檔案亦有專用之格式，不同用的檔案格式，也有不同的檔案類型，比如：專案檔（*.rvt）、樣板檔（*.rte）、族群檔（*.rfa）、族群樣板檔（*.rft）。

1.4.1 專案與樣板檔

專案檔（*.rvt）為整個專案所儲存之檔案，其中包括建築 3D 模型、平、立、剖面視圖、機電設備、結構資料、各式圖說表單及圖紙等資料。

專案樣板檔（*.rte）提供新專案的起點，包括視圖樣板、載入的族群、定義的設定（如單位、填滿樣式、線型式、線粗、視圖比例等等）和幾何圖形。

1.4.2 族

在 Revit 中設計案件，所用基本物件稱為「元素」，例如門、窗、牆、樓梯、家具等，都稱為「元素」，所有元素都由「族」（Family）所建立，因此「族」為 Revit 的基礎。

每個族都可依需求設定期可調的參數，如尺寸、材質、安裝位置等，以窗為例，使用者點選窗後，可以在「性質選項面板」中，調整元素參數，也可以在「類型性質視窗」中調整類型參數，如圖 1-31。

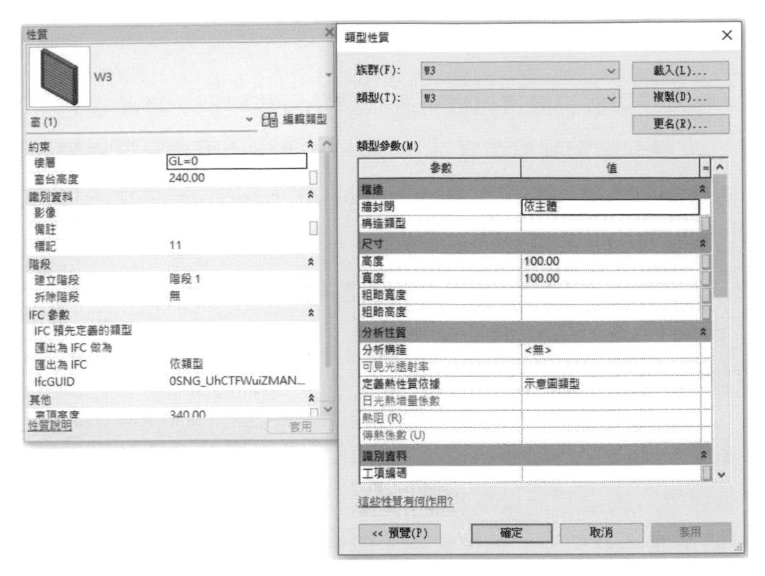

圖 1-31

1.4.3 Revit 元素分類與架構

Revit 元素分為模型元素、基準元素、視圖特有元素三大類：模型元素為實際 3D 模型，又分為主體與元件；基準元素以 2D 線條表現，在 3D 中為平面型式，不會顯現出來；視圖特有元素分為註解與詳圖，亦為 2D 元素，主要用於圖說細化，如圖 1-32。

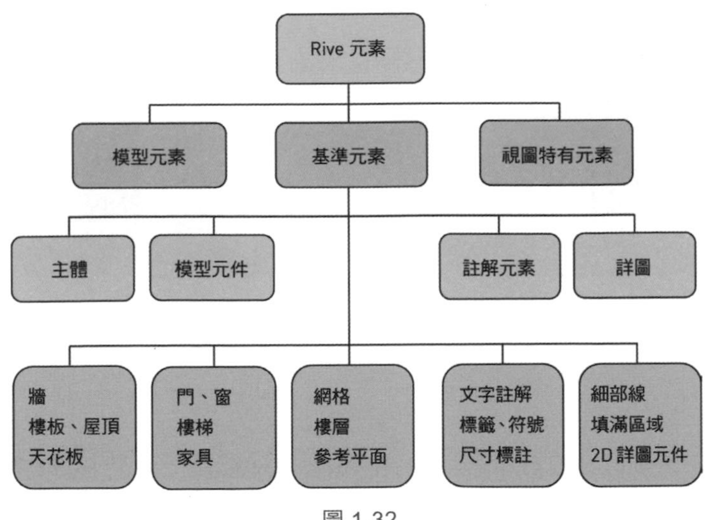

圖 1-32

1.4.4 專案

在 Revit 中，專案是單個設計資訊資料庫 - 建築資訊模型。專案檔包含了建築的所有設計資訊（從 幾何圖形到構造資料）。這些資訊包括用於設計模型的構件、專案視圖和設計圖紙。通過使用單個專案檔，Revit Architecture 令您不僅可以輕鬆地修改設計，還可以使修改反映在所有關聯區域（平面視圖、立面視圖、剖面視圖、明細表等）中。僅需跟蹤一個檔同樣還方便了專案管理。

1.4.5 標高

標高是無限水準平面，用作屋頂、樓板和天花板等以層為主體的圖元的參照。標高大多用於定義建築內的垂直高度或樓層。可為每個已知樓層或建築的其他必需參照（如第二層、牆頂或基礎底端）創建標高。要放置標高，必須：

1. 於剖面或立面視圖中，剖切三維視圖的標高。

2. 工作平面以及旁邊顯示的相應樓層平面（圖 1-33）。

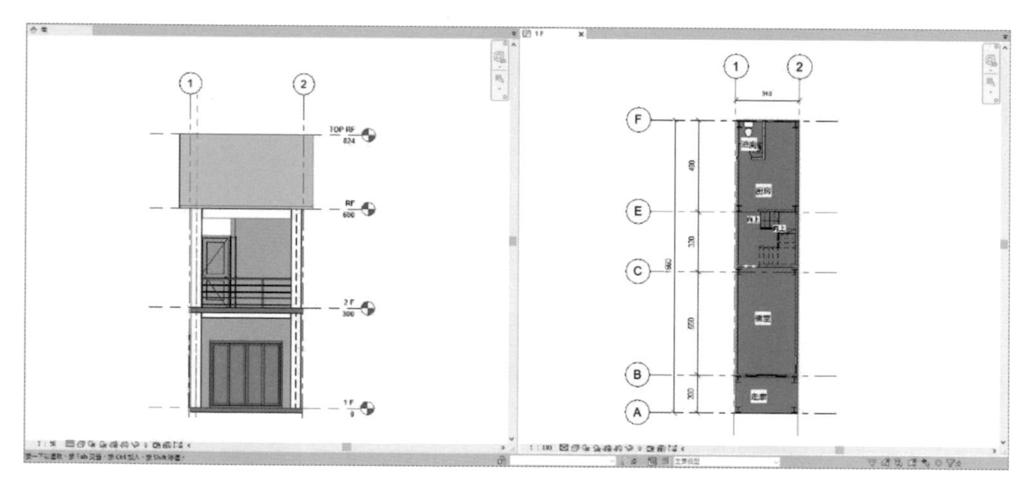

圖 1-33

1.4.6 圖元

在建立專案時，可以在設計中添加 Revit 參數化建築圖元。而 Revit 會按照類別、族和類型對圖元進行分類。

1.4.7 類別

類別是一組用於對建築設計進行建模或記錄的圖元。例如，模型圖元類別包括牆和梁。注釋圖元類別包括標記和文字注釋。

1.4.8 Revit 2024 族庫檔案位置

1. Revit 2024 安裝完成後，其預設安裝方式，並沒有安裝族庫檔案，而是採用雲端族庫，在使用上並不是那麼方便，如圖 1-34。

圖 1-34

2. Autodesk 公司有提供離線族庫，可以安裝在電腦中，其下載地點如下：https://www.autodesk.com.cn/support/technical/article/caas/tsarticles/tsarticles/CHS/ts/2BQRb68xV4vUxhiNWfnv7k.html?fbclid=IwAR2TyIrQS4XxI3gTC69LQK_V9exEUhgrkGirhFQyqA_2ASrsGY2jVgTLBwo，如圖 1-35。(可在 Google 搜尋「Revit 2024 族庫」)

Generic International - Autodesk Revit 2024繁体中文内容	国际通用族库、族样板和样板 (繁体中文)	<内容路径>\Family Templates\Traditional Chinese\ \Libraries\Traditional Chinese_INTL\ \Templates\Traditional Chinese_INTL\	RVTCPGENCHT.exe	980MB

圖 1-35

3. Revit 2024 離線族庫安裝完成後，將內容安裝到預設路徑或 C:\ProgramData\Autodesk\RVT 2024\Libraries，如圖 1-36。(本書採用離線族庫，作為教學族群路徑，請讀者安裝離線族庫)

ProgramData › Autodesk › RVT 2024 › Libraries

名稱	修改日期	類型	大小
Chinese	2023/4/4 下午 07:08	檔案資料夾	
Traditional Chinese	2023/4/4 下午 07:08	檔案資料夾	
Traditional Chinese_INTL	2023/5/3 下午 04:40	檔案資料夾	

圖 1-36

1.4.9 Revit 2024 深色模式

Revit 支援使用者介面的深色主題，包括「性質」選項板、專案流覽器、選項欄、視圖控制欄和狀態列。還可以從功能區和 “選項” 對話方塊，將繪圖區域主題設置為「深色」或「淺色」。設定步驟如下：

1. ❶ 開啟「檔案」頁籤功能表，❷ 點選「選項」，❸ 開啟「選項」對話框，❹ 點選「顏色」功能，❺ 設定「UI 作用中主題」，選擇下拉式功能，設定為「深色」，❻ 完成後按確定，如圖 1-37。

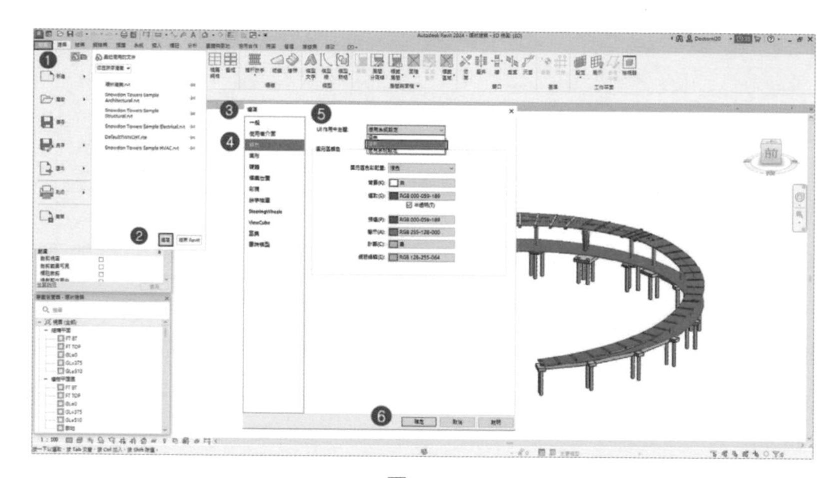

圖 1-37

2. 完成後之視圖為深色底色，如圖 1-38。

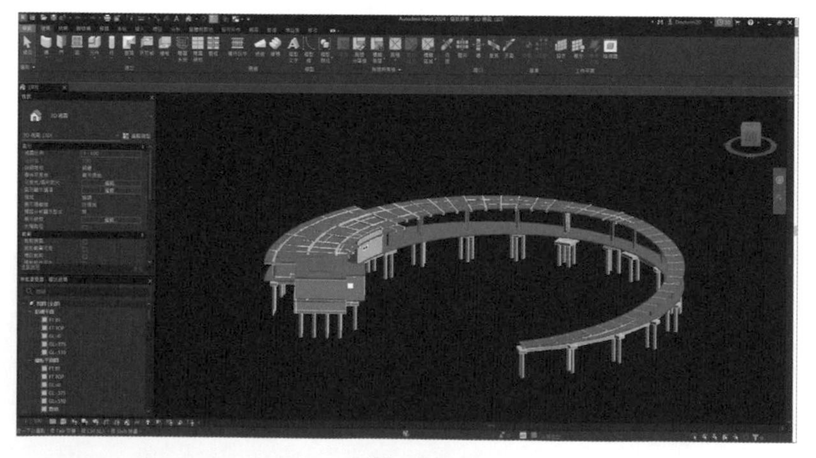

圖 1-38

樣板製作及專案建立

本書主要是以初學 Revit 及想同時學習 Revit Architecture，MEP，Structure 三種產品的使用者為主，將以最常用的操作方式學習 Revit Architecture，MEP，Structure 三軟體；因此，不會著墨於過多參數及指令的設定及教導；另 Revit Structure 結構分析部分亦不在本書中教學。

而本書在操作過程中，將以同一棟建築物之專案檔案，貫穿整個學習過程，以便使用者了解到，如何從無到有，由 Revit 建立一棟建築物之建築、機電、空調、消防及結構設計，並學習 Revit 數量明細表、詳圖、出圖等技巧。

2.1 Autodesk Revit 樣本製作

2.1.1 新建樣板

在 Revit 中，樣板是將各種元件、參數及視圖，依照使用者針對不同類型專案的需求所完成的設定，而這種設定可以套用在不同的新專案中，使用者也可依不同專案之需求，建立相應的偏好設定，如圖 2-1。

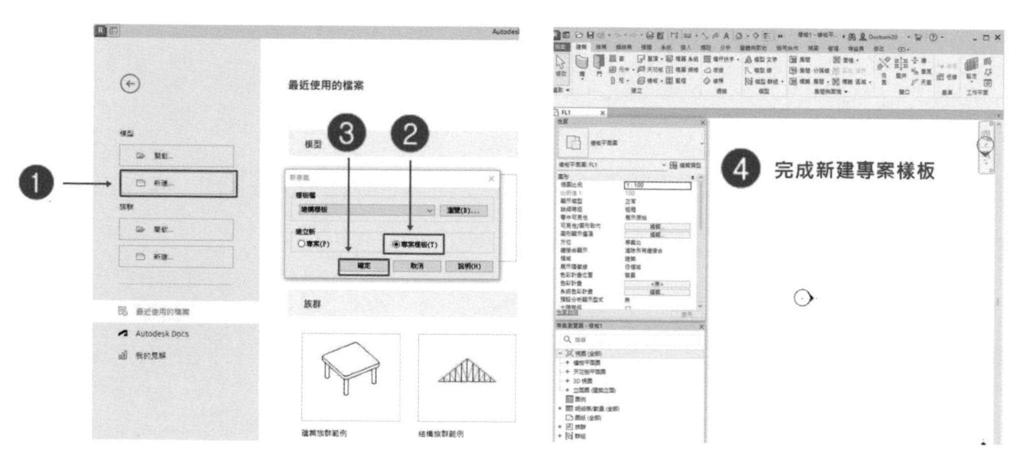

圖 2-1

2.1.2 視圖性質

模型在經過各個不同階段的建模，不同的元件會不斷地加到專案中，會使專案檔案越來越複雜，資訊越來越多。此時，可藉由視圖性質中的「可見性 / 圖形取代」功能，來控制元件的顯示方式。藉此功能，使用者可以選擇視圖中，要顯示的物件及顯現方式，設定步驟：❶ 在性質對話框，點選「可見性 / 圖形取代」功能，❷ 開啟「可見性 / 圖形取代」功能對話框，❸ 設定所需元件可見性，要顯示則勾選，不要顯示，就不勾選，❹ 完成後，按「確定」，如圖 2-2。

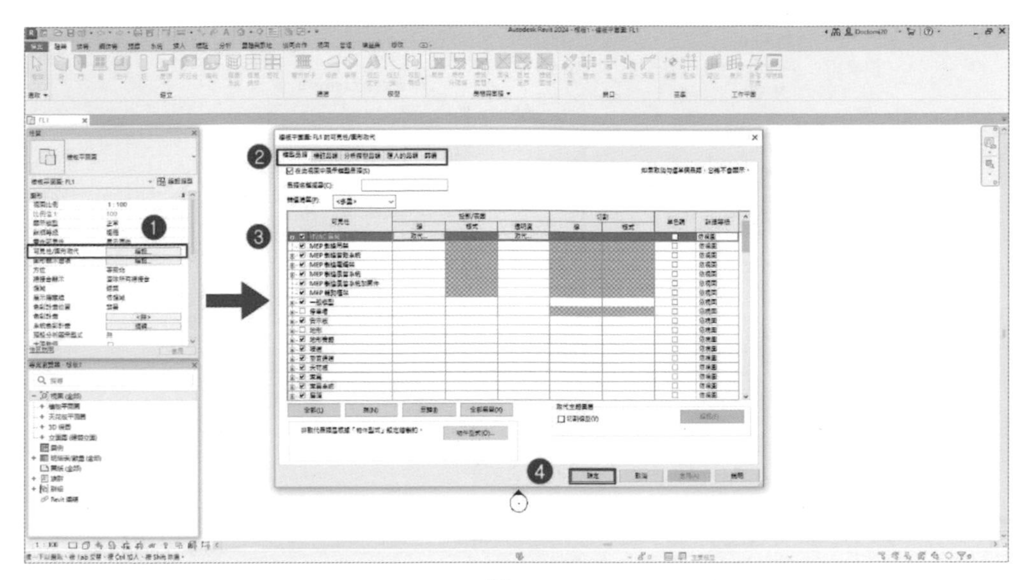

圖 2-2

2.1.3 視圖樣板

Revit 本項功能主要在減少視圖中過多的資訊，而每當開啟一張新的視圖，或是複製一張視圖時，視圖性質都必須重新設定。為避免此問題重複發生，在使用視圖頁籤中的視圖樣板功能時，可預先設定視圖的顯示控制樣板，開啟新的視圖時便可直接套用。

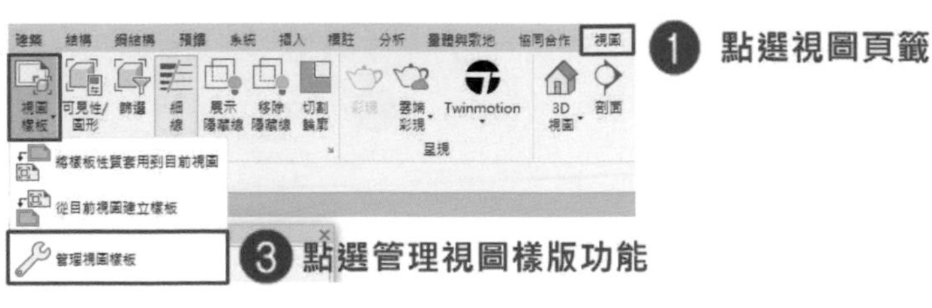

圖 2-3

在開啟「管理視圖樣板」對話框，可以設定各種類型視圖的顯示控制方式，便於使用者將完成的設定直接套用在新的視圖中，減少重復設定的時間，設定步驟：❶ 複製一組新的視圖樣板，❷ 選擇視圖中之所需設定參數，❸ 設定各參數之值，❹ 勾選將設定套用至視圖中，如圖 2-4。

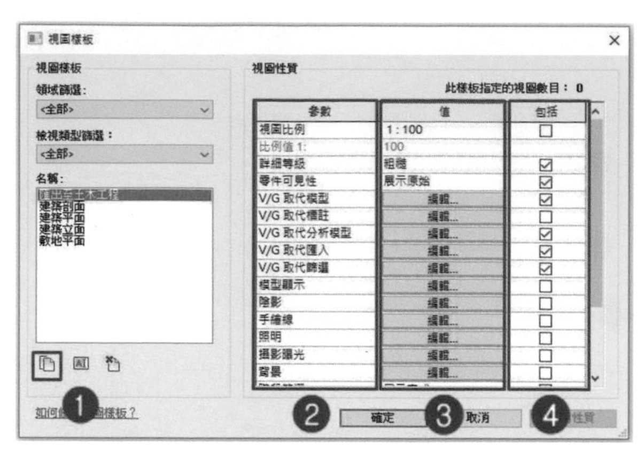

圖 2-4

2.1.4 共用參數設定

在 Revit 中己提供許多參數欄位供專案使用，而當內建參數的欄位不適用時，可以以新增專案參數方式，自行建立欄位，輸入所需要的專案參數。

A. 新增參數

設定步驟：❶ 在管理頁籤下，❷ 點選「專案參數」，❸ 點選「新參數」，如圖 2-5。

圖 2-5

B. 專案參數設定

主要分為兩個設定區域，設定步驟：❶ 參數資料：設定參數的名稱、類型及組成條件，及勾選新增的參數屬於例證或類型參數，❷ 品類：勾選該專案參數所需加入的品類，❸ 設定完成後，按「確定」，如圖 2-6。

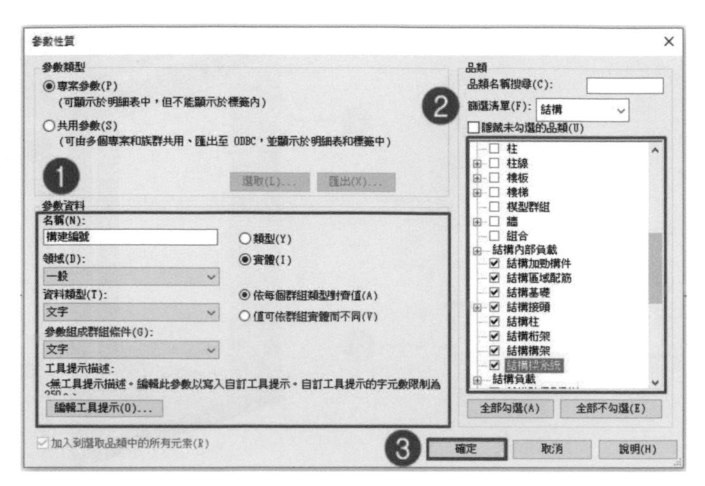

圖 2-6

C. 加入專案參數

將新增完成的參數加入至專案中，如圖 2-7。

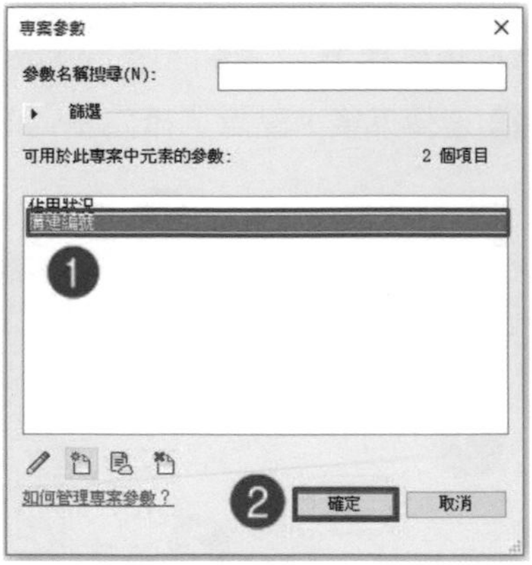

專案參數
參數名稱搜尋(N):
篩選
可用於此專案中元素的參數: 2 個項目
作用狀況
構建編號
如何管理專案參數？
確定
取消

圖 2-7

D. 設定專案參數

在加入新專案參數後，在性質面板中，可根據所勾選的品類，於新建參數欄位中輸入該品類元件的相關資訊，如圖 2-8。

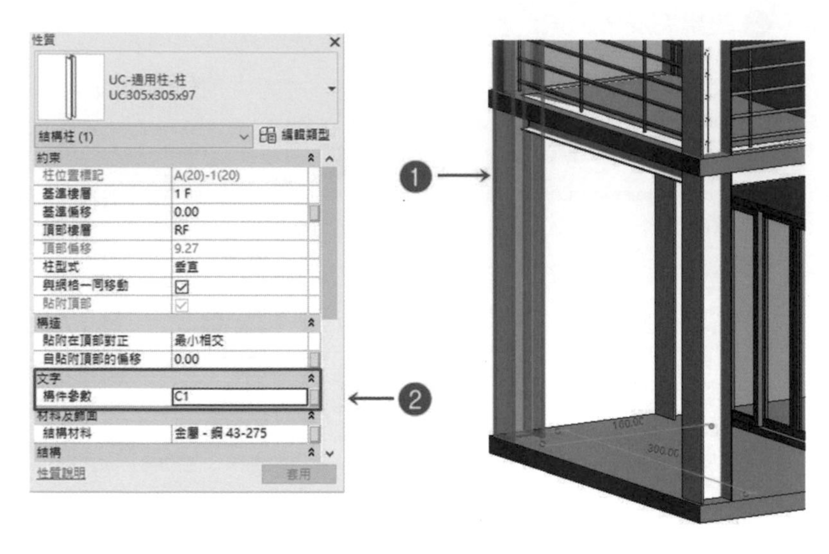

圖 2-8

E. 轉移專案單位

專案樣板在增加新的設定及參數後，可以使用管理頁籤中之轉移專案標準功能，將專案之設定內容轉移至其他樣板並且覆蓋，以供使用，操作步驟如下：❶ 在「管理」頁籤下，❷ 點擊「轉移專案標準」，❸ 開啟「選取要複製的項目」對話框，勾選欲轉移的專案標準，❹ 選擇完後，點選「確定」，如圖 2-9。

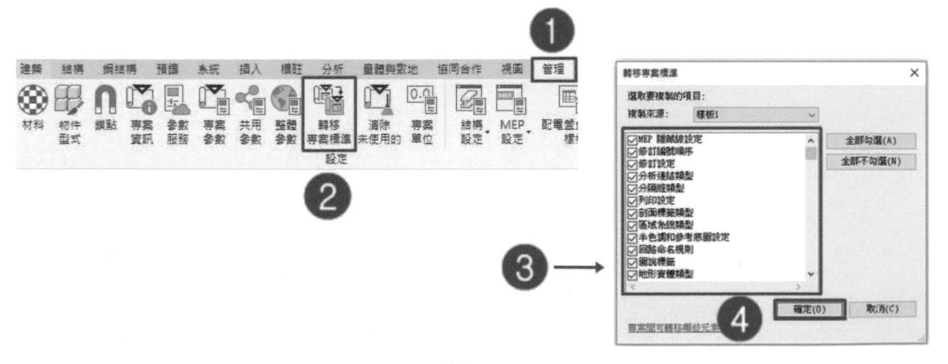

圖 2-9

2.2 Autodesk Revit 專案建立

2.2.1 專案建立前準備工作

以 Revit 建立專案時，須依 Revit 的特性，來建構模型；依一般建構程序，建議以下步驟來建立：

建築工程及土木工程

1. 建築物樓層標高與網格
2. 基礎
3. 結構柱
4. 結構樑
5. 結構牆
6. 一般牆體（含帷幕牆、堆疊牆）
7. 樓板
8. 樓梯
9. 門窗
10. 屋頂 含斜屋頂
11. 天花板
12. 開口
13. 扶手、圍欄、坡道
14. 標籤
15. 室內設備
16. 敷地

電氣工程、空調及機械工程、衛浴工程、消防工程

1. 插入在 Systems　Default_MetricCHT.rte、Electrical　Default_MetricCHT.rte、Mechanical　Default_MetricCHT.rte、Plumbing　Default_MetricCHT.rte 樣板檔繪製成的建築專案底圖
2. 建立建築物樓層標高
3. 調整底圖可視性及連結相關性質
4. 標籤各使用空間名稱
5. 電氣工程繪製
    - 插座迴路
    - 電源開關箱設置
    - 照明設備
    - 照明開關迴路設定
    - 繪製各迴路電源線路並設定線數
    - 電源管道
    - 電纜線架
    - 空調及機械工程繪製
    - 空調及機械設備選定
    - 空調及機械設備配置
    - 出風管管路配置
    - 迴風管管路配置
    - 管路尺寸調整
    - 空調及機械電源迴路及開關箱配置
    - 衛浴工程繪製
    - 圖面可見性調整及設定
    - 衛浴設備及管路零件配置
    - 給、排水管路配置及坡度調整
    - 機械設備配置
    - 機械設備管路連接
    - 管路開關安裝
    - 給、排水管路檢查
    - 機械電源迴路及開關箱配置
    - 消防工程工程繪製
    - 天花板繪製及設定
    - 圖面可見性調整及設定
    - 灑水設備及管路零件配置
    - 消防管路配置及位置調整
    - 警報系統配置
    - 電源迴路及系統設置
    - 其他消防裝置配置

結構工程

1. 建築物樓層標高與網格
2. 基礎
3. 結構柱
4. 結構樑
5. 結構牆
6. 樓板
7. 樓梯
8. 屋頂（含斜屋頂）
9. 標籤各空間名稱
10. 鋼筋保護層設定
11. 結構柱、結構樑、結構牆、樓板、樓梯、屋頂鋼筋配置
12. 鋼筋施工大樣詳圖繪製（依結構工程樣板檔繪製完成之檔案，後續可以用來作為結構分析使用）

2.2.2 樣板製作

點擊桌面 Autodesk Revit 快捷列，開啟程式，出現圖 2-1 畫面，新建檔案步驟如下：❶ 選取圖 2-1 畫面中，以「新建」方式，建立新專案，❷ 開啟「新專案」對話框，❸ 選擇「專案」，❹ 點擊「瀏覽」，❺ 開啟「選擇樣板」對話框，要求使用者選擇一種樣板檔（*.rte），❻ 完成選擇後按「確定」，如圖 2-10；而目前 Autodesk Revit 提供之台灣專用樣板檔，有下列幾種形式：

1. Construction-DefaultTWNCHT.rte（建築、結構）
2. DefaultTWNCHT.rte（通用）
3. Electrical-DefaultTWNCHT.rte（電氣）
4. Mechanical-DefaultTWNCHT.rte（機械）

5. Plumbing-DefaultTWNCHT.rte（衛浴）

6. Precast Detailing-DefaultMetricCHT.rte（預製構件）

7. Structural Analysis-DefaultTWNCHT.rte（結構分析）

8. Systems-DefaultTWNCHT.rte（MEP 系統）

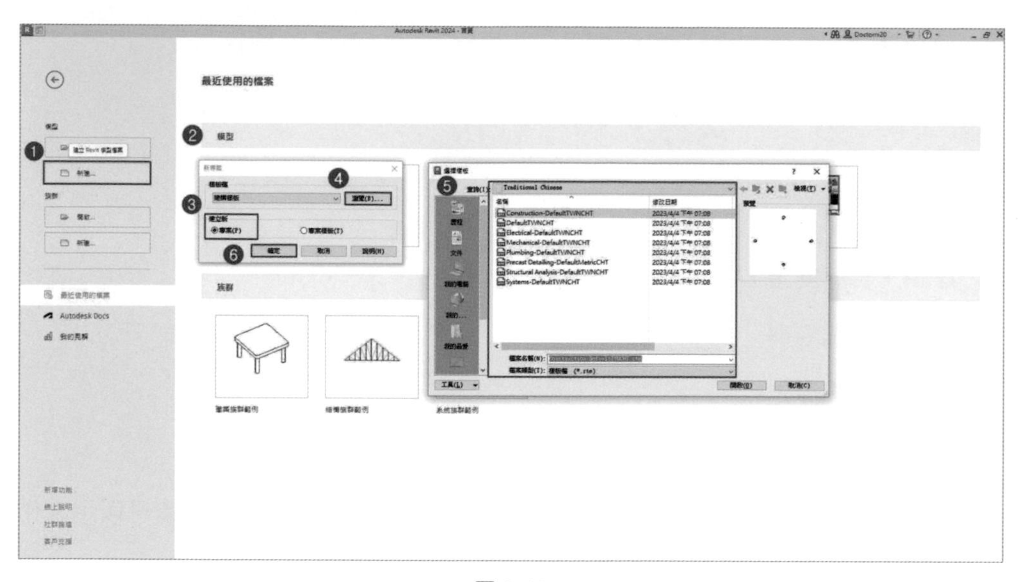

圖 2-10

2.2.3 樣板檔案路徑設定

Autodesk Revit 2024 安裝後，樣板檔默認安裝 在下列路徑 C:\ProgramData\Autodesk\RVT 2024\Templates\Traditional Chinese 中，另外 C:\ProgramData\Autodesk\RVT 2024\Templates\Traditional Chinese_INTL，也有另一種樣板檔可使用；為便於後續使用，建議將該樣板檔複製到常使用的電腦位置，或依下列程序設定，❶ 在「檔案」頁籤下，❷ 按下右下角「選項」鈕，開啟「選項」對話框，❸ 點選「檔案位置」，❹ 在「專案樣板」設定可以建立常用之樣板檔案路徑，❺ 另可以設定「使用者檔案的預設路徑」、「族群樣板檔案預設路徑」、「點雲根路徑」，❻ 為系統分析工程流程檔案位置，如圖 2-11。

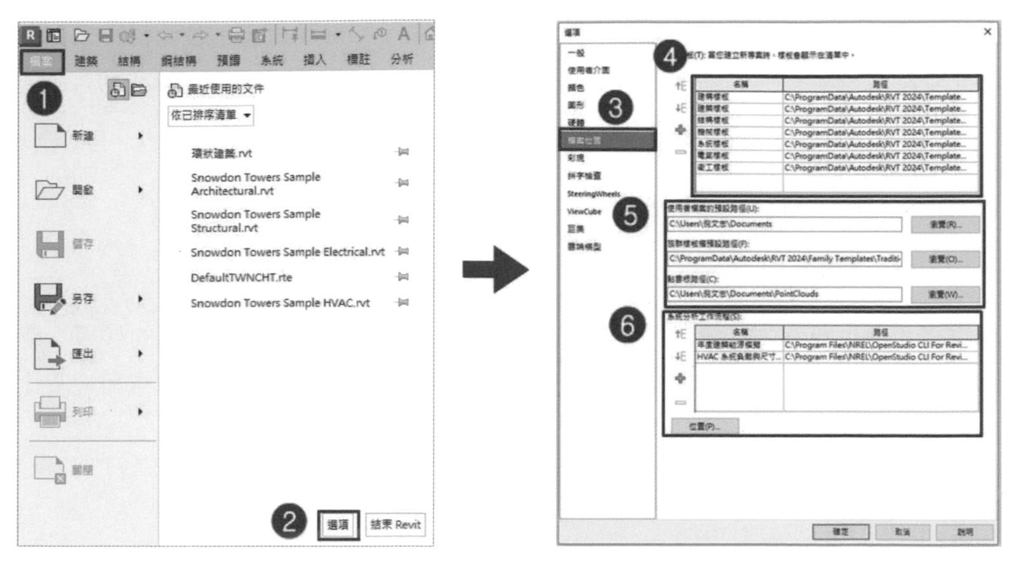

圖 2-11

在規劃使用 Revit 前，先要確認設計之案件是屬於建築工程、土木工程、結構工程或是機電工程，選擇適合之樣板檔來設計及繪製作業；通常一般建模點選 C:\ProgramData\Autodesk\RVT 2024\Templates\Traditional Chinese\ Construction-DefaultTWNCHT.rte，開啟檔案格式，如圖 2-12。

› 本機 › Acer (C:) › ProgramData › Autodesk › RVT 2024 › Templates › Traditional Chinese

名稱	修改日期	類型	大小
Construction-DefaultTWNCHT	2023/4/4 下午 07:08	Autodesk Revit ...	3,648 KB
DefaultTWNCHT	2023/4/4 下午 07:08	Autodesk Revit ...	4,760 KB
Electrical-DefaultTWNCHT	2023/4/4 下午 07:08	Autodesk Revit ...	8,224 KB
Mechanical-DefaultTWNCHT	2023/4/4 下午 07:08	Autodesk Revit ...	10,040 KB
Plumbing-DefaultTWNCHT	2023/4/4 下午 07:08	Autodesk Revit ...	6,156 KB
Precast Detailing-DefaultMetricCHT	2023/4/4 下午 07:08	Autodesk Revit ...	16,356 KB
Structural Analysis-DefaultTWNCHT	2023/4/4 下午 07:08	Autodesk Revit ...	7,220 KB
Systems-DefaultTWNCHT	2023/4/4 下午 07:08	Autodesk Revit ...	18,232 KB

圖 2-12

在樣板檔中，可以預先設定幾何形體、文字、參數、約束等資訊，合理使用樣板的主要好處是：

1. 加速建模過程，提高效率。
2. 保持族庫的一致性，便於使用、維護。
3. 實現特定功能。

專案樣板提供專案的初始狀態。Revit 提供幾個樣板，也可以創建自己的樣板。新專案均繼承來自樣板的所有族、設置（如單位、填充樣式、線樣式、線寬和視圖比例）以及幾何圖形。

2.2.4 圖形

可設定反轉背景，可提供長期使用 AutoCAD 習慣黑背景模式下作業者，操作步驟如下：❶ 點選「顏色」功能，❷ 開啟「顏色」，點選「背景」，❸ 開啟「顏色」對話框，❹ 選擇黑色後，按「確定」，即可變更背景，如圖 2-13。

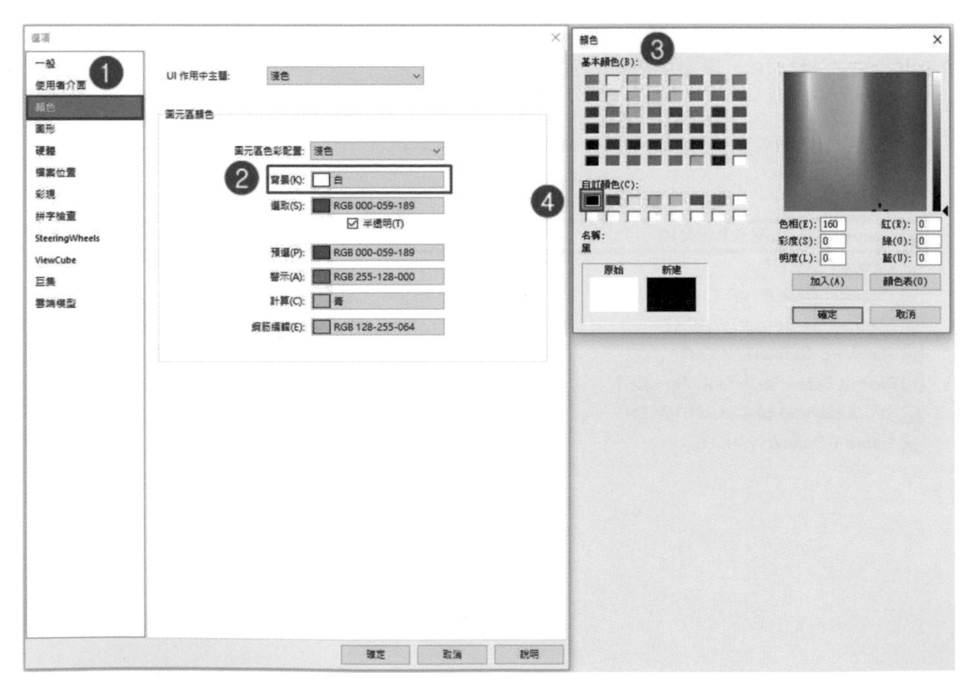

圖 2-13

專案管理

3.1 瞭解工作環境

3.2 單位設定

3.3 樓層與柱線

3.1 瞭解工作環境

在新專案對話框，以「建構樣板」樣板檔，新建專案後，Revit 會出現圖 3-1 畫面，就可開始使用 Revit 繪製圖說。在 Revit 上主要使用工具在 ❶ 功能區 ❷ 快速存取工具列 ❸ 性質對話框 ❹ 專案瀏覽器 ❺ 繪圖區域，如圖 3-1。

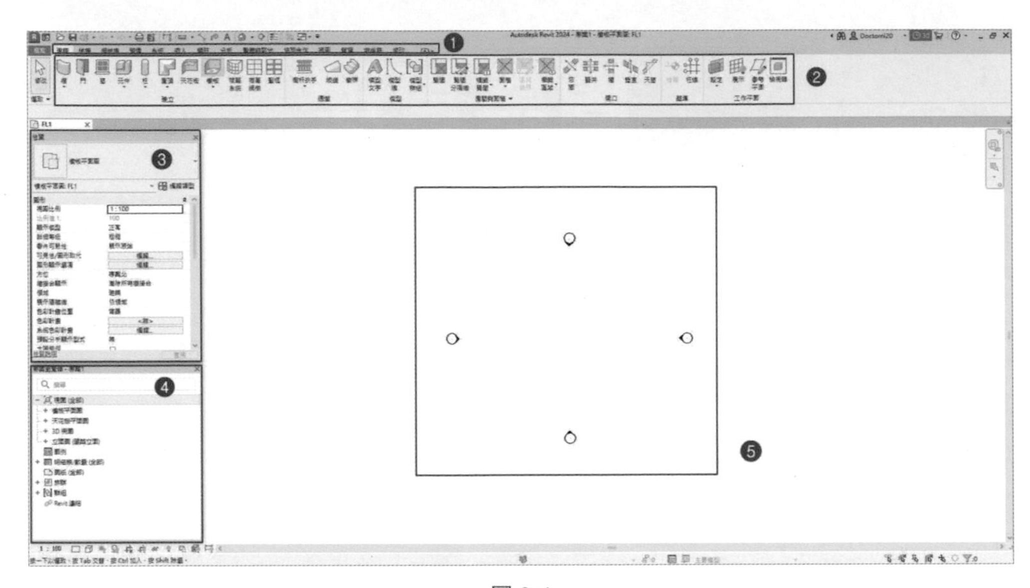

圖 3-1

在功能區上，有頁籤標註各分類功能，依序為建築、結構、系統、插入、標註、分析、量體與敷地、協同合作、視圖、管理、增益集、修改等，如圖 3-2。

圖 3-2

在使用 Revit 工具前，先介紹 Revit 操作，於完成任何指令或工具後，結束動作有下列幾種方式可以操作：

1. 點選所有頁籤最左邊選取面板內的 修改 。
2. 按兩下，鍵盤左上角 Esc 鍵。
3. 按兩下，滑鼠右鍵內快顯功能表內的「取消」。

在 Revit 不論在 2D 或 3D 物件之編輯，大多會使用到功能區中修改頁籤中之修改面板，因此必須學會使用工具面板內的基本操作。

3.2 單位設定

1. 繪圖前，需先將圖面的繪圖單位設定，點擊工具區「管理」頁籤，選擇「專案單位」 。

2. 開啟專案單位對話框後，點擊「長度」中「樣式」單位，開啟「格式」對話框，選擇單位為「公釐」或「公分」，本書後續圖說，採用「公分」作為使用單位，如圖 3-3。

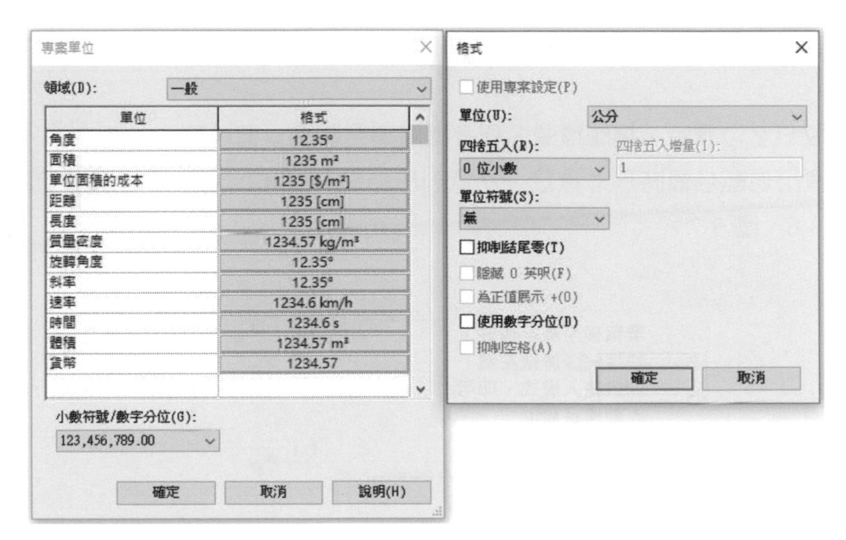

圖 3-3

3.3 樓層與柱線

3.3.1 樓層線繪製

1. 先將繪圖區域畫面切換到立面圖，❶ 在專案瀏覽器中，❷ 點擊「立面圖」、「南」向立面，❸ 打開該視圖後，使用者會看到預設的樓層線，如圖 3-4。

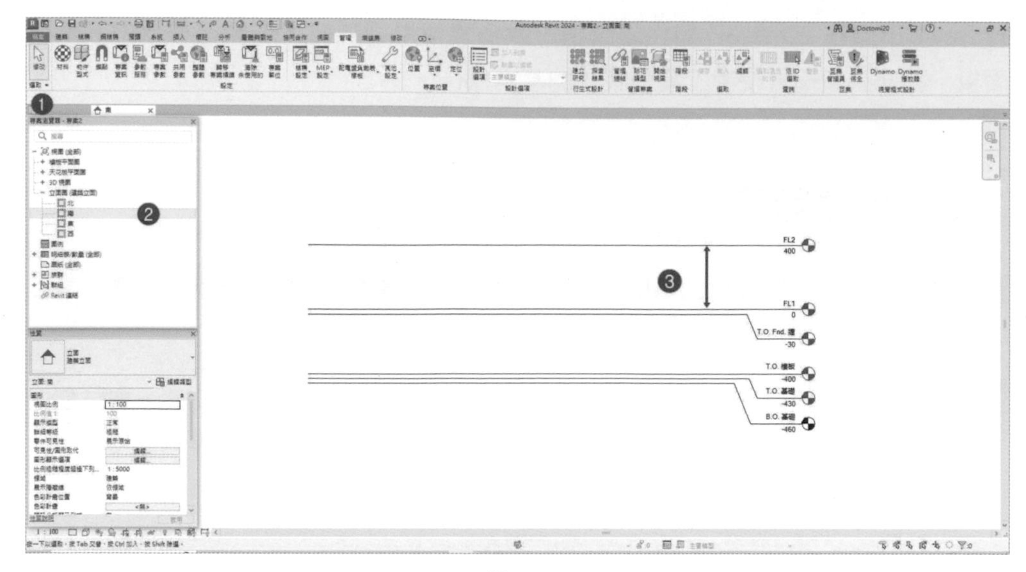

圖 3-4

2 選取 FL2 位置時，樓層標頭名稱及樓層高度都會以藍色顯示，而在 FL1 與 FL2 間會出現藍色暫時尺寸標註，點選到該標註，就可以修改樓層高，如圖 3-5、圖 3-6、圖 3-7。

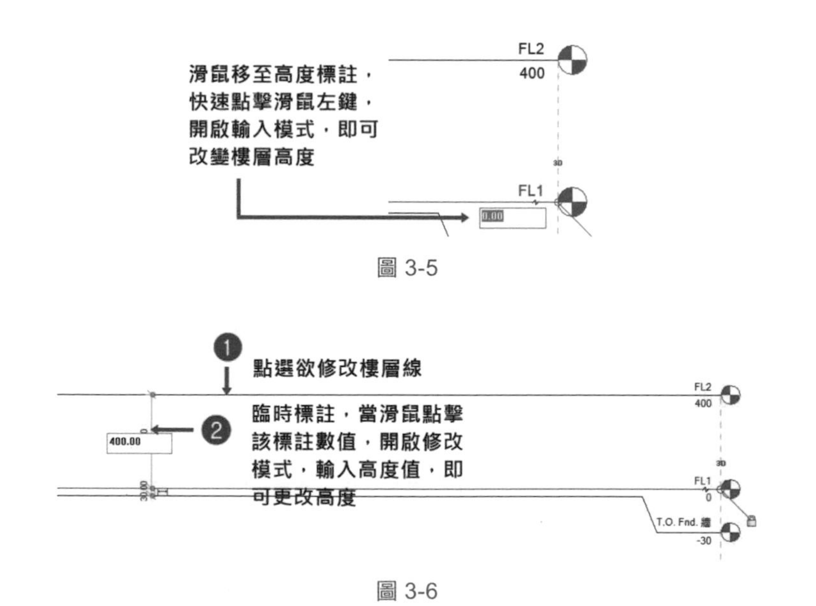

圖 3-5

圖 3-6

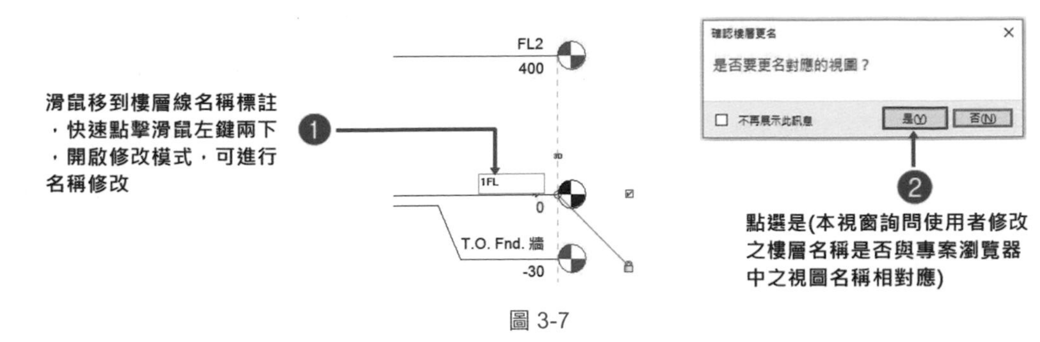

圖 3-7

3 點選到原「FL2」的樓層，修改名稱為「2FL」，而更名後，會彈出對話框詢問是否變更所對應的平面圖名稱，請選取 是(Y) ，「專案瀏覽器」的「樓板平面圖」及「天花板平面圖」，會同步自動變更，如圖 3-8。

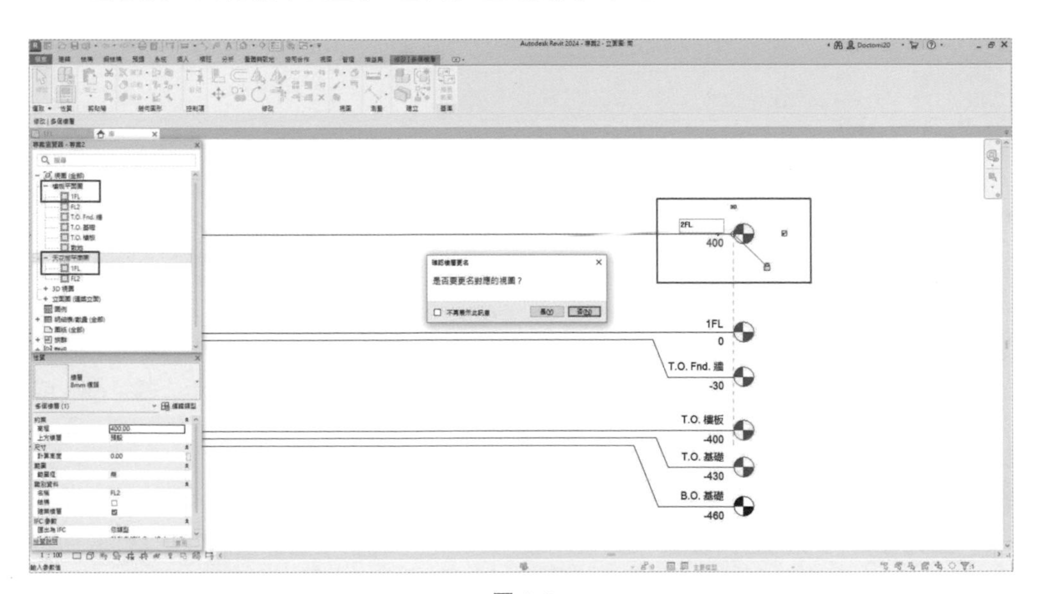

圖 3-8

4 框選 T.O.Fnd 牆至 B.O. 基礎樓層線，然後按鍵盤 Delte 鍵，刪除樓層，將會詢問是否刪除，按確定鍵，刪除樓層，如圖 3-9。

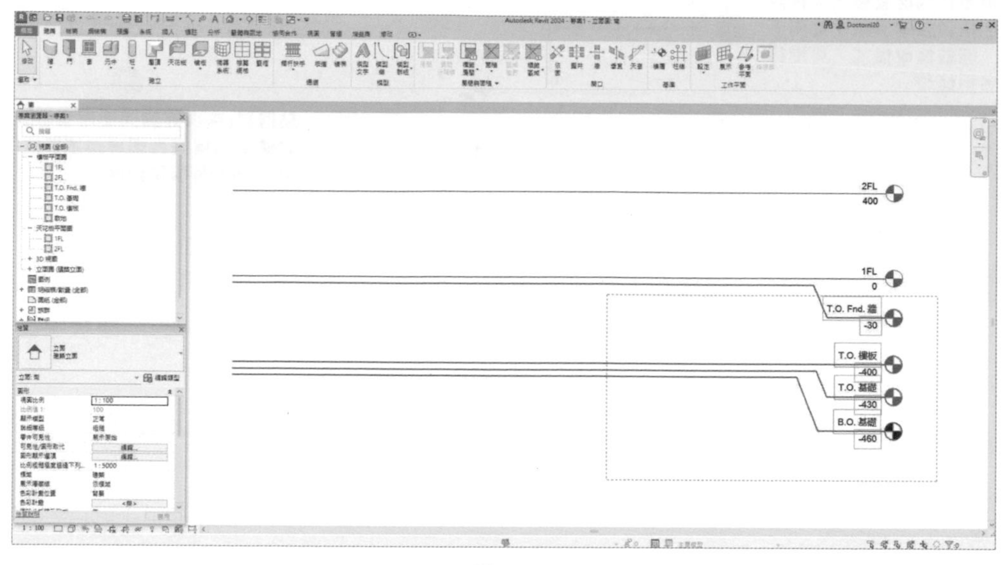

圖 3-9

3.3.2 繪製新樓層線

1 在 Revit 繪製樓層現有 2 種方式，於功能區「建築」頁籤，點選「基準」面板內的「樓層」，功能區會顯示 修改 | 放置 樓層 修改頁籤，顯示「線」或「點選線」，可選擇其中一種繪製方式。

2 採用「點選線」，在選項列中「偏移」設定為「300」，再將滑鼠滑到 2 FL 樓層上方出現導引的對齊虛線，使用滑鼠左鍵點選出現新樓層線暫時的起點。

3 再將滑鼠鼠標從上方，滑到 2 FL 樓層線名稱上方，出現導引的對齊虛線，並使用左鍵出現樓層的虛線，按滑鼠左鍵確定，並將該樓層名稱改為「3FL」。

4 當繪製完成樓層線時，「專案瀏覽器」的「樓板平面圖」及「天花板平面圖」會自動產生「3FL」，如圖 3-10。

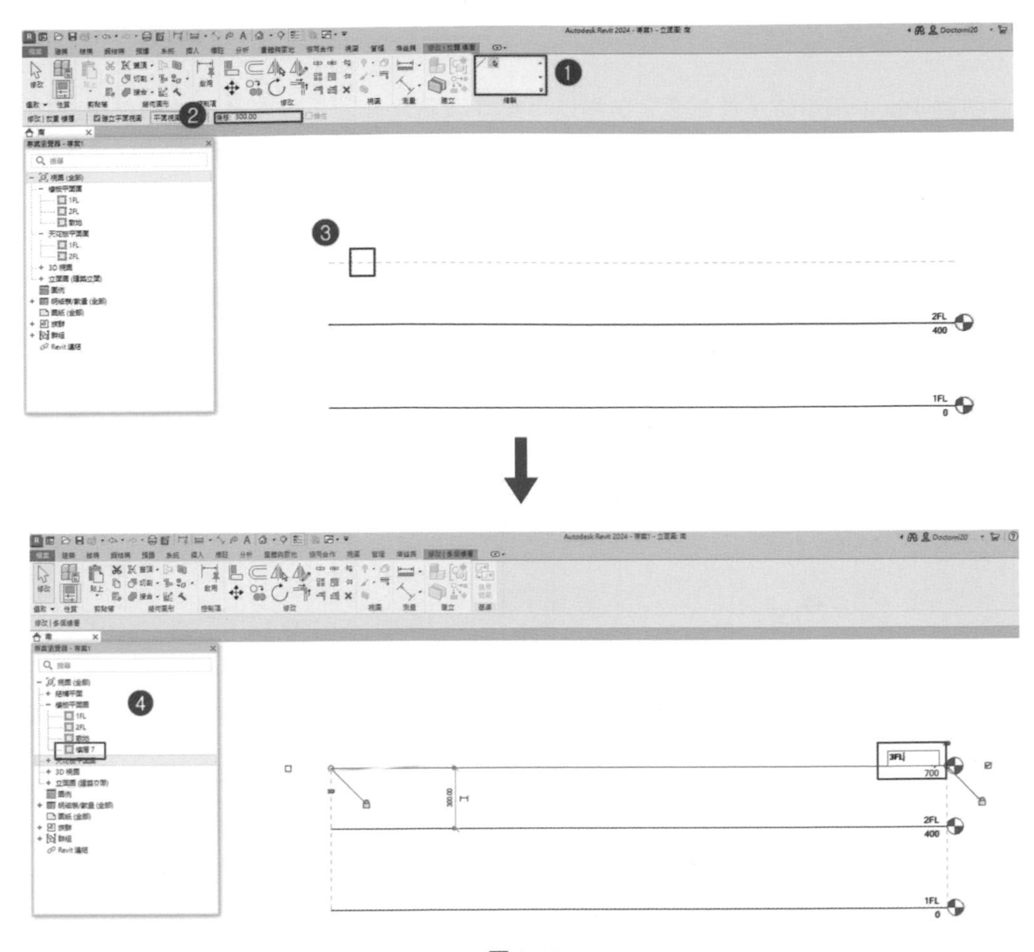

圖 3-10

5 請依圖 3-11 之高度尺寸及名稱，建立各樓層高度及名稱。

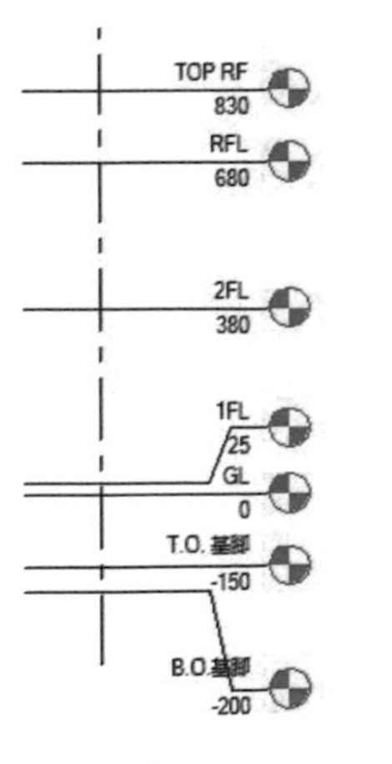

圖 3-11

3.3.3 專案基準點

當啟動 Revit 模型時，首先要定義指定專案基準點之位置，專案基準點用以建立用於測量距離和在模型環境內定位物件之參考，步驟如下：❶ 點擊開啟「顯示隱藏的元素」功能圖像，❷ 開啟「顯示隱藏的元素」視圖，❸ 框選「專案基準點」及「測量點」(專案基準點 ⊗ 和測量點 ⚠ 位於同一位置，開始是合併在一起 ，❸ 如果要取消隱藏，可以點選「取修隱藏品項」，❺ 完成後，點擊切換「顯示隱藏的元素」模式，即可回到原視圖，如圖 3-12。

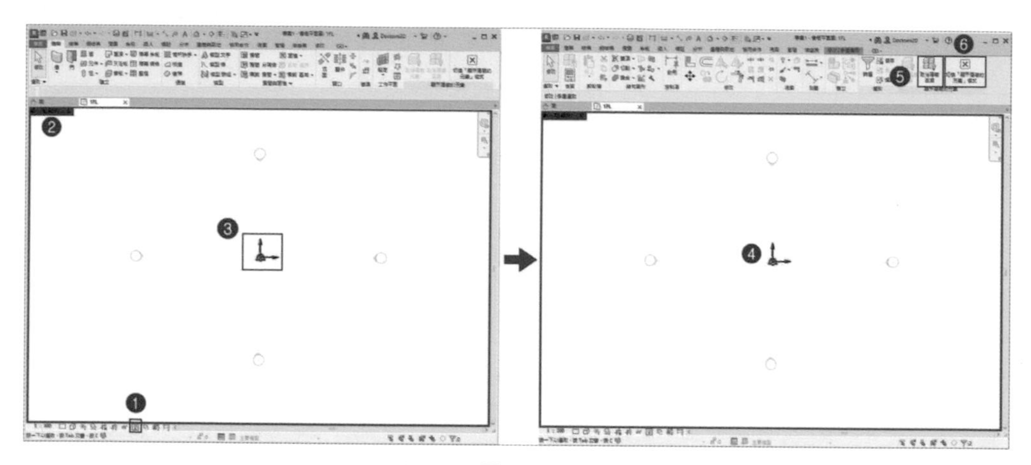

圖 3-12

附註：

「專案基準點」及「測量點」初始是合併在一起，如果要分開，❶ 點選「測量點」符號拖曳，即可分開，❷ 測量點旁邊顯示的截取圖示，表示可能已被截取 或已取消截取 ，❸ 將測量點拖曳到所需的位置，另外可使用圖面區域中的「性質」選項板或「測量點」欄位，輸入「北 / 南」(北距)、「東 / 西」(東距)、「高程」和「正北角度」的值；將角度設定為正北，這與使用「旋轉正北」工具相同，如圖 3-13。

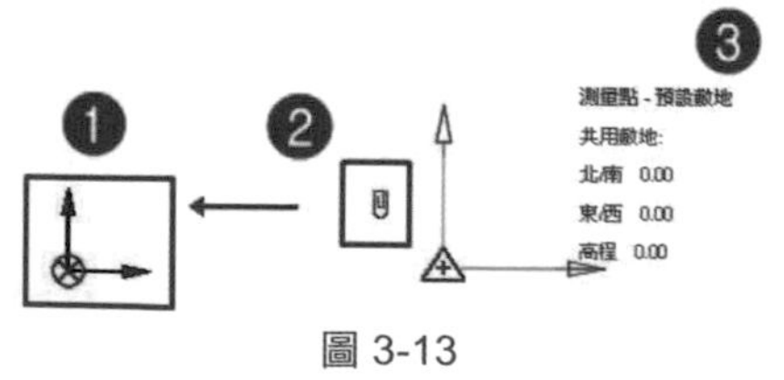

圖 3-13

3.3.4 匯入 CAD 參考底圖

匯入 CAD 圖說步驟如下：❶ 點選功能區「插入」頁籤，❷ 匯入 CAD 圖說，有兩種方式一種是連結 CAD，❸ 第二種是匯入 CAD，可將 2D 的 CAD 圖說匯入平面視圖做為建模之參考依據，本範例採用匯入 CAD 方式，如圖 3-14。

圖 3-14

❹ 點選資料夾路徑，❺ 選擇欲匯入的檔案後，❻ 調整色彩保留或反轉、圖層可見性及匯入的單位（例如：CAD 繪製時使用單位為 cm，在此的匯入單位必須選擇 cm），❼ 選擇匯入的定位點，❽ 圖說欲放置樓層位置，如圖 3-15。

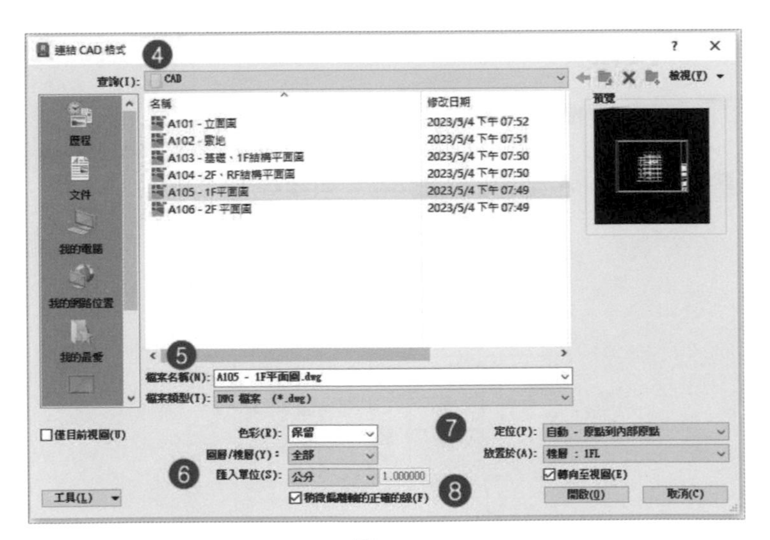

圖 3-15

❾ 完成圖說匯入，如圖 3-16。

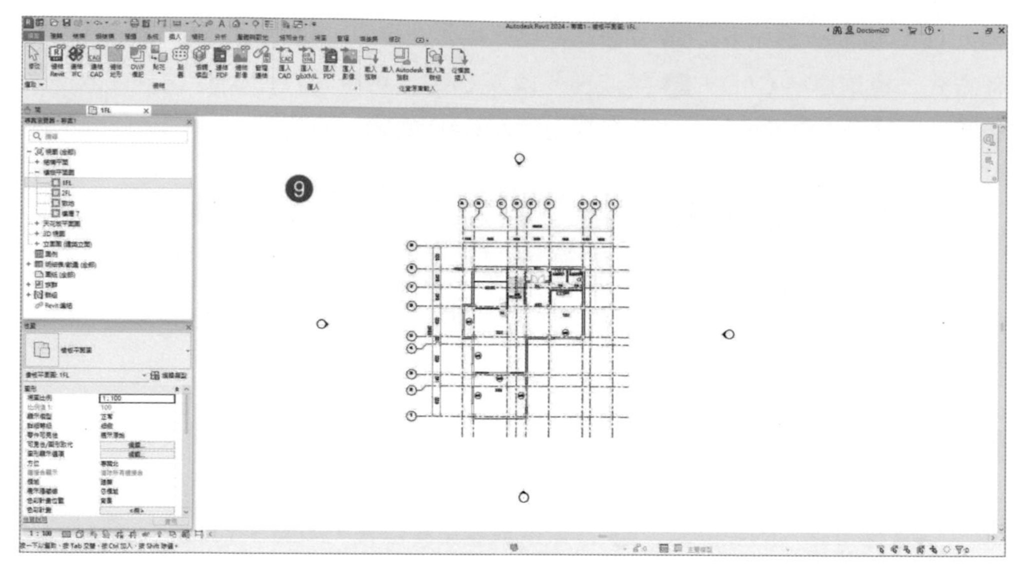

圖 3-16

3.3.5 調整專案基準點

圖說之專案基準點為 LineA 及 Line1 之交點，如圖 3-17。

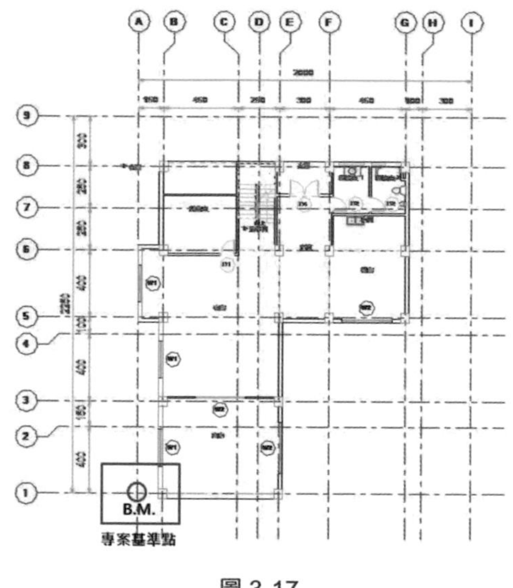

圖 3-17

調整專案基準點的方式如下：❶ 點選插入 CAD 圖說，❷ 第一種方式，取消圖紙釘選，移動圖紙，與專案基準點對正，❸ 第二種方式，點選專案基準點截取 ，❹ 取消截取 ，將專案基準點拖曳到 CAD 圖說之基準點，如圖 3-18。

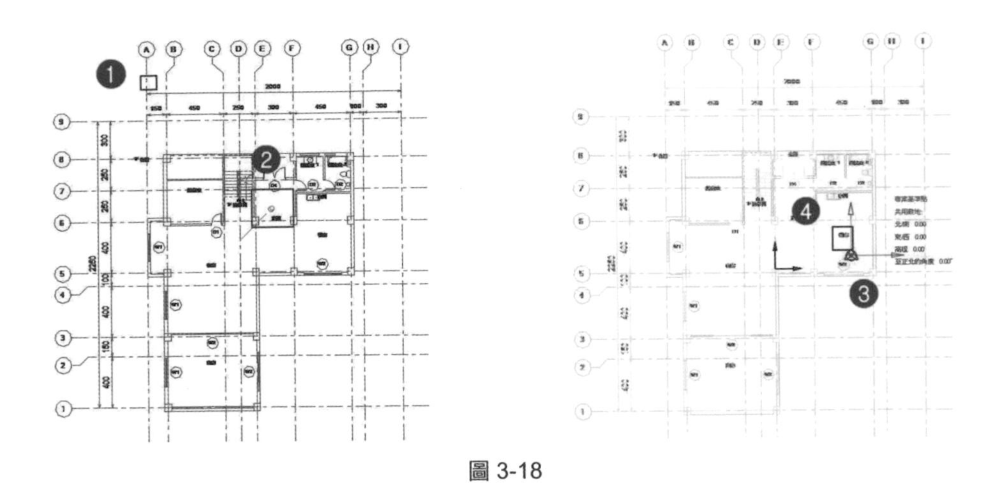

圖 3-18

本範例採用專案基準點及測量點拖曳到 CAD 圖說之基準點，如圖 3-19。

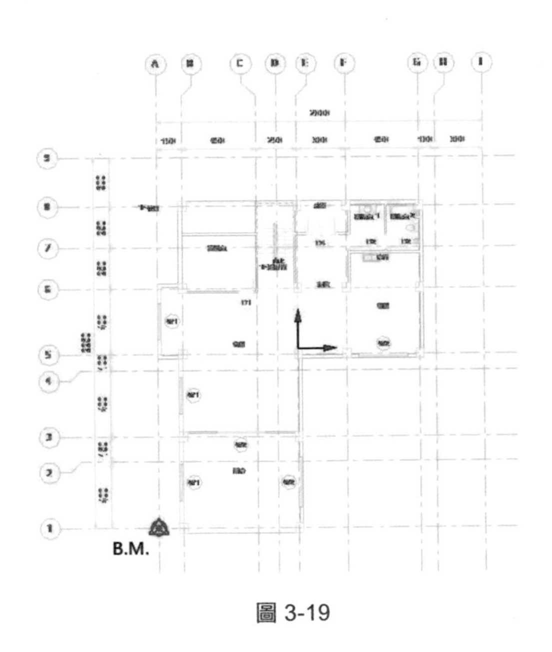

圖 3-19

3.3.6 柱線繪製

柱線在任一樓版平面圖內皆可繪製，在其他樓層的平面、立面或剖面，都會自動顯示其對應的柱線。

1. 於「專案瀏覽器」的「樓層平面圖」，滑鼠在「1 FL」快點兩下左鍵，便會在繪圖區域內，開啟一樓樓層平面圖，於「建築」頁籤的「基準」面板，點選「柱線」，開啟「修改 | 放置網格」頁籤，於繪製功能區，選擇「點選線」功能。

2. 於繪圖區域內，依照 CAD 圖說位置點選線，由下而上繪製出第一條縱向的柱線，如圖 3-20。

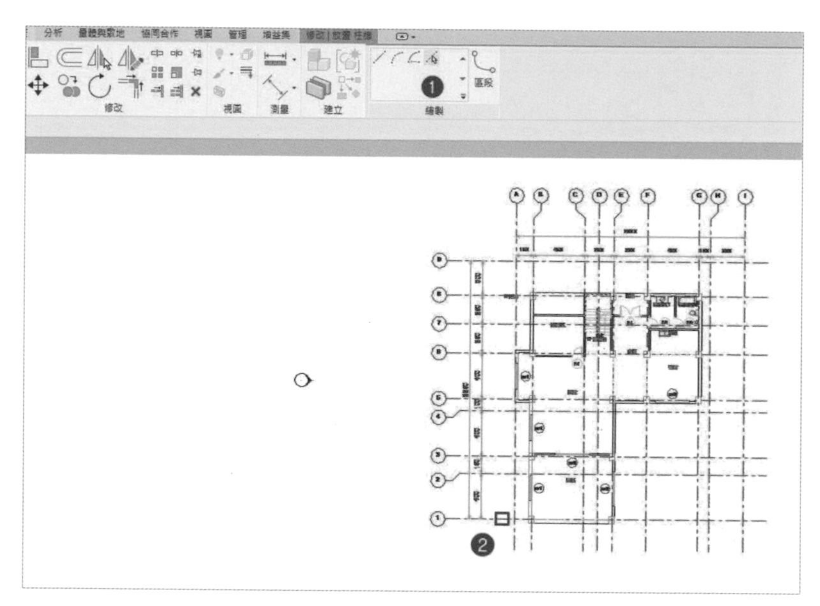

圖 3-20

3. 完成橫向參考線，確認編號到 9。

4. 點選直向第一條參考線，軟體直接編號為 10 開始，不是 CAD 圖說之 A。

5. 點選 10 之標註，改為 A，如圖 3-21。

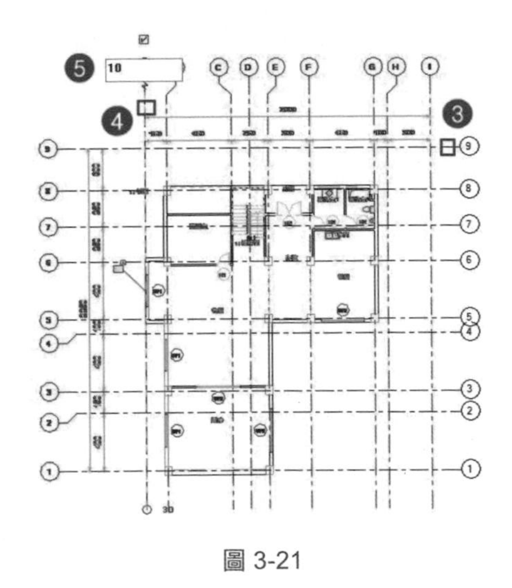

圖 3-21

6 完成步驟 5 參考線繪製後之圖形。

7 點擊「性質」對話框，選點「可見性 / 圖形取代」之「編輯」。

8 開啟「可見性 / 圖形取代」對話框，點選「匯入品類」頁籤，將「A105-1F 平面圖 .dwg」勾選取消。

9 完成後，按確定，如圖 3-22。

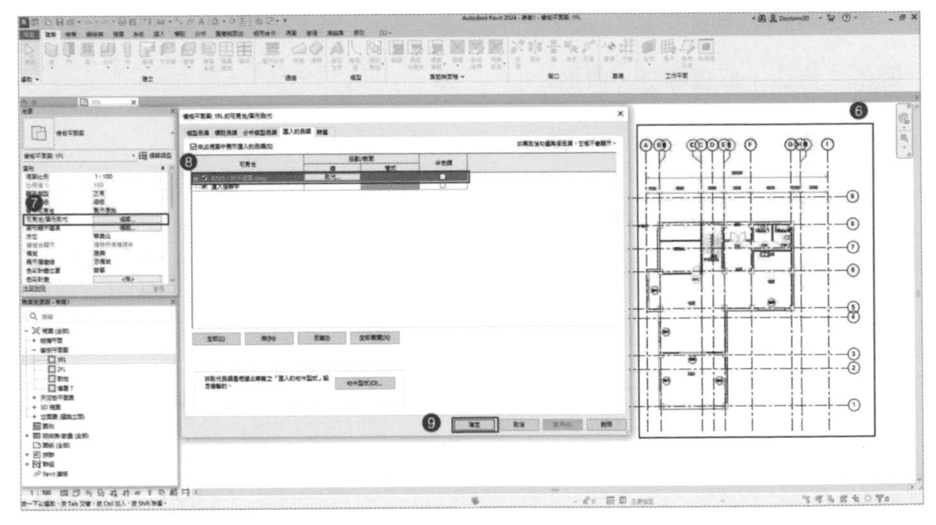

圖 3-22

10 完成後之柱線圖，如圖 3-23。(本書後續開啟之各視圖，皆要於「可見性 / 圖形取代」取消勾選圖紙。)

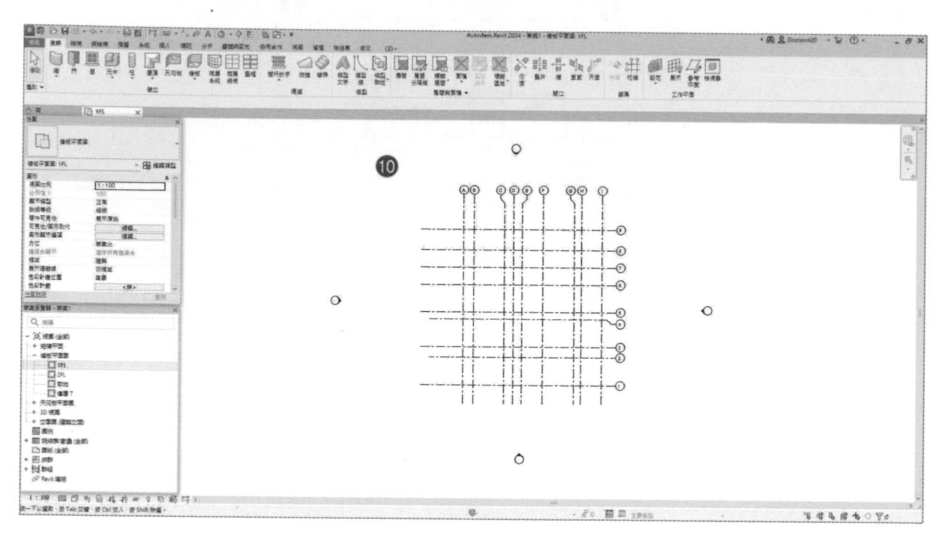

圖 3-23

3.3.7 標註尺寸

1 點選「標註」頁籤。

2 點擊「對齊」指令。

3 開啟「修改 | 放置標註」頁籤。

4 點擊「對齊」指令。

5 繪製尺寸線，由 A-B、B-C…方向繪製。

6 最後一段拉到 H 線外結束標註，如圖 3-24。

7 完成柱線標註之圖形，如圖 3-25，完成後存檔。

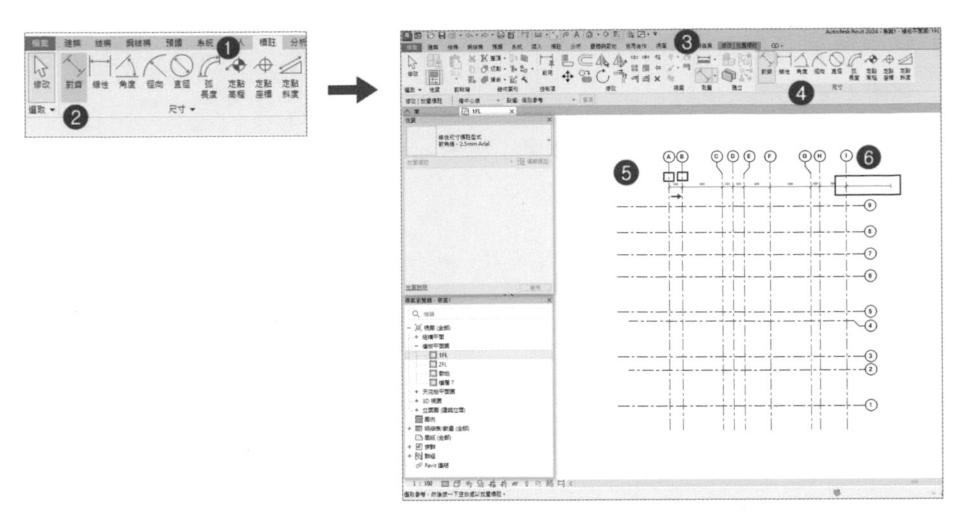

圖 3-24

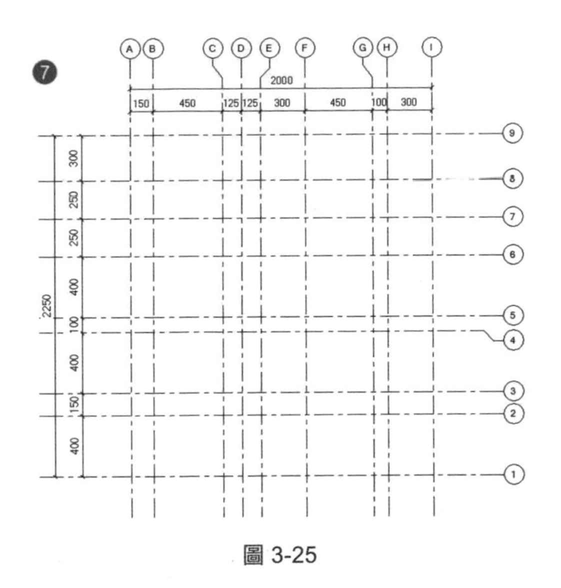

圖 3-25

3.3.8 檢查平面圖產出

當樓層線建立，但是專案瀏覽器中之結構平面、樓板平面、天花板平面，有時不會即時產出，這時候就要去檢查各視圖有無正確出現，如何產出視圖，步驟如下：

1. 在專案瀏覽器，檢查視圖（本範例為結構平面缺乏 2FL、GL、RFL、TO RF 視圖）。
2. 在「視圖」頁籤，點選「平面視圖」指令。
3. 開啟「結構平面」頁籤。
4. 點選要開啟之平面圖。
5. 完成後按「確定」，即產生平面圖（如圖 3-26）。

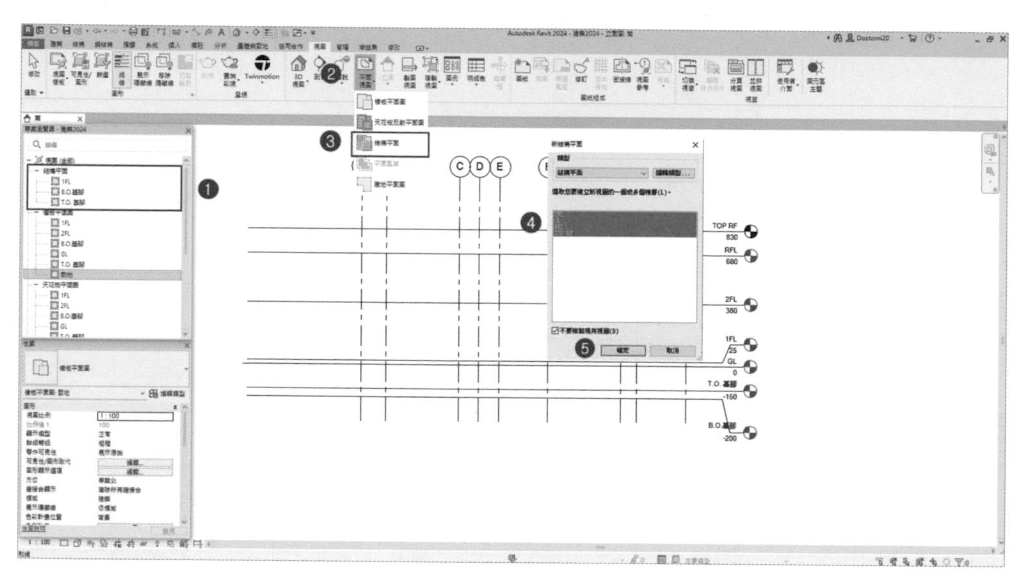

圖 3-26

3.3.9 材質設定

經過樓層高度及柱線繪製完成後，接下來將開始進入建築物及結構設計，一般繪製順序是由 1. 基礎、2. 柱、3. 地樑、4. 結構樑、5. 結構牆、6. 樓板、7. 樓梯、8. 隔間牆（含帷幕牆）、9. 屋頂、10. 內部裝修、11. 敷地；因此，在使用 Rivte 繪圖前，建議使用者先行將原有設計圖或構想，予以清圖或紀錄下，編列所需之基本材料統計表（表 3-1 之材料，即依圖 3-27 及圖 3-28 統計），予以先行規劃及設定完成，以便後續繪圖時，避免遺落，造成 Rivte 在自動計算材料、編列明細表時，無法獲得正確數據。

表 3-1

編號	使用位置	使用材料
1	外部結構牆	通用 150 mm 混凝土
2	內部結構牆	通用 120 mm 混凝土
3	1F 樓板	通用 250 mm 混凝土
4	2F 樓板	通用 150 mm 混凝土
5	結構柱	50×60 cm 混凝土
6	基礎	160×120×50 cm 混凝土
7	地樑	30×60 cm 混凝土
8	結構樑	30×60 cm 混凝土
9	W1 窗	1800×1200 mm 四開窗
10	DW 窗	1800×2100 mm 落地窗
11	D1 門	900×2100 mm 門
12	D2 門	1800×2100 mm 盥洗室門
13	D3 門	帷幕牆 - 雙 - 店面

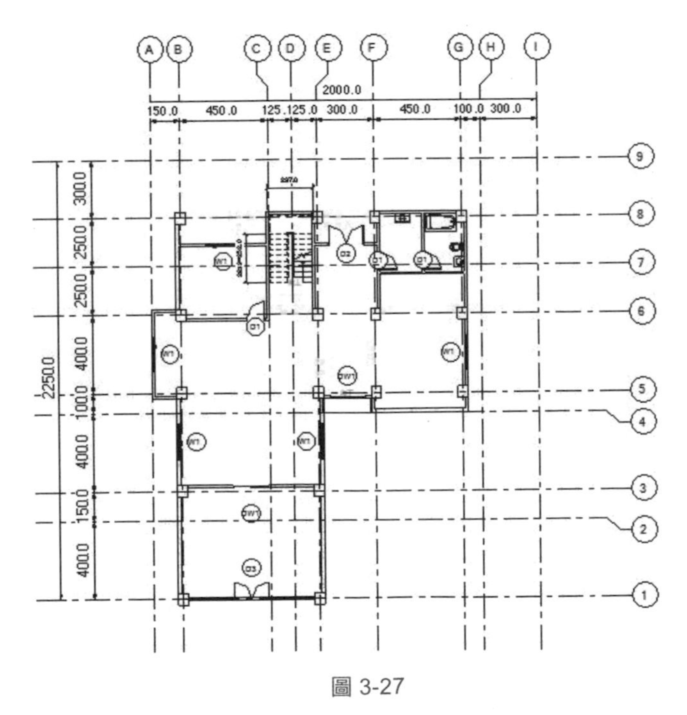

圖 3-27

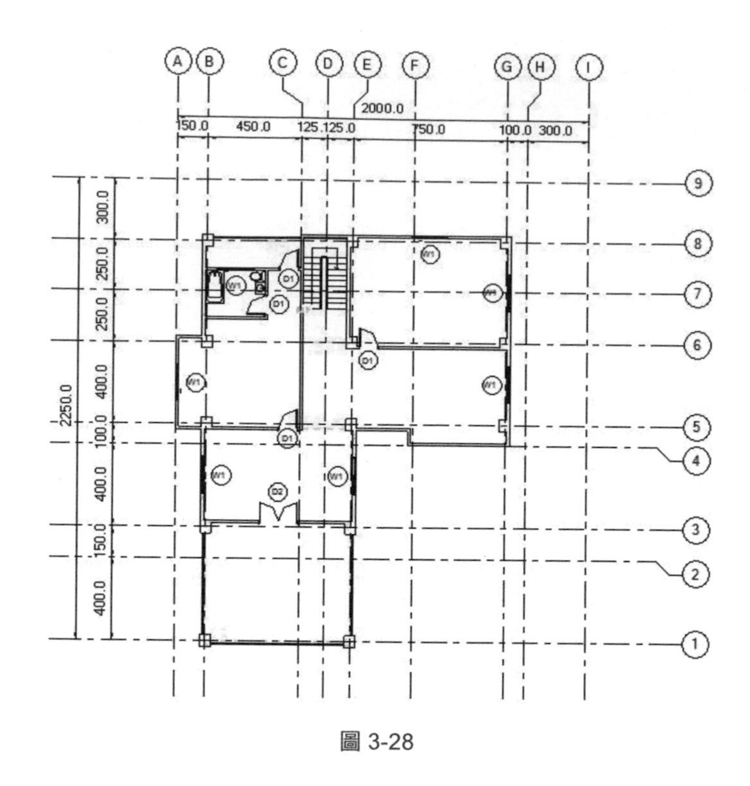
A
B
C
D
E
F
G
H
I
2000.0
150.0
450.0
125.125.0
750.0
100.0
300.0
9
8
7
6
5
4
3
2
1
300.0
250.0
250.0
400.0
100.0
400.0
150.0
400.0
2250.0
W1
D1
D2

圖 3-28

CHAPTER 04

基礎、柱、樑、牆結構繪製

本章主要在講述如何建立基礎、柱、樑結構，利用第三章完成之柱線製。

◆ 請讀者打開「範例檔案之第 4 章 \RVT\ 建築 2024.rvt」

4.1 基礎結構繪製

基礎結構之工具，被放置在功能區之「結構」頁籤下的「結構」，可分為「獨立」、「牆」、「樓板」三種，一般工程所稱之獨立基礎、聯合基礎、筏式基礎等，需在此「結構」頁籤下繪製，才會被歸類在「結構」資料中，如圖 4-1。

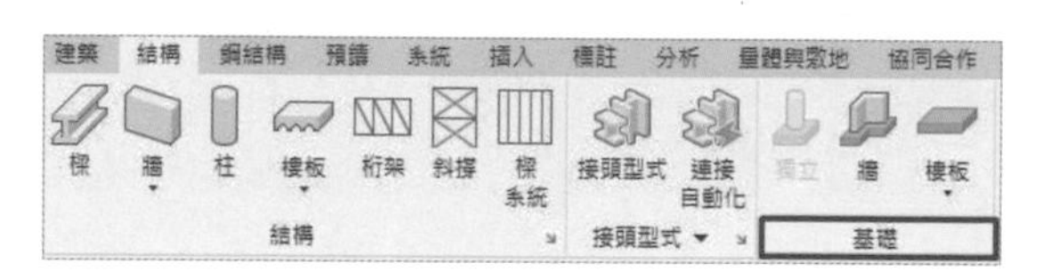

圖 4-1

4.1.1 基礎結構設定

1 在「專案瀏覽器」中，切換至「視圖」-「結構平面」-「T.O. 基礎」平面圖，在功能區之「結構」頁籤，點擊「獨立」工具後，在畫面左邊繪開啟「性質瀏覽器」，會有基本基礎類型，如果沒出現，可在功能區之「插入」下之「從資源庫載入」，點選「載入族群」選擇所需材料，如圖 4-2。(樣板檔案位置在 C:\ProgramData\Autodesk\RVT 2024\Libraries\Traditional Chinese_INTL\ 結構基礎 \M_ 基礎 - 矩形 .rfa)。

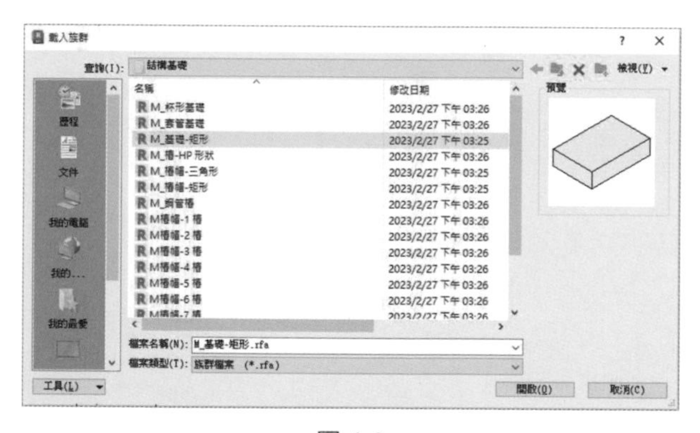

圖 4-2

2 ❶ 在畫面左邊繪開啟「性質瀏覽器」，內定之基礎型式為「矩形基腳 -1800×1200×450mm」，點擊「編輯類型」，❷ 開啟「類型性質」對話框。接下來要來建立新的基腳，點擊「複製」按鈕，開啟「名稱」對話框，會出現「1800×1200×450mm 2」，按確定，如圖 4-3。

圖 4-3

3 在「類型性質」對話框會看到「類型」欄位出現「1800×1200×450mm 2」，再點擊「更名」，出現「更名」對話框，將對話框內之「新名稱」內「1800×1200×450mm 2」改為「160×120×50cm」，再按確定，如圖 4-4。

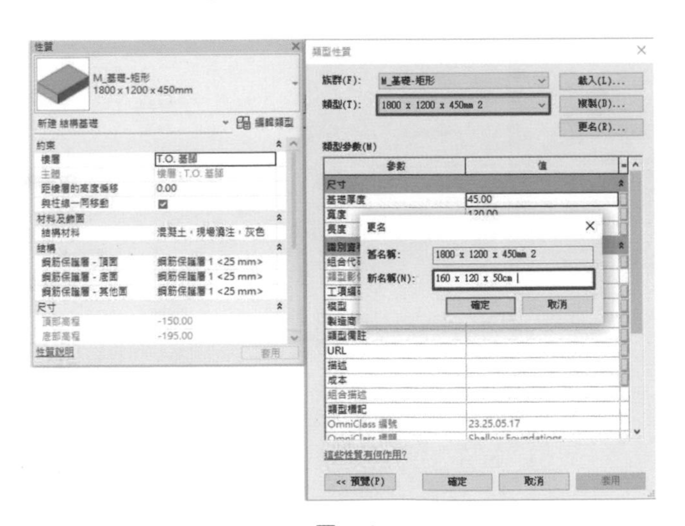

圖 4-4

4 回到「類型性質」對話框，在「類型參數」-「類型性質」-「標註」欄位內，修改「寬度」、「長度」、「厚度」，如圖 4-5。

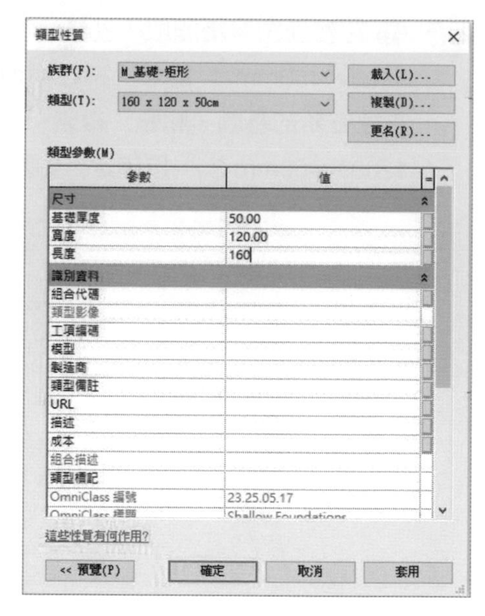

圖 4-5

5 ❶ 在「材料及飾面」點選右邊按鍵，❷ 開啟「材料瀏覽器」對話框，❸ 在「專案材料」設定所需材質，❹ 設定「描影」、「表面樣式」；❺ 完成後按「確定」，如圖 4-6。

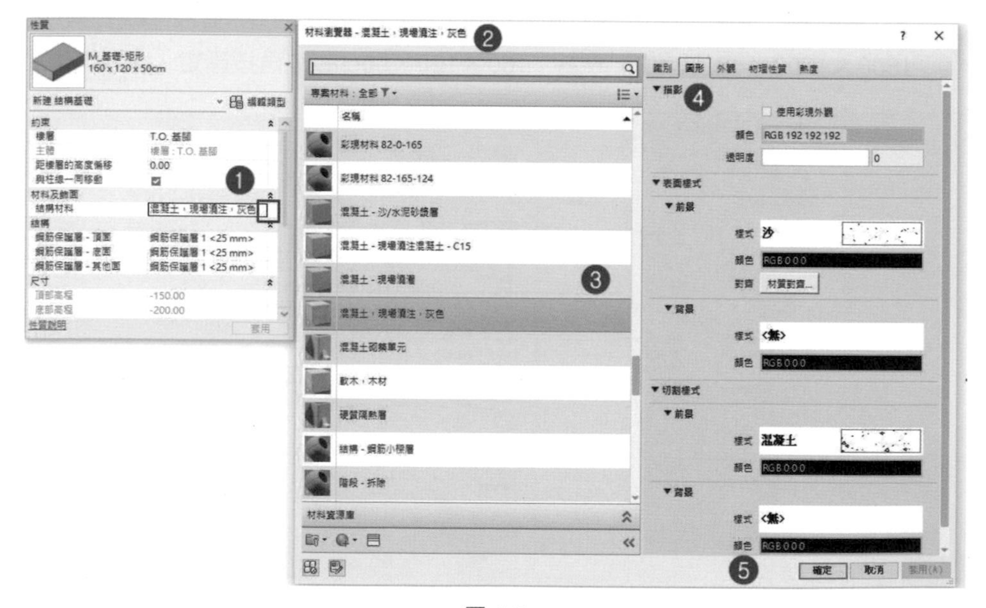

圖 4-6

6 在完成基礎型式設定後，回到「性質瀏覽器」，去確認所設置的樓層、深度位置是否正確，如圖 4-7。

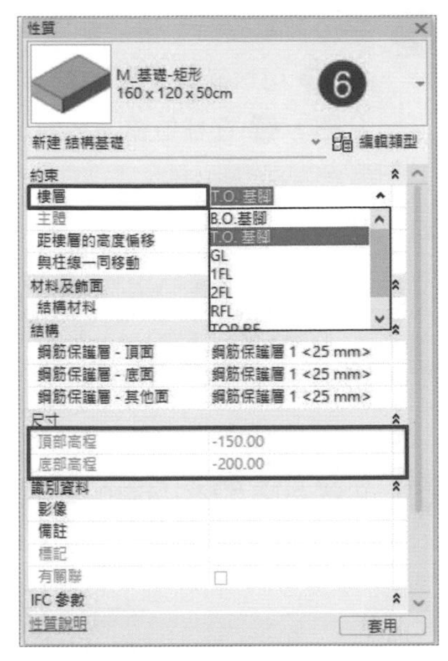

圖 4-7

4.1.2 基礎結構設置

1 完成基礎型式設定後，回到平面圖，依所設計的位置（例如各網格交點），點選擺設所需基礎，如圖 4-8。

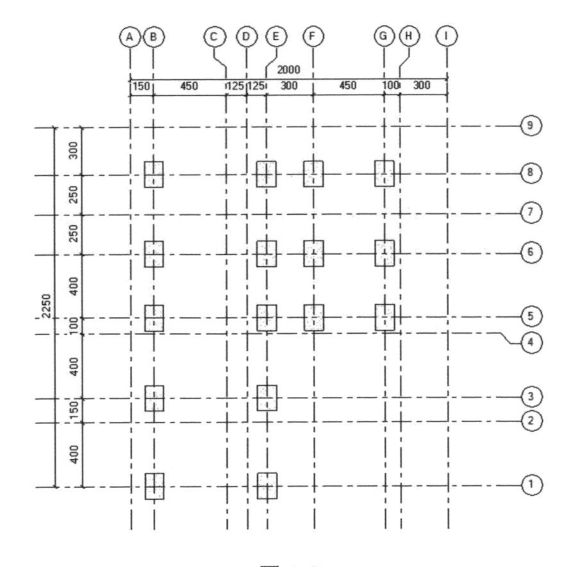

圖 4-8

2 在放置基礎時，在功能區「修改｜放置獨立基礎」頁籤下，可以選擇基礎放置後 ❶ 可以旋轉 ❷ 可以一次框選網格交點，擺放基礎（本部分操作，在下一節介紹）❸ 在柱位置上放置，如圖 4-9。

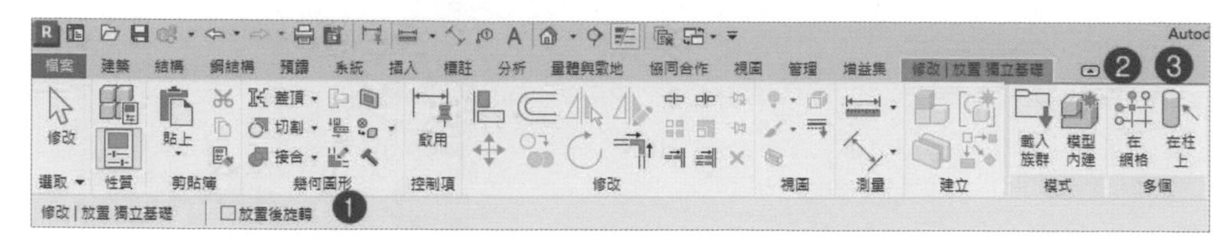

圖 4-9

3 新建 50×60×150cm 基礎，如圖 4-10。

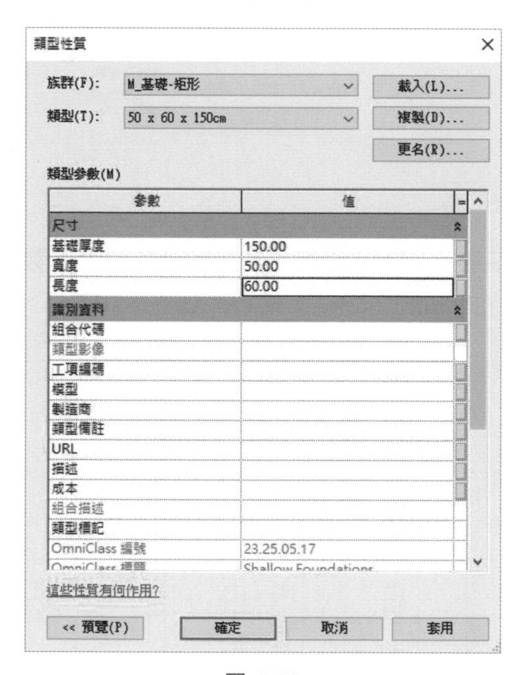

圖 4-10

4 ❶ 在性質對話框選擇 50×60×150cm 基礎，❷ 在距離樓層的高度偏移中設定為 150，❸ 並設定並依照基礎底板位置放置 50×60×150cm 基礎，如圖 4-11。

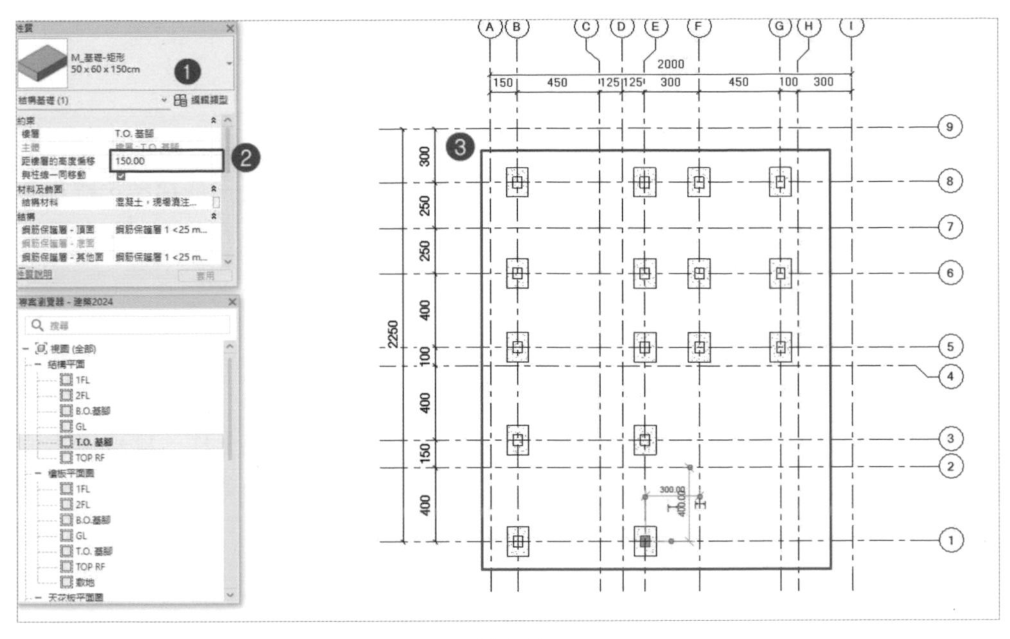

圖 4-11

5 完成後，可以將在專案瀏覽器中，將視圖切換到 3D 視圖，檢查模型是否建置正確，如圖 4-12。

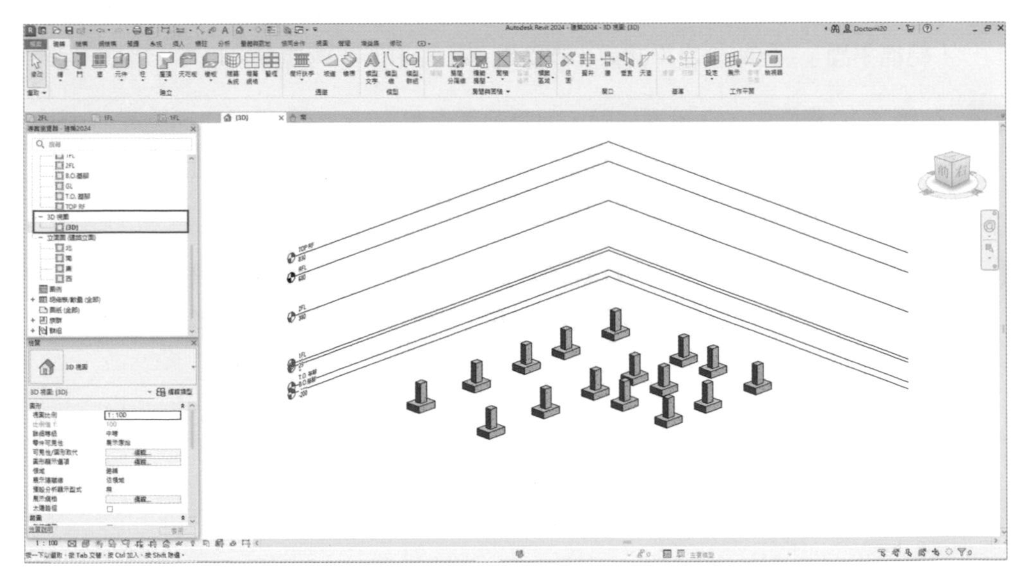

圖 4-12

4.2 柱結構繪置

Revit 的柱結構分為結構柱及建築柱。結構柱用於建築中，建立垂直荷載支承元素的模型，其行為定義主要為可以做為結構分析使用；建築柱只是一般模型，作為裝飾使用，並可接合其他元素之材料。

4.2.1 柱結構設定

柱結構設定，在功能區「建築」頁籤，選擇「柱」-「結構柱」，所需柱形式請依 4.1.1 之步驟 1 至步驟 6 建立及設定表 3-1 所需 50×60cm 混凝土柱（樣板檔案位置在 C:\ProgramData\Autodesk\RVT 2024\Libraries\Traditional Chinese_INTL\ 結構柱 \M_ 混凝土 - 矩形 - 柱 .rfa）。

4.2.2 柱結構設置

1. 在在功能區「建築」頁籤，選擇「結構柱」，彈跳出「修改 | 放置 結構柱」畫面。

2. 因本專案是從基礎開始建立圖說，因此在「專案瀏覽器」下，選擇「視圖」-「結構平面」-「GL」之平面圖（本範例 GL 與 1FL 不同高度，以 GL 為底部）。

3. 在圖 4-10 畫面中，在設置柱前，須將前置作業完成，❶ 選擇柱「位置」，例如「垂直柱」❷ 將原有內定「深度」，改為「高度」及柱的高度到達之「2FL」，並勾選「房間邊界」❸ 確認平面圖是否正確。

4. 完成步驟 3 設定後，在「性質瀏覽器」，選擇 50×60cm 混凝土柱，依所設計的位置（例如各柱線交點），手動點選，逐一擺設所需柱位置，如圖 4-13 畫面。

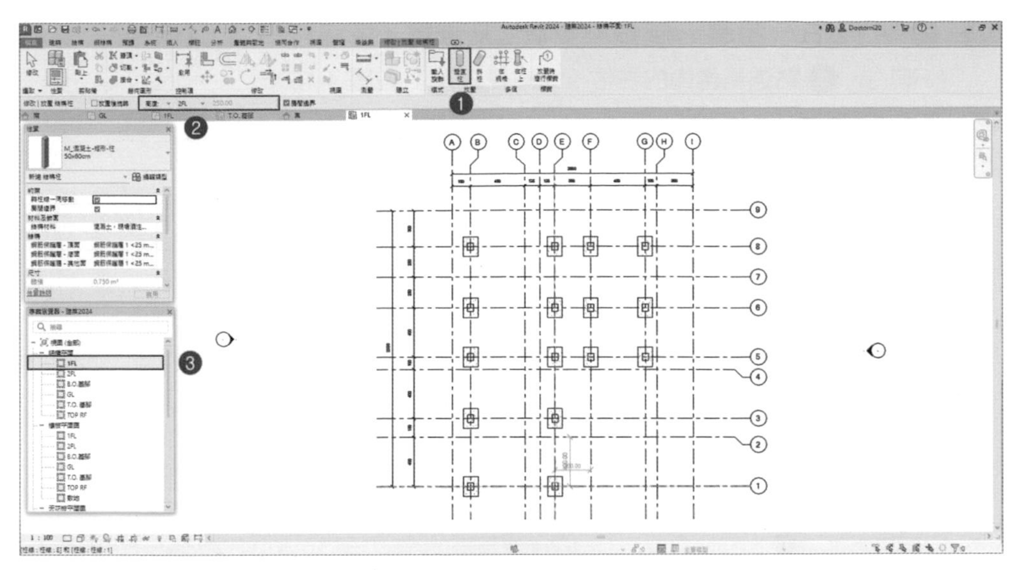

圖 4-13

5 ❶ 在「專案瀏覽器」之樓板平面圖點選「2 FL」視圖，❷ 在「性質」之「參考底圖」，❸ 選擇「1FL」，❹ 可看見視圖產生灰色「1FL」柱位形狀，如圖 4-14。

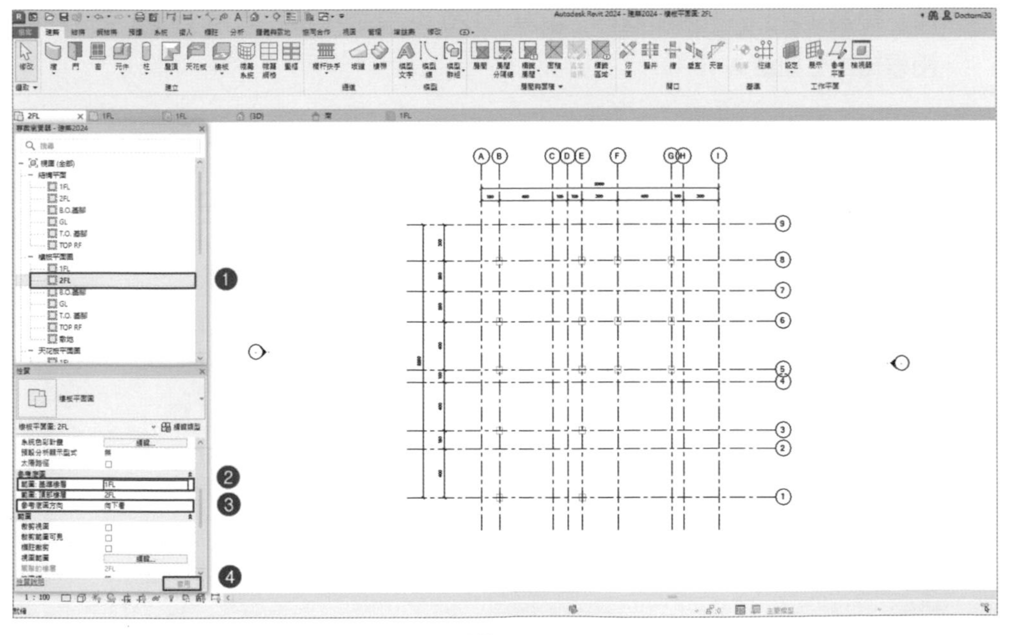

圖 4-14

6 ❶ 在「2 FL」視圖，❷ 按照步驟 3 及步驟 4 選擇柱功能，在高度設置為「RFL」，❸ 點選範圍內的柱位，完成柱繪製，如圖 4-15。

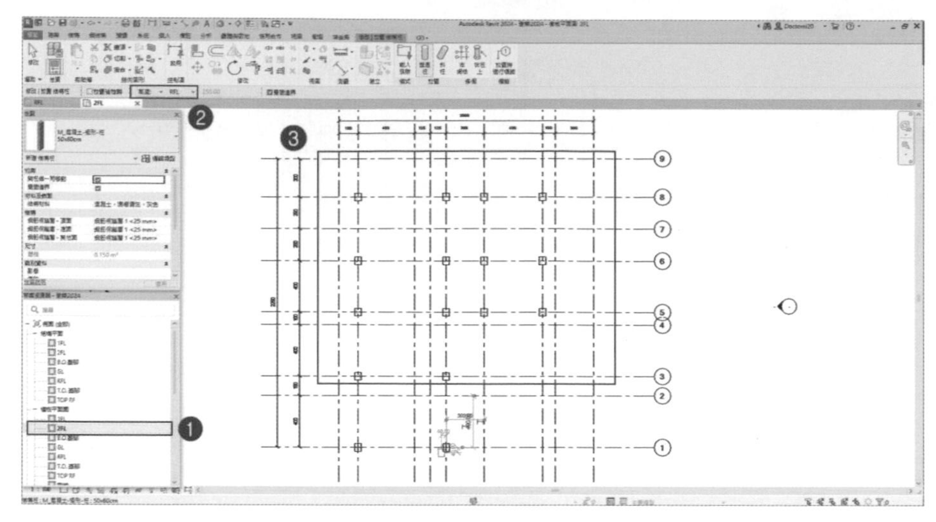

圖 4-15

7 ❶ 先將結構柱放置 Line1 兩個柱位，再重新點選放置之兩根結構柱，在「性質」對話框中，將「基準樓層」設為「2FL」、「基準偏移」設為「0」,「頂部樓層」設為「2FL」、「頂部偏移」設為「120」，完成後按「套用」，❷ 完成繪製兩根短柱，如圖 4-16。

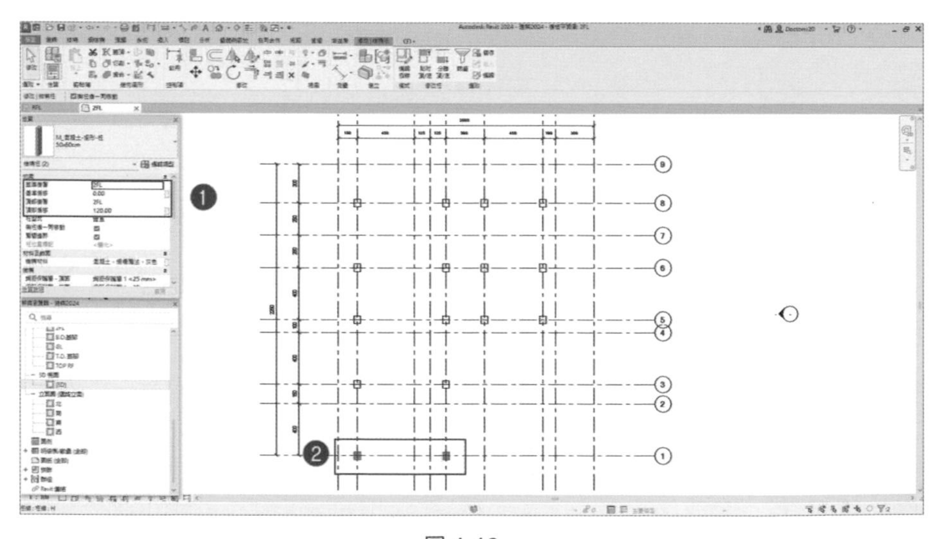

圖 4-16

8 ❶ 在專案瀏覽器點選「3D 視圖」，❷ 檢查結構柱有沒有建立正確，如圖 4-17。

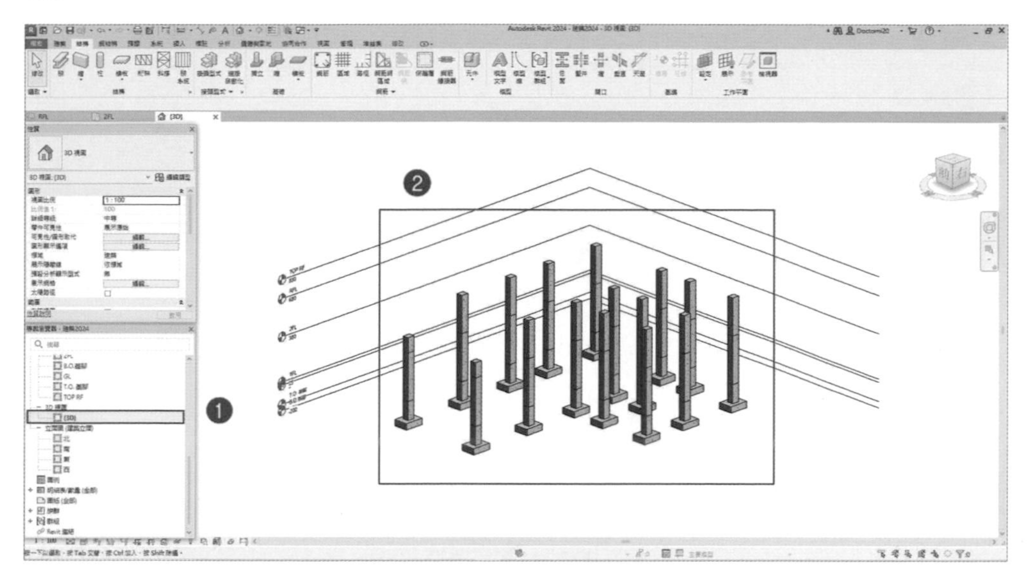

圖 4-17

4.2.3 柱結構網格放置

如果設計結構平面圖之基礎、柱、樑的位置，與柱線交點位置一致的話，可採用網格放置方式設置基礎、柱、樑。

1 開啟 1F 平面圖，於「結構」頁籤，點選「柱」。

2 點選「放置」面板內的「垂直柱」，再到「多個」面板內點選「柱線」 柱線 。

3 框選所有放置柱之柱線。

4 最後，再點選「完成」 ，如圖 4-18；並於「快速存取功能區」內點選 ，開啟 3D 視圖，如圖 4-19。

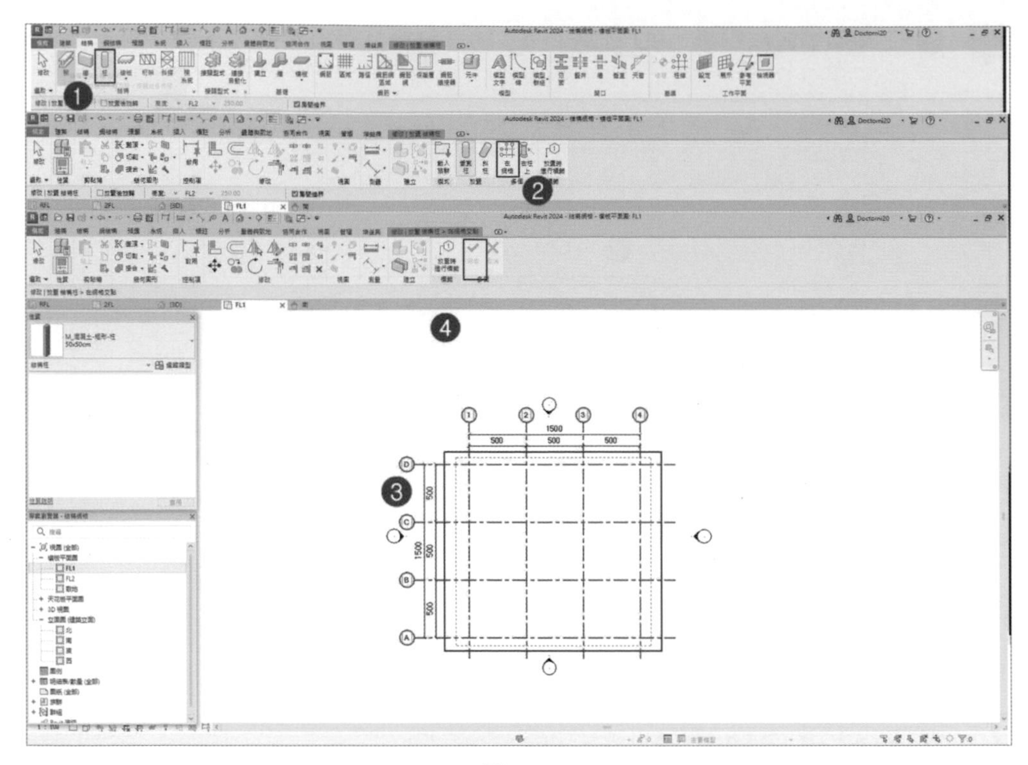

圖 4-18

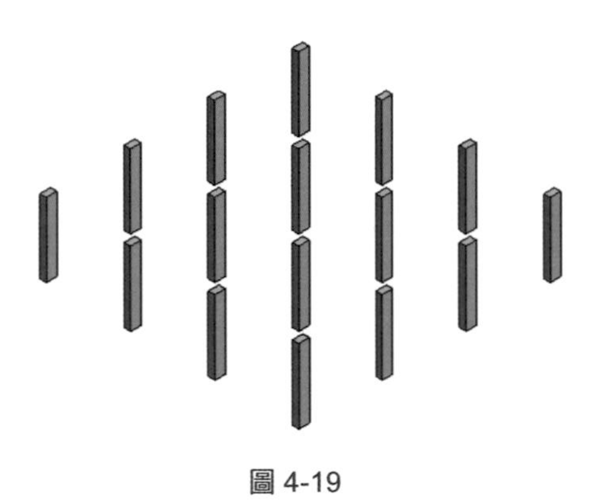

圖 4-19

4.2.4 柱樓層快速複製方法

如果同一棟建築，在不同樓層，卻有相同物件在相對位置上，可採用複製方式，將物件，複製到所需的樓層上，以下以一個案例來說明。

1 再光碟檔案開啟範例 1，切換到 1 樓平面圖及南向立面，本案例計有 4 層樓，如圖 4-20。

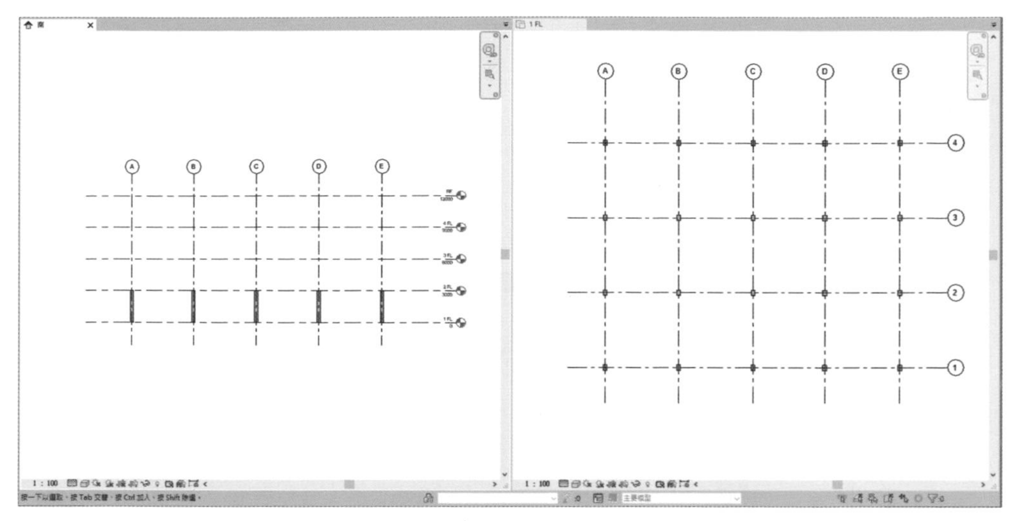

圖 4-20

2 以框選方式在 1 樓平面圖，選擇柱，如圖 4-21。

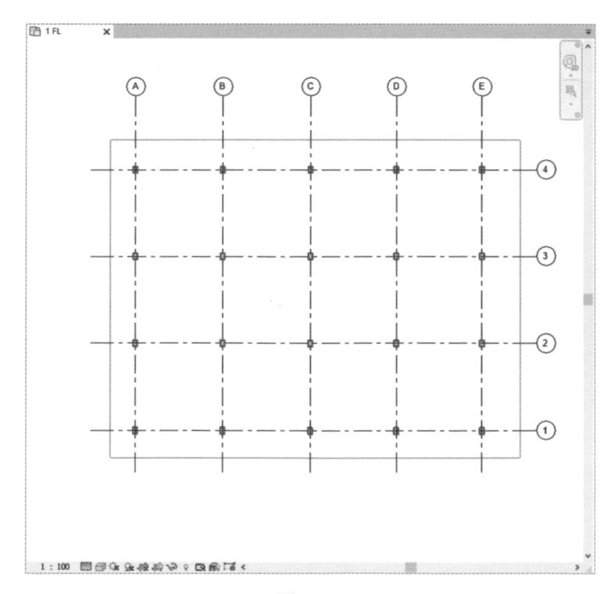

圖 4-21

3 ❶ 在功能區「修改 | 結構柱」頁籤下，選擇「剪貼簿」下「複製」，❷ 然後會亮顯處「貼上」按鈕，在「貼上」按鈕下有 按鈕，按下後彈跳出「與選取樓層」，❸ 按 Ctrl 鍵，選擇 2FL、3FL、4FL 後，❹ 按下「確定」，如圖 4-22。

圖 4-22

4 可以看見南向立面圖，新增 2FL、3FL、4FL 的柱，如圖 4-23。
（此種複製方式常用於柱、樑、板、鋼筋、燈具、衛浴及消防系統。）

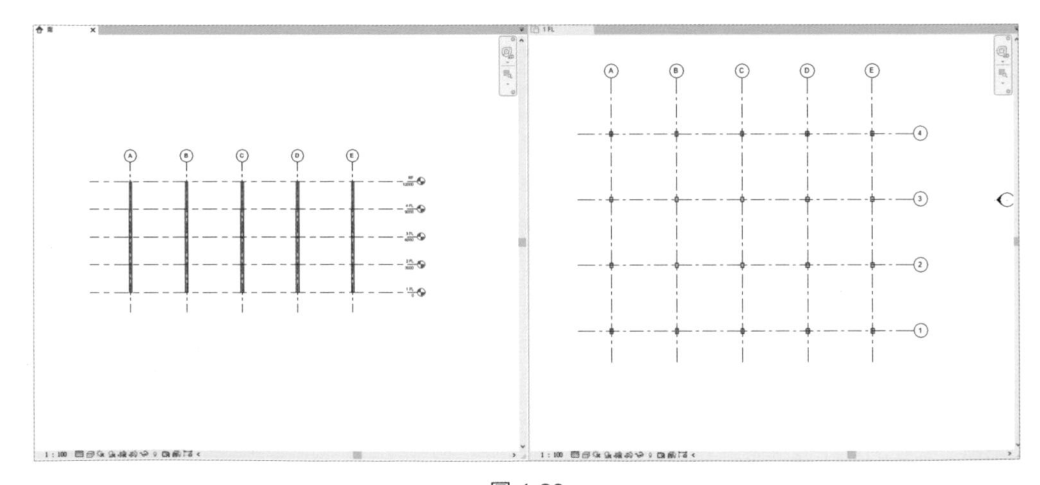

圖 4-23

4.3 樑結構繪製

4.3.1 樑結構設定

插入族群方式如下：❶ 在「性質」對話框，點選「編輯類型」，❷ 開啟「類型性質」對話框，點選「載入」，❸ 開啟「開啟舊檔」對話框，❹ 點選「M_ 混凝土 - 矩形樑 .rfa」，❺ 完成後，按「開啟」如圖 4-24。

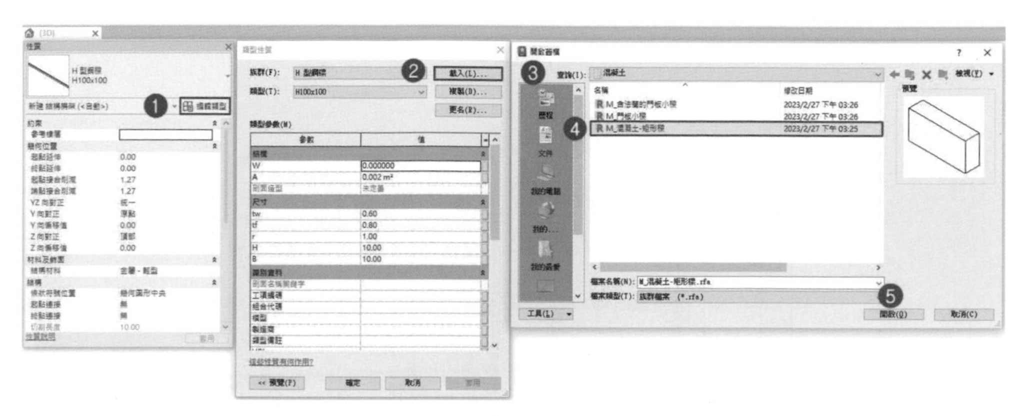

圖 4-24

4.3.2 樑結構設置

1. 於「專案瀏覽器」之「結構平面」開啟 1FL 樓層平面圖，再於功能區「結構」頁籤中，點擊「結構」面板的「樑」（在結構平面開啟 1FL 樓層平面圖，所繪製的樑為地樑位置；結構平面開啟 2FL 樓層平面圖，所繪製的樑為 1FL 位置，餘此類推）。

2. 開啟「類型選取器」的「類型性質」視窗，點選「混凝土樑 - 矩形 300×600mm」，如圖 4-25。

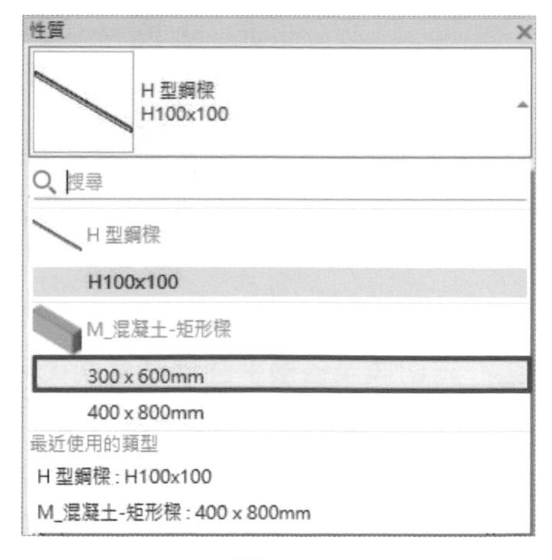

圖 4-25

3 點選「混凝土梁 - 矩形 300×600mm」並複製更名為「混凝土梁 - 矩形 30×60cm」，並依圖 4-26 設定梁之相關設定後，於 1LF 樓層平面圖為柱的位置，繪製地梁，如圖 4-27。

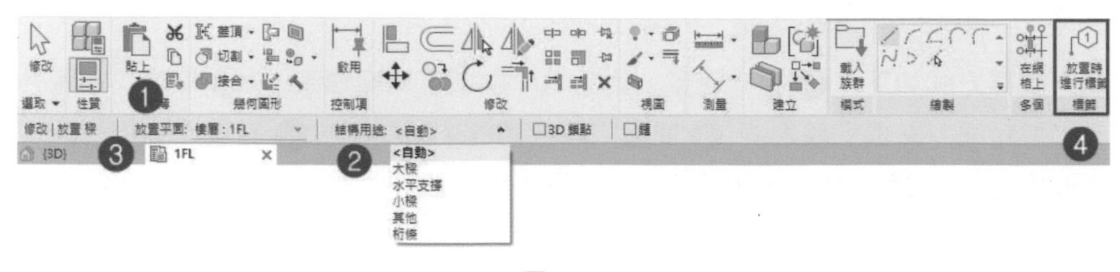

圖 4-26

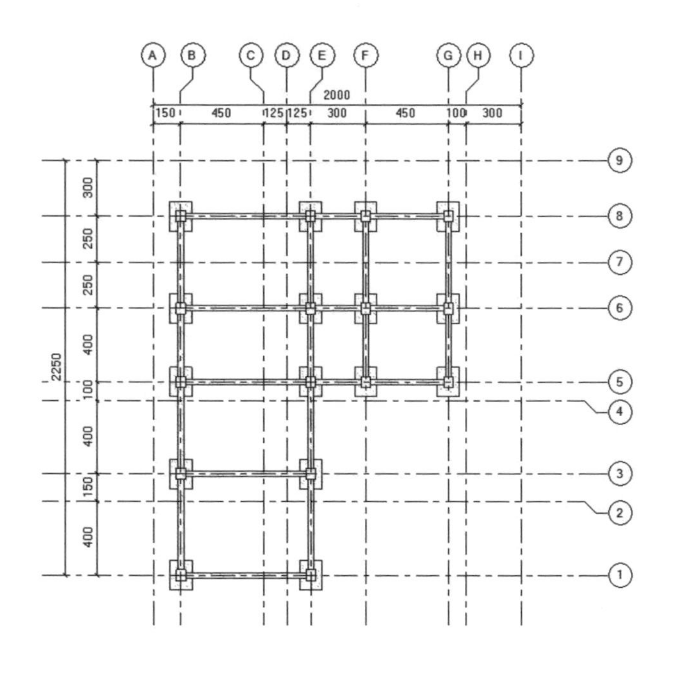

圖 4-27

4 先切換至各樓平面樓層畫面後，依步驟 1 至步驟 3，繪製各樓層之梁（1FL 及 2FL 外牆之梁，為偏心梁，梁外圍對齊柱邊），如圖 4-28、圖 4-29。

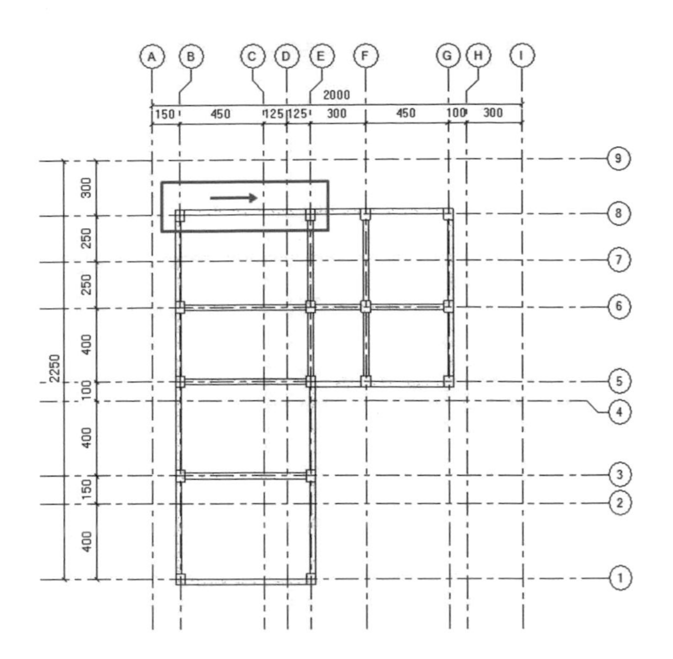

圖 4-28 1FL 樑位置圖

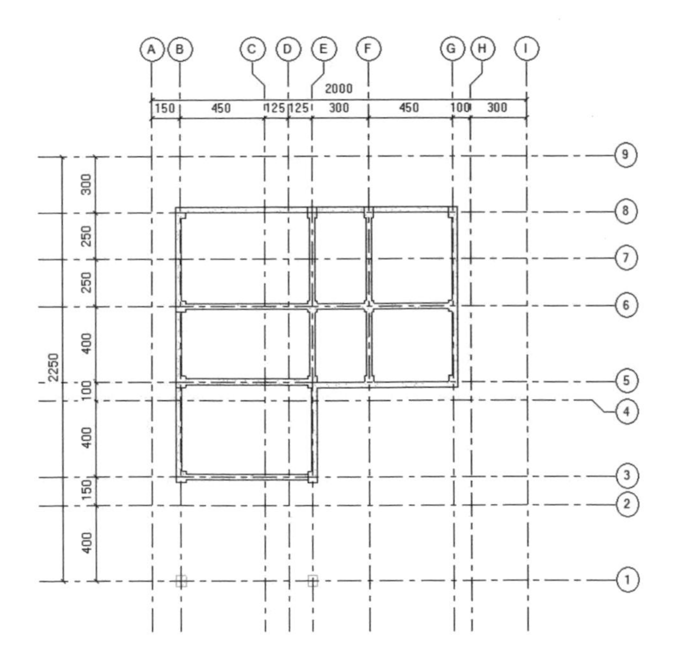

圖 4-29 2FL 樑位置圖

5 繪製完成後，於「功能區」內點選 ，開啟 3D 視圖，如圖 4-30。

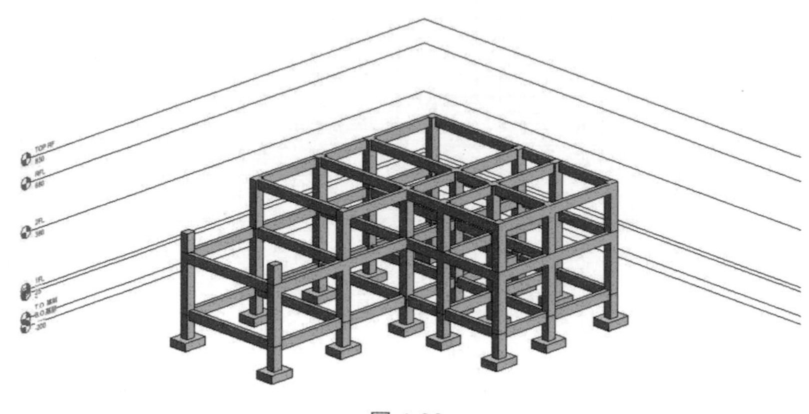

圖 4-30

附註：

繪製樑時，要從柱邊緣繪製到另一根柱邊緣，才合符結構行為，如圖 4-31。

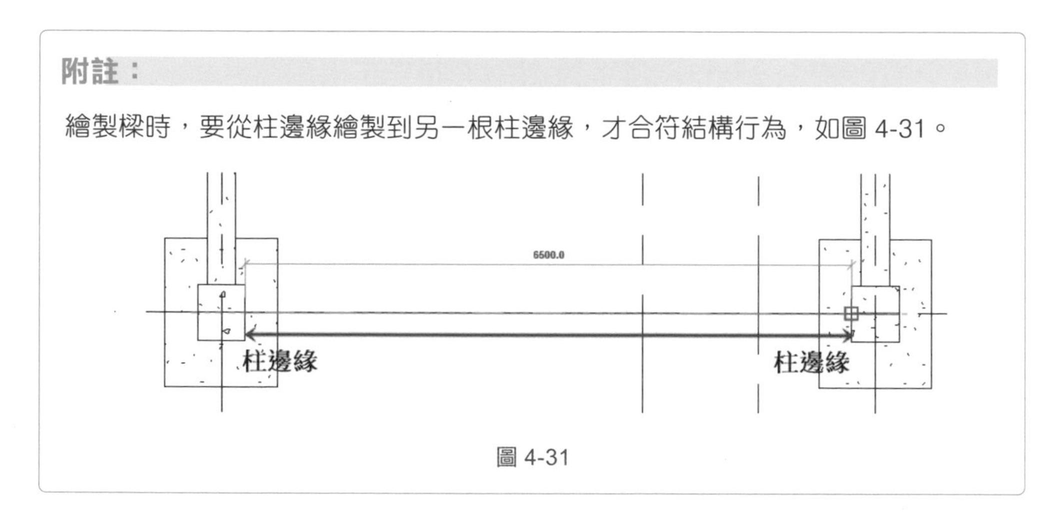

圖 4-31

4.4 牆結構繪置

要分為結構牆及隔間牆，在 Revit 中繪製牆，要能快速完成結構及材料之設定，不僅影響 3D 視圖、透視圖與立面圖的顯現，甚至對於剖面圖的顯示、細部大樣圖都有影響。牆在 Revit 中之分類有基本牆、帷幕牆、堆疊牆等，基本牆修改及複製方式，就如同 4.1.1 之步驟 1 至步驟 6 去建立及設定。

4.4.1 基本牆

建築及結構牆繪製方式相同，主要差別在於結構牆會提供用於分析時的參數，牆的性質也可在繪製完成後，在性質欄位調整；而牆通常於平面圖中建立，在 Revit 中牆元件分為內牆跟外牆，繪製時依照定位線的位畫生成牆元件，繪製方式如圖 4-32 及圖 4-33。

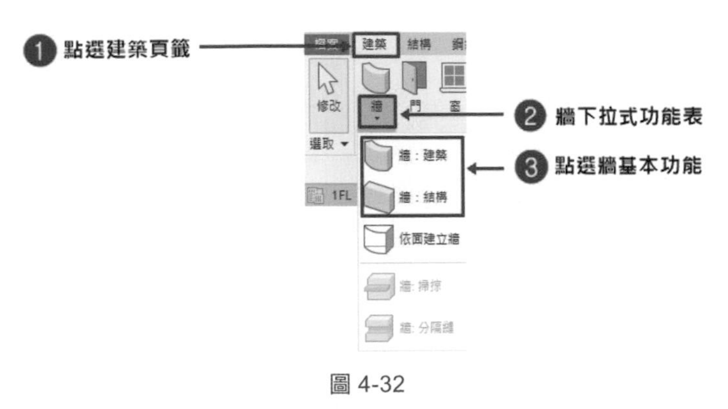

圖 4-32

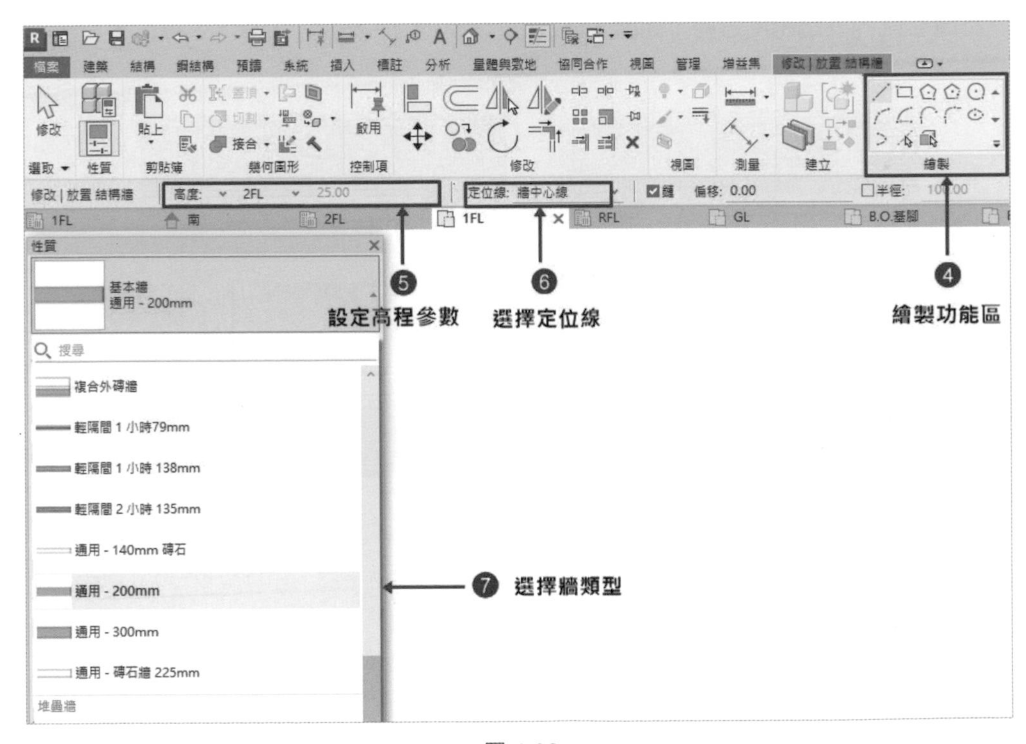

圖 4-33

繪製牆時，需選擇定位線，依照定位線的不同，繪製牆時的基準也有所區別，定位線主要分為「牆中心線」、「核心線」、「塗層面：外部」、「塗層面：內部」、「核心面：外部」、「核心面：內部」，如圖 4-34。

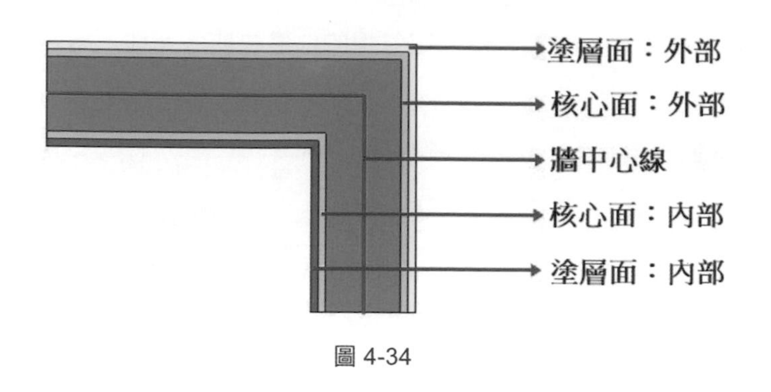

圖 4-34

附註：

牆的繪製方法須依照順時針方式繪製，順時針繪製外牆在外、內牆在內，逆時針繪製則內外牆相反方向，如圖 4-35。

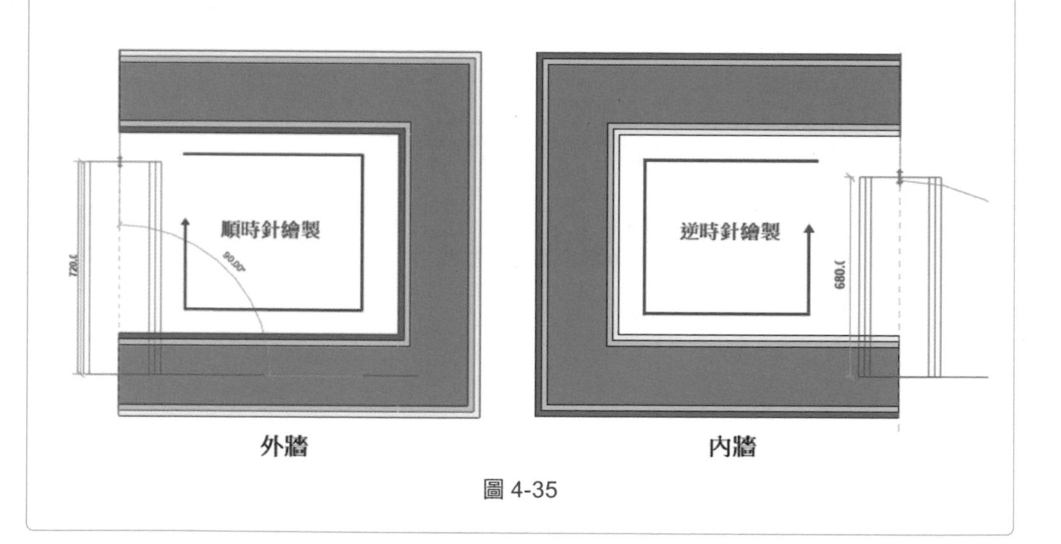

圖 4-35

4.4.2 複合牆的設定

1. 於功能區點擊「建築」頁籤，選擇「牆」按鈕，選擇「牆：結構」功能。

2. 「性質」對話框點選「基本牆 - 通用 200mm」的牆，開啟「編輯類型」的「類型性質」對話框，點選「複製」，複製出「複合牆 -150mm」，如圖 4-36。

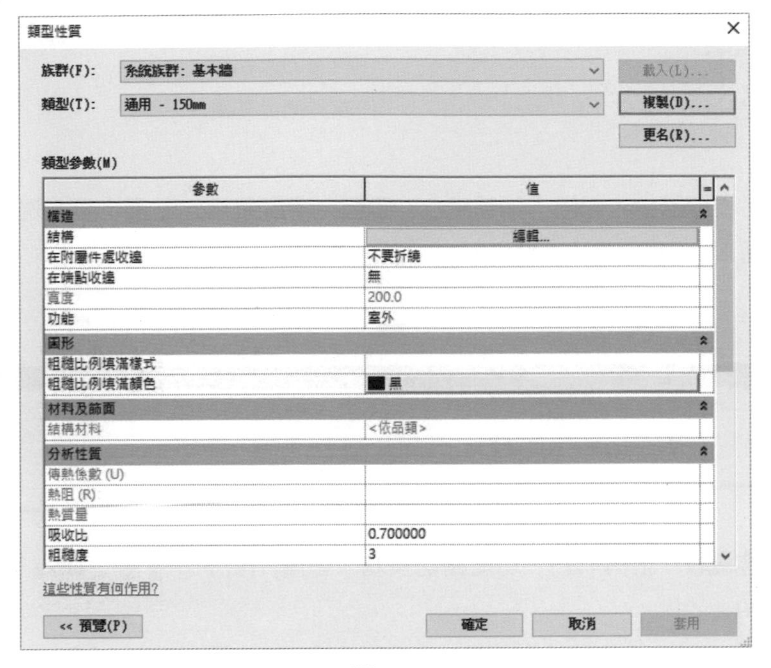

圖 4-36

3. 複合牆基本上是由多個垂直牆或區域所構成，圖 4-37 為所有的牆層種類。表 4-1，為各種不同種類的牆層功能及優先權：

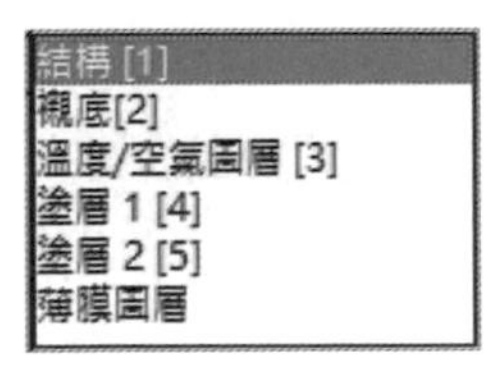

圖 4-37

表 4-1

功能 / 優先權	描述
結構（優先權 1）	用於支撐牆、板、屋頂
襯底（優先權 2）	作為其他層的基礎
溫度 / 空氣層（優先權 3）	用於阻絕且防止空氣滲透
薄膜層	用於防止水蒸氣滲透，厚度一般設定為 0
塗層 1（優先權 4）	作為牆的外部層。
塗層 1（優先權 5）	作為牆的內部層。

4 瞭解各種牆層後，開啟「編輯組合」視窗，滑鼠鼠標先點選「核心邊界」，在點選「插入」，新增牆層「結構 [1]」，如圖 4-38。

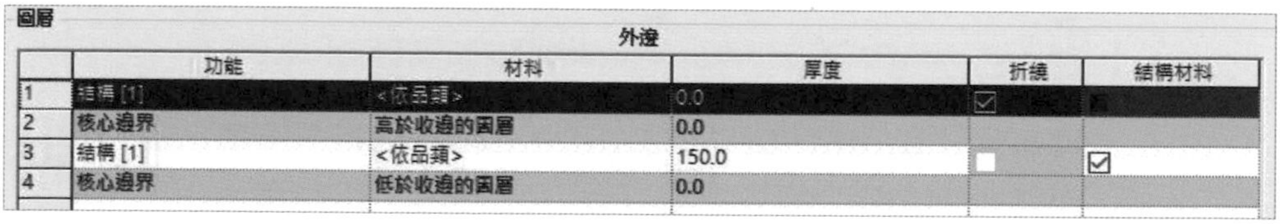

圖層

外邊

	功能	材料	厚度	折繞	結構材料
1	結構 [1]	<依品類>	0.0	☑	
2	核心邊界	高於收邊的圖層	0.0		
3	結構 [1]	<依品類>	150.0	☐	☑
4	核心邊界	低於收邊的圖層	0.0		

圖 4-38

5 將新增牆層「結構 [1]」，功能欄切換為「塗層 1[4]」，「厚度」欄為 15mm，如圖 4-39。

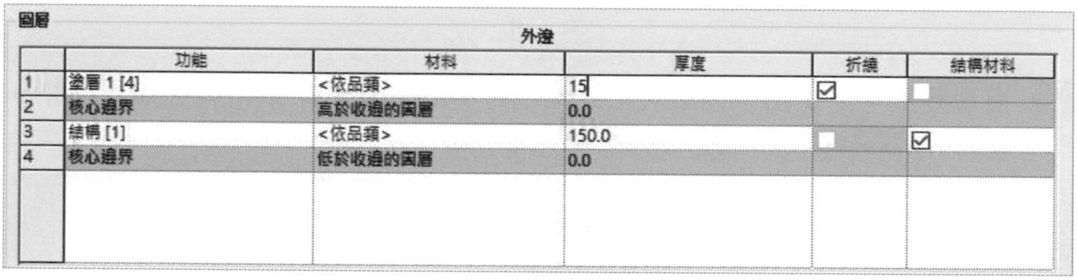

圖層

外邊

	功能	材料	厚度	折繞	結構材料
1	塗層 1 [4]	<依品類>	15	☑	☐
2	核心邊界	高於收邊的圖層	0.0		
3	結構 [1]	<依品類>	150.0	☐	☑
4	核心邊界	低於收邊的圖層	0.0		

圖 4-39

6 ❶ 完成「塗層 2[5]」,「厚度」欄為 15mm，❷ 點選欄位左下方的「預覽」，於「編輯組合」視窗左側為展開預覽視窗，目前視圖是以「樓板平面圖：修改類型屬性」的水平方式，來預覽該牆，❸ 點選「視圖」一般設定複合牆，會切換為「剖面圖：修改類型屬性」，❹ 以垂直方式來預覽，如圖 4-40。

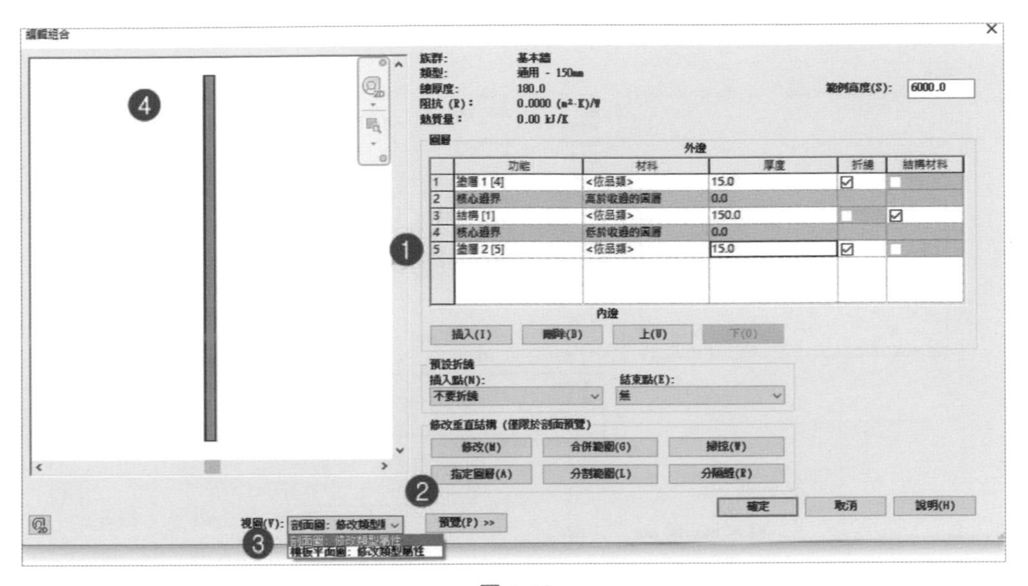

圖 4-40

7 ❶「編輯組合」視窗中「結構 1」之材料欄中「依品類」，點擊 ，❷ 展開「材料瀏覽器」，用搜尋方式，尋找「混凝土」，❸ 在「專案材料」點選「依混凝土、現場澆注、灰色」，❹ 在「描影」選項中，設定外觀「顏色」及「透明度」，❺ 在「表面樣式」，選擇「混凝土」樣式，❻ 點選「顏色」，❼ 可開啟「顏色」對話框，設定在中所需顏色，完成後按「確定」，如圖 4-41。

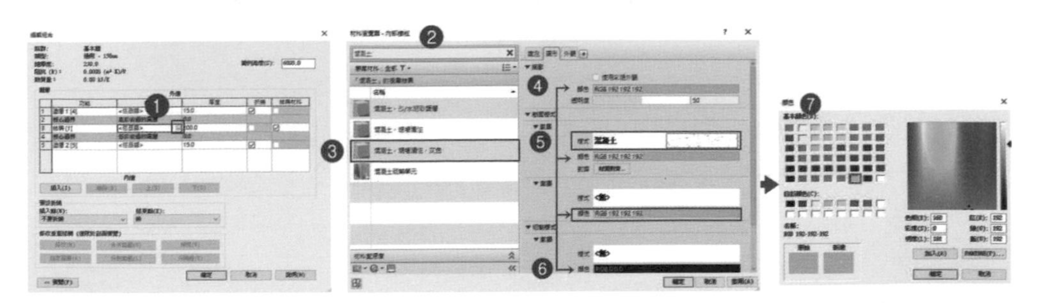

圖 4-41

附註：

牆的設定之參數，可將牆產生不同的組合，介紹如下：

1. 折繞：用於牆面中的閉口或邊緣之收邊，並且在數量計算時可以包含其數量，如圖 4-42，折繞結果：如圖 4-43。

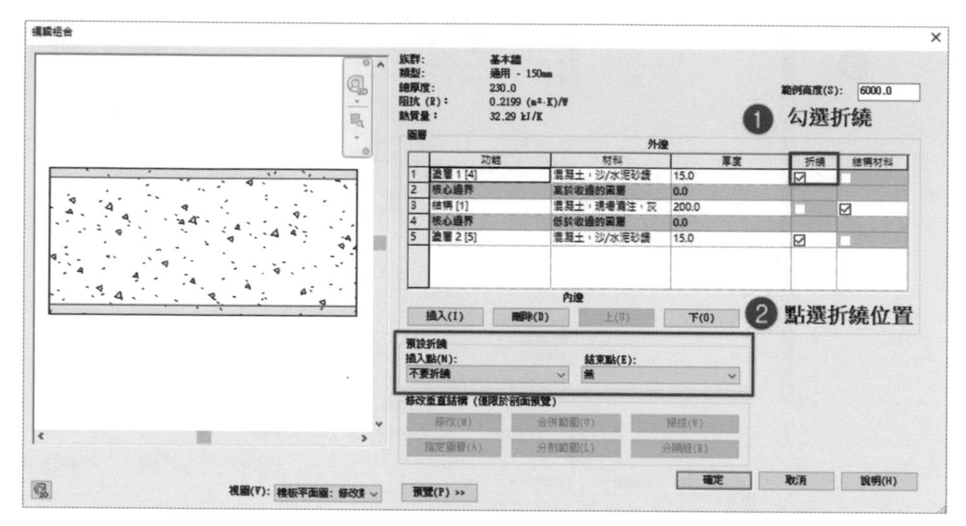

圖 4-42

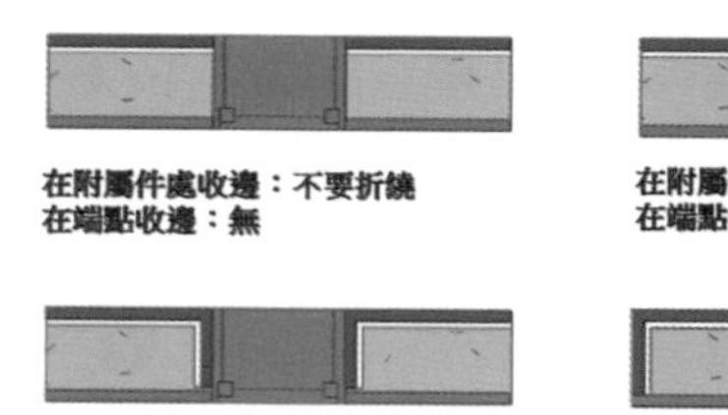

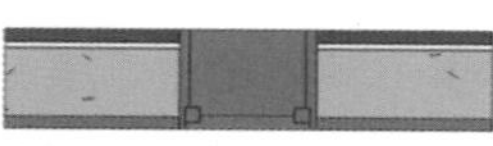

圖 4-43

2. 分割區域：牆面在裝修時，會將材質及顏色上的變化以凸顯造型，分割區域功能可將牆面切割成多個區域，並且將各區域設定成不同的材料，步驟如下：❶ 點選分割區域功能，❷ 切換至剖面視圖，❸ 點選分割位置，❹ 點選指定層功能，❺ 點選欲替換的層，❻ 點選欲修改的區域，如圖 4-44、圖 4-45。

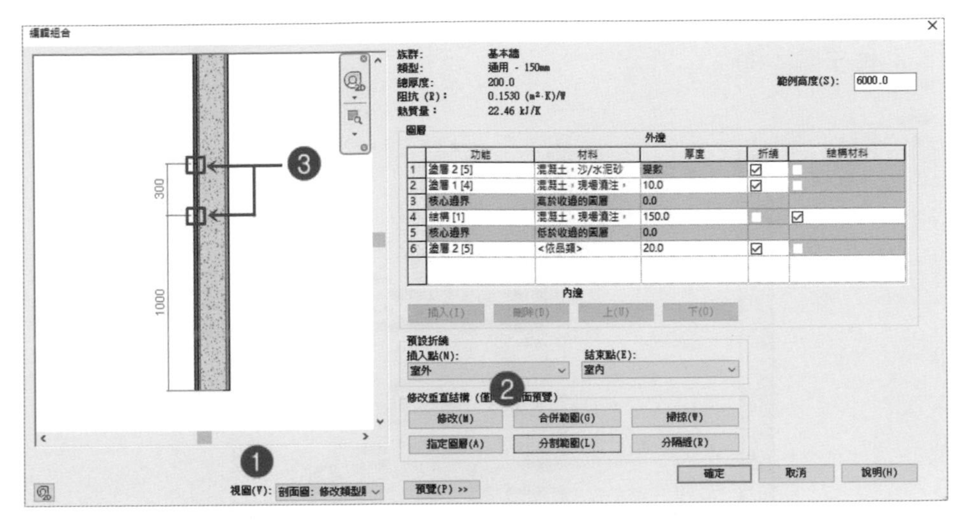

圖 4-44

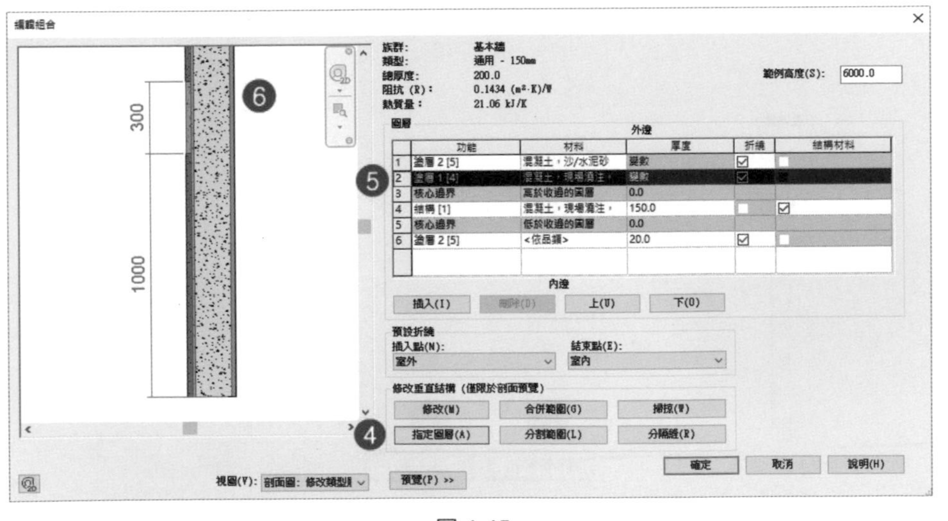

圖 4-45

3. 掃掠：該功能提供讀者建置牆面上的造型裝飾部分，建置方式需依 Revit 族群功能中繪製的二維輪廓，生成為三維元件，並設定於牆類型中，步驟如下：❶ 點選「掃掠」功能，❷ 載入輪廓（族群放置在 C:\ProgramData\Autodesk\RVT 2024\Libraries\Traditional Chinese_INTL\ 輪廓 \ 牆之目錄），❸ 加入所需輪廓，❹ 設定輪廓參數，❺ 完成後之掃掠輪廓剖面，如圖 4-46 至圖 4-50。

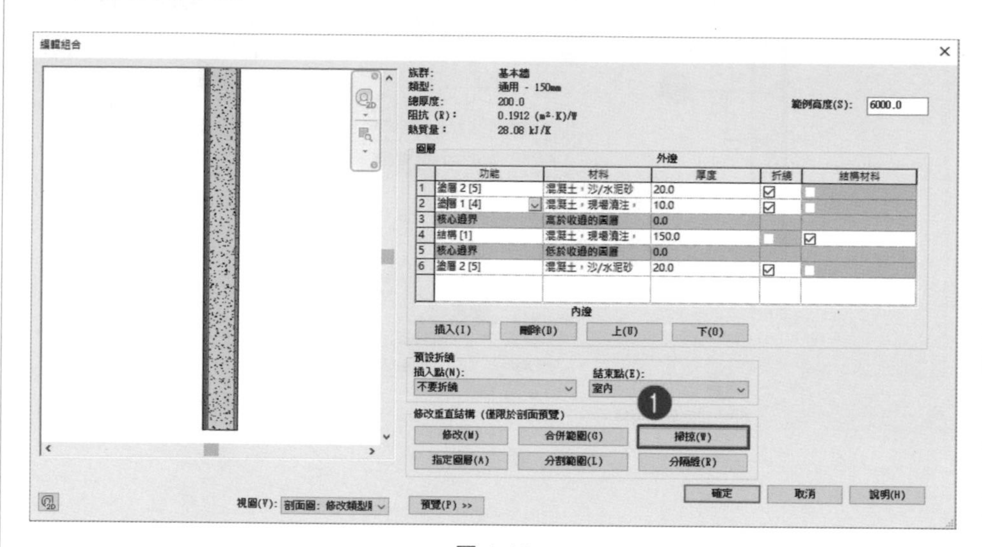

圖 4-46

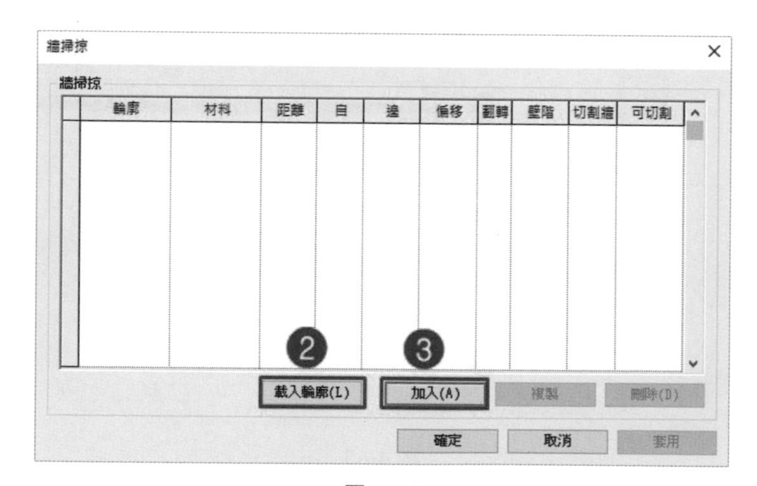

圖 4-47

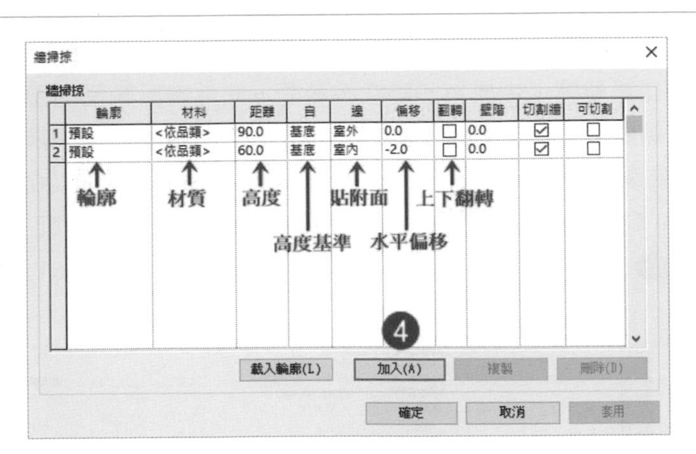

圖 4-48

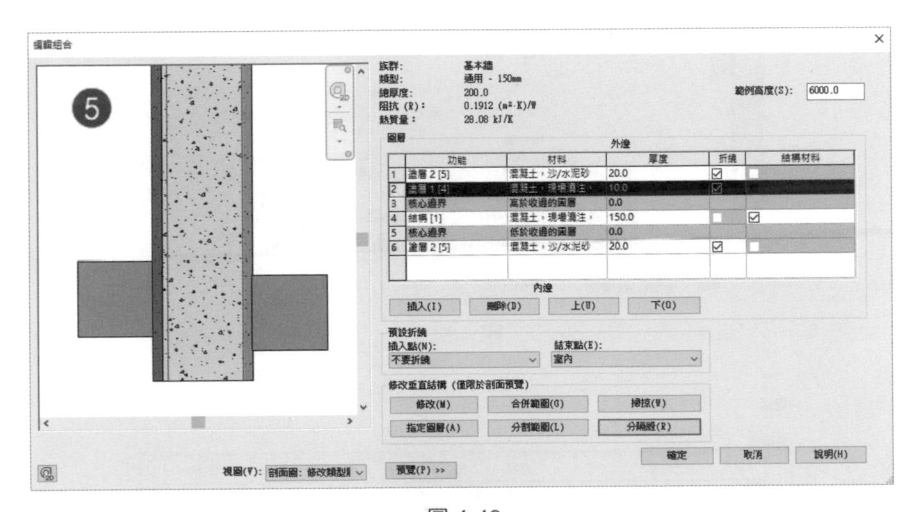

圖 4-49

圖 4-50

4. 分隔縫：用於牆面上的造型裝飾部分，與掃掠不同的是，依 Revit 族群功能中繪製的二維輪廓，生成為三維空心範圍，元件與該範圍的重疊部分將會被扣除，相關參數設定於牆類型中；步驟如下：❶ 點選「分隔縫」功能，❷ 載入輪廓（族群放置在 C:\ProgramData\Autodesk\RVT 2024\Libraries\Traditional Chinese_INTL\ 輪廓 \ 牆之目錄），❸ 加入所需輪廓，❹ 設定輪廓參數，❺ 完成後，按「確定」之分隔縫輪廓剖面，如圖 4-51 至圖 4-54。

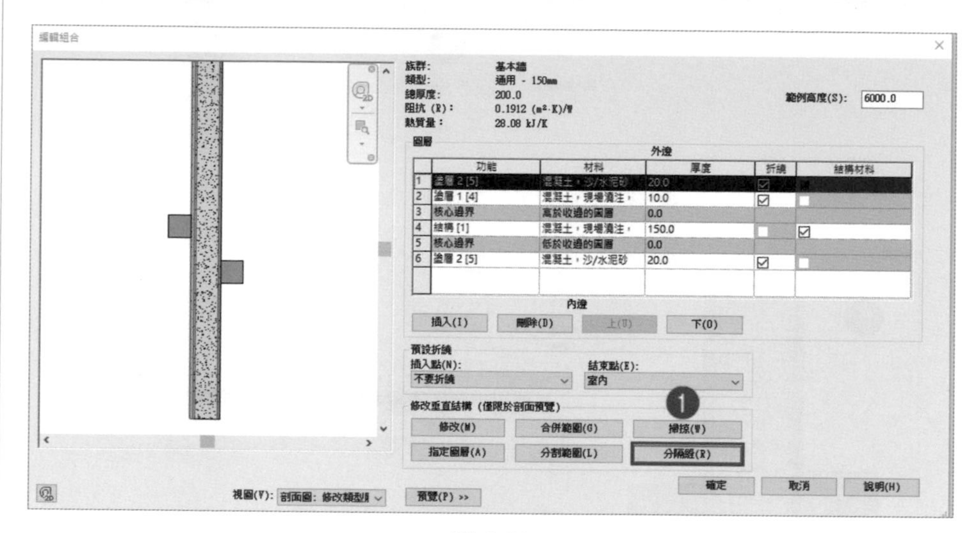

圖 4-51

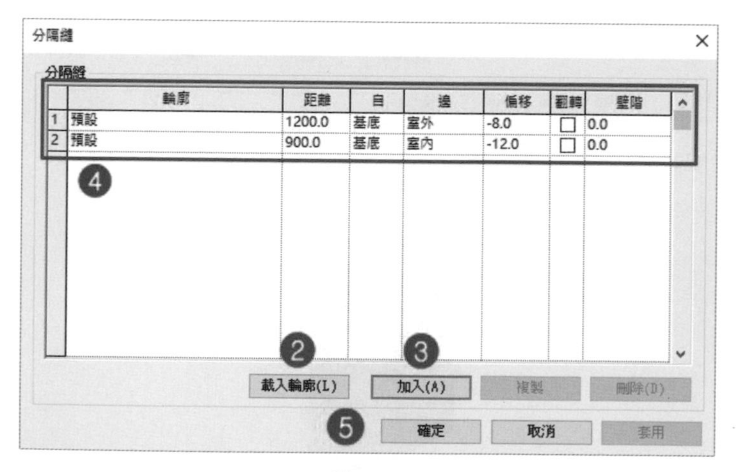

圖 4-52

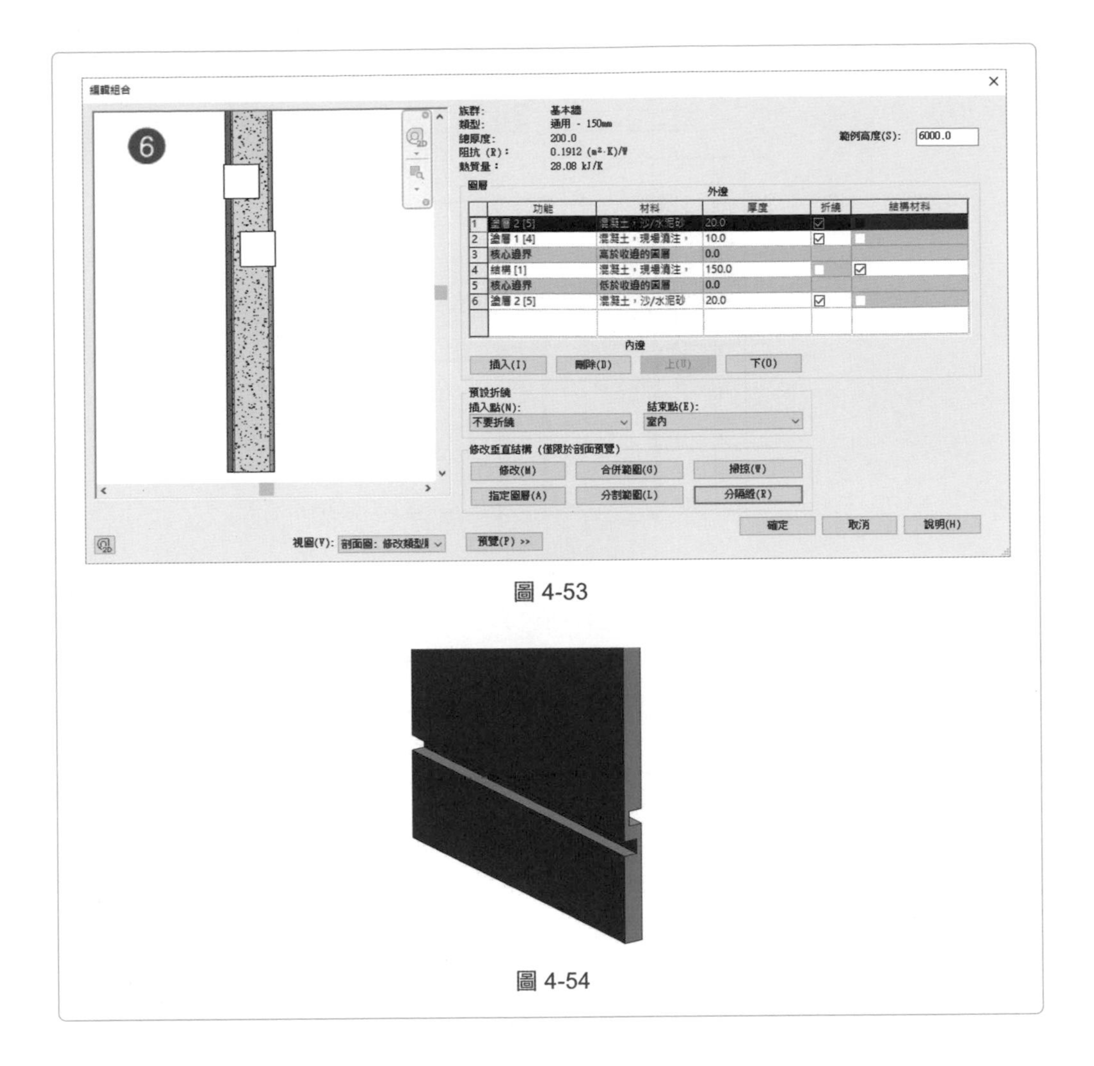

圖 4-53

圖 4-54

4.4.3 牆結構設置

1. 經依第 4.3 節，完成各樓層樑之繪製後，於 1 FL 平面視圖於功能區點擊「建築」頁籤，選擇「牆」按鈕，選擇「牆：結構」功能。

2. 「性質瀏覽器」點選「基本牆 - 通用 150mm」的牆，繪製外牆，如圖 4-55。

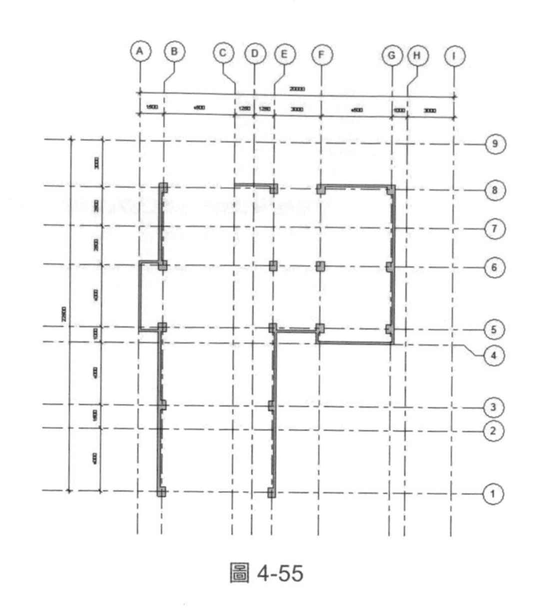

圖 4-55

3 「性質瀏覽器」點選「基本牆 - 通用 120mm」的牆，繪製隔間牆，於繪圖時於選項區依圖 4-56 內 ❶ 選擇高度、定位線、偏移設定是否正確，❷ 確認隔間牆高度（在 1FL，牆位置在樑下，其高度為樓層高度 - 樑深度，本範例隔間牆為樓高 350cm- 樑深 60cm=290cm 高，另隔間牆在樓板下之位置，在牆之「性質」對話框中，「頂部偏移」要設 -15；樓高 35- 樑深 15=335cm 高，在牆之「性質」對話框中，「頂部偏移」要設 -15；2FL 也可比照），調整牆定位線畫法，確認是否偏移。完成後依圖 4-57、圖 4-58 完成各樓層隔間牆之繪製。

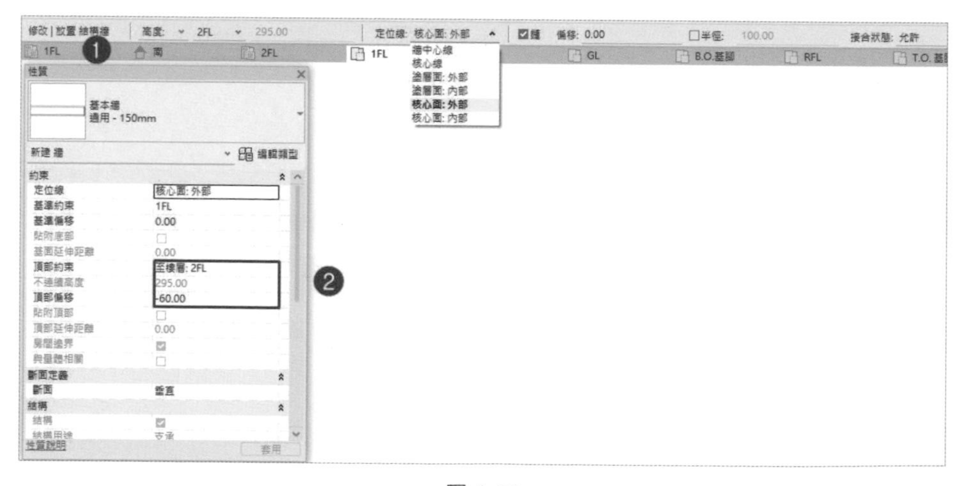

圖 4-56

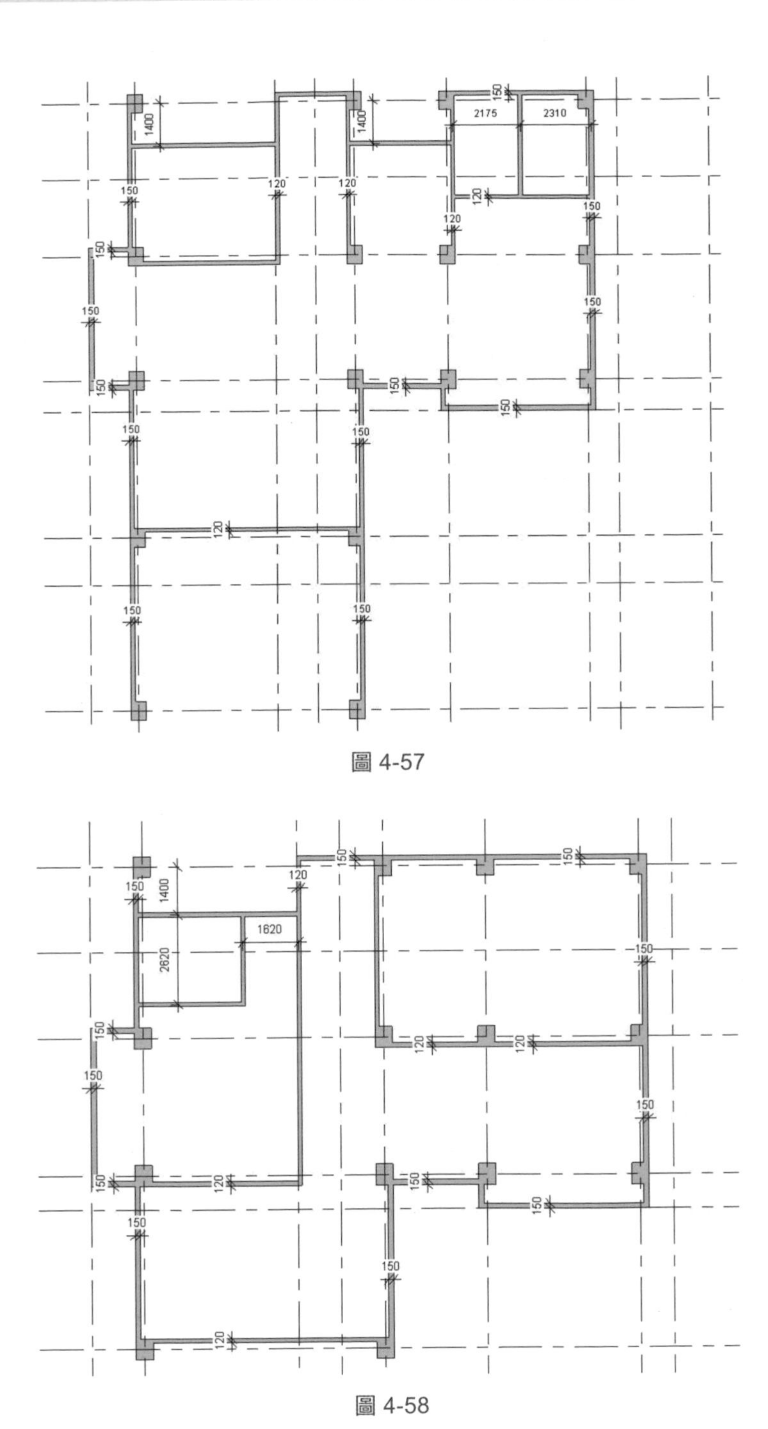
1400
1400
150
2175
2310
120
120
150
120
120
150
150
150
150
150
150
150
150
120
150
150
150
1400
120
150
1620
2620
150
150
150
120
120
150
150
120
150
150
150
150
120

圖 4-57

圖 4-58

4. 將視圖切換到 3D 視圖將「性質瀏覽器」，點選 及 區之牆，將牆原有「頂部偏移」要設 0，以完成頂部接合，如圖 4-59。

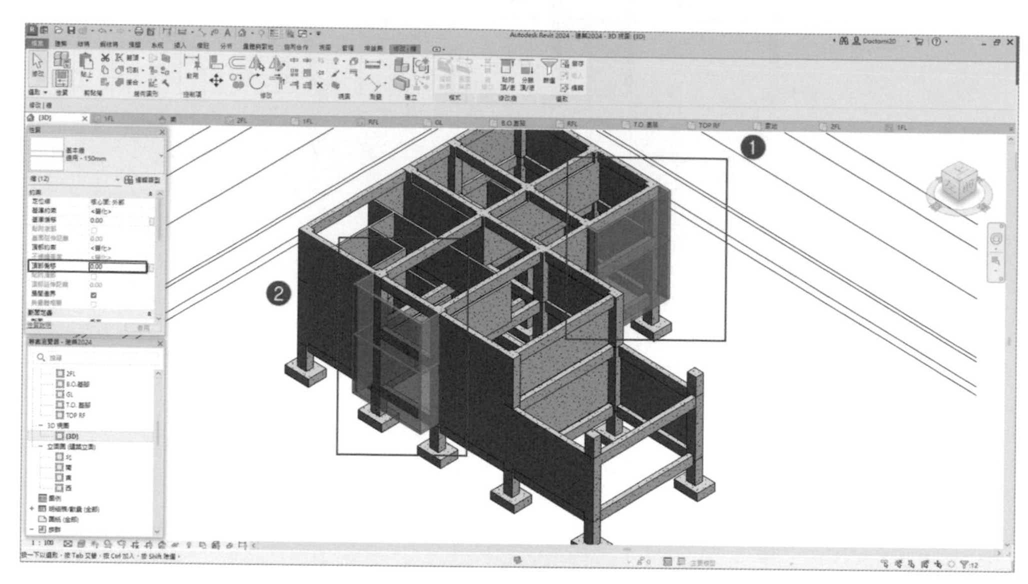

圖 4-59

4.5 帷幕牆繪製

帷幕牆在 Revit 屬於牆的一種，可貼附在建築結構的外牆，但不承擔荷載。帷幕牆包含內嵌玻璃、金屬嵌板或薄石板之鋁製外框薄牆，因此在繪製帷幕牆時，單一嵌板會延伸至牆相同長度。如建立有分割之自動帷幕網格帷幕牆，牆面將會分割成數個嵌板。帷幕牆計有三種類型：帷幕牆、外部玻璃及店面三種。

4.5.1 帷幕牆的繪製

1. 於「專案瀏覽器」開啟 1 FL 平面圖，再於功能區「建築」頁籤中，點擊，選擇「牆」按鈕，選擇「牆：建築」功能。

2 ❶ 在功能列中，點選「高度」，❷「性質」對話框，點選「帷幕牆」的牆，並在「底部約束」及「頂部約束」會自動設定，在「頂部偏移」設為「-60」，如圖 4-60。

圖 4-60

3 開啟「性質瀏覽器」的「類型性質」視窗，點擊「複製」，複製出新的「帷幕牆 -650×290cm」圖 4-61。

更名
舊名稱: 帷幕牆 2
新名稱(N): 帷幕牆-650x290cm
確定 取消

圖 4-61

4 帷幕分割線的設定：❶ 在「構造」，勾選「自動嵌入」，❷ 在「垂直網格」項目內，「配置」為固定數目；「水平網格」項目內，「配置」為固定距離 1500mm，並勾選「調整豎框大小」；❸ 帷幕豎框設定：「垂直豎框」項目內，「內部類型」為無，「邊界 1 類型」及「邊界 2 類型」皆為「矩形豎框 -50×150mm」；❹「水平豎框」項目內，「內部類型」、「邊界 1 類型」及「邊界 2 類型」皆為「矩形豎框 -50×150mm」，完成後按「確定」，如圖 4-62。

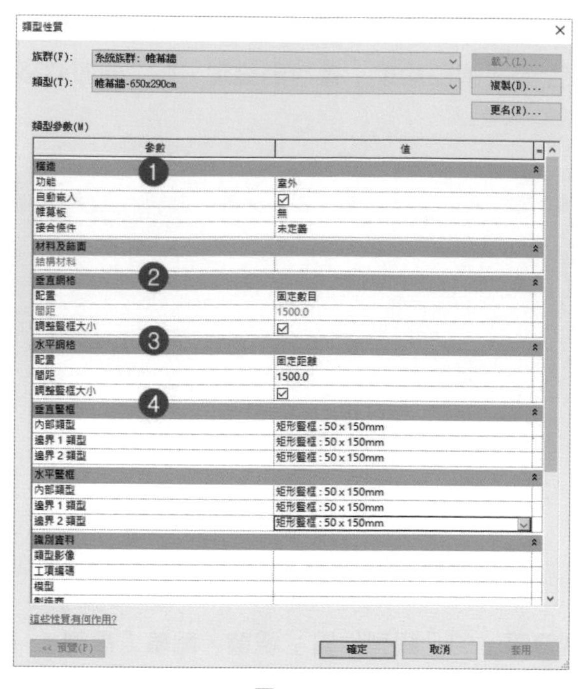

圖 4-62

5 設定完成後，於樓層平面圖中 1 號網格兩根柱中間，繪製帷幕牆，如圖 4-63。在圖中會出現 帷幕牆符號。

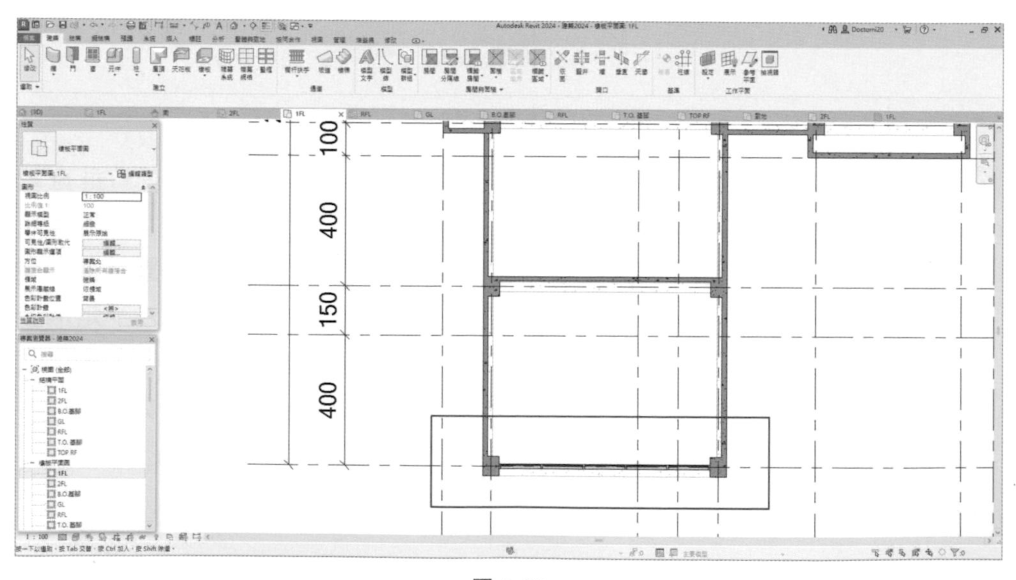

圖 4-63

6 完成步驟 5 帷幕牆繪製後，切換至 3D 視圖，就可呈現所設定的帷幕牆形狀如圖 4-64。

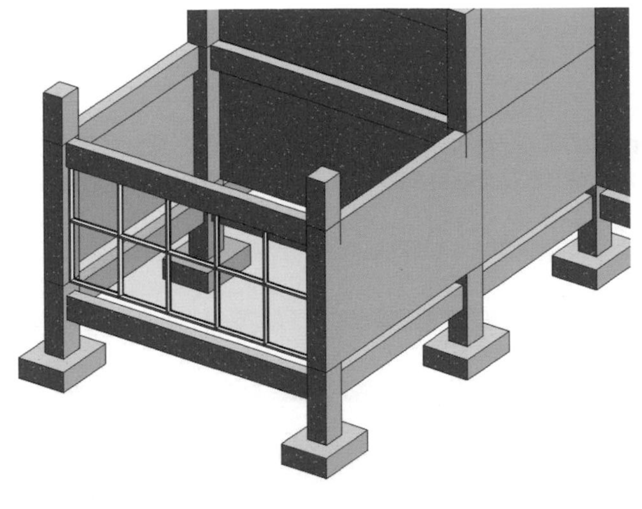

圖 4-64

4.5.2 無分割帷幕牆的繪製

完成 4.5.1 帷幕牆練習後，刪除製作完成的帷幕，本節學習無分割帷幕。

1 於「專案瀏覽器」開啟 1F 樓層平面圖，再於功能區「結構」頁籤中，點擊，選擇「牆」按鈕，選擇「牆：建築」功能。

2 「性質瀏覽器」點選「帷幕牆」的牆形式，並在「底部約束」、「頂部約束」確認樓層，並依帷幕牆高度，決定頂部偏移位置。

3 開啟「性質瀏覽器」的「類型性質」視窗，將「垂直網格」、「水平網格」、「垂直豎框」項目內之「內部類型」,「邊界 1 類型」及「邊界 2 類型」及「水平豎框」項目內,「內部類型」、「邊界 1 類型」及「邊界 2 類型」設定為無、圖 4-65。

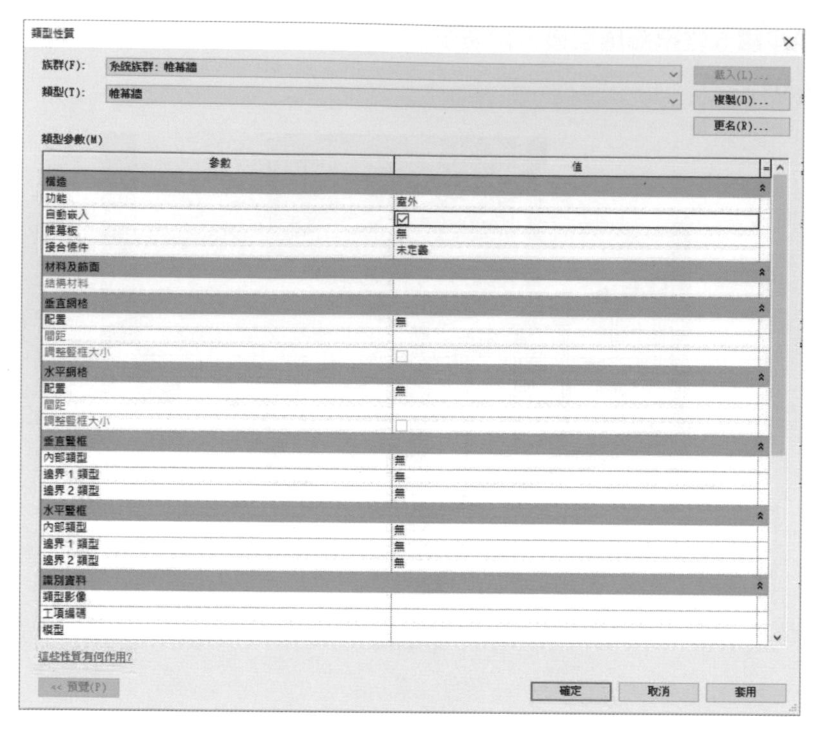

圖 4-65

4 設定完成後，於樓層平面圖中 1 號網格兩根柱中間，繪製帷幕牆，切換至 3D 視圖，就可呈現所設定的帷幕牆形狀，如圖 4-66。

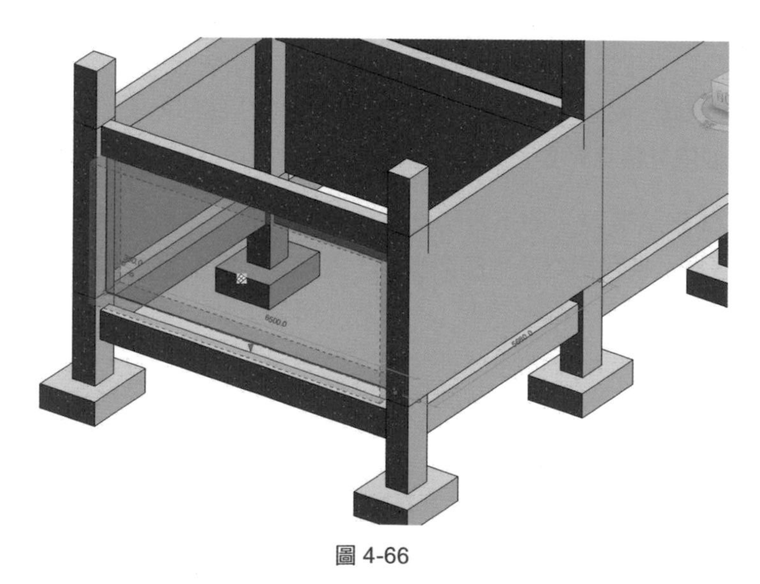

圖 4-66

4.5.3 帷幕網格的繪製

完成無分割帷幕牆後，可根據專案之設計，來建立網格做出帷幕分割。

1. 在功能區「建築」頁籤，「建立」選擇「帷幕網格」，彈跳出「修改 | 放置帷幕牆網格」畫面。

2. 點選圖 4-67，點擊「所有區域」，於 3D 視圖內，移動滑鼠鼠標標到帷幕元素邊界時，便會沿著帷幕整個高度或長度之方向，顯現一條預覽虛線，再按一下滑鼠左鍵，即可建立一條沿著整個帷幕長度或高度柱線，如圖 4-68。（讀者可以上述方法，練習「一個區域」、「除點選外的所有區域」。）

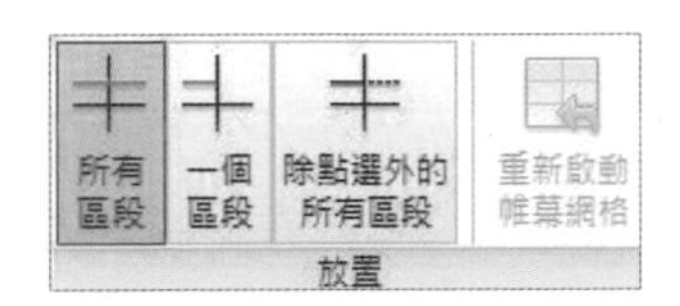

圖 4-67

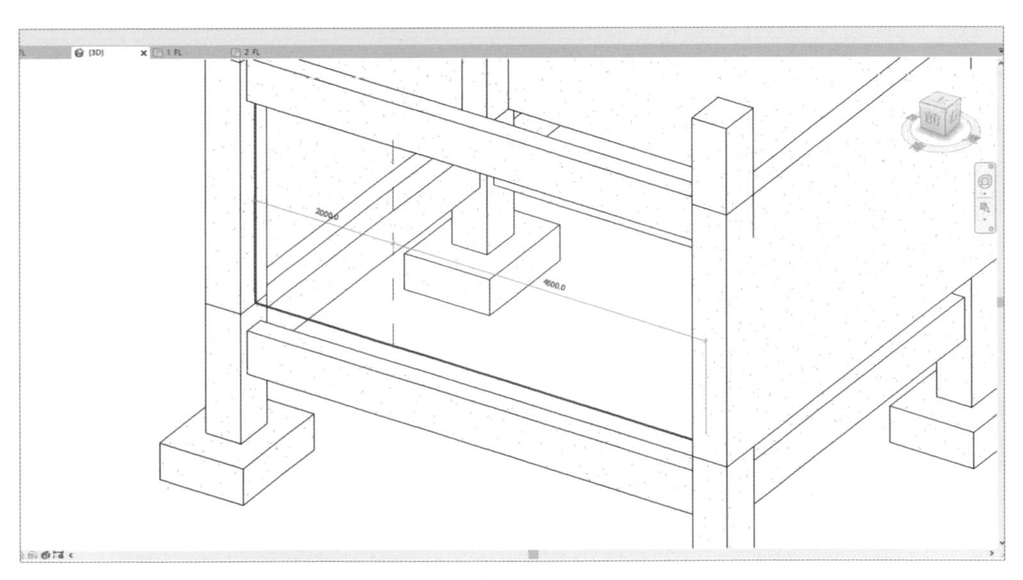

圖 4-68

3 ❶ 將視圖切換到「專案瀏覽器」-「立面圖（建築立面）」-「南向立面」，❷ 用滑鼠鼠標即可繪製柱線，請使用者依圖 4-69 繪製柱線；❸ 可先行繪製線段後，點擊線段，出現尺寸標註後，直接改尺寸，即可得到正確位置。

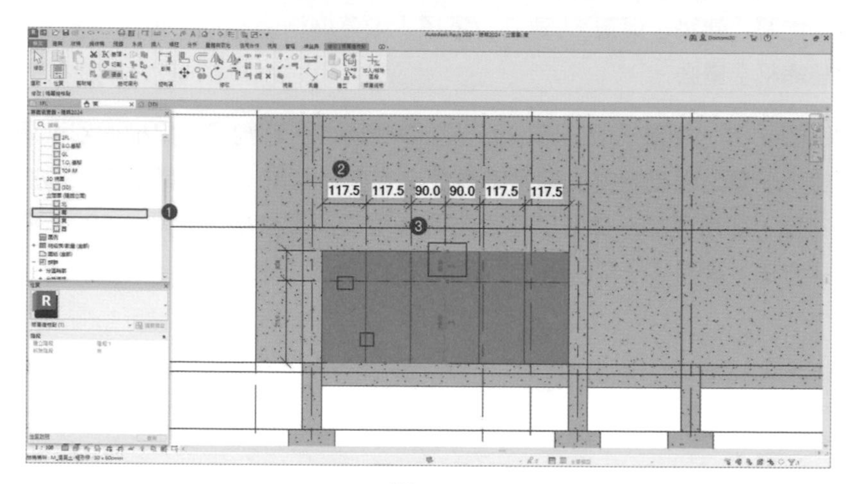

圖 4-69

4.5.4 帷幕網格的編輯

1 ❶ 點擊兩下圖 4-55 帷幕牆中間織柱線，出現「修改 | 帷幕牆格點」修改畫面，❷ 選擇「帷幕網格」-「加入 / 移除區段」；❸ 點擊帷幕牆中間柱線上、下方位置後，按「修改」確認，可以把縱向線中間的柱線移除，如圖 4-70，完成後圖說 4-71。

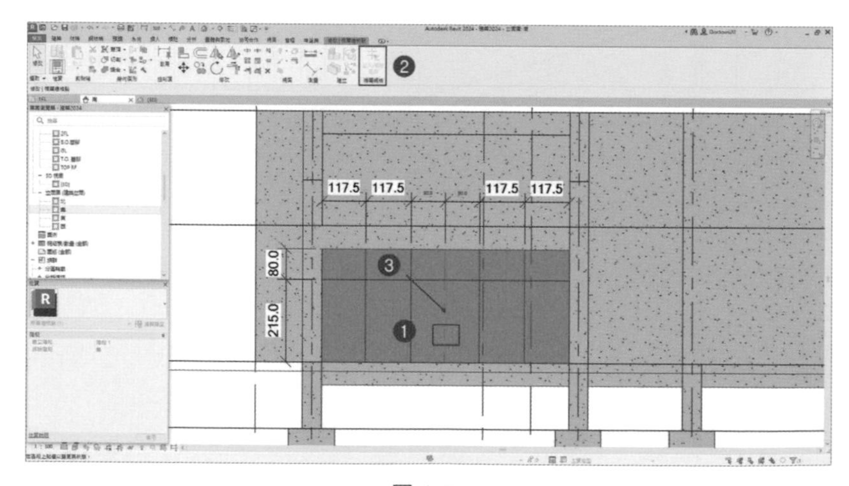

圖 4-70

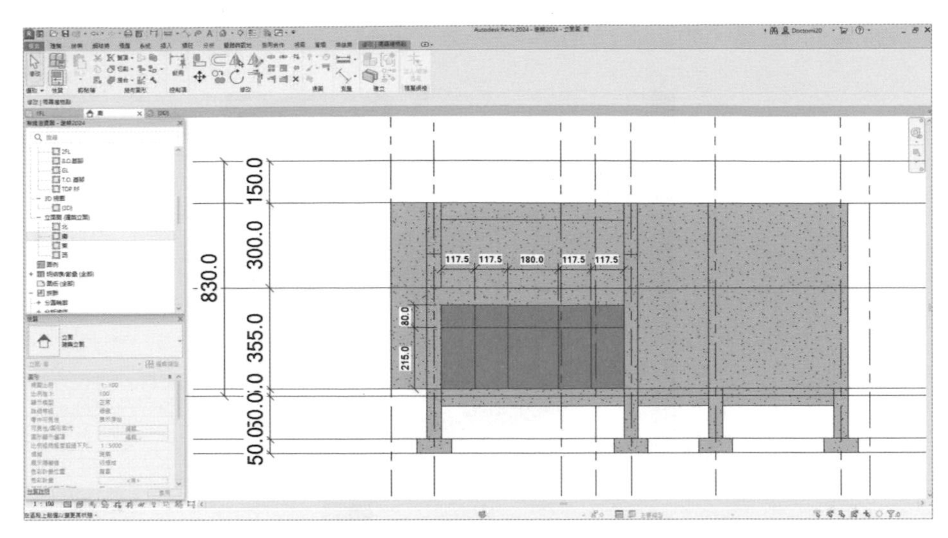

圖 4-71

4.5.5 帷幕嵌板的編輯

1 ❶ 視圖，移動滑鼠鼠標到帷幕嵌板的邊緣，按 鍵切換到要選取的物件，並按一下滑鼠左鍵，選取到嵌板，❷ 於「性質」對話框，開啟「編輯類型」，❸ 在「類型性質」視窗，點選「載入」，❹ 開啟族庫，在「門」族類中，選取 ❺「M_ 門 - 帷幕牆 - 雙 - 店面 .rfa」，完成後開啟，並確定，如圖 4-72 所示。

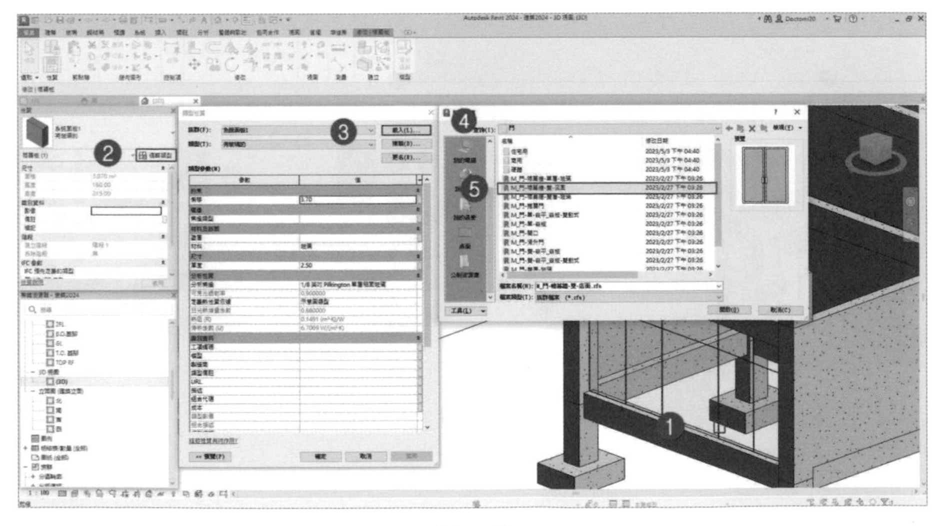

圖 4-72

2 完成後的 3D 圖，如圖 4-73 所示。

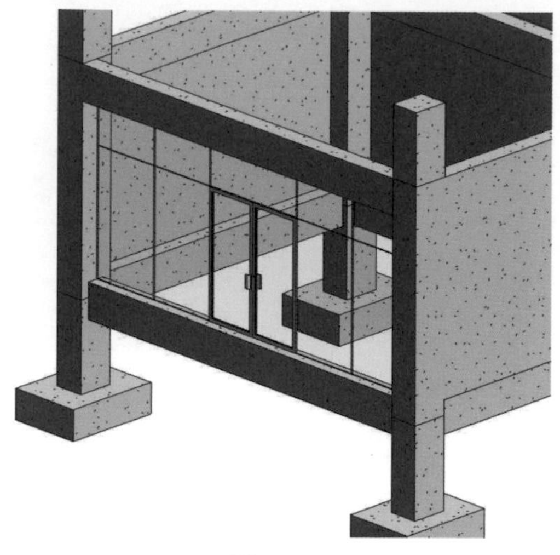

圖 4-73

4.5.6 豎框的建立

1 ❶ 於「建築」頁籤，點選「建立」面板內的「豎框」，❷ 切換到「修改 - 放置豎框」頁籤，(「豎框」建立的方式有三種：1. 柱線 2. 柱線區段 3. 所有柱線)，❸ 點選帷幕牆網格線，完成「豎框」之繪製，❹ 完成的 3D 圖，如圖 4-74 所示。

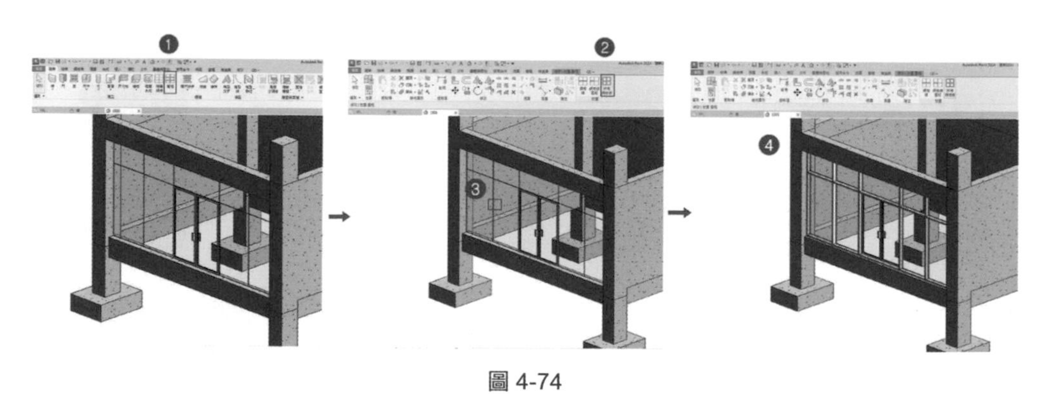

圖 4-74

CHAPTER 05

基礎、柱、樑、牆編號及數量明細表

本章主要在講述如何建立基礎、柱、樑結構編號，利用第四章完成之模型檔案建置。

◆ 請讀者打開「範例檔案之第 5 章 \RVT\ 建築 2024.rvt」

5.1 結構平面圖建立

5.1.1 結構平面圖產生

1 ❶ 點選「專案瀏覽器」對話框「結構平面」之「1FL」平面圖，❷ 因為上一章有先行建置牆，因此須先行關閉牆元件，在「性質」對話框點擊「可見性 / 圖形取代」，❸ 開啟「1FL 的可見性 / 圖形取代」設定，將「牆」模型品類勾選取消，❹ 完成後，按「確定」，如圖 5-1。

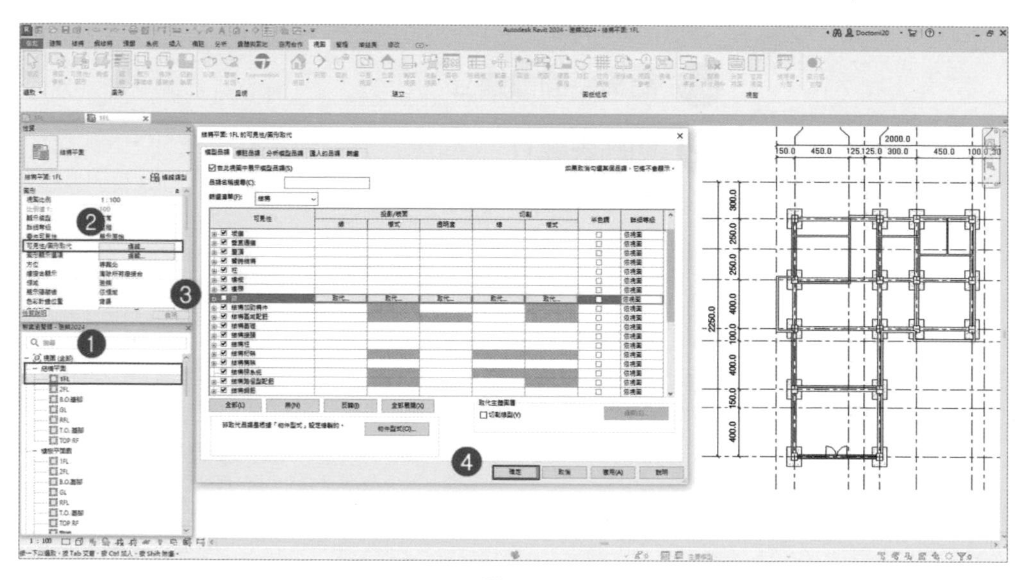

圖 5-1

2 完成後，會在 1FL 結構平面中，牆元件會隱藏起來，如圖 5-2；其他結構樓層視圖，請以步驟一方式隱藏牆元件。

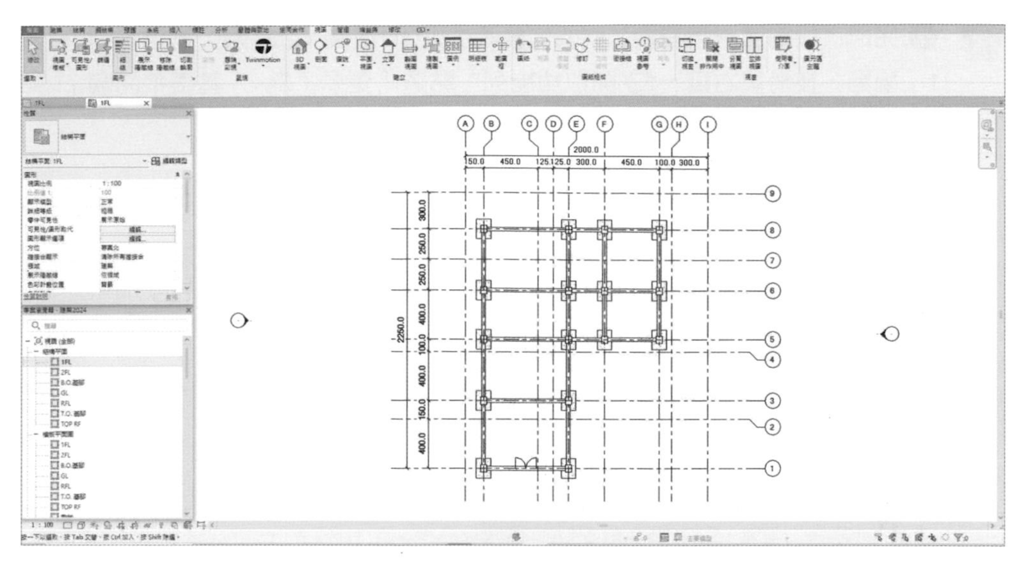

圖 5-2

5.1.2 平面圖複製及更名

1 ❶ 切換至「專案瀏覽器」對話框「結構平面」「GL」平面圖，❷ 點選「GL」，按滑鼠右鍵，❸ 開啟功能列，選擇「複製視圖」，❹ 開啟選擇功能列，點選「與細節一起複製（W）」功能，如圖 5-3。

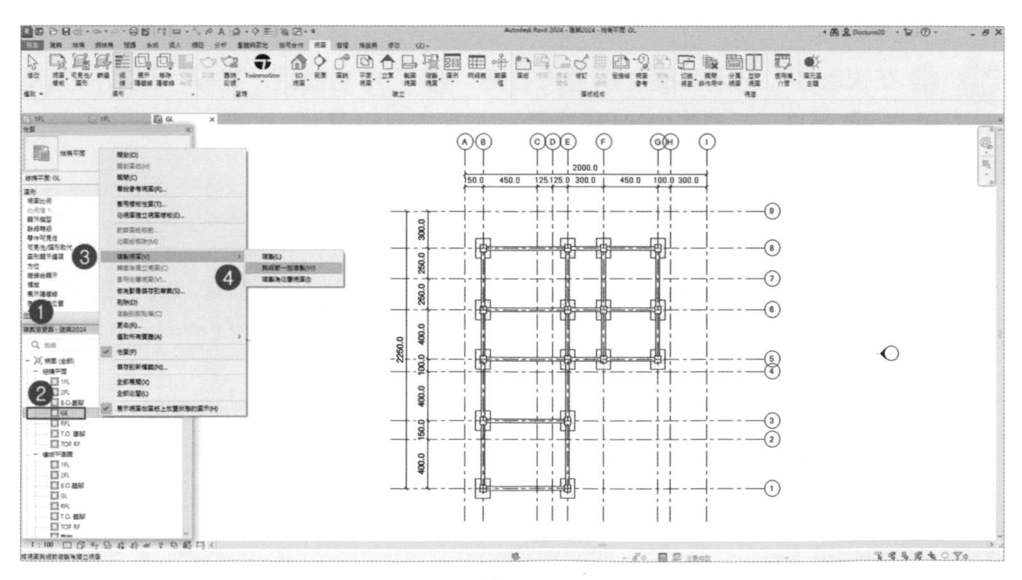

圖 5-3

2 ❶ 完成「與細節一起複製（W）」，會產生「GL 複製 1」視圖，點選「GL 複製 1」視圖，按滑鼠右鍵，❷ 開啟功能列，點選「更名」為，「基礎平面圖」，如圖 5-4。

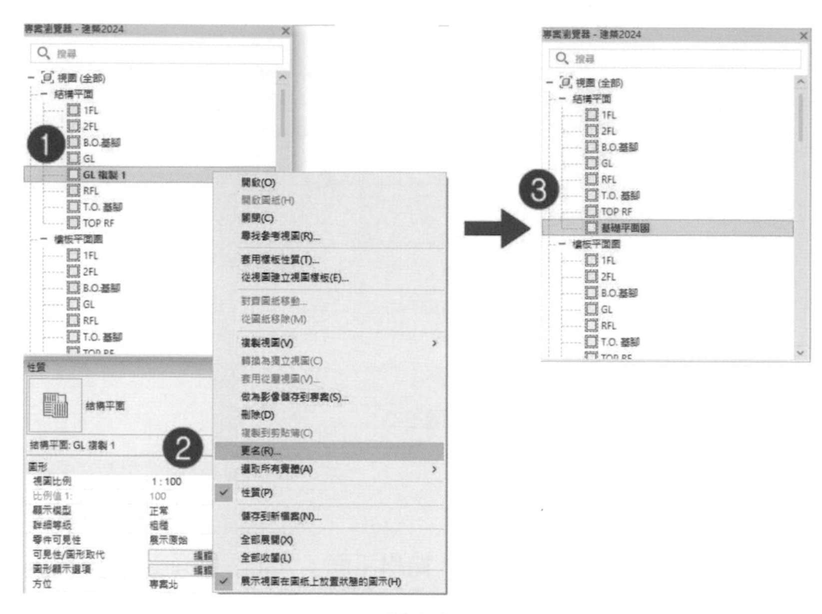

圖 5-4

5.1.3 基礎結構編號

1 ❶ 在視圖中，點選基礎，按滑鼠右鍵，❷ 開啟功能列，點擊「選取所有實體」，❸ 選擇「在視圖中可見」，❹ 完成所有基礎選取，如圖 5-5。

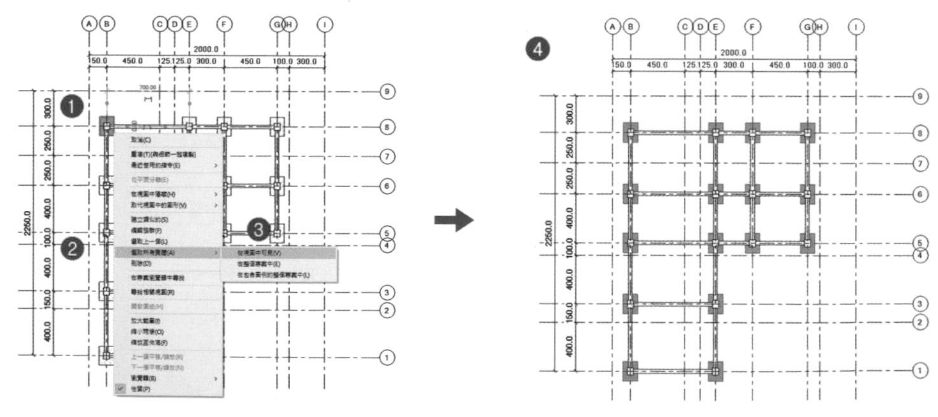

圖 5-5

2 ❶ 在「性質」對話框之「標柱」欄位，填註「FT1」，❷ 開啟「警告」對話框，提醒「元素有重複的" 標記" 值」❸ 按「確定」，如圖 5-6。

圖 5-6

3 ❶ 在功能區「插入」頁籤，選擇「載入族群」功能，❷ 開啟「載入族群」功能，❸ 於族庫中「M_ 結構基礎標籤 .rfa」(族庫路徑 C:\ProgramData\Autodesk\RVT 2024\Libraries\Traditional Chinese_INTL\ 標註 \ 結構)，❹ 完成後，選擇開啟，如圖 5-7。

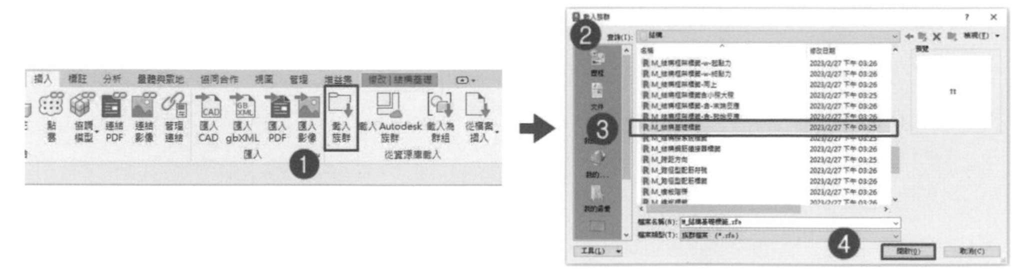

圖 5-7

4 在功能區「標註」頁籤，有「依品類建立標籤」及「全部加上標籤」，「依品類建立標籤」適合逐一標註元件，「全部加上標籤」適合同一類型，大量標註使用，本範例使用「依品類建立標籤」，如圖 5-8。

圖 5-8

5 ❶ 點選「基礎」元件，並取取消勾選「引線」，❷ 基礎已被標註「160×120×50cm」(非一般圖說標註，該基礎標註為 FT1)，❸ 完成後，點選「修改」取消指令，❹ 再次點選「160×120×50cm」標籤，使之反色，❺ 在功能區「修改－結構基礎標籤」頁籤，點選「編輯族群」功能，如圖 5-9。

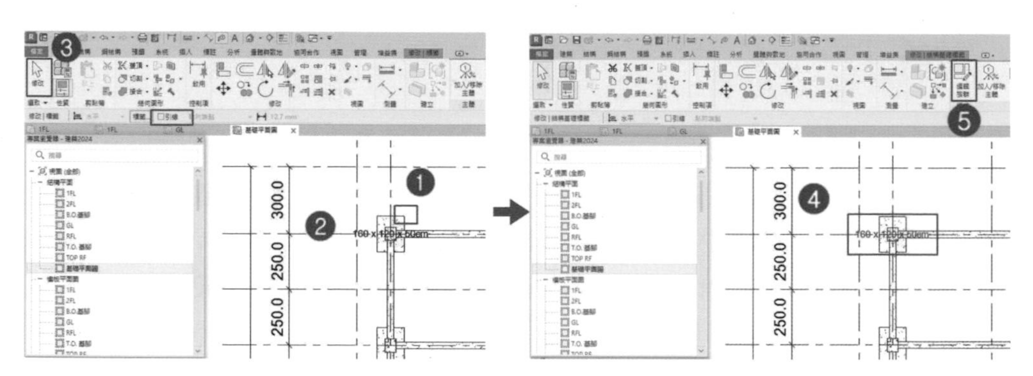

圖 5-9

6 ❶ 開啟「族群編輯器」，❷ 點選元件，❸ 切換到「修改－標示」頁籤，❹ 點選「標輯標示」功能，❺ 開啟「編輯標示」功能對話框，點選「類型名稱」按 功能，就會將「類型名稱」移回「品類參數」，再點選「標註」，就會移至「標示參數」，❻ 完成後按「確定」，如圖 5-10。

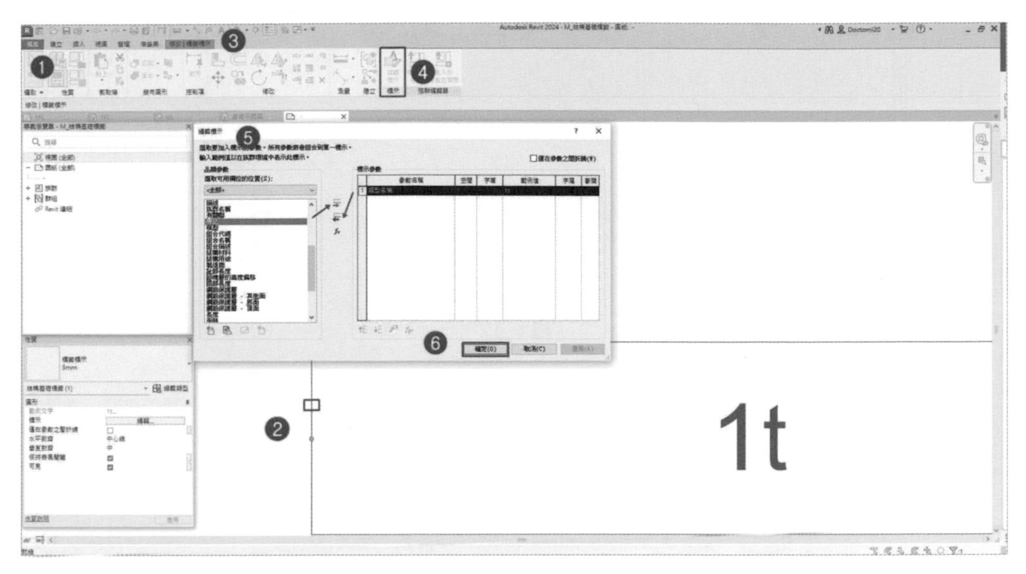

圖 5-10

7 ❶ 完成步驟五，回到族編輯器，❷ 點選「載入專案」，❸ 開啟「族群已存在」，選擇「覆寫現有版本」，❹ 完成後，標籤改為「FT1」，如圖 5-11。

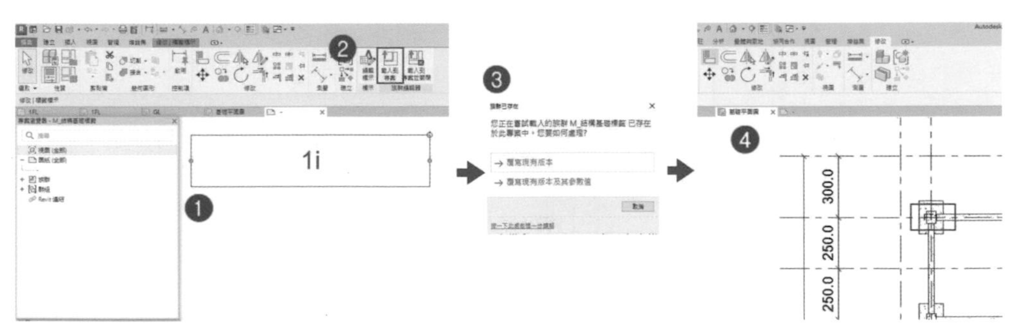

圖 5-11

8 ❶ 點擊「FT1」標籤」，點選移動符號，❷ 拖曳至適當位置，❸ 點選複製，取消「約束」，勾選「多個」，如圖 5-12，❹ 依圖 5-13，完成標籤複製。

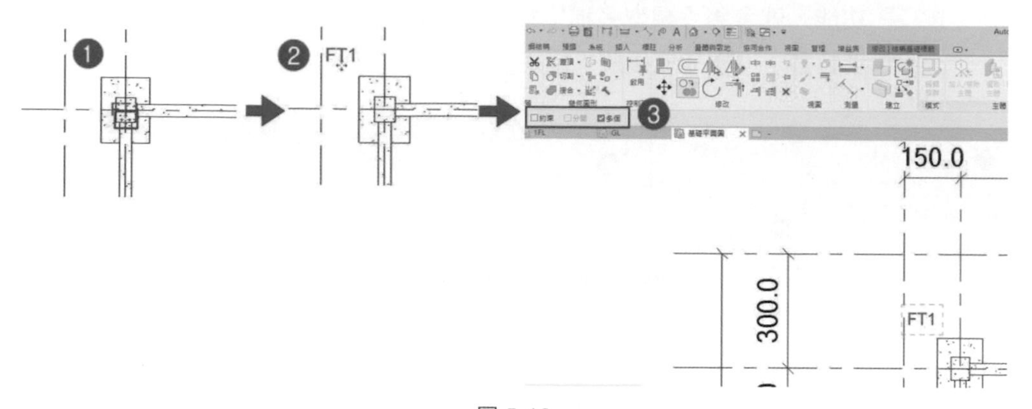

圖 5-12

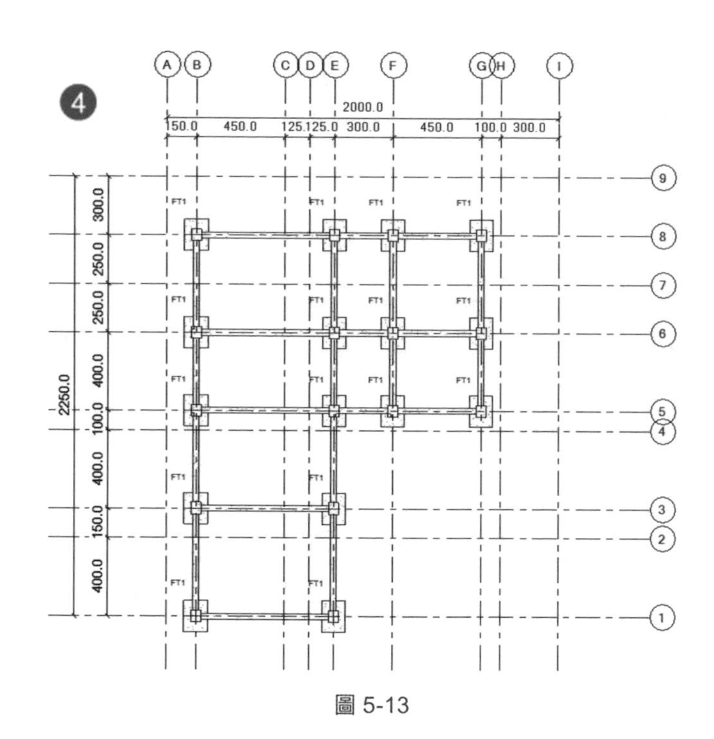

圖 5-13

5.1.4 柱編號

1 ❶ 切換至「專案瀏覽器」對話框「結構平面」「1FL」平面圖，點選結構柱，按滑鼠右鍵，❷ 開啟功能列，點擊「選取所有實體」，❸ 選擇「在視圖中可見」，❹ 完成所有基礎選取，如圖 5-14。

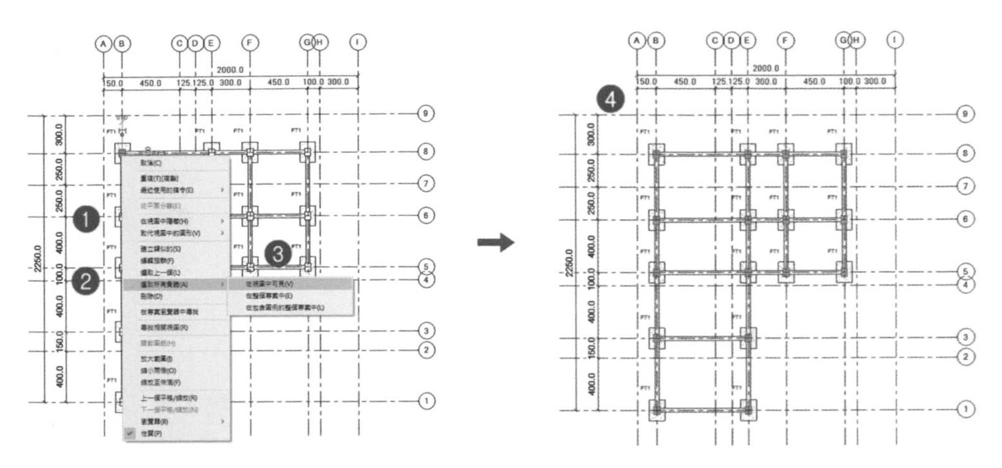

圖 5-14

2 在「性質」對話框之「標柱」欄位，填註「C1」，如圖 5-15。

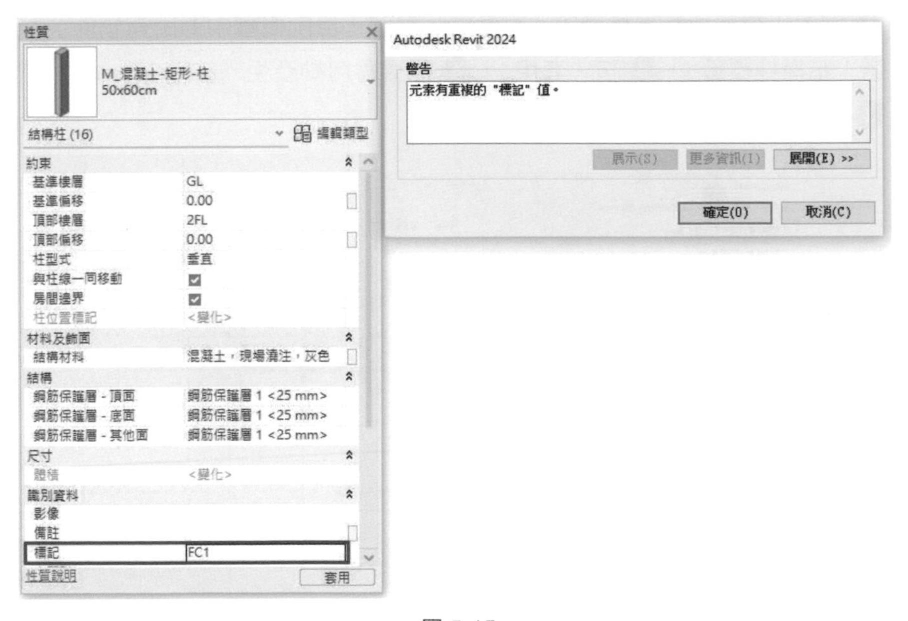

圖 5-15

3 ❶ 在功能區「插入」頁籤，選擇「載入族群」功能，❷ 開啟「載入族群」功能，❸ 於族庫中「M_ 結構柱標籤 .rfa」(族庫路徑 C:\ProgramData\Autodesk\RVT 2024\Libraries\Traditional Chinese_INTL\ 標註 \ 結構)，❹ 完成後，選擇開啟，如圖 5-16。

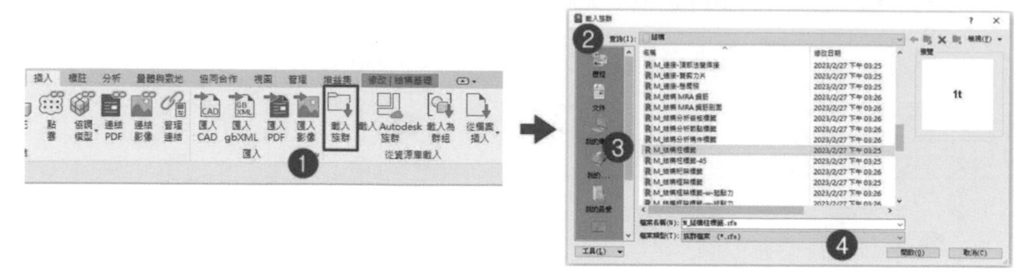

圖 5-16

4 在功能區「標註」頁籤，使用「全部加上標籤」，如圖 5-17。

圖 5-17

5 ❶ 開啟「標籤所有未標籤的」對話框，點選「目前視圖中的所有物件」，❷ 勾選「結構柱標籤」，❸ 按「套用」，❹ 視圖會自動產生「50×60cm」柱標籤，❺ 完成後，按「確定」，如圖 5-18。

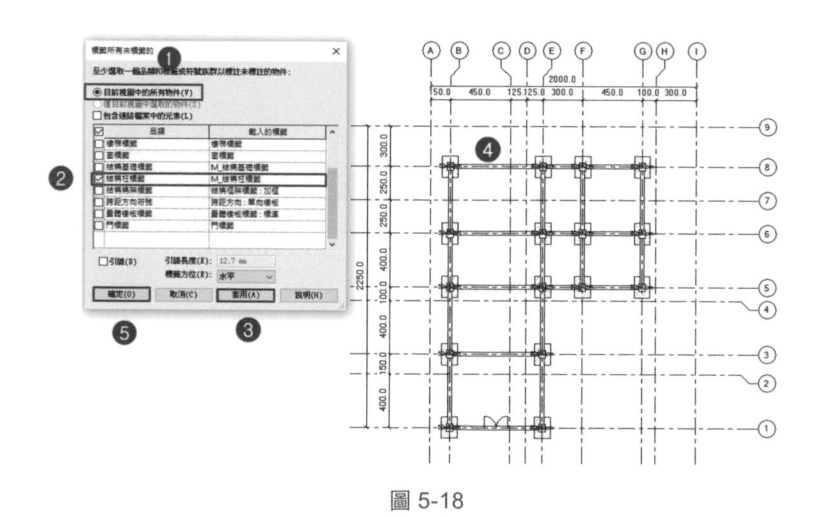

圖 5-18

6 ❶ 點選「50×60cm」標籤，使之反色，❺ 在功能區「修改－結構基礎標籤」頁籤，點選「編輯族群」功能，如圖 5-19。

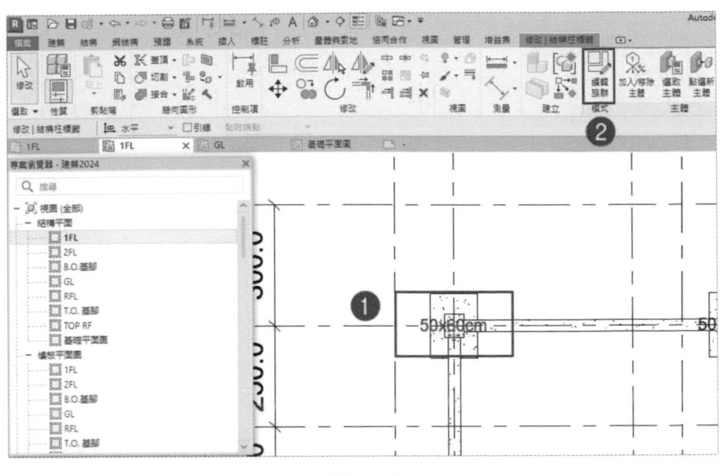

圖 5-19

7 ❶ 開啟「族群編輯器」，❷ 點選元件，❸ 切換到「修改－標示」頁籤，❹ 點選「標輯標示」功能，❺ 開啟「編輯標示」功能對話框，點選「類型名稱」按 功能，就會將「類型名稱」移回「品類參數」，再點選「標記」，就會移至「標示參數」，完成後按「確定」，如圖 5-20。

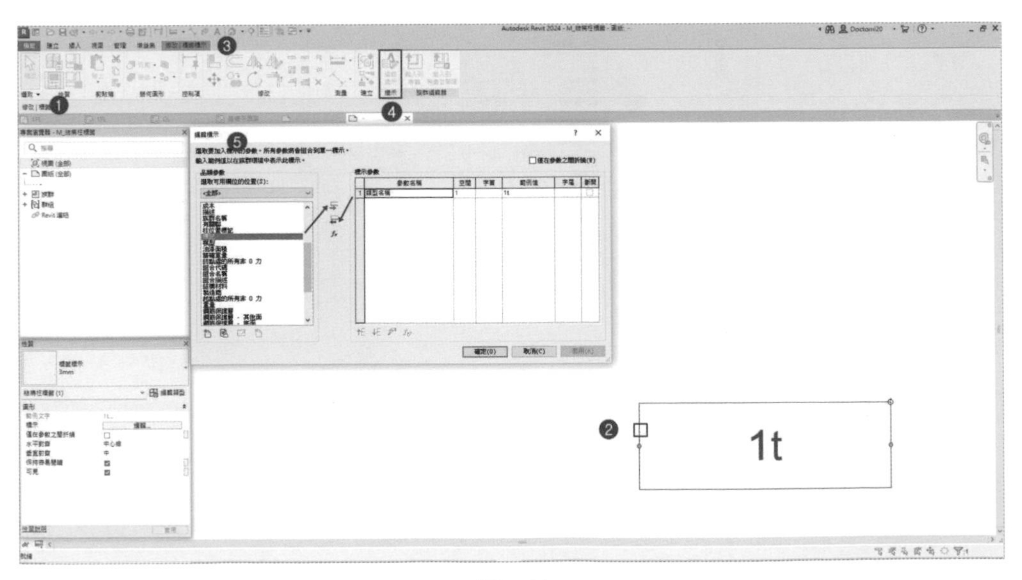

圖 5-20

8 ❶ 完成步驟六，回到族編輯器，❷ 點選「載入專案並關閉」，❸ 開啟「載入到專案」對話框，勾選專案名稱，按確定，❹ 開啟「儲存專案」，選擇「否」❺ 開啟「族群已存在」，選擇「覆寫現有版本及其參數值」，❻ 完成後，標籤改為「C1」，如圖 5-21。

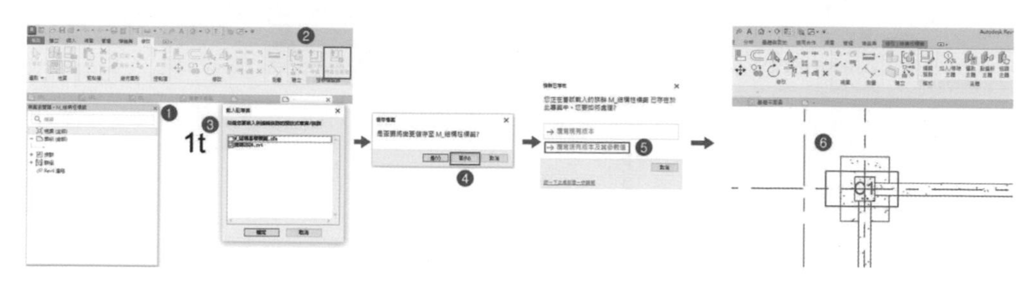

圖 5-21

9 ❶ 在視圖中，點選柱標籤，按滑鼠右鍵，❷ 開啟功能列，點擊「選取所有實體」，❸ 選擇「在視圖中可見」，❹ 完成所有柱標籤選取，如圖 5-22、圖 5-23。

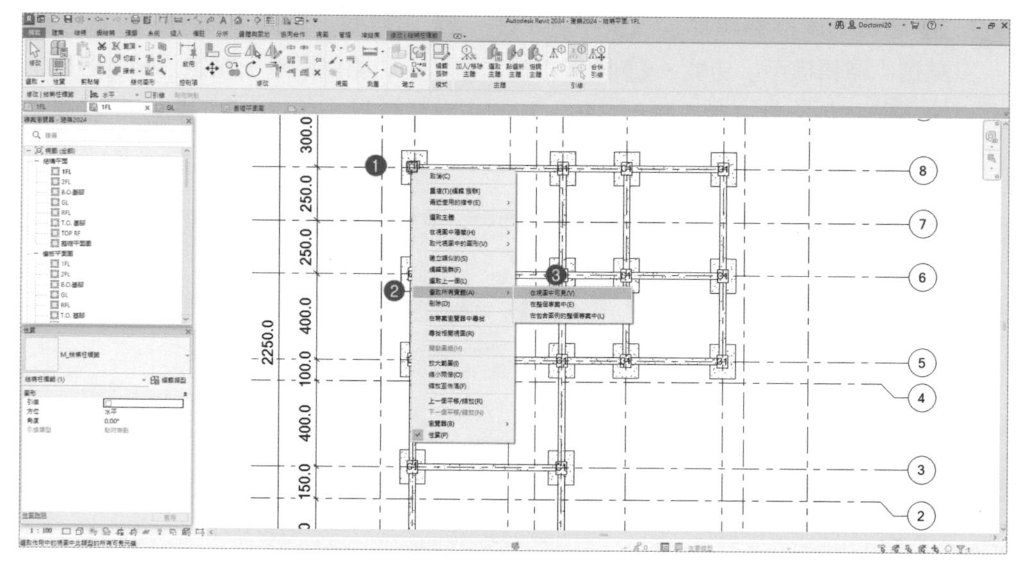

圖 5-22

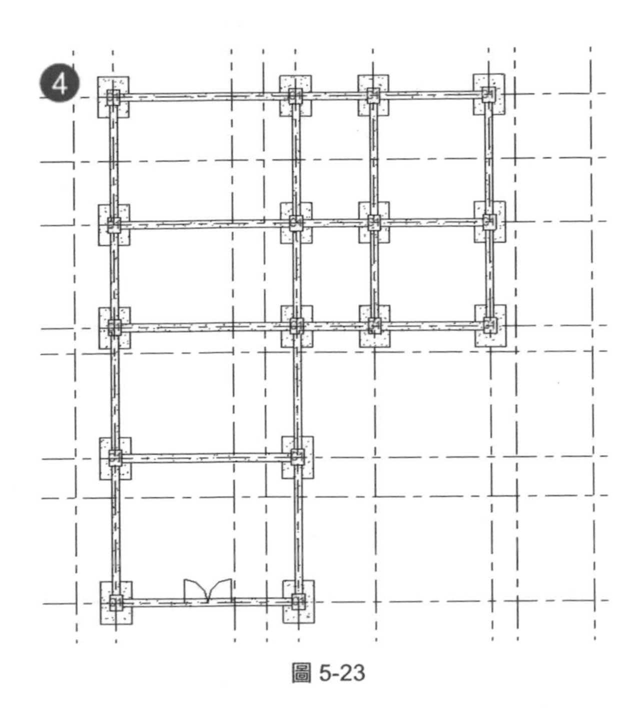

圖 5-23

10 ❶ 點選移動符號，❷ 拖曳至適當位置，❸ 點選複製，取消「約束」，勾選「多個」，如圖 5-24，❹ 依圖 5-25，完成標籤移動。

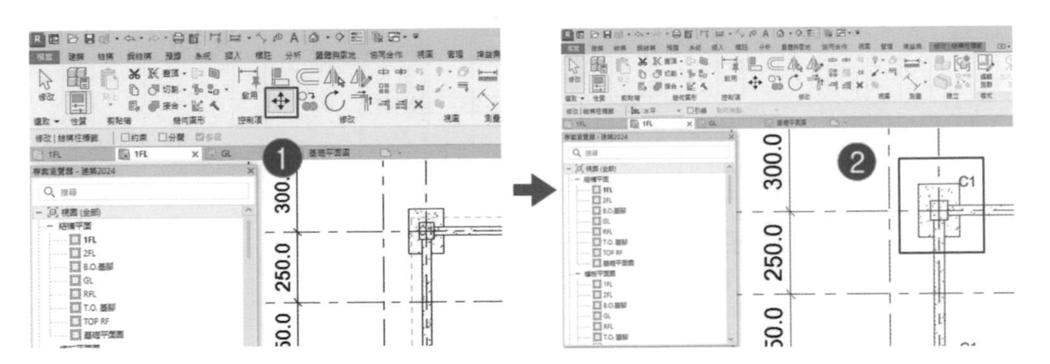

圖 5-24

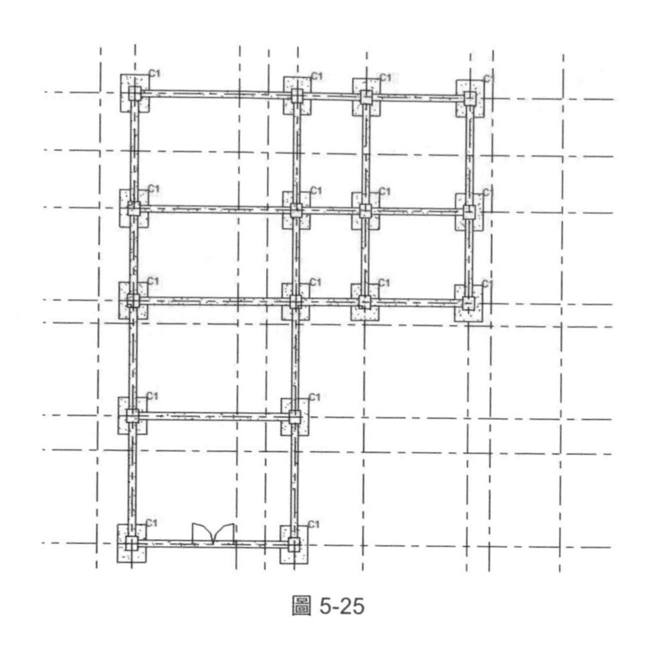

圖 5-25

附註：

請讀者依 5.1.2「平面圖複製及更名」建立「1FL 結構平面圖」、「2FL 結構平面圖」，並按照圖 5-26、5-27、5-28 之完成梁、柱編號。

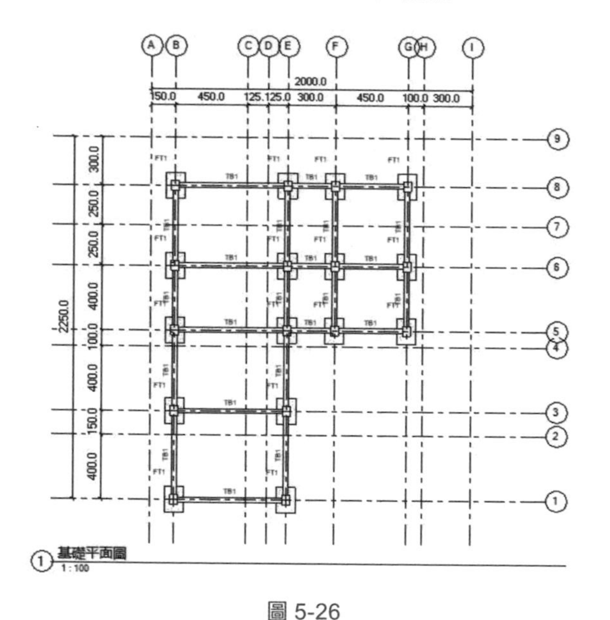

圖 5-26

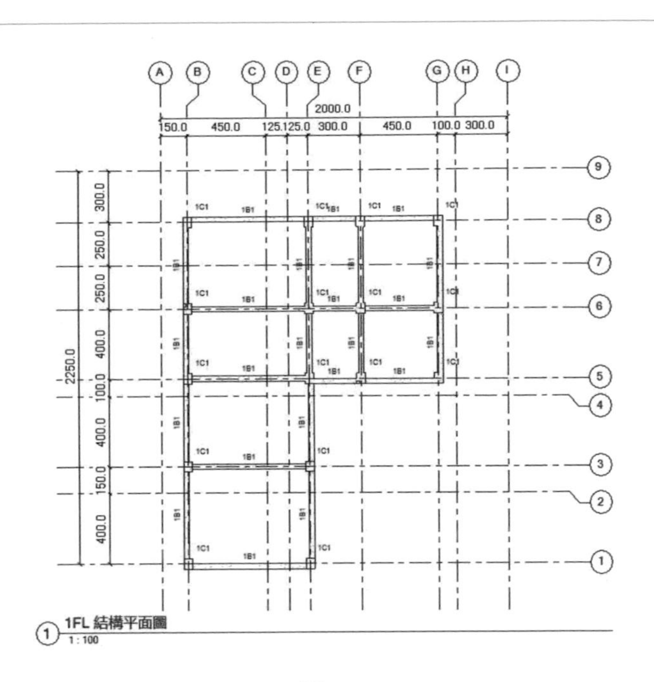
A B C D E F G H I
2000.0
150.0 450.0 125.125.0 300.0 450.0 100.0 300.0
9 8 7 6 5 4 3 2 1
300.0 250.0 250.0 400.0 100.0 400.0 150.0 400.0
2250.0
1C1 1B1
1FL 結構平面圖
1 : 100

圖 5-27

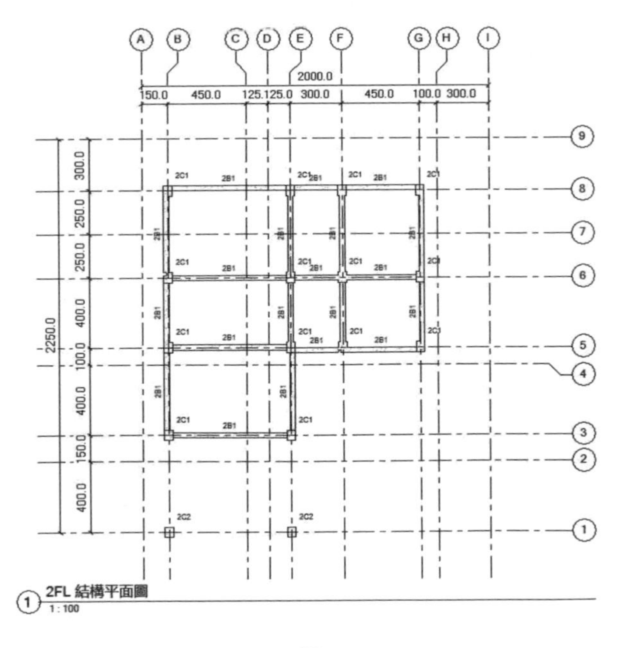
A B C D E F G H I
2000.0
150.0 450.0 125.125.0 300.0 450.0 100.0 300.0
9 8 7 6 5 4 3 2 1
300.0 250.0 250.0 400.0 100.0 400.0 150.0 400.0
2250.0
2C1 2B1 2C2
2FL 結構平面圖
1 : 100

圖 5-28

5.2 明細表建立

明細表功能主要在功能區「視圖」頁籤下之「明細表」，主要功能有「明細表 / 數量」、「圖形柱明細表」、「材料需求」、「註記圖塊」、「視圖清單」等功能，主要材料數量明細計算，以使用「明細表 / 數量」為主，如圖 5-29。

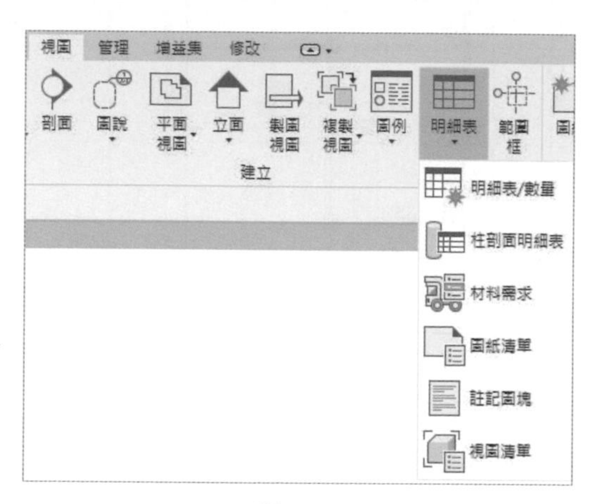

圖 5-29

5.2.1 明細表產生

1 ❶ 在功能區「視圖」頁籤，❷ 點選「明細表」功能，按滑鼠右鍵，❸ 點選「明細表 / 數量」，❹ 開啟「新明細表」對話框，❺ 在篩選清單選擇「結構」，❻ 在「品類」中，選擇「結構基礎」，❼ 在「名稱」，可輸入所需名稱，❽ 完成後按「確定」，如圖 5-30。

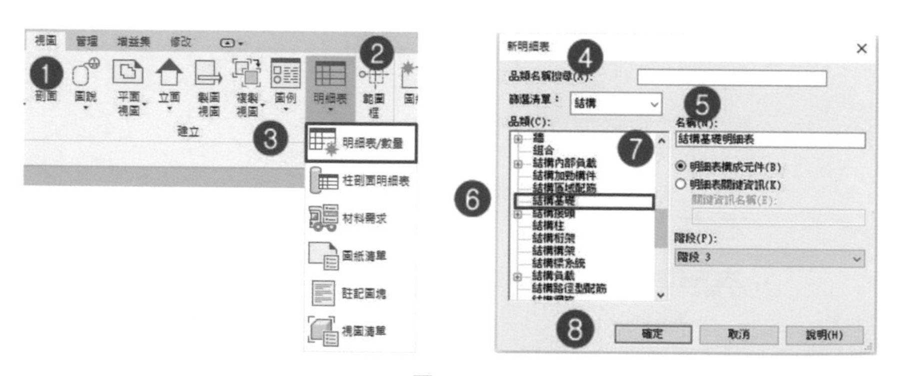

圖 5-30

2 ❶ 開啟「明細表性質」對話框，❷ 切換至「欄位」頁籤，❸ 在「可用欄位(V)」，可選用所需之參數，❹ 選擇參數後，按 鍵，❺ 將參數移至「明細表欄位(按順序)(S)」，❻ 可按 鍵，調整順序，❼ 請依照「標記」、「族群」、「類型」、「長度」、「寬度」、「數量」、「體積」輸入及調整順序，❽ 完成後按「確定」，如圖 5-31。

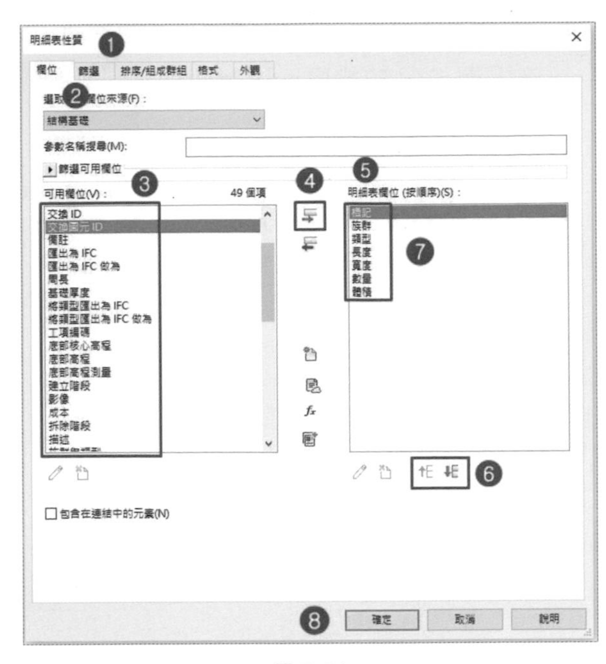

圖 5-31

3 ❶ 切換「排序 / 組成群組」頁籤，❷ 勾選「頁尾」-「標題、合計和總數」欄位，❸ 勾選「空白行」，❹ 選擇「總計」-「標題、合計和總數」，❺ 勾選「詳細列舉每個實體」，如圖 5-32。

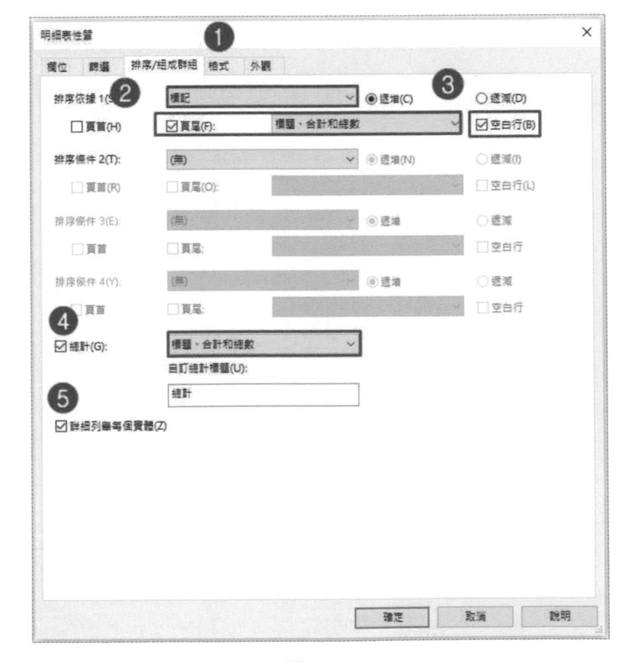

圖 5-32

4 ❶ 切換「格式」頁籤，❷ 在「欄位」功能區，選擇「體積」，❸ 可在「標題」欄位，定義名稱，❹ 選擇「計算總數」，❺ 完成後，按「確定」，如圖 5-33。

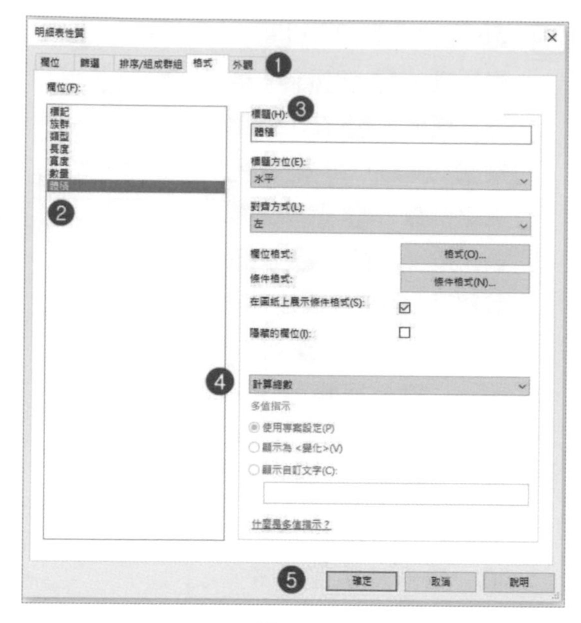

圖 5-33

5 ❶ 完成後，產生「結構基礎明細表」，❷ 可在明細表看見步驟一至步驟三之設定，在「體積」欄位，計算出基礎之總數量為 15.36M3，❸ 在「專案瀏覽器」之「明細表」，新增「結構基礎明細表」，如圖 5-34。

結構基礎明細表

<結構基礎明細表>

A	B	C	D	E	F	G
標記	族群	類型	長度	寬度	數量	體積
FC1	M_基礎-矩形	50 x 60 x 150cm	60.0	50.0	1	0.45 m³
FC1	M_基礎-矩形	50 x 60 x 150cm	60.0	50.0	1	0.45 m³
FC1	M_基礎-矩形	50 x 60 x 150cm	60.0	50.0	1	0.45 m³
FC1	M_基礎-矩形	50 x 60 x 150cm	60.0	50.0	1	0.45 m³
FC1	M_基礎-矩形	50 x 60 x 150cm	60.0	50.0	1	0.45 m³
FC1	M_基礎-矩形	50 x 60 x 150cm	60.0	50.0	1	0.45 m³
FC1	M_基礎-矩形	50 x 60 x 150cm	60.0	50.0	1	0.45 m³
FC1	M_基礎-矩形	50 x 60 x 150cm	60.0	50.0	1	0.45 m³
FC1	M_基礎-矩形	50 x 60 x 150cm	60.0	50.0	1	0.45 m³
FC1	M_基礎-矩形	50 x 60 x 150cm	60.0	50.0	1	0.45 m³
FC1	M_基礎-矩形	50 x 60 x 150cm	60.0	50.0	1	0.45 m³
FC1	M_基礎-矩形	50 x 60 x 150cm	60.0	50.0	1	0.45 m³
FC1	M_基礎-矩形	50 x 60 x 150cm	60.0	50.0	1	0.45 m³
FC1	M_基礎-矩形	50 x 60 x 150cm	60.0	50.0	1	0.45 m³
FC1	M_基礎-矩形	50 x 60 x 150cm	60.0	50.0	1	0.45 m³
FC1	M_基礎-矩形	50 x 60 x 150cm	60.0	50.0	1	0.45 m³
FC1: 16						7.20 m³
FT1	M_基礎-矩形	160 x 120 x 50cm	160.0	120.0	1	0.96 m³
FT1	M_基礎-矩形	160 x 120 x 50cm	160.0	120.0	1	0.96 m³
FT1	M_基礎-矩形	160 x 120 x 50cm	160.0	120.0	1	0.96 m³
FT1	M_基礎-矩形	160 x 120 x 50cm	160.0	120.0	1	0.96 m³
FT1	M_基礎-矩形	160 x 120 x 50cm	160.0	120.0	1	0.96 m³
FT1	M_基礎-矩形	160 x 120 x 50cm	160.0	120.0	1	0.96 m³
FT1	M_基礎-矩形	160 x 120 x 50cm	160.0	120.0	1	0.96 m³
FT1	M_基礎-矩形	160 x 120 x 50cm	160.0	120.0	1	0.96 m³
FT1	M_基礎-矩形	160 x 120 x 50cm	160.0	120.0	1	0.96 m³
FT1	M_基礎-矩形	160 x 120 x 50cm	160.0	120.0	1	0.96 m³
FT1	M_基礎-矩形	160 x 120 x 50cm	160.0	120.0	1	0.96 m³
FT1	M_基礎-矩形	160 x 120 x 50cm	160.0	120.0	1	0.96 m³
FT1	M_基礎-矩形	160 x 120 x 50cm	160.0	120.0	1	0.96 m³
FT1	M_基礎-矩形	160 x 120 x 50cm	160.0	120.0	1	0.96 m³
FT1	M_基礎-矩形	160 x 120 x 50cm	160.0	120.0	1	0.96 m³
FT1	M_基礎-矩形	160 x 120 x 50cm	160.0	120.0	1	0.96 m³
FT1: 16						15.36 m³
總計: 32						22.56 m³

專案瀏覽器 - 建築2024

搜尋

- 按部門的房間面積
- 按類型計算的天花板數量
- 按類型計算的房間面積/塗層
- 植栽數量
- 機械設備數量
- 欄子數量
- 燈具數量
- 窗數量
- 結構基礎明細表
- 結構梁和支撐數量
- 門數量
- 電氣裝置數量
- 電氣設備數量
- 面積明細表 (總建築佔地面積)
- 圖紙 (全部)
  - A101 - 基礎平面圖
    - 結構平面: 基礎平面圖
  - A102 - 未命名
    - 結構平面: 1FL 結構平面圖
  - A103 - 未命名
    - 結構平面: 2FL 結構平面圖
- 族群
  - 分區輪廓
  - 分析連結
  - 地形實體
  - 坡道
  - 天花板
  - 屋頂

圖 5-34

附註：

讀者可依照圖 5-35 及圖 5-36，建立結構柱明細表及結構構架明細表。

結構柱明細表

<結構柱明細表>

A	B	C	D	E	F
基準樓層	族群	類型	標記	數量	體積
GL	M_混凝土-矩形-	50x60cm	1C1	16	17.95 m^3
2FL	M_混凝土-矩形-	50x60cm	<變化>	16	13.08 m^3
總計: 32					31.02 m^3

圖 5-35

結構構架明細表

<結構構架明細表>

A	B	C	D	E	F
標記	參考樓層	族群	類型	數量	體積
1B1	2FL	M_混凝土-矩形樑	30 x 60cmm	23	18.32 m^3
1B1: 23					18.32 m^3
2B1	RFL	M_混凝土-矩形樑	30 x 60cmm	20	15.39 m^3
2B1: 20					15.39 m^3
TB1	1FL	M_混凝土-矩形樑	30 x 60cmm	23	18.32 m^3
TB1: 23					18.32 m^3
總計: 66					52.04 m^3

圖 5-36

6 當明細表完成後，可以匯出 .csv 檔案，可在 Excel 開始，步驟如下：❶ 開啟要匯出的明細表，❷ 在「檔案」頁籤之「匯出」功能，❸ 點選「報告」，❹ 選擇「明細表」功能，❺ 開啟「匯出明細表」對話框，檔案格式選擇 .csv 格式，如圖 5-37。

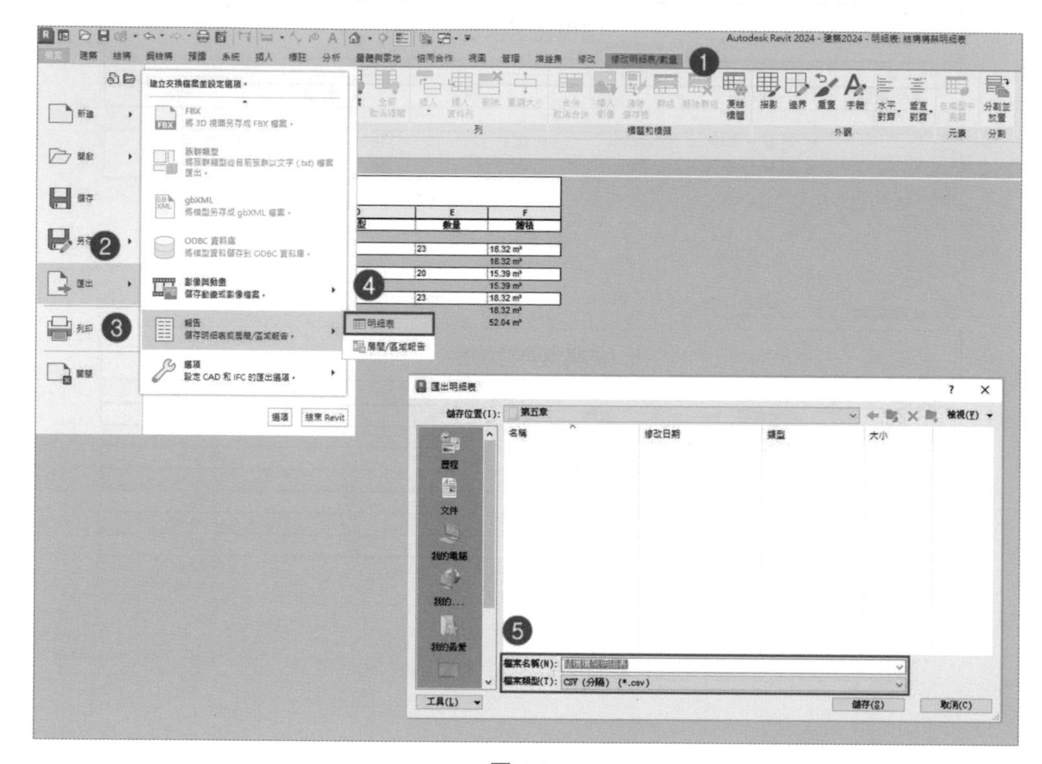

圖 5-37

CHAPTER

06

樓板、門、窗、樓梯、欄杆扶手

6.1 樓板結構繪製

6.2 加入門、窗元件

6.3 樓梯繪製

6.4 欄杆扶手

◆ 請讀者打開「範例檔案之第 6 章 \RVT\ 建築 2024.rvt」

6.1 樓板結構繪製

6.1.1 樓板結構設定

本範例一樓樓板為 25cm，二樓樓板為 15cm。

1 ❶ 在專案瀏覽器，切換至「1 FL」視圖，❷ 選擇「建築」頁籤，❸ 點選「樓板」，❹ 選擇「樓板：結構」，如圖 6-1。

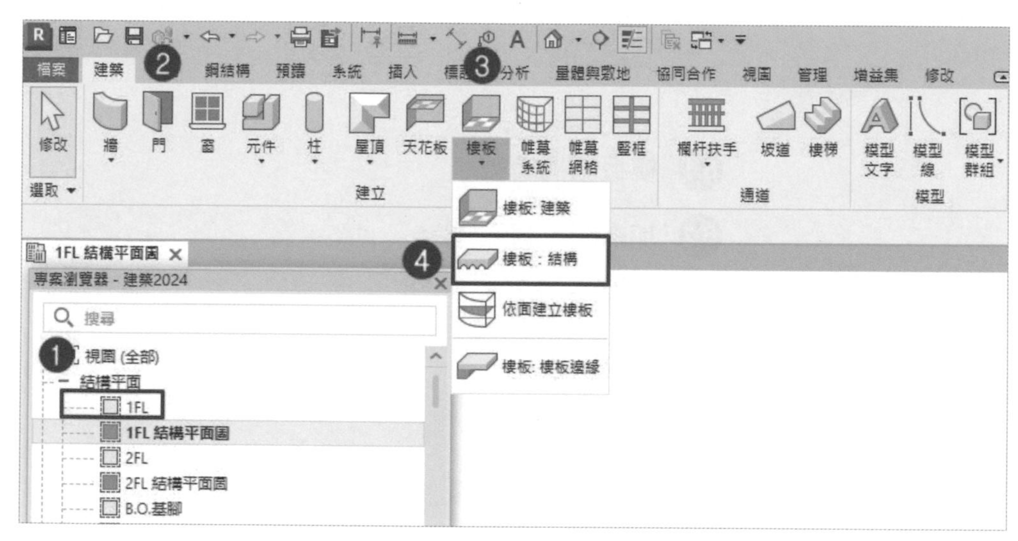

圖 6-1

2 ❶ 在「性質」對話框，點選「編輯類型」，❷ 開啟「類型性質」，點選「複製」，❸ 開啟「名稱」，將樓板設為「通用 250mm」，完成後，❹ 按「確定」，❺ 點選「編輯」，❻ 開啟「編輯組合」，❼ 修改「厚度」為「25cm」，❽ 點擊「結構 [1]」之「材料」，❾ 開啟「材料瀏覽器」，❿ 選擇「混凝土，現場澆注」，⓫ 完成後，按「確定」，直至完成設定，如圖 6-2 及圖 6-3。

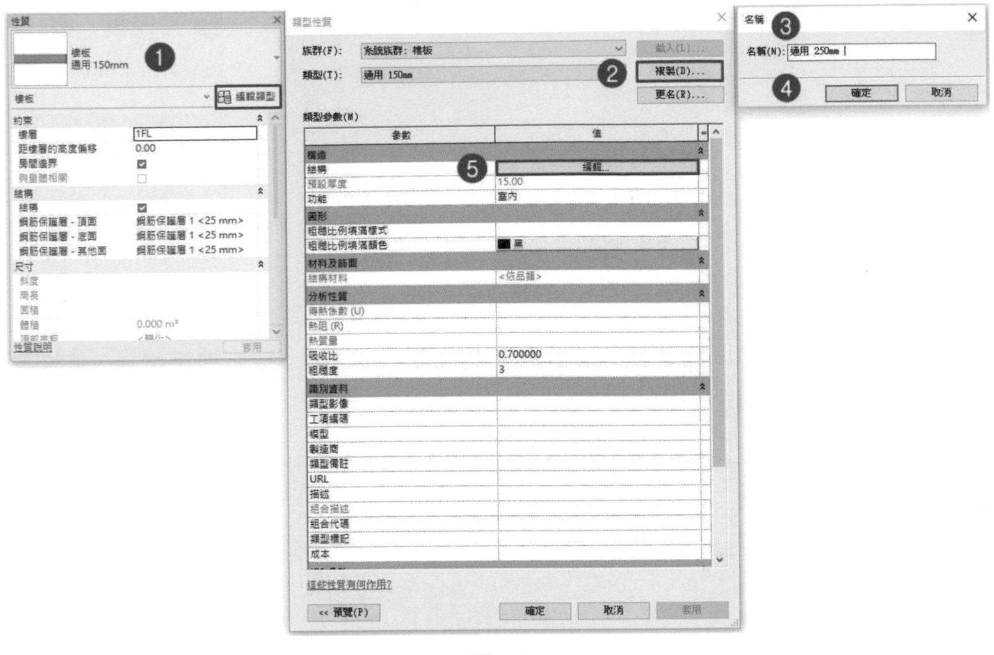

圖 6-2

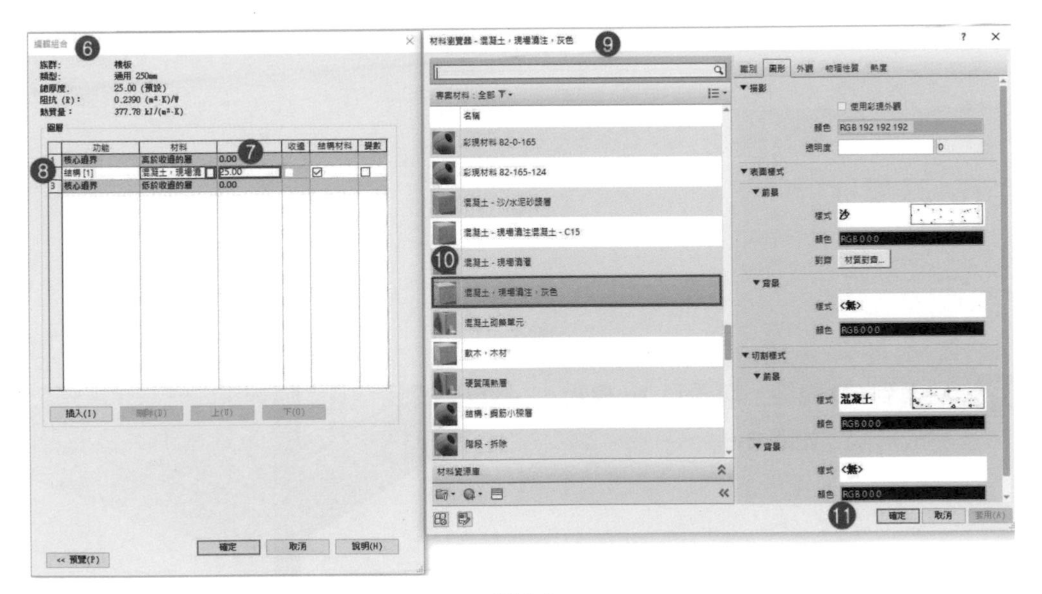

圖 6-3

3 ❶ 在「修改 - 建立樓板邊界」頁籤，點選「點選線」，❷ 完成後，按 ✓ 如圖 6-4。

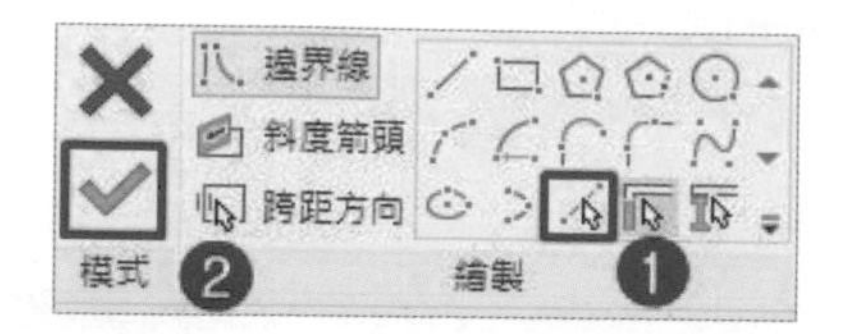

圖 6-4

4 ❶ 請讀者依圖 6-4 沿著牆外緣繪製一樓樓板及柱邊界（繪製樓板需為一密閉區域，方可形成樓板），❷ 畫完後，按 ✓ 建立 1F 樓板，如圖 6-5。

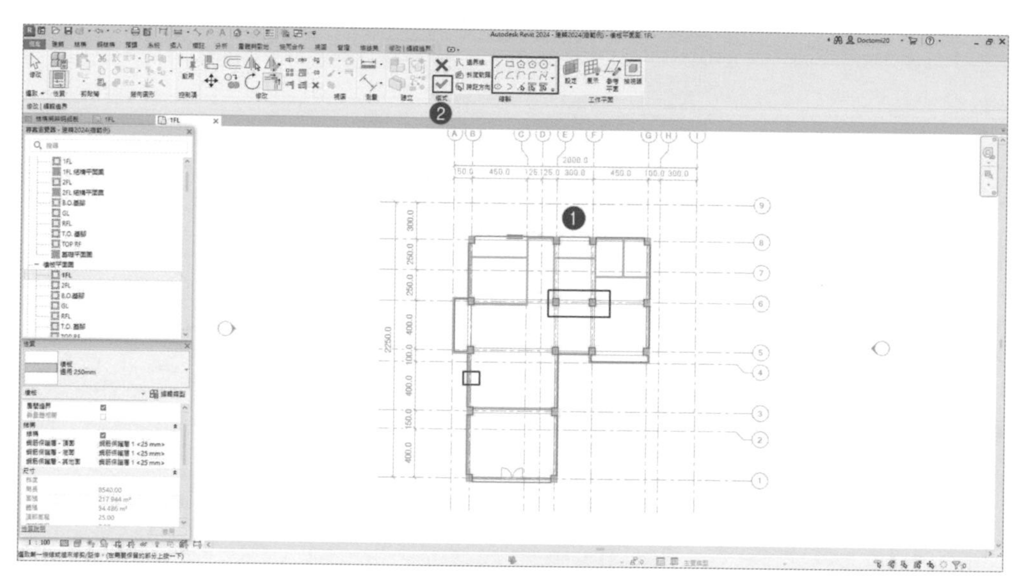

圖 6-5

5 切換到 3D 視圖，可看見 1F 樓板完成形狀，如圖 6-6。

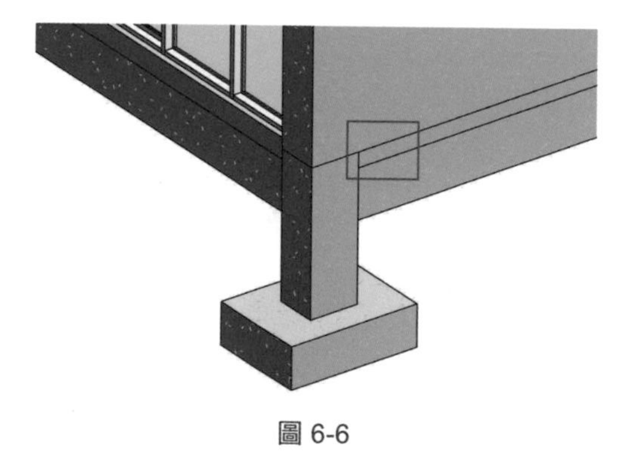

圖 6-6

6 ❶ 切換到 2 FL 平面圖，❷ 選擇「建築」頁籤，點選「樓板」，選擇「樓板：結構」，❸ 在「性質」對話框，選擇「通用 150mm」，❹ 正確的樓板畫法，是沿著梁、柱之內側邊緣繪製，如圖 6-7。步驟 3 至步驟 6 為一般快速畫法，其問題是會與梁、柱重疊，數量會重複計算，且樓板邊緣在外觀上會顯示出樓板厚度，如圖 6-6。

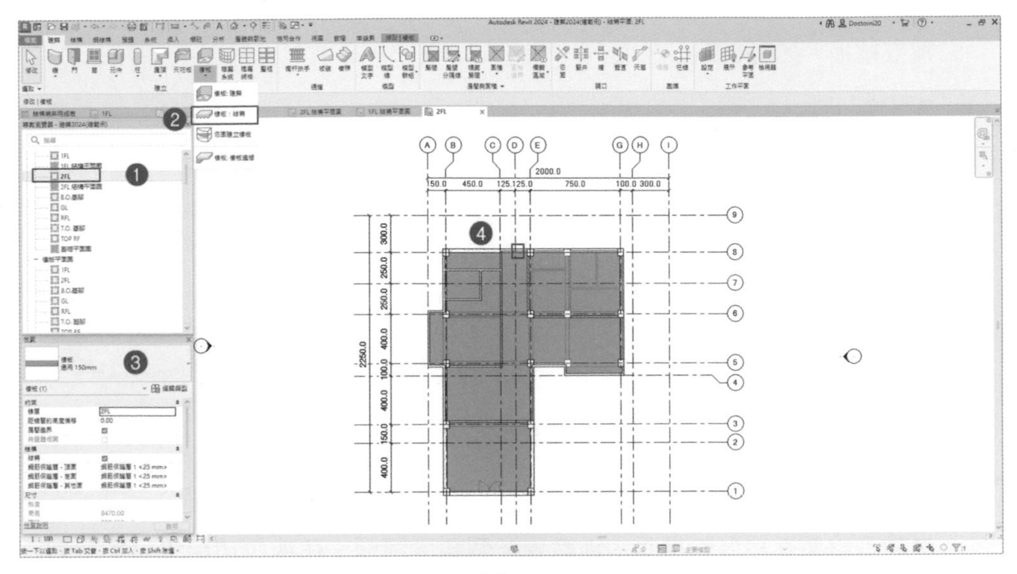

圖 6-7

7 切換到 3D 視圖，可看見樓板完成之形狀，如圖 6-8。

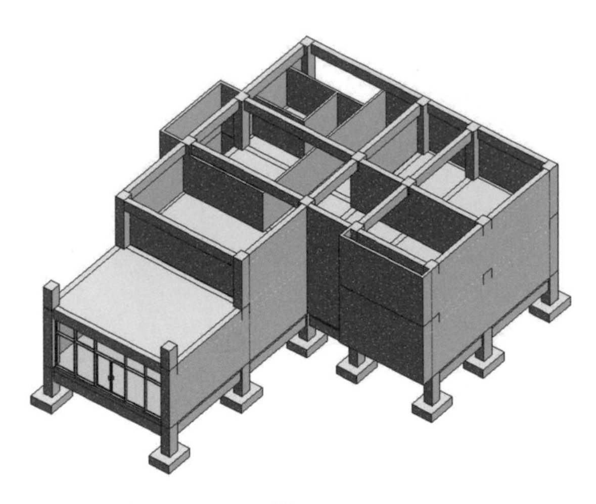

圖 6-8

附註：

1. 點選支撐繪製樓板

   可以依照現有結構牆及樑，繪製樓板。步驟如下：❶ 選擇「點選支撐」 功能，❷ 點選牆面或支撐，❸ 完成四邊牆面選擇，❹ 四個角落並未閉合，❺ 在功能列選擇「修剪」 功能，完成四個角落閉合，❻ 畫完後，按 建立樓板，如圖 6-9。

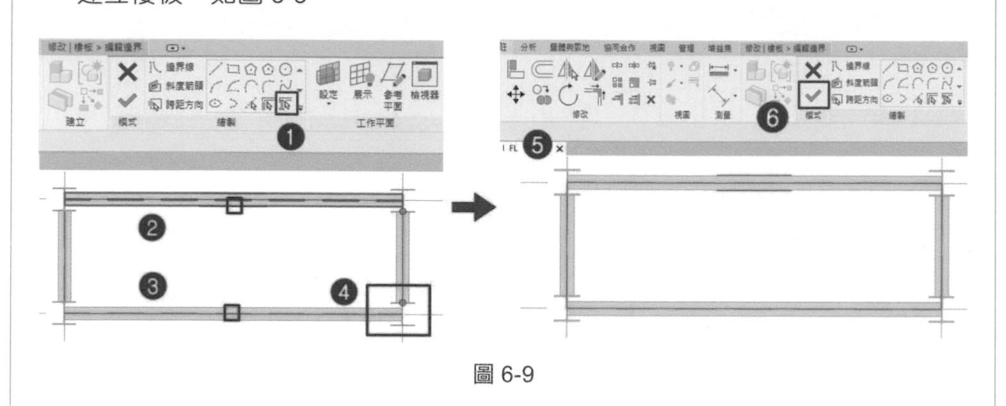

圖 6-9

2. 定義斜度箭頭

   供讀者繪製有斜度的樓板，需繪製一個斜度箭頭（在樓板功能中只能繪製一條斜度箭頭），並在該箭頭的性質面板中設定偏移高度，即可完成斜板之繪製，步驟如下：❶ 點選樓板繪製功能，❷ 繪製樓板，❸ 點選「斜度箭頭」，❹ 在功能選項列中「偏移」設定「30」角度，❺ 在樓板範圍內，繪製斜度箭頭，箭頭方向內定為向下，❻ 完成後，按 建立樓板；❼ 切換到立面圖，即可看見樓板已向下斜下去，如圖 6-10 及圖 6-11。

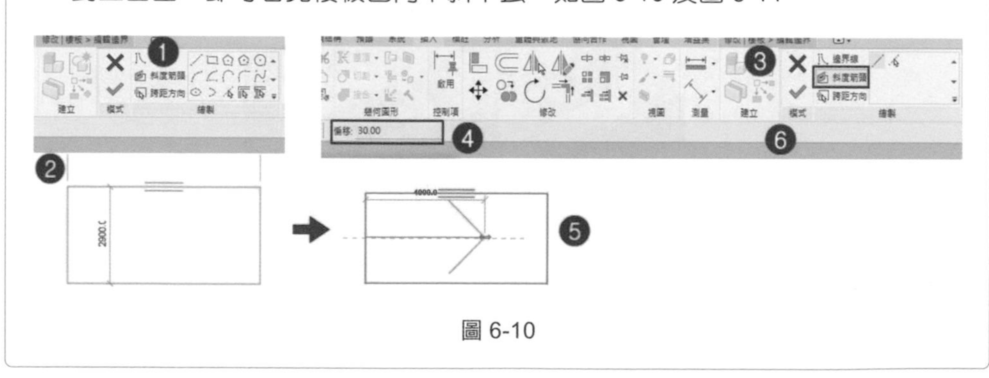

圖 6-10

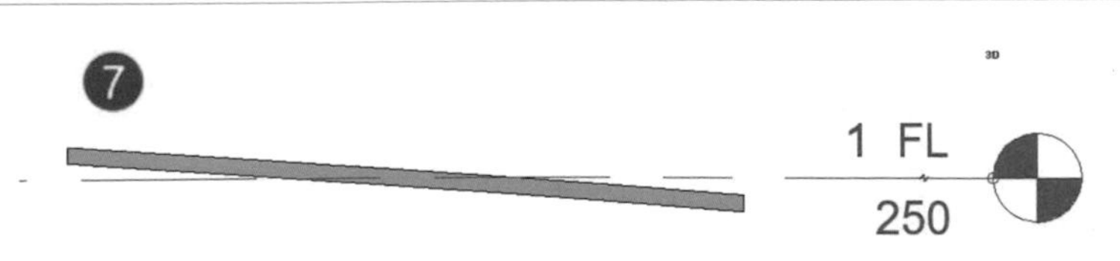

圖 6-11

3. 樓地板邊緣

樓地板邊緣功能的建置方式，需依 Revit 族群功能中繪製的 2D 輪廓，生成為 3D 元件，並貼附於專案樓板元件下方；步驟如下：❶ 在「建築」頁籤下，點選「樓板」功能，選擇「樓板：樓板邊緣」，❷ 在「性質」對話框，點選「編輯類型」，❸ 開啟「類型性質」對話框，❹ 於「類型參數」-「材料及飾面」選擇「M_ 樓板邊緣 - 增厚：600×300mm」，❺ 完成後按「確定」；❻ 切換到 3D 視圖，點選樓板下緣，❼ 點選完成後，可看見樓地板邊緣，❽ 將樓板四周需生成樓板邊緣部分完成。如圖 6-12 及圖 6-13。

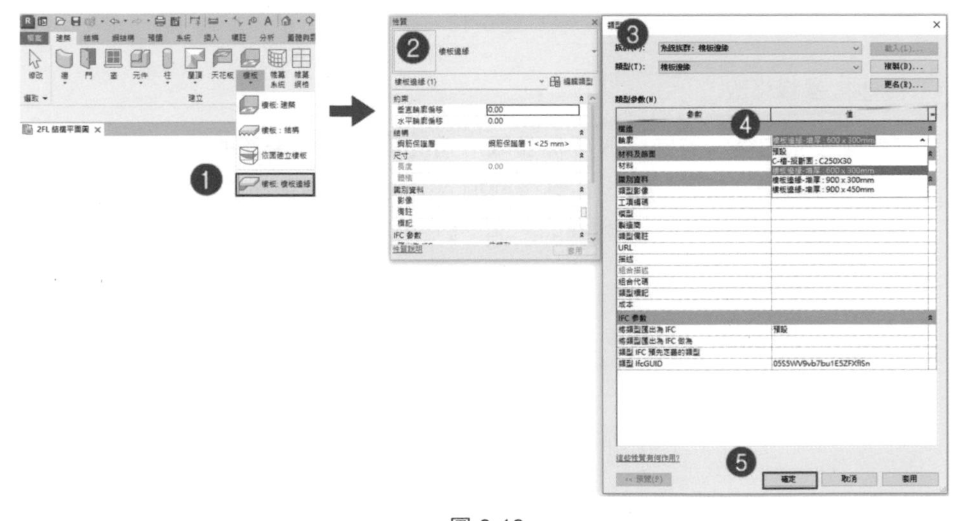

圖 6-12

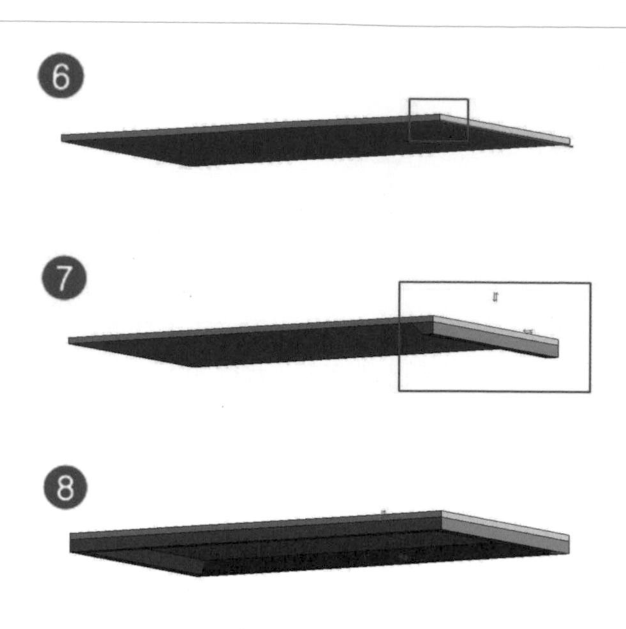

圖 6-13

4. 樓地板邊緣修改

❶ 樓板完成後，若需修改樓板邊緣，首先點選樓地板邊的元件，在點選功能區中的加入 / 移除功能，在點選欲加入或移除的樓板邊緣；❷ 點選樓板邊緣時，會出現上下、左右翻轉的箭頭，點選後即可翻轉，如圖 6-14。

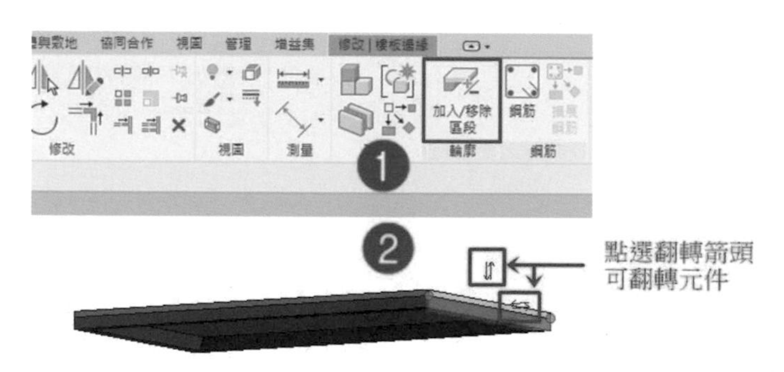

圖 6-14

6.2 加入門、窗元件

在 Autodesk Revit 內，於「建築」頁籤下，「建立」功能區中有「門」、「窗」元件選項，「門」、「窗」屬於「牆元件」不能隨意放置，只能依附在牆上擺設；但可以直接將「門」、「窗」，任意放置在牆上，並可自動建立所需開口並放置元件。

6.2.1 門、窗的編輯

1. 編輯門的尺寸

1 在「專案瀏覽器」中，切換至「視圖」-「樓板平面圖」-「1F」平面圖，在功能區之「建築」頁籤，點擊「門」功能，如圖 6-15。

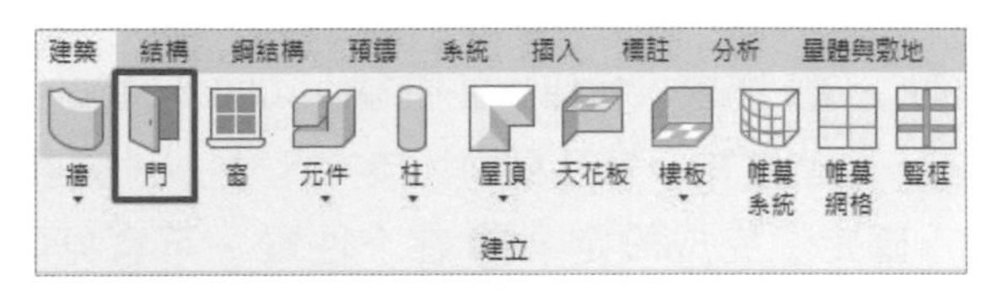

圖 6-15

2 ❶ 開啟「性質瀏覽器」，點選「編輯類型」，❷ 開啟「類型性質」對話框，❸ 點擊「載入」，❹「開啟舊檔」，❺ 點選樣板檔案位置在 C:\ProgramData\Autodesk\RVT 2024\Libraries\Traditional Chinese_INTL\ 門 \ 住宅用 \M_ 門 - 內部 - 單 -1_ 嵌板 - 木製 .rfa，❻ 點選「開啟」；❼ 開啟「指定類型」，選擇「900×2100mm」，❽ 完成後按「確定」。如圖 6-16、圖 6-17。

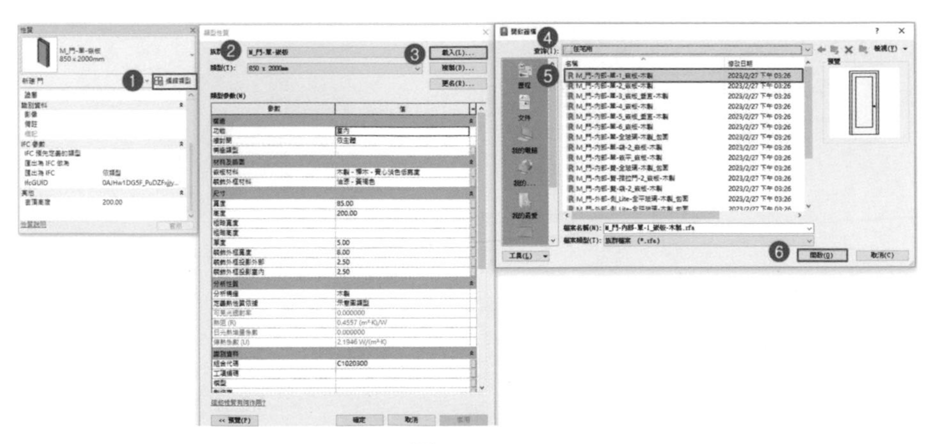

圖 6-16

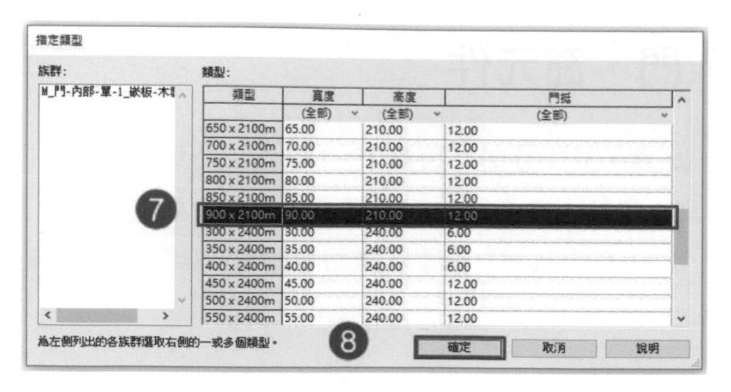

圖 6-17

2. 複製門

❶ 於「建築」頁籤下，點擊「建立」-「門」功能，❷ 於「性質」對話框內，選擇「900×2100mm」之門，點選「編輯類型」，❸ 開啟「類型性質」對話框，點選「複製」，❹ 開啟「名稱」並更為「1000×2100mm」，❺ 完成後按「確定」；❻ 在「類型性質」對話框中，於「尺寸」-「寬度」改為「1000」，❼ 完成後按「確定」完成設定，❽ 在「性質」可看見以完成之「1000×2100mm」門。如圖 6-18 及圖 6-19。

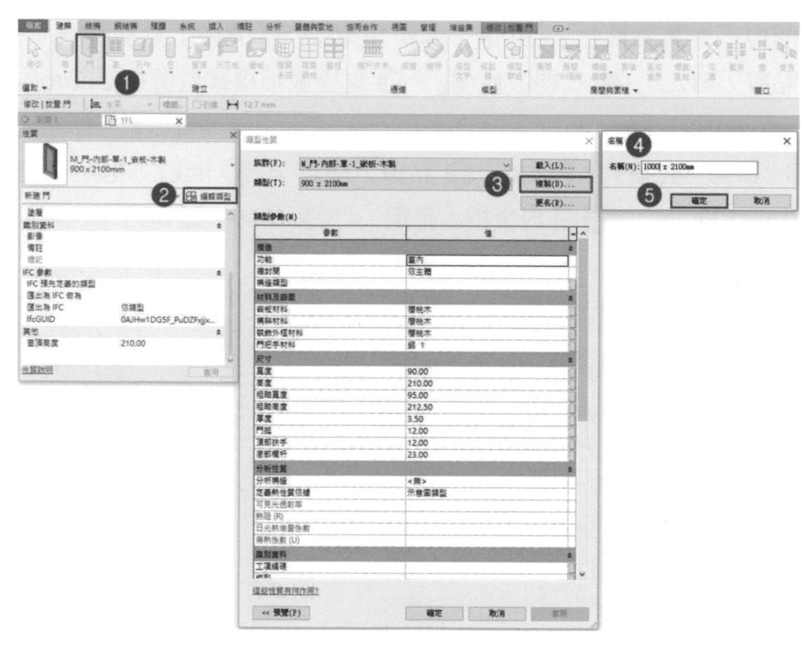

圖 6-18

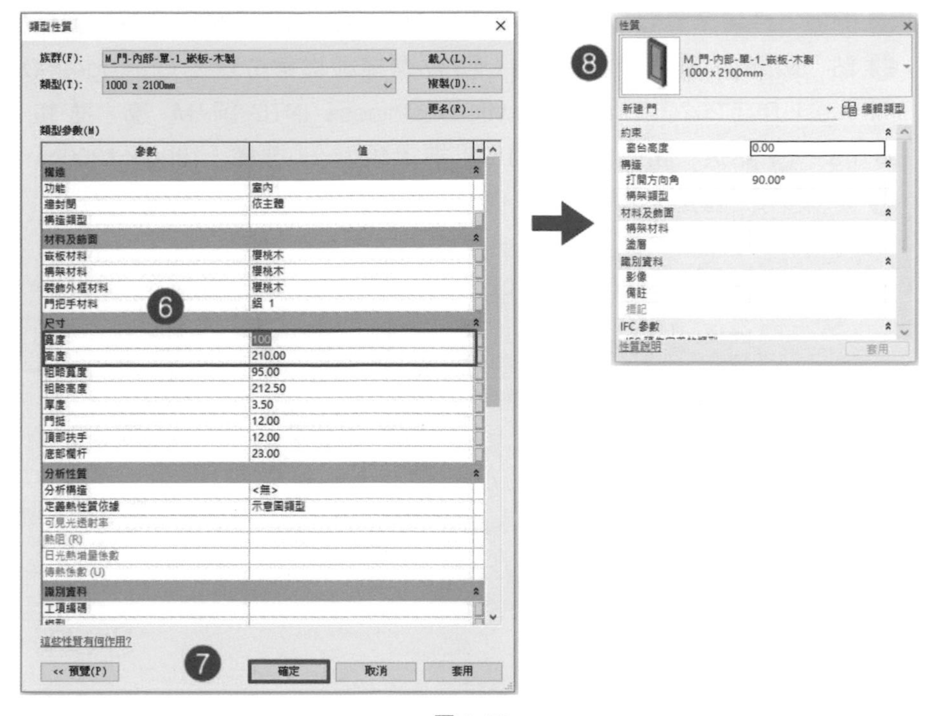

圖 6-19

3. 編輯窗的尺寸

1 在「專案瀏覽器」中，切換至「視圖」-「樓板平面圖」-「1F」平面圖，在功能區之「建築」頁籤，點擊「窗」 功能，如圖 6-20。

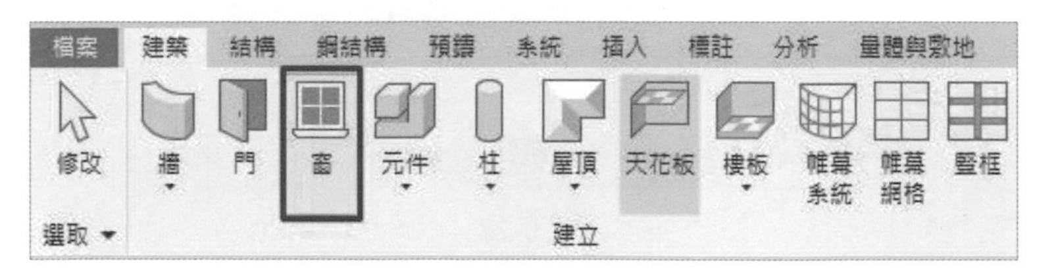

圖 6-20

2 ❶ 開啟「性質瀏覽器」，點選「編輯類型」，❷ 開啟「類型性質」對話框，❸ 點「載入」，❹「開啟舊檔」，❺ 點選樣板檔案位置在 C:\ProgramData\Autodesk\RVT 2024\Libraries\Traditional Chinese_INTL\ 窗 \M_ 窗 - 推 拉 - 雙扇 .rfa，❻ 點選「開啟」，❼ 開啟「指定類型」，選擇「1800×1200mm」，❽ 完成後按「確定」。如圖 6-21、圖 6-22。

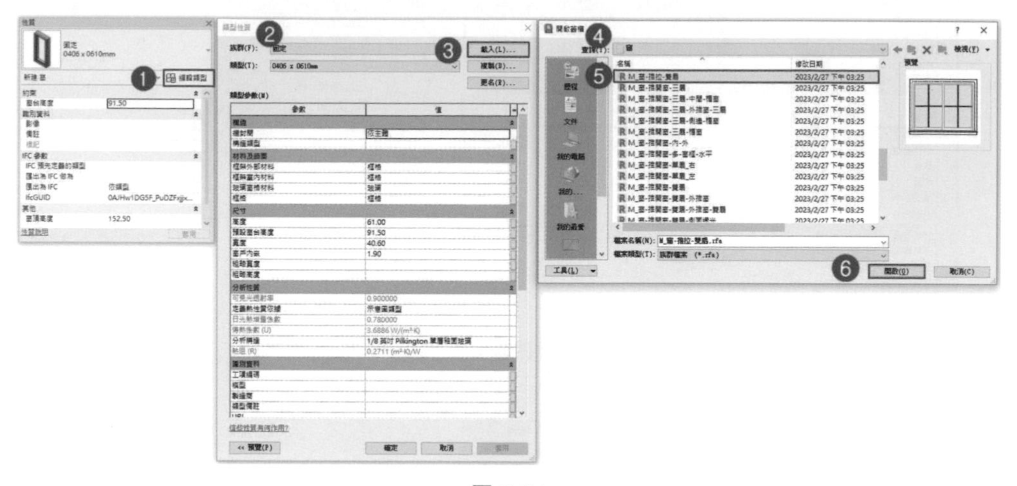

圖 6-21

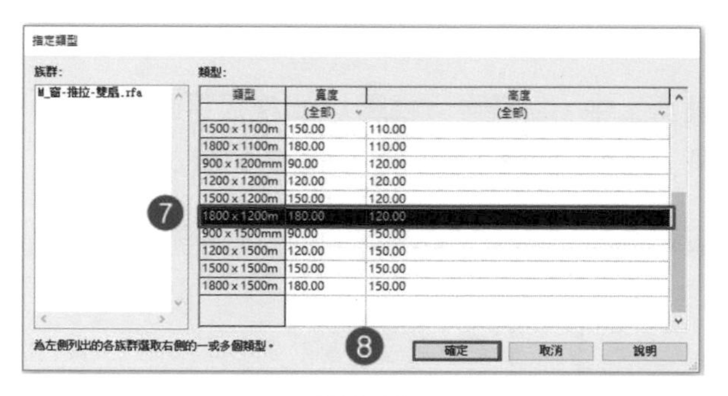

圖 6-22

4. 複製窗

❶ 於「建築」頁籤下，點擊「建立」-「窗」功能，❷ 於「性質」對話框內，選擇「1800×900mm」之窗，點選「編輯類型」，❸ 開啟「類型性質」對話框，點選「複製」，❹ 開啟「名稱」並更為「1600×900mm」，❺ 完成後按「確定」；❻ 在「類型性質」對話框中，於「尺寸」-「寬度」改為「1600」，

❼ 完成後按「確定」完成設定，❽ 在「性質」可看見以完成之「1600×2100mm」窗。如圖 6-23 及圖 6-24。

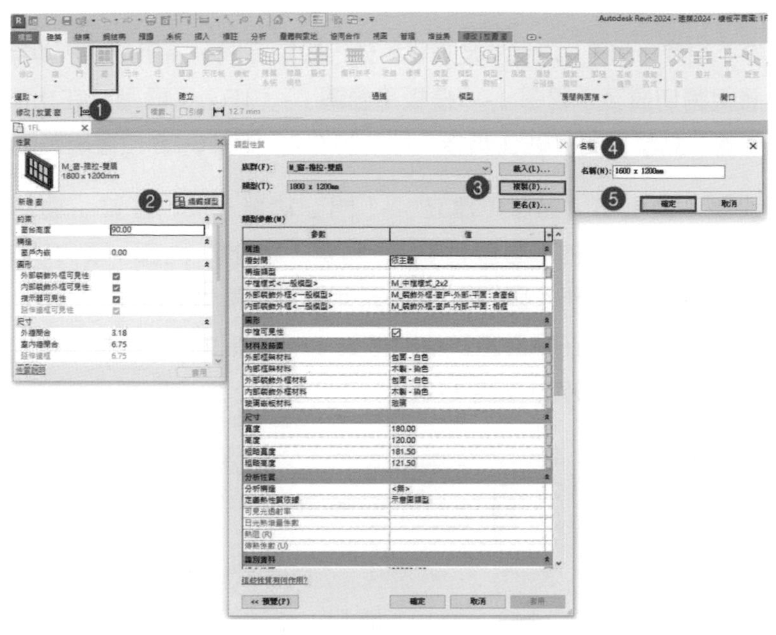

圖 6-23

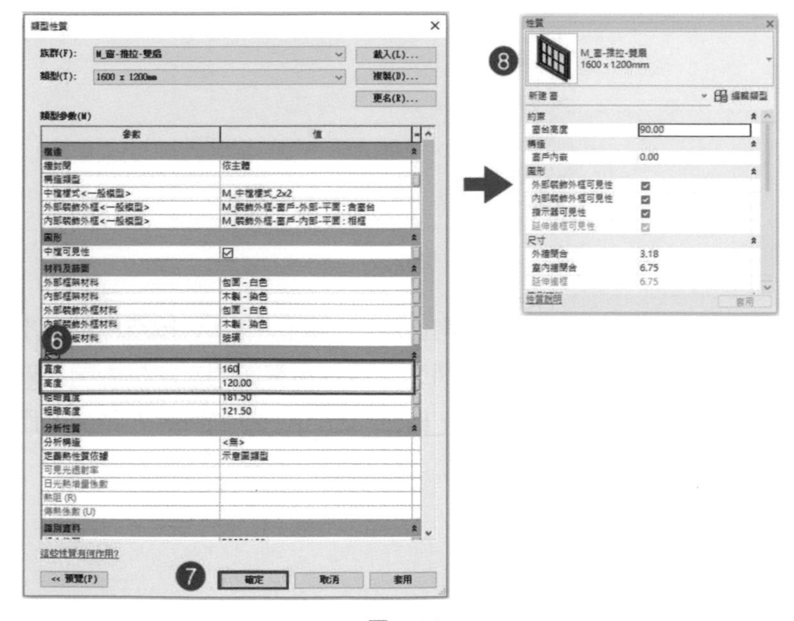

圖 6-24

6.2.2 門、窗的放置

1. 門的放置

1. 依表 3-1「門」、「窗」之尺寸及規格，先行設定完成，將所需在「專案瀏覽器」中，將視圖切換至「視圖」-「樓板平面圖」-「1F」平面圖，在功能區之「建築」頁籤，點擊「門」 工具後，即依圖 6-25 及圖 6-26 位置繪製門。

2. 於「建築」頁籤下，點擊「建立」-「門」功能，於「性質」對話框內，開啟「類型選取器」的「類型性質」，點選「M_ 門 - 內部 - 單 -1_ 嵌板 - 木製 -900×2100mm」之門。❶ 在放置門元件前，如果門放置非在水平上，需先設定「窗台高度」；另在平面圖顯示門符號，一般為 90°，如果須改角度，可在 ❷「打開方向角」設定，如圖 6-25。

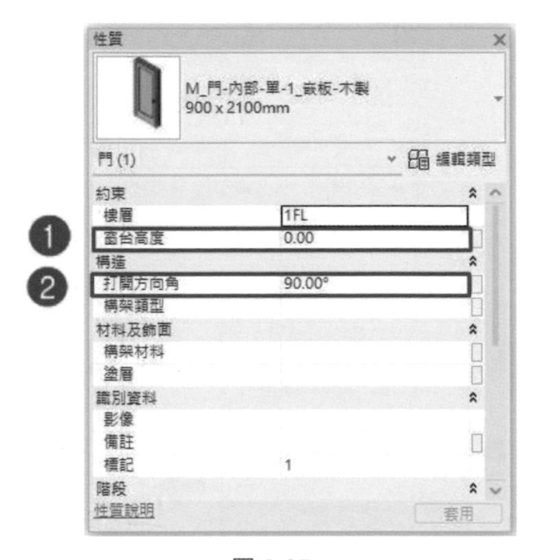

圖 6-25

3. 選擇「門」之元件後，❶ 移動滑鼠鼠標到牆上，❷ 可按空白鍵去控制門的左右開啟方向；若滑到牆的內側或外，可自動調整開門方向是內開或外開，或是點擊繪圖區畫面之 ⇆ ⇅ 符號，調整門方向，❸ 確認門框離牆面距離，可用鍵盤輸入距離，如圖 6-26。

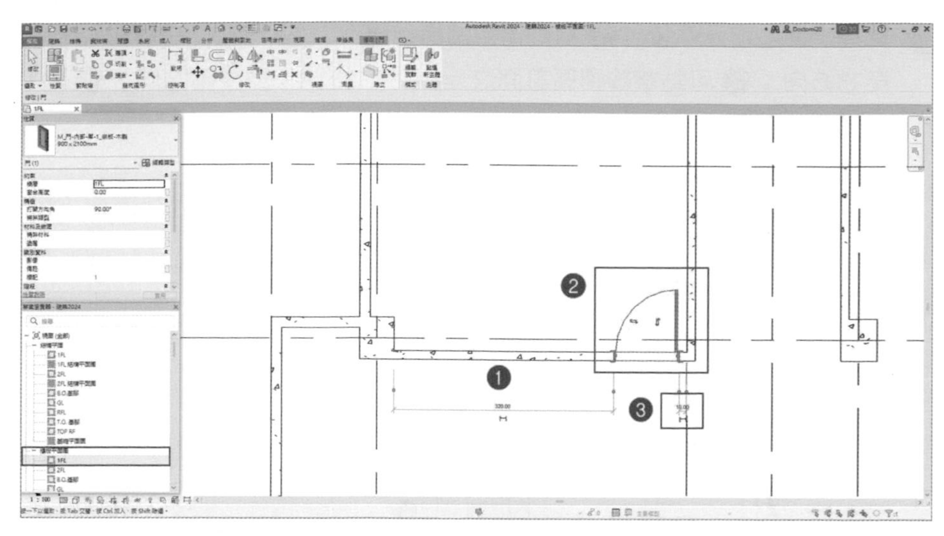

圖 6-26

2. 窗的放置

1 在功能區之「建築」頁籤，點擊「窗」 功能（依圖 6-25 及圖 6-26 方式繪製窗）。

2 於「建築」頁籤下，點擊「建立」-「窗」功能，❶ 於「性質」對話框內，❷ 開啟「類型選取器」，點選「M_ 窗 - 推拉 - 雙扇 .rfa-1800×1200mm」之窗，❸「性質」對話框中，❹ 確認所需「窗台高度」，圖 6-27。

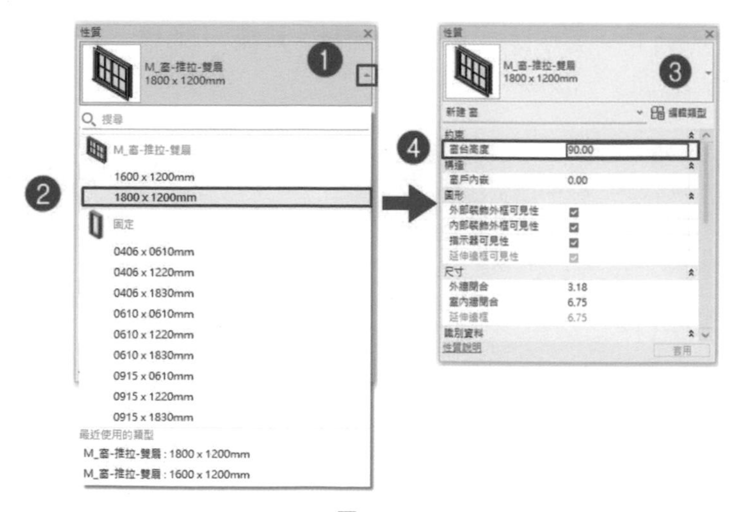

圖 6-27

3 選擇「窗」之元件後，❶ 移動滑鼠鼠標到牆上，❷ 可按空白鍵去控制窗台的左右方向；❸ 可點擊繪圖區畫面之 ⇆ ⇅ 符號，調整窗方向，❹ 點擊 ⊢⊣ 符號，可自動標注尺寸線，如圖 6-28。

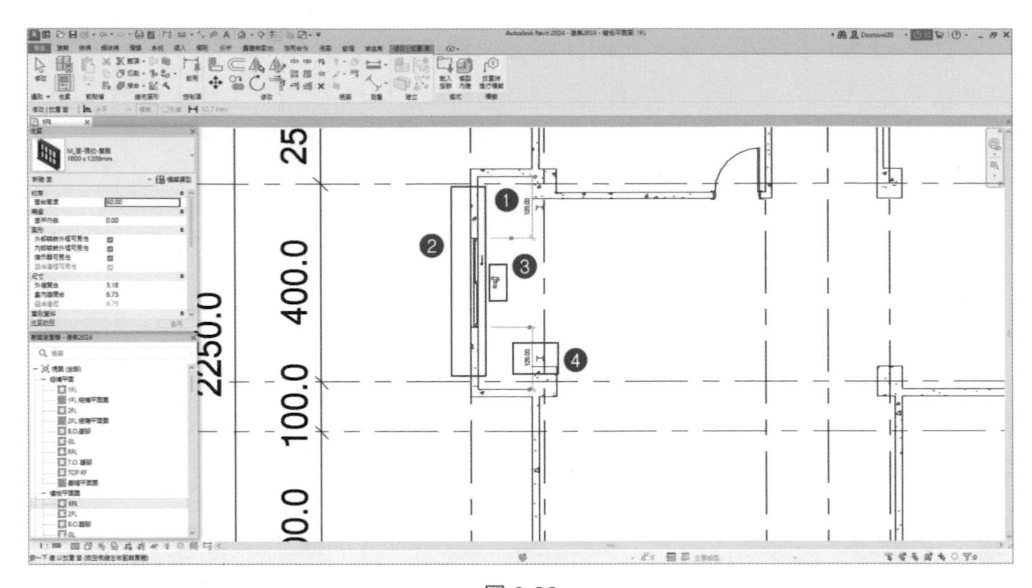

圖 6-28

6.3 樓梯繪製

在 Autodesk Revit 內，製作樓梯功能在「建築」頁籤，「通道」-「樓梯」功能，如圖 6-29。

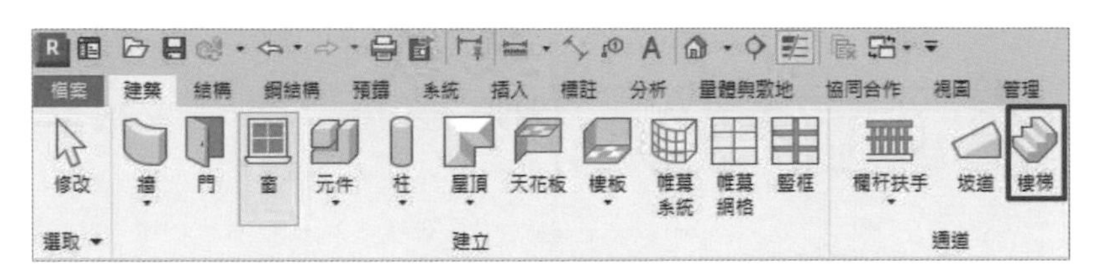

圖 6-29

6.3.1 樓梯繪製

1 ❶ 於功能區「視圖」頁籤，點選「工作平面」面板內的「參考平面」，❷ 依圖 6-30，完成參考平面繪製。

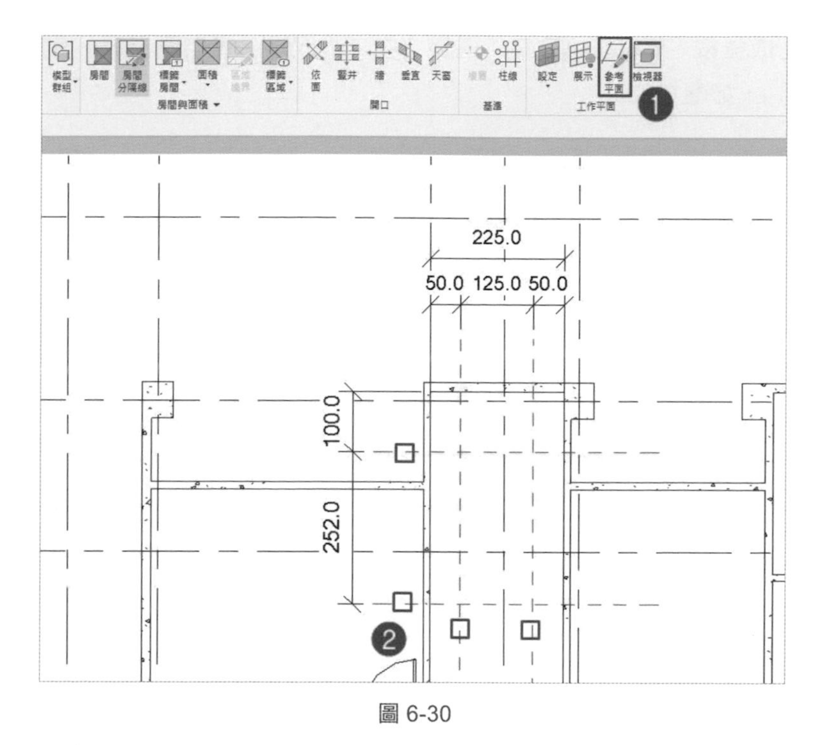

圖 6-30

2 ❶ 在「修改 - 建立樓梯」頁籤，❷ 在繪圖功能區，點選「梯隊」，❸ 設定「定位線」為「梯段：中心」，❹ 設定「實際梯段寬度」為「100」，❺ 勾選「自動平台」，如圖 6-31。

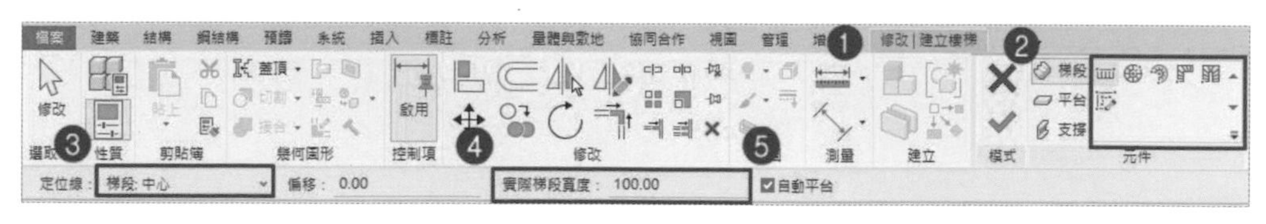

圖 6-31

3 ❶ 選擇「性質」對話框內，❷ 點選「編輯類型」，❸ 開啟「類型性質」對話框，❹ 設定「豎版高度最大值」為「180」，❺ 設定「最小踏板深度」為「280」，❻ 點選「梯段類型」右邊按鈕，❼ 開啟「類型性質」對話框，❽ 選擇「更名」，❾ 將名稱更改為「180mm 深度」，❿ 設定「結構深度」為「18」，⓫ 完成後按「確定」，⓬ 在「性質」中之「尺寸」會自動計算，⓭ 完成後按「套用」，如圖 6-32。

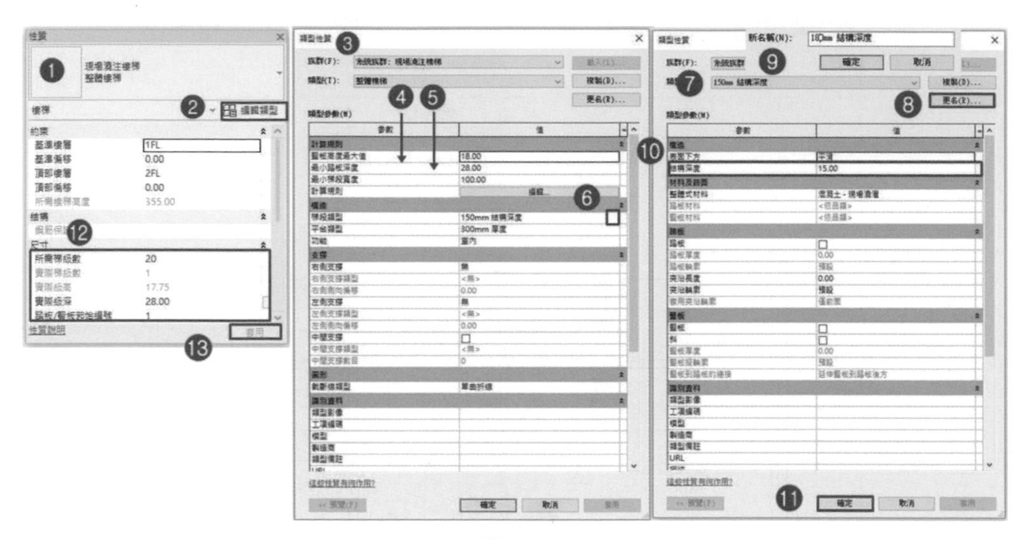

圖 6-32

4 完成步驟 3 後，❶ 沿著參考平面線位置，逆時針繪製樓梯，❷ 在繪製過程中，在視圖中可看見灰色字體，計算已繪製之梯段，❸ 完成後，按 ✔ 建立樓梯，如圖 6-33。

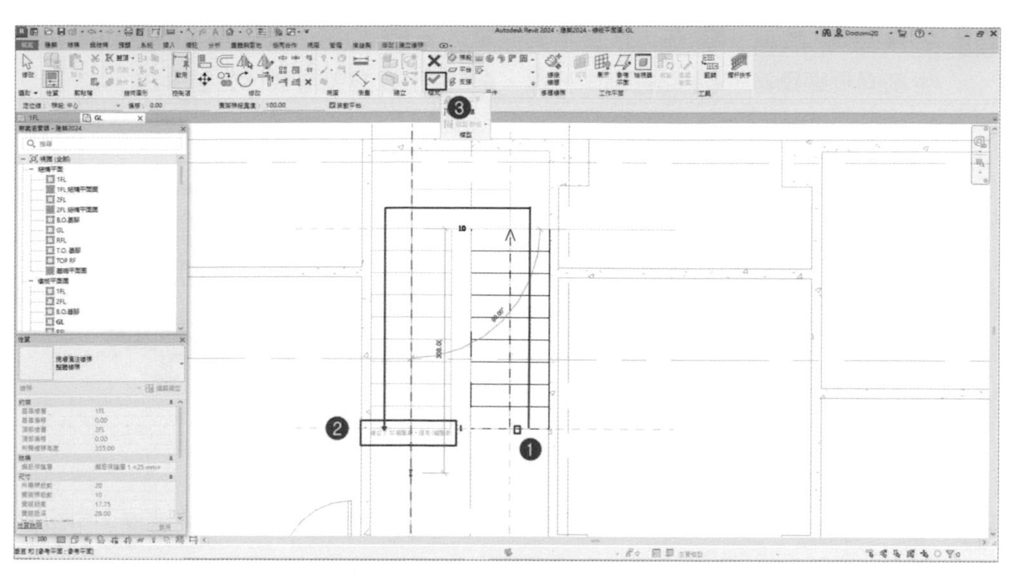

圖 6-33

5 完成後之樓梯平面，❶ 外部扶手、❷ 平台、❸ 內部扶手、❹ 梯階，❺ 向上標註，如圖 6-34。

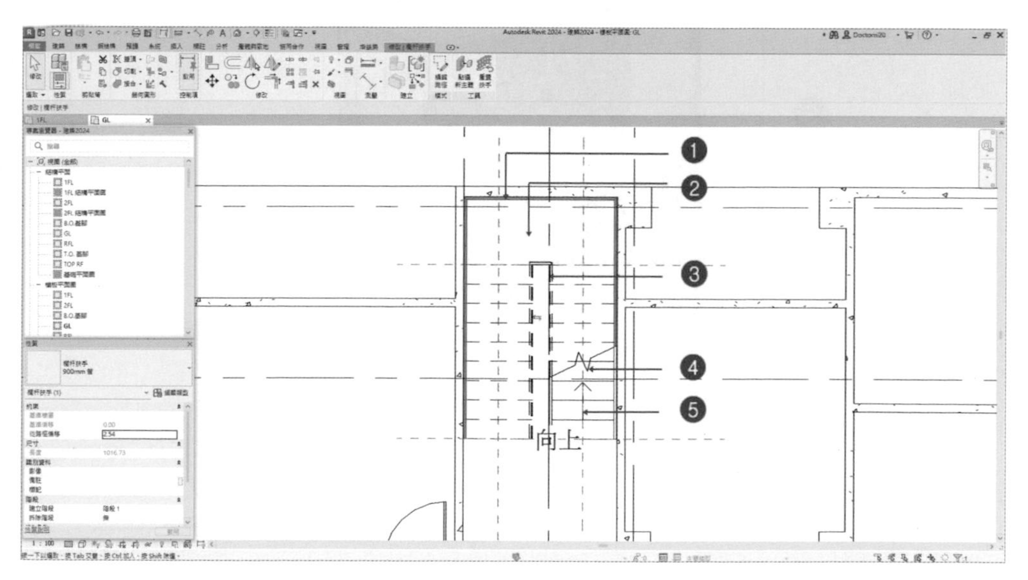

圖 6-34

6 切換到 3D 視圖，❶ 在「性質」對話框內，❷ 勾選「剖面框」，❸ 視圖會產生剖面框範圍線，❹ 點選剖面框線，❺ 會出現拖曳符號，如圖 6-35。

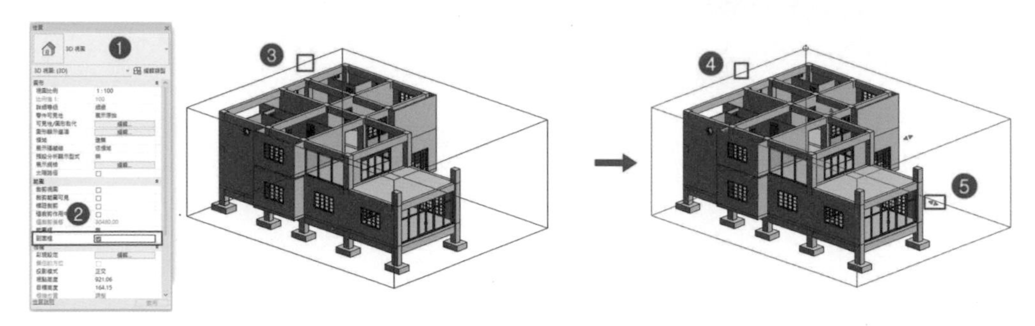

圖 6-35

7 ❶ 將剖面框拖曳至適當範圍，如圖 6-36，❷ 可看見外部扶手貼著牆，可以點選它，並刪除，❸ 二樓樓梯突出於樓板外，樓板並外挑空，如圖 6-36。

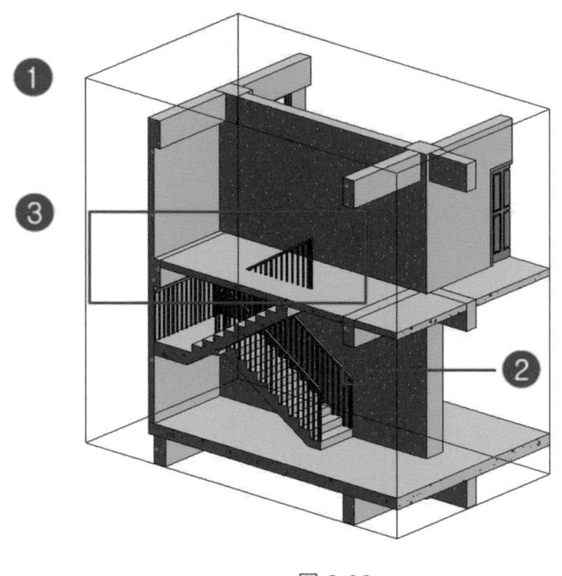

圖 6-36

8 ❶ 切換視圖到「結構平面」-「2 FL」視圖，❷ 在「性質」中，點選「可見性 / 圖形取代」，❸ 開啟「可見性 / 圖形取代」對話框，❹ 在「篩選清單」選擇所需類型，❺ 取消「牆」、「門」、「窗」、「一般模型」，❻ 完成後按「確定」，❼ 完成後如圖 6-37。

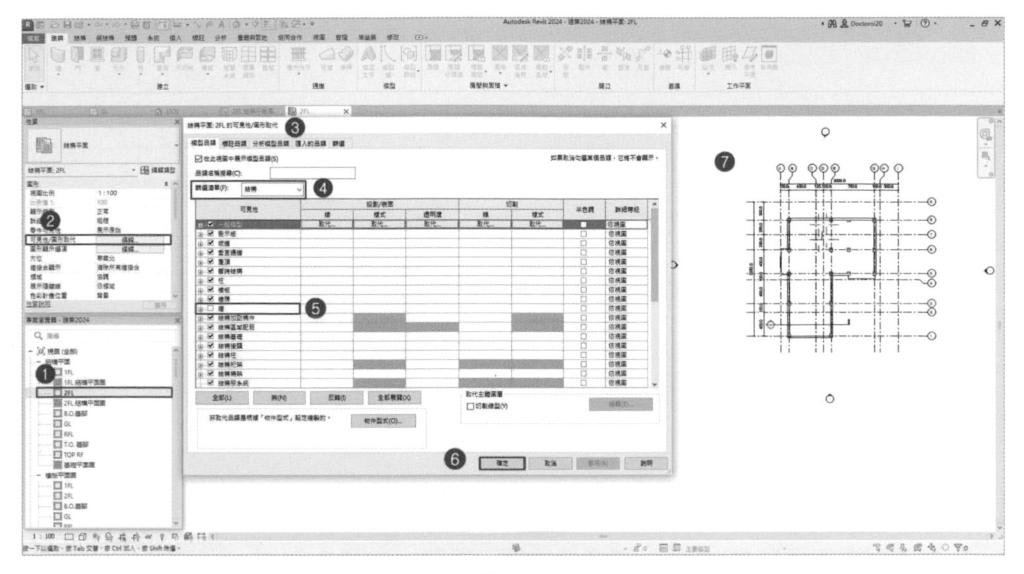

圖 6-37

9 ❶ 完成步驟 7 設定後，點選樓板（可按 Tab 鍵選擇），❷ 點選功能列中之「編輯邊界」，❸ 開啟「修改 | 樓板 > 編輯邊界」頁籤，❹ 出現邊界範圍線段，如圖 6-38。

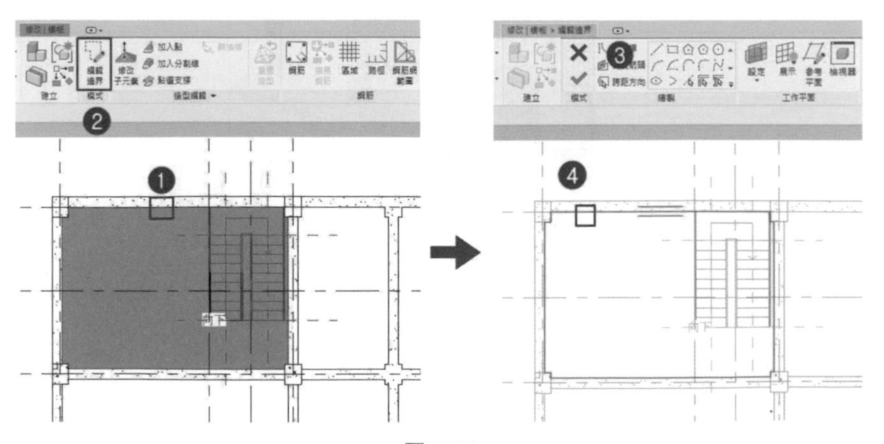

圖 6-38

10 ❶ 依視圖位置修改樓板邊界，❷ 完成後，按 ✔ 建立樓板，❸ 完成後樓板邊界已修改，如圖 6-39。

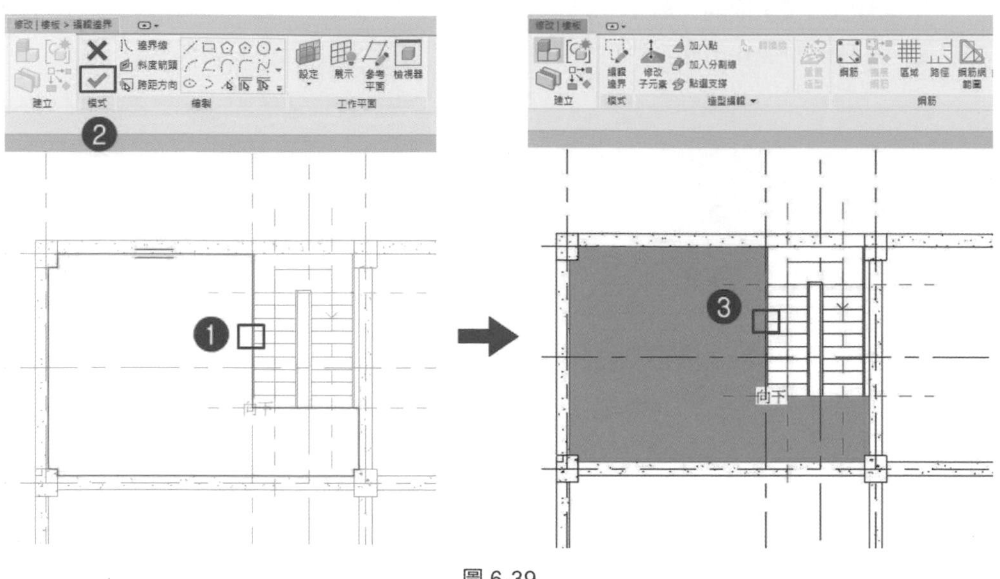

圖 6-39

11 再將視圖切換至 3D 視圖，可看見樓板已修正，如圖 6-40。

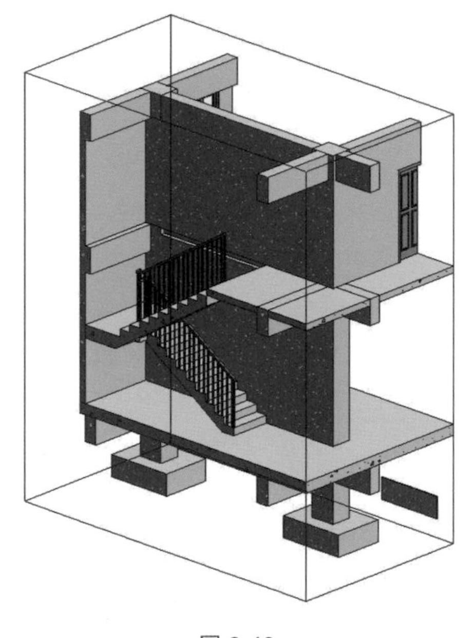

圖 6-40

6.4 欄杆扶手

在 Autodesk Revit 內，所謂的包括扶手、欄杆、玻璃帷幕欄杆等，製作欄杆扶手的方式有 1. 繪製路徑 2. 再主體放置，如圖 6-41。

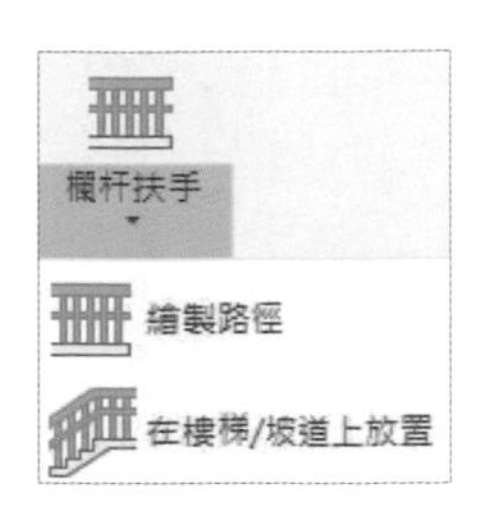

圖 6-41

6.4.1 欄杆扶手繪製

1. 在「專案瀏覽器」中，切換至「視圖」-「樓板平面圖」-「2F」平面圖，在功能區之「建築」頁籤，點擊「欄杆扶手」 工具後，選擇「繪製路徑」，另在「性質瀏覽器」選擇「欄杆扶手 900mm 管」。

2. 於「性質瀏覽器」內，開啟「類型選取器」的「類型性質」，點選「扶手結構（非連續）」之「編輯」開啟，如圖 6-42。開啟後，打開「編輯扶手（非連續）」之對話框，可編輯橫向欄杆間距及材質，如圖 6-43。確定後再行點選「欄杆放置」之「編輯」開啟，如圖 6-44，可編輯縱向欄杆間距、材質及樓梯欄杆，設定完成後按確定。

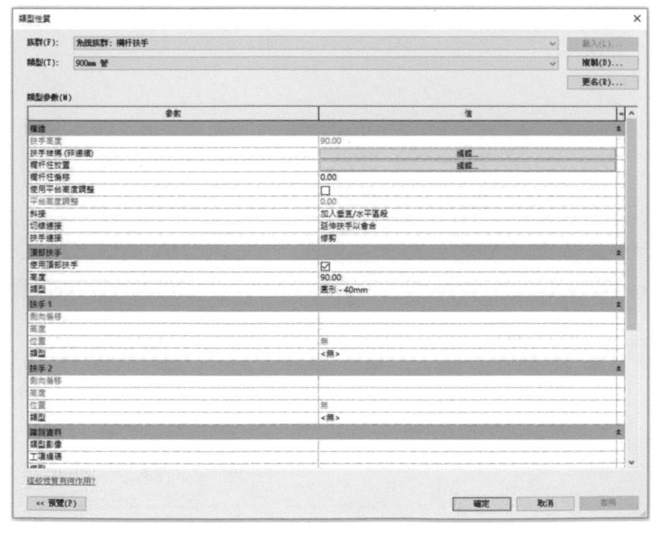

圖 6-42

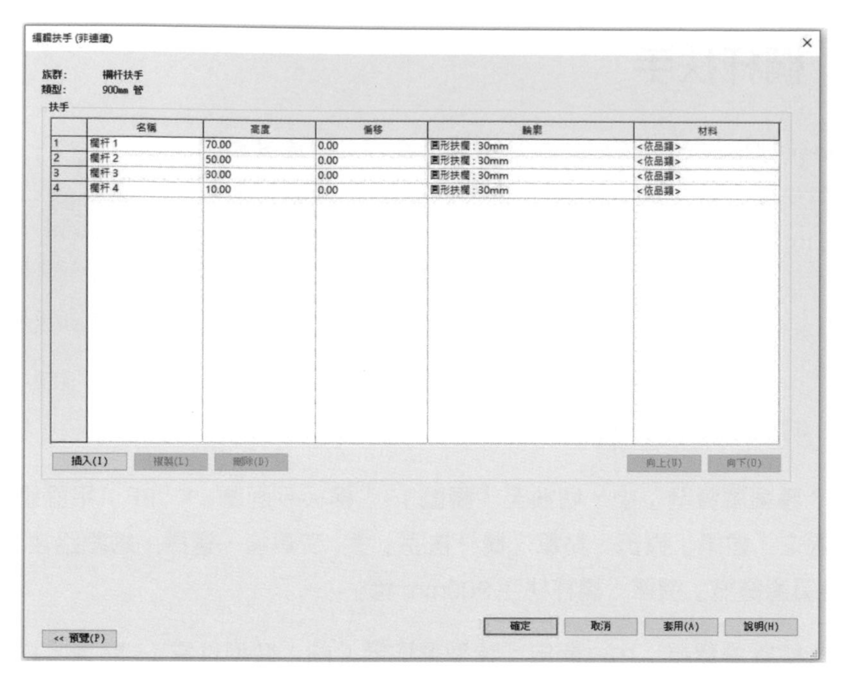
編輯扶手 (非連續)
族群: 欄杆扶手
類型: 900mm 管
扶手
名稱
高度
偏移
輪廓
材料
1 欄杆 1 70.00 0.00 圓形扶欄 : 30mm <依品類>
2 欄杆 2 50.00 0.00 圓形扶欄 : 30mm <依品類>
3 欄杆 3 30.00 0.00 圓形扶欄 : 30mm <依品類>
4 欄杆 4 10.00 0.00 圓形扶欄 : 30mm <依品類>
插入(I)
複製(L)
刪除(D)
向上(U)
向下(O)
確定
取消
套用(A)
說明(H)
<< 預覽(P)

圖 6-43

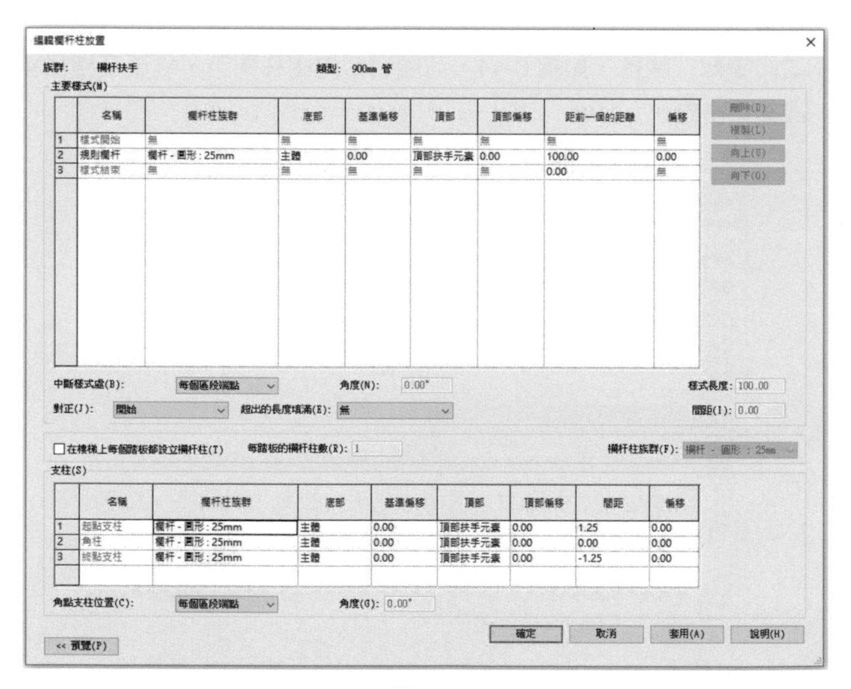
編輯欄杆柱放置
族群: 欄杆扶手
類型: 900mm 管
主要樣式(M)
名稱
欄杆柱族群
底部
基準偏移
頂部
頂部偏移
距前一個的距離
偏移
1 樣式開始 無 無 無 無 無 無 無
2 規則欄杆 欄杆 - 圓形 : 25mm 主體 0.00 頂部扶手元素 0.00 100.00 0.00
3 樣式結束 無 無 無 無 無 0.00 無
刪除(D)
複製(L)
向上(U)
向下(O)
中斷樣式處(B): 每個區段端點
角度(N): 0.00°
樣式長度: 100.00
對正(J): 開始
超出的長度填滿(E): 無
間距(I): 0.00
在樓梯上每個踏板都設立欄杆柱(T)
每踏板的欄杆柱數(R): 1
欄杆柱族群(F): 欄杆 - 圓形 : 25mm
支柱(S)
名稱
欄杆柱族群
底部
基準偏移
頂部
頂部偏移
間距
偏移
1 起點支柱 欄杆 - 圓形 : 25mm 主體 0.00 頂部扶手元素 0.00 1.25 0.00
2 角柱 欄杆 - 圓形 : 25mm 主體 0.00 頂部扶手元素 0.00 0.00 0.00
3 終點支柱 欄杆 - 圓形 : 25mm 主體 0.00 頂部扶手元素 0.00 -1.25 0.00
角點支柱位置(C): 每個區段端點
角度(G): 0.00°
確定
取消
套用(A)
說明(H)
<< 預覽(P)

圖 6-44

3 選擇功能區「修改 | 建立扶手路徑」頁籤，選擇「繪製」- 沿 著圖 6-45 板邊界畫線，畫完後，按 建立扶手（繪製欄杆扶手必須注意，繪製時每一連續線段必須連結，如要斷開，需按建立一段後，再重新繪製另一段）。

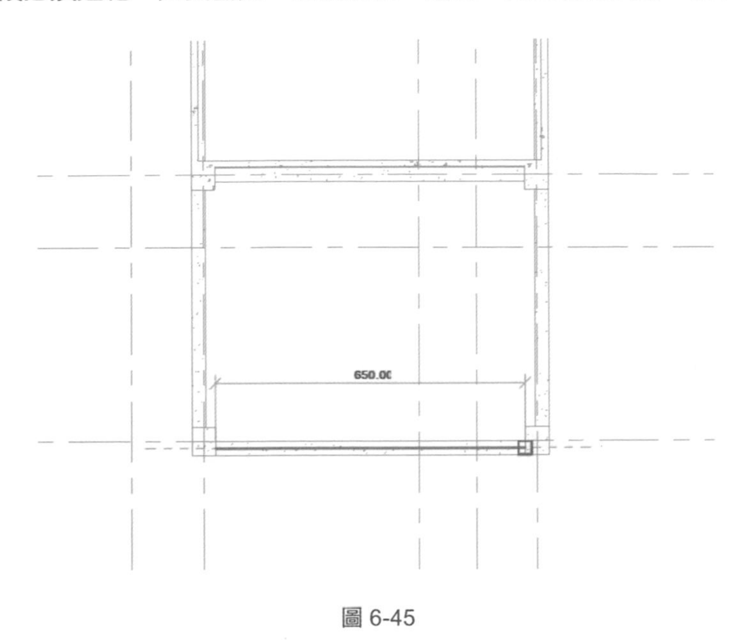

圖 6-45

4 切換到 3D 視圖，可看見 2F 陽台的欄杆扶 手完成形狀，如圖 6-46。

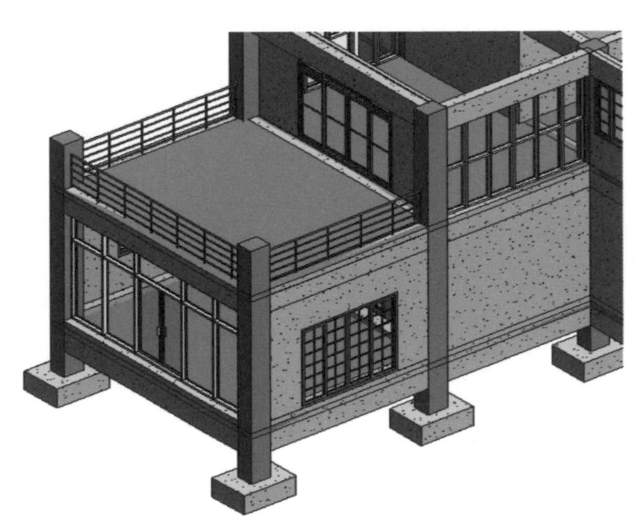

圖 6-46

5 請讀者依圖 6-48 繪製 2 樓陽台欄杆，如圖 6-47。

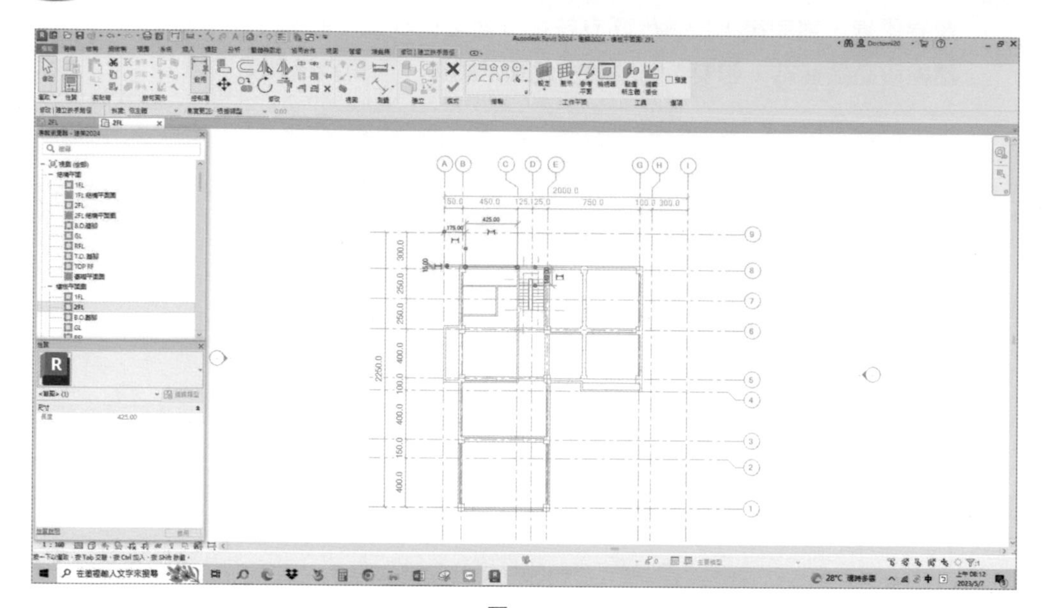

圖 6-47

CHAPTER 07

天花板、鋼構、採光罩、屋頂

天花板主要目的在於 1. 隔音及隔熱 2. 隱藏管線 3. 修飾及造型；Revit 天花板功能在「建築」頁籤下的「建立」功能區，如圖 7-1。

◆ 請讀者打開「範例檔案之第 7 章 \RVT\ 建築 2024.rvt」

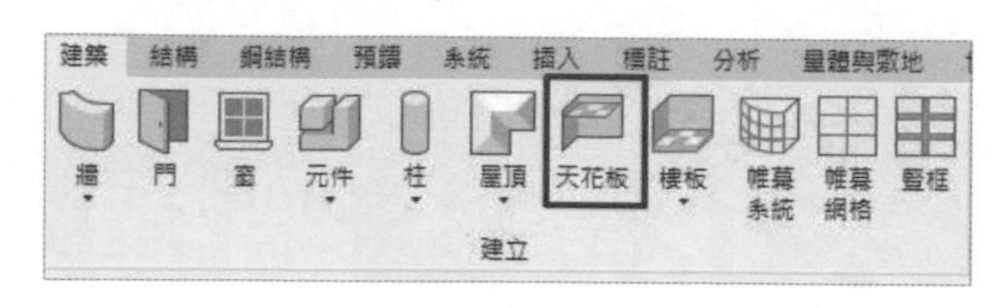

圖 7-1

7.1 天花板繪製

7.1.1 平頂天花板繪製

1 ❶ 在「專案瀏覽器」中，切換至「視圖」-「樓板平面圖」-「1FL」平面圖，❷ 在「性質」對話框點選「可見性 / 圖形取代」，❸ 開啟「可見性 / 圖形取代」對話框，在「篩選請單」中，取消「樓板」顯示，❹ 完成後，視圖如圖 7-2。

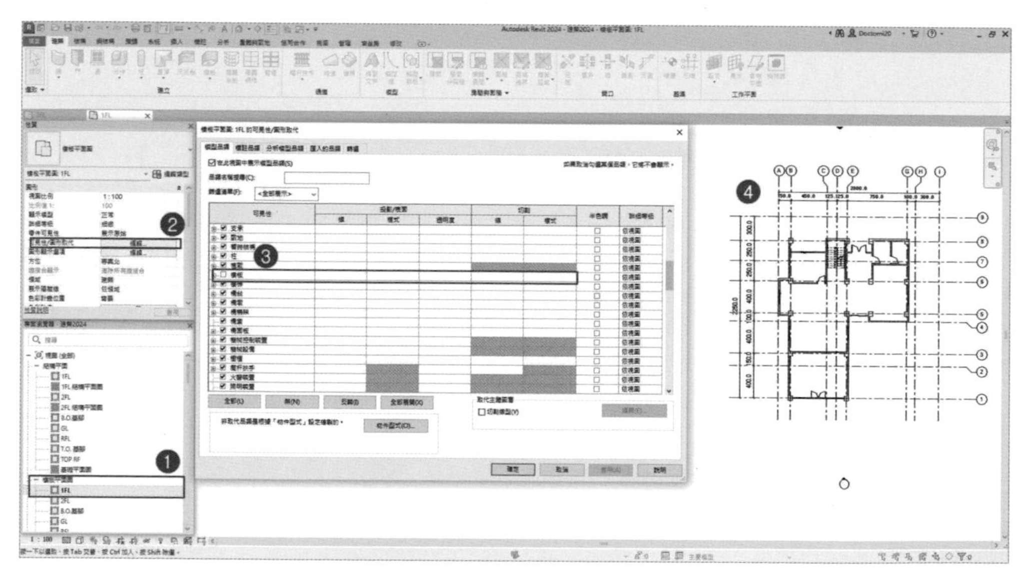

圖 7-2

2 ❶ 在功能區之「建築」頁籤，點擊「天花板」 工具後，❷ 會切換「修改 | 放置天花板」頁籤，在「性質」對話框，選擇「複合天花板 -600×600mm 網格」，❸ 再到工具區選擇「繪製天花板」，如圖 7-3。

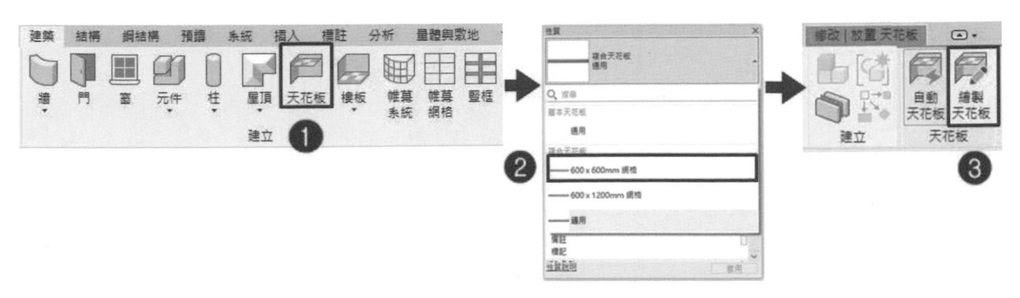

圖 7-3

3 ❶ 在「性質」對話框，確認所需天花板「距樓層的高度偏移」之高度，❷ 在「修改 | 天花板 > 編輯邊界」頁籤，❸ 依圖 7-4 位置，沿著所需設置天花板房間邊緣繪製天花板，完成後按 ✔。❺ 完成後，天花板位置如藍色區域如圖 7-5。

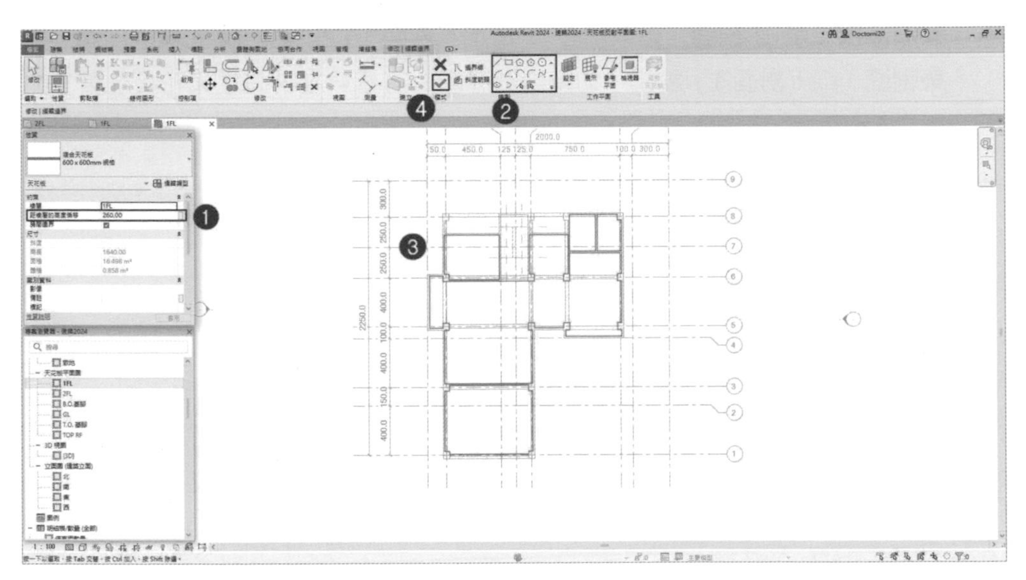

圖 7-4

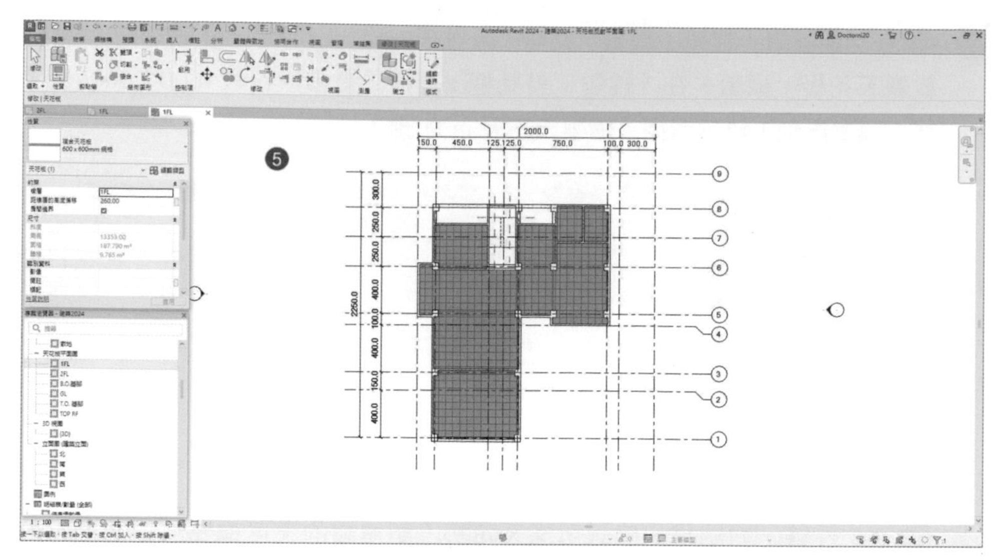

圖 7-5

4 ❶ 完成後，視圖天花板位置會顯示網格形狀，❷ 於功能區之「試圖」頁籤，點擊「剖面」 工具後，❸ 在視圖位置繪製一條剖面線，❹ 完成後，在「專案瀏覽器」中，「剖面（建築剖面）」增加「剖面 1」視圖，❺ 點選「剖面（建築剖面）」-「剖面 1」視圖，切換到剖面圖，可看見立剖面之天花板位置，如圖 7-6。

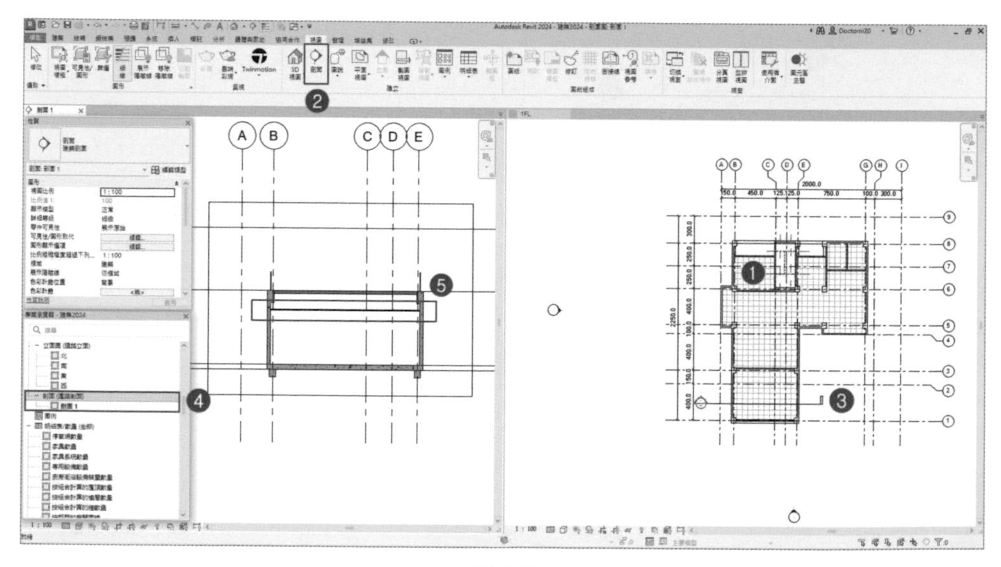

圖 7-6

7.2 採光罩及鋼構製作

在 2F 陽台上要製作採光罩，且要在柱位上構設支撐支鋼構柱、樑及鋼構連接件，如圖 6-8 位置

7.2.1 樓層複製

1 ❶ 切換到「樓板平面圖」-「2 FL」平面圖、❷ 點選「剖面線」按滑鼠右鍵，開啟功能列，❸ 點選「在視圖中隱藏」-「元素」，將剖面線隱藏，如圖 7-7。

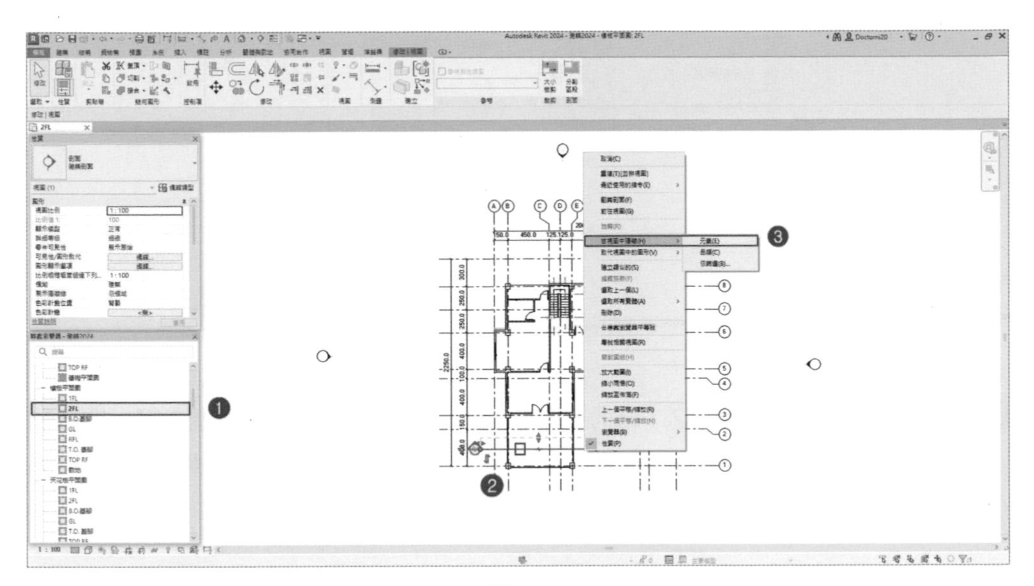

圖 7-7

2 ❶ 在「專案瀏覽器」之「結構平圖」，點選「RFL」，按滑鼠右鍵，開啟功能列，❷ 點選「複製視圖」，❸「複製」，複製 RFL 結構平面，如圖 7-8。

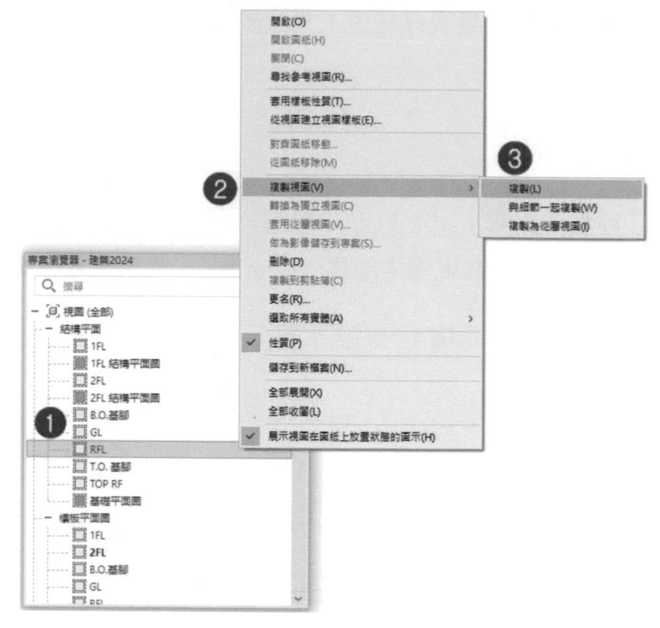

圖 7-8

3 ❶ 在「專案瀏覽器」之「結構平圖」，點選「RFL 複製」，按滑鼠右鍵，開啟功能列，❷ 點選「更名」，❸ 將「RFL 複製 1」，更名為「RFL 結構平面圖」，如圖 7-9。

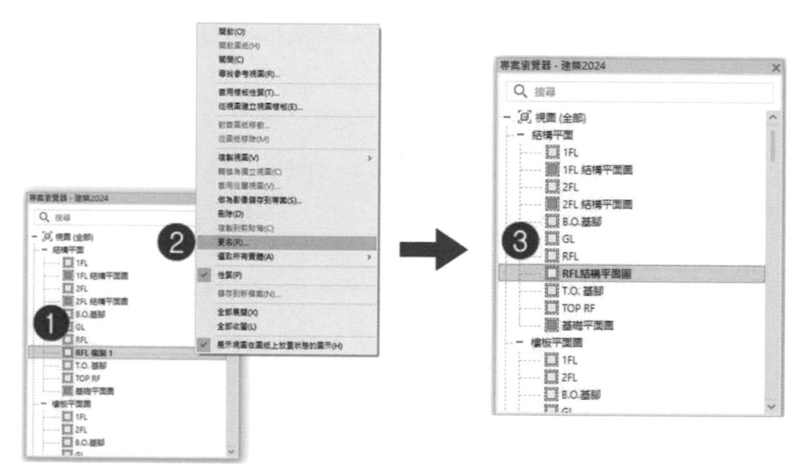

圖 7-9

4 ❶ 將視圖切換在「樓板平面圖」之「2FL」平面圖，❷ 在「性質」對話框中之「視圖範圍」點選「編輯」，❸ 開啟「視圖範圍」對話框，將「底部」及「視景深度」設定「關聯的樓層（2 FL）」之「偏移」為「0.0」，❺ 完成後按「套用」，如圖 7-10。

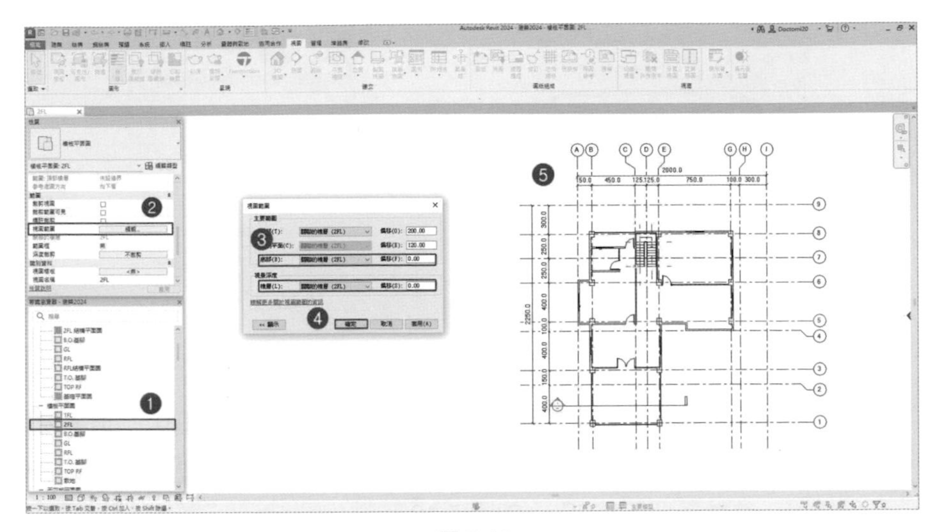

圖 7-10

5 ❶ 框選圖 7-11 中之範圍，❷ 在「修改 | 多重選取」頁籤下，選擇「篩選」，❸ 開啟「篩選」對話框，❹ 選擇「全部不勾選（M）」，❺ 勾選「結構柱」，❻ 完成後按「確定」，如圖 7-11。

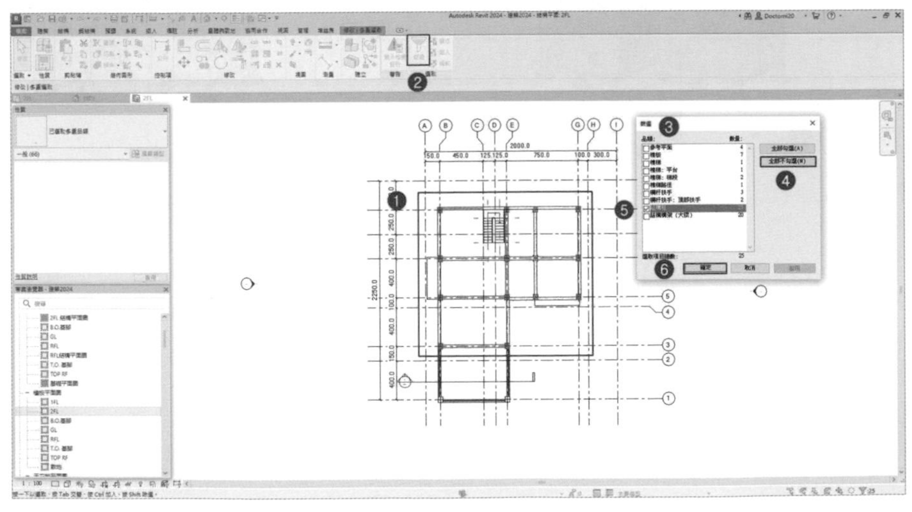

圖 7-11

6 ❶ 點選「複製」，❷ 點選「貼上」，❸ 開啟下拉功能表，選擇「與選取的樓層對齊」，❹ 開啟「選取樓層」對話框，選擇「RFL」，完成結構柱複製，如圖 7-12。

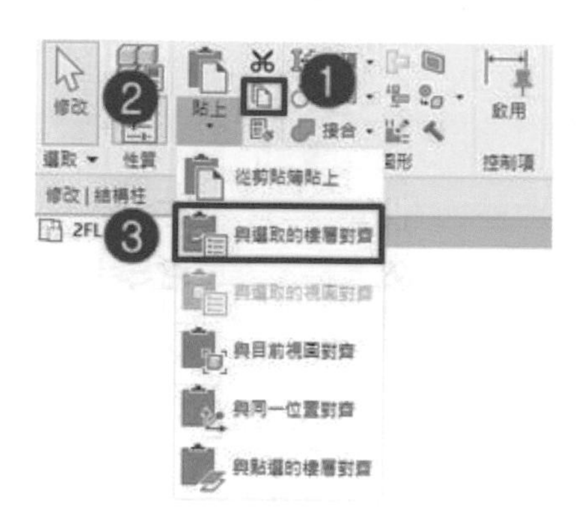

圖 7-12

7 ❶ 切換到「3D」視圖，可看見結構柱，❷ 在「性質」對話框中，「頂部樓層」為「TOP RF」，點選「頂部偏移」設為「0」，按「套用」，❸ 完成後結構柱「頂部樓層」會對齊「TOP RF」，如圖 7-13。

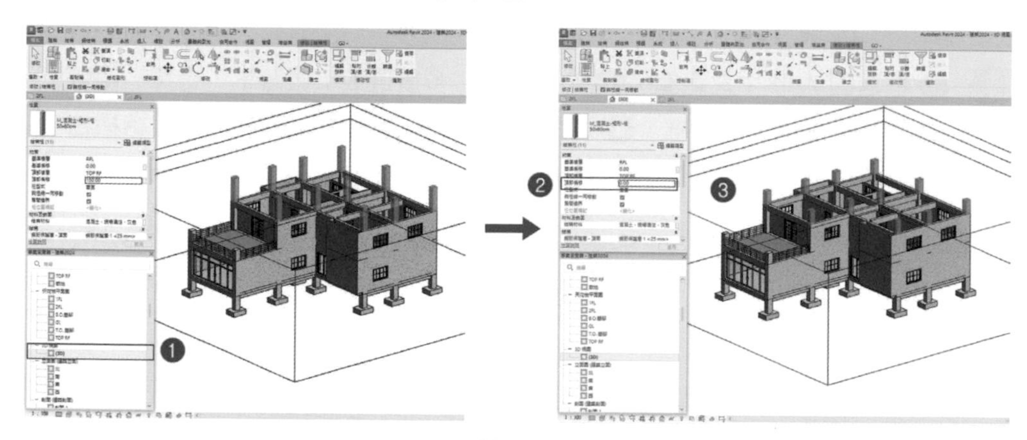

圖 7-13

8 依造步驟 5 至步驟 7 完成「RFL」至「TOP RF」之外牆，完成後之模型外觀，如圖 7-14。

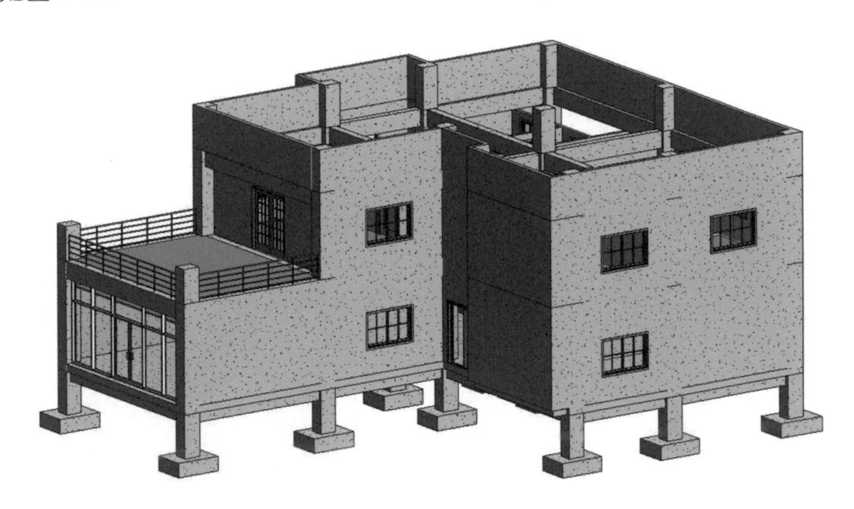

圖 7-14

7.2.2 鋼結構柱、樑建置

1 ❶ 切換到「視圖」頁籤，❷ 點選「並排視圖」功能，❸ 請讀者依圖 7-15 留下「2 FL」及「3D」視圖，其他視圖取消，將左、右並排，圖 7-15。

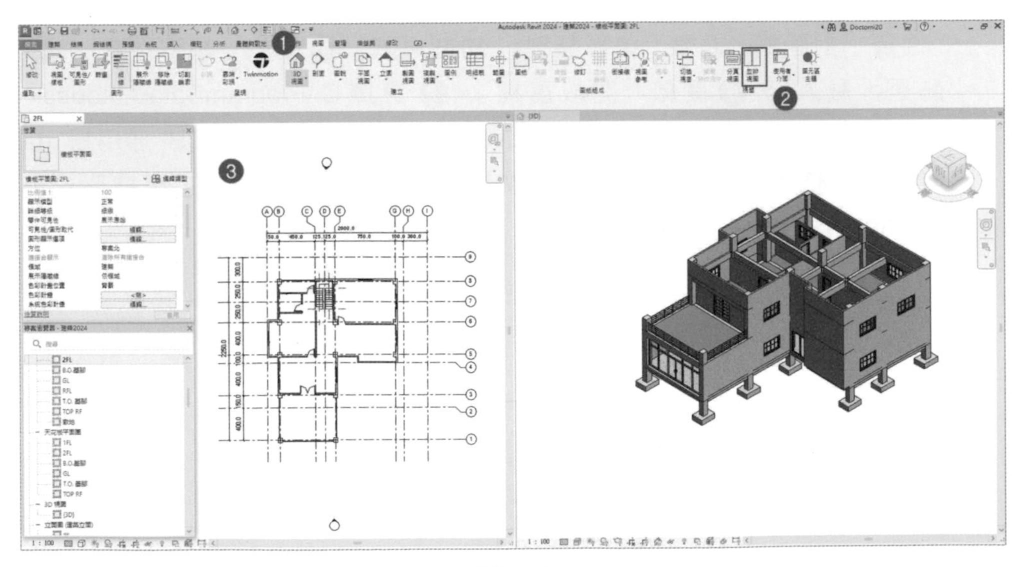

圖 7-15

2 ❶ 切換到「2 FL」視圖，❷ 在功能列「建築」頁籤，選擇「柱」-「結構柱」功能，在「修改 | 放置 結構柱 」功能頁籤，選擇「垂直柱」，❸ 確認設置高度為「RFL」，❹ 在「性質」對話框，選擇柱形式為「UC- 通用柱 - 柱 -UC305×305×97」，❺ 繪製柱，❻ 完成後，如圖 7-16。

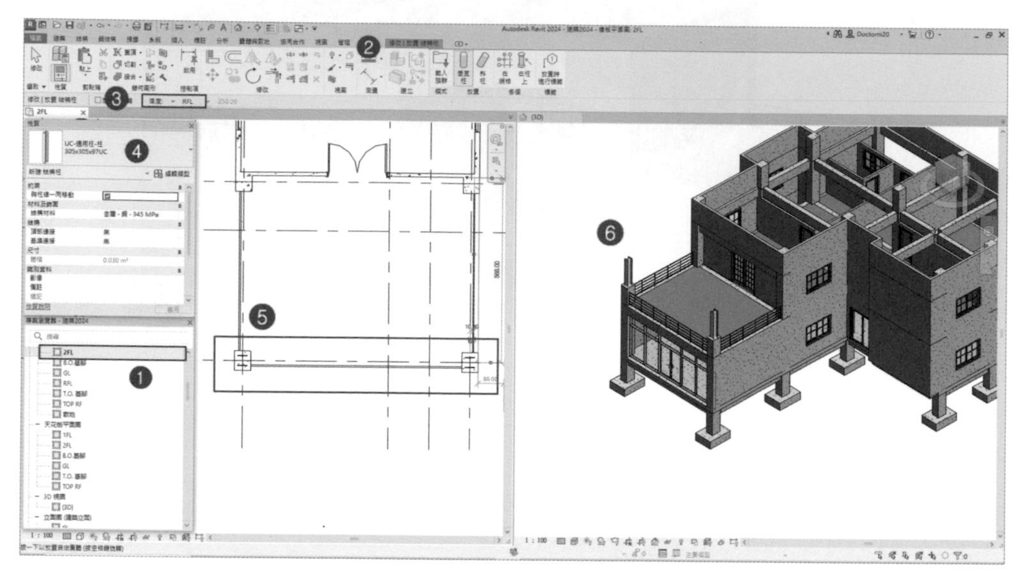

圖 7-16

3 ❶ 切換到「RFL」視圖，❷ 在功能列「結構」頁籤，選擇「柱」，❸ 在「性質」對話框，點擊「編輯類型 」功能頁籤，❹ 開啟「類型性質」，❺ 點選「載入」，❻ 開啟「開啟舊檔」，❼ 選擇 C:\ProgramData\Autodesk\RVT 2024\Libraries\ Traditional Chinese_INTL \ 結構構架 \ 鋼 \UB- 通用樑 .rfa 對話框，❽ 點選「開啟」，❾ 開啟「指定類型」對話框，選擇柱形式為「UB305×165×54」，❿ 按「開啟」，繪製樑，如圖 7-17。

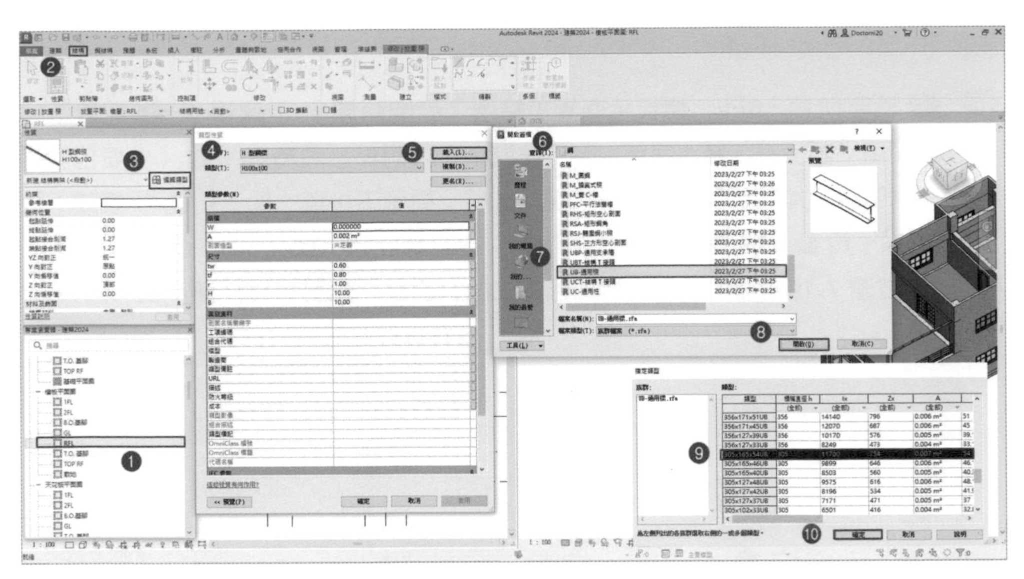

圖 7-17

4 ❶ 在功能列「結構」頁籤，選擇「樑」功能，在「修改｜放置樑」功能頁籤，❷ 確認設置高度為「RFL」，❸ 在「性質」對話框，選擇柱形式為「UB- 通用樑 -UB305×165×54」，❹ 繪製樑，❺ 完成後，如圖 7-18。

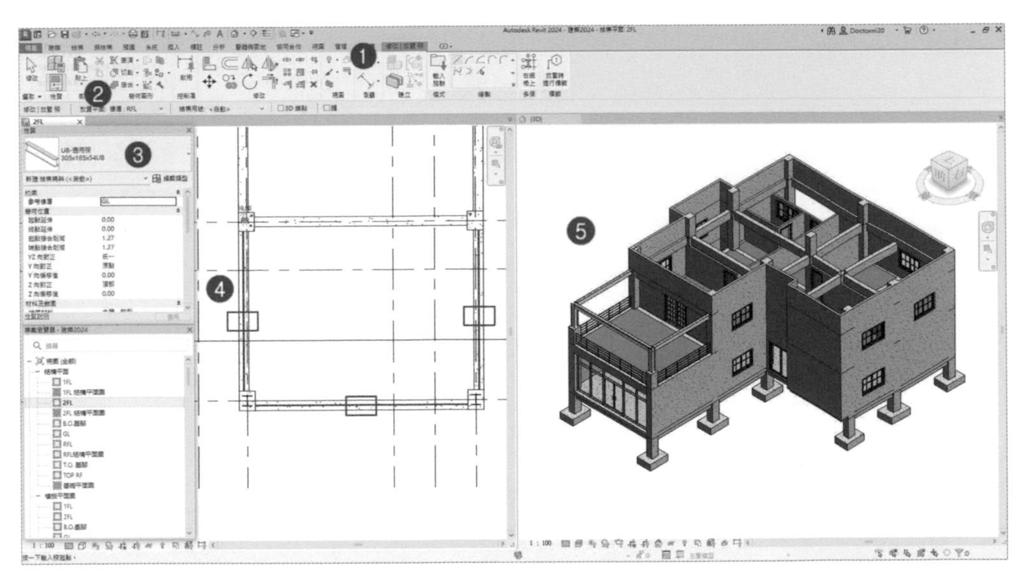

圖 7-18

7.2.3 採光罩建置

1 ❶ 視圖切換「RFL」樓板平面圖，點選「視圖範圍」-「編輯」，❷ 開啟「視圖範圍」對話框，將「底部」及「樓層」之「偏移」設為「-100」(主要目的是為繪製時，能看到梁位置)，❸ 在「結構」頁籤下，選「梁」功能，「修改 | 放置 梁」頁籤，❹ 載入梁族群，選擇「RSJ- 輾壓鋼小梁 -245×203×82RSJ」，❺ 依圖 7-19 位置，繪製小梁頁籤完成梁之建置，如圖 7-19、圖 7-20。

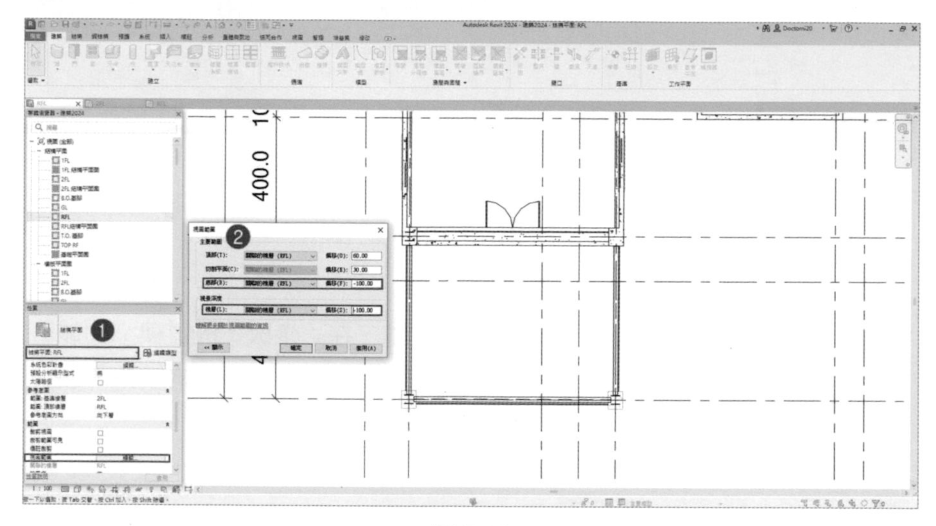

圖 7-19

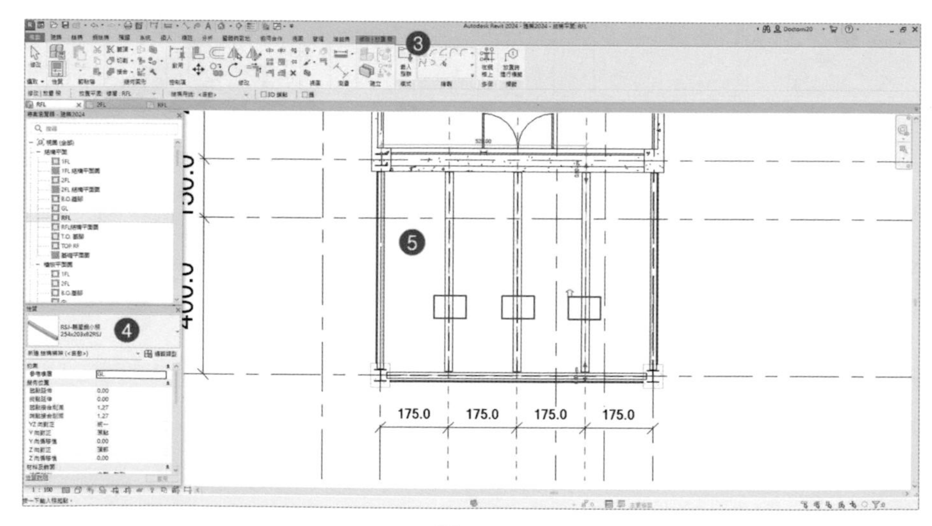

圖 7-20

2 ❶ 在「建築」頁籤下，選「屋頂」-「依跡線建立屋頂」功能，如圖 7-21。❷ 切換「修改 | 編輯跡線」頁籤，❸ 在「性質」對話框，將屋頂材料更改為「玻璃斜窗」，❹ 在「具樓層基準偏移」設定「5」，❺ 依圖 7-22 範圍，繪製跡線，❻ 完成後按 ✔ 完成採光罩繪製，如圖 7-22。完成 3D 視圖，如圖 7-23。

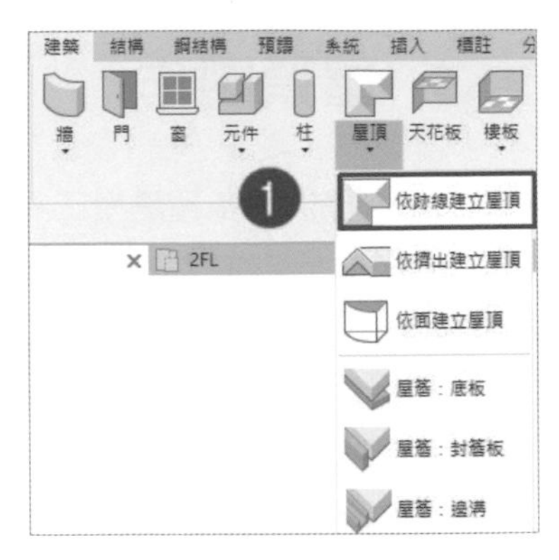

圖 7-21

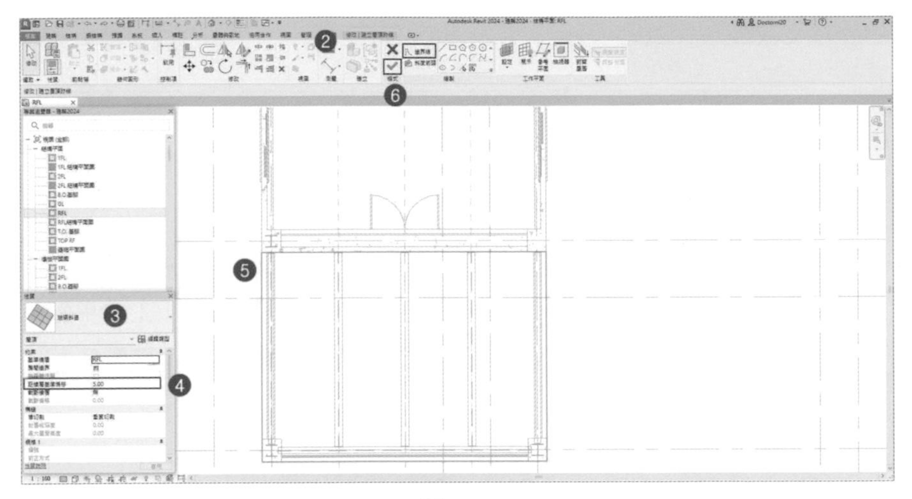

圖 7-22

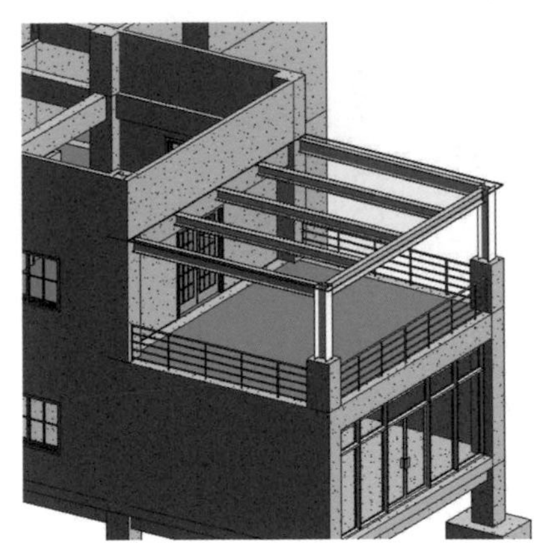

圖 7-23

7.3 屋頂製作

在 Revit 中提供了多種建模工具，如跡線建立屋頂、依擠出建立屋頂、依面建立屋頂，亦可建出屋簷，因而建立出平面屋頂、斜屋頂、玻璃斜窗等工具，如圖 7-24。

圖 7-24

7.3.1 人字型屋頂

1. 在「專案瀏覽器」中，切換至「視圖」-「樓板平面圖」-「RFL」平面圖，放大在網格 A 及 B 間平台視圖，在功能區之「建築」頁籤，在「工作平面」點擊「參考平面」；切換到「修改 | 放置 參考平面」，如圖 7-25，繪製參考線。

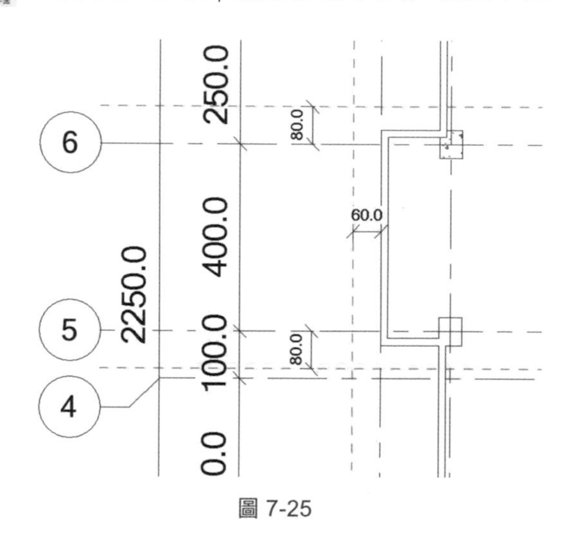

圖 7-25

2 ❶ 在功能區點擊「建立」-「屋頂」-「依擠出建立屋頂」，❷ 彈跳出「工作平面」對話框，❸ 選擇「點選平面」，點擊平面圖之網格線「A」之網格線，❹ 切換到「前往視圖」對話框，❺ 點選「立面圖：西」，❻「開啟視圖」，如圖 7-26。❼ 切換到西側立面圖，❽ 開啟「屋頂參考樓層與位移」對話框，❾ 在「樓層」選擇「RFL」後，按「確定」，如圖 7-27。

圖 7-26

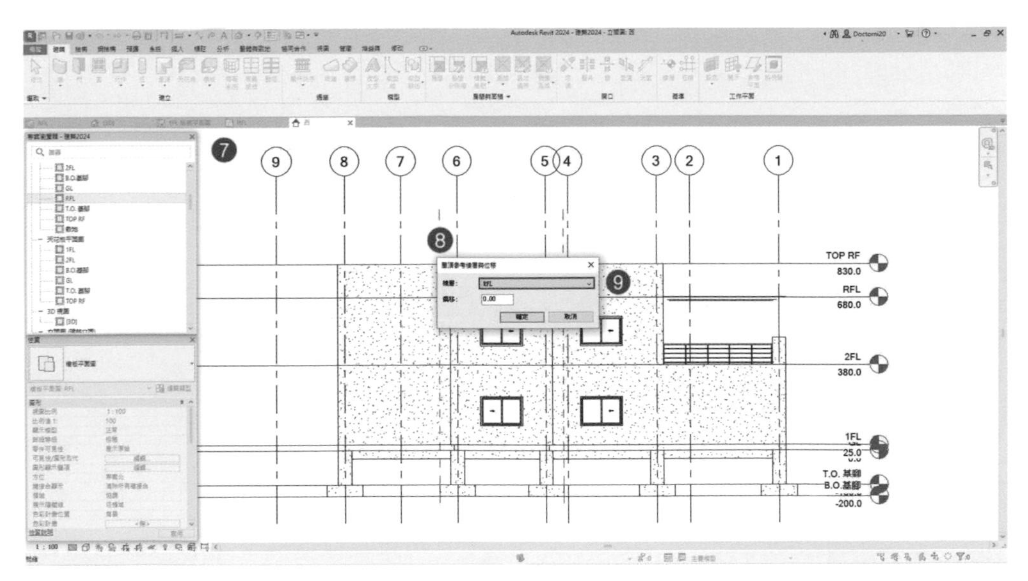

圖 7-27

3 ❶ 切換到「修改 | 建立擠出屋頂輪廓」頁籤下，選擇「參考平面」，切換到「放置參考平面」頁籤下，繪製如圖 7-28 之參考線。❷ 切換到「修改 | 建立擠出屋頂輪廓」頁籤下，在「性質瀏覽器」中，選擇在「基本屋頂 - 通用 -125mm」，❸ 另以功能區下「繪製 | ╱ 功能，依圖 7-29 繪製屋頂跡線。完成後按 ✔ 完成確定，如圖 7-30。

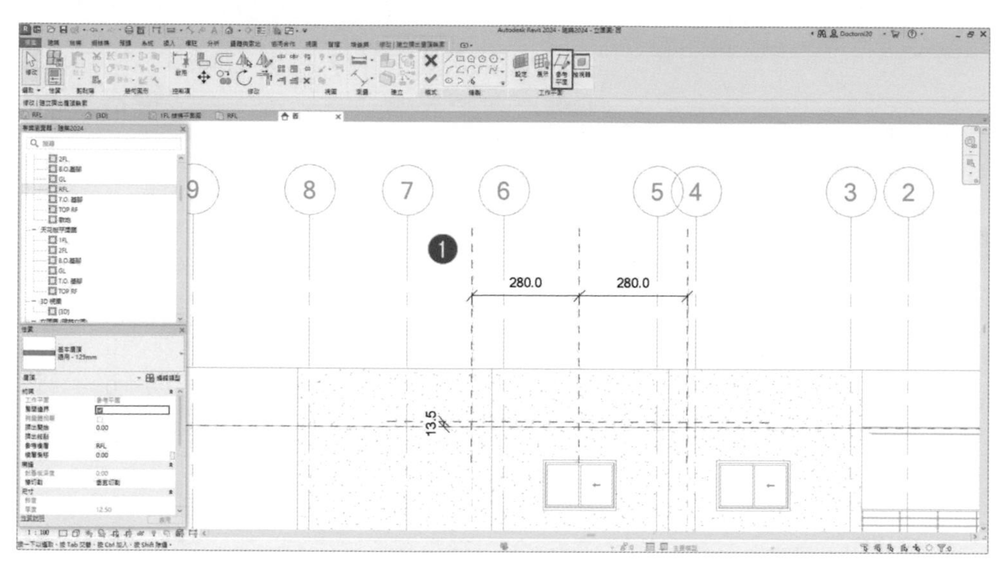

圖 7-28

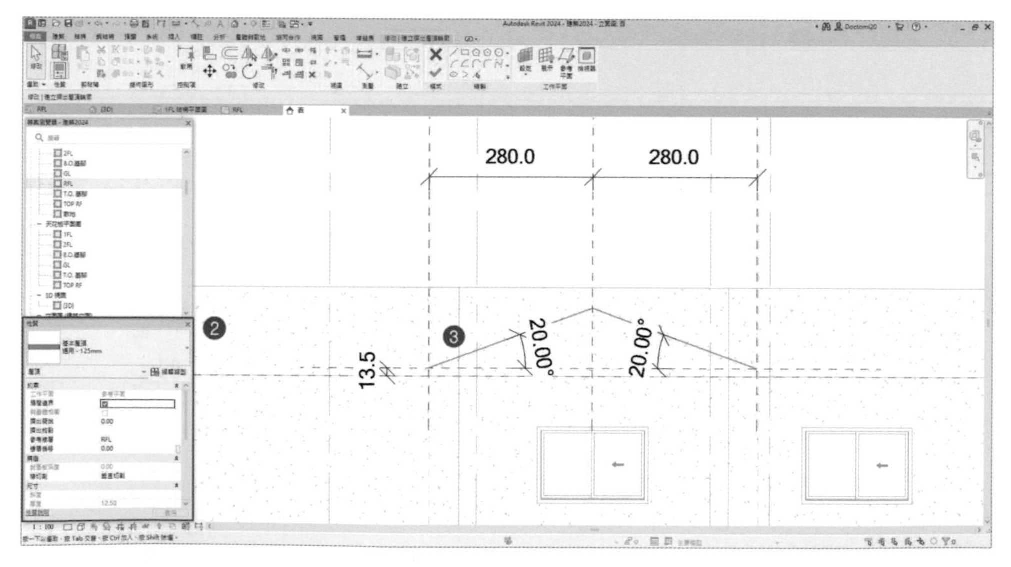

圖 7-29

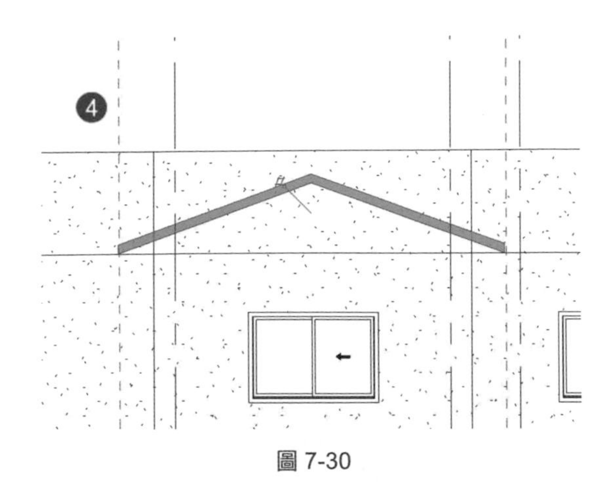

圖 7-30

4 ❶ 在「性質瀏覽器」中選擇「編輯類型」，❷ 出現「類型性質」對話框，在「結構」之「編輯」點擊，❸ 出現「編輯組合」對話框，點擊「2. 結構 [1]」-「材料」，❹ 選擇「混凝土 – 現場澆注」，❺ 按「確定」，完成設定，如圖 7-31。

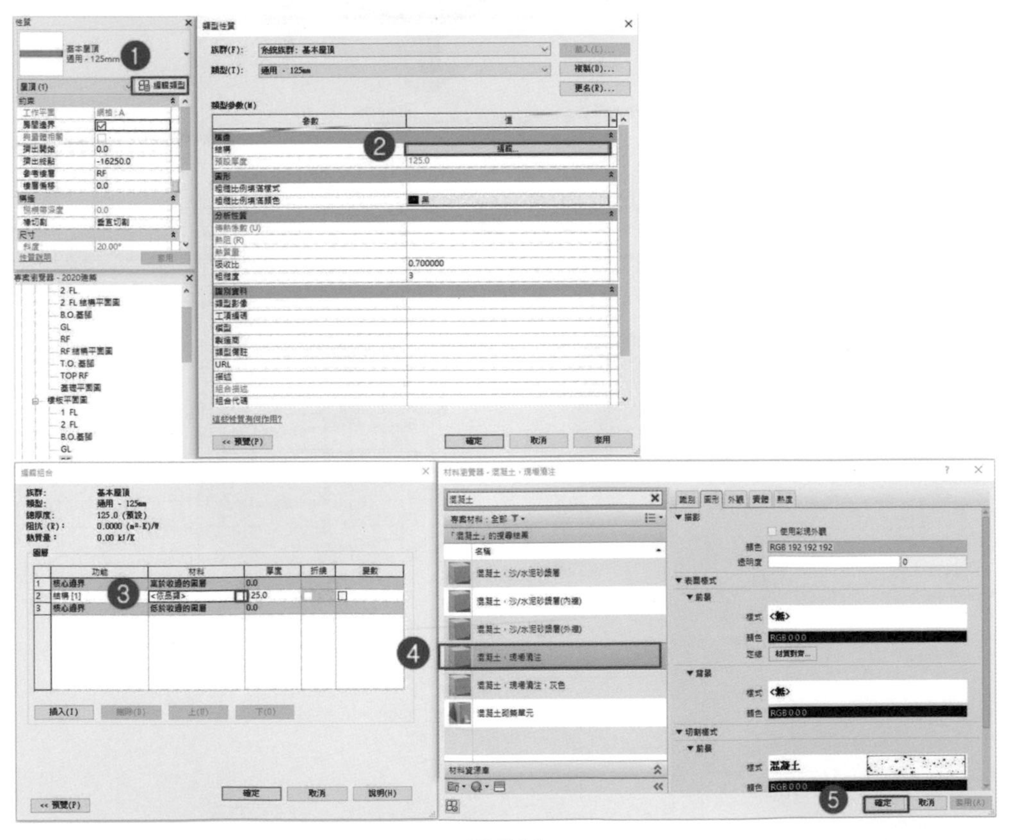

圖 7-31

5 ❶ 切換到 3D 視圖，如圖 7-32，可看見屋頂形式直通到另一邊，不是設計所需，需要調整。❷ 再切換到「樓板平面圖」之「RFL」，可以看藍色屋頂平面位置；❸ 拖曳「箭頭」至步驟 2 完成之參考線位置，如圖 7-33。

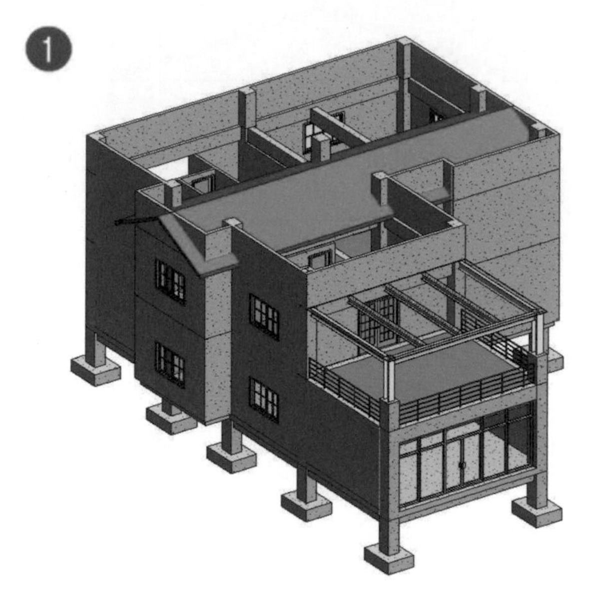

圖 7-32

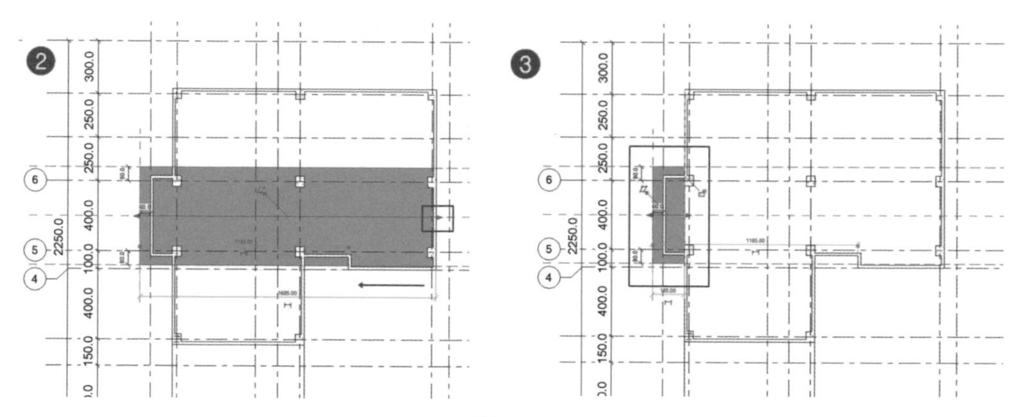

圖 7-33

6 切換到 3D 視圖，可看見完成之屋頂，如圖 7-34，從圖中可看出「屋頂」與「牆面」未正確接合，牆面突出屋頂。

圖 7-34

7 ❶ 點選「牆面」，功能區切換到「修改 | 牆」頁籤下，選擇三面之「牆」，❷ 選擇「修改牆」之「貼附 頂 / 底」功能；❸ 點選「屋頂」，就可完成之牆貼附屋頂，如圖 7-35。❹ 完成後之牆面與屋頂接合，如圖 7-36。

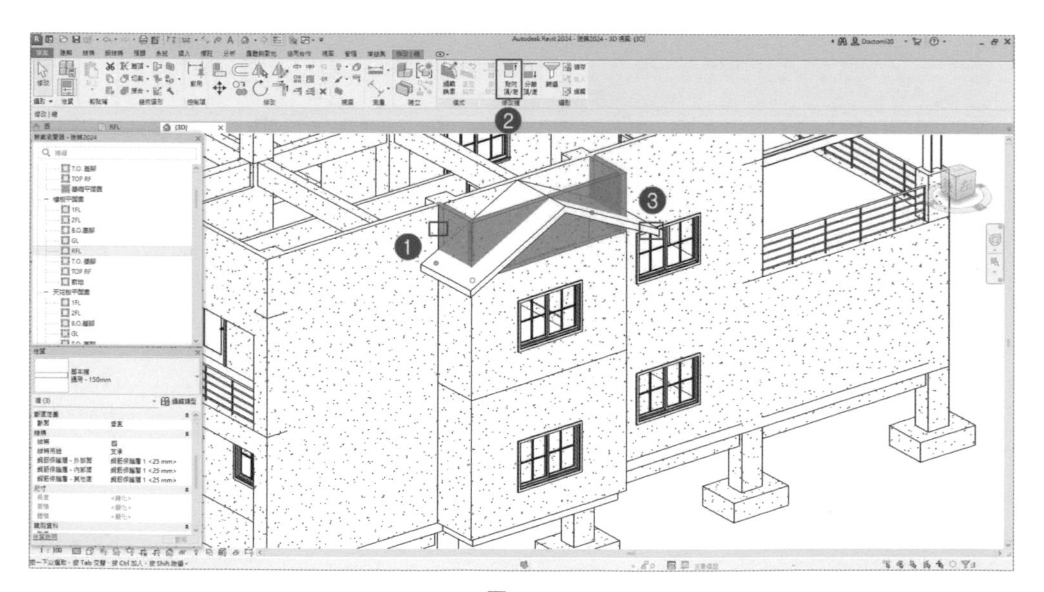

圖 7-35

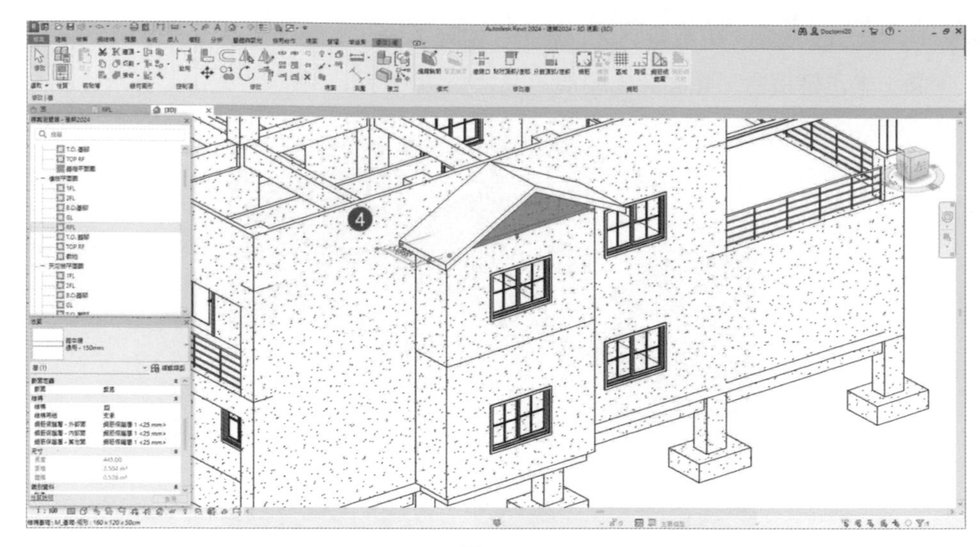

圖 7-36

7.3.2 斜屋頂

1 ❶ 在「專案瀏覽器」中，切換至「視圖」-「樓板平面圖」-「RFL」平面圖，❷ 在功能區之「建築」頁籤，在「工作平面」點擊「參考平面」；❸ 切換到「修改 | 放置 參考平面」，在框線區域內繪製屋屋頂，沿著牆邊「偏移」80cm，繪製參考線，如圖 7-37。

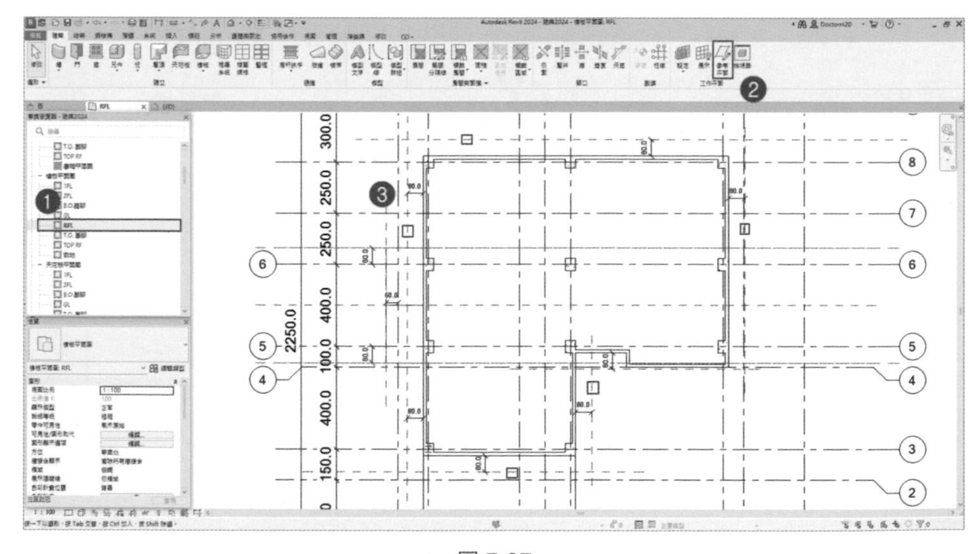

圖 7-37

2 ❶ 點擊功能區「建築」頁籤下「屋頂」-「依跡線建立屋頂」，如圖 7-38。❷ 切換到「修改 | 建立屋頂跡線」頁籤下，在「性質瀏覽器」中，選擇在「基本屋頂 - 通用 -125mm」，❸ 設定「基準樓層」為「TOP RF」，「距樓層基準偏移」為「0」；❹ 在功能選擇區，勾選「定義斜度」，❺ 以功能區下「繪製」功能，❻ 完成沿參考線之屋頂範圍，❼ 後按 ✔ 完成確定，如圖 7-39。

圖 7-38

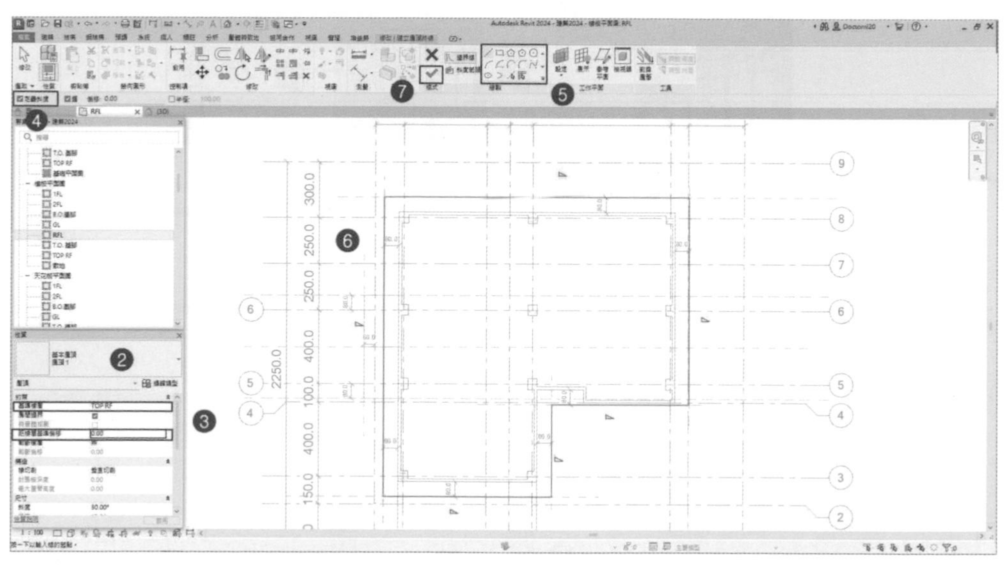

圖 7-39

3 ❶ 換到 3D 視圖，如圖 7-40，可看見屋頂斜度太高，因此要調整屋頂斜度；❷ 將視圖切換「TOP RF」，❸ 用滑鼠鼠標點擊屋頂邊際線，❹ 點選功能列「編輯跡線」功能；❺ 切換到「修改 | 編輯跡線」頁籤下，用框選方式，全選屋頂邊際線，❻ 在「性質」對話框，將斜屋頂坡度改為 20.00°，請讀者將所有屋頂邊際線之坡度，都改為 20.00°，❼ 完成後按 ✔ 完成確定。如圖 7-41 及圖 7-42。

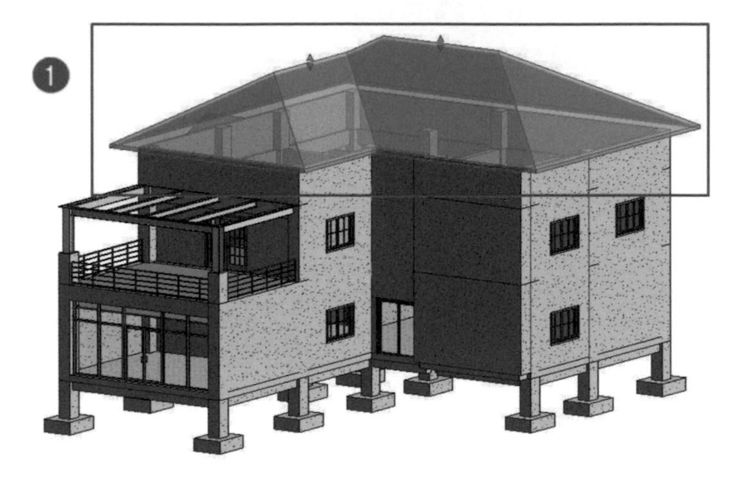

圖 7-40

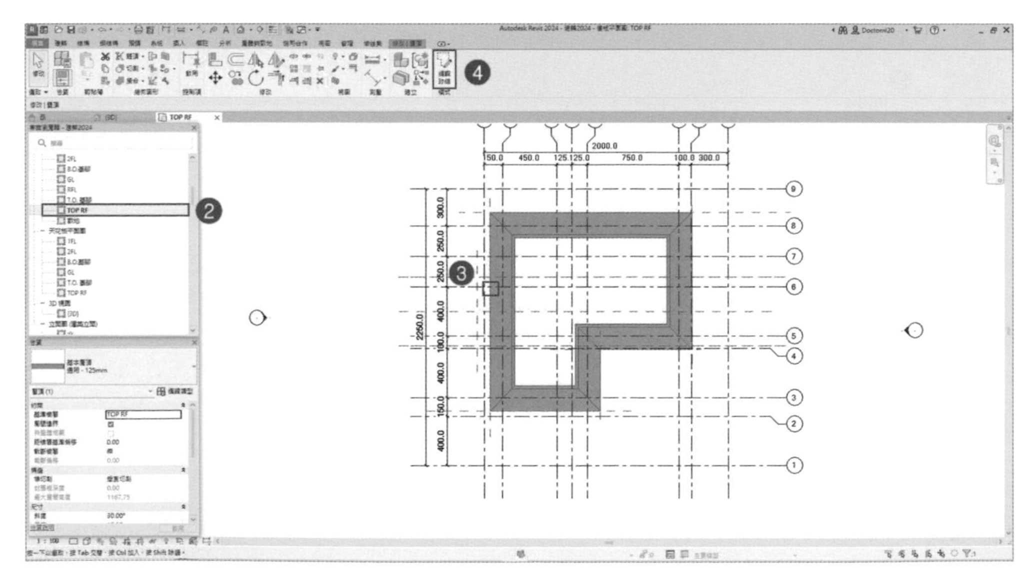

圖 7-41

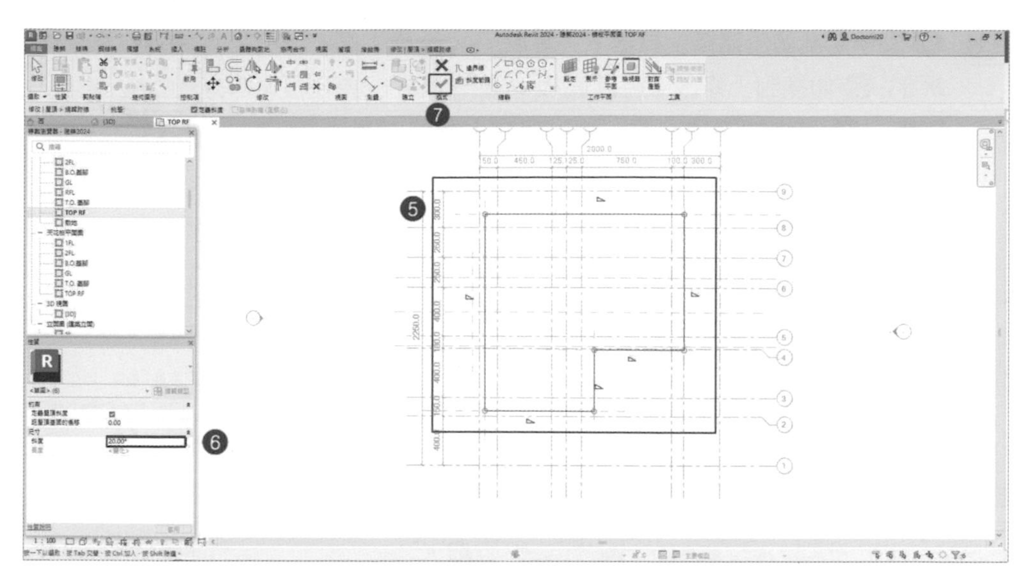

圖 7-42

4 ❶ 點將視圖切換「TOP RF」，❷ 在「性質」對話框之「視圖範圍」點選「編輯」，❸ 開啟「視圖範圍」對話框，將「底部」及「樓層」設定為「-100」，❹ 完成後按「確定」，❺ 可看見房屋牆與屋簷邊界，如圖 7-43。

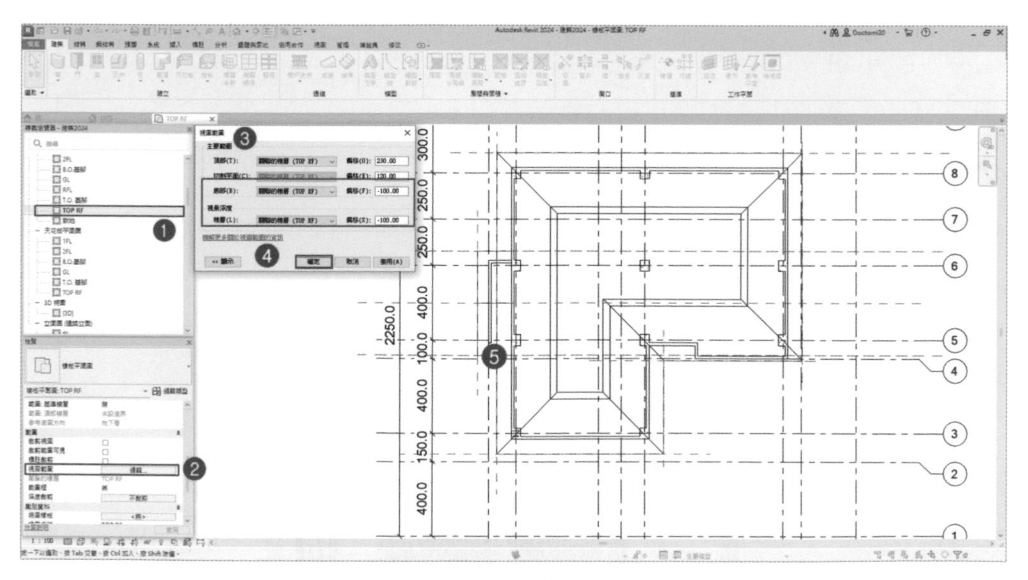

圖 7-43

5 ❶ 點擊功能區「建築」頁籤下「屋頂」-「屋簷：底板」；❷ 切換到「修改 | 屋簷底板 > 編輯邊界」頁籤下，❸ 在「性質瀏覽器」中，建立「屋簷底板 - 通用 -20mm」，設定「基準樓層」為「TOP RF」，「距樓層基準偏移」為「0」；❹ 以功能區下「繪製」功能，❺ 完成沿參考線之屋頂範圍，❻ 後按 ✔ 完成確定；❼ 完成後切換到 3D 視圖，可看見簷板在屋簷下方，將屋頂底部調整到「TOP RF」，與屋簷切齊。如圖 7-44 至圖 7-46。

圖 7-44

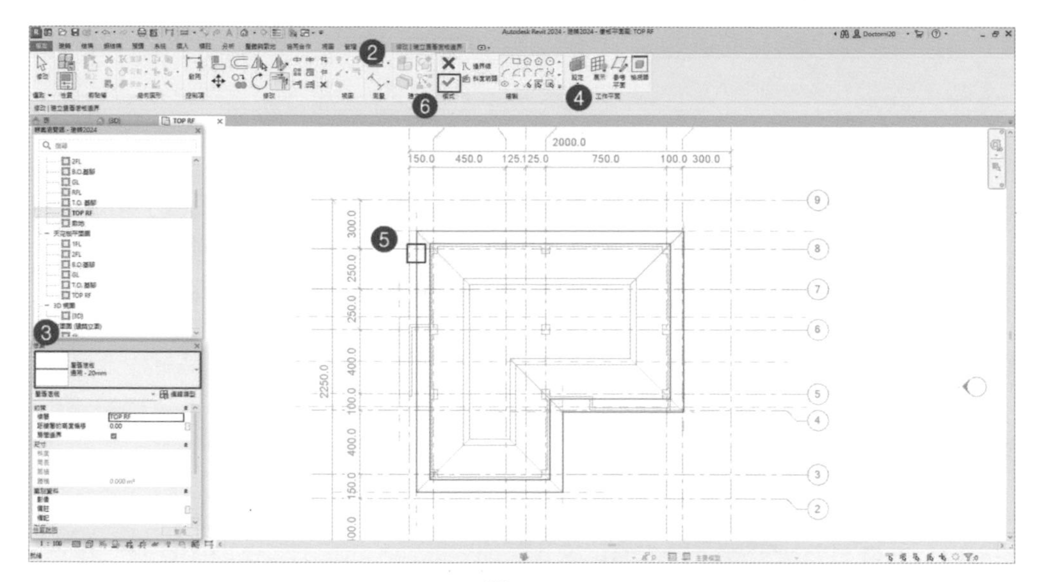

圖 7-45

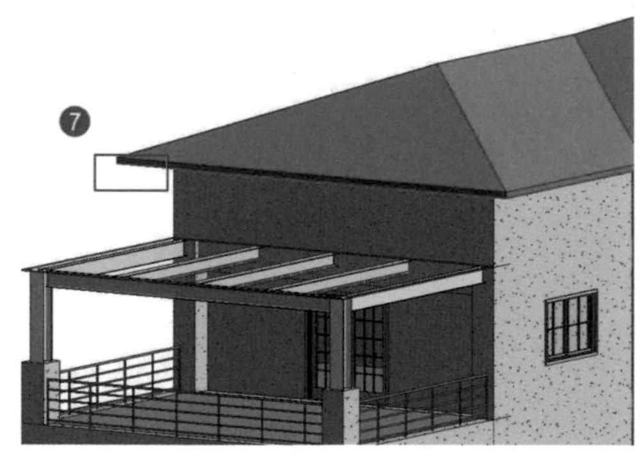

圖 7-46

房間、門、窗標籤、洩水坡度、坡道

◆ 請讀者打開「範例檔案之第 8 章 \RVT\ 建築 2024.rvt」

8.1 房間標籤

在功能區「建築」頁籤「房間與面積」功能下，有下列功能：1. 房間 2. 房間分隔線 3. 標籤房間 4. 面積 5. 區域邊界 6. 標籤區域；當圖面區分各房間及面積後，可作為後續明細表數量分類依據，如圖 8-1。

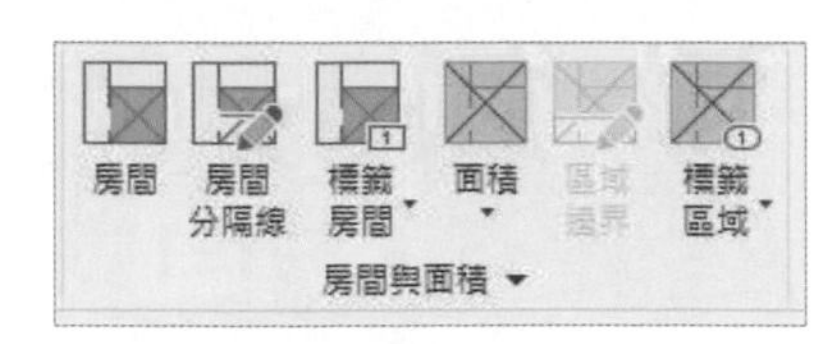

圖 8-1

8.1.1 房間標籤

1. 在「專案瀏覽器」中，切換至「視圖」-「樓板平面圖」-「1F」平面圖，在功能區之「建築」頁籤之「房間與面積」功能，點擊「平面視圖」 工具後，會切換「修改 | 放置 房間」頁籤，點擊功能區「房間」-「亮顯邊界」，會出現如圖 8-2，會看見平面圖有橘色亮顯邊界分區線及「警告」對話框，❶ 從平面圖看出 1F 框選區域沒有將空間分割，其他空間已依牆面邊界分類 ❷「警告」對話框亮顯；忽略對話框，「關閉」。

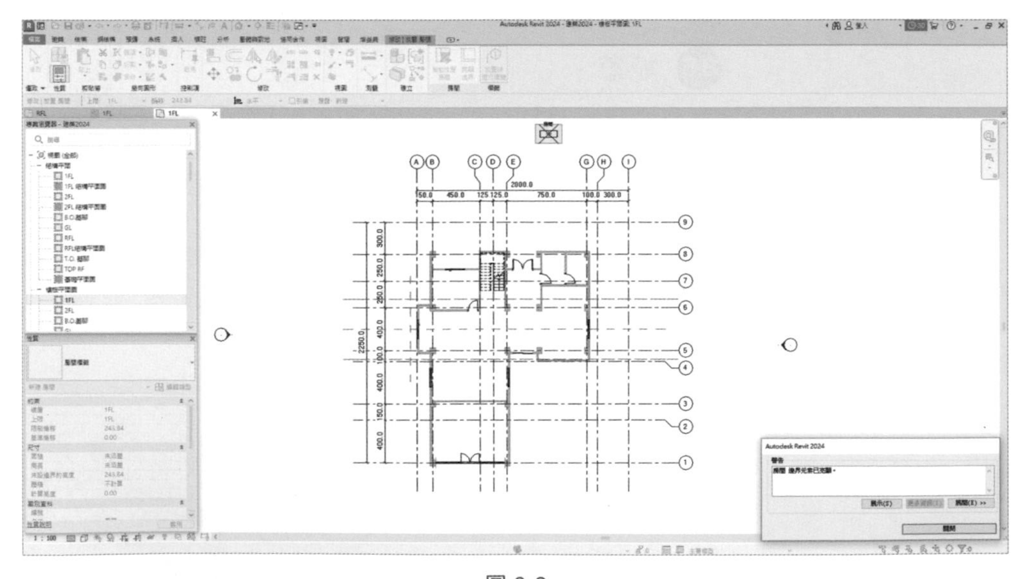

圖 8-2

2 在「專案瀏覽器」中，切換至「視圖」-「樓板平面圖」-「1F」平面圖，在功能區之「建築」頁籤之「房間與面積」功能，點擊「自動放置房間」 工具後，會切換「修改 | 放置 房間」頁籤，點選步驟 3 標籤區隔出之房間空間，如圖 8-3。

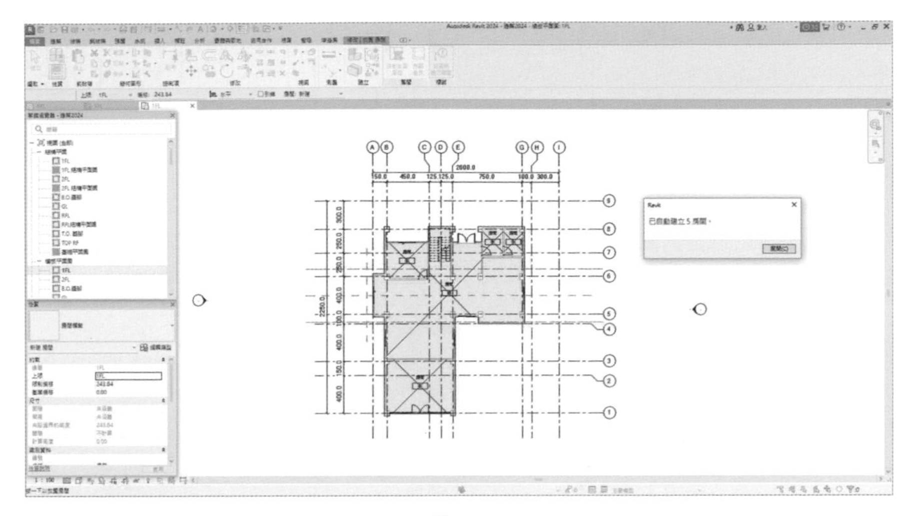

圖 8-3

3 在圖 8-3 之房間 5，缺少廚房、走道、餐廳房間區隔，室外缺少花圃及玄關；因此，使用功能區之「建築」頁籤之「房間與面積」功能 -「房間分隔線」 ，會切換「修改 | 放置 房間分隔」頁籤，以 繪製如圖 8-4 位置線段。

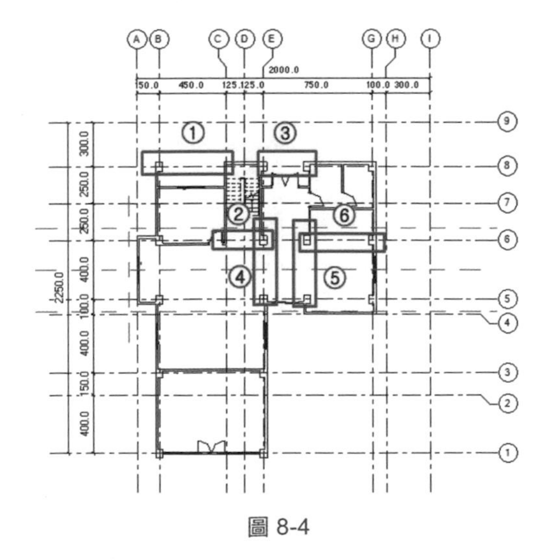

圖 8-4

4 點擊房間標籤「房間 5 」之「房間」標籤，可開啟編輯框，在編輯框中，將「房間」兩字改為「客廳」，如圖 8-5，請依圖 8-6 及圖 8-7 建立 1 FL 及 2FL 房間標籤。

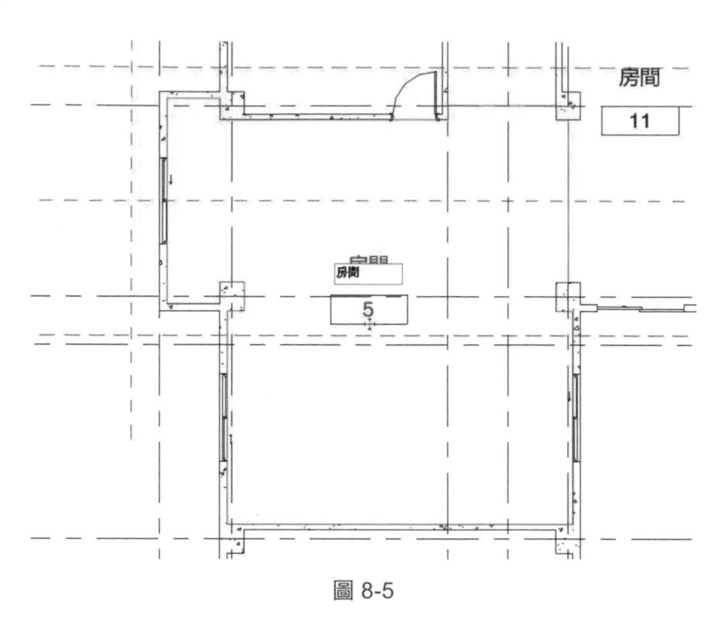

圖 8-5

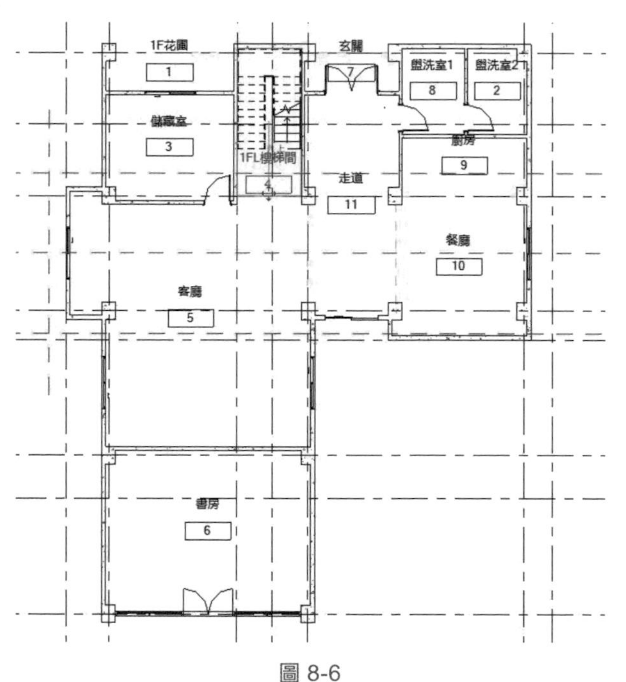

圖 8-6

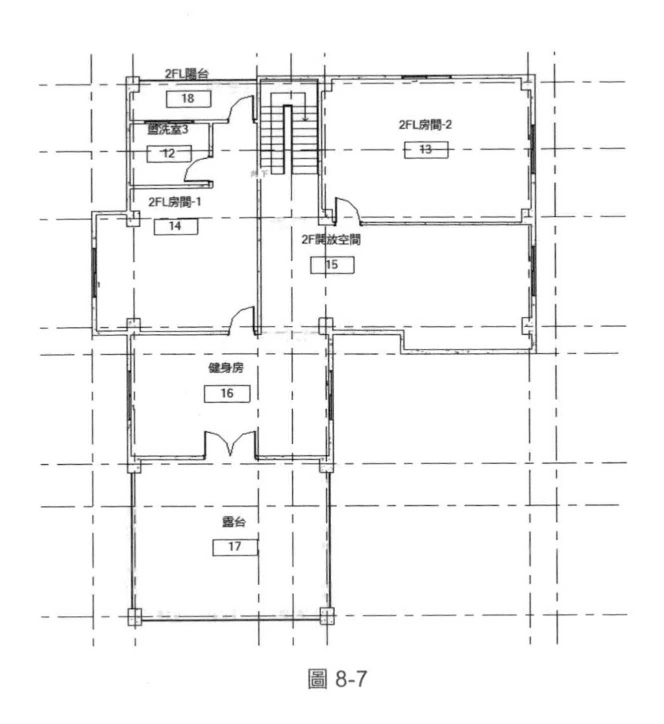

圖 8-7

5 ❶ 點擊房間標籤「房間 1 」之「房間」標籤，❷ 在「性質」對話框點，❸ 選「編輯類型」，❹ 開啟「類型性質」，❺ 在「顯示房間編號」取修勾選，❻ 完成後按「確定」；❼ 完成後平面視圖中，房間編號取消。如圖 8-8 及圖 8-9。

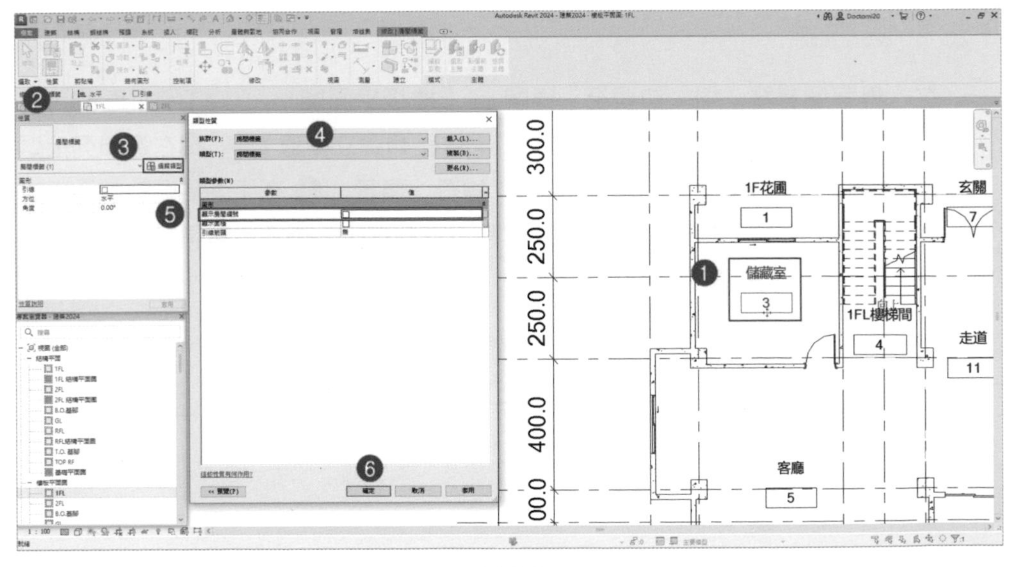

圖 8-8

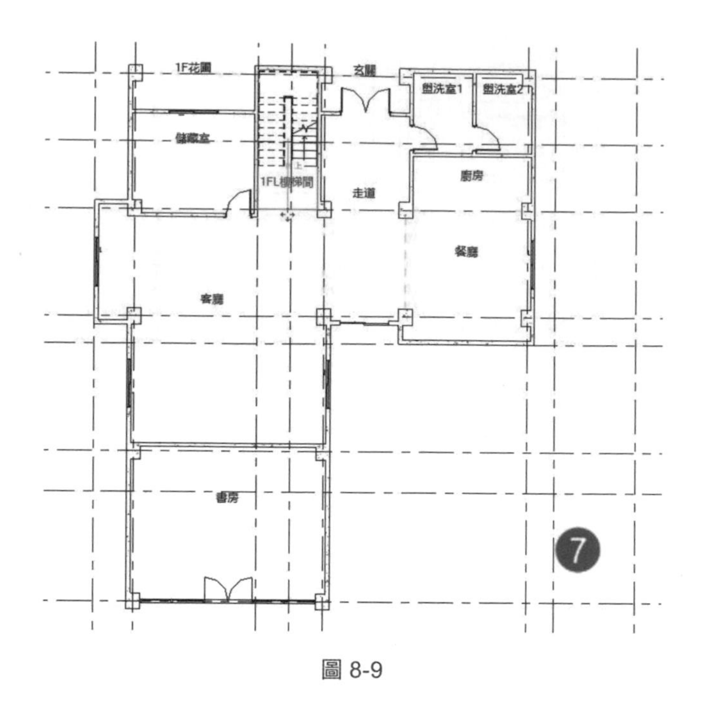

圖 8-9

8.2 門、窗標籤

8.2.1 窗標籤

在「專案瀏覽器」中，切換至「視圖」-「樓板平面圖」-「1 FL」平面圖，在「註解」頁籤下，點擊功能區「標籤」-「依品類建立標籤」 或在選項列上選擇 功能，如圖 8-10。❶ 切換「修改｜標籤」頁籤，❷ 在平面視圖點擊窗戶邊緣，即會亮顯出「標籤」符號，❸ 在點選窗戶前，先確認放置標籤符號處，是否需要引線，並調整引線長度，❹ 按「修改」確定，如圖 8-11。

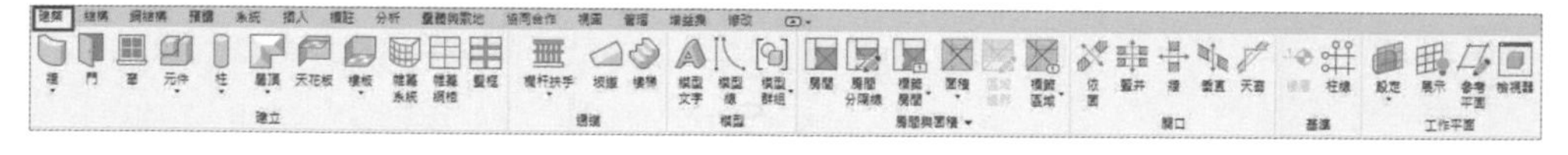

圖 8-10

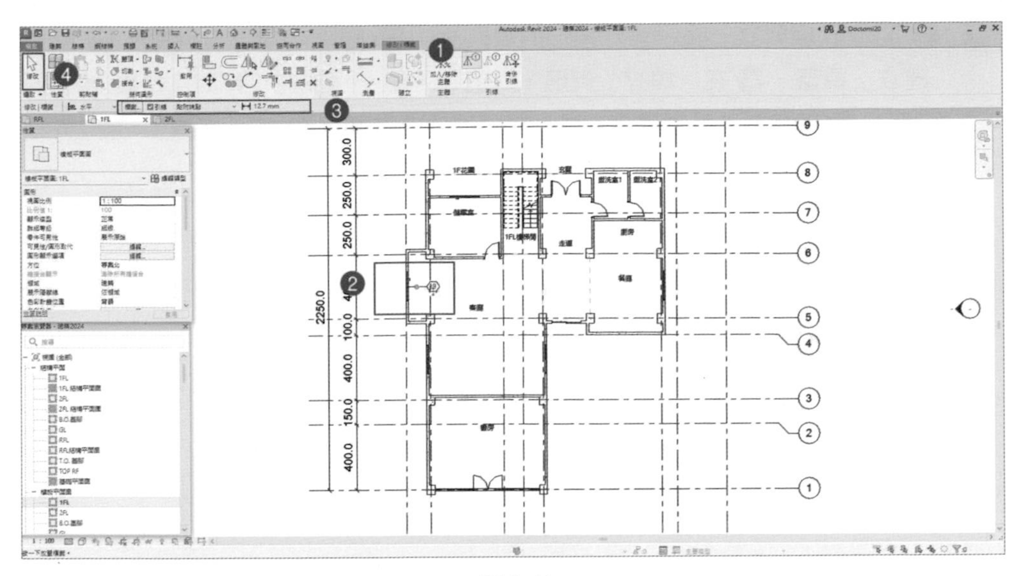

圖 8-11

8.2.2 窗標籤修改

Revit 內建窗標籤族外框為六角形，與目前常用之圓形不符，以下為窗標籤外框修改之步驟：

1 ❶ 點選窗標籤，❷ 點擊功能區「編輯族群」功能，如圖 8-12。

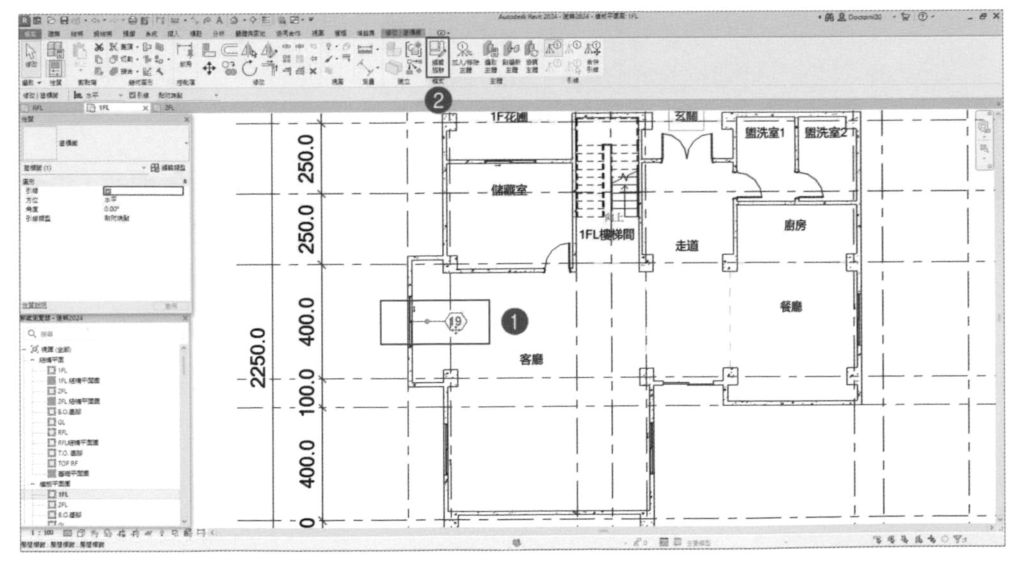

圖 8-12

2 ❶ 開啟族編輯器，將原有六角形的線刪除，❷ 刪除六角形之外框，❸ 點選「建立」頁籤，❹ 在「建立」頁籤，點選之「線」，❺ 在「修改 | 位置 線」頁簽下，❻ 用繪製工具之畫圓工具，在標籤位置畫圓，❼ 按「修改」，完成外框建立，如圖 8-13。

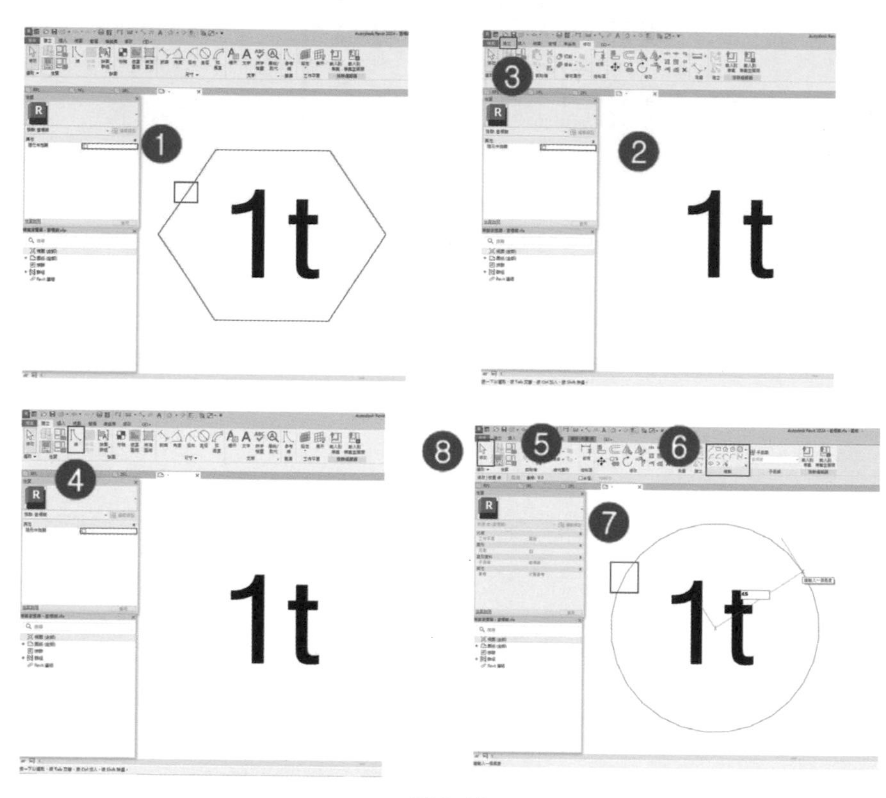

圖 8-13

3 ❶ 點擊「1t」，❷ 在「修改 | 標示」頁籤，點選「編輯標示」，❸ 開啟「編輯標示」對話框，❹ 將「類型標記」移回「品類參數」，將「標註」移至「標示參數」，❺ 完成後按「確定」；❻ 在功能區點選「載入專案」，❼ 開啟「組群已存在」對話框，❽ 點選「覆寫現有版本」；❾ 完成後會在視圖，更換窗標籤形狀。如圖 8-14 至 8-16。

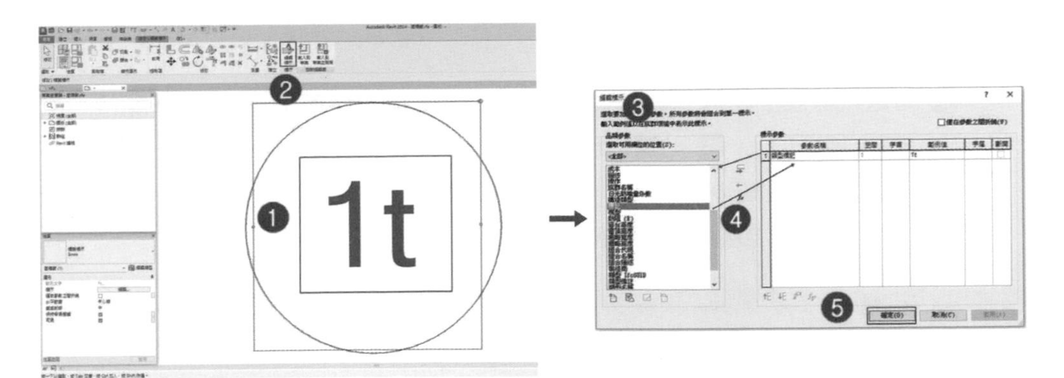

圖 8-14

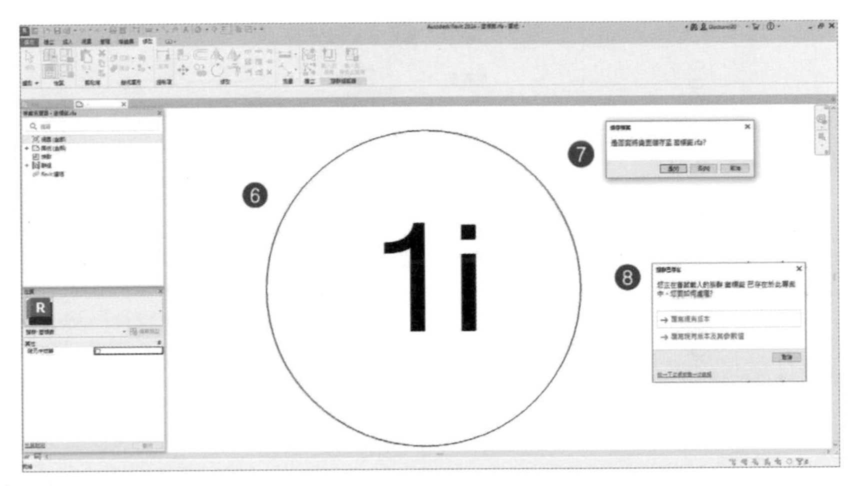

圖 8-15

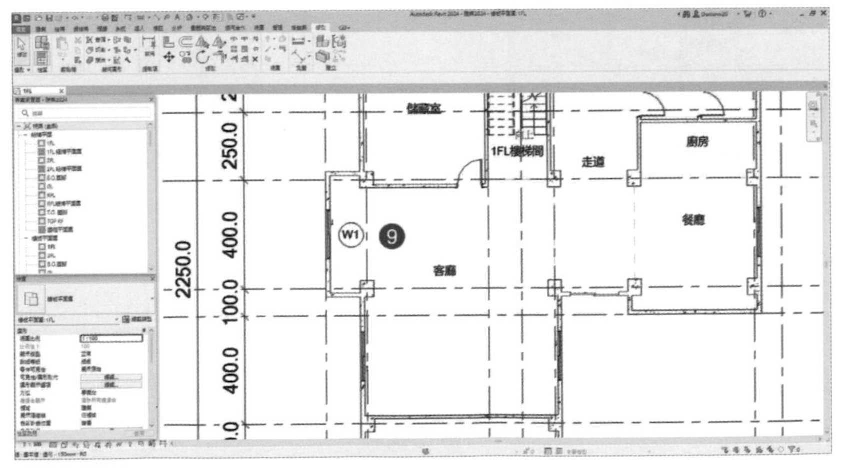

圖 8-16

8.2.3 門、窗全部加上標籤

❶ 點選「標註」頁籤，❷ 點擊功能區「全部加上標籤」功能，❸ 開啟「標籤所有未標籤的」，❹ 點選「目前視圖中的所有物件」，❺ 勾選「門標籤」、「窗標籤」，❻ 完成後按「確定」；❼ 請讀者完成「1 FL」及「2 FL」之「門標籤」、「窗標籤」。如圖 8-17 及圖 8-18。

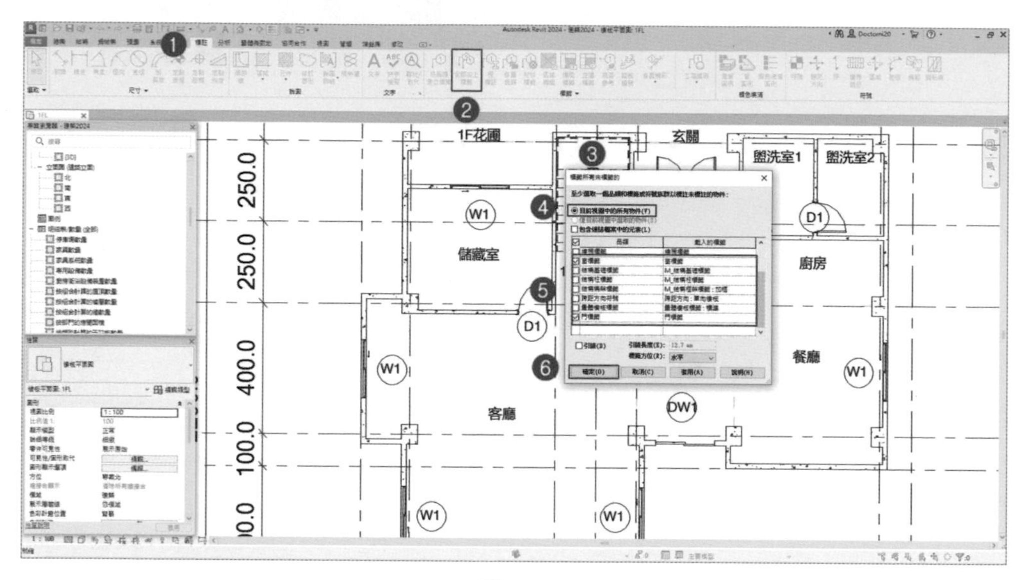

圖 8-17

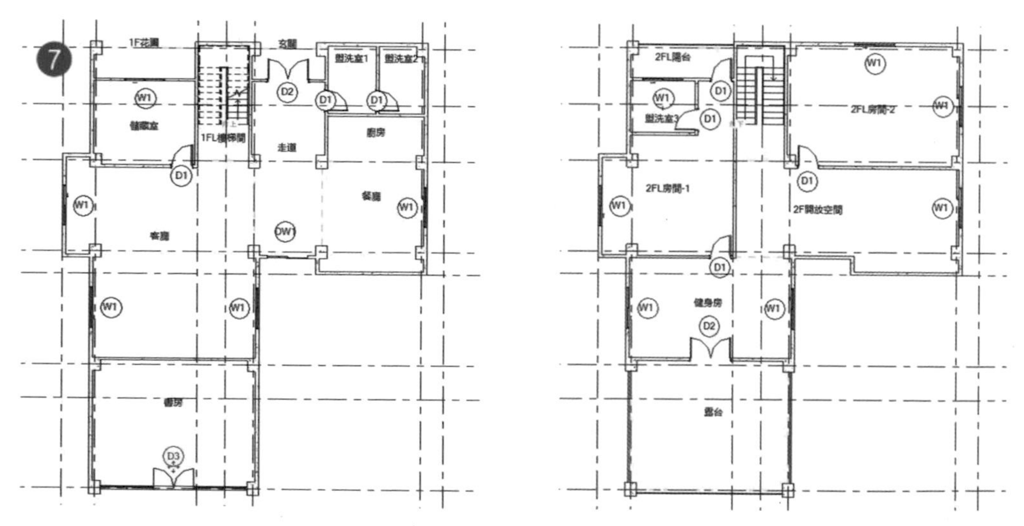

圖 8-18

8.3 衛浴符號放置

1 ❶ 在「專案瀏覽器」中，切換至「視圖」-「樓板平面圖」-「1 FL」平面圖，❷ 框選所有物件，❸ 在功能區「修改 | 多重選取」頁籤下，點擊功能區「篩選」，❹ 開啟「篩選」對話框，❺ 點選「全部不勾選」，❻ 勾選「房間標籤」、「門標籤」、「窗標籤」，❼ 完成後按「確定」，被選中之物件，會反色；❽ 點選視圖中門標籤，按滑鼠右鍵，❾ 在「在視圖中隱藏（H）」，❿ 點選「元素」，⓫ 完成後，「房間標籤」、「門標籤」、「窗標籤」已隱藏。如圖 8-19 及圖 8-20。

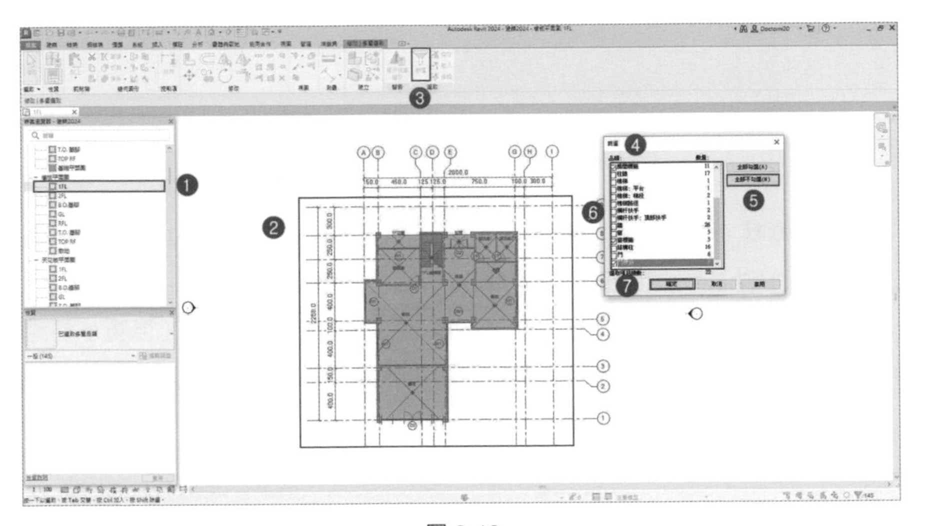

圖 8-19

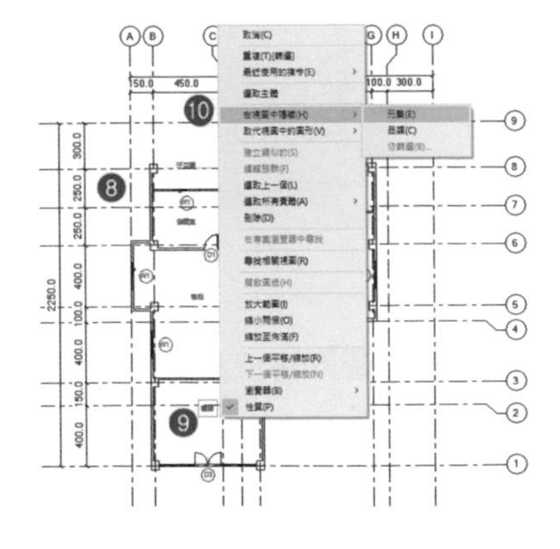

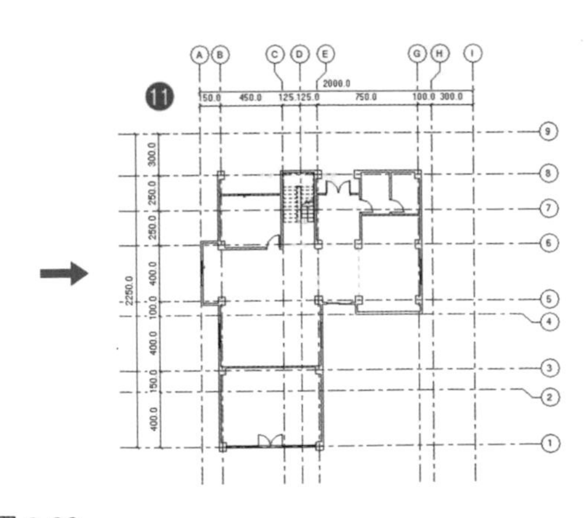

圖 8-20

2 ❶ 在「系統」頁籤，點選「衛工裝置」，如圖 8-21。❷ 開啟「Revit」對話框，「沒有為類型 < 衛工裝置 > 載入族群。是否要立即從資源庫載入族群？」，按「是」，如圖 8-22。

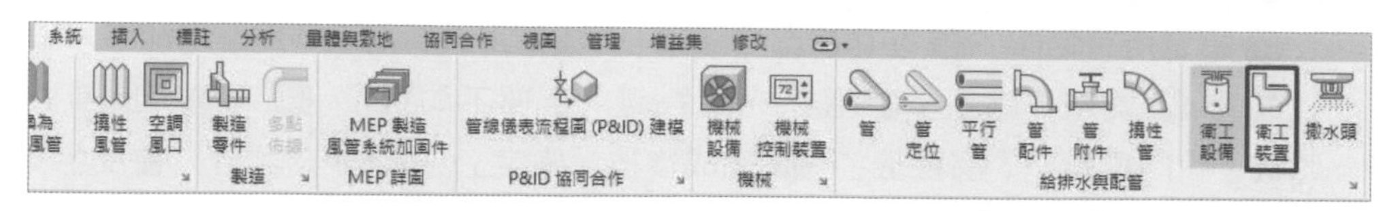

圖 8-21

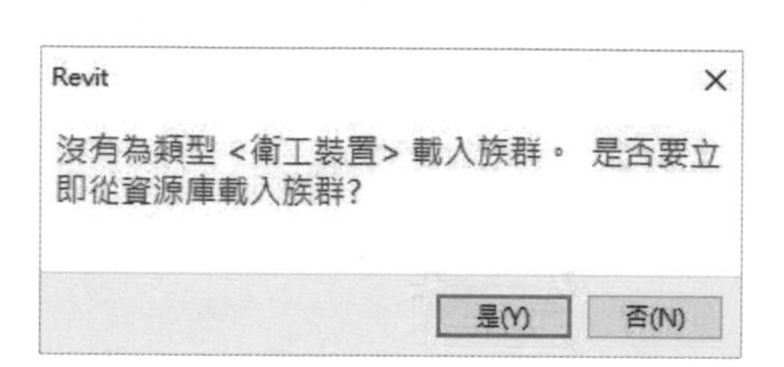

圖 8-22

3 ❶ 開啟檔案（樣板檔案位置在 C:\ProgramData\Autodesk\RVT 2024\Libraries\Traditional Chinese_INTL\ 廚具與衛浴 \MEP\ 裝置 \ 抽水馬桶），載入「M_ 抽水馬桶 - 沖水箱」馬桶，❷ 載入衛工裝置，於「修改 | 放置 衛工裝置」頁籤下，在放置衛工裝置前，於功能選項列勾選「放置後旋轉」，即可旋轉圖形，❸ 放置馬桶，❹ 旋轉馬桶，如圖 8-23。

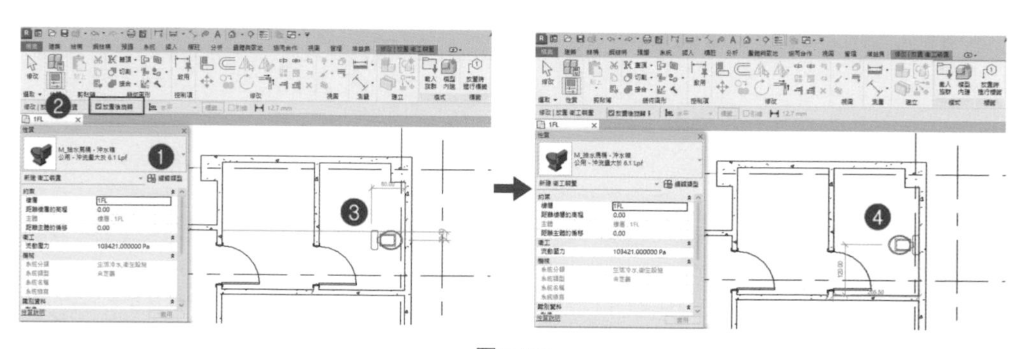

圖 8-23

4 其餘「小便斗」、「浴缸」、「洗臉盆」、「廚房設備」之圖形請依步驟 1 至步驟 2 繪製，並依圖 8-24 建立 1FL 及 2FL「衛工裝置」圖形。

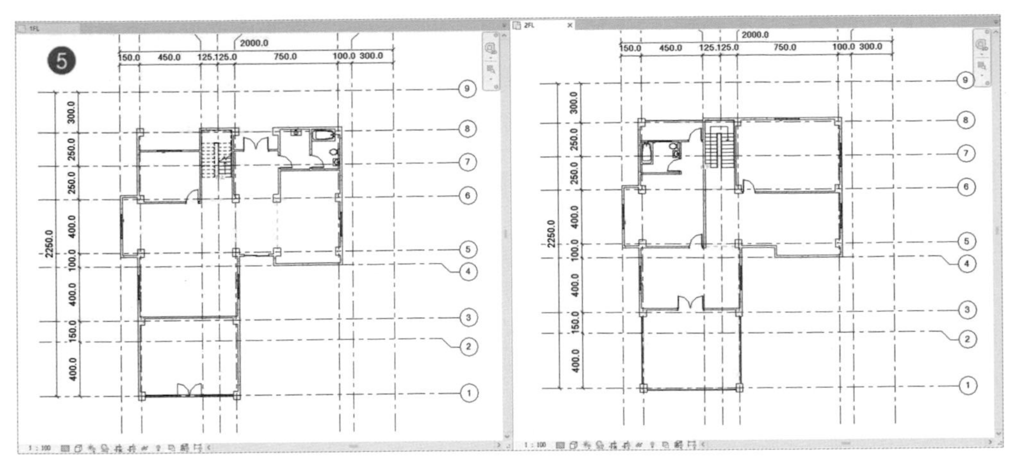

圖 8-24

8.4 樓板洩水坡度

1. 在「專案瀏覽器」中，切換至「視圖」-「樓板平面圖」-「1 FL」平面圖，先框選畫面物件，再用「篩選器」篩選出「樓板」，將圖面調整在「盥洗室」位置，會切換在「修改｜樓板」頁籤下，出現功能區「造型編輯」功能，如圖 8-25。

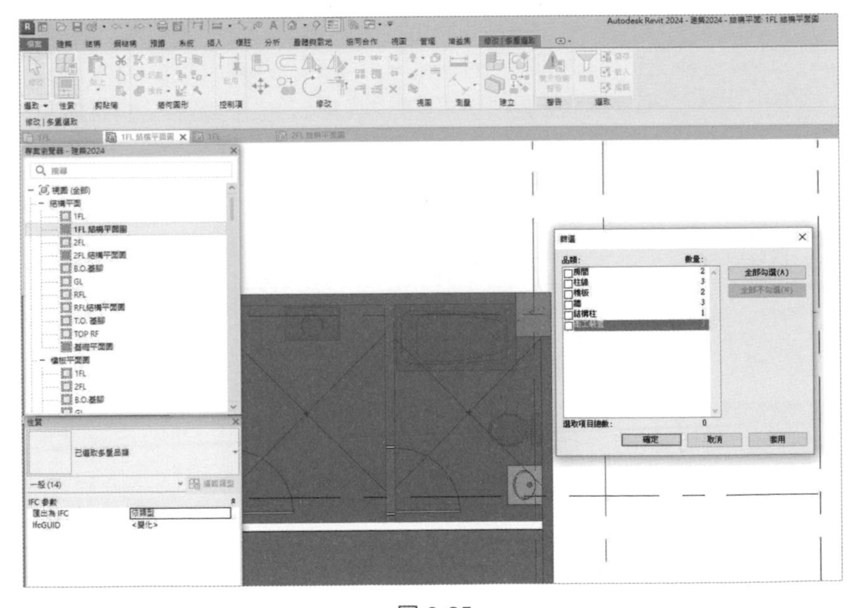

圖 8-25

2 點擊功能區「造型編輯」-「加入分割線」 ，畫面換切換到樓板參考平面狀態，依圖 8-26 位置繪製樓板分割線，並點擊功能區「造型編輯」-「加入點」 ，依圖 8-27 位置增加「盥洗室 1」及「盥洗室 2」之點。

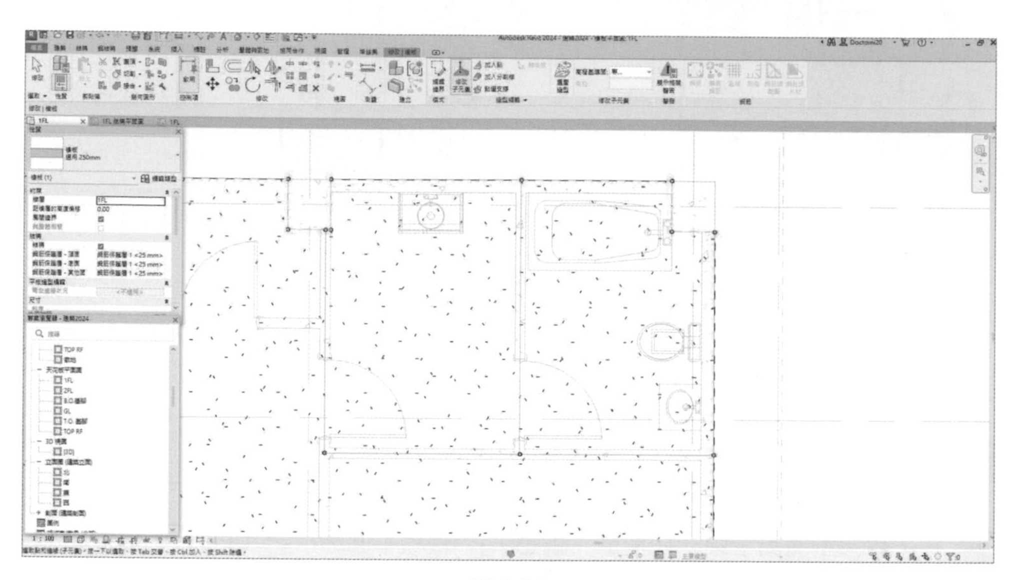

圖 8-26

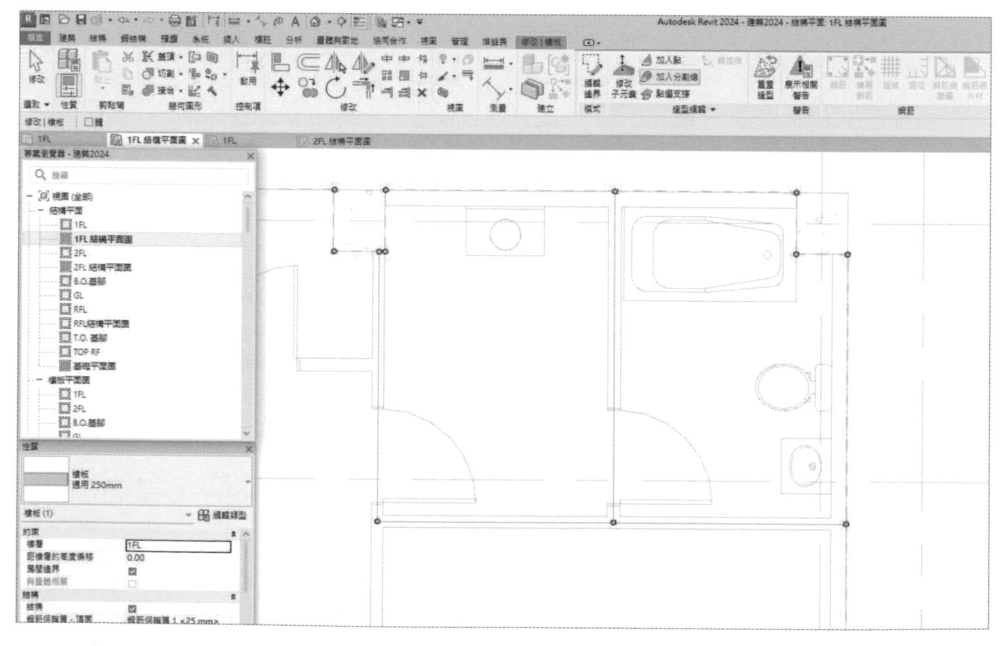

圖 8-27

3 按一下步驟 2 增加之點的圖形 ，會出現圖 8-28 圖形，新增「0」之文字框（為樓板高程高度），點擊「0」，可修改文字內容，將「0」改為「-3」，如圖 8-29，改後為如圖 8-30 之圖形。

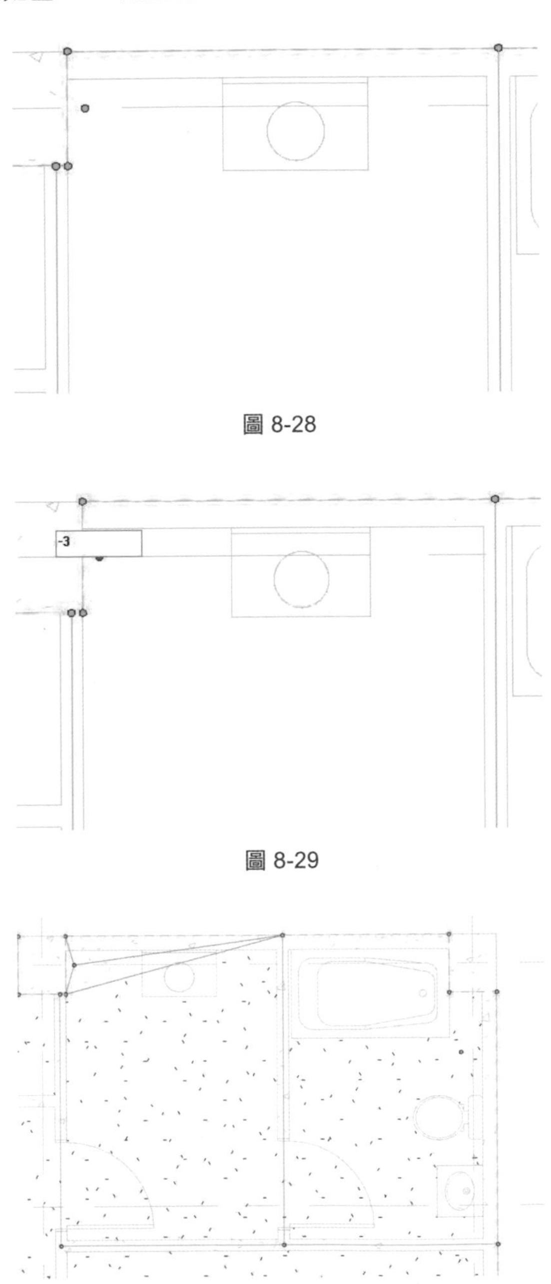

圖 8-28

圖 8-29

圖 8-30

4 另外一點亦改為「-10」，完成洩水坡度設定後，其圖形如圖 8-31。

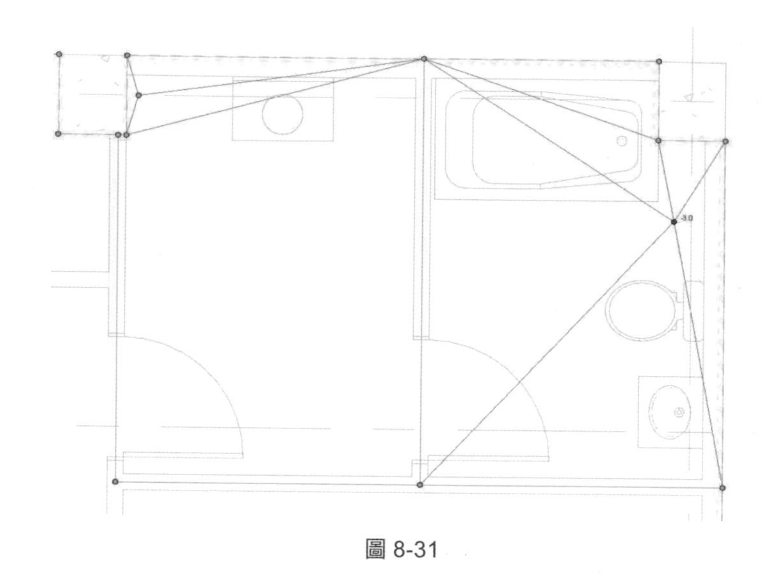

圖 8-31

8.5 坡道

1 在「建築」頁籤中，以「參考平面」繪製參考線，完成如圖 8-32。

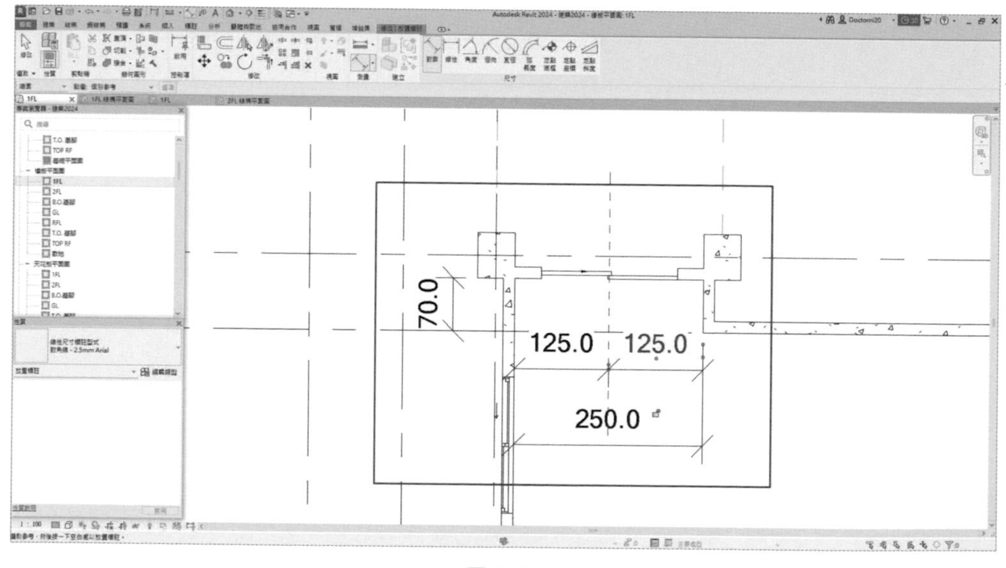

圖 8-32

2 ❶ 專案瀏覽器」中，切換至「視圖」-「樓板平面圖」-「GL」平面圖，在「建築」頁籤下，點擊功能區「通道」-「坡道」，如圖 8-33。❷ 切換至「修改 | 建立坡道草圖」，❸ 在「性質」中之「寬度」，設定為「250」，❹ 在繪圖區，點選「梯段」，❺ 由下往上繪製坡道，坡道完成時，兩側會產生扶手，坡道立面（如扶手不需要，可以刪除）如圖 8-34。❻ 在坡道上繪製剖面線，❼ 將剖面視圖與 GL 視圖並列，❽ 在剖面視圖將坡道底部向上移動至 GL 線上，❾ 在「性質」對話框中，點選「編輯類型」，❿ 開啟「編輯類型」對話框，可以設定相關參數，⓫ 將「坡度最大斜度 1/X」，由原先的「12」，改為「7」⓬ 按「套用」及「確定」，⓭ 可看見坡道頂部與 1FL 樓層線切齊，如圖 8-35。切換到 3D 圖，可看見坡道形狀，如圖 8-36。

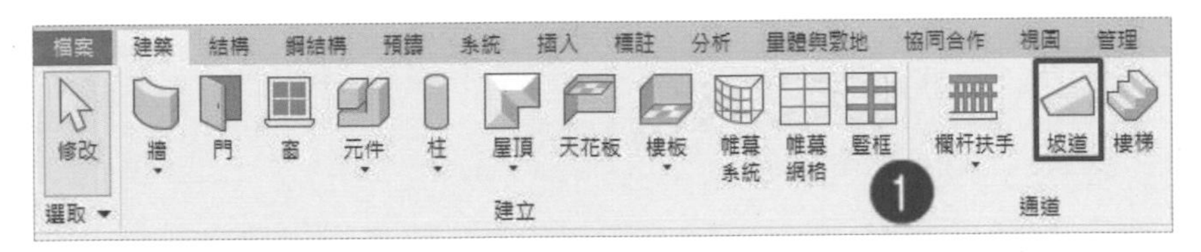

圖 8-33

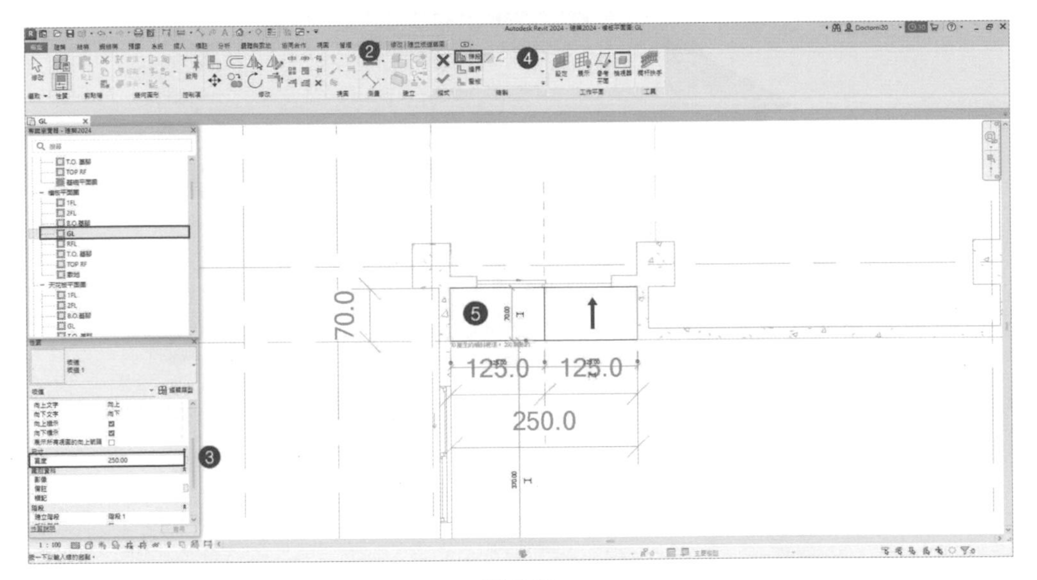

圖 8-34

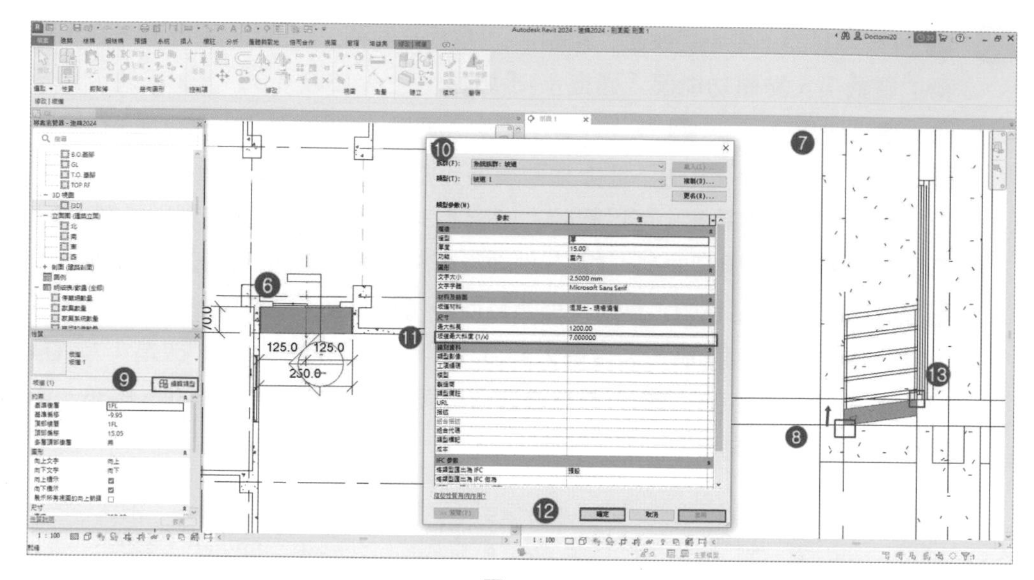

圖 8-35

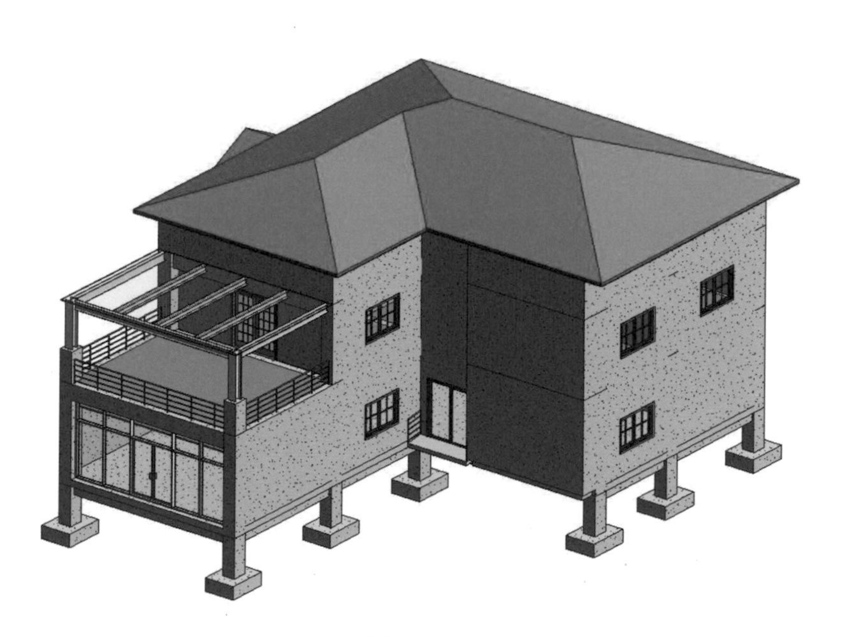

圖 8-36

平面視圖處理

- 9.1 房間邊界與面積設定
- 9.2 建立房間資料
- 9.3 面積分析
- 9.4 房間色彩計畫
- 9.5 尺寸標註與文字註解
- 9.6 高程點標註
- 9.7 增加文字

◆ 請讀者打開「範例檔案之第 9 章 \RVT\ 建築 2024.rvt」

9.1 房間邊界與面積設定

9.1.1 房間邊界

下列圖元可被視為房間面積和體積計算之邊界圖元：

◆ 牆（現地建立的牆、標準牆、帷幕牆、透過量體面建立的牆）：選取圖元，開啟性質選擇器中，勾選「房間邊界」。

◆ 樓板（標準樓板、現地建立的樓板、透過量體面建立的面樓板）：選取圖元，開啟性質選擇器中，勾選「房間邊界」，如圖 9-1。

◆ 屋頂（標準屋頂、現地建立的屋頂、透過量體面建立的屋頂）：選取圖元，開啟性質選擇器中，勾選「房間邊界」。

◆ 建築地坪：選取圖元，開啟性質選擇器中，勾選「房間邊界」。

◆ 天花板：選取圖元，開啟性質選擇器中，勾選「房間邊界」。

◆ 柱：選取圖元，開啟性質選擇器中，勾選「房間邊界」。

◆ 結構柱（結構材質類型為混凝土及預製混凝土之標準結構柱及現地建立的結構柱），對於可作為房間邊界之結構柱，只能在其「元素性質」之對話框中，才有對應選項。

◆ 帷幕系統（規則帷幕牆系統及曲面帷幕牆系統）：選取圖元，開啟性質選擇器中，勾選對應選項。

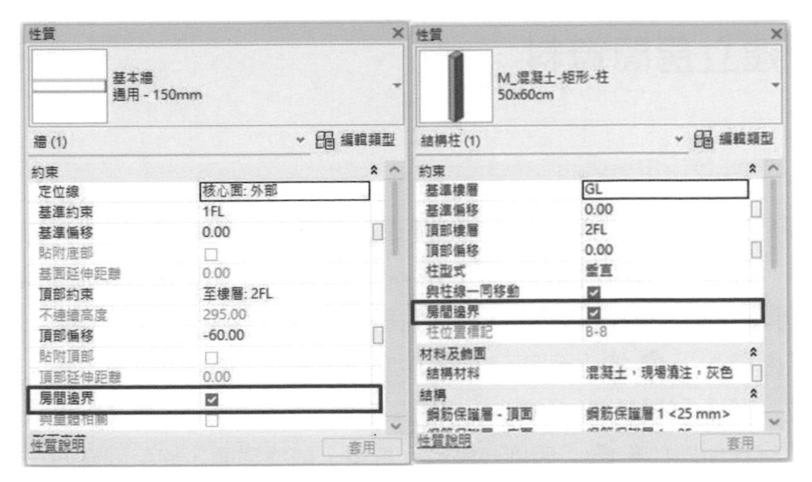

圖 9-1

9.1.2 房間與面積設定

建立房間，可以設定房間的邊界和計算規則。

◆ ❶ 點選功能區「建築」頁籤 -「房間和面積」功能下拉選單後，選取「面積與體積計算」，❷ 開啟「面積與體積計算」對話框（在房間面積計算中，如果要算建坪，就要選擇牆中心線），如圖 9-2。

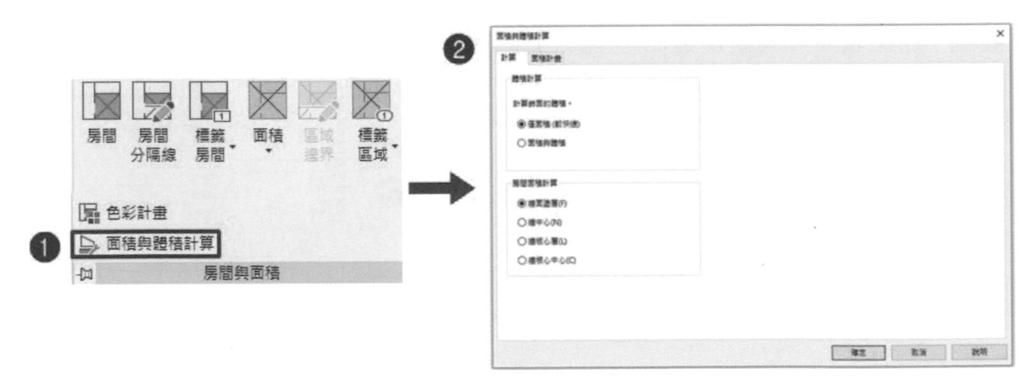

圖 9-2

9.2 建立房間資料

9.2.1 建立房間明細表

❶ 點選功能區「視圖」頁籤，選擇在「建立」-「明細表」，在下拉式功能表，點擊「明細表/數量」，❷ 開啟「新明細表」對話框，❸ 在「品類」選項，選擇「房間」，在「名稱」出現「房間明細表」，在「階段」選擇「階段 1」，❹ 按「確定」，如圖 9-3。❺ 開啟「明細表性質」後，在「可用欄位」選擇「編號」、「名稱」、「樓層」、「周長」、「面積」，然後點選「加入」按鈕，將其加入右邊 ❻「明細表欄位」框中，依據需要，使用同樣方法，將「可用欄位」中的「名稱」、「編號」、「樓層」、「面積」，加入右側「明細表欄位」，可用上移或下移指令調整欄位順序，❼ 在「排序/組成群組」頁籤，❽ 勾選依「樓層」排序，勾選「頁尾」，「標題、合計和總數」，「總計」，選擇「標題、合計和總數」，❾ 切換到「格式」頁籤，❿ 選擇「面積」，在「在圖紙上展示條件格式（S）」，選擇「計算總數」，⓫ 完成後按「確定」，如圖 9-4。⓬ 會開啟「房間明細表」，如圖 9-5。（＊注意：在圖 9-2 中，如選擇「體積計算」-「計算飾面的體積」-「僅面積」（較快速），明細表僅計算面積，而不計算體積。）

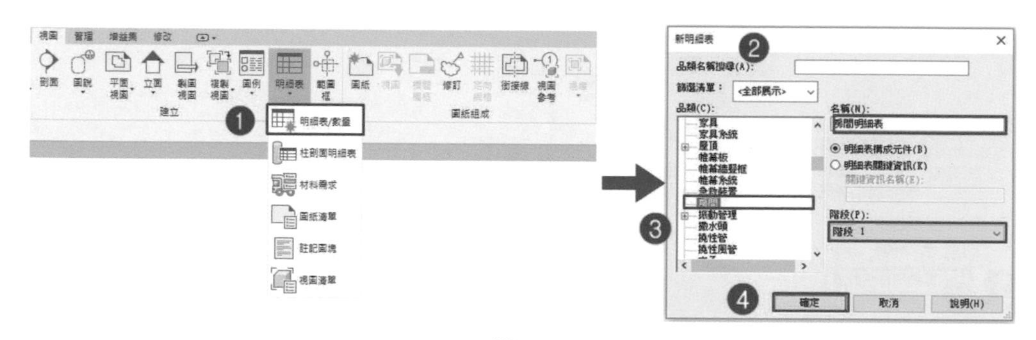

圖 9-3

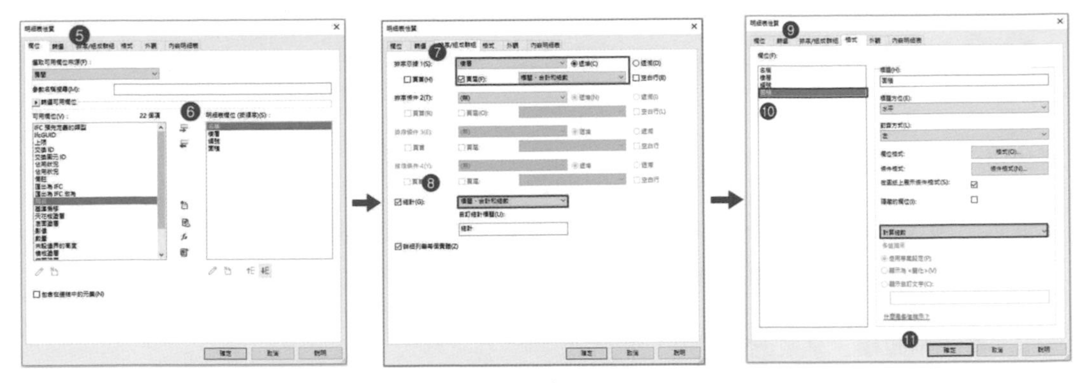

圖 9-4

<房間明細表>

A	B	C	D
名稱	樓層	編號	面積
1F花圃	1FL	1	6 m²
盥洗室2	1FL	2	6 m²
儲藏室	1FL	3	16 m²
1FL樓梯間	1FL	4	12 m²
客廳	1FL	5	66 m²
書房	1FL	6	40 m²
玄關	1FL	7	4 m²
盥洗室1	1FL	8	7 m²
廚房	1FL	9	9 m²
餐廳	1FL	10	22 m²
走道	1FL	11	23 m²
1FL: 11			211 m²
盥洗室3	2FL	12	7 m²
2FL房間-2	2FL	13	41 m²
2FL房間-1	2FL	14	33 m²
2F開放空間	2FL	15	42 m²
健身房	2FL	16	32 m²
露台	2FL	17	39 m²
2FL陽台	2FL	18	6 m²
2FL: 7			200 m²
總計: 18			410 m²

圖 9-5

9.3 面積分析

9.3.1 面積方案

面積方案主要為可定義之空間關係，可用面積方案來表示樓層平面中核心空間與周邊空間關係。在 Revit 預設情況下，會建立兩種面積方案：

1. **總建築面積**：建築的總建築面積。
2. **出租面積**：基於辦公樓樓層面積標準測量法之測量面積。

1 點選功能區「建築」頁籤 -「房間和面積」功能下拉選單後，選取「面積與體積計算」，顯示「面積和體積計算」對話框。

2 點選「面積計畫」頁籤，點選「新建」按鈕建立新面積方案，「面積計畫」，再點選「刪除」，按鈕刪除「總建築面積」以外之方案，如圖 9-6。

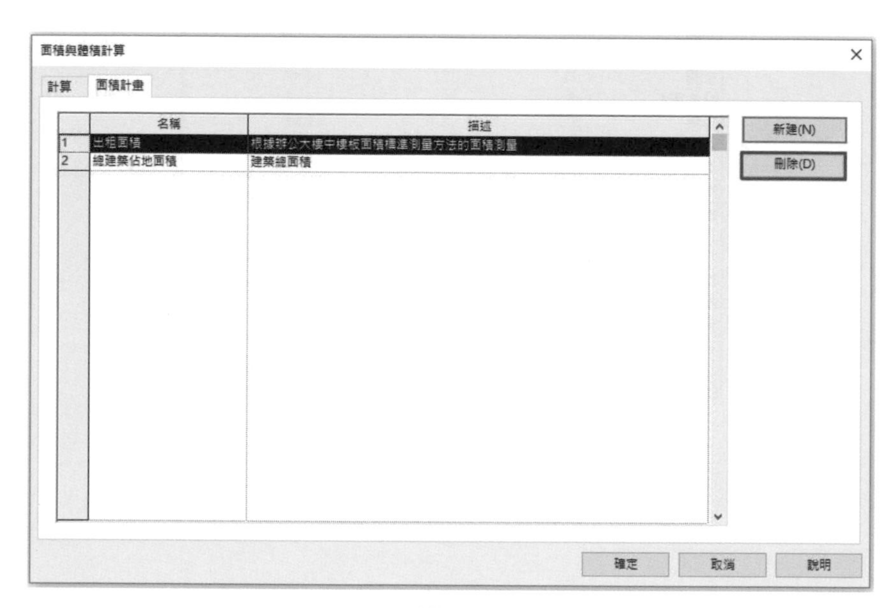

圖 9-6

9.3.2 建立總建築建地平面圖

1 點選功能區「建築」頁籤 -「房間和面積」，選取「面積」 下拉功能表，選擇「建地平面圖」 功能，如圖 9-7。

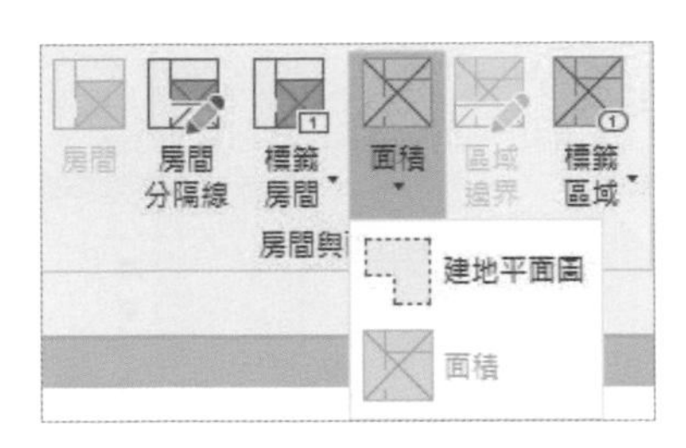

圖 9-7

2 開啟「建地平面圖」對話框，❶ 在「類型」選擇「總建築佔地面積」，❷ 按 Ctrl 鍵，點選「1 FL」、「2 FL」後，按「確定」，如圖 9-8。

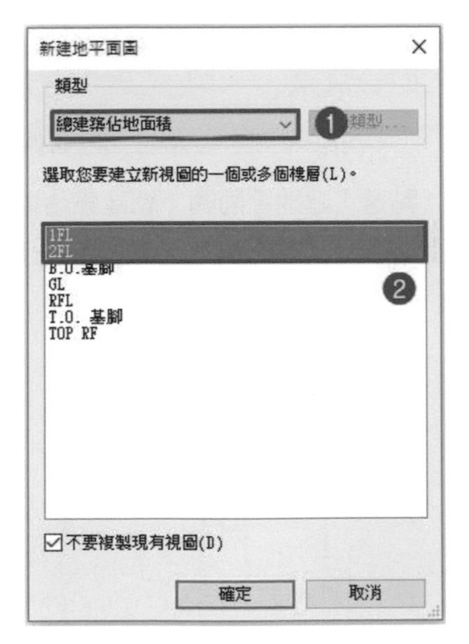

圖 9-8

3 步驟 2 按「確定」，會出現如圖 9-9 對話框，按「是」。完成後，在「專案瀏覽器」中，會新增「建地平面圖（總建築佔地面積）」分類及「1 FL」、「2 FL」視圖，如圖 9-10。

Revit

是否自動建立與外牆和總建築範圍關聯的範圍邊界線?

是(Y) 否(N) 取消

圖 9-9

圖 9-10

4 在「專案瀏覽器」中，點選「建地平面圖（總建築佔地面積）」-「1 FL」平面，可看見 1 FL 平面視圖之邊界，並沒有完全連接在一起，成為封閉區域，Revit 無法判別，如圖 9-11。

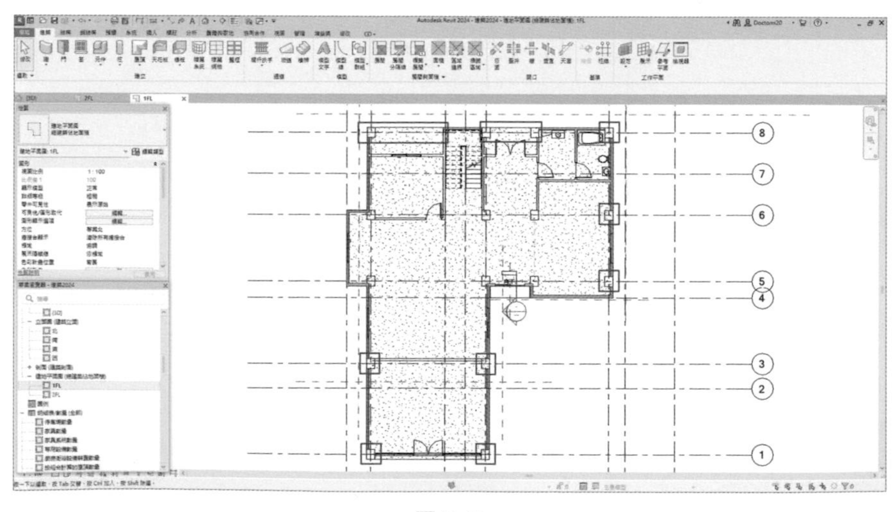

圖 9-11

5 點選功能區「建築」頁籤 -「房間和面積」，選取「區域邊界」 功能表，功能區切換到「修改 | 放置 面積邊界」頁籤，以「繪製」之功能，將為封閉之區域連結，如圖 9-12。

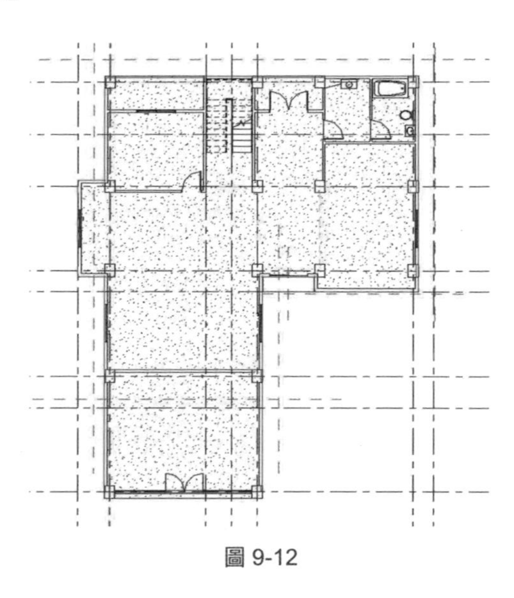

圖 9-12

6 點選功能區「建築」頁籤 -「房間和面積」，選取「面積」 下拉功能表，選擇 ，功能區切換到「修改 | 放置 面積」頁籤，點選「放置時進行標籤」，點選視圖平面，完成建地平面，如圖 9-13。

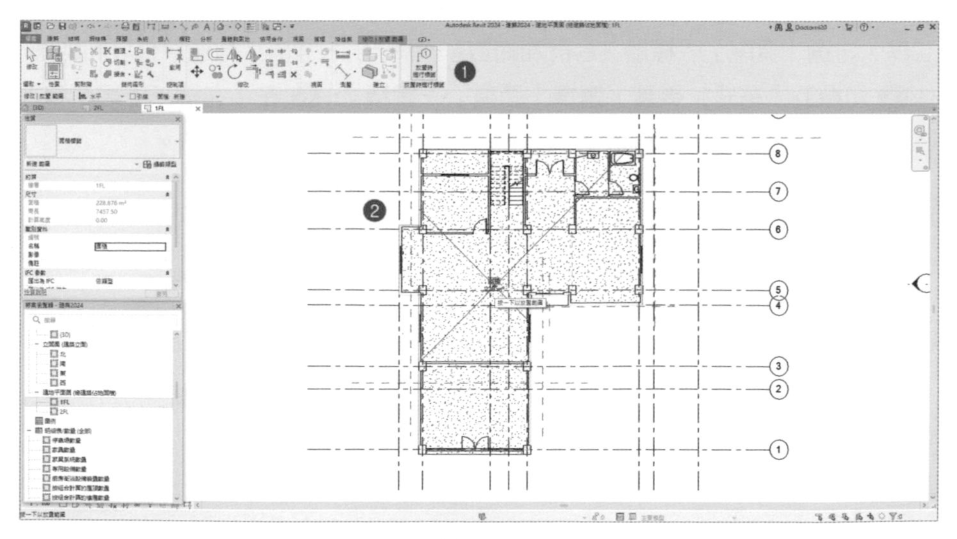

圖 9-13

9.3.3 建立總建築建地明細表

1 ❶ 點選功能區「視圖」頁籤，選擇在「建立」-「明細表」 ，在下拉式功能表，點擊「明細表 / 數量」，❷ 開啟「新明細表」對話框，在「品類」選項，選擇「範圍（總建築佔地面積）」，❸ 在「名稱」出現「範圍（總建築佔地面積）」，❹ 按「確定」，如圖 9-14。

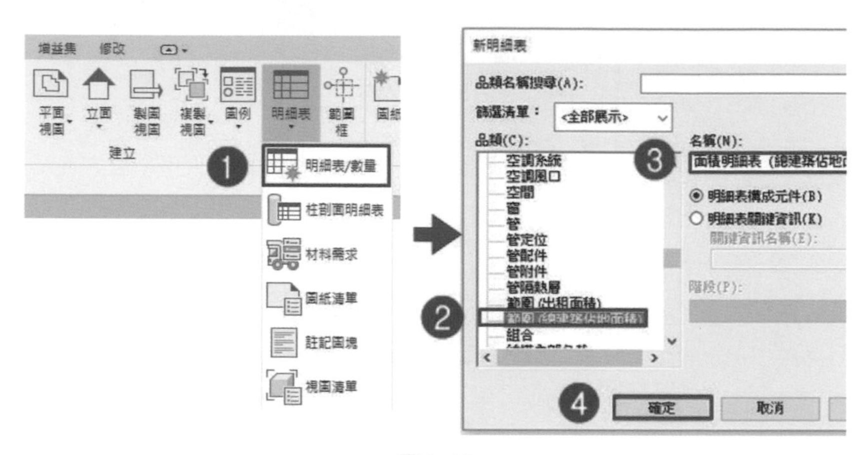

圖 9-14

2 ❶ 按「確定」後，進入「明細表性質」後，在「可用欄位」選擇「編號」、「名稱」、「樓層」、「周長」、「面積」，❷ 然後點選「加入」按鈕，將其加入右邊「明細表欄位」框中，❸ 在「排序 / 組成群組」頁籤，❹ 勾選依「樓層」排序，勾選「頁尾」，「標題、合計和總數」，「總計」，選擇「標題、合計和總數」，❺ 切換到「格式」頁籤，選擇「面積」、「體積」，❻ 在「在圖紙上展示條件格式（S）」，選擇「計算總數」，❼ 完成後按「確定」，如圖 9-15。

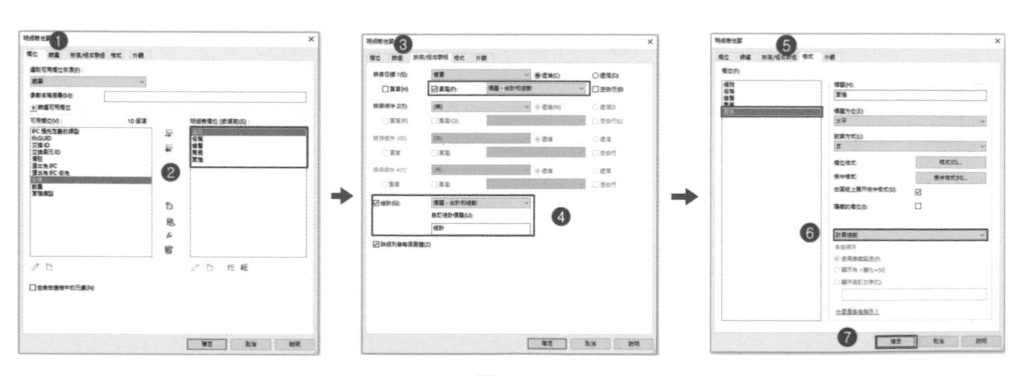

圖 9-15

3. 點選「確定」後，完成設定，進入「範圍明細表（總建築佔地面積）」視圖，如圖 9-16。

<面積明細表 (總建築佔地面積)>				
A	B	C	D	E
編號	名稱	樓層	周長	面積
1	面積	1FL	7457.5	229 m²
1FL: 1				229 m²
總計: 1				229 m²

圖 9-16

9.4 房間色彩計畫

9.4.1 準備視圖

1. 在「專案瀏覽器」中，點選「樓板平面圖」-「1 FL」平面，使用功能區「視圖」-「建立」，選擇「複製視圖」-「與細節一起複製」，複製目前樓層平面圖，也可以在「專案瀏覽器」中，點選要複製之視圖名稱，按滑鼠右鍵，複製所需視圖，如圖 9-17。

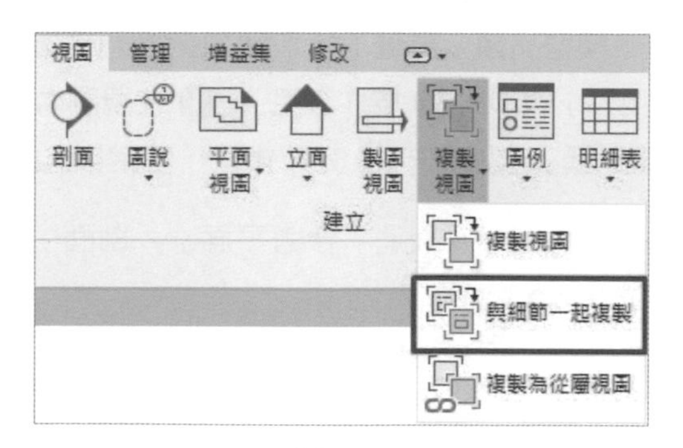

圖 9-17

2 在「專案瀏覽器」中，點選「1 FL」平面視圖後，將該視圖更名為「1 FL 色彩計畫」，如圖 9-18。

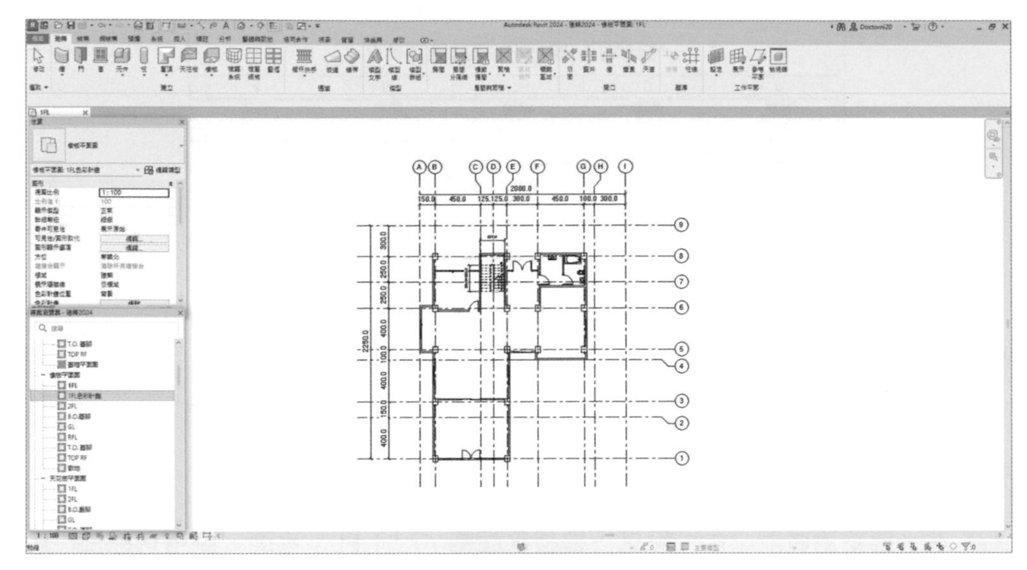

圖 9-18

3 ❶ 在「專案瀏覽器」中，點選「1 FL 色彩計畫」平面視圖，在「可見性 / 圖形取代」，點擊「編輯」，❷ 打開「樓層平面：1 FL 色彩計畫的可見性 / 圖形取代」對話框，在「模型品類」頁籤下，取消勾選「門標籤」、「窗標籤」、「房間標籤」品類「可見性」選項，❸ 按「套用」，❹ 在視圖中，可看見「門標籤」、「窗標籤」、「房間標籤」已消失，❺ 完成後按「確定」。

4 切換在「註解品項」頁籤下，取消「參考平面」、「剖面」、「立面圖」、「網格」品類「可見性」選項。

5 切換在「匯入的品類」頁籤下，取消「匯入族群中」選向下所列模型品類「可見性」選項，再按「確定」，如圖 9-19。

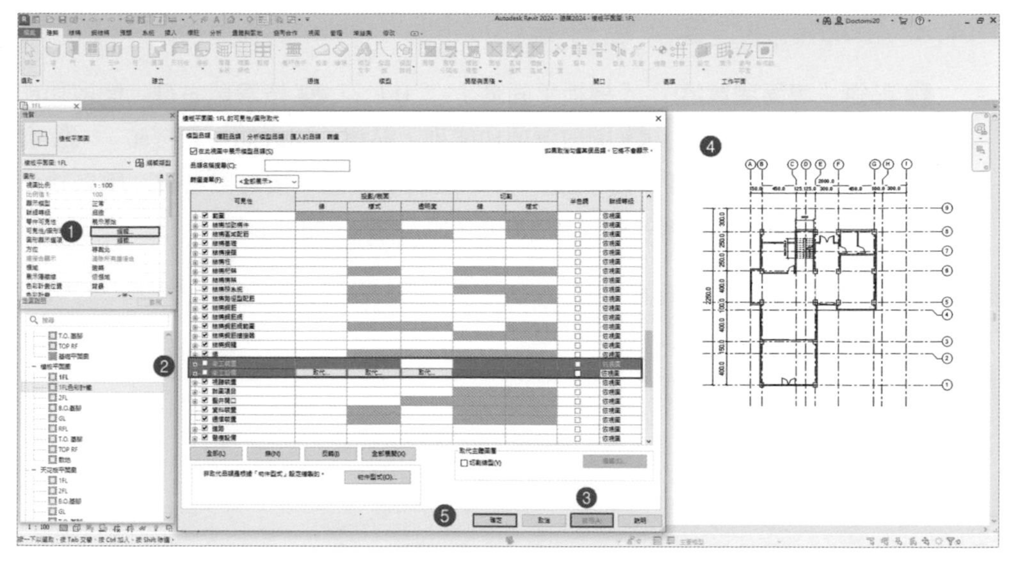

圖 9-19

9.4.2 編輯色彩計畫

點選功能區「建築」頁籤 -「房間和面積」功能下拉選單後，選取「色彩計畫」，如圖 9-20。開啟「編輯色彩計畫」對話框，如圖 9-21。

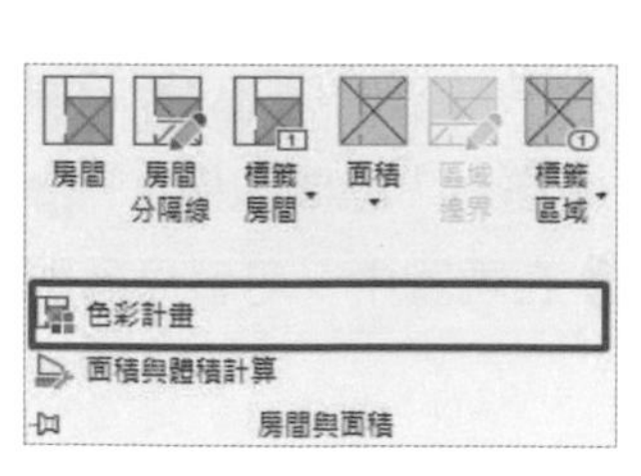

圖 9-20

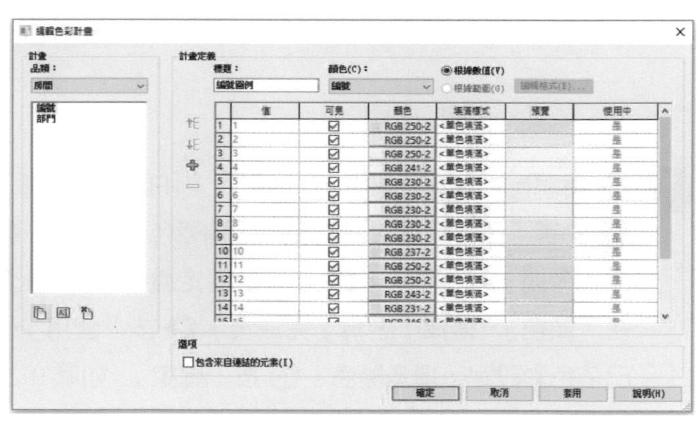

圖 9-21

9.4.3 在功能列設定顏色方案

❶ 點選「專案瀏覽器」-「樓板平面圖」-「1FL」，❷ 按滑鼠右鍵，開啟功能列，選擇「複製視圖」，❸ 開啟選項功能列，點選「與細節一起複製」，❹ 會新建「1FL 複製」視圖，❺ 點選「1FL 複製」視圖，按滑鼠右鍵，開啟功能列，選擇「更名」，並將名稱改為「1FL 色彩計畫」，如圖 9-22。

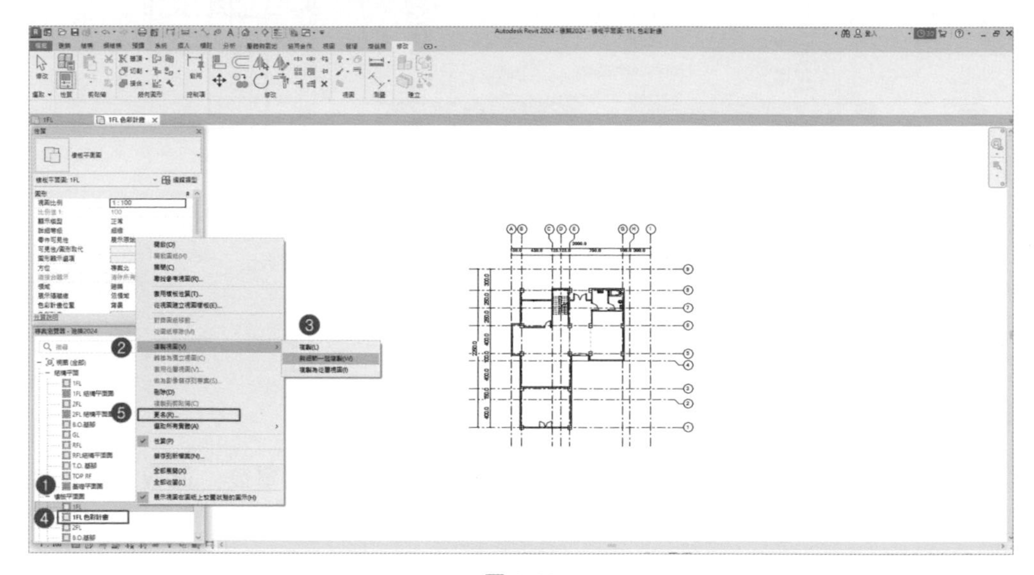

圖 9-22

9.4.4 色彩計畫運用

1 ❶ 將視圖切換至「樓板平面圖」-「1FL 色彩計畫」，❷ 在「性質」對話框，❸ 點選「色彩計畫」，❹ 開啟「編輯色彩計畫」，❺ 在「計畫」-「品類」，選擇「房間」-「編號」，❻ 在「計畫定義」-「標題」，名稱為「房間圖例」，❼ 在「顏色」，選擇「名稱」完成後，❽ 按「套用」，❾ 在視圖中，可看見房間已依色彩設定，填滿顏色，❿ 按「確定」，如圖 9-23。

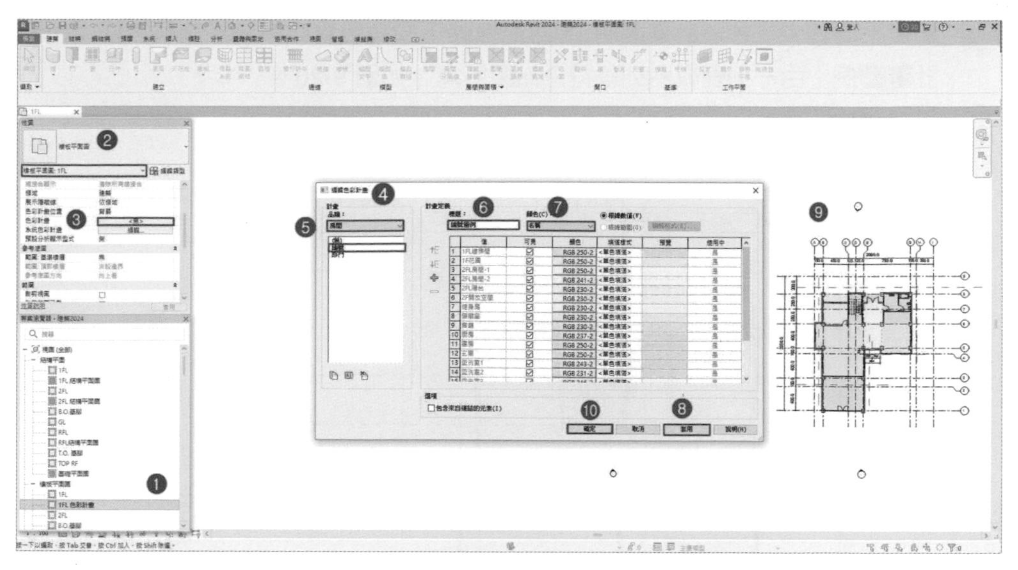

圖 9-23

2 點選功能區「標註」頁籤 -「顏色填滿」功能下拉選單後，選取「顏色填滿圖例」，如圖 9-24。點擊後，將圖例放置在圖說位置，如圖 9-25。

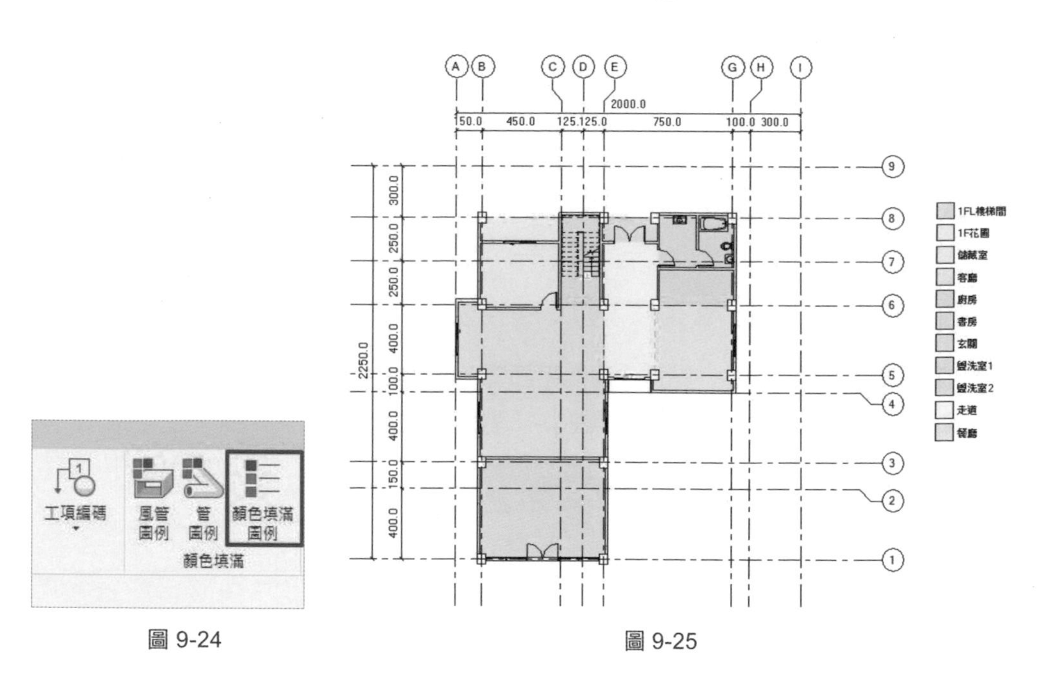

圖 9-24

圖 9-25

3 點選平面圖中「色彩計畫圖例」，向上拖動下面藍色實心原點控制點，使「色彩計畫圖例」由一列變成兩列以符合佈圖所需，如圖 9-26。

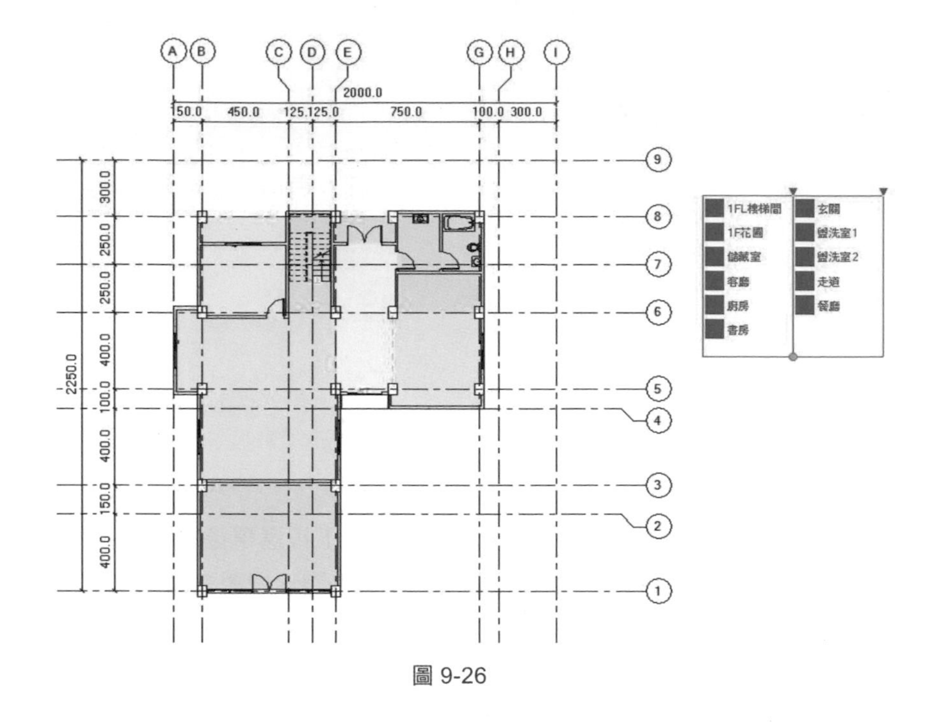

圖 9-26

9.5 尺寸標註與文字註解

9.5.1 標註第一道及第二道尺寸標註

1 在「專案瀏覽器」中，點選「建地平面圖（總建築佔地面積）」-「1 FL」平面，點選功能區「標註」頁籤 -「標註」-「對齊」，如圖 9-27。

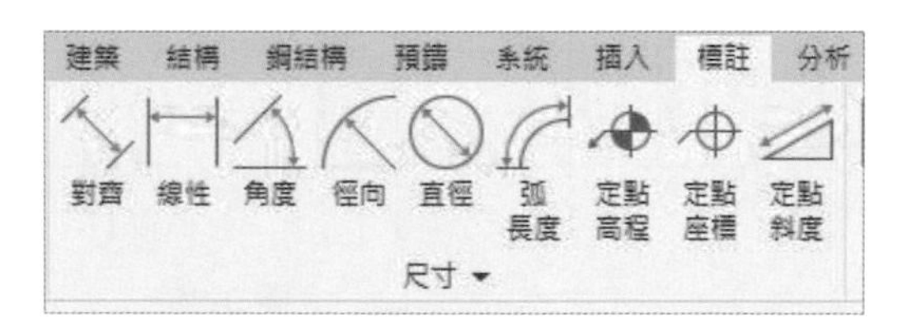

圖 9-27

2 ❶ 點選「對齊」後，切換到「修改 | 放置標註」頁籤，點選「對齊」功能，❷ 選擇「線性標註型式 – 對角線 – 中心 – 2.5mm - Arial」，點選「編輯類型」，❸ 開啟「類型性質」對話框，可設定所需標註參數，❹ 完成後按「確定」，❺ 在選項例「修改 | 放置標註」選取「牆中心線」、「點選」選取「個別參考」，❻ 依圖 9-28 來標註尺寸。

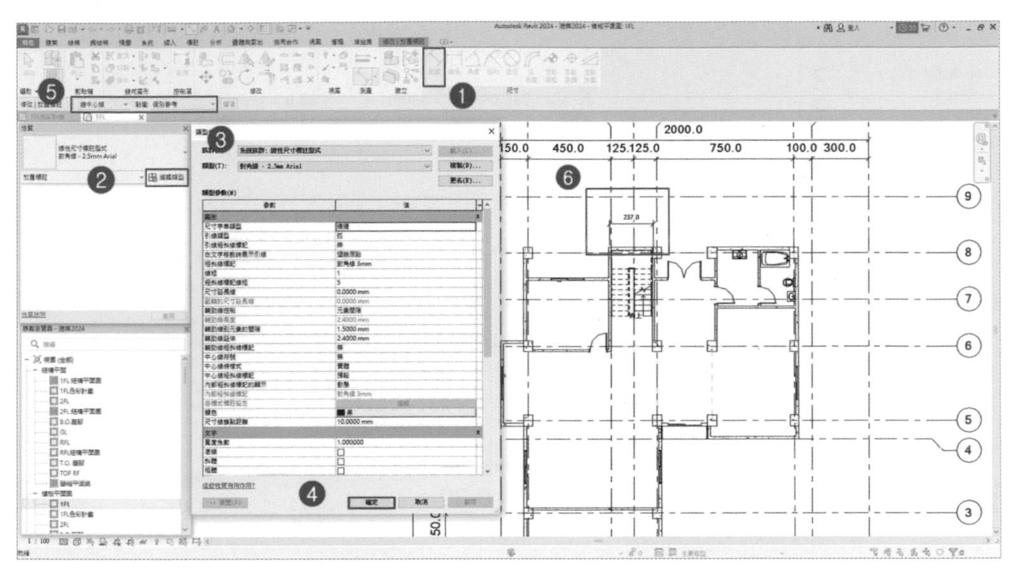

圖 9-28

9.5.2 標註第三道標註

1 在「專案瀏覽器」中，點選「建地平面圖（總建築佔地面積）」-「1FL」平面，點選功能區「標註」頁籤 -「標註」-「對齊」。

2 點選「對齊」後，切換到「修改 | 放置標註」頁籤，❶ 點選「標註」-「對齊」功能，❷ 在選項例「修改 | 放置標註」選取「牆中心線」、「點選」選取「整面牆」，❸ 按「選項」鈕，開啟「自動標註選項」對話框，❹「選取參考」分別選取勾選「開口」-「寬度」或「中心」標註方式，❺ 按「確定」，點選牆面，就會自動繪製標註尺寸，如圖 9-29。

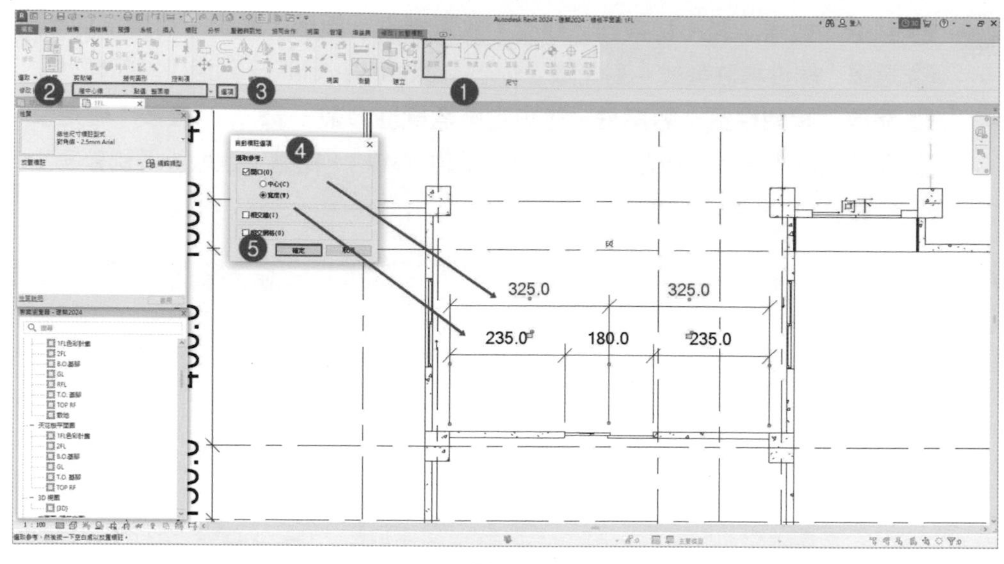

圖 9-29

9.5.3 尺寸標註文字設定

1. 依 9.3.1 節方式，標註樓梯尺寸，如圖 9-30。

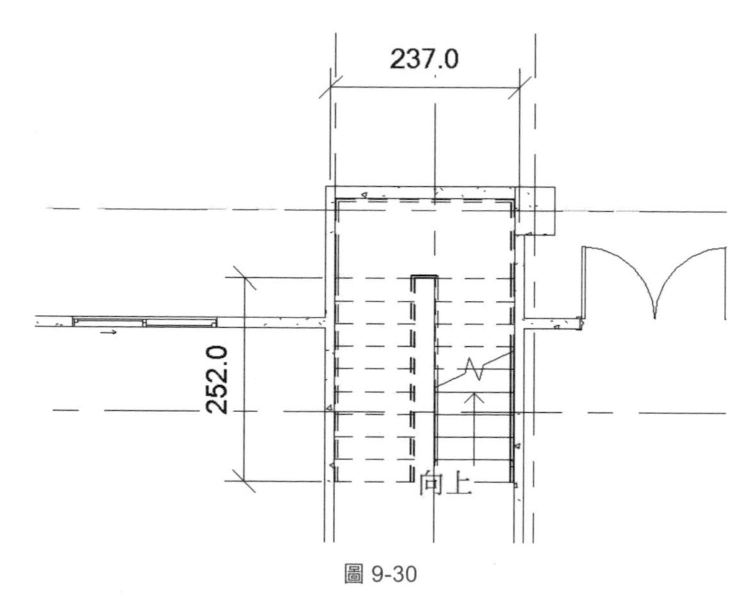

圖 9-30

2 在圖 9-31 中，點擊尺寸標註「252.0」兩次，開啟「標註文字」對話框，於「首碼」內填註「28×9=」，按「按確定」，就顯示如圖 9-31 標註。

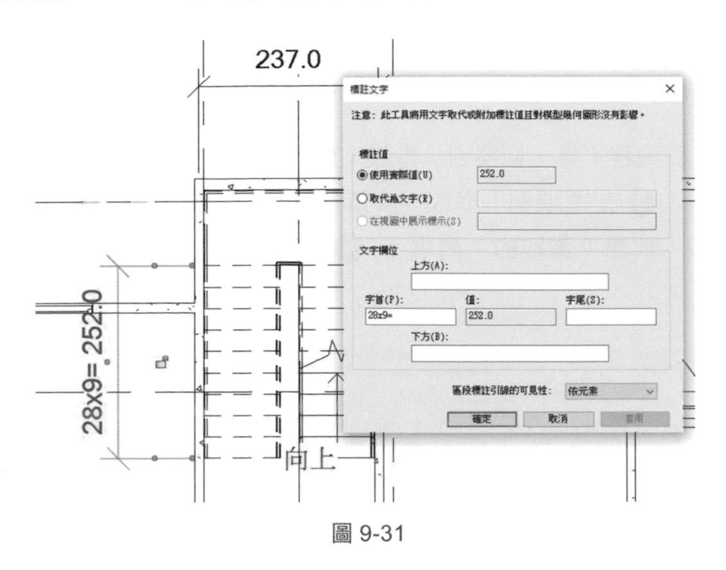

圖 9-31

9.5.4 樓梯踏板編號

1 在「1FL」平面，點選功能區「標註」頁籤 -「標註」-「踏板編號」 。

2 點選樓梯踏板後，會自動產生編號，如圖 9-32。

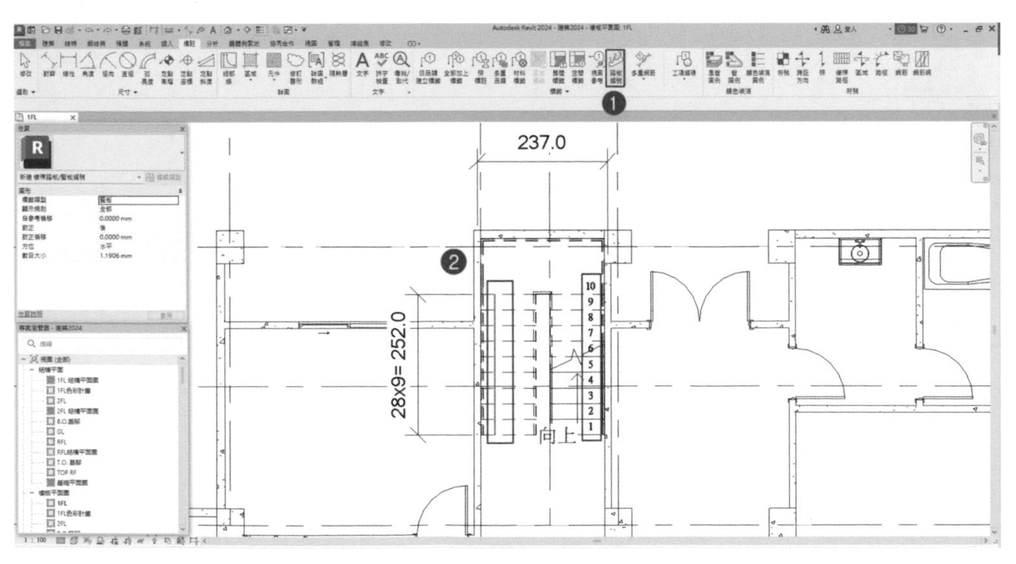

圖 9-32

9.6 高程點標註

1. 在「專案瀏覽器」中，點選「建地平面圖（總建築佔地面積）」-「1 FL」平面，點選功能區「標註」頁籤 -「標註」-「定點高程」。

2. 點選「定點高程」後，切換到「修改 | 放置標註」頁籤 ❶ 點選「標註」-「對齊」功能，❷ 在選項例「修改 | 放置標註」取消勾選「引線」，❸「顯示高程」選取「實際（選取的）高程」，❹ 在視圖中，點取所需高程之位置，如圖 9-33。

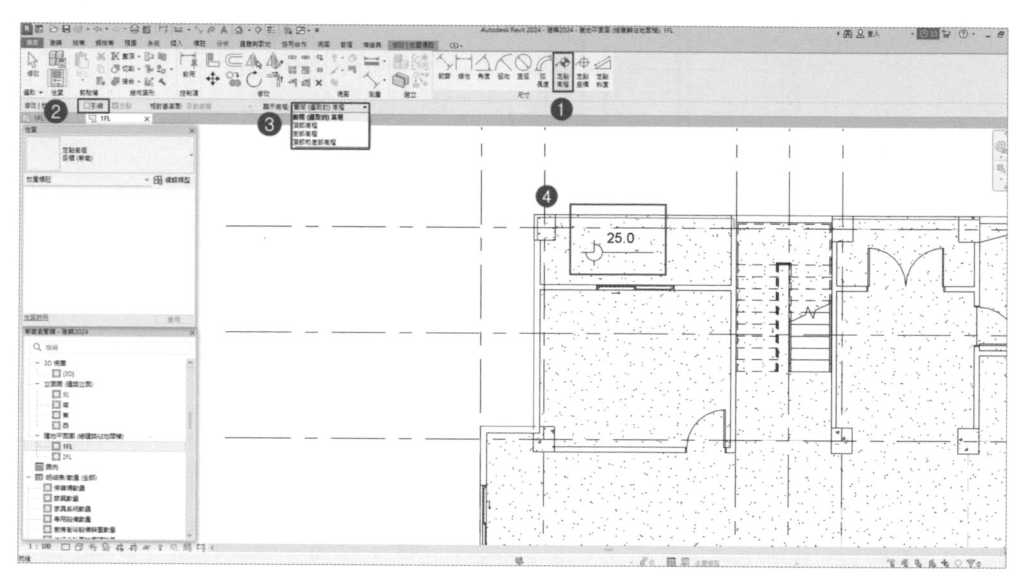

圖 9-33

3 對於樓層值為 25 之高程點標註，需要在前面加上「±」首碼者，方法如下：❶ 點擊圖 20-38 標高 25.0」之文字，❷ 開啟「性質瀏覽器」在「單一 / 上限值首碼」填註「±」，❸ 按「套用」，即顯示如圖 9-34 之標註。

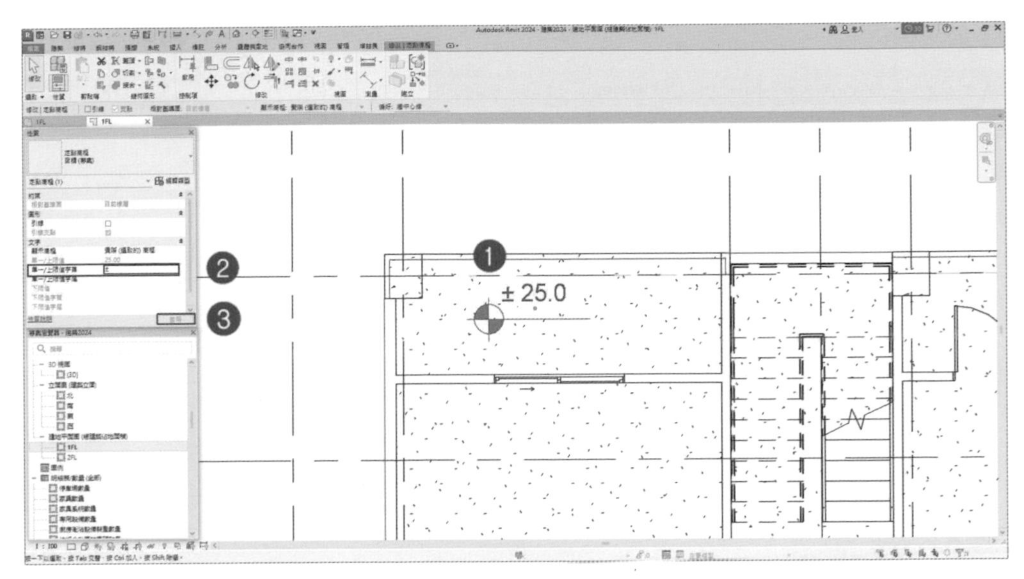

圖 9-34

9.7 增加文字

1 在「專案瀏覽器」中，點選「樓板平面圖」-「1 FL」平面，點選功能區「標註」頁籤 -「文字」-「文字」A 文字，如圖 9-35。

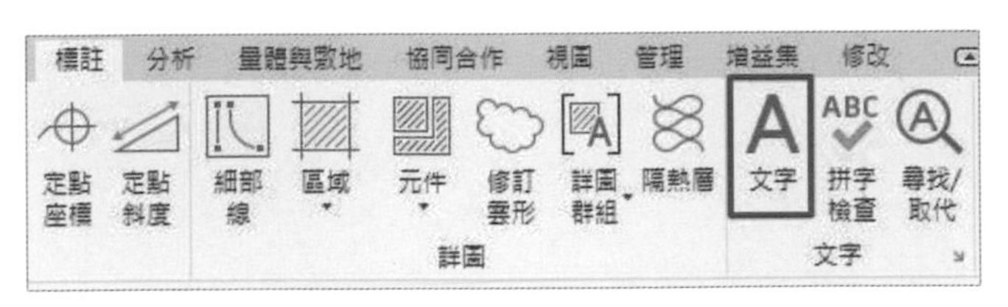

圖 9-35

2 點選「文字」後，切換到「修改 | 放置 文字」頁籤 ❶ 點選「格式」-「兩個區段」 功能，❷ 在「性質瀏覽器」選者文字形式為「文字 - 2.5mm Arial」、❸ 在視圖中，點取所需文字標註位置，填寫「帷幕牆」，按「修改」 ，確定後，在點擊文字標註，調整顯示，文字標註如圖 9-36。

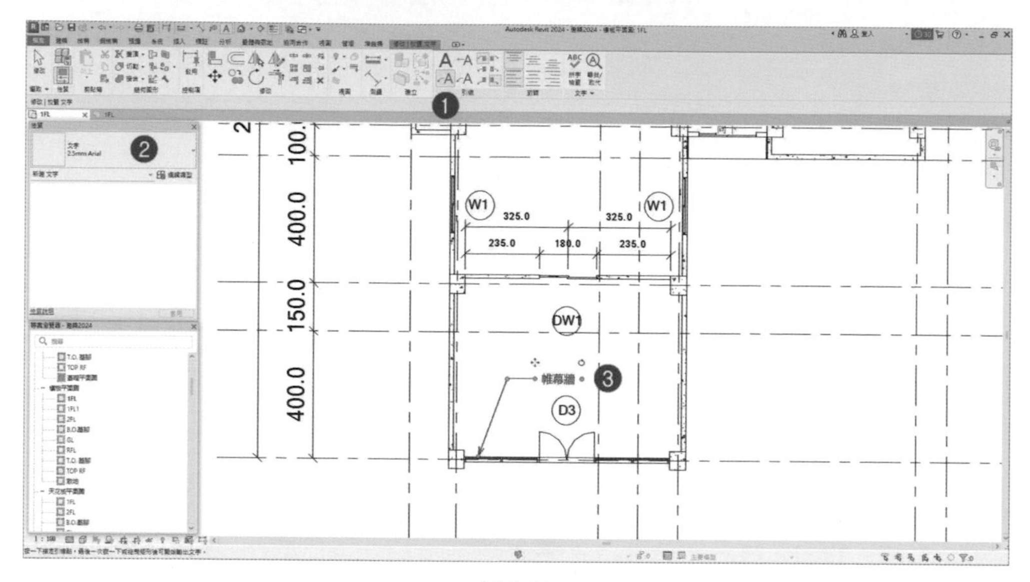

圖 9-36

敷地

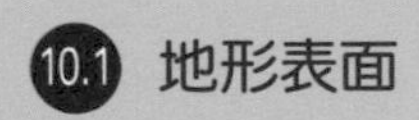

地形表面

◆ 請讀者打開「範例檔案之第 10 章 \RVT\ 建築 2024.rvt」

10.1 地形表面

地形表面是建築敷地之地形或是區域地形，用圖形來表示。在 Revit 中建立地形表面，使用功能區「量體與敷地」頁籤，2024 版已經將 2023 版以前之敷地建版、附屬區域、分割表面功能取消，如圖 10-1。

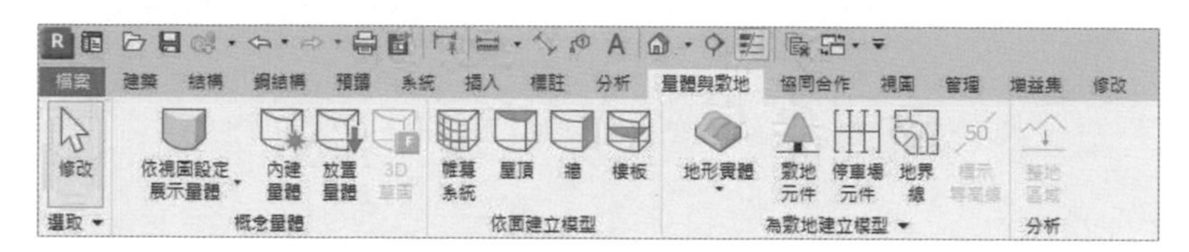

圖 10-1

10.1.1 放置點建立地形表面

1 參考圖 10-2 位置，參考平面的 12 個交點建立地形高度；能需選設定「150」A、B 二個參考平面點，高度為「150」，完成後；C、D、E、F 四個參考平面點，高度為「100」，G、H、I、J、K、L 六個參考平面點，高度為「0」，如圖 10-2。（注意：高度不能設為負值，否則不能產生地形。）

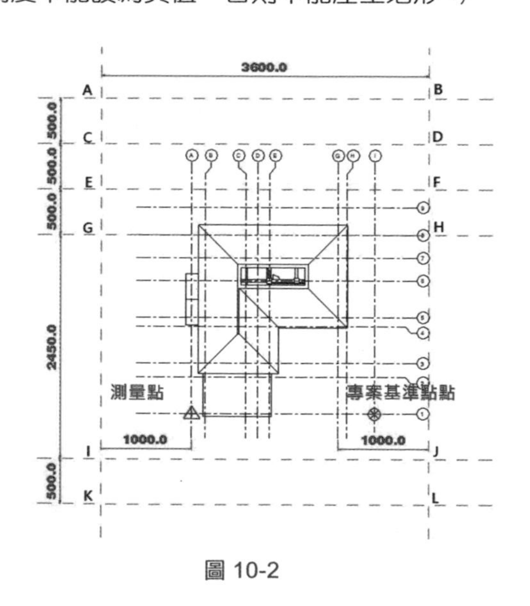

圖 10-2

2 在「專案瀏覽器」中，切換至「視圖」(全部) -「樓板平面圖」，點擊「敷地」兩下，在「敷地」平面圖，在「量體與敷地」頁籤，選擇「地形實體」地形實體，選擇「從草圖建立」繪製地形表面，如圖 10-3。

圖 10-3

3 ❶ 開啟「修改 | 建立地形實體邊界」頁籤，❷ 用繪圖工具繪製地形邊界 ❸ 完成地形邊界，如圖 10-4。

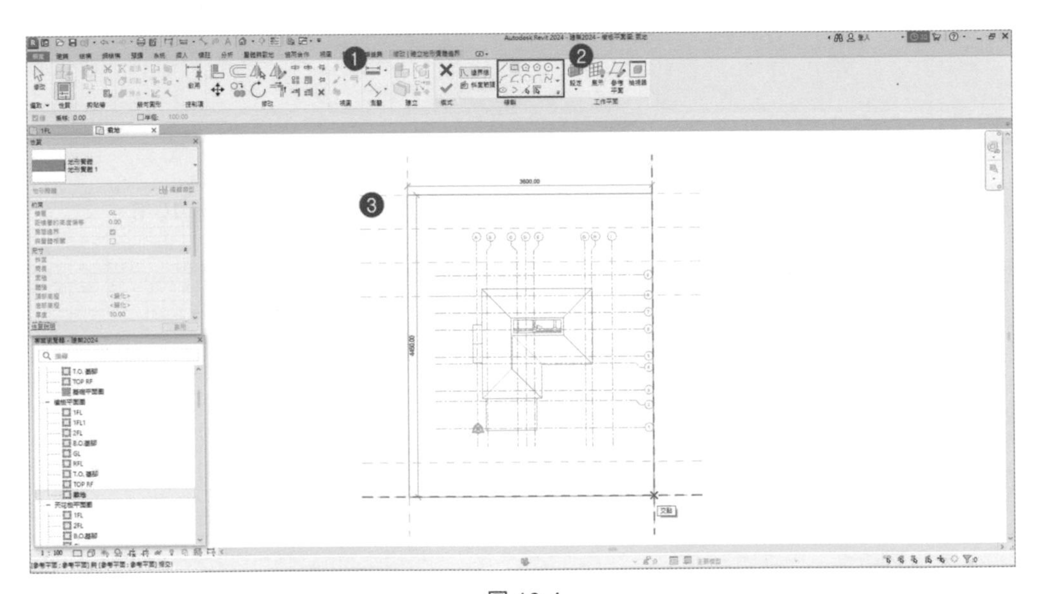

圖 10-4

4 完成步驟 3 地形建立後，再點擊地形元件，會開啟「修改 | 地形實體」頁籤，如圖 10-5。

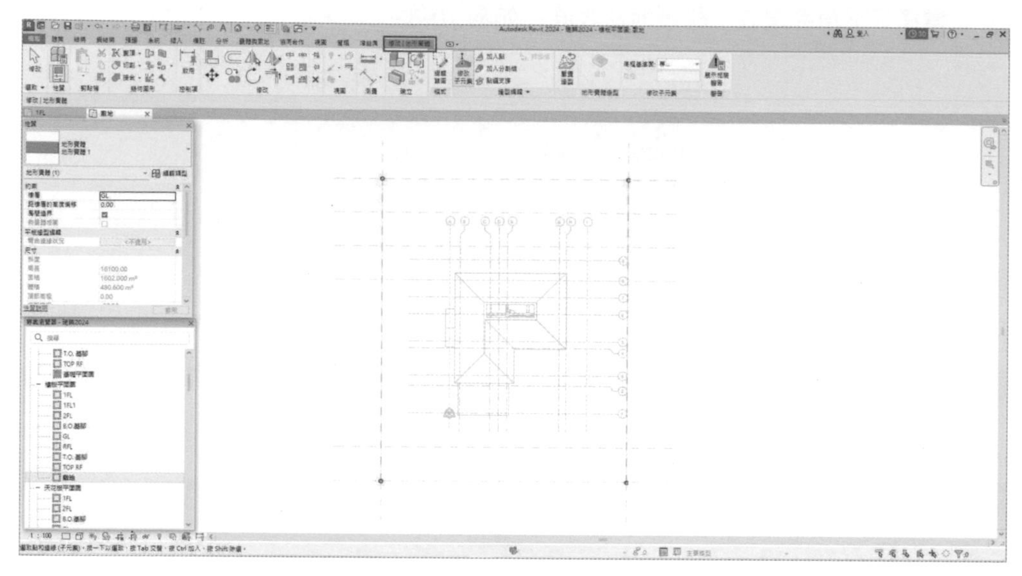

圖 10-5

5 ❶ 點選「加入點」功能，❷ 依據圖 10-6 位置，加入點位，如圖 10-6。

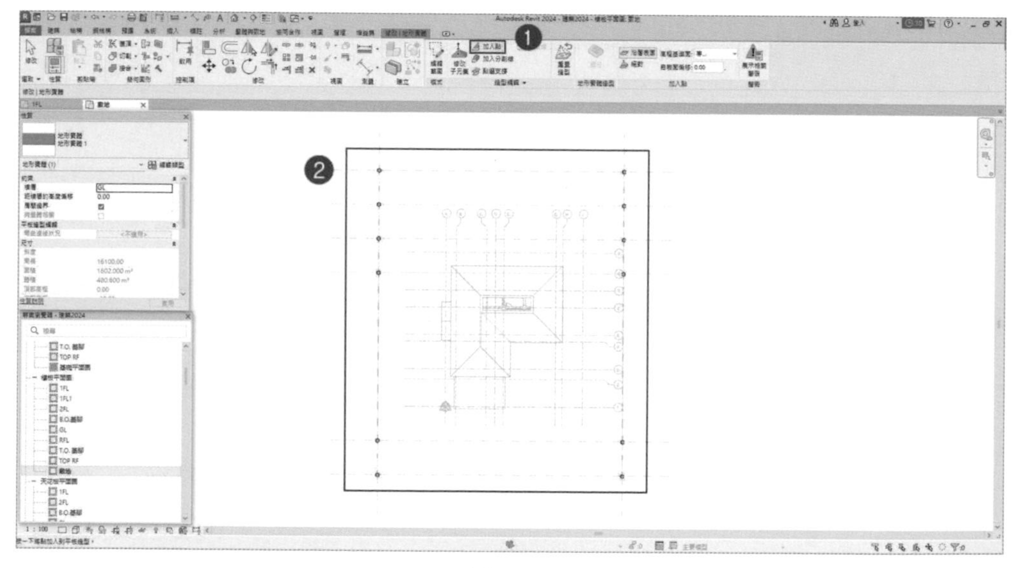

圖 10-6

6 點選「點」功能，即可修改高程高度，如圖 10-7。完成後之敷地地形，如圖 10-8。

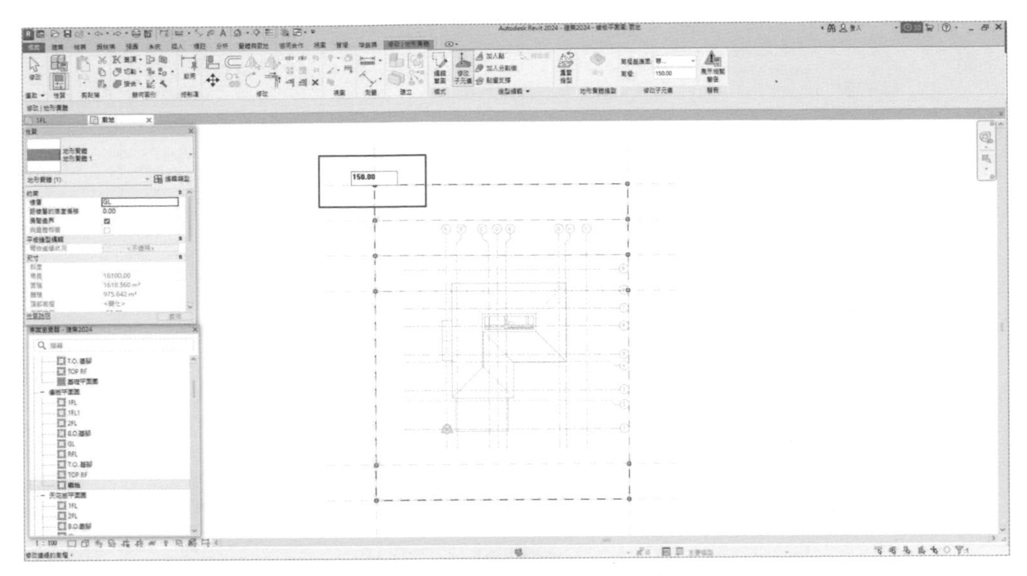

圖 10-7

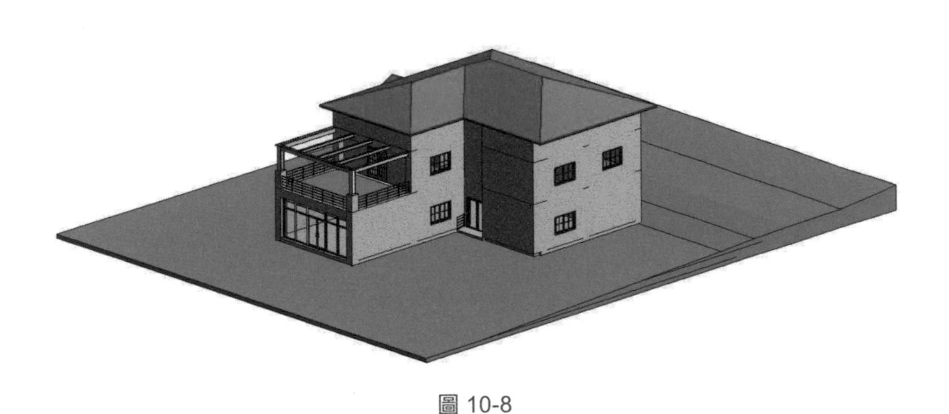

圖 10-8

10.1.2 敷地元件

1 在「專案瀏覽器」中，切換至「視圖」(全部) -「樓板平面圖」，點擊「敷地」兩下，在「敷地」平面圖，在「量體與敷地」頁籤，選擇「為敷地建立模型」-「敷地元件」 或「停車場元件」 ，繪製所需模型。

2 點擊「敷地元件」 後，切換到「修改 | 敷地元件」頁籤，選擇「載入族群」 工具，選擇「M_RPC 樹 - 針葉樹 .rfa」。(樣板檔案位置在 C:\ProgramData\Autodesk\RVT 2024\Libraries\Traditional Chinese_INTL\ 植栽)，如圖 10-9。

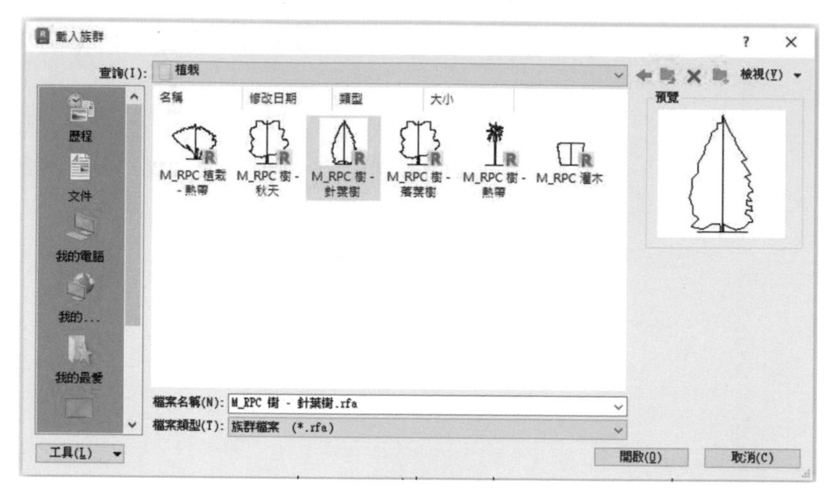

圖 10-9

3 讀者可在「性質」對話框，選擇所要的樹種，放置敷地元件 - 針葉樹，完成後，切換到 3D 視圖，可看見樹木配置狀況，如圖 10-10 及圖 10-11。

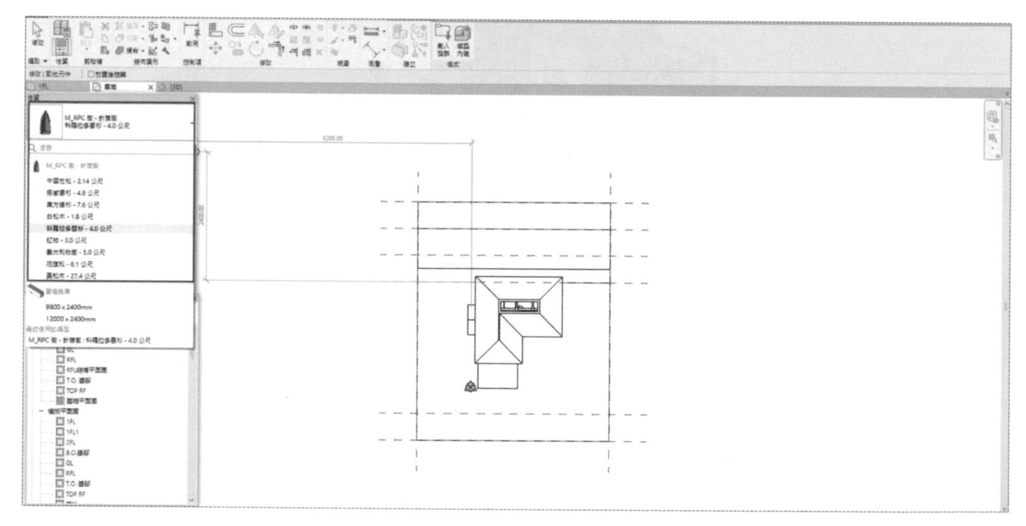

圖 10-10

圖 10-11

10.1.3 擋土牆

1. 在「專案瀏覽器」中，切換至「視圖」(全部) -「樓板平面圖」，切換到「敷地」，如圖 10-12。

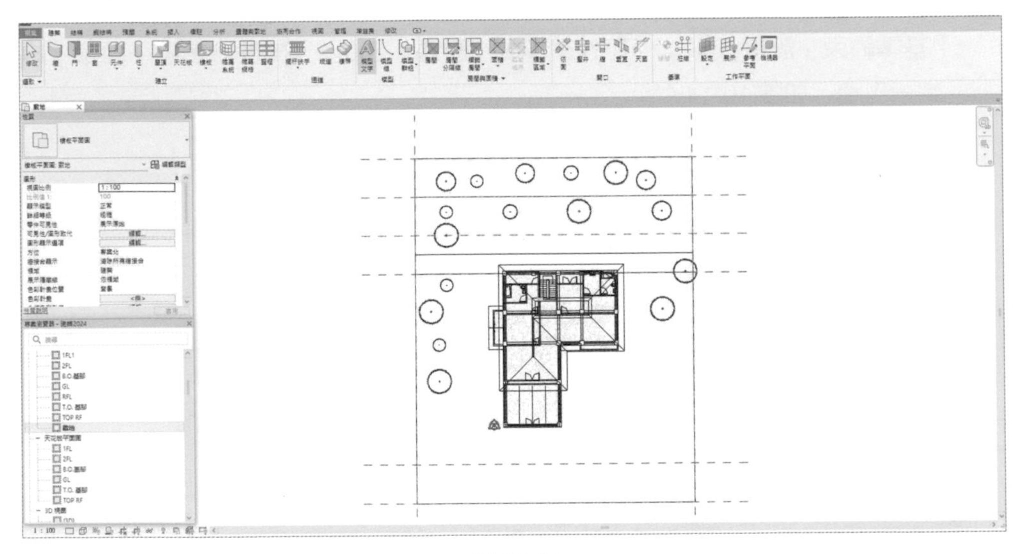

圖 10-12

2 在「結構」頁籤中，點選「樓板」-「結構」，❶ 切換至「修改 | 建立樓板邊界」，選擇樓板為「通用 300mm」，❷「樓層」設定為「GL」，❸ 用繪圖工具繪製籌版邊界，❹ 依據圖 10-13 位置，繪製樓板，完成勾選 ✔，如圖 10-13。

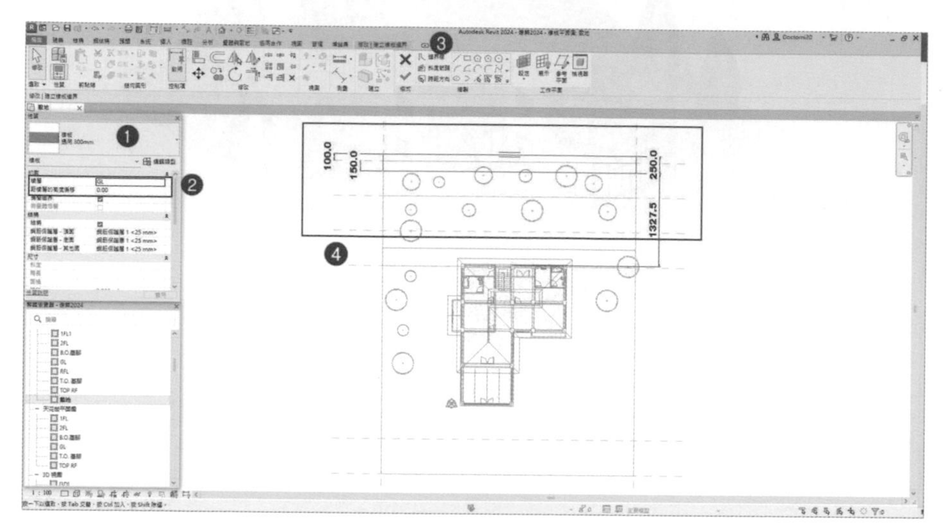

圖 10-13

3 ❶ 在「結構」頁籤中，點選「牆」-「牆：結構」，❷ 在「性質」對話框，於「基準約束」設為「GL」，「不連續高度」設為「200」，❸ 於沿參考平面線，繪製一到牆，如圖 10-14。

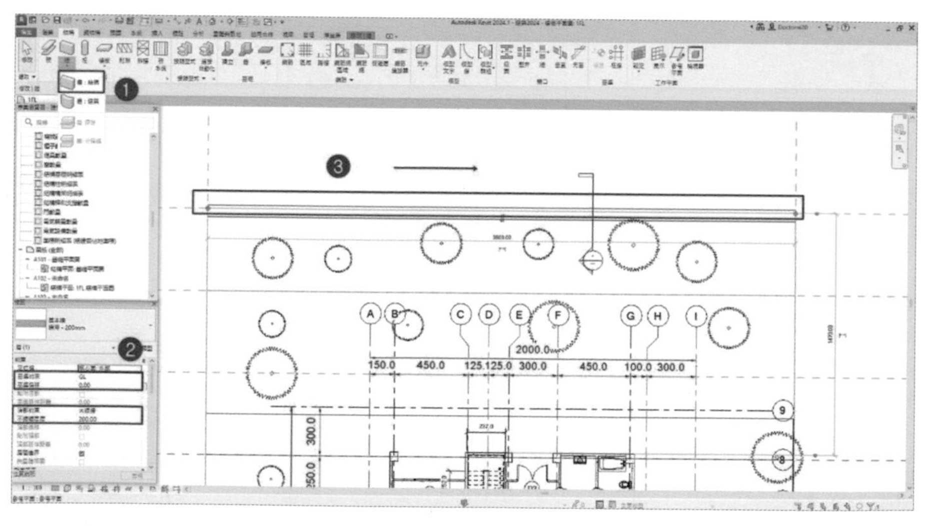

圖 10-14

4 ❶ 在「敷地」視圖中，繪製剖面符號，❷ 快速點選剖面符號，開啟「剖面1」視圖，❸ 在「視圖」頁籤，點選「並排視圖」，❹ 完成視圖並排，如圖10-15。

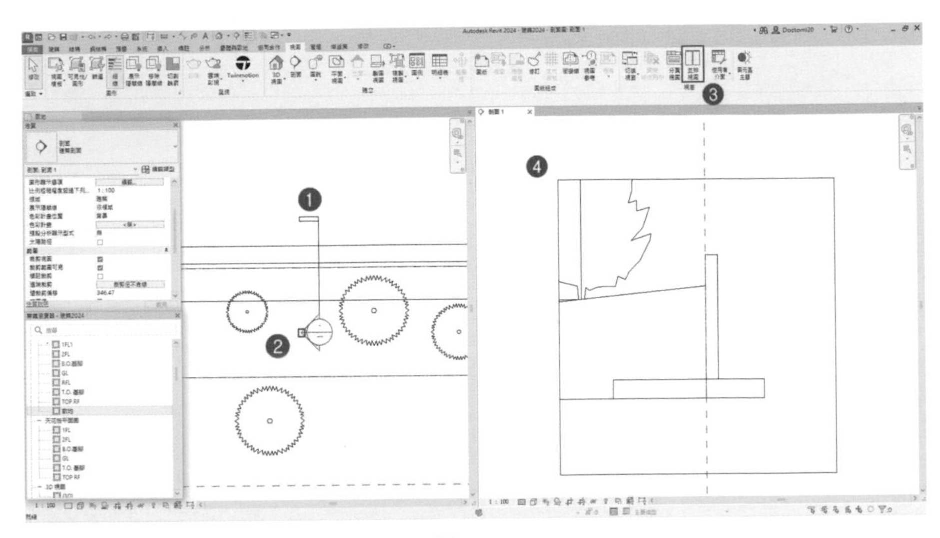

圖 10-15

5 ❶ 點選牆，❷ 在「性質」對話框中，點選「編輯類型」，❸ 開啟「類型性質」對話框，❹ 點選「結構」-「編輯」，❺ 開啟「編輯組合」，於「變數」中，勾選「結構」變數，❻ 完成後，按「確定」完成設定，如圖 10-16。

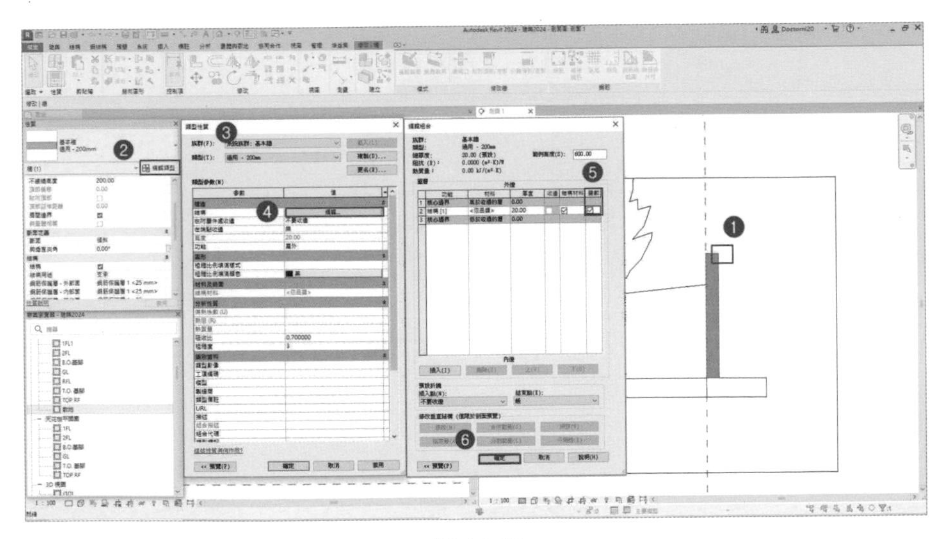

圖 10-16

6 ❶ 在「性質」對話框中，❷ 於「斷面定義」,「斷面」選擇「錐體」，勾選「啟用角度取代」，外角設為「0」，內角設為「15」，(內、外角設定，依據牆建立之方向決定)，❸ 完成擋土牆之模型，如圖 10-17。

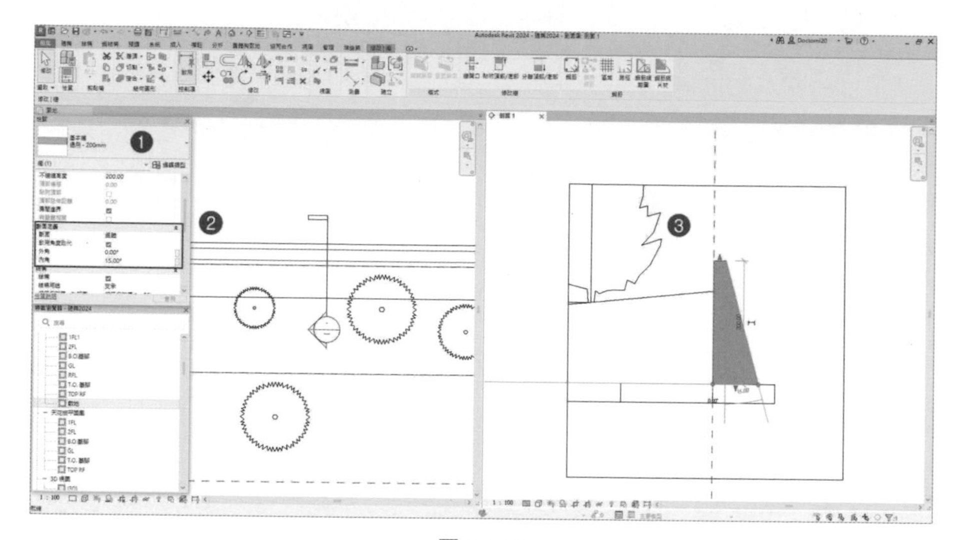

圖 10-17

CHAPTER

11

太陽設定、彩現與穿越

◆ 請讀者打開「範例檔案之第 11 章 \RVT\ 建築 2024.rvt」

11.1 專案方向設定

11.1.1 專案方向設定為正北

1. 在「專案瀏覽器」-「建築平面」- 點選「敷地」，視圖切換到敷地平面視圖，在「性質瀏覽器」對話框，在「方位」選項列中，選擇「正北」，如圖 11-1，確認後按「套用」。

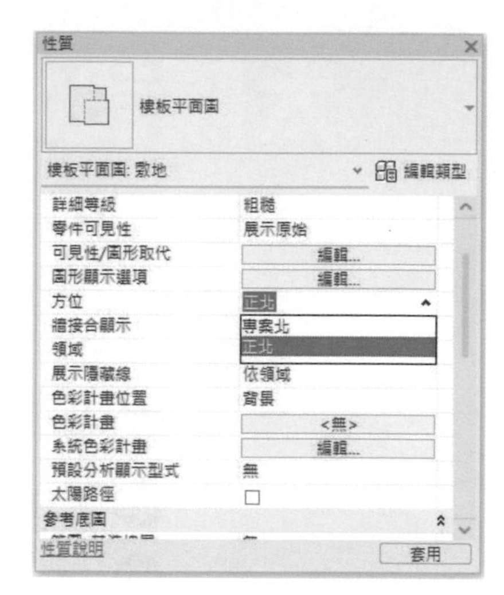

圖 11-1

2. 在功能區「管理」頁籤下，「專案位置」- 點選「旋轉正北」，如圖 11-2，視圖會出現 ❶ 選項列中，可直接設定角度、方位、位置及設定「逆時針旋轉角度」；❷ 或用旋轉中心點和旋轉控制點，來設定圖元旋轉角度，如圖 11-3。

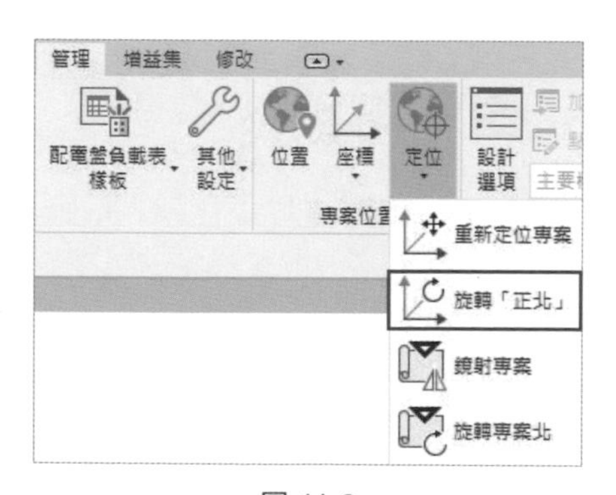

圖 11-2

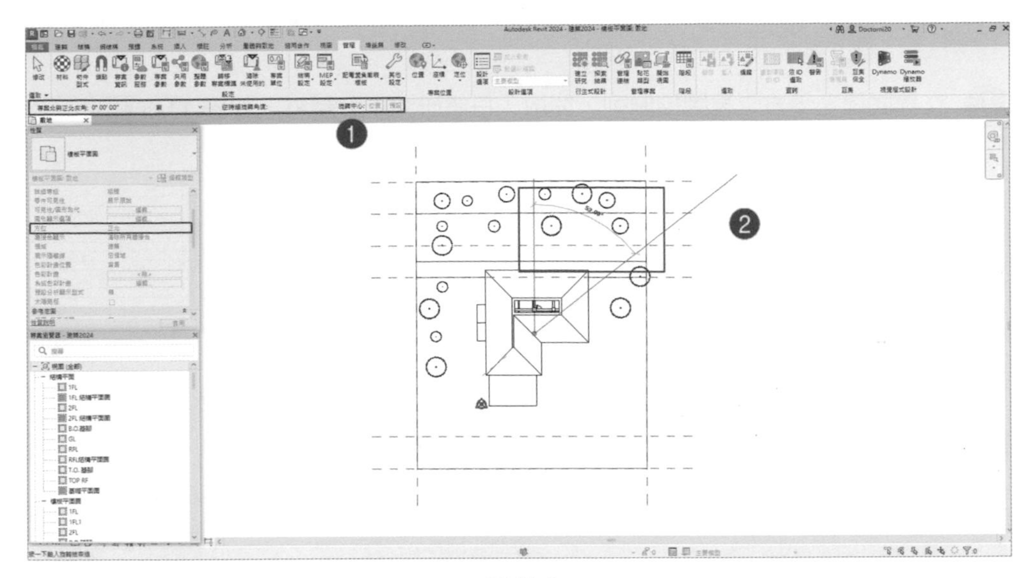

圖 11-3

3 移動滑鼠游標至旋轉中心水平方向任意位置，點選一點作為旋轉起始點，以順時針方向移動游標，則會出現臨時角度尺寸標註；在功能區選項列之「逆時針旋轉角度」欄位，直接輸入「-15」，視圖就會順時針旋轉 15 度，如圖 11-4。

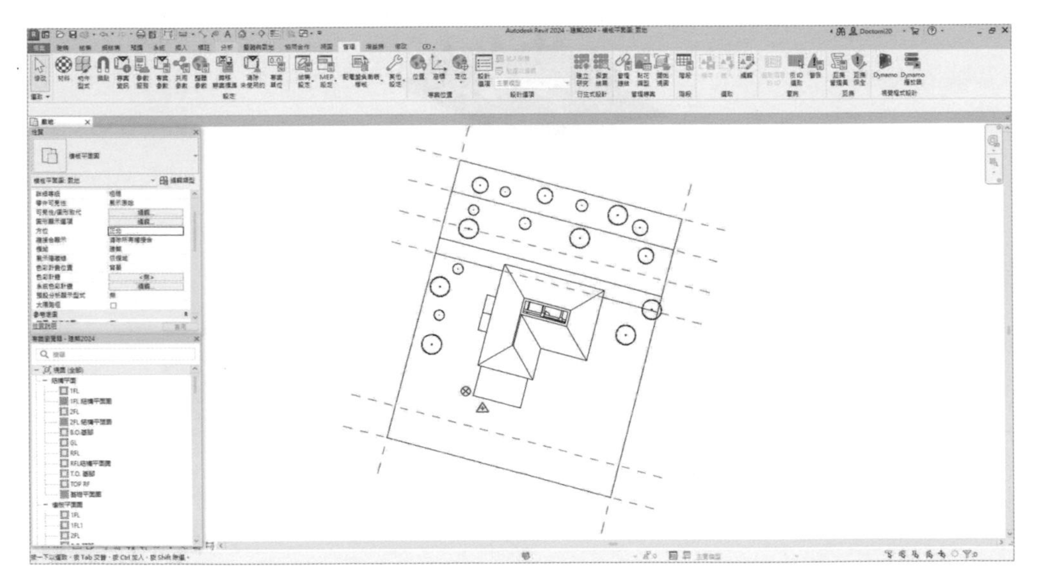

圖 11-4

11.1.2 太陽設定

1 在繪圖區左下方之視圖控制列，開啟「日照研究」對話框，如圖 11-5。

圖 11-5

2 ❶ 開啟「日照研究」功能列，❷，點選「關閉太陽路徑」，❸ 點選「太陽設定」，圖 11-6。

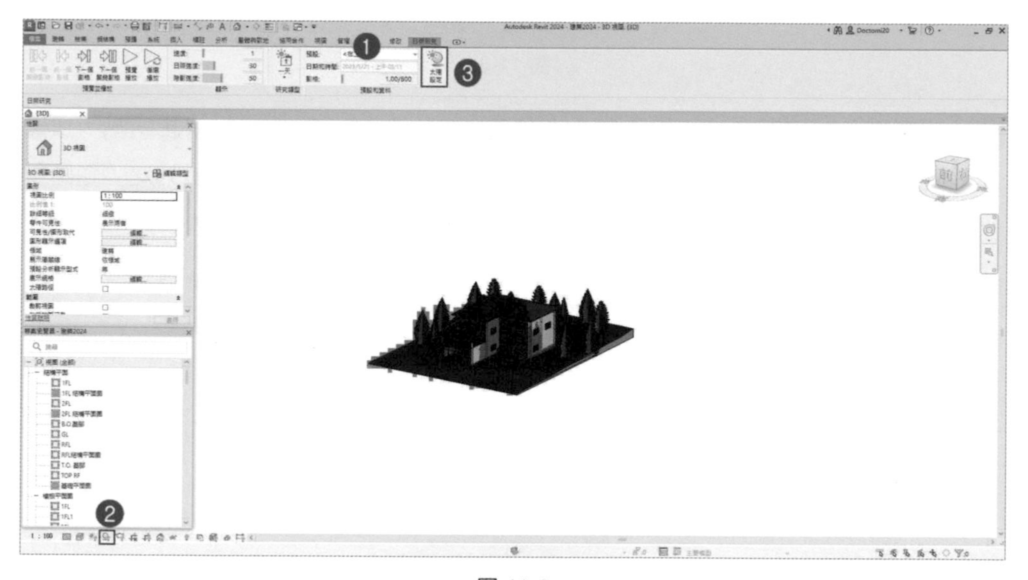

圖 11-6

3 ❶ 開啟「太陽設定」對話框，❷，點選「日照研究」-「一天」，❸ 設定專案位置，❹ 設定日期，❺ 勾選「日出到日落」，❻「間格時間」設定為「1 分鐘」，❼ 勾選「地平面標高」為「GL」，❽ 完成後，按「確定」，如圖 11-7。

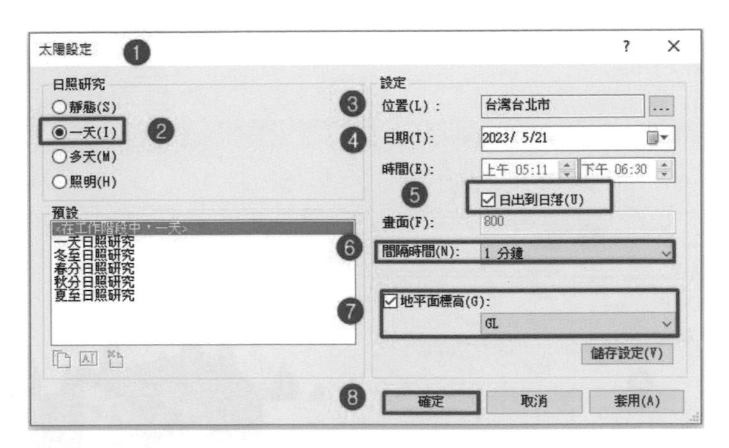

圖 11-7

4 ❶ 將「速度」設為「1」，「日照強度」設為「30」，「陰影強度」設為「50」，❷ 在「預覽並播放」點選「預覽播放」，就可以看到日照陰影影片，如圖 11-8，完成後，要將檔案存檔。

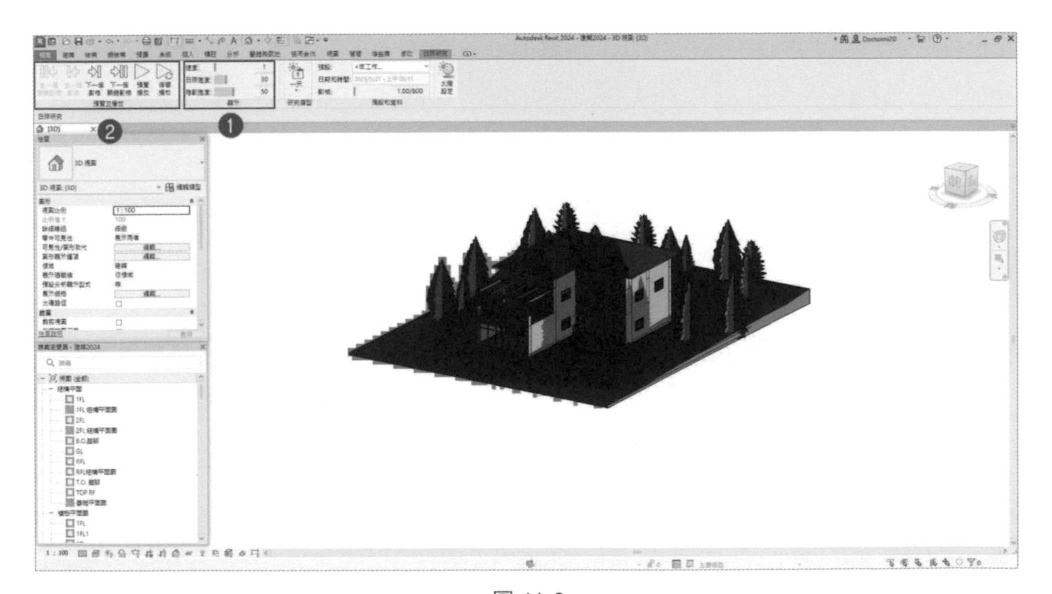

圖 11-8

5 在步驟 4，將專案檔案存檔後，可將日照陰影影片匯出，❶ 在「檔案」頁籤，❷ 選擇「匯出」-「影像與動畫」，選擇「日照研究」，❸ 開啟「長度 / 格式」，選擇「確定」，❹ 開啟「匯出動畫的日照研究」，選擇「*.avi」格式，並按「儲存」，❺ 選擇壓縮格式為「全壓縮（未壓縮）」，按「確定」，即將影片檔案儲存，如圖 11-9。

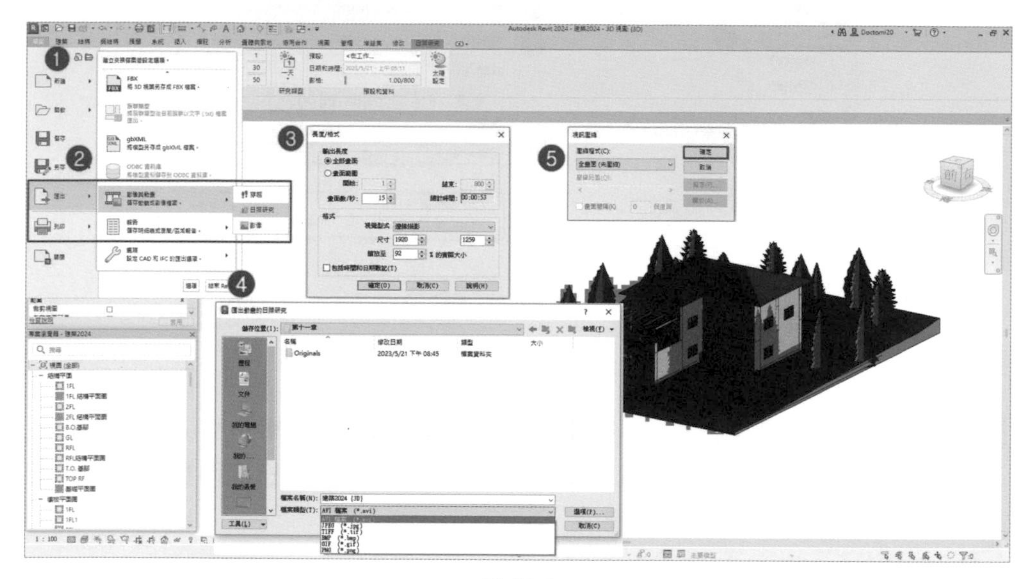

圖 11-9

11.2 元件材料設定

11.2.1 新建材料

1 點選功能區「管理」頁籤下，「管理」-「材料」材料 指令，開啟「材料瀏覽器」對話框，如圖 11-10，❶ 在左側下方目錄，點選「磚石」檔案夾，選擇右側「磚，一般，紅色」，❷ 點擊兩次，❸ 將材料載入上方「專案材料」-「名稱」內。

圖 11-10

2 在「材料瀏覽器」對話框之「專案材料」-「名稱」內，點選材料「磚，一般，紅色」，按右鍵開啟選項列，選擇「更名」，如圖 11-11。

圖 11-11

3 材料「磚，一般，紅色」，選擇「更名」；名稱改為「外牆飾面 - 磚」；在「圖形」頁籤下，選擇「描影」欄位，連續點擊「顏色」選項欄；開啟「顏色」對話框，選擇所需顏色，如圖 11-12。

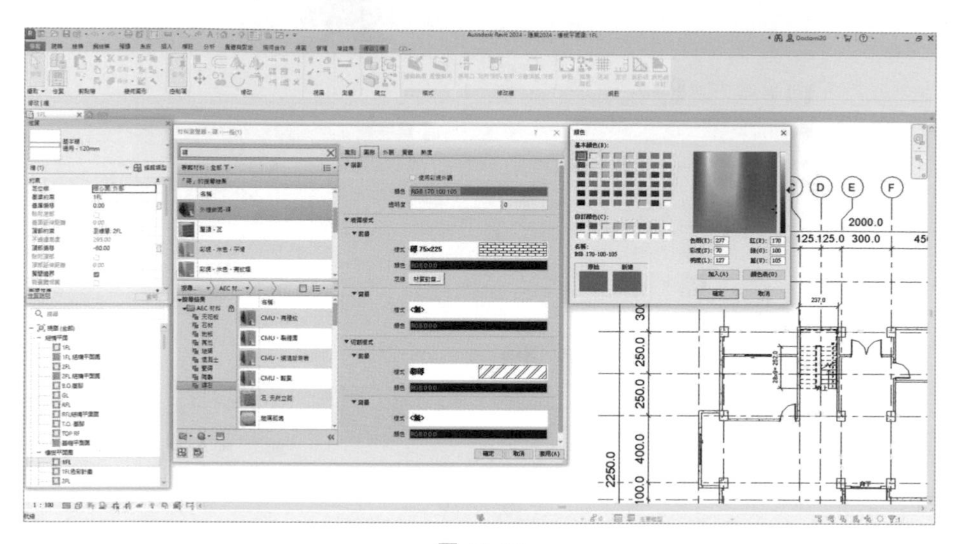

圖 11-12

4 在「圖形」頁籤下，選擇「表面樣式」欄位，連續點擊「前景」-「樣式」選項欄。開啟「填滿樣式」對話框；「樣式類型」設定為「模型」；選擇「磚牆 225×450」樣式後，按「確定」，如圖 11-13。

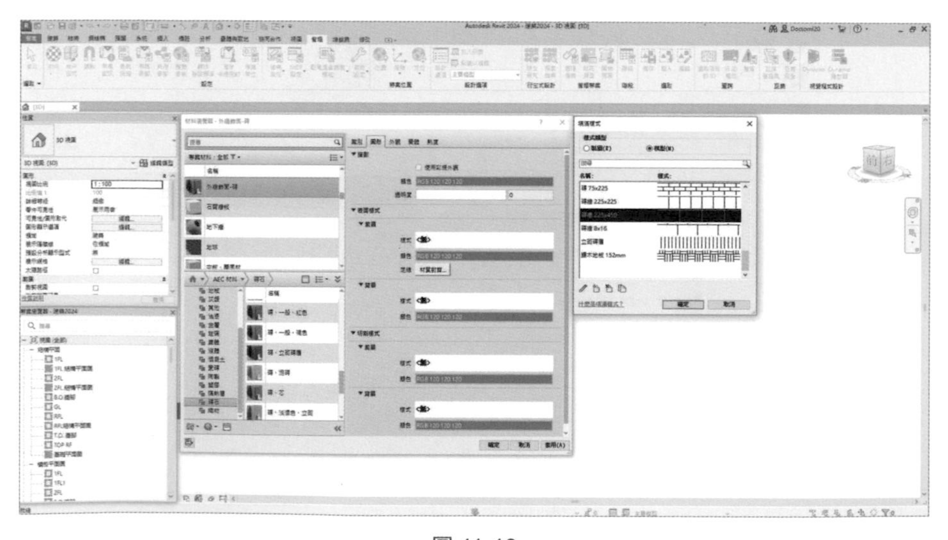

圖 11-13

5 在「材料瀏覽器」對話框「圖形」頁籤下，勾選「使用彩現外觀」，如圖 11-14。

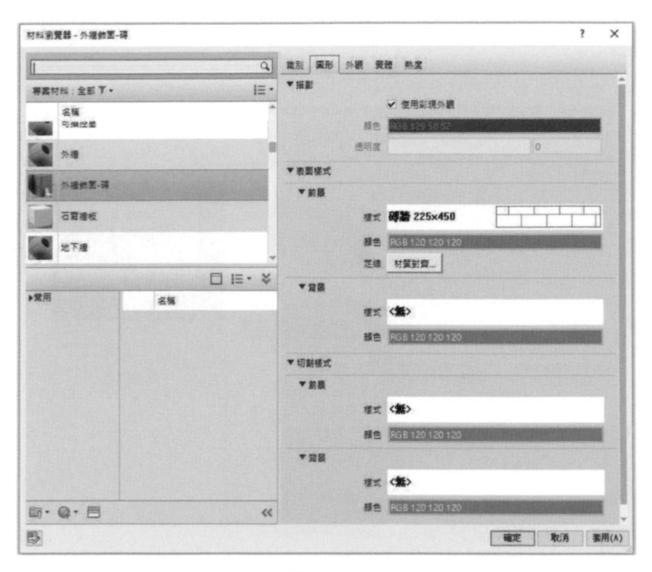

圖 11-14

6 ❶「材料瀏覽器」對話框「外觀」頁籤下，❷ 在「磚石」之「影像」下，連續點擊「影像」欄，❸ 開啟「材質編輯器」，❹ 在「材質編輯器」下，連續點擊「來源」，❺ 開啟「選取檔案」對話框，選取「Masonry.Unit Masonry.CMU.RetainingWall1.bump.png」，如圖 11-15。

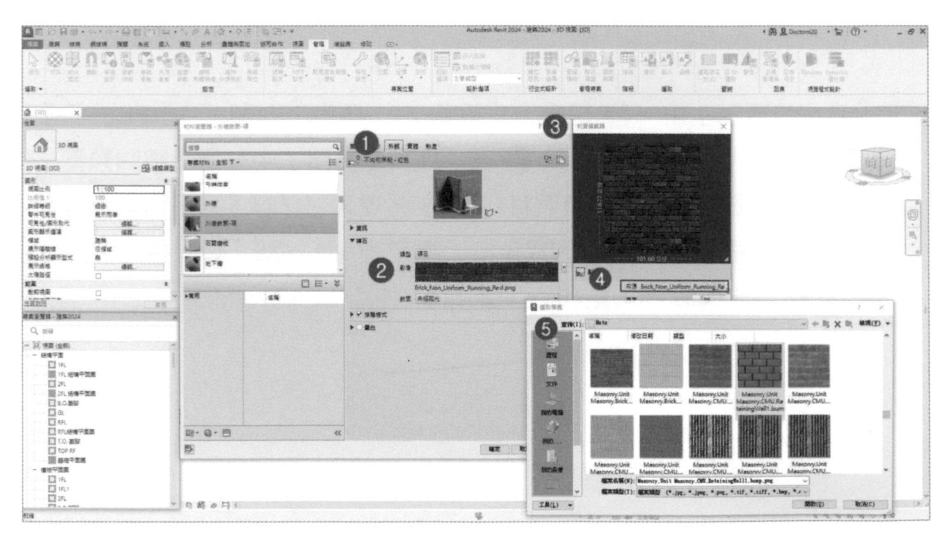

圖 11-15

7 在「材料」對話框點選「確定」，完成「外牆飾面 - 磚」的建立並儲存檔案，如圖 11-16。

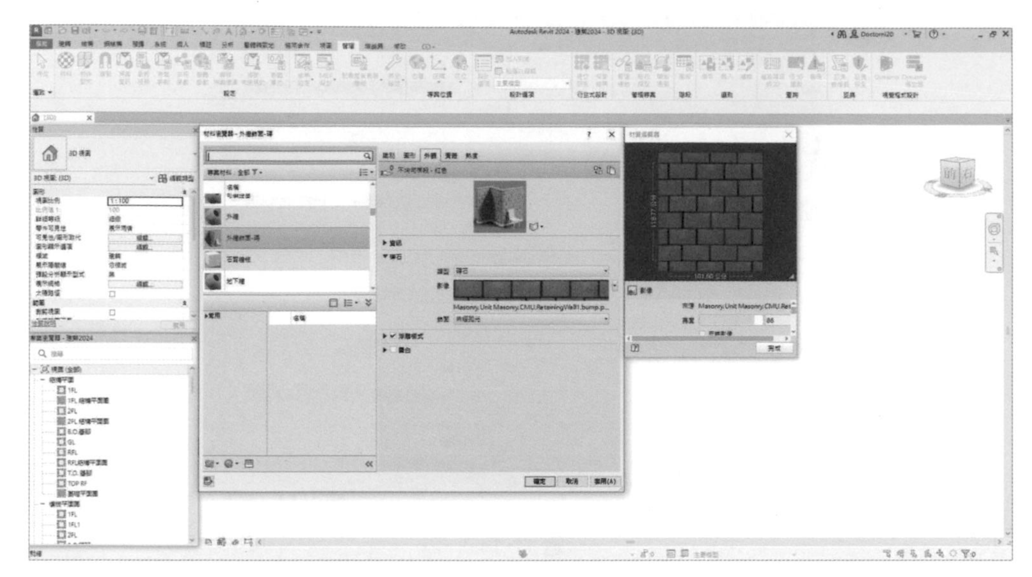

圖 11-16

11.3 設定牆面材料

11.3.1 設定牆面材質

1 在「專案瀏覽器」中，❶ 切換至「視圖」-「樓板平面圖」-「1FL」平面圖，❷ 點選平面視圖，選擇牆圖元 ❸ 在「性質瀏覽器」中點選「編輯類型」，❹ 開啟「類型性質」對話框，複製材料，❺ 將複製之材料「通用 -150mm2」，更名為「外牆飾面 -195mm」，完成後按「確定」，❻ 點擊「類型性質」對話框中「類型參數」-「構造」-「結構」-「編輯」，如圖 11-17。

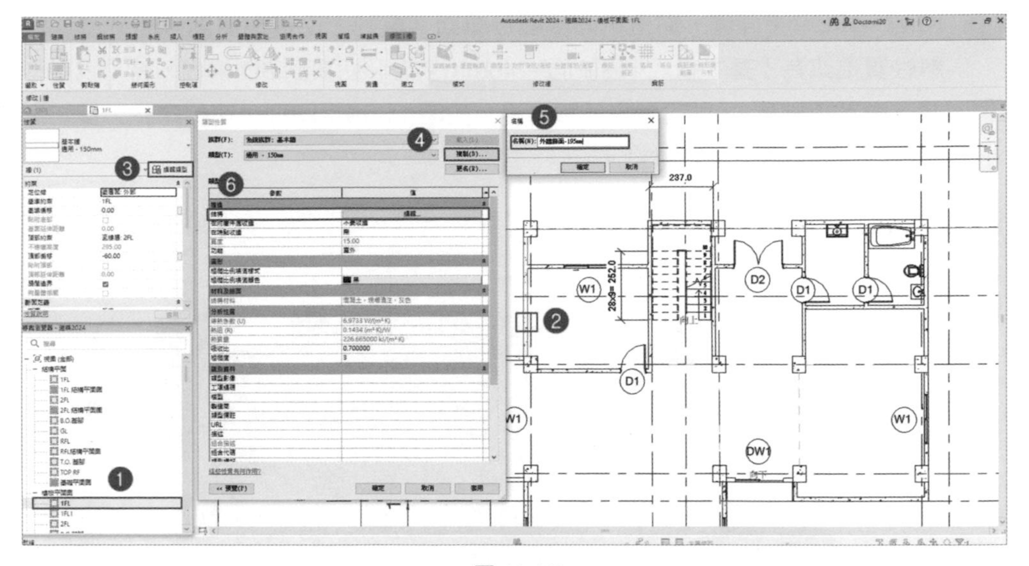

圖 11-17

2 點擊「編輯」，開啟「編輯組合」對話框，❶ 先設定「範例高度」為「350」，❷ 依次設定「外牆飾面 -195mm」各層材料之材質、厚度、順序，❸「插入點」設定為「兩者皆是」，❹「結束點」設定為「室外」，完成後按「確定」，❺ 點選「預覽」，❻ 可看見牆的形式，如圖 11-18。

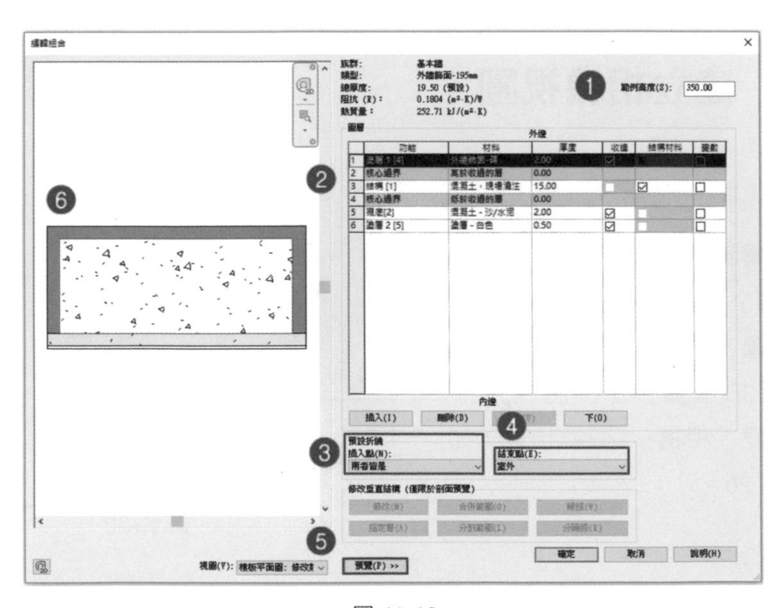

圖 11-18

3. 回到「1FL」平面圖，點選平面視圖各牆面，再到「性質瀏覽器」將外牆之材料性質更改為「基本牆 - 外牆飾面 -240mm」後，切換到 3D 視圖，將「視覺型式」改為「擬真」，就可看見外牆情況，如圖 11-19；同理，可設定柱、樑、窗戶、門、帷幕牆外框之材料。

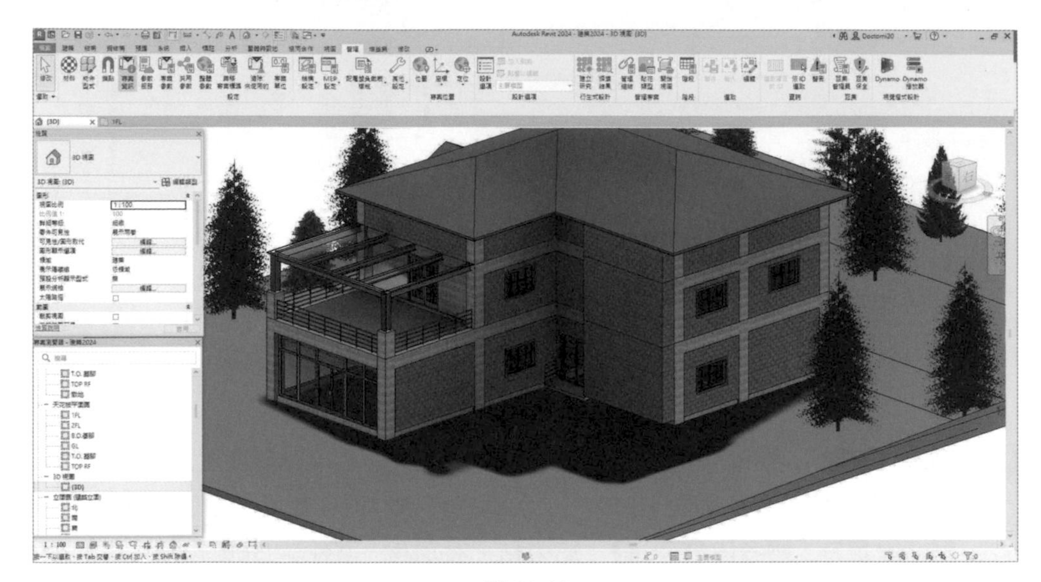

圖 11-19

11.4 建立相機視圖

11.4.1 建立水平相機

1. 在「專案瀏覽器」中，切換至「視圖」-「樓板平面圖」-「1FL」平面圖，點選功能區「視圖」頁籤，「3D 視圖」按下拉式功能，可看見「相機」 相機 功能，如圖 11-20。

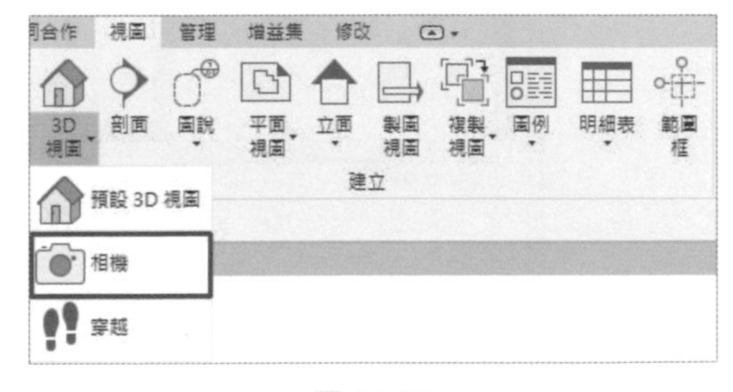

圖 11-20

2 在「1FL」平面圖，在南向位置設置相機符號，如圖 11-21。

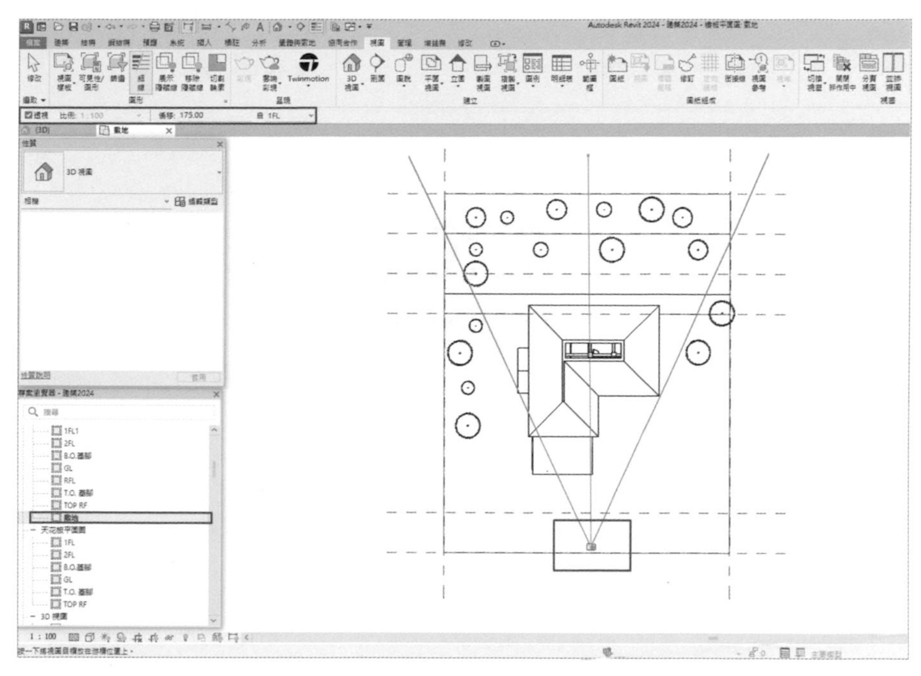

圖 11-21

3 完成設置相機符號，視圖切換到 3D 視圖，可拖曳四周邊框之圓點，調整視圖範圍，如圖 11-22。

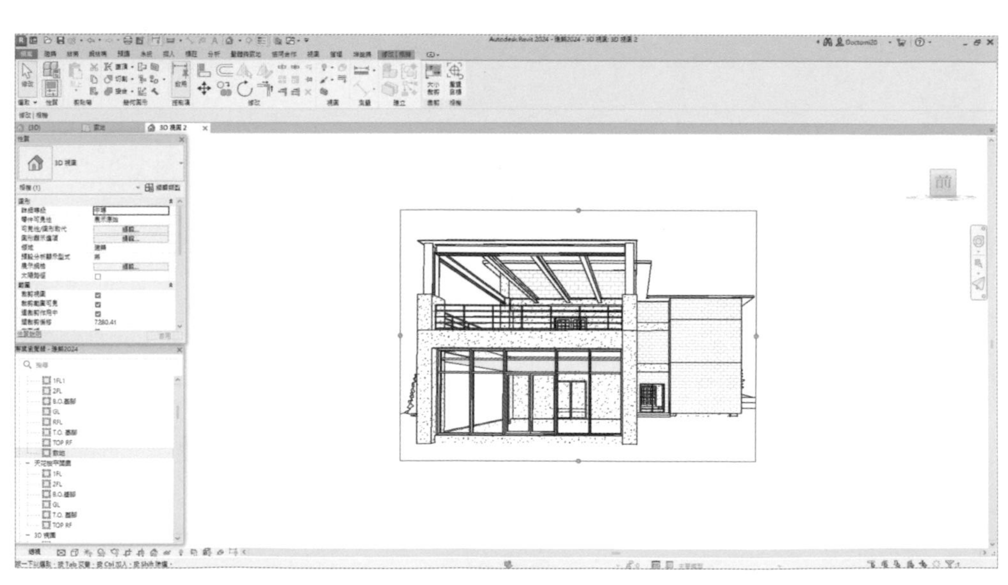

圖 11-22

4 將視圖顯示設定為「擬真」，詳細等級為「細緻」，視圖顯示如圖 11-23。

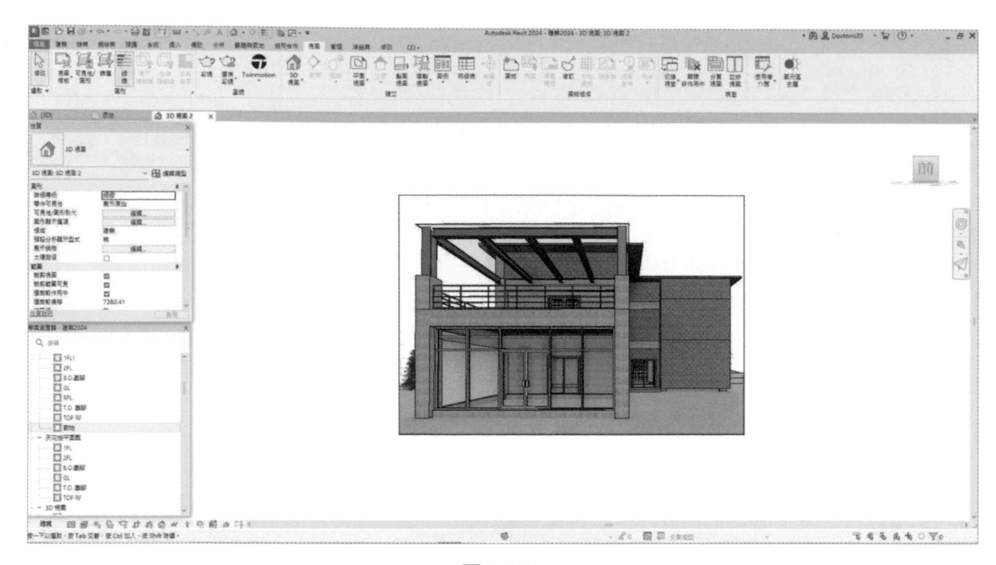

圖 11-23

11.4.2 建立鳥瞰圖

1 ❶「1FL」平面圖，點選功能區「視圖」頁籤，「3D 視圖」-「相機」功能，❷ 將相機放置於圖面右下角，將視角往左上方放置，如圖 11-24。

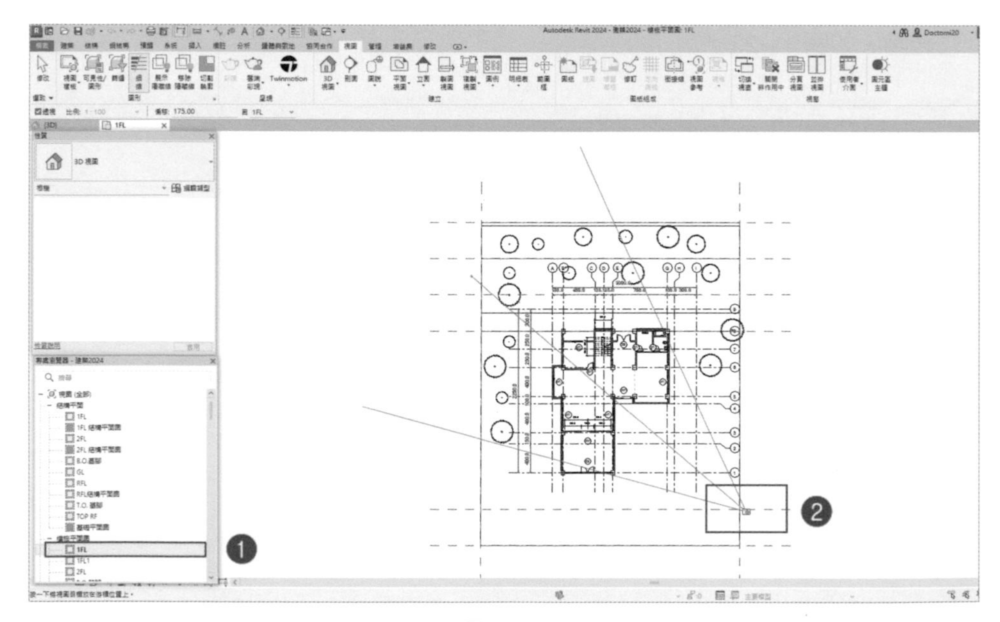

圖 11-24

2 完成步驟 1 後，切換到 3D 視圖，如圖 11-25。

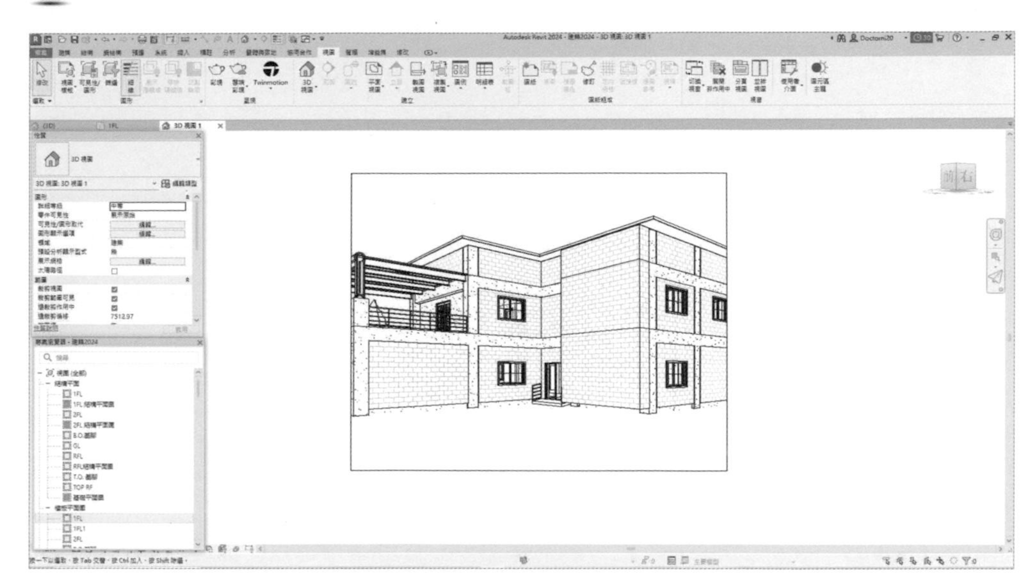

圖 11-25

3 將視圖切換到「立面圖」之「南」向立面圖後，會看到相機位置及視角方向、深度，如圖 11-26。

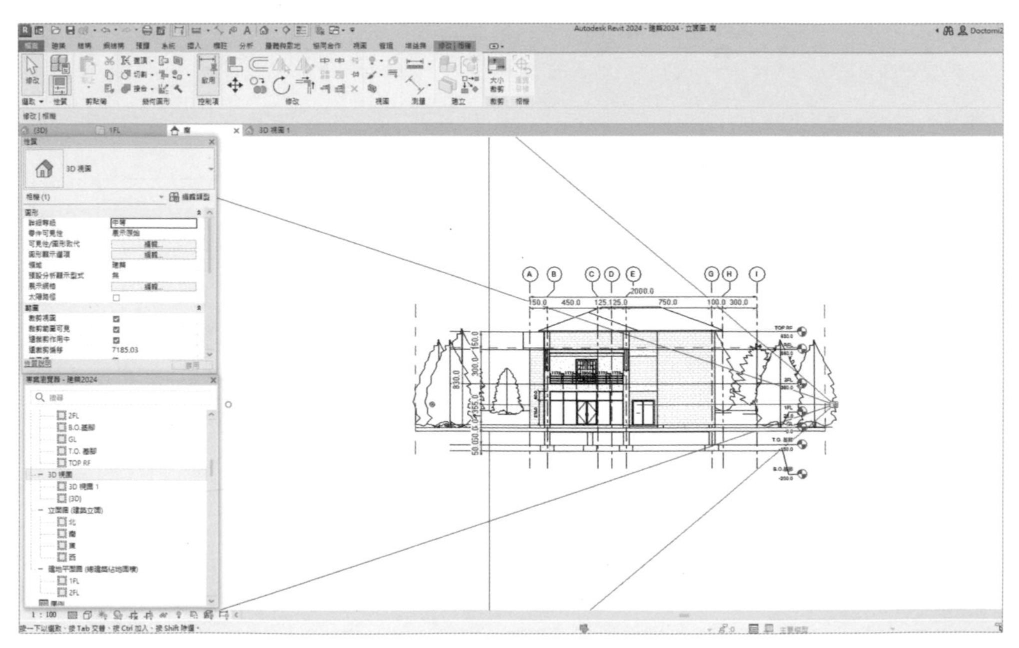

圖 11-26

4 將相機位置往上調整，移動視角方向、深度，如圖 11-27。

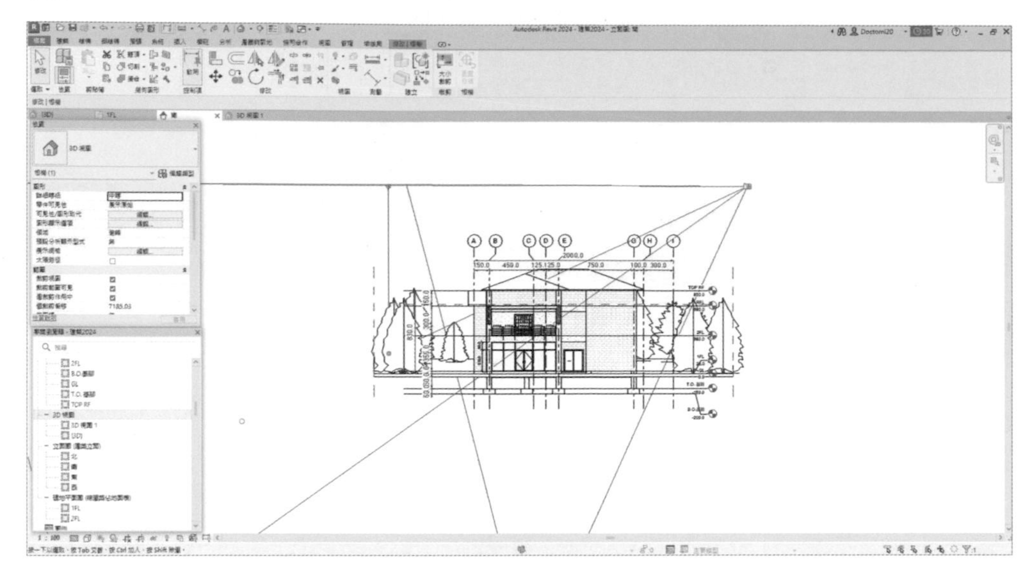

圖 11-27

5 完成步驟 4 後，會切換到 3D 鳥瞰視圖，如圖 11-28。將檔案儲存，在「專案瀏覽器」-「視圖」-「3D 視圖」，新增「3D 視圖 1」

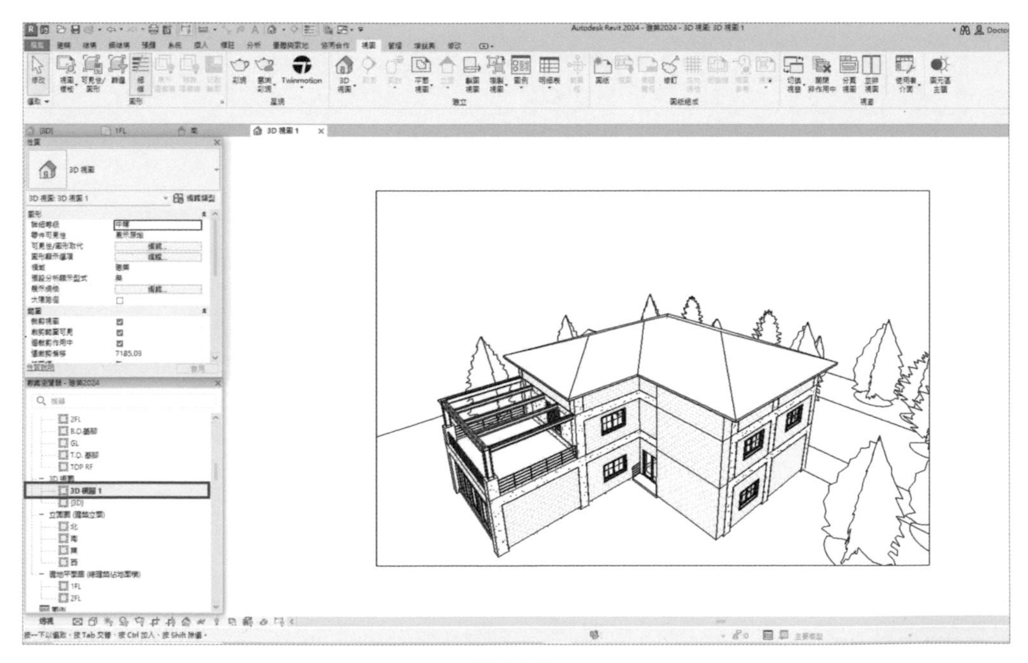

圖 11-28

11.5 彩現

11.5.1 室外場景彩現

1 完成第 11.4.2 節，將視圖切換到「3D 視圖 1」3D 圖，要使用彩現功能，❶ 可在功能區「視圖」頁籤下，「圖形」- 選擇「彩現」 彩現 功能；❷ 或在繪圖區左下方之視圖控制列，點選「展現彩現對話方塊」；❸ 開啟「彩現」對話框，如圖 11-29。

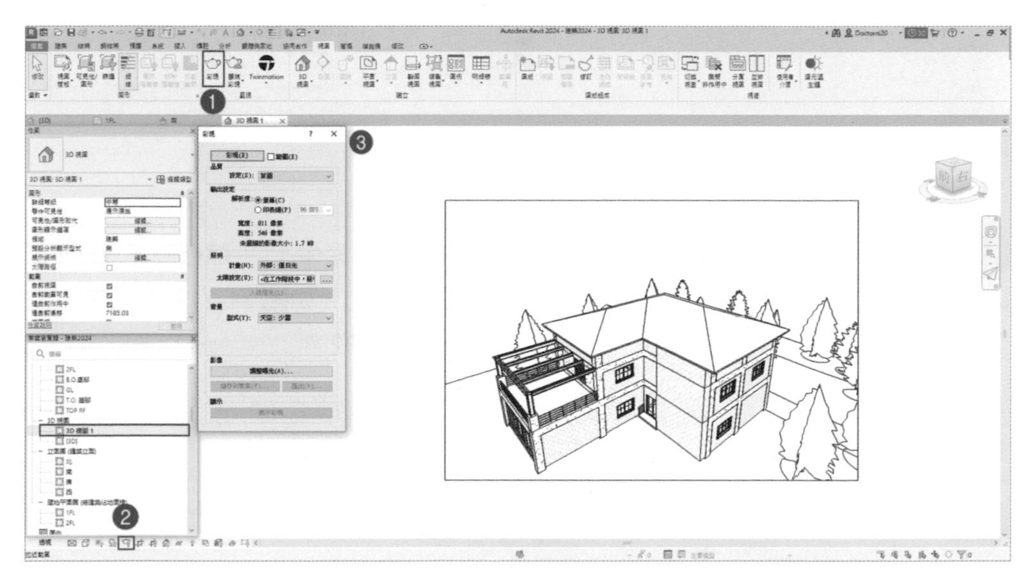

圖 11-29

2 開啟「彩現」對話框後，包含有下列須設定：❶「品質」內容，設定品質解析愈高，電腦運算時間愈久；❷「照明」內容，包含內部及外部光源，選擇日光或人造光；點擊「太陽設定」，會開啟「太陽設定」對話框，可如第 23.1.2 節設定所需日光時間；❸「背景」內容，包含所需背景，有內定的天空行式，也可由外插入影像檔，作為背景；❹「影像」內容，可調整曝光程度及儲存檔案，❺ 完成「彩現」設定，按「彩現」對話框之「彩現」 彩現(R) 按鈕，❻ Revit 就會開始進行運算，圖 11-30。

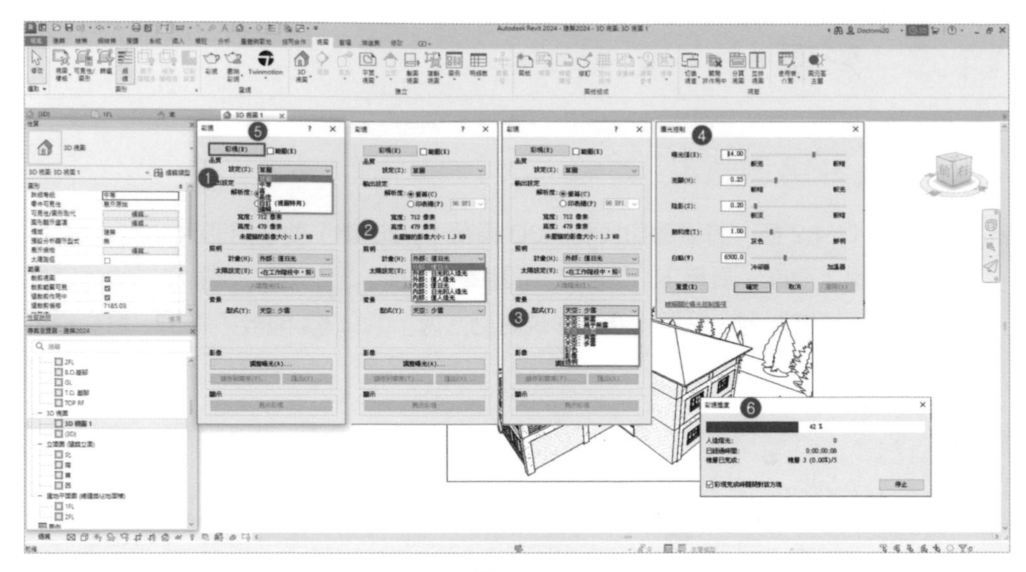

圖 11-30

3 完成「彩現」完成後，點擊「彩現」對話框，按「影像」-「儲存到專案」，會開啟「儲存到專案」對話框，填入名稱，按「確定」，如圖 11-31。完成後，在「專案瀏覽器」中，會增加「彩現」目錄，如圖 11-32。

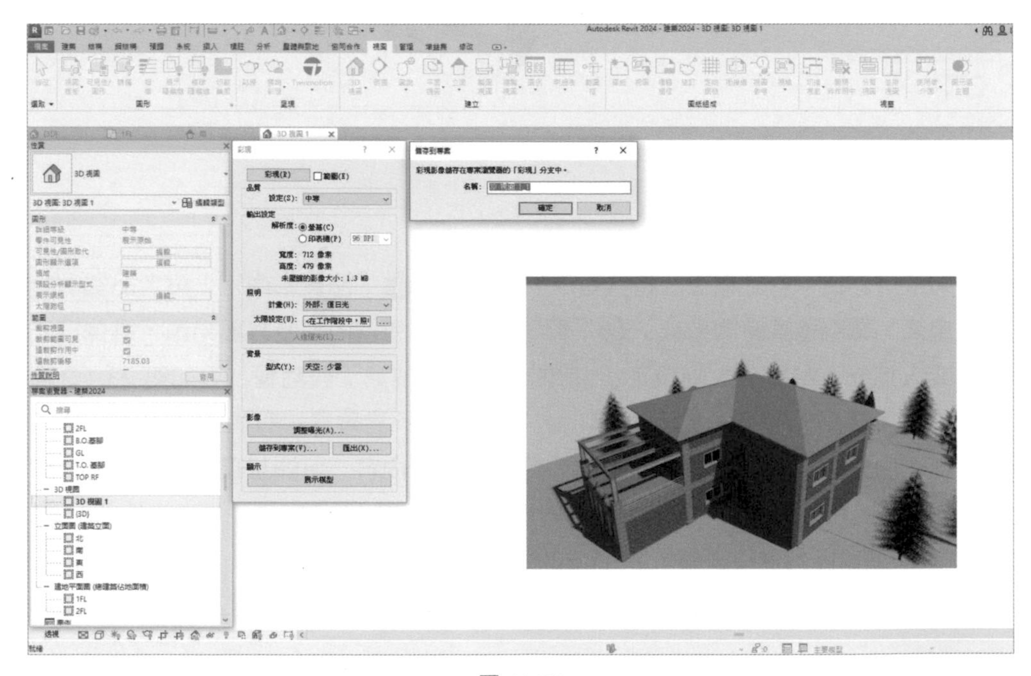

圖 11-31

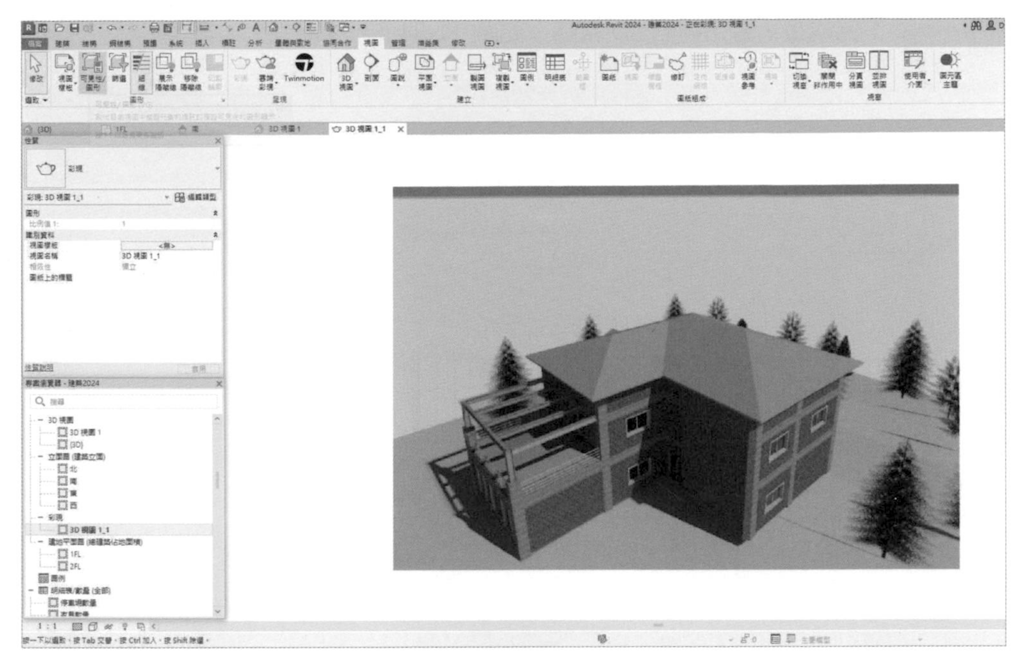

圖 11-32

11.5.2 室內場景彩現

1 在「專案瀏覽器」中，切換至「視圖」-「樓板平面圖」-「1FL」平面圖，點選功能區「視圖」頁籤，以「相機」在室內新增視圖，如圖 11-33。

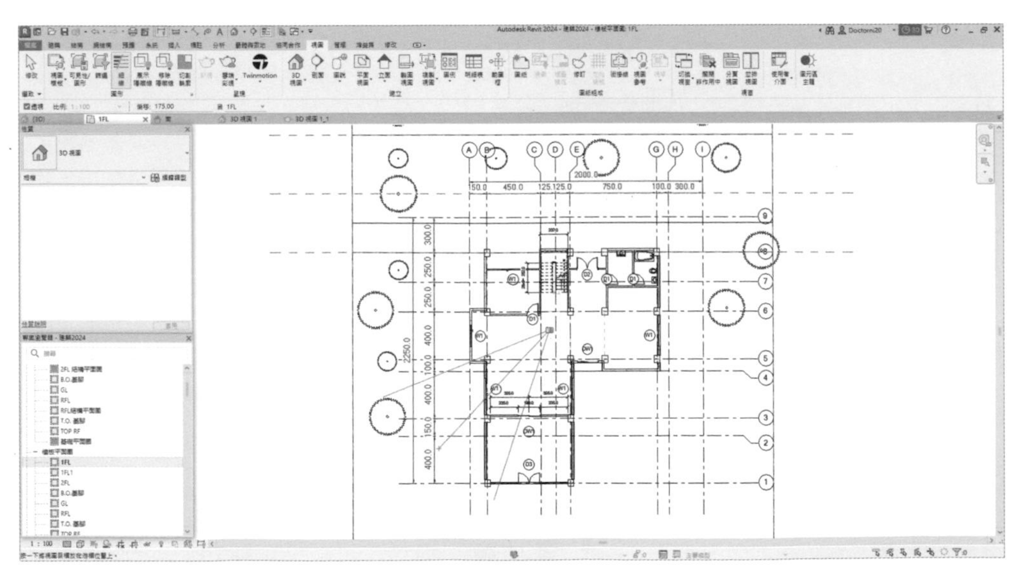

圖 11-33

2 步驟 1 完成後，會切換到 3D 視圖，如圖 11-34。

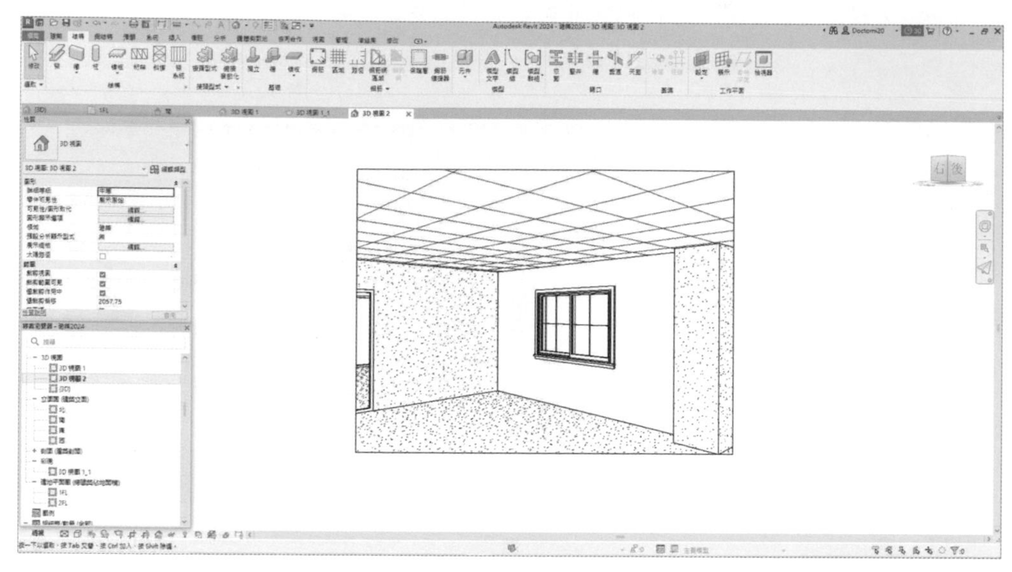

圖 11-34

3 ❶ 在功能區「視圖」頁籤下，「圖形」- 選擇「彩現」 功能；❷ 開啟「彩現」對話框，❸ 在「品質」內容，選擇「編輯」，❹ 開啟「彩現品質設定」對話框，選擇「自訂（視圖特有）」，如圖 11-35。

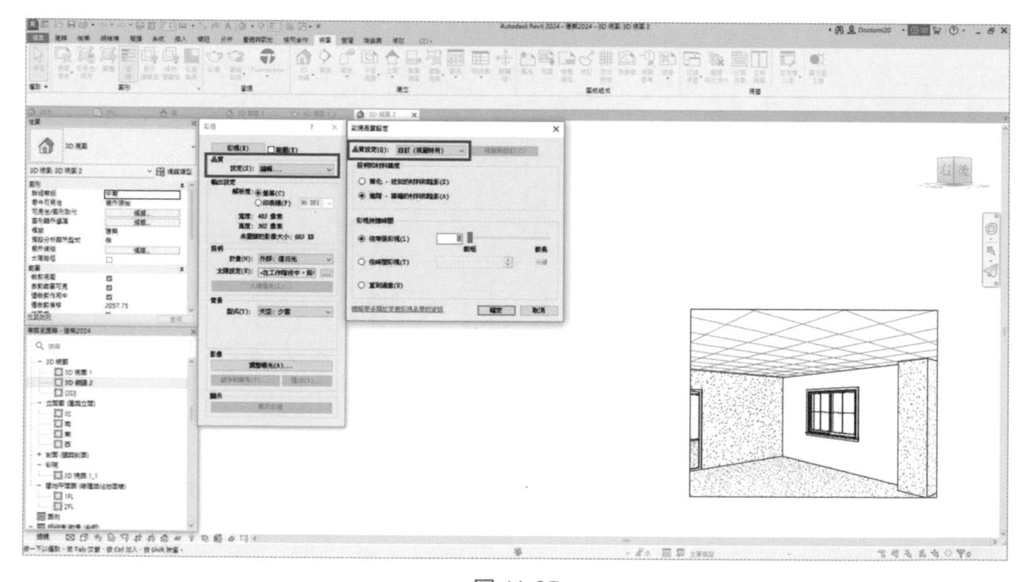

圖 11-35

4 回到「彩現」對話框中，在「照明」選擇「內部：日光和人造光」;「背景」選擇「天空：少雲」，完成後按「確定」，如圖 11-36。

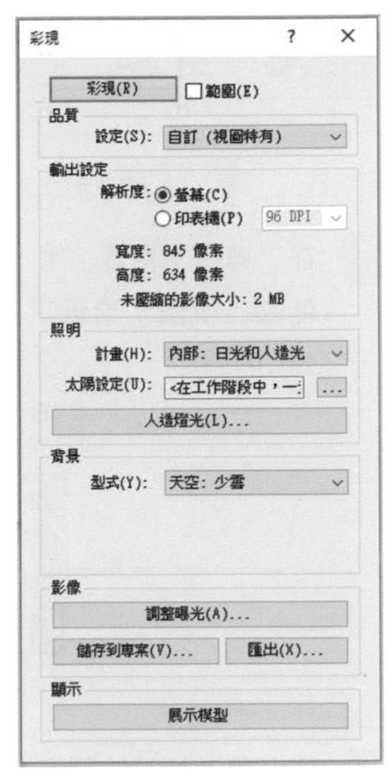

圖 11-36

5 完成步驟 4，按「彩現」 彩現(R) 按鈕，會出現如圖 11-37 之視圖，然後按「儲存到專案」。

圖 11-37

11.6 穿越

11.6.1 建立穿越

1. 在「專案瀏覽器」中，切換至「視圖」-「樓板平面圖」-「1FL」平面圖，在功能區「視圖」頁籤下，選擇「建立」-「3D 視圖」-「穿越」 功能，如圖 11-38。

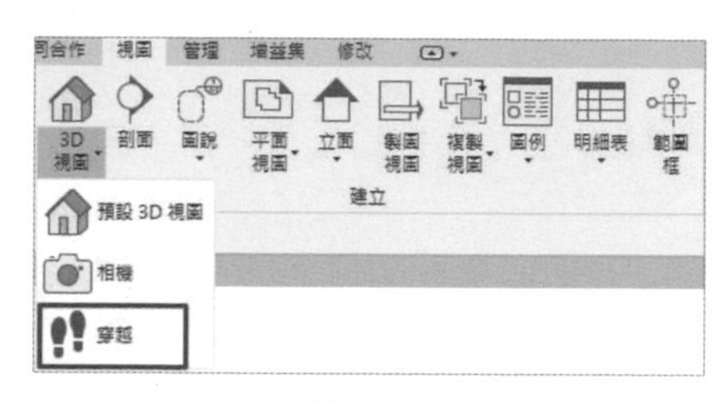

圖 11-38

2. 將滑鼠游標至繪圖區域，由 1FL 視圖南面開始，依圖 11-40 範圍繪製路徑，游標每點選一個點，即建立一個關鍵畫面，沿著別墅周邊逐一點擊放置關鍵畫面，路徑圍繞別墅一周後，用滑鼠點選「完成穿越」 或按「ESC」鍵，完成穿越路徑的繪製，如圖 11-39。

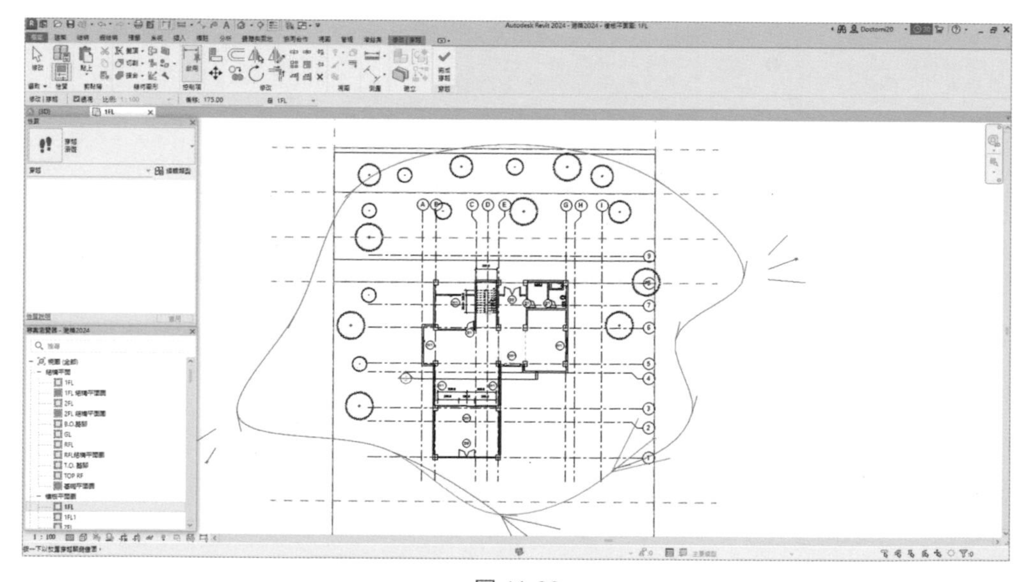

圖 11-39

3 在「專案瀏覽器」中，會增加「穿越（漫遊）」，點選「穿越 1」視圖，切換到「穿越 1」視圖，如圖 11-40。

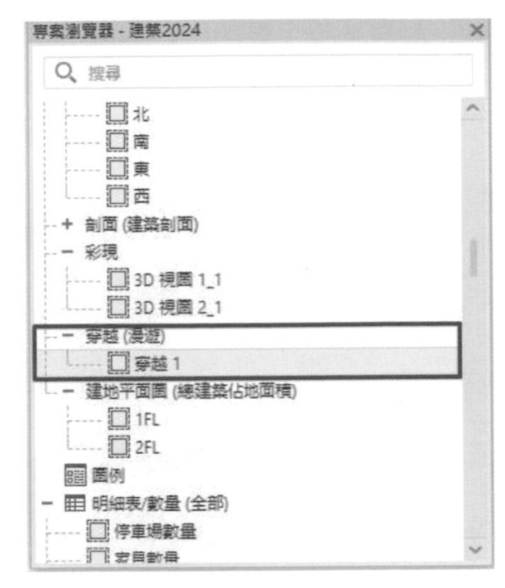

圖 11-40

4 開啟「穿越 1」、「1FL」平面視圖，點選功能表中在「視圖」頁籤，在「視窗」，點選「並排」，會同時顯示平面圖及穿越圖。

5 ❶ 點選穿越 1 視圖的視圖控制列的「圖形顯示選項」，將顯示模式改為「描影」平面視圖，❷ 點選功能表中在「視圖」頁籤，在「視窗」，點選「並排」，會同時顯示平面圖及穿越圖，❸ 點選「編輯穿越」，如圖 11-41。

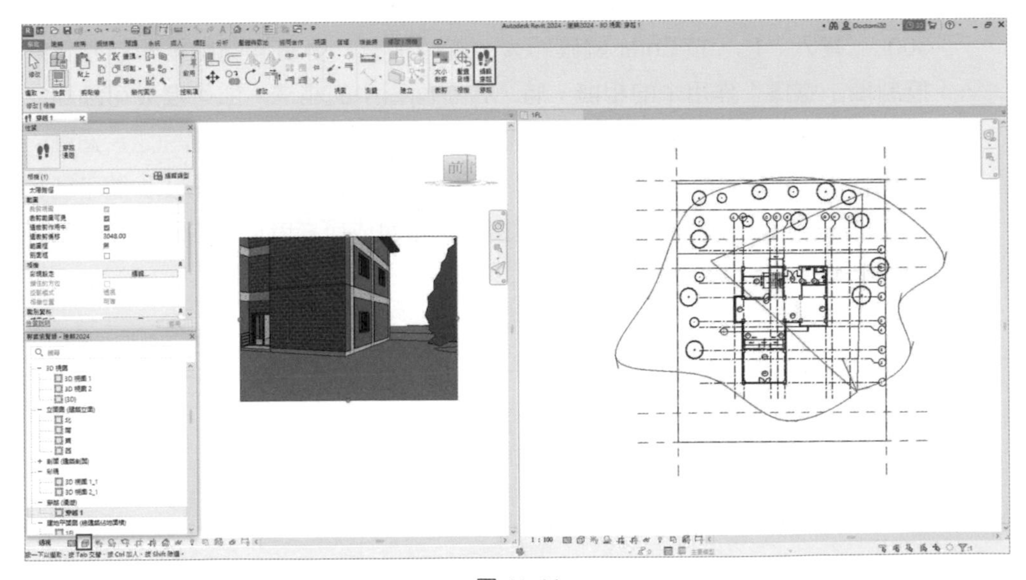

圖 11-41

6. 點選穿越 1 視圖的穿越路徑，❶ 會切換到「修改 | 相機」頁籤，點選「編輯穿越」，❷ 開啟「編輯穿越」功能區頁籤，可用編輯穿越功能選項，❸ 視圖中紅色圓圈為視點角度，點選紅色圓圈，可調整方向至面對建築物，如圖 11-42。

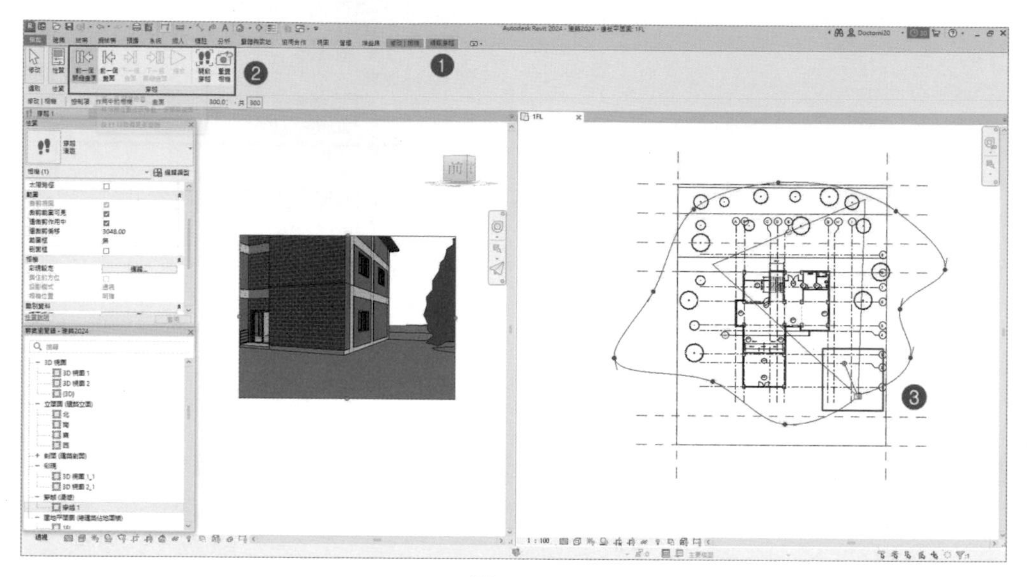

圖 11-42

7. 點選功能區「選項列」的「編輯穿越」指令，在 1FL 平面圖點選穿越路徑，開啟「編輯頁籤」功能，在選項列下「控制項」、「畫面」，內定畫面張數為「300」，輸入「1」，按 Enter 鍵確認後，就可從第一張畫面開始編輯穿越；當「控制項」選擇「作用中的相機」時，在平面圖中的相機，即可變成可編輯狀態，可用拖曳方式改變相機視點及方向，並可在 3D 視圖中，該畫面之合適點。而點選「控制項」-「作用中的相機」後面的向下箭頭，替換「路徑」即可編輯每一畫面的位置，在 1FL 視圖總關鍵畫面也會變成可拖曳位置的藍色控制點，如圖 11-43。

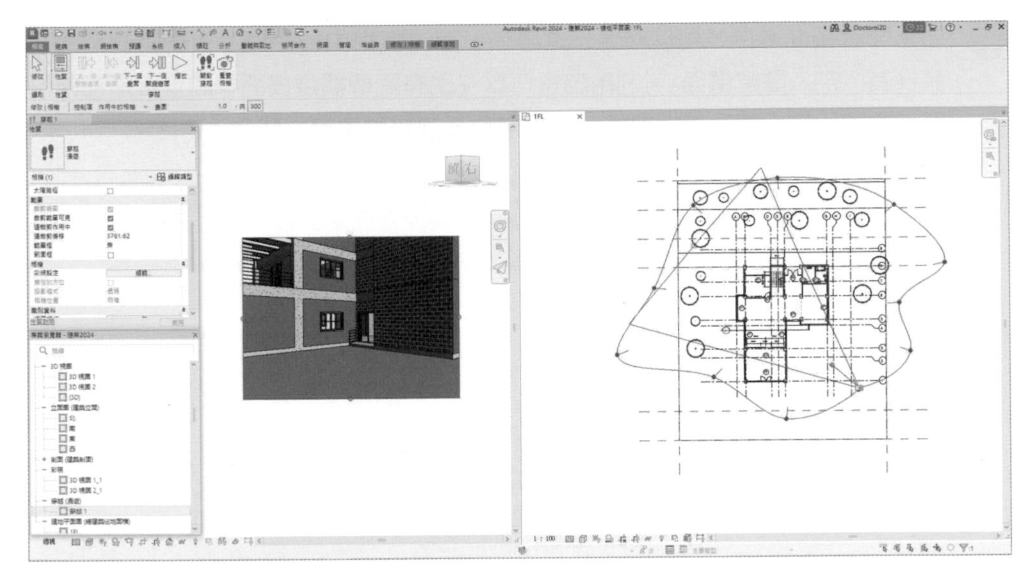

圖 11-43

8 當第一個關鍵畫面編輯完成後，點選「選項列」的「下一個關鍵畫面」 圖示，可到每一關鍵畫面編輯所需相機的視角及方位，逐一調整就可以依所需調整，如圖 11-44。

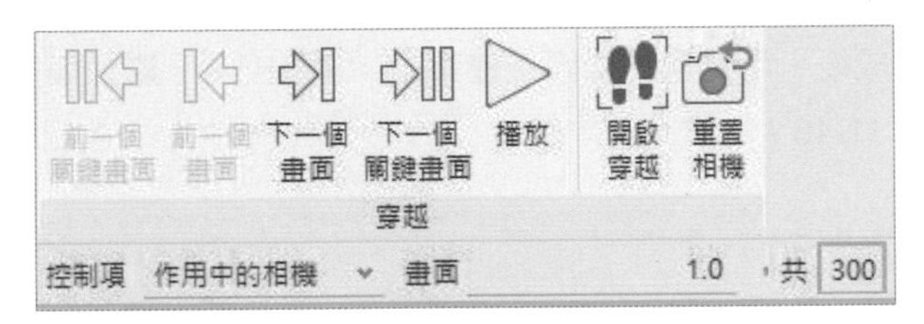

圖 11-44

9 如果關鍵畫面過少，可以點選「選項列」的「作用中的相機」後面下拉箭頭，替換為「加入關鍵畫面」。利用游標可以在現有兩個關鍵畫面中間直接增加新的關鍵畫面，而「移除關鍵畫面」則會刪除多餘關鍵畫面，如圖 11-45。

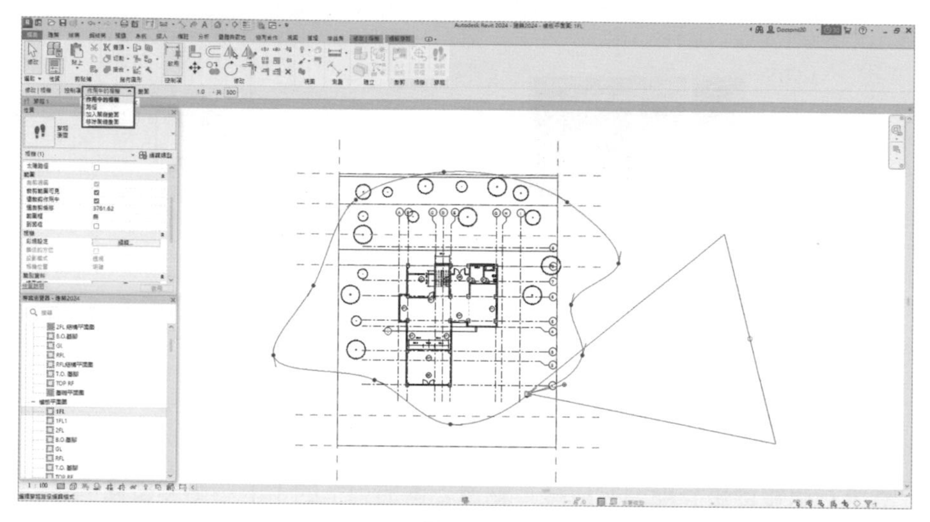

圖 11-45

10 編輯完成後，按「選項列」的「播放」 鍵，播放剛完成之穿越。

11 穿越建立完成後，可點選功能區「檔案」-「匯出」-「影像與動畫」-「穿越」指令，如圖 11-46。

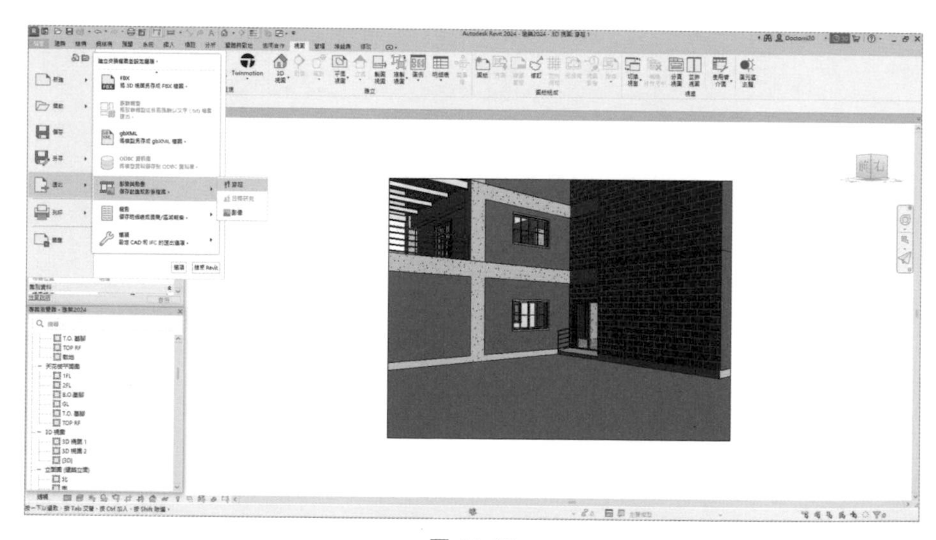

圖 11-46

12 點選「穿越」指令，會開啟「長度 / 格式」對話框，可設定影片「輸出長度」、「格式」，設定完成後，按「確定」，就出現「匯出穿越」對話框，可匯出 AVI 格式影片檔，也可匯出 JPG 影像檔，如圖 11-47 及圖 11-48。

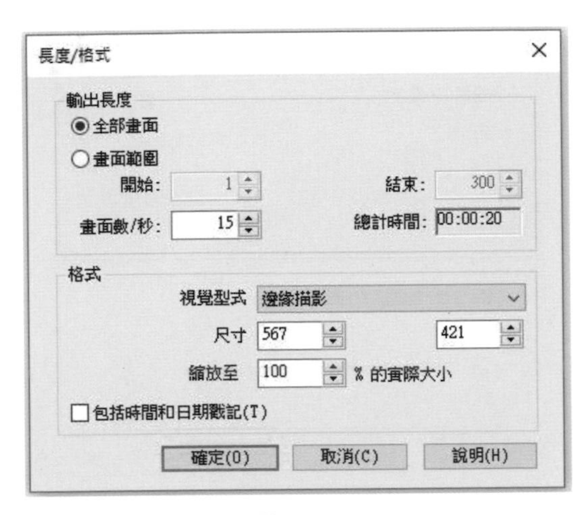

圖 11-47

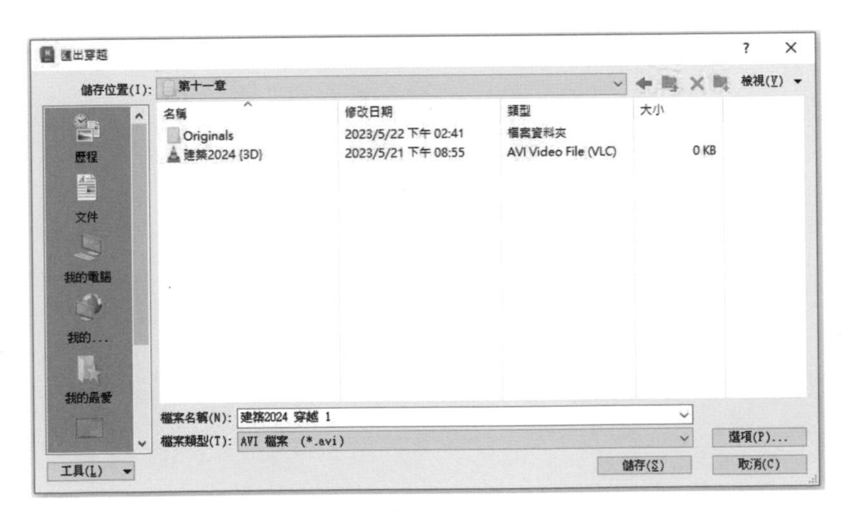

圖 11-48

13 「匯出穿越」對話框，完成檔案名稱後，按「儲存」確認後，會開啟「視訊壓縮」對話框，選擇「全畫面（未壓縮）」，圖 11-49。

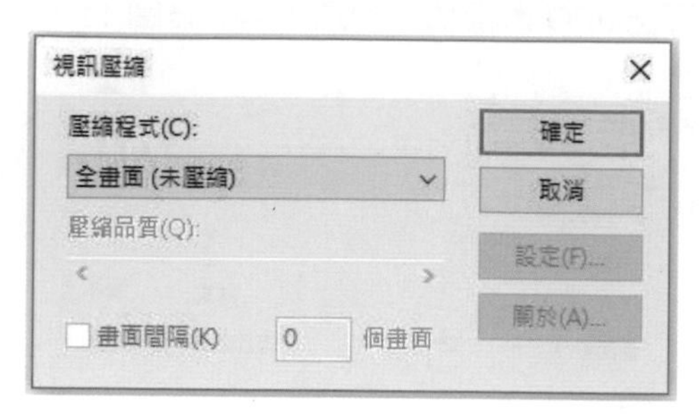

圖 11-49

CHAPTER

12

立、剖面視圖

◆ 請讀者打開「範例檔案之第 12 章\RVT\ 建築 2024.rvt」

12.1 視圖性質與視圖樣版

12.1.1 視圖可見性

1. 在「專案瀏覽器」中，點選「立面圖」(建築立面) -「西」立面圖，切換到西向立面圖，如圖 12-1。

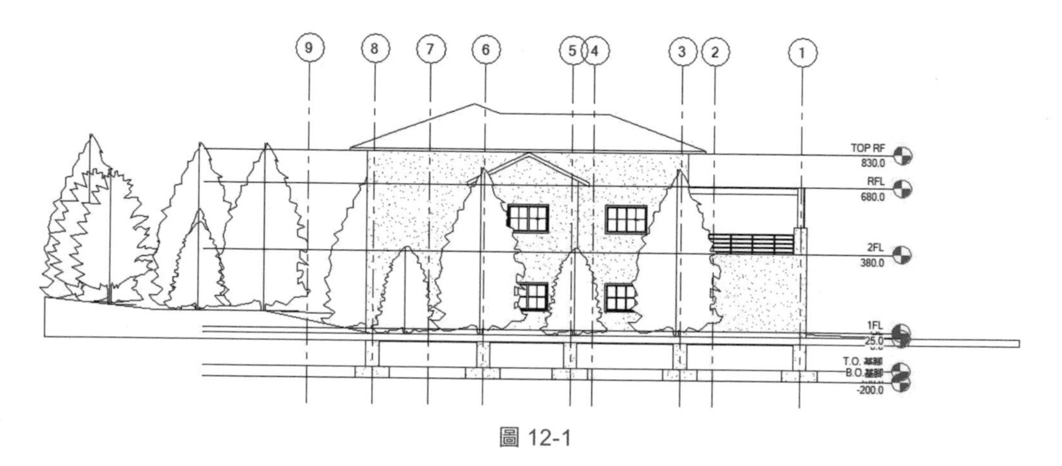

圖 12-1

2. 在「性質瀏覽器」中，在對話框點選「可見性 / 圖形取代」-「編輯」平面按鈕，開啟「可見性 / 圖形取代」對話框。在「模型品項」頁籤中，向下拉右側的捲軸，將「植栽」、「點景」類別，取消勾選；切換到「註解品類」頁籤，取消勾選「參照平面」；切換到「匯入品類」頁籤，取消相關物件，完成後點選兩次「確定」，關閉對話框，如圖 12-2。

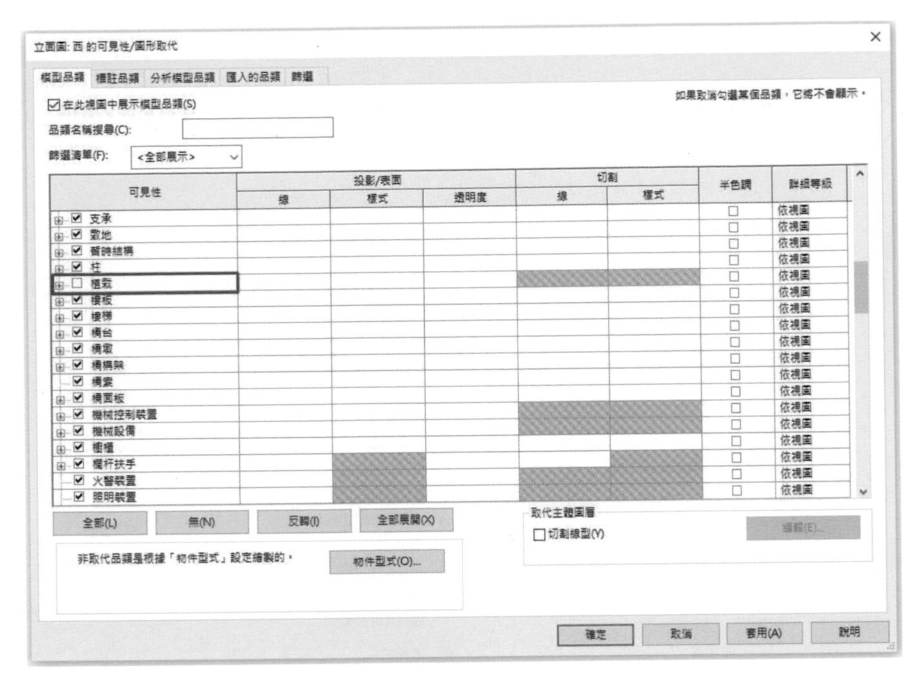

圖 12-2

3 完成步驟 2 設定，就可隱藏上述設定，完成之視圖，如圖 12-3。

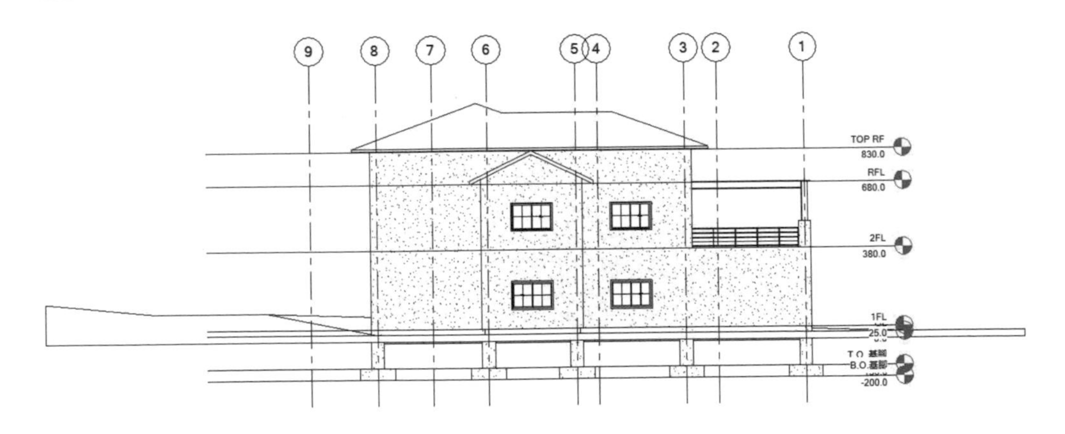

圖 12-3

12.1.2 視圖樣板

1. 在「專案瀏覽器」中，點選「立面圖」-「西」平面，按右鍵開啟選項列對話框，選擇「從視圖建立視圖樣板」，如圖 12-4。

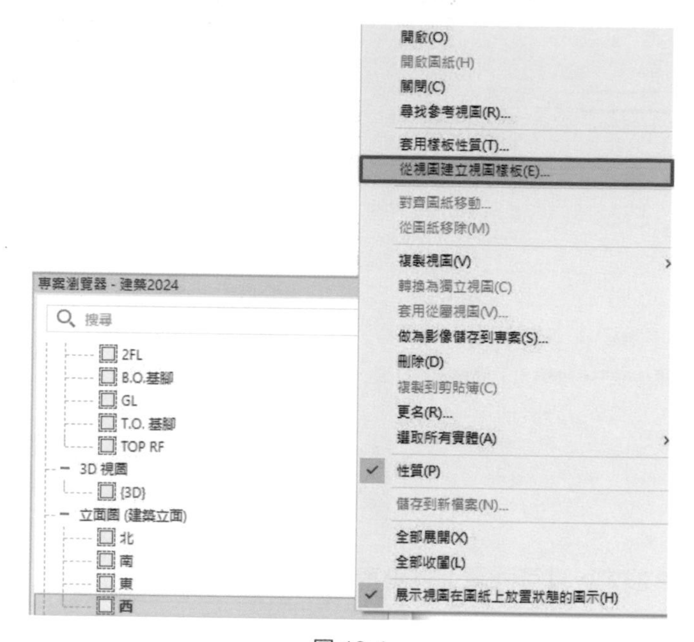

圖 12-4

2. 開啟「新視圖樣板」中，將「名稱」改為「立面圖」，如圖 12-5。

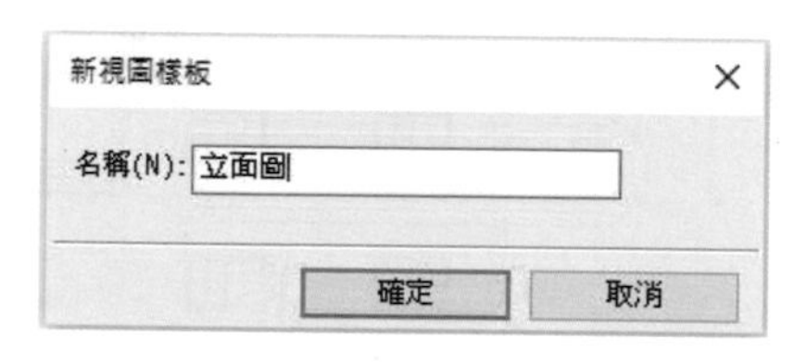

圖 12-5

3. 步驟 2 按「確定」後，會開啟「視圖樣版」，在右側「名稱」會建立「立面圖」樣板，如圖 12-6。

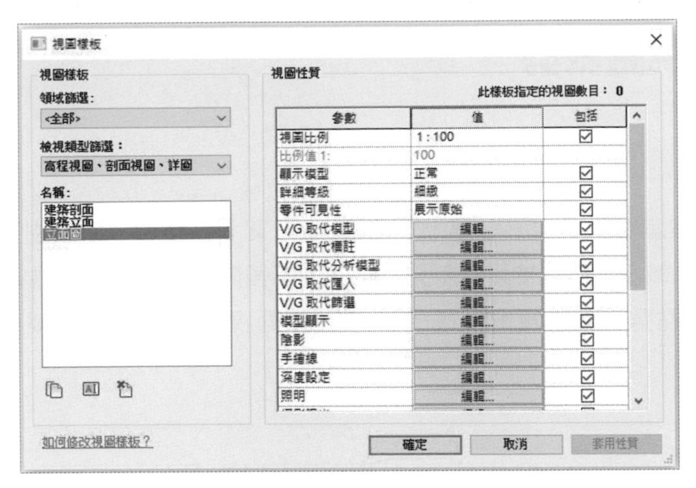

圖 12-6

4 在「專案瀏覽器」中，點選「立面圖」-「東」立面圖，開啟東向立面圖，按右鍵開啟選項列對話框，選擇「套用樣板性質」如圖 12-7，會開啟「視圖樣版」，選擇套用「立面圖」，就可看建東向立面圖已套用西向立面圖性質。

圖 12-7

12.2 視圖裁剪

12.2.1 視圖剪裁

1 在「專案瀏覽器」中，點選「立面圖」-「東」立面圖，切換到東向立面圖，在繪圖區域左下角「檢視控制列」中的「不裁剪視圖」，改為「裁剪視圖」；再點選「顯示裁剪區域」，在立面視圖中可顯示出裁剪範圍框，如圖 12-8。

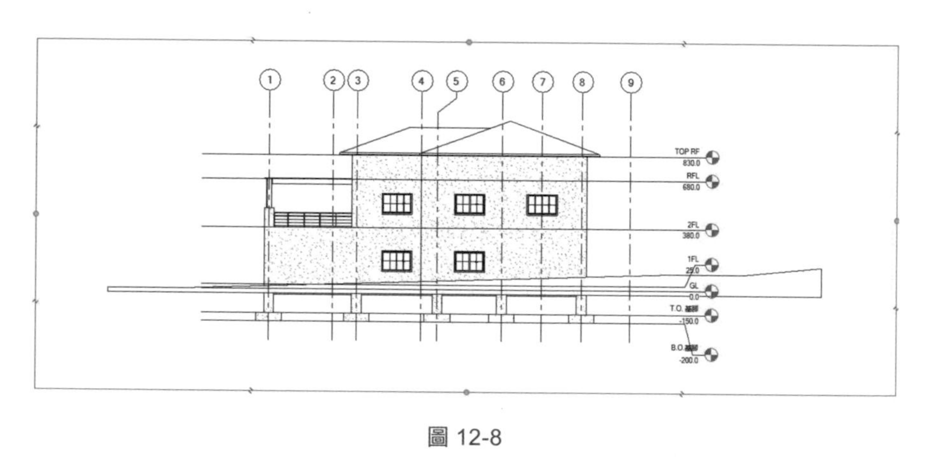

圖 12-8

2 向內拖曳圖 12-8 中裁剪左右兩側的雙向箭頭控制點到合適位置，即可隱藏過長的視圖，如圖 12-9。

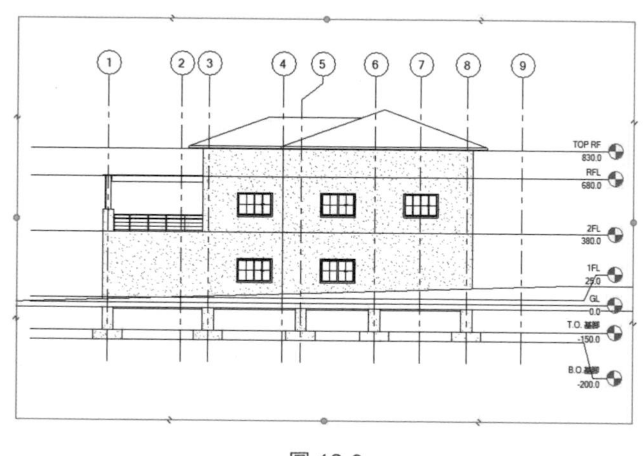

圖 12-9

3 圖 12-9 中，可看見網格線太長，點擊網格線末端，會出現端點圓圈，拖曳至適當位置，如圖 12-10。

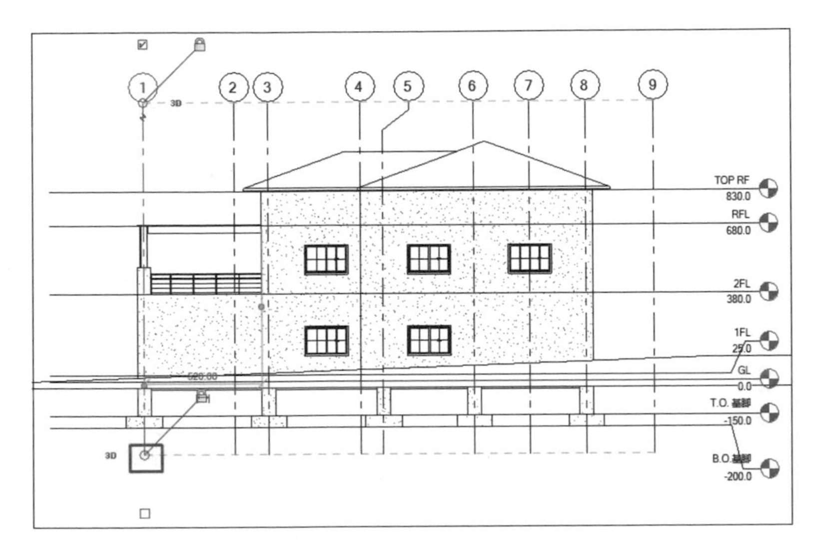

圖 12-10

4 完成後之立面視圖，如圖 12-11。

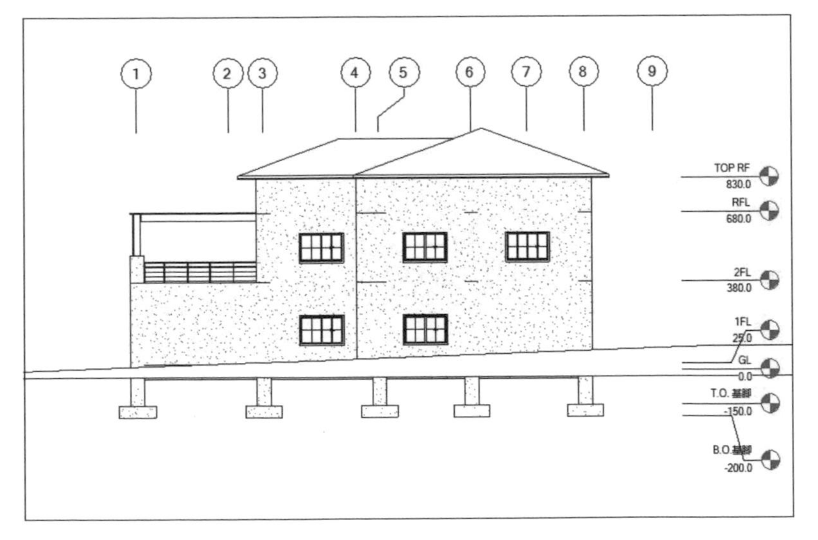

圖 12-11

12.3 為立面增加註解

12.3.1 增加材質標記

1 在「專案瀏覽器」中，點選「立面圖」-「西」立面圖，切換到西向立面圖，在功能區「標註」-「標籤」，選擇「材料標籤」，如圖 12-12。

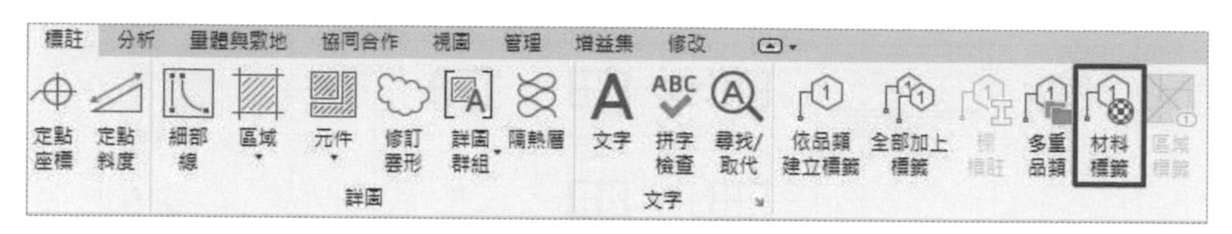

圖 12-12

2 ❶ 點選鋼構樑，❷ 開啟「性質」對話框，點選「材料及飾面」右邊方格，❸ 開啟「材料瀏覽器」，❹ 找材料名稱，❺ 在「描述」欄位，填註「UB-305×165×54」，❻ 完成後，按「確定」，如圖 12-13。

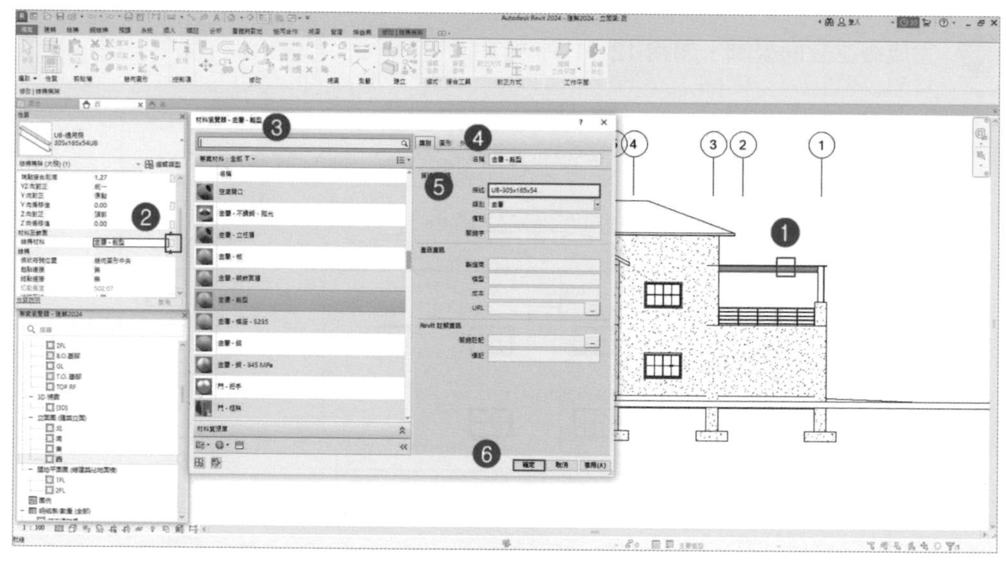

圖 12-13

3 在點選「材料標籤」 後，如未能使用，請先載入族「材料標籤.rfa」，如圖 12-14（樣板檔案位置在 C:\ProgramData\Autodesk\RVT 2024\Libraries\Traditional Chinese_INTL\ 標註 \ 建築）。

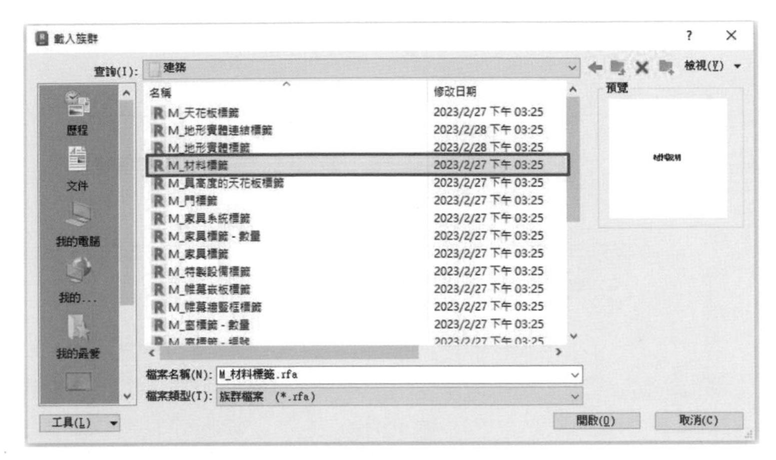

圖 12-14

4 ❶ 點選鋼構樑，❷ 開啟「性質」對話框，點選「材料及飾面」右邊方格，❸ 開啟「材料瀏覽器」，❹ 找材料名稱，❺ 在「描述」欄位，填註「UB-305×165×54」，❻ 完成後，按「確定」，如圖 12-15。❼ 在點選「材料標籤」後，❽ 在視圖中以滑鼠鼠標點擊視圖之圖元，即可標示材料，如圖 12-16。

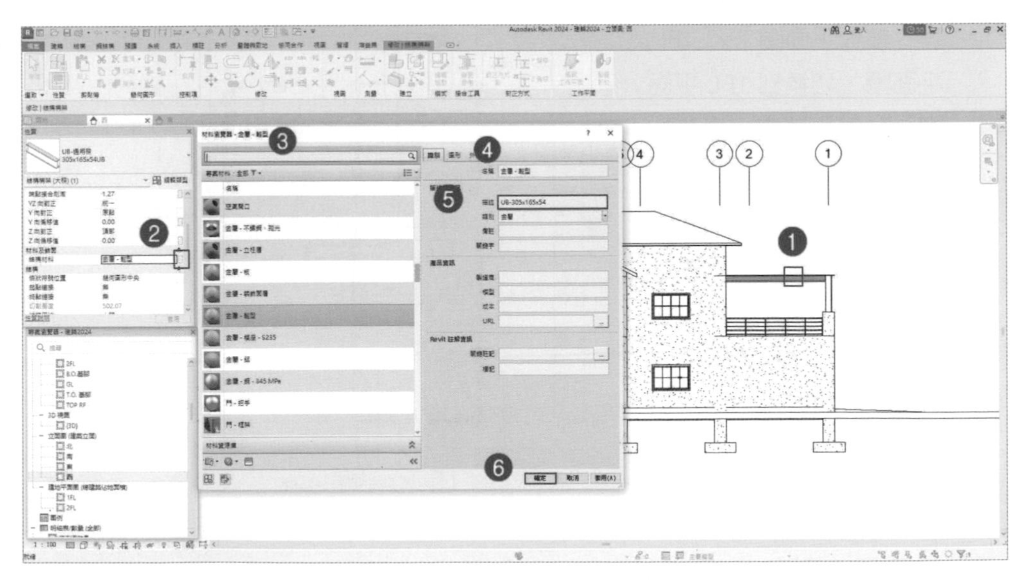

圖 12-15

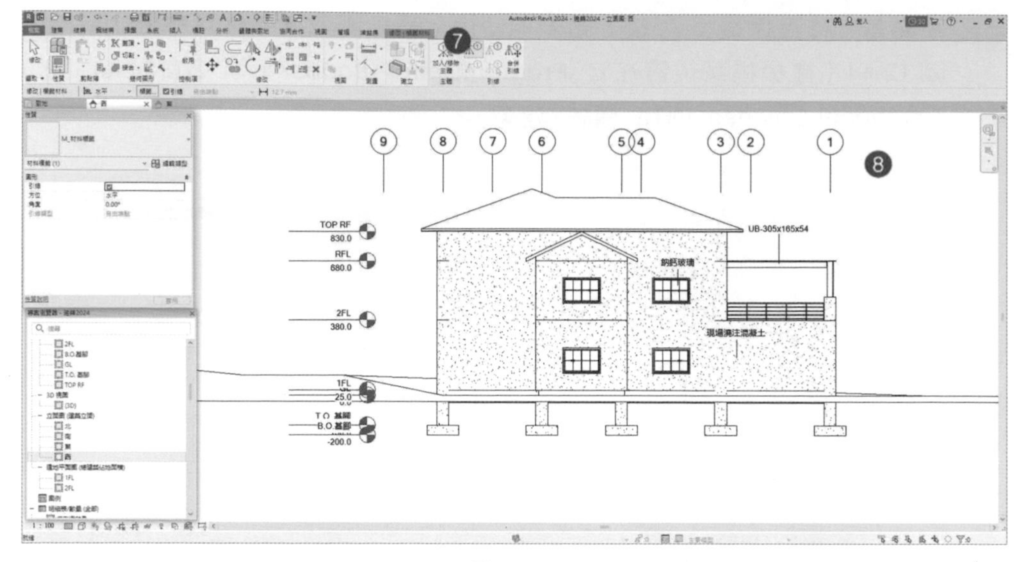

圖 12-16

12.4 剖面視圖

12.4.1 建立剖面視圖

1. 在「專案瀏覽器」中，點選「樓板平面圖」-「1Fl」平面圖，切換到 1FL 平面圖，點選「視圖」頁籤，「建立」-「剖面」，如圖繪製剖面線。視圖中有 ❶ 切換觀看方向，❷ 斷開剖面線，❸ 控制剖面深度，❹ 切換標頭型式等符號，如圖 12-17。

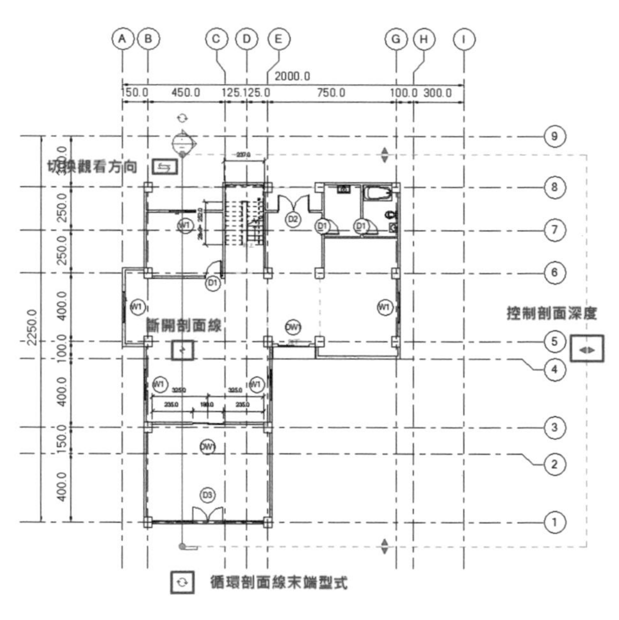

圖 12-17

2 在 1FL 平面圖，連續點擊「剖面」 符號尖端兩次，切換到視圖「剖面 1」，如圖 12-18。

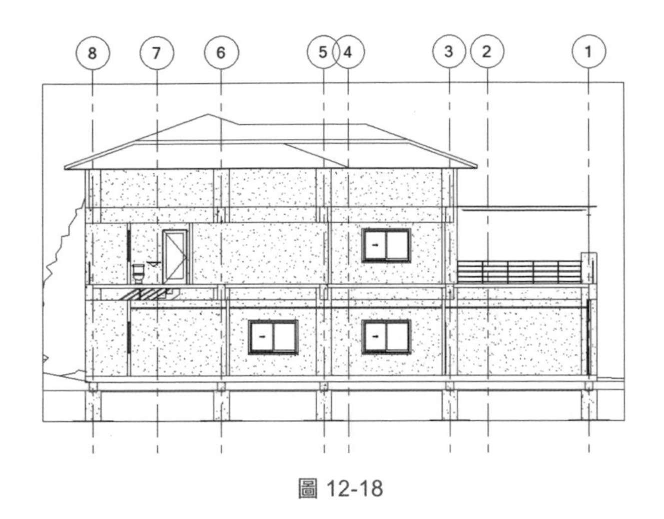

圖 12-18

3 「剖面」線，會將功能區「修改 | 視圖」頁籤，選擇「剖面」-「分割區段」，如圖 12-19；然後會出現切割用刀子符號，依圖 12-20 位置，分割剖面圖，將剖面線切割到樓梯剖面。

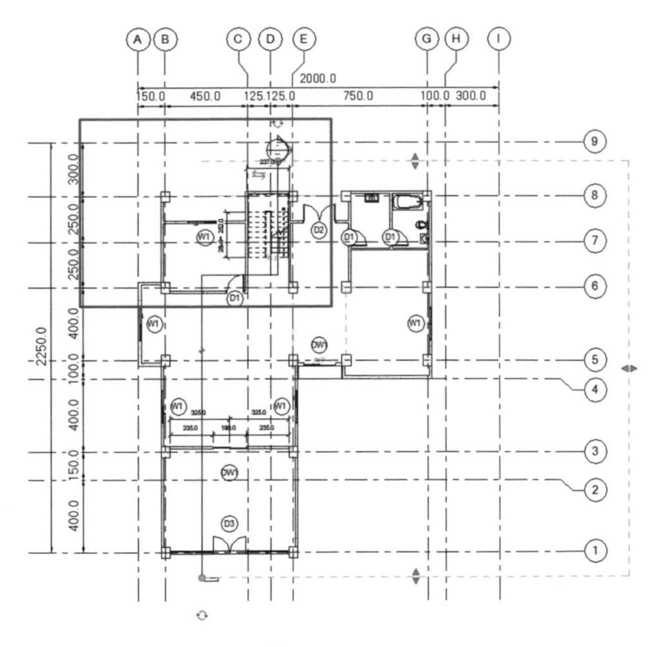

圖 12-19

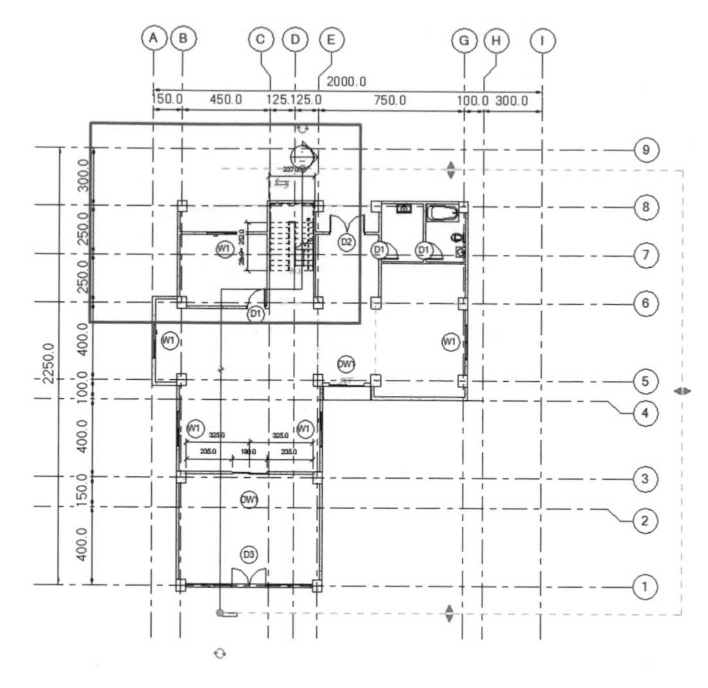

圖 12-20

4 在 1FL 平面圖，再連續點擊「剖面」 剖面 符號兩次，切換到視圖「剖面 1」，會看到左下角，依剖面線的轉移，將樓梯剖面顯示，如圖 12-21。

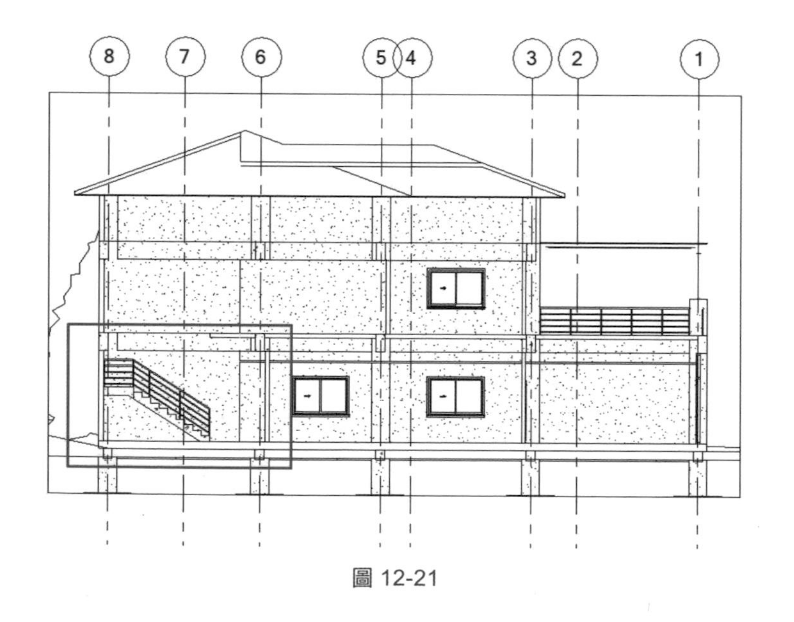

圖 12-21

12.4.2 編輯剖面視圖

1 在「專案瀏覽器」中，點選「剖面」-「剖面 1」平面圖，切換到剖面 1 平面圖，❶ 點選「屋頂」圖元後，❷ 在「性質瀏覽器」-「編輯類型」，❸「類型性質」對話框；❹ 再選擇「類型參數」中「編輯類型」-「圖形」，❺ 點擊「粗糙比例填滿樣式」，開啟「填滿樣式」對話框，❻ 選擇「單色填滿」後，按「確定」，如圖 12-22；同樣的方式，設定樓板。

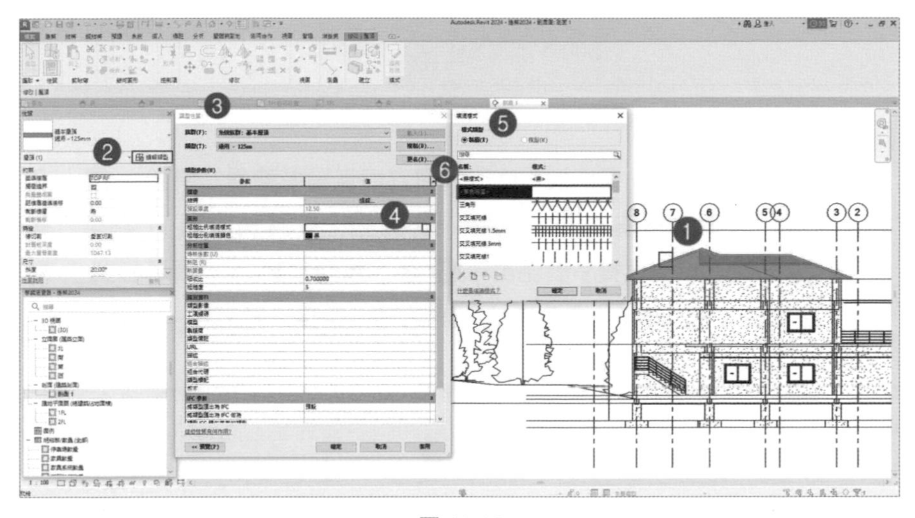

圖 12-22

2 完成步驟 1 後，可看見屋頂、樓板剖面位置，已成填滿黑色之區域，如圖 21-23。放大視圖，可看視圖中的樑剖面，並未填滿黑色。

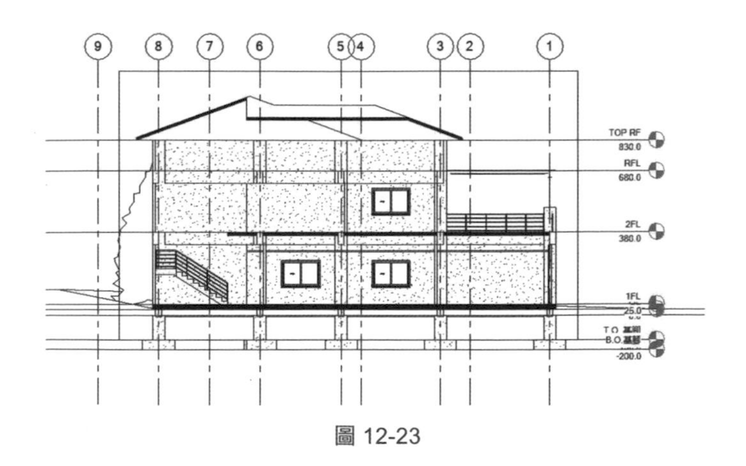

圖 12-23

3 要將樑剖面並填滿黑色，需切換至「標註」頁籤，點選「詳圖」-「填滿區域」，如圖 12-24。

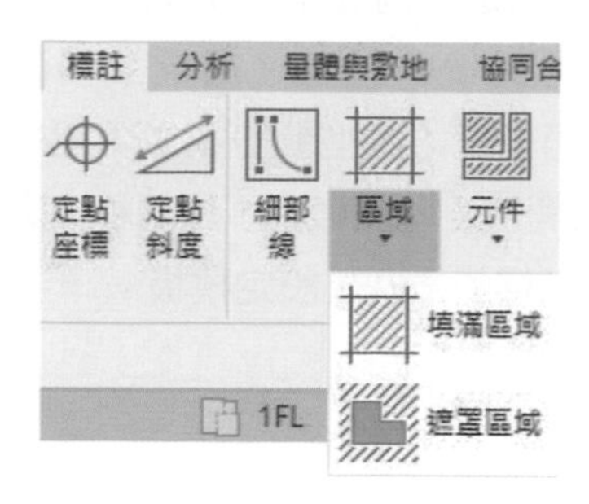

圖 12-24

4 點選「填滿區域」，❶ 會切換「修改｜建立填滿區域邊界」頁籤，❷ 使用「繪製」工具，將所需樑填滿區域繪製，❸ 再到「性質瀏覽器」，點選「編輯類型」，❹ 開啟「類型性質」對話框，❺ 在「類型參數」-「填滿樣式」，點擊其「值」之欄位，❻ 開啟「填滿樣式」對話框，選擇「樣式」-「單色填滿」，完成後按「確定」，如圖 12-25。

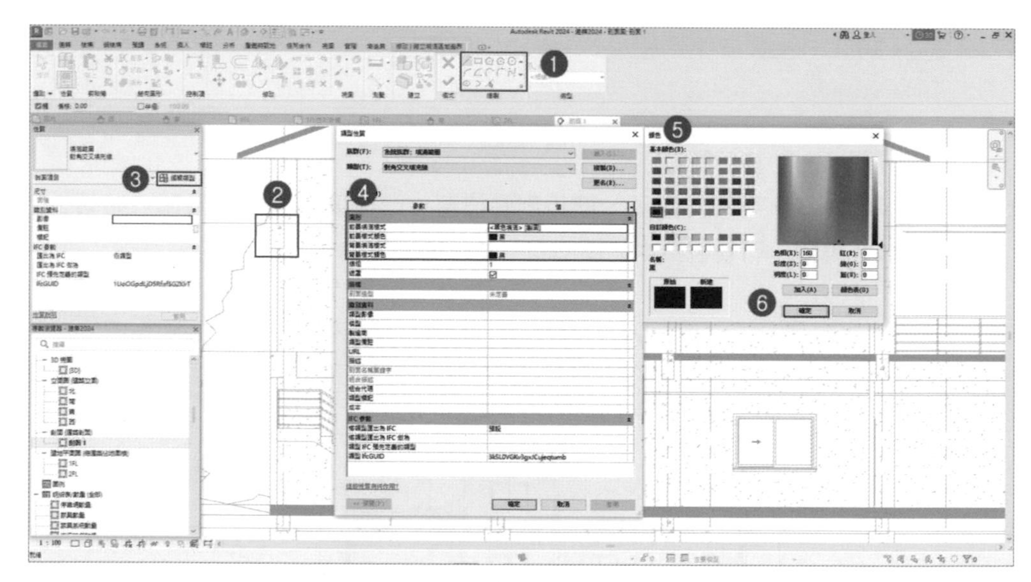

圖 12-25

5 依序將所有樑斷面依步驟 4 完成填滿顏色；完成後，在視圖中可看出樑之「填滿區域」，如圖 12-26。

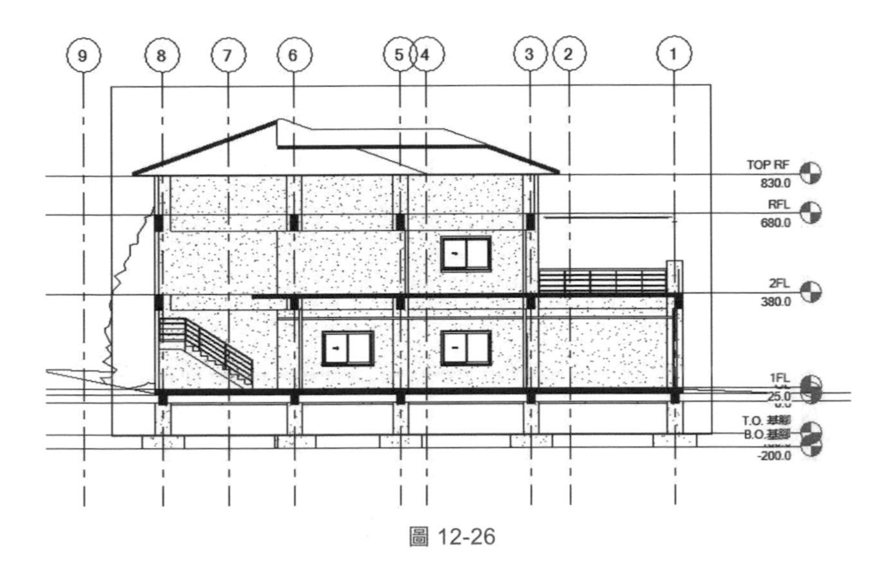

圖 12-26

6 完成步驟 5 後，點選網格線，切換到「修改 | 網格」頁籤，點擊「測量」功能，切換到「修改 | 放置標註」頁籤，以「對齊」 方式，標註尺寸，並關掉剖面框 ，如圖 12-27，即完成剖面圖繪製。

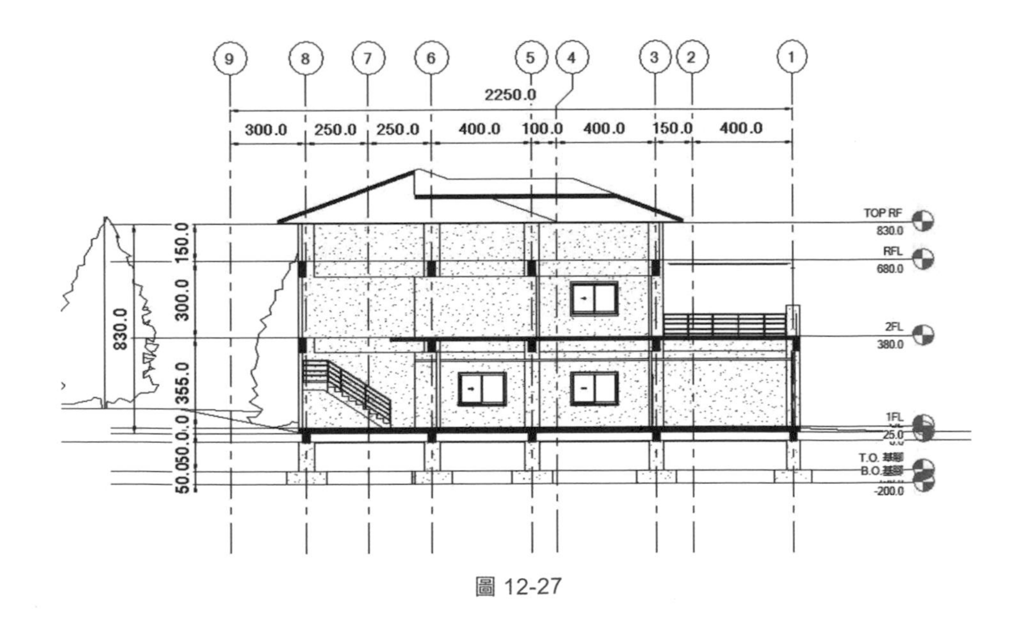

圖 12-27

大樣與局部詳圖

13.1 建立詳圖

13.2 門窗樣式表

13.3 建立門窗明細表

◆ 請讀者打開「範例檔案之第 13 章 \RVT\ 建築 2024.rvt」

13.1 建立詳圖

13.1.1 牆身大樣

1 在「專案瀏覽器」中，❶ 點選「樓板平面圖」-「RFL」平面，❷ 選擇功能區「建立」-「剖面」剖面 功能，❸ 在如圖 13-1 位置，建立剖面符號，如圖 13-1。

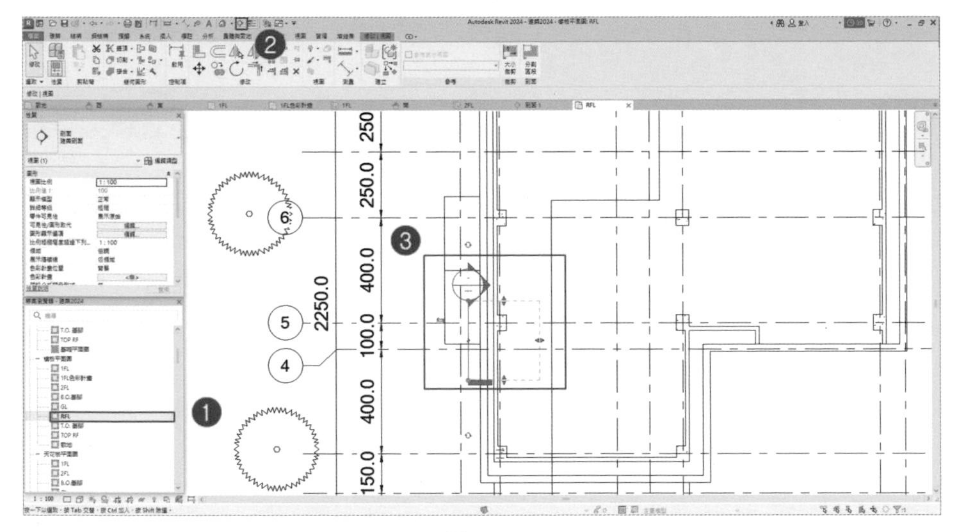

圖 13-1

2 連續點擊視圖「剖面」符號功能兩次，切換視圖到「剖面 1」，調整視圖四範圍框藍色圓點，調整視圖範圍，在如圖 13-2。

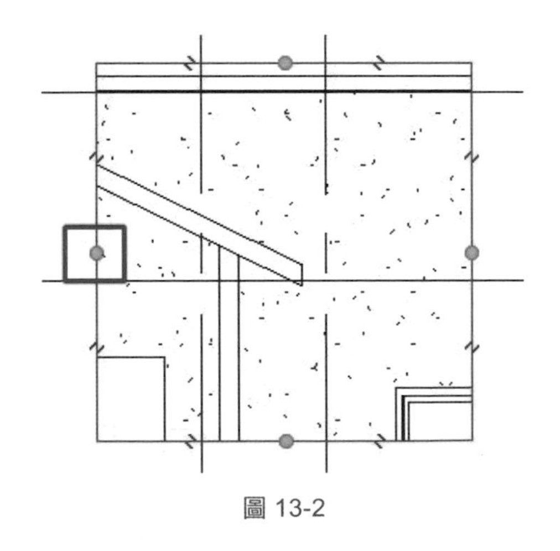

圖 13-2

3 ❶ 點擊牆體，❷ 開啟「性質瀏覽器」，點選「編輯類型」，❸ 開啟「類型性質」對話框，❹ 點選「編輯」，如圖 13-3。❺ 開啟「編輯組合」對話框，❻ 修改「材料」內容，分別為「功能：塗層 1[4]，材料：磁磚，厚度：10」、「功能：襯底 [2]，材料：混凝土，沙 / 水泥砂漿層（外牆），厚度：10」、「功能：結構 [1]，材料：磚、一般、紅色，厚度：15」、「功能：襯底 [2]，材料：混凝土，沙 / 水泥砂漿層（內牆），厚度：10」、「功能：塗層 2[5]，材料：油漆 - 玫瑰白，厚度：2」，❼ 開啟「材料瀏覽器」，❽，點選「磚、一般、紅色」，❾ 在切割樣式，樣式選擇為「砌磚」，完成後按「確定」。牆剖面圖圖面，如圖 13-4。完成牆剖面，如圖 13-5。

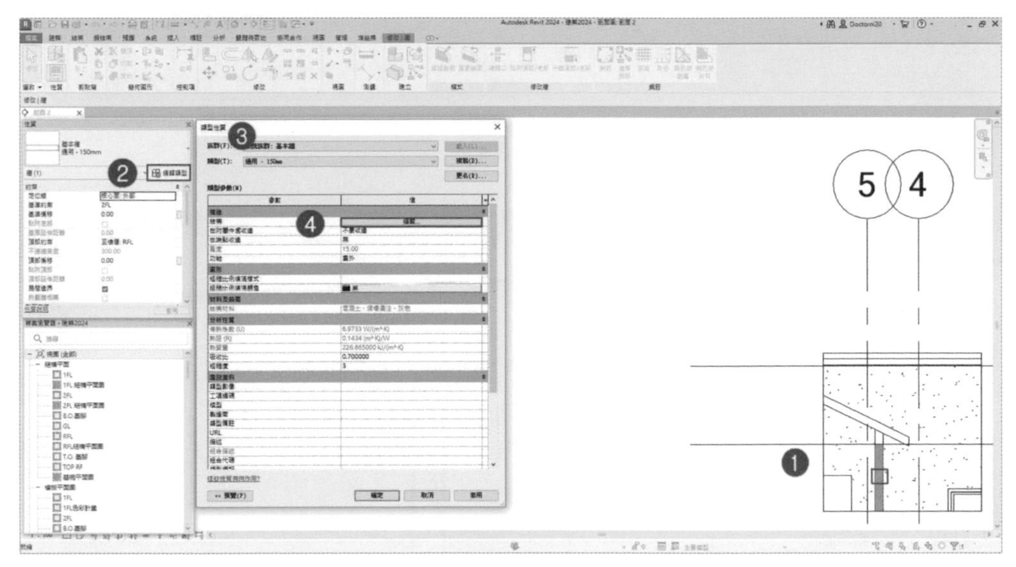

圖 13-3

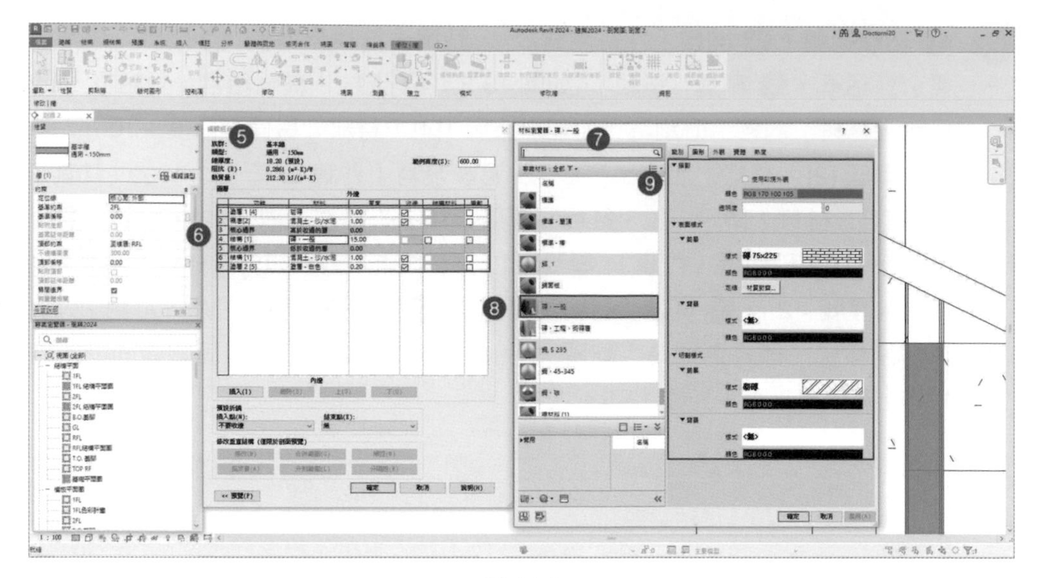

圖 13-4

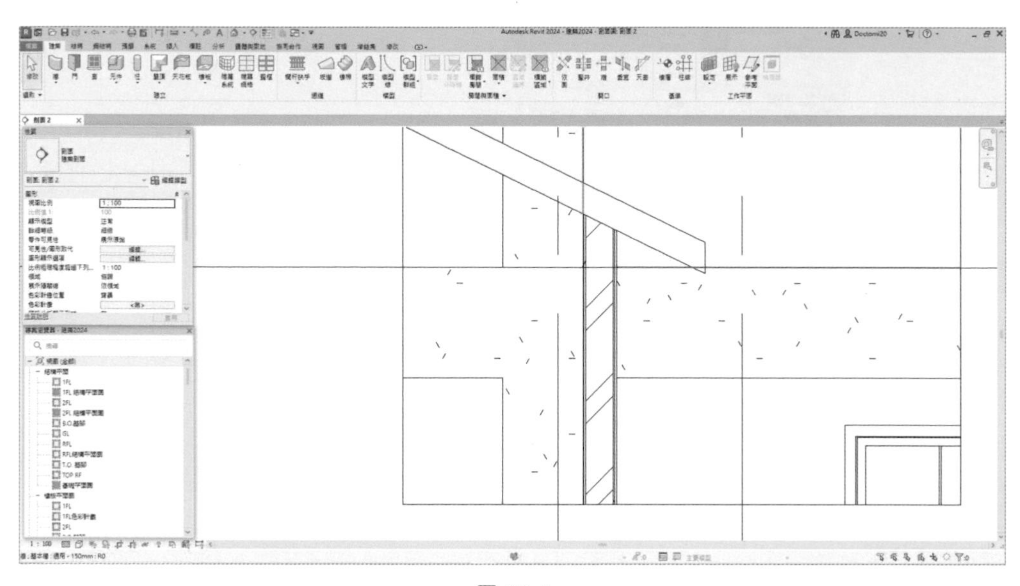

圖 13-5

4 為使圖面線的粗細滿足詳圖要求，❶ 點選在「性質瀏覽器」之「可見性 / 圖形取代」之「編輯」，❷ 開啟「可見性 / 圖形取代」對話框，❸「可見性 / 圖形取代」對話框右下角，點選「編輯」，❹ 勾選「切割線型」，❺ 開啟「主體層線型」，在「線粗」中，除「結構」設定為「4」，其餘為「1」，❻ 完成後，按「確定」，如圖 13-6。

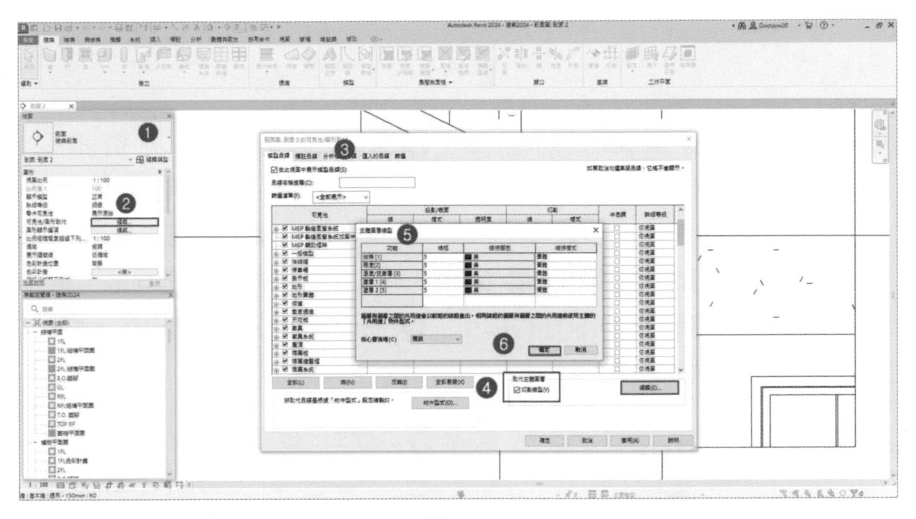

圖 13-6

5 ❶ 切換到「視圖」頁籤，點選「圖形」-「細線」，❷ 完成後」，視圖顯示線粗型式，如圖 13-7。

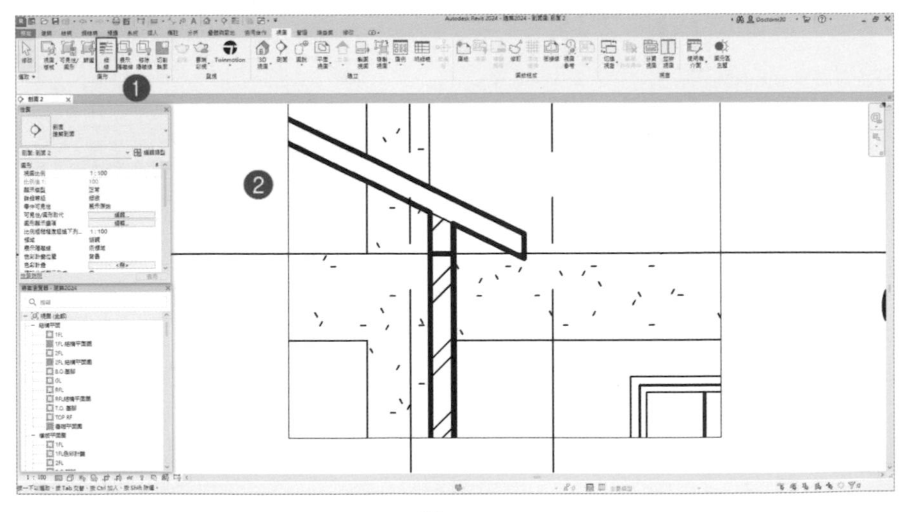

圖 13-7

13.1.2 編輯切割輪廓

1. 點選功能區「視圖」頁籤，選擇「圖形」-「切割輪廓」 功能，如圖 13-8。

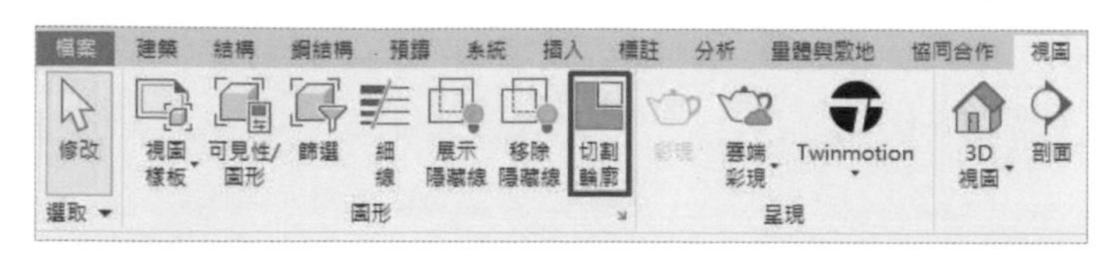

圖 13-8

2. ❶ 點選「切割輪廓」功能後，❷ 在功能區選項列選擇「面」 編輯: ○面 ○面之間的邊界 功能後，❸ 使用滑鼠點選屋頂剖面的鋼筋混凝土核心層之邊界，使功能區切換至進入「修改｜建立切割輪廓草圖」頁籤，使用「繪製」-「線」 指令繪製切割區域，❹ 偏移設為 0.1，❺ 依照切割範圍，繪製切割線，並確認切割箭頭方向是朝內指引，❻ 完成後，按 鍵確認，❼ 切割後之視圖畫面變成如圖 13-9。

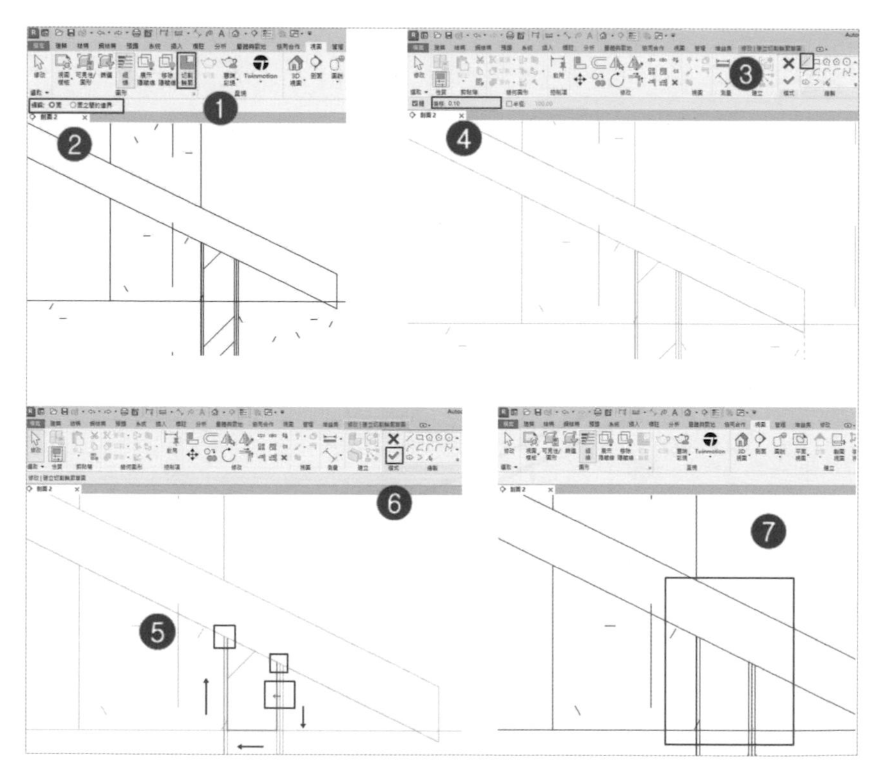

圖 13-9

13.1.3 填滿區域

1 在「專案瀏覽器」-「族群」-「詳圖項目」-「填滿區域」中，以「水平」複製一個名叫做「混凝土 2」之新類型，如圖 13-10。

圖 13-10

2 ❶ 在詳圖項目「混凝土 2」快點兩下，開啟「類型性質」對話框，❷ 在「填滿性質」欄位下，點擊「值」欄位功能，❸ 開啟「填滿樣式」對話框，選擇「混凝土」，如圖 13-11。

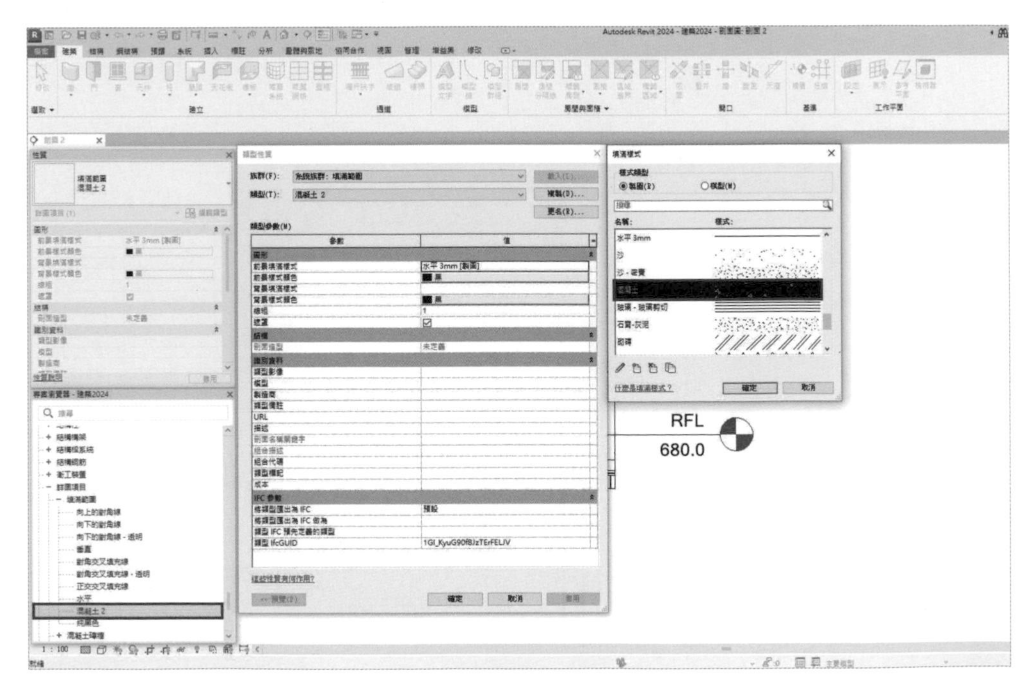

圖 13-11

3 點選功能區「標註」頁籤，選擇「詳圖」-「區域」，點選「填滿區域」 填滿區域 ，如圖 13-12。

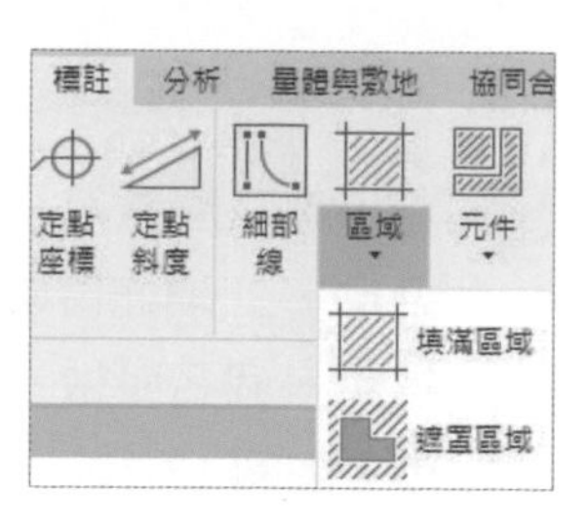

圖 13-12

4 切換到「修改｜建立填滿區域邊界」頁籤，❶ 點選「矩形」 工具，❷ 選擇「線型式」-「中粗線」，❸ 在「性質瀏覽器」，選擇「填滿區域 - 混凝土 2」，❹ 繪製矩形區域，如圖 13-13。完成後按 ，繪製完成之視圖，如圖 13-14。

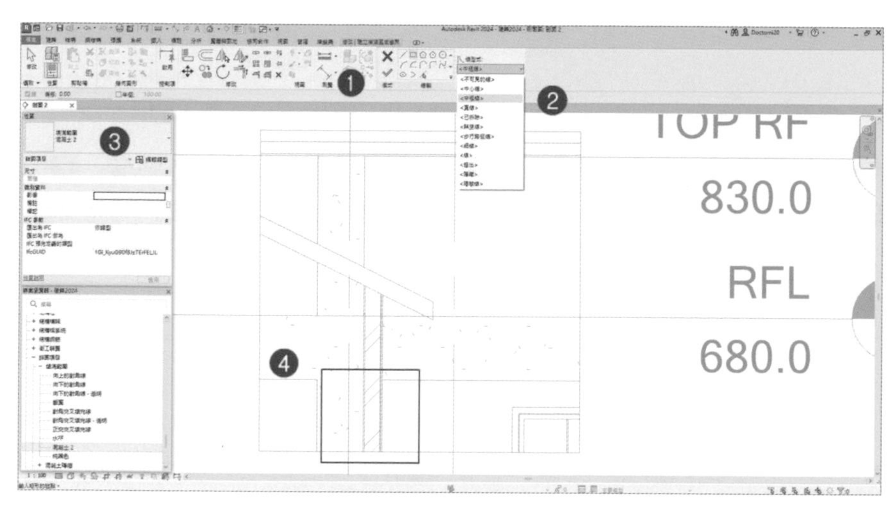

圖 13-13

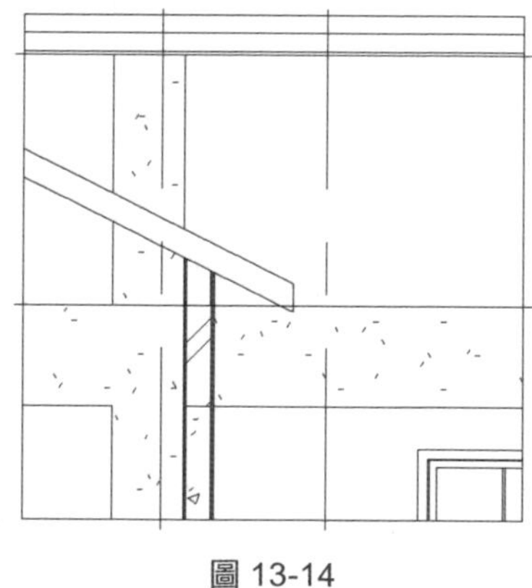

圖 13-14

13.1.4 遮罩區域

1 點選功能區「標註」頁籤，選擇「詳圖」-「區域」功能，按下拉式功能表，選擇「遮罩區域」 遮罩區域 。

2 切換到「修改 | 建立填滿區域邊界」頁籤，點選「線」工具，選擇「線型式」-「不可見的線」，來繪製矩形區域，如圖 13-15；完成後按 ，繪按製完成之視圖，如圖 13-16。

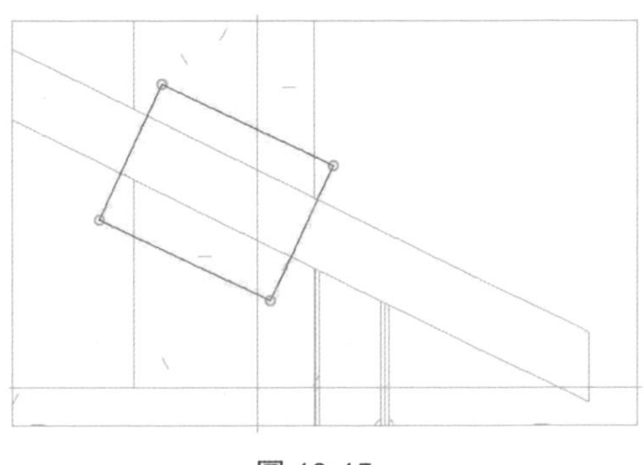
圖 13-15

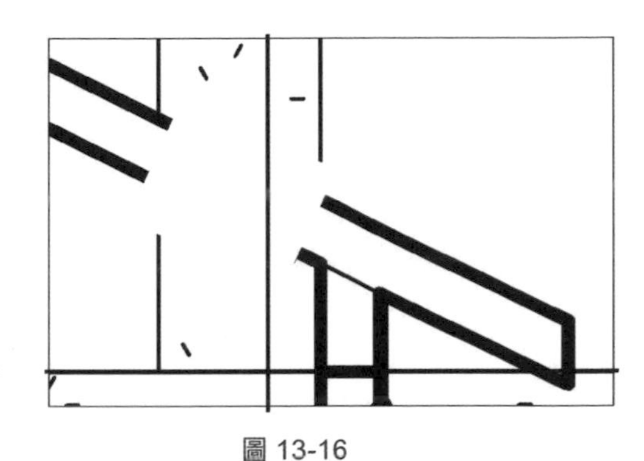
圖 13-16

13.1.5 重複詳圖

1 點選功能區「插入」頁籤，選擇「從資源庫載入」-「載入族群」功能，載入「瓦 .rfa」詳圖元件。(檔案在雲端檔案 \ 第十三章 \ 外部文件)

2 ❶ 步驟 1 載入成功後，會出現在「專案瀏覽器」-「族群」-「詳圖項目」，❷ 點選功能區「標註」頁籤，選擇「元件」-「重複詳圖元件」 重複詳圖元件 功能，如圖 13-17。❸ 切換到「修改 | 放置 重複詳圖」(「性質」對話框會切換到重覆詳圖 CMU)，如圖 13-18。❹ 依屋頂頂部繪製重複詳圖路線 (產生之詳圖元件並非是瓦)，❺ 點選重複詳圖元件，❻ 在「性質」對話框，點擊「編輯類型」，❼ 開啟「編輯類型」對話框，❽ 詳圖改為瓦，❾「間距」改為「35.5」，❿ 完成後，按「確定」，⓫ 點選瓦元件，移動瓦元件下方木材底部，移動到屋頂邊緣交點，如圖 13-19。

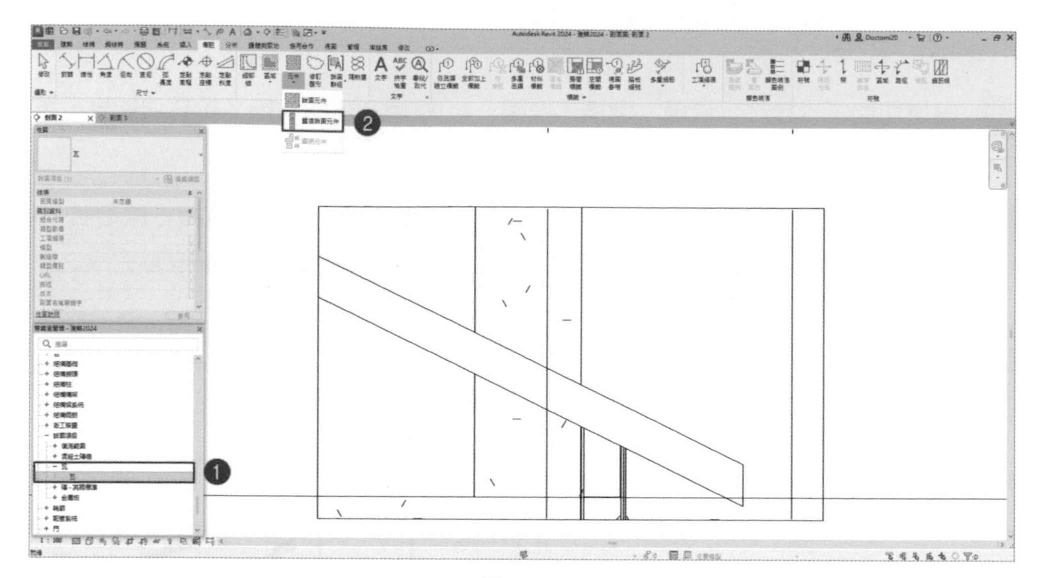

圖 13-17

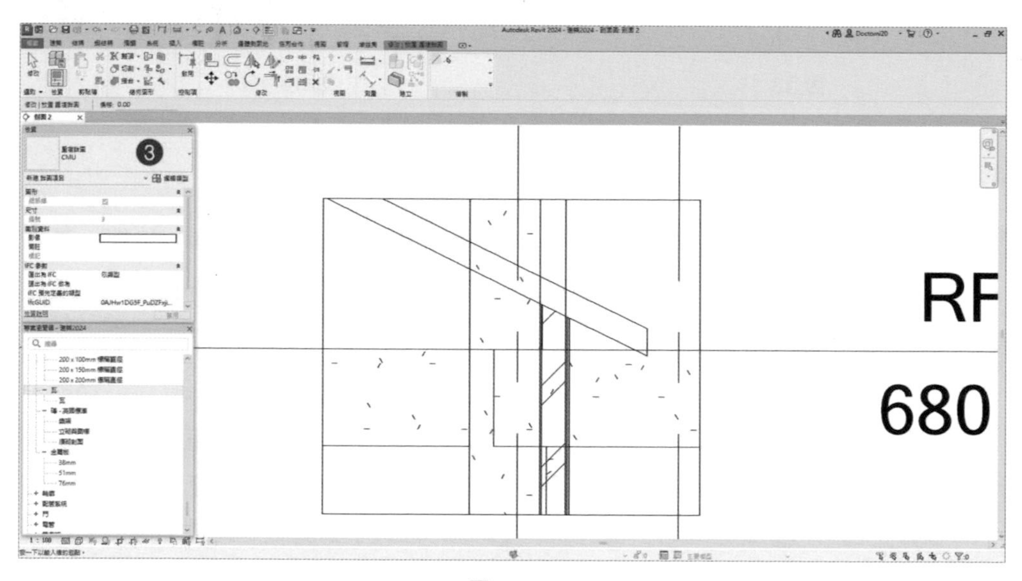

圖 13-18

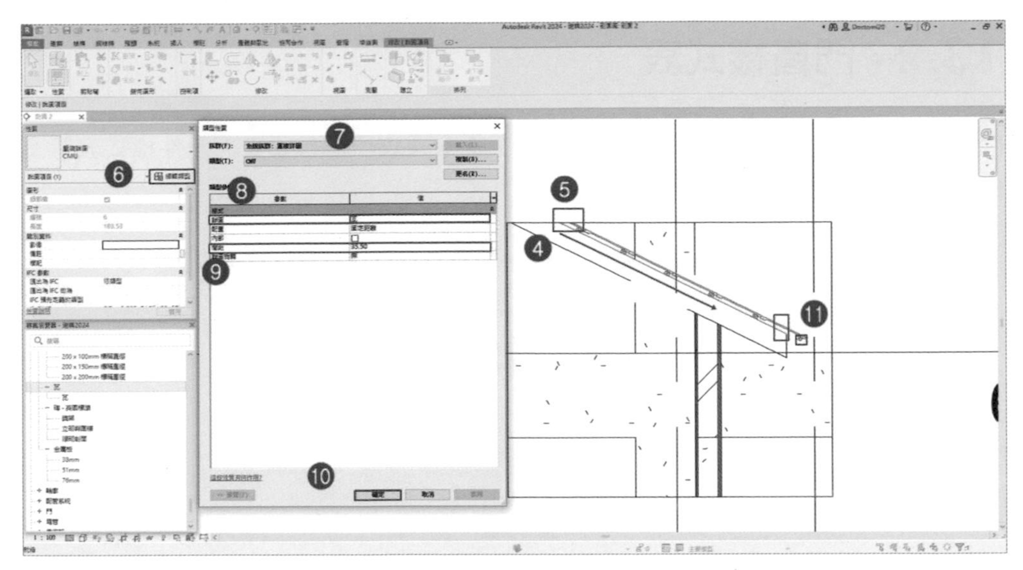

圖 13-19

3 完成步驟 2 後，完成之瓦片鋪設，如圖 13-20。

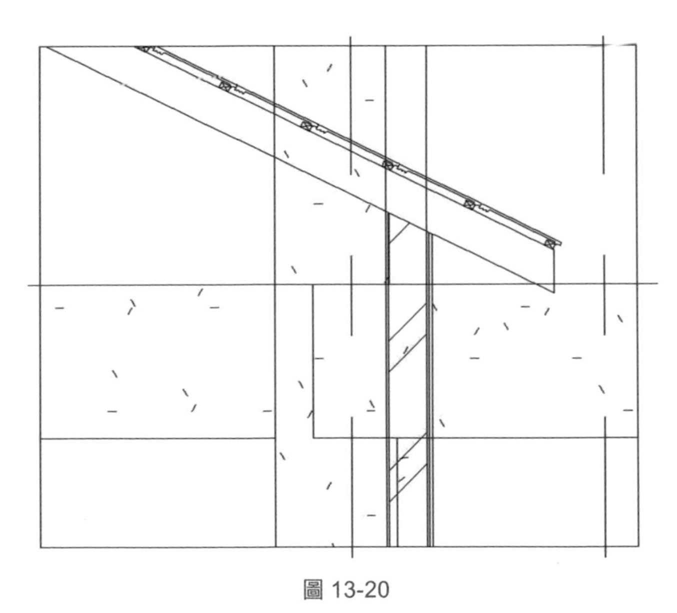

圖 13-20

13.2 門窗樣式表

門窗樣式可以使用「圖例」和「圖例元件」指令建立門窗樣式表、元件樣式表等圖例視圖，其功能區如圖 13-21。

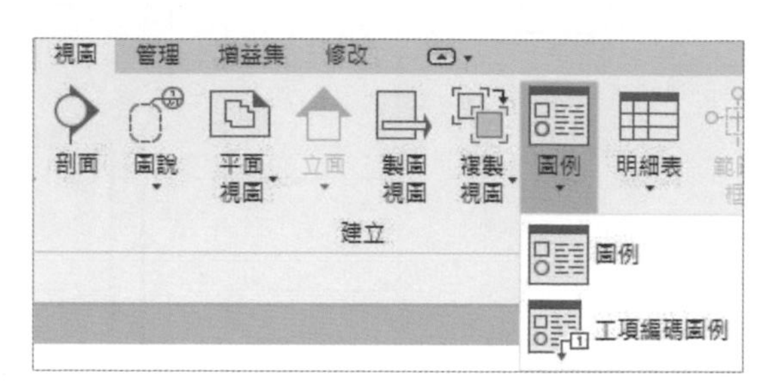

圖 13-21

13.2.1 門窗樣式

1 ❶ 確認所繪製圖例名稱，❷ 至功能區「視圖」頁籤，選擇「圖列」-「圖例」 功能，❸ 會開啟「新圖列視圖」，將「名稱」改為「M_ 窗 - 推拉 - 雙扇 -1800×1200mm」，如圖 13-22。

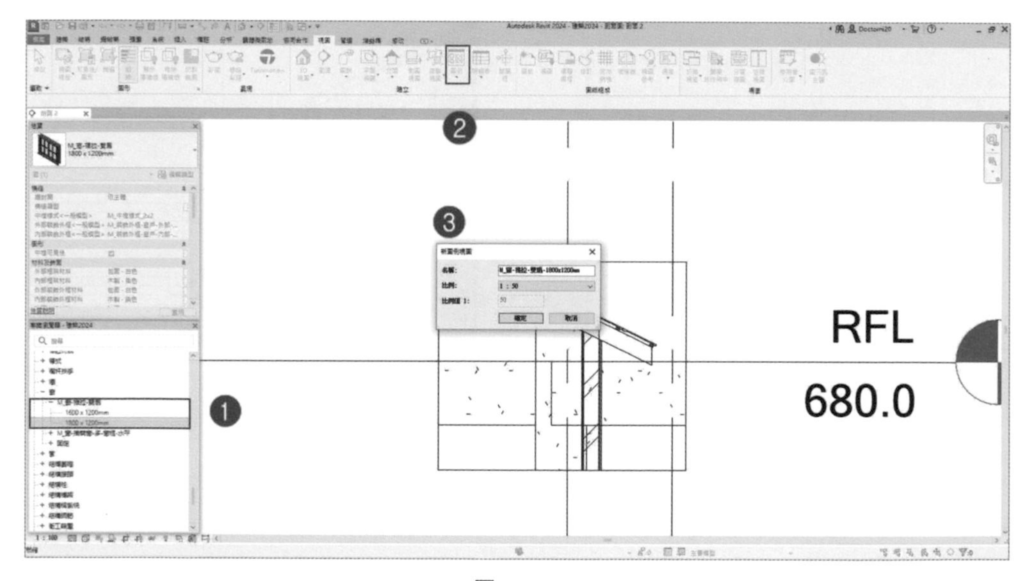

圖 13-22

2 完成步驟 1，按「確定」後，❶ 確認是否在圖例視圖，至 ❷ 至「專案瀏覽器」頁籤，選擇「M_ 窗 - 推拉 - 雙扇 -1800×1200mm」，❸ 至功能區選項列之「視圖」，選擇「高程：前」，❹ 將「M_ 窗 - 推拉 - 雙扇 -1800×1200mm」拖曳至繪圖區中，如圖 13-23。

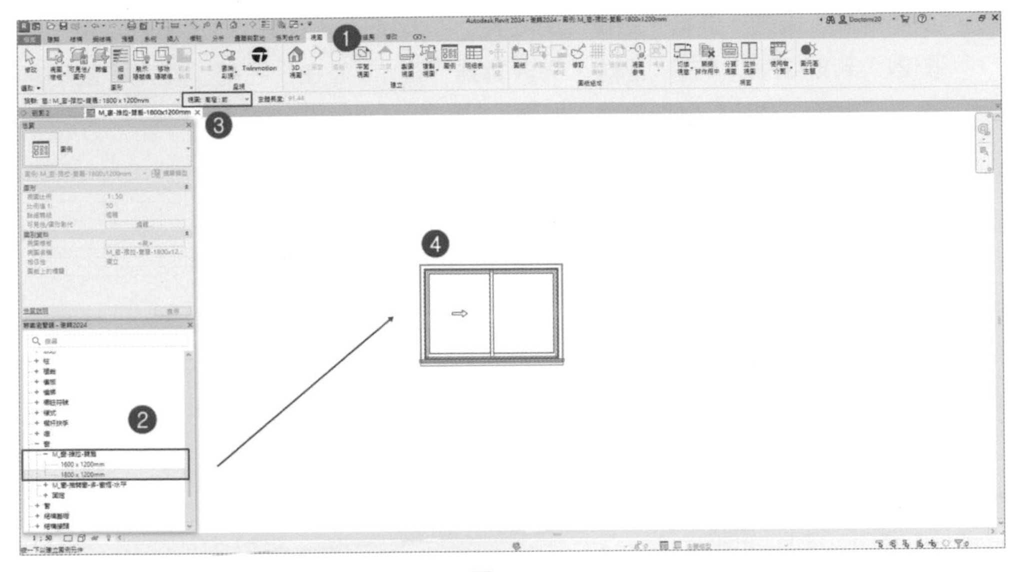

圖 13-23

3 完成步驟 2 之圖列，再加上尺寸等註釋，就可完成窗之圖例，如圖 13-24。

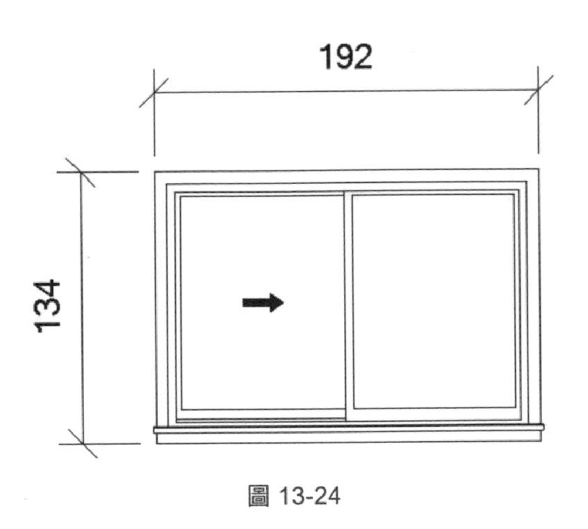

圖 13-24

13.3 建立門窗明細表

13.3.1 門窗樣式

1. 至功能區「視圖」頁籤，選擇「明細表」-「明細表 / 數量」 功能，會開啟「新明細表」，在「品類」列表選擇「窗」，並在「名稱」使用「窗明細表」，「階段」依設計階段選擇，如圖 13-25。

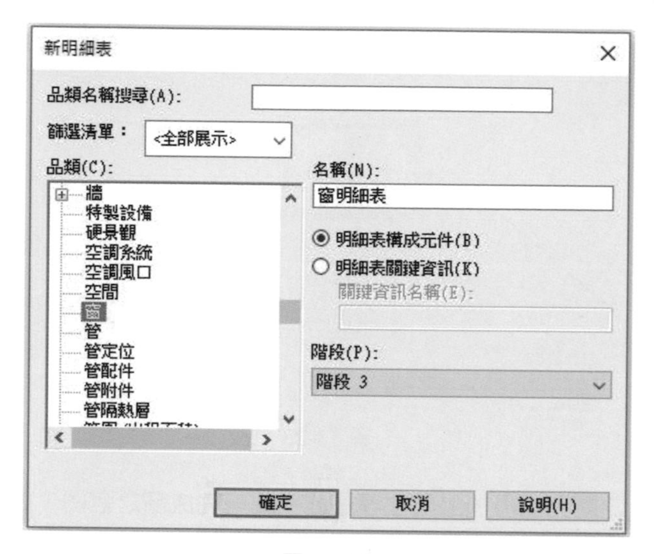

圖 13-25

2. 點選「確定」，切換到「明細表性質」對話框，在「欄位」頁籤，將左側「可用欄位」中的「族群」、類型」、「樓層」、「高度」、「寬度」、「窗台高度」、「數量」、「樓層」等加入右側的「明細表欄位」中，如圖 13-26。

明細表性質
欄位
篩選
排序/組成群組
格式
外觀
選取可用欄位來源(F)：
窗
參數名稱搜尋(M):
篩選可用欄位
可用欄位(V)：
39 個項
成本
拆除階段
描述
操作
族群與類型
日光熱增量係數
構造類型
標記
模型
熱阻 (R)
窗頂高度
粗略寬度
粗略高度
明細表欄位 (按順序)(S)：
族群
類型
樓層
高度
寬度
窗台高度
數量
包含在連結中的元素(N)
確定
取消
說明

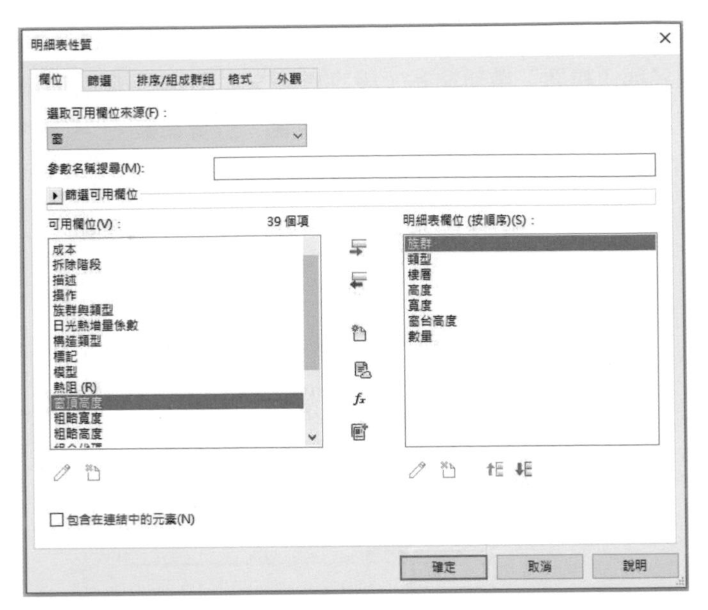

圖 13-26

3 在「排序 / 組成群組」頁籤，排序依據，點選「樓層」頁籤，勾選「頁尾」，選擇「標題、合計和總數」，勾選「總計」，選擇「標題、合計和總數」，勾選「詳細列舉每個實體」，如圖 13-27。

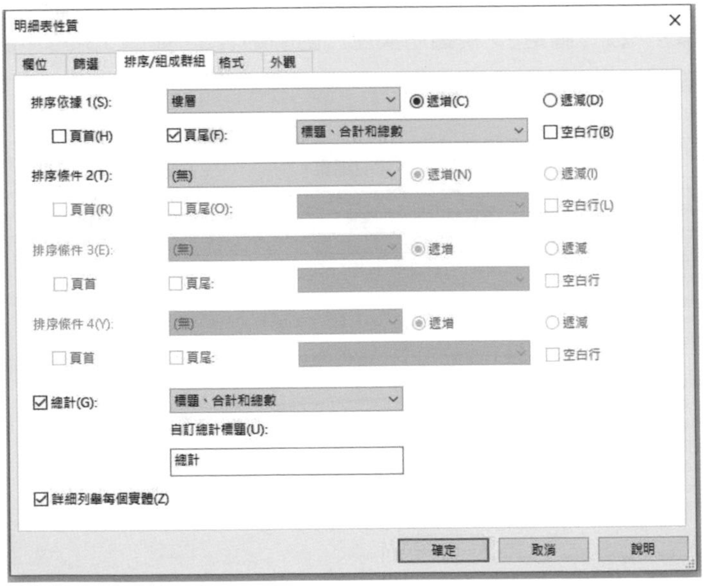

明細表性質
欄位
篩選
排序/組成群組
格式
外觀
排序依據 1(S):
樓層
遞增(C)
遞減(D)
頁首(H)
頁尾(F):
標題、合計和總數
空白行(B)
排序條件 2(T):
(無)
遞增(N)
遞減(I)
頁首(R)
頁尾(O):
空白行(L)
排序條件 3(E):
(無)
遞增
遞減
頁首
頁尾:
空白行
排序條件 4(Y):
(無)
遞增
遞減
頁首
頁尾:
空白行
總計(G):
標題、合計和總數
自訂總計標題(U):
總計
詳細列舉每個實體(Z)
確定
取消
說明

圖 13-27

4 點選「格式」頁籤，逐一點選左邊的欄位名稱，可在右邊對每個欄位在明細表中顯示的名稱（標題）重新命名，設定標題文字是水平排列或是垂直排列，及在表格中之對齊方式，點選「數量」，設定為「計算總數」，如圖 13-28。'

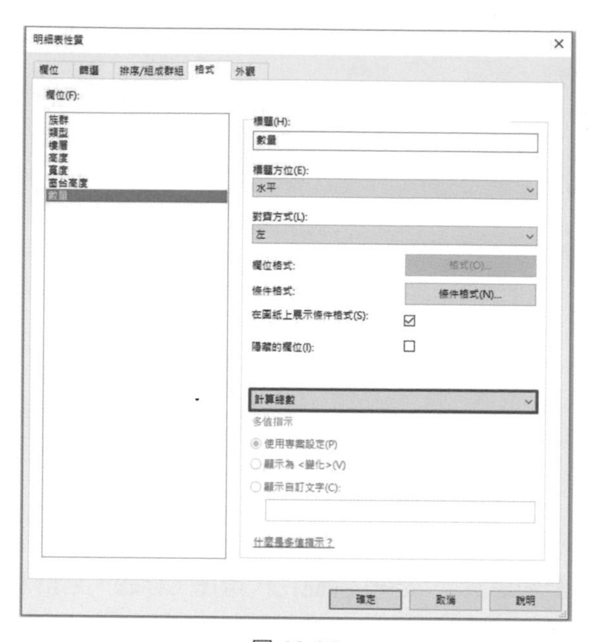

圖 13-28

5 完成步驟 4，按「確定」；視圖切換在「窗明細表」，如圖 13-29。依同理，可製作門明細表等各種明細表。

<窗明細表>

A	B	C	D	E	F	G
族群	類型	樓層	高度	寬度	窗台高度	數量
M_窗-推拉-雙扇	1800 x 1200mm	1FL	120	180	90	1
M_窗-推拉-雙扇	1800 x 1200mm	1FL	120	180	90	1
M_窗-推拉-雙扇	1800 x 1200mm	1FL	120	180	90	1
M_窗-推拉-雙扇	1800 x 1200mm	1FL	120	180	90	1
M_窗-推拉-雙扇	1800 x 1200mm	1FL	120	180	90	1
1FL: 5						5
M_窗-推拉-雙扇	1800 x 1200mm	2FL	120	180	90	1
M_窗-推拉-雙扇	1800 x 1200mm	2FL	120	180	90	1
M_窗-推拉-雙扇	1800 x 1200mm	2FL	120	180	90	1
M_窗-推拉-雙扇	1800 x 1200mm	2FL	120	180	90	1
M_窗-推拉-雙扇	1800 x 1200mm	2FL	120	180	90	1
M_窗-推拉-雙扇	1800 x 1200mm	2FL	120	180	90	1
M_窗-推拉-雙扇	1800 x 1200mm	2FL	120	180	90	1
2FL: 7						7
總計: 12						12

圖 13-29

CHAPTER

14

協同作業

現今工程複雜度，隨著時代的進步，變得越來越複雜，為了降低在規劃設計過程中，減低所耗費之人力、物力及時間，Revit 提供協同作業的工作模式，可使多位使用者經由網路，透過伺服器中的共享資料夾來存取及修改檔案，並由使用者在不同地點、不同地方作業完成的成果，回傳至中央檔案，並提供其他使用者檢視，能夠即時與其他使用者討論及了解其修改及變更之結果，再進行相對應之修改，用以提昇設計規劃效率。

◆ 請讀者打開「範例檔案之第 14 章 \RVT\ 協同作業 .rvt」

14.1 中央檔案設定

14.1.1 專案設定

在設定中央檔案前，須先定義新設專案之基本資訊、單位及基準後，再進行後續之設定，步驟為：❶ 先建立樓層線，❷ 基準網格線，如圖 14-1。

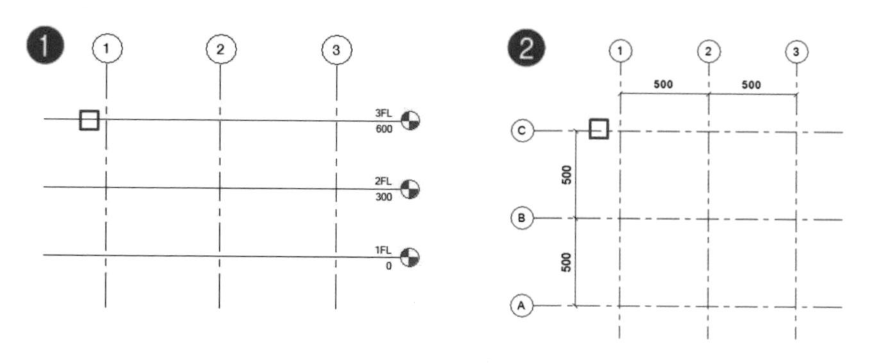

圖 14-1

14.1.2 建立工作集

在使用協同作業，主要模型管理人員，在協同作業中，藉由 Revit 工作集的功能，將模型建置之工作進行任務分派，點選工作集功能後，將檔案變為中央檔案型式，並定義其名稱。

1 ❶ 切換到「協同作業」業籤，❷ 點選「工作集」，如圖 14-2。

圖 14-2

2 ❶ 切換到「工作公用」對話框，❷ 點選「將樓層和網格移至工作集（M）」，選擇「共用的樓層和網格」，❸「將剩餘的元素（R）」，使用內定設定，❹ 完成後按「確定」，如圖 14-3。

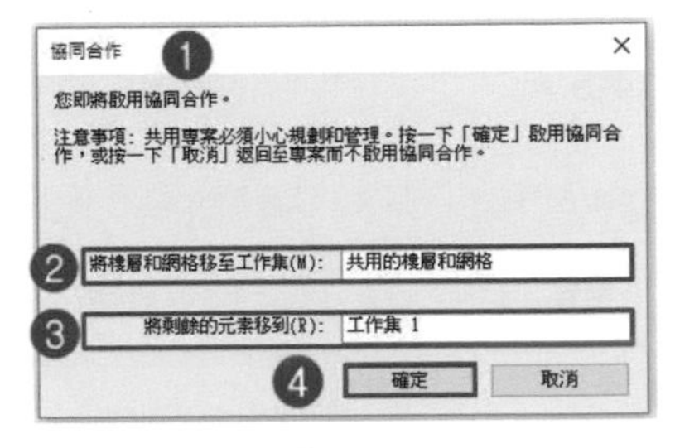

圖 14-3

3 ❶ 開啟「工作集」對話框，❷ 點選「新建（M）」，❸ 開啟「新工作集」，輸入所需工作集名稱，❹ 切換回「工作集」對話框，❺ 請讀者完成「結構」、「建築」，❻ 將「工作集 1」更名為「機電」，❼ 完成後按「確定」，如圖 14-4。

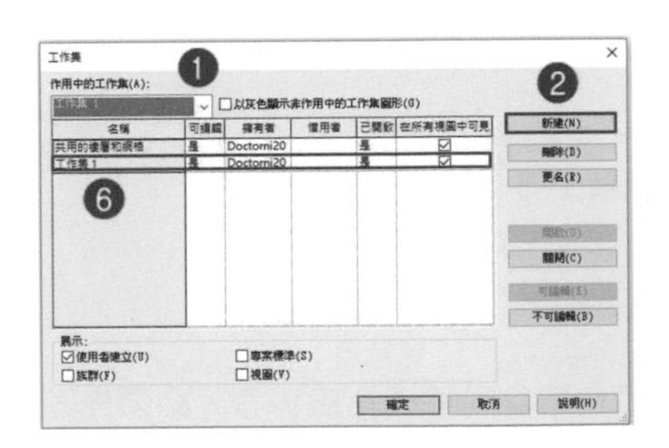

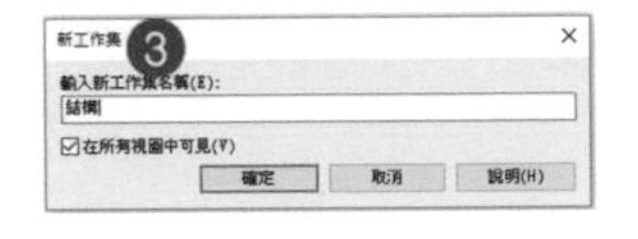

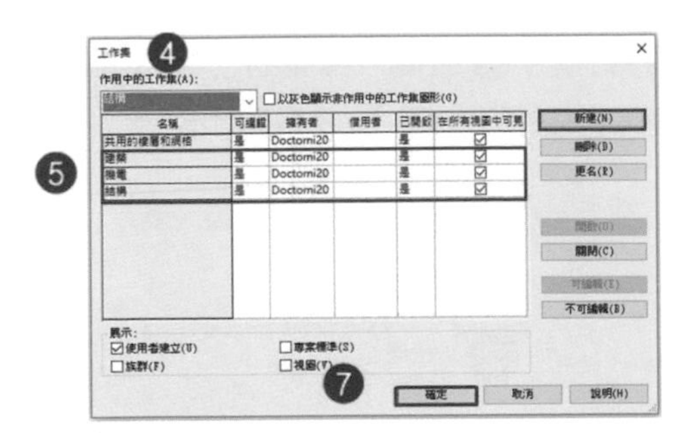

圖 14-4

14.2 儲存中央檔案

當工作集設定完成後，❶ 在功能區「檔案」頁籤，❷ 點選「另存」，❸ 開啟功能表，選擇「專案」型式，❹ 開啟「另存新檔」對話框，選擇儲存位置（伺服器或共用資料夾），❺ 填註檔名，❻ 點選「儲存」，完成儲存（當中央檔案完成指定位置儲存，儲存後將無法再使用存檔功能，因為檔案已變為中央檔案格式），如圖 14-5。

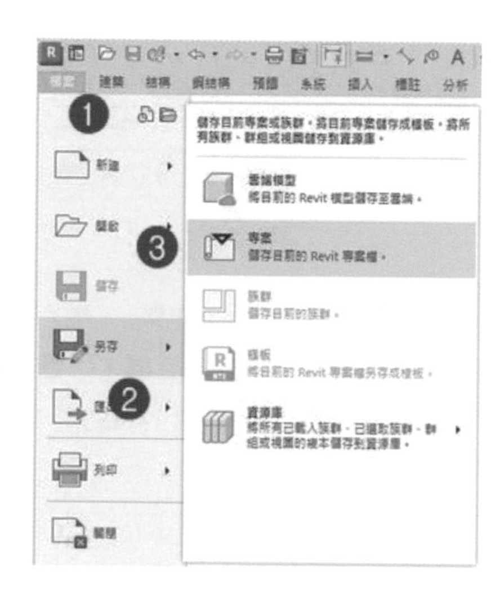

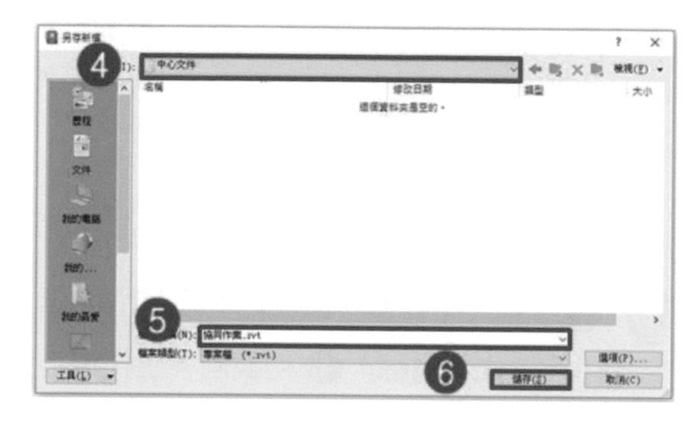

圖 14-5

14.2.1 放棄權限

❶ 當中央檔案完成後，因新建工作集會同時成為擁有者，必須先同步功能中「放棄所有我的功能」，將工作集的擁有權限拋棄，❷ 點選「工作集」；❸ 開啟「工作集」對話框，❹ 確認「擁有者」欄位為空白，❺ 完成後按「確定」，使工作未有使用者使用。如圖 14-6 及圖 14-7。

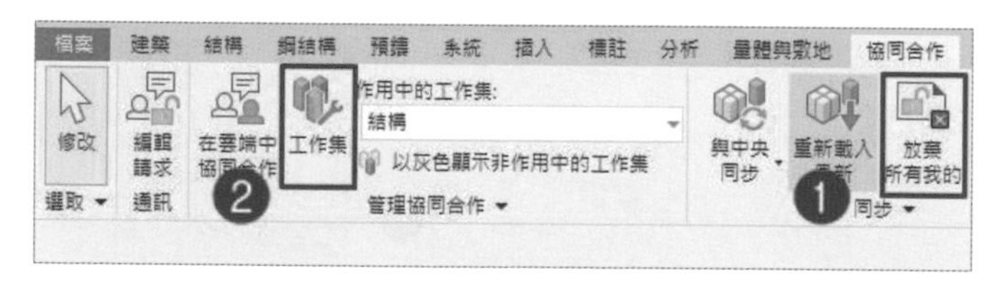

圖 14-6

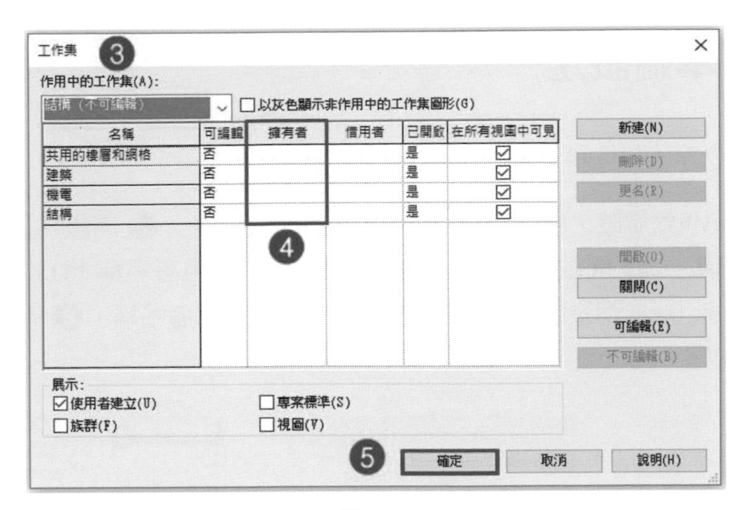

圖 14-7

14.2.2 與中央同步

❶ 在「協同作業」頁籤中，點選「與中央同步」功能，❷ 點選「同步與修改設定」，❸ 開啟「與中央同步」對話框，點選「確定」，將設定儲存至中央檔案，❹ 點選應用程式功能列之「關閉」功能，❺ 可至所儲存的資料夾路徑中檢視中央檔案，可看見包含一個專案檔及兩個資料夾，如圖 14-8。

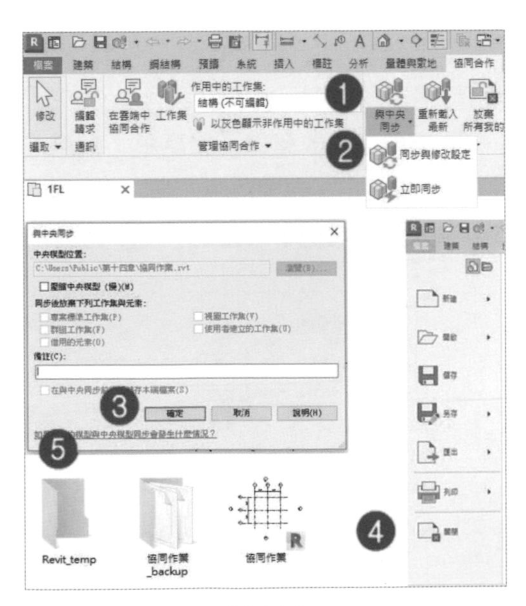

圖 14-8

14.3 本端設定

14.3.1 設定使用者名稱

1 開啟 Revit 軟體時，❶ 在左上方之應用程式功能表，❷ 開啟功能列，❸ 點選「選項」，❹ 開啟「選項」對話框，❺ 在「使用者名稱（U）」，如果使用 Autodesk Revit 商業版，會以登入軟體所有人為使用者名稱，❻ 完成後按「確定」，如圖 14-9。

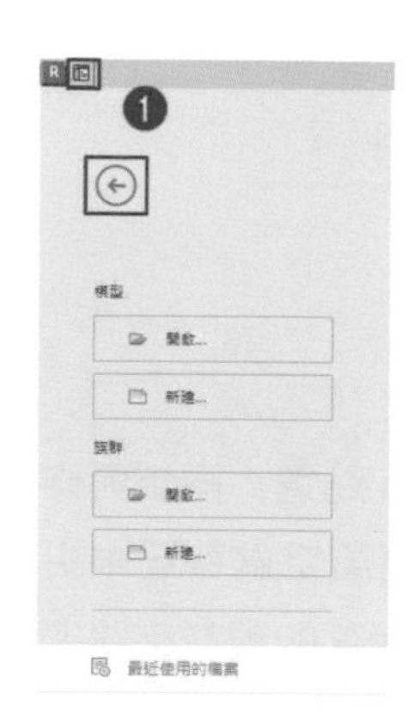

圖 14-9

14.3.2 建立本端連結

1 ❶ 點選「開啟」，❷ 開啟「開啟舊檔」對話框，點選「協同作業 .rvt」❸ 勾選「建立新本端」（第一次使用本端開啟時，須注意勾選本端，若沒勾選，而直接開啟，將會影響中央檔案與其他本端連結），❹ 點選「開啟」，如圖 14-10。

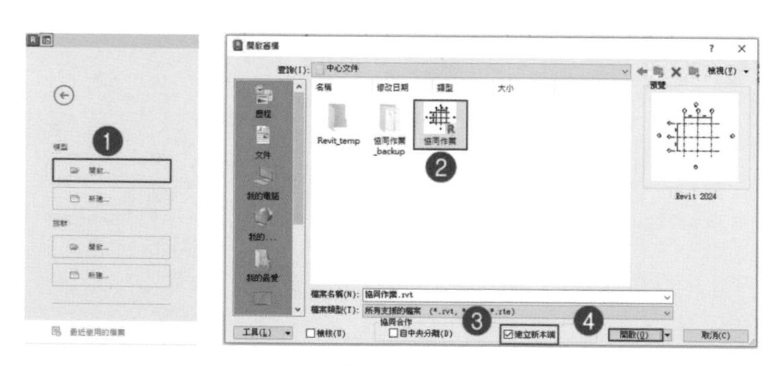

圖 14-10

2 ❶ 點選「開啟」，❷ 開啟「開啟舊檔」對話框，點選「協同作業 .rvt」❸ 勾選「建立新本端」(第一次使用本端開啟時，須注意勾選本端，若沒勾選，而直接開啟，將會影響中央檔案與其他本端連結)，❹ 點選「開啟」，如圖 14-11。

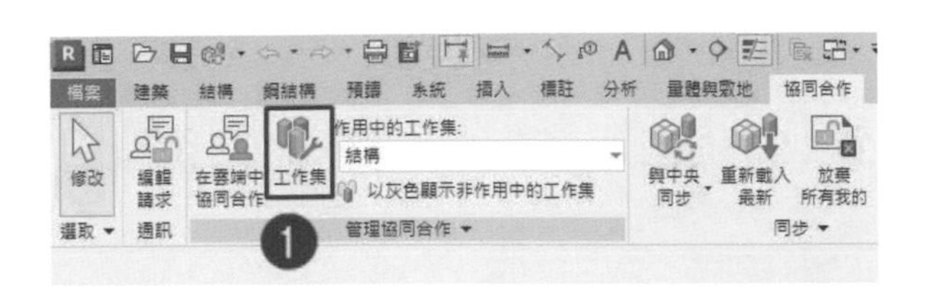

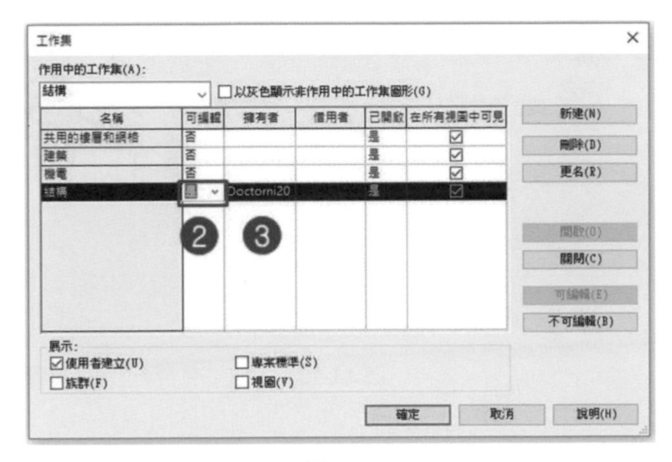

圖 14-11

3 選擇工作集所有權人後，在建置模型前，需要在作用中之工作集中，選擇使用者所擁有之工作集，❶ 點選「作用中的工作集」，選擇「結構」，下方為不可編輯工作集，❷ 在「結構」使用者「Doctorni20」之工作集檔案中，建置模型，如圖 14-12。

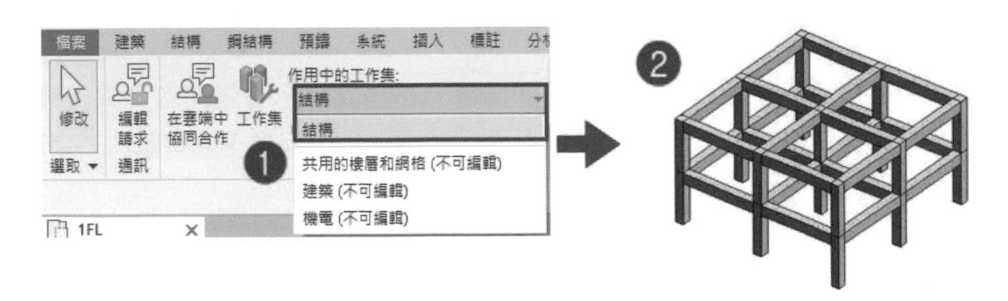

圖 14-12

4 ❶ 完成步驟 3 後，將檔案另存「專案」，❷ 開啟「另存新檔」對話框，❸ 檔案名稱會自動將檔名後面，再加上所有人名稱，如「協同作業 _Doctorni20.rvt」，完成後儲存，如圖 14-13。

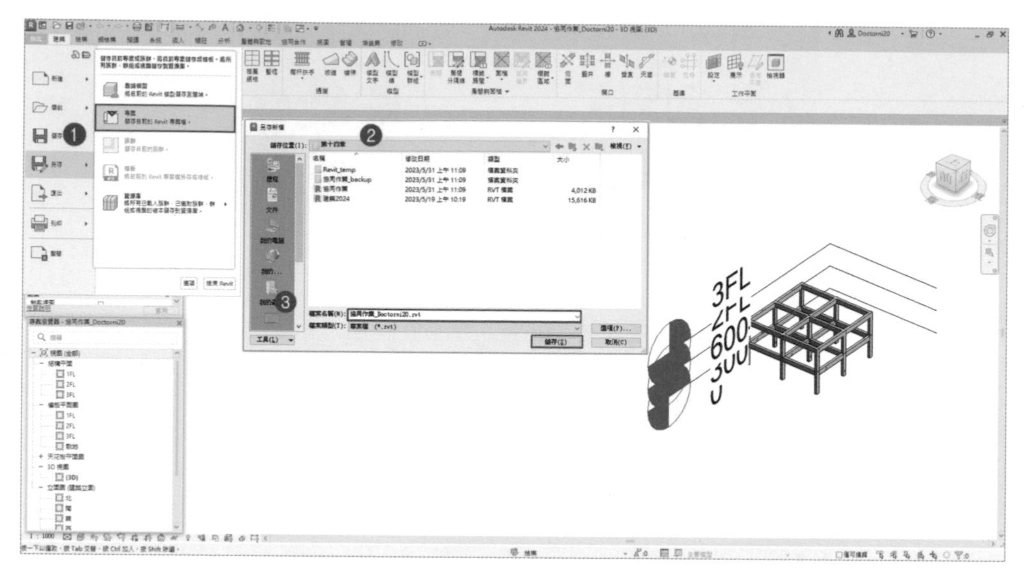

圖 14-13

14.4 工作授權

14.4.1 檢視元件工作集

要使用工作授權，必須要有另一台電腦，並安裝正確版本的使用者，方能進行工作授權作業。

1 ❶ 如果使用網路連線，必須互相連通後，在另外一台電腦開啟中央端模型，❷ 開啟後，會產生「重複的名稱」，按「將時間戳記附加至既有副本」，就會直接開啟檔案，如圖 14-14。

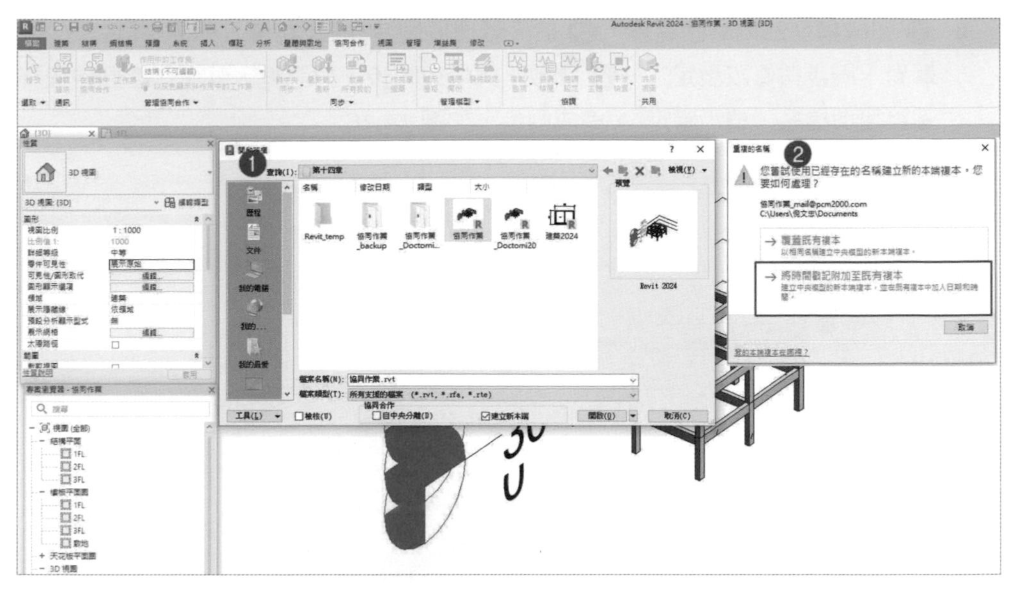

圖 14-14

2 ❶ 將開啟的檔案，在「協同合作」頁籤下，於「管理協同合作」，點選「作用中的工作集」，切換到「建築（不可編輯）」，如圖 14-15。

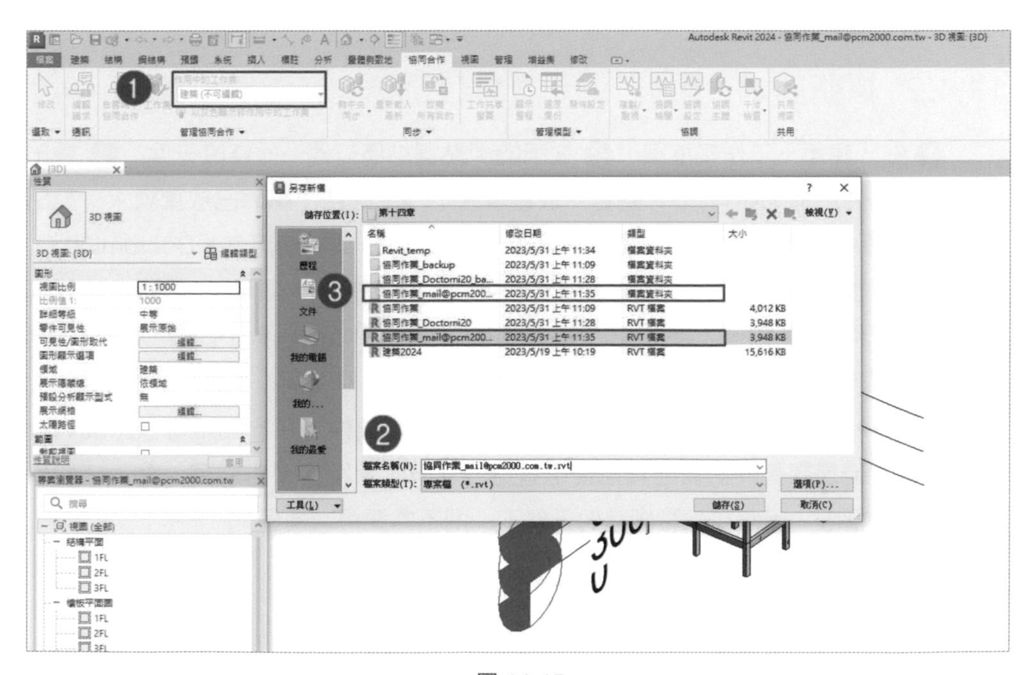

圖 14-15

3 ❶ 完成模型四周牆面建置，❷ 於「管理協同合作」，點選「與中央同步」，點擊到「同步與修改設定 」，❸ 開啟「與中央同步」對話框，就可以看到中央檔案路徑與檔名，按「確定」，完成同步，如圖 14-16。

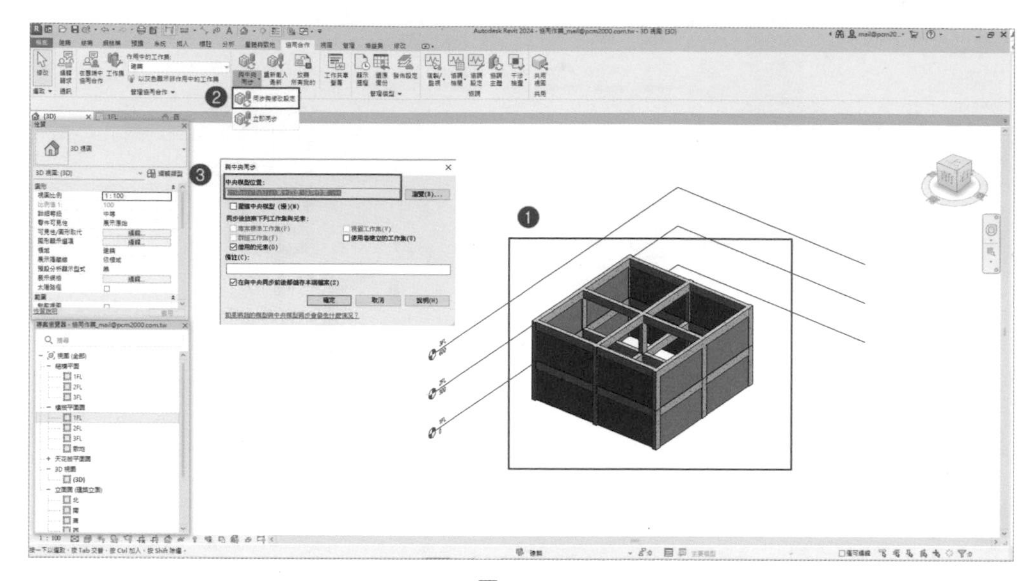

圖 14-16

14.4.2 編輯請求

❶ 在「建築」工作集檔案，❷ 在視圖中點選結構元件，並修改元件，❸ 會出現警告對話框，並有 ，點選「放置請求」，❹ 開啟「編輯已放置請求」對話框，❺ 確認後按「關閉」；❻ 切換到「結構」工作集，使用者「Doctorni20」，❼ 打開檔案後，會看見「編輯請求已接收」，❽ 點選「顯示」，可顯示請求編輯之元件，❾ 點選「授予」，會將編輯權限交由請求的申請者；❿ 切換到「建築」工作集檔案，再點選原變更之元件，可看見 圖示，已經沒有出現了。如圖 14-17 及圖 14-18、圖 14-19。(授權變更之元件，在本端中可任意編輯該元件，但是該元件影響到其他使用者之元件時，會跳出警告視窗，警示該使用者沒有權限，因此在不影響其他元件下，則不需要再次授予。)

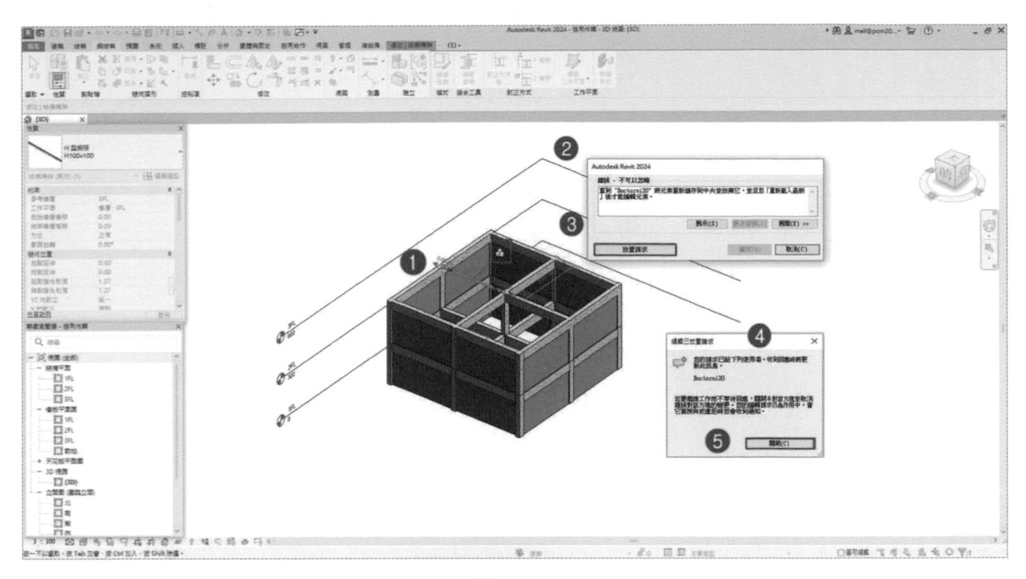

圖 14-17

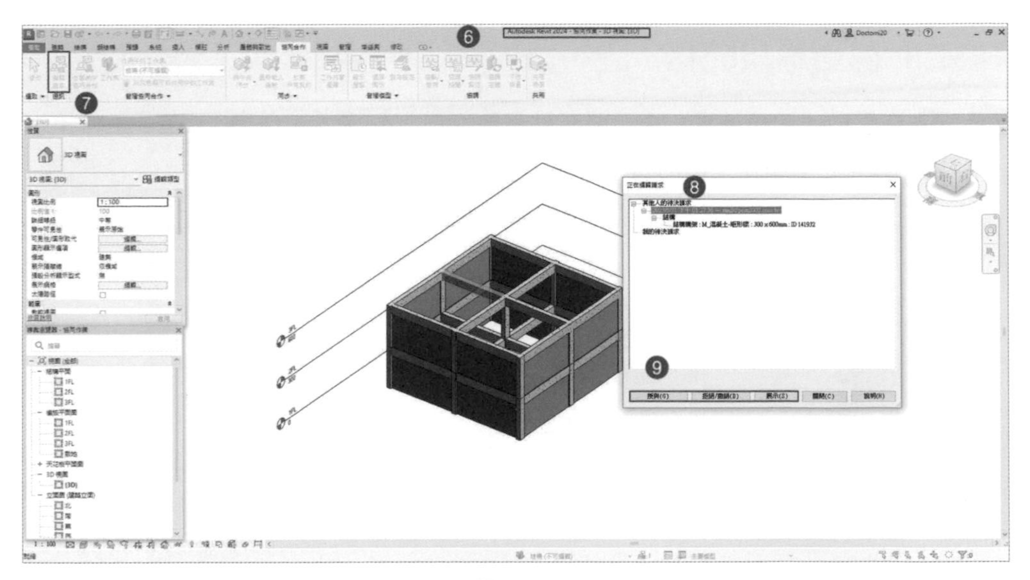

圖 14-18

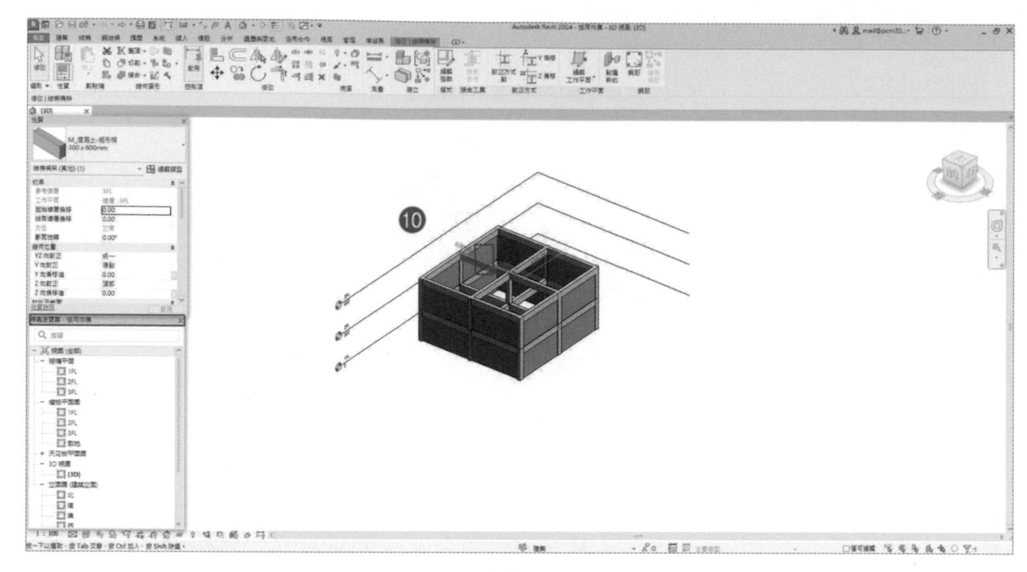

圖 14-19

14.4.3 歸還借用元件

1 ❶ 在完成「編輯請求」後，將元件修改完成，點選「工作集」，在「工作集」對話框中，可看見「借用者」名稱，如圖 14-20。

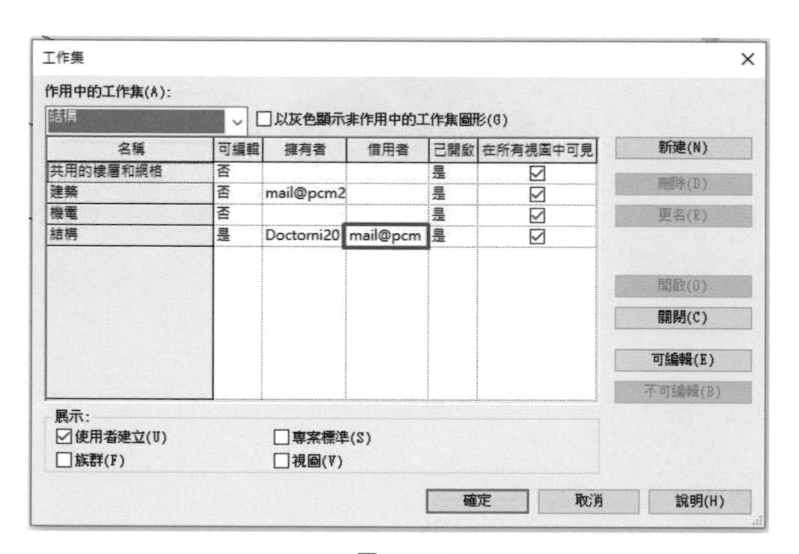

圖 14-20

2 ❶ 在功能區「協同合作」，點選「與中央同步」-「同步與修改設定」；❷ 開啟「與中央同步」對話框，如果中央檔案過大，可勾選「壓縮中央模型」將中央模型精簡，加快開啟速度，❸ 勾選「借用元素」，❹ 可在「備註」輸入同步存檔之文字備註，方便後續作業，❺ 完成後按「確定」，完成與中央同步後將會歸還授予標輯元件。如圖 14-21。

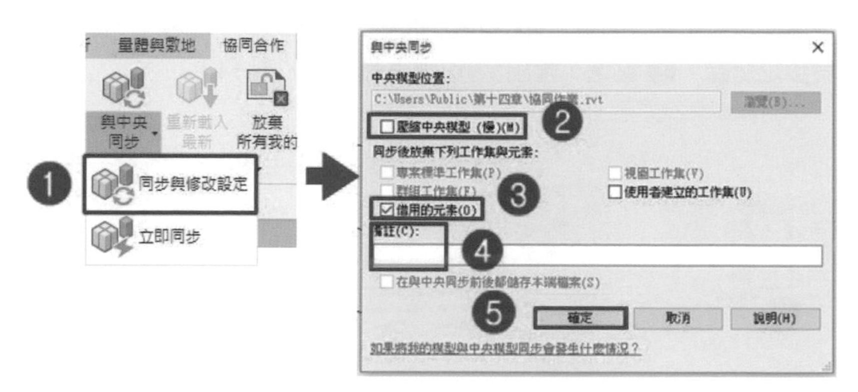

圖 14-21

3 點選「工作集」，在「工作集」對話框中，可看見「借用者」名稱之接用者已歸還元件，如圖 14-22。

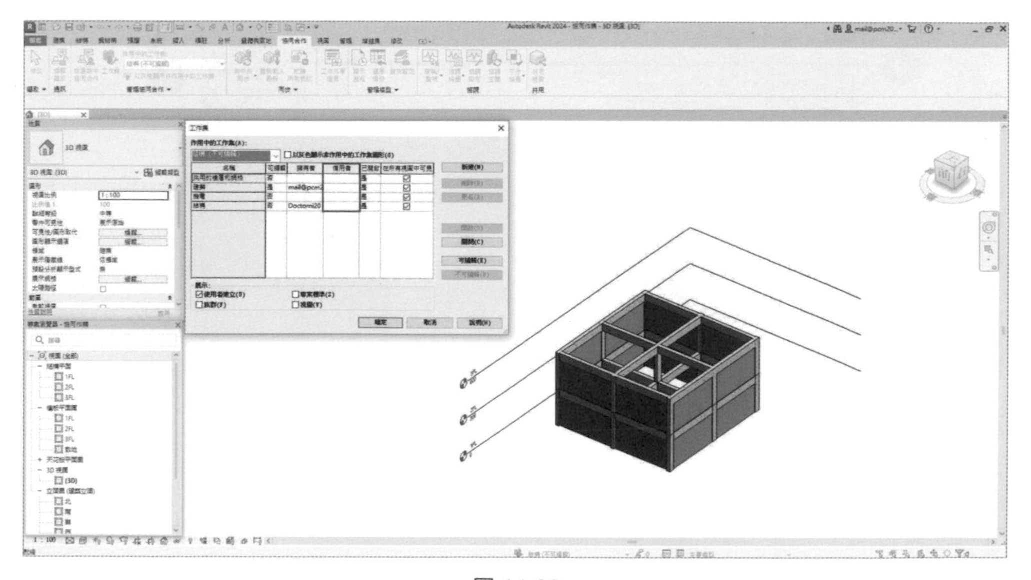

圖 14-22

14.4.4 展示歷程

每一次與中央檔案同步後，皆會留下紀錄，可以藉由「展示歷程」功能點選欲調閱之中心檔案來調閱同步紀錄。

❶ 在完成「協同合作」頁籤，點選「展示歷程」；❷ 開啟「展示歷程」對話框，選擇所需之中心檔案，❸ 點選「開啟」；❹ 開啟「歷程」對話框中，可看見同步之紀錄，❺ 點選「匯出」，可匯出報告。如圖 14-23。

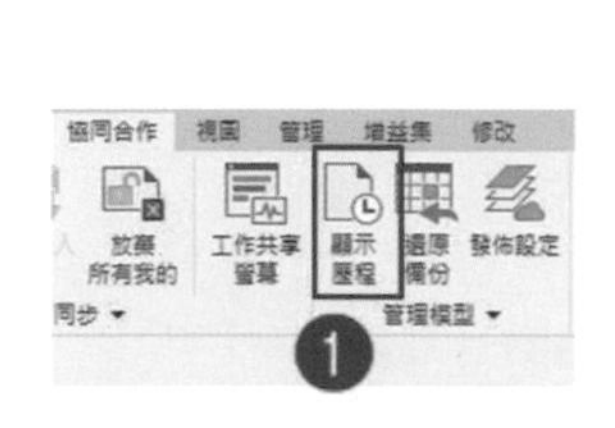

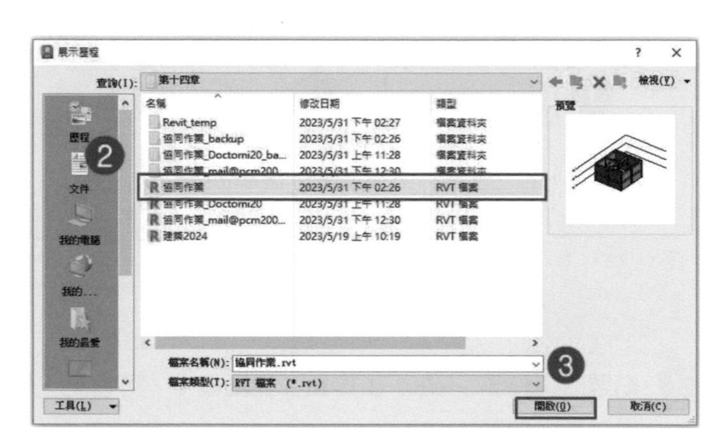

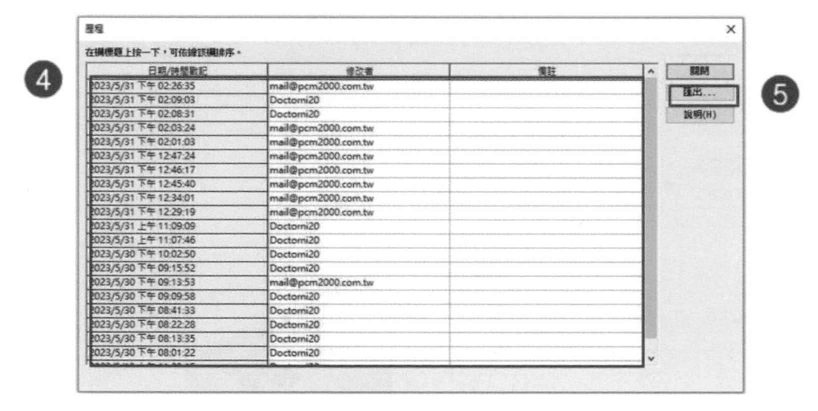

圖 14-23

14.4.5 工作共用顯示設定

使用視圖控制列中之工作共用顯示設定，將模型中之元件，依照不同的共用情況，使用不同的顏色來檢視。

❶ 點選視圖控制列中之「工作共用」功能，❷「不同工作共用顯示的顏色設定」，❸ 選擇工作共用顯示型式，如圖 14-24。

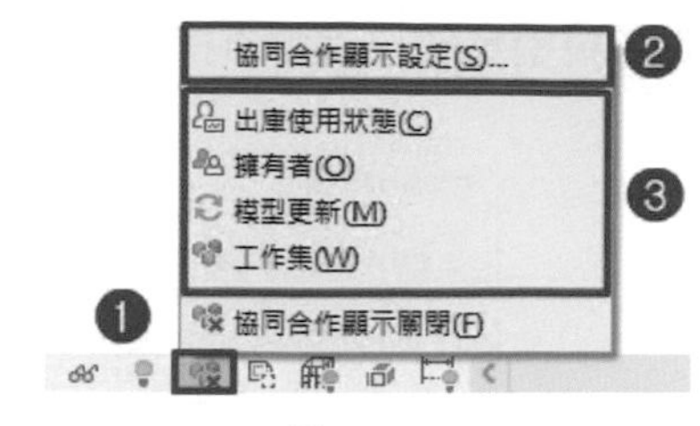

圖 14-24

1. **出庫使用狀態**：使用者與其他使用者，用不同顏色區份，如圖 14-25。

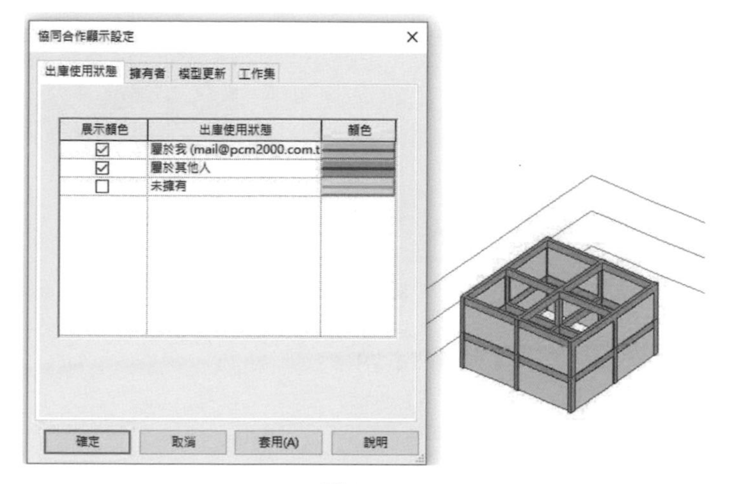

圖 14-25

2. **擁有者**：依元件擁有者展示顏色，如圖 14-26。

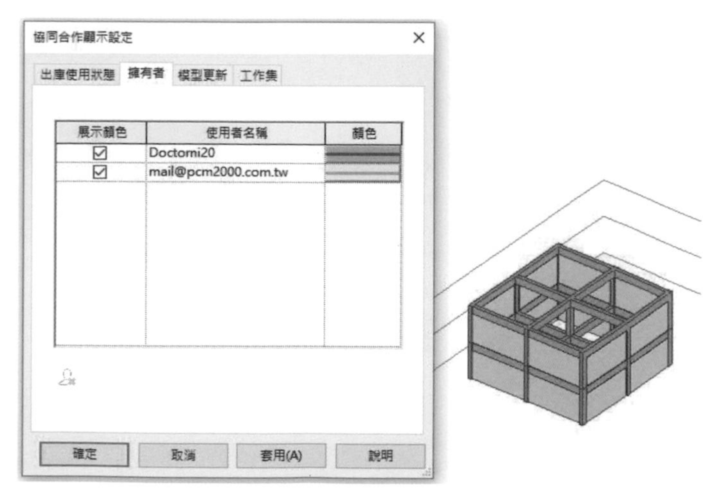

圖 14-26

3. **模型更新**：當中央模型與本端使用者之模型差異，以顏色展示，如圖 14-27。

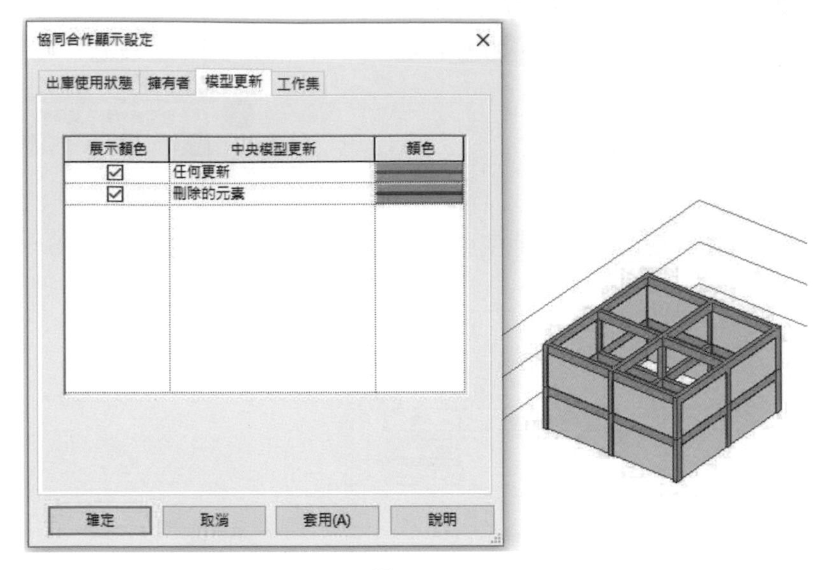

圖 14-27

4. **工作集**：依元件展示顏色，如圖 14-28。

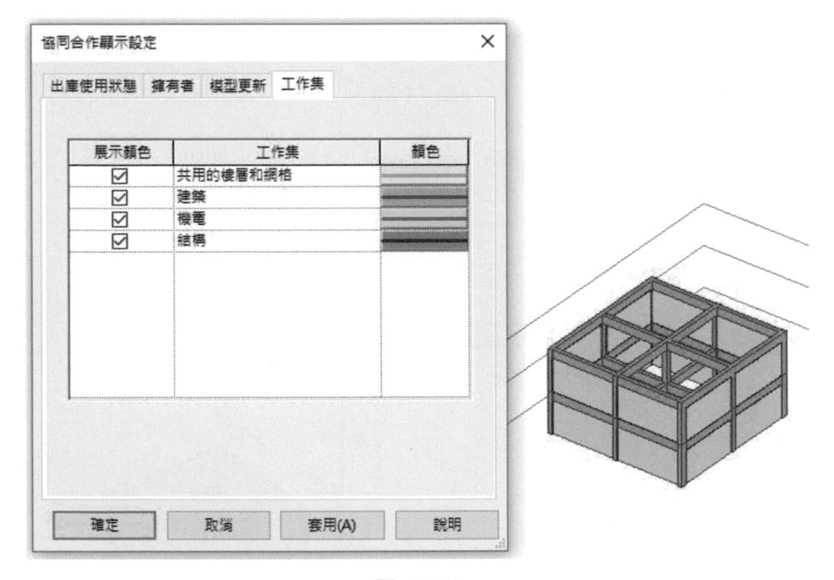

圖 14-28

基礎鋼筋配筋

15.1 Revit Structure 專案建立

15.2 基礎鋼筋繪製

以 Revit 建立專案時，須依 Revit 的特性，來建構模型；如果未來模型須進行結構分析，不建議使用 Construction　DefaultMetricCHT.rte 樣板檔來進行結構專案，建議使用「Structural Analysis-DefaultTWNCHT.rte」樣板檔，另需依 Revit® Structure 重新繪製結構構件，才能進行鋼筋配置及結構分析作業；本書僅對結構之鋼筋配筋繪製做一教學。

15.1 Revit Structure 專案建立

15.1.1 新建 Revit Structure 專案

❶ 開啟 Revit，點選在「新建」功能，❷ 開啟「新專案」視窗，點選「瀏覽」，❸ 開啟「選擇樣板」視窗，點選「Structural Analysis-DefaultTWNCHT.rte」，❹ 完成後，點選「開啟」，如圖 15-1。

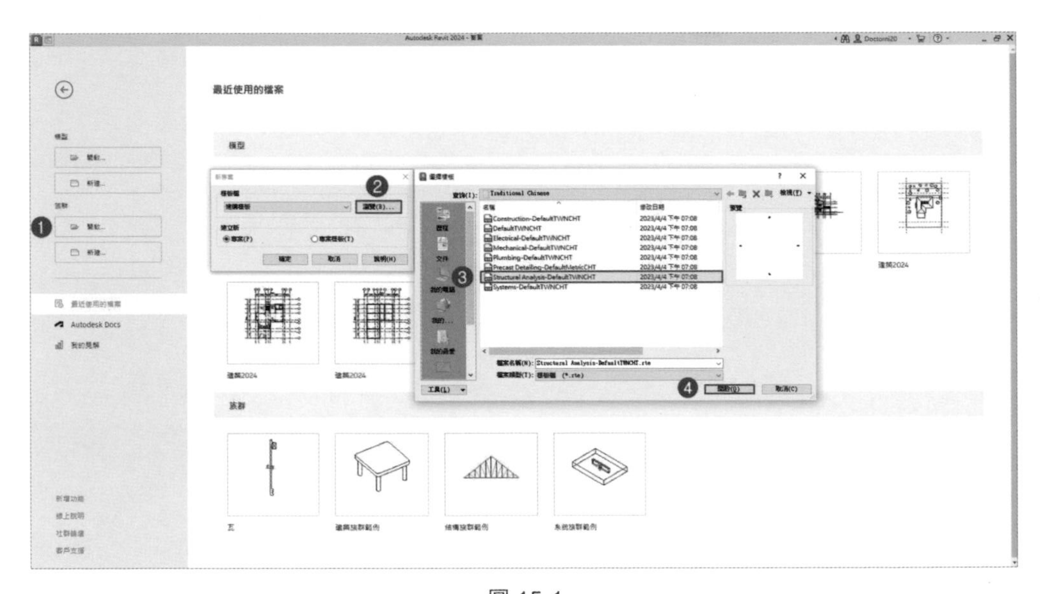

圖 15-1

15.1.2 建立專案

請讀者在開啟「Structural Analysis-DefaultTWNCHT.rte」樣板檔後，請依第四章之程序完成結構專案繪製（完成之範例於光碟之第 15 章 _2024 結構（配筋）.rvt），如圖 15-2。

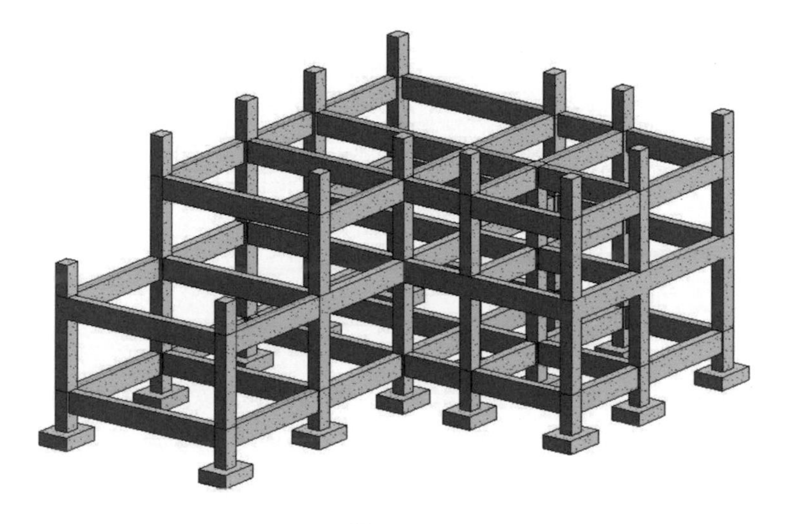

圖 15-2

15.2 基礎鋼筋繪製

基礎結構之工具，被放置在功能區之「結構」頁籤下的「結構」，可分為「獨立」、「牆」、「樓板」三種，一般工程樓板被歸類「結構」下，需在此「結構」頁籤下繪製，才會被歸類在「結構」資料中；另繪製鋼筋功能，主要有「鋼筋」、「區域」、「路徑」、「鋼筋網區域」、「鋼筋網」、「保護層」、「鋼筋續接器」如圖 15-3。

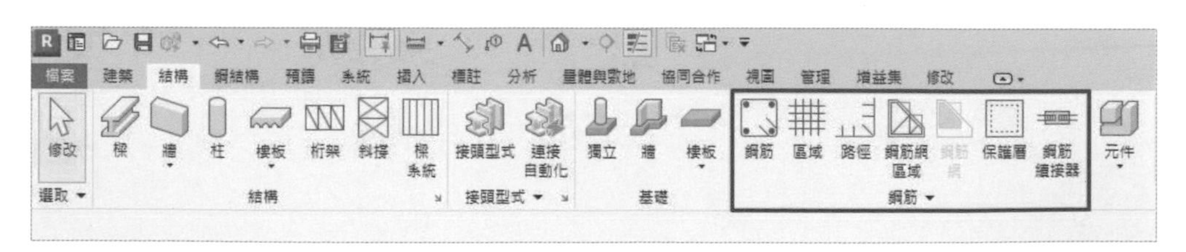

圖 15-3

15.2.1 保護層設定

1. 在「專案瀏覽器」中，切換至「視圖」-「結構平面」-「BO基腳」平面圖，在功能區之「視圖」頁籤，點擊「剖面」工具後，繪製剖面，如圖 15-4。

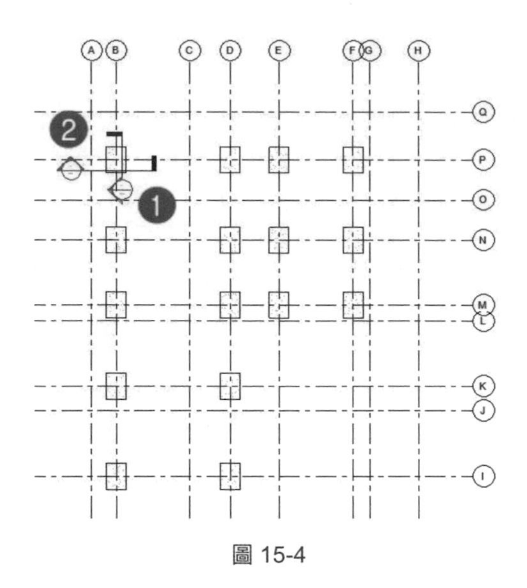

圖 15-4

2. 完成剖面繪製後，連續點擊視圖中 剖面符號兩次，切換視圖在「剖面 1」中，❶ 切換功能區至「結構」-「鋼筋」，選擇「保護層」 後，❷ 點選基礎元件，❸ 功能區選項列會增加「鋼筋保護層」選項列，❹ 點擊「保護層設定」 按鈕，❺ 會出現保護層繪製選項，可點選「加入」，新增所需保護層類別。如圖 15-5 及圖 15-6。

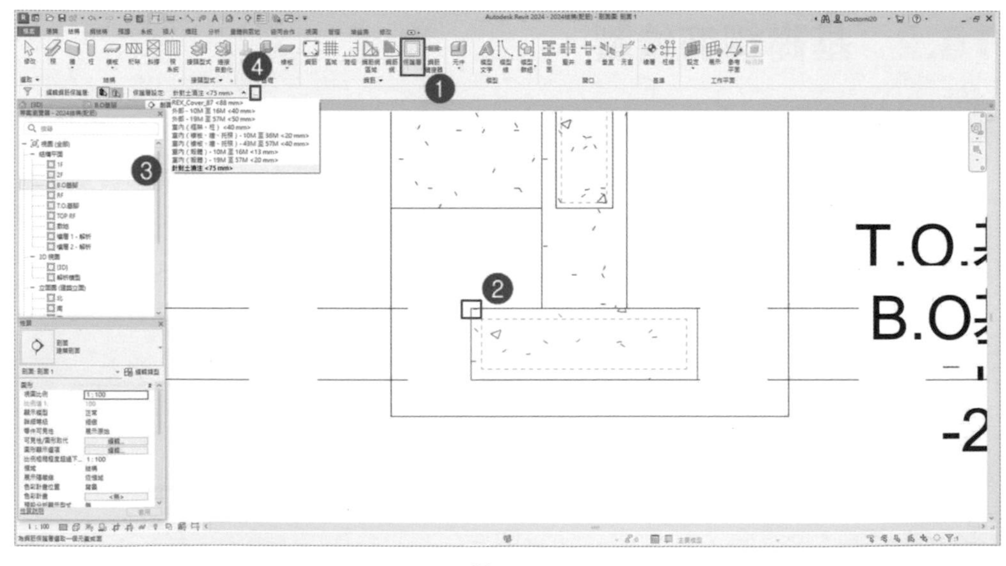

圖 15-5

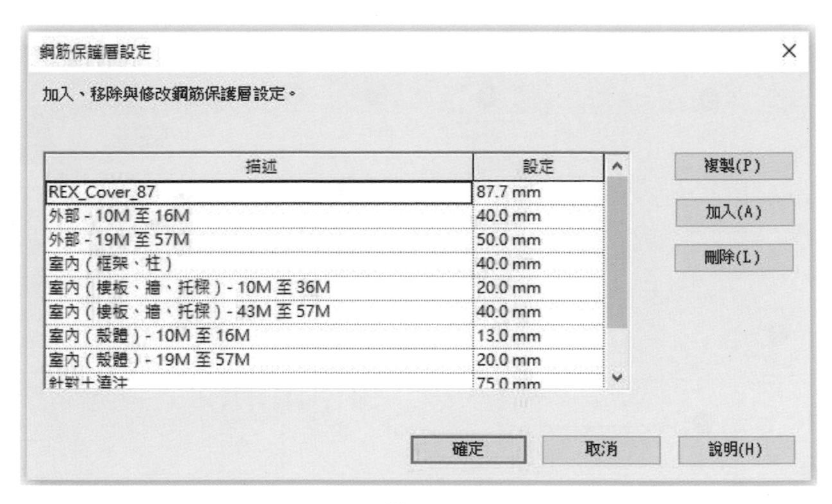

圖 15-6

15.2.2 基礎鋼筋配置

1 在「專案瀏覽器」中，切換至「視圖」-「剖面」(建築剖面)-「剖面 1」平面圖，在功能區之「結構」-「鋼筋」頁籤，繪製「基礎」下層筋，❶ 點擊「鋼筋」 工具後，❷ 可在功能區選項列，選擇「目前的工作平面」，❸ 點選「平行於工作平面」，❹ 設定鋼筋配置「間距」、「數量」之配置方式；❺ 在功能區點擊「鋼筋型式」 按鈕，❻ 會跳出「鋼筋造型瀏覽器」，選擇「鋼筋造型：00」繪製鋼筋，❼ 在「性質」視窗，點選所需直徑，選擇「19M」，❽ 將滑鼠鼠標移至基礎元件內，請靠垂直向之鋼筋保護層邊界選擇，會產生橫向鋼筋配置，反之亦然，❾ 完成鋼筋配置之平面配置，將視圖並列，❿ 設定視圖「詳細等級」為「細緻」，「圖形顯示選項」為「隱藏線」，可以看見實際鋼筋形狀，如圖 15-7。

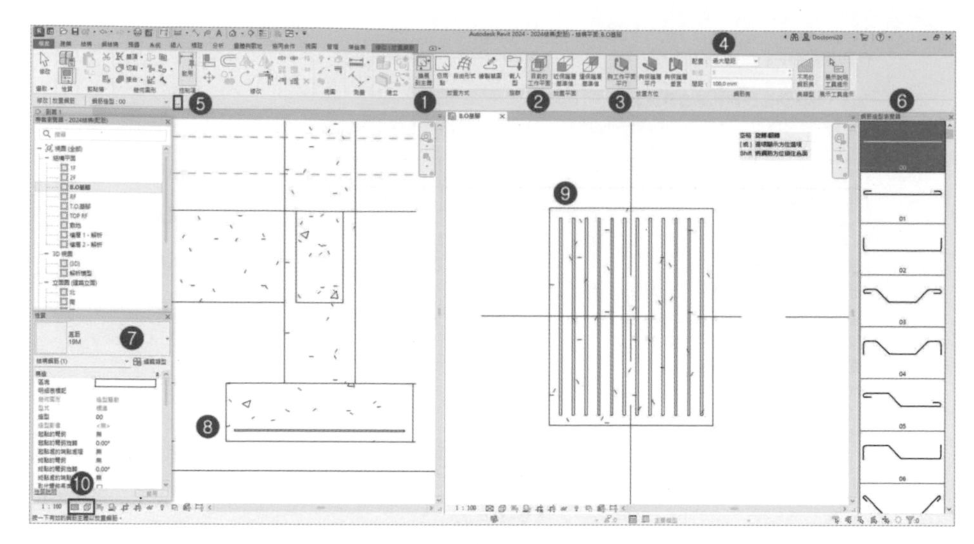

圖 15-7

2 繪製上層筋，❶ 點擊「鋼筋」 工具後，❷ 可在功能區選項列，選擇「目前的工作平面」，❸ 點選「互垂覆蓋」，❹ 設定鋼筋配置「間距」、「數量」之配置方式；❺ 在「鋼筋造型瀏覽器」，選擇「鋼筋造型：00」繪製鋼筋，❻ 在「性質」視窗，點選所需直徑，選擇「16M」，❼ 將滑鼠鼠標移至基礎元件內，請靠橫向之鋼筋保護層邊界選擇，會產生橫向鋼筋配置，反之亦然，❽ 完成鋼筋配置之平面配置，可以看見實際鋼筋形狀，如圖 15-8。

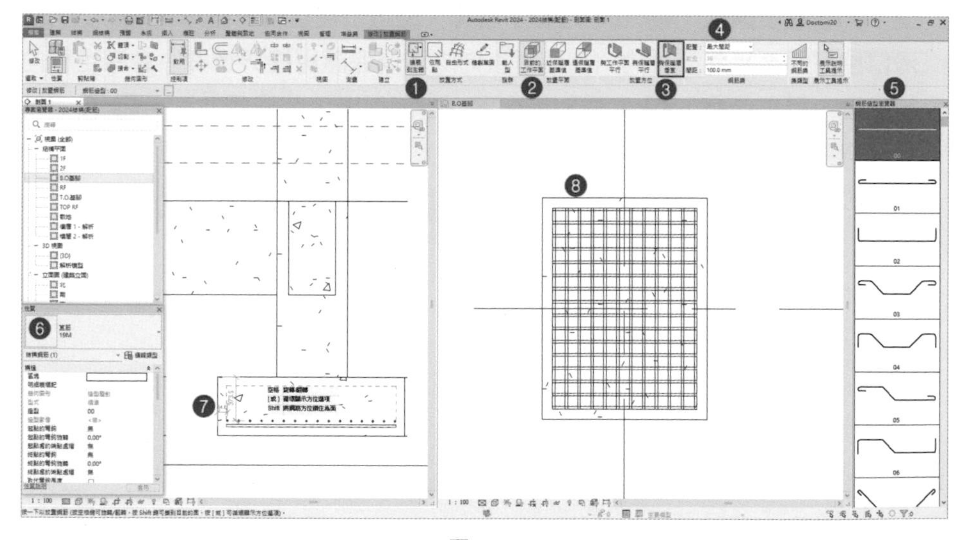

圖 15-8

3 ❶ 在基礎元件高度，繪製一條中點參考平面，如圖 15-9。❷ 點選功能區「修改」-「鏡射」功能，❸ 點選「參考平面」，❹ 完成上層鋼筋複製，如圖 15-10。

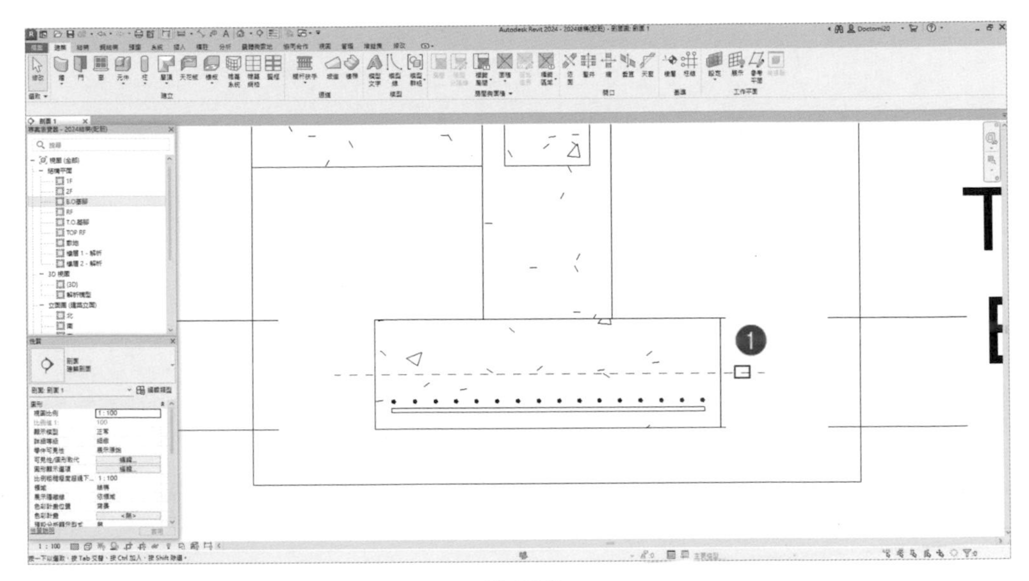

圖 15-9

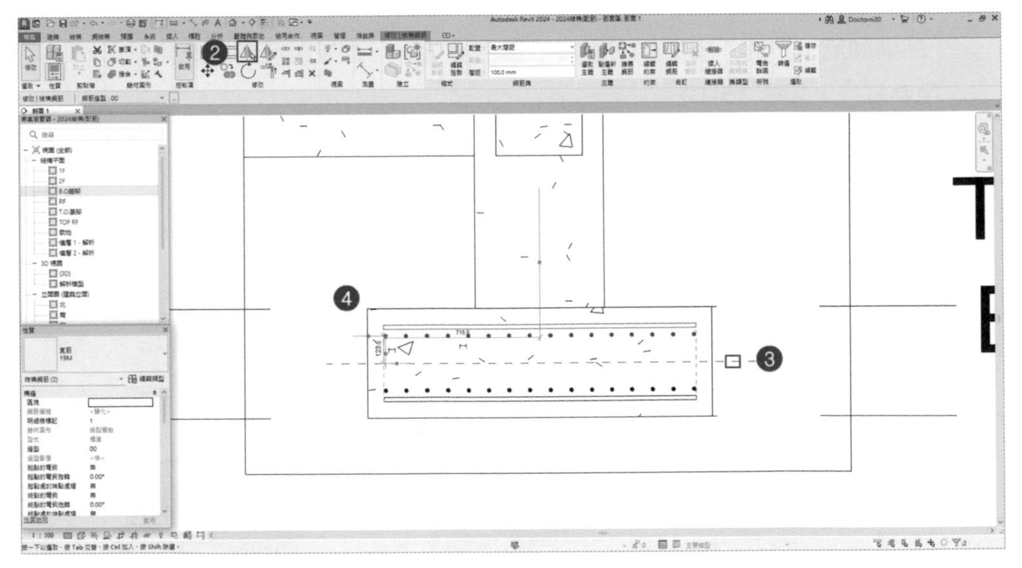

圖 15-10

4 ❶ 分別點選繪製完成之基礎鋼筋配置，❷ 在「性質」視窗之「標記」，填入「FT1」，完成基礎鋼筋標註分類（本動作對後續鋼筋數量計算，比較便捷，完成一種類元件鋼筋配置，即完成元件鋼筋標註），如圖 15-11。

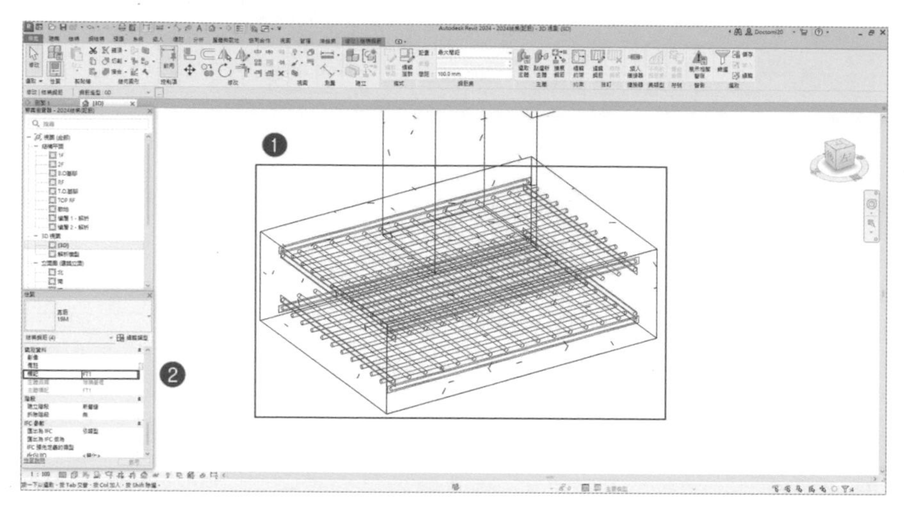

圖 15-11

5 ❶ 圈選基礎鋼筋配置，❷ 在「性質」視窗，點選「可見性 / 圖形取代」之「編輯」，❸ 設定「結構基礎」、「結構柱」、「結構構架」，「透明度」設為「80」，「結構鋼筋」設為「紅色」，❹ 按「套用」，❺ 可看見鋼筋形狀為實體形狀，顏色為紅色，如圖 15-12。

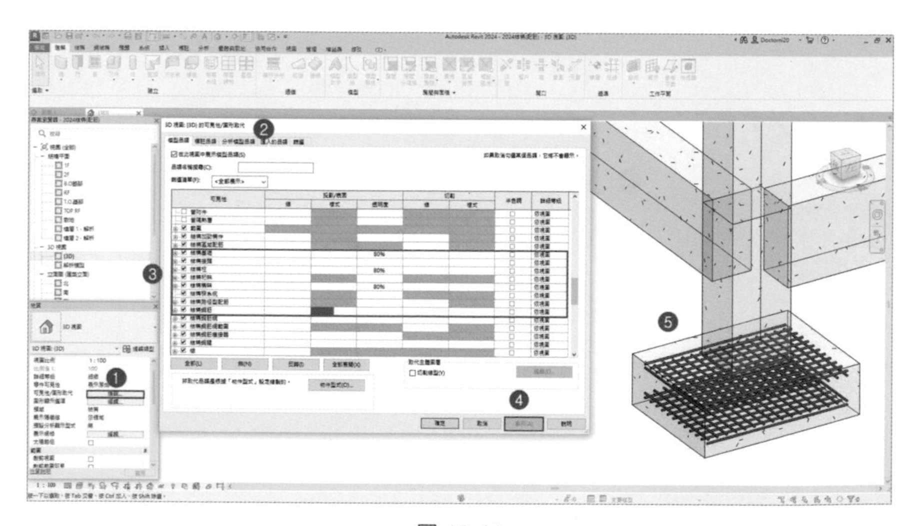

圖 15-12

CHAPTER

16

柱鋼筋配筋

◆ 請讀者打開「範例檔案之第 16 章 \RVT\2024 結構（配筋）.rvt」

16.1 柱鋼筋主筋繪製

16.1.1 保護層設定

1 在「專案瀏覽器」中，切換至「剖面（建築視圖）」-「剖面 2」，在功能區之「結構」頁籤，❶ 點選「鋼筋」-「保護層」，❷ 點擊「編輯鋼筋保護層」，選擇「點選元素」，❸ 點選柱元件，❹ 設定「保護層設定」，選擇「針對土澆注 <75mm」，完成後按「修改」，完成設定，如圖 16-1。

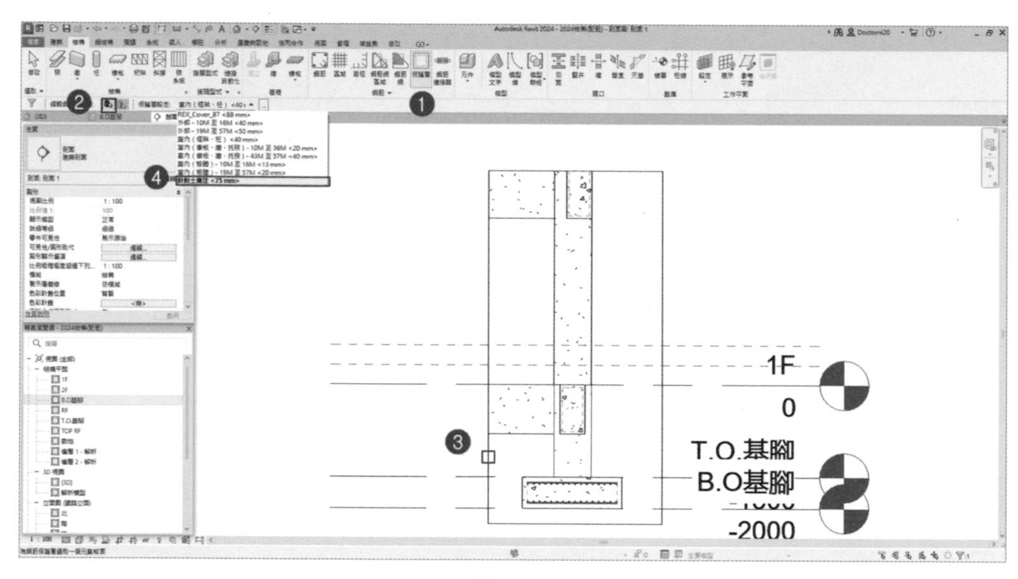

圖 16-1

2 依視圖之距離，繪製兩條參考平面，如圖 16-2。

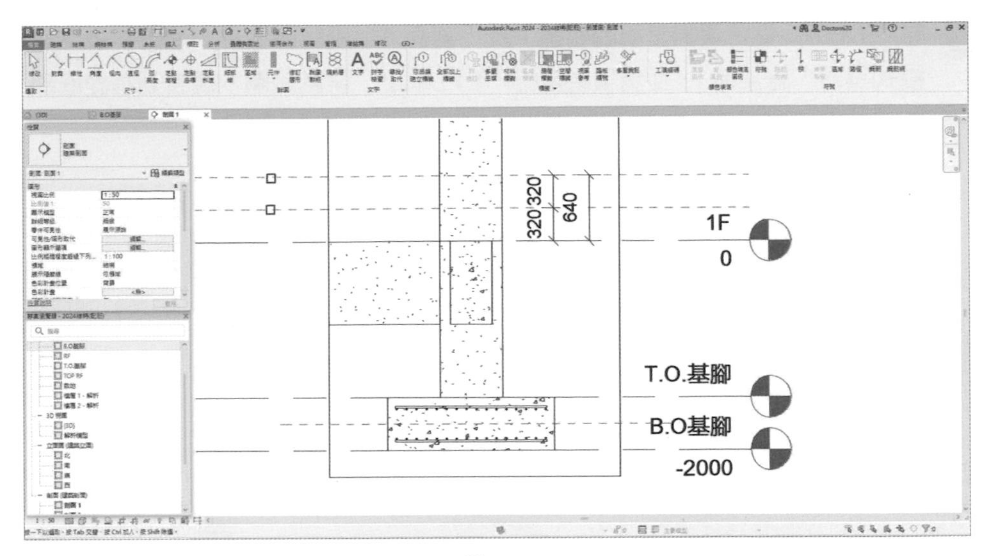

圖 16-2

3 繪製柱箍筋，❶ 在「結構」頁籤中，點擊「鋼筋」工具後，❷ 可在功能區選項列，選擇「近保護層基準值」，❸ 點選「與保護層平行」，❹ 設定鋼筋配置「間距」、「數量」之配置方式；❺ 在「性質」視窗，點選所需直徑，選擇「13M」，❻ 在「鋼筋造型瀏覽器」，選擇「鋼筋造型：T1」繪製鋼筋，❼ 將滑鼠鼠標移至柱元件內，請靠橫向之鋼筋保護層邊界選擇，會產生橫向鋼筋配置，反之亦然，如圖 16-3。

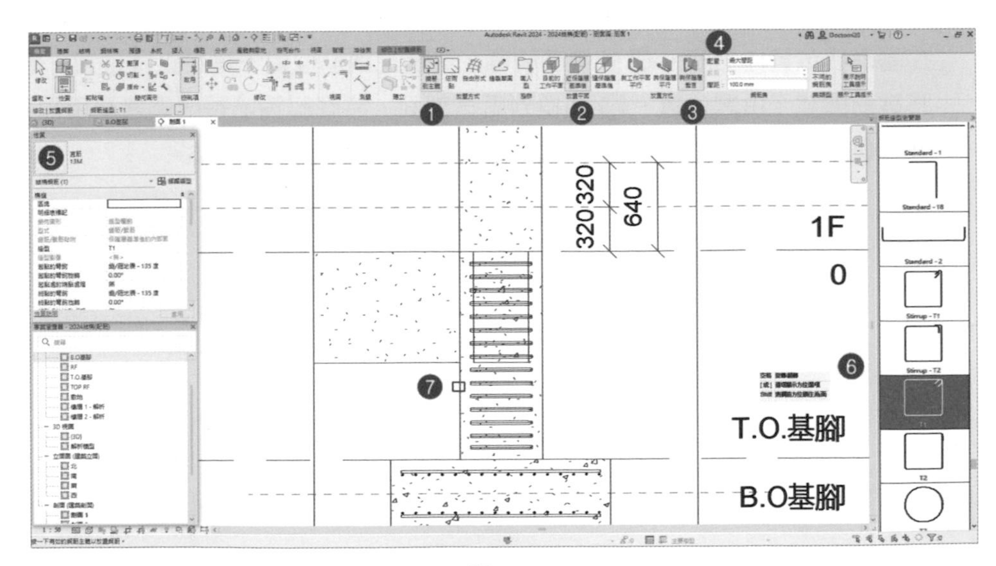

圖 16-3

4 將「1 FL」(記得要調整視圖範圍)及「剖面 1」兩視圖並排，並將兩視圖顯示模式選為「線架構」，並請讀者自行「1 FL」之「視圖範圍」調整到基礎底部，另將基礎鋼筋隱藏，以便後續作業，如圖 16-4。

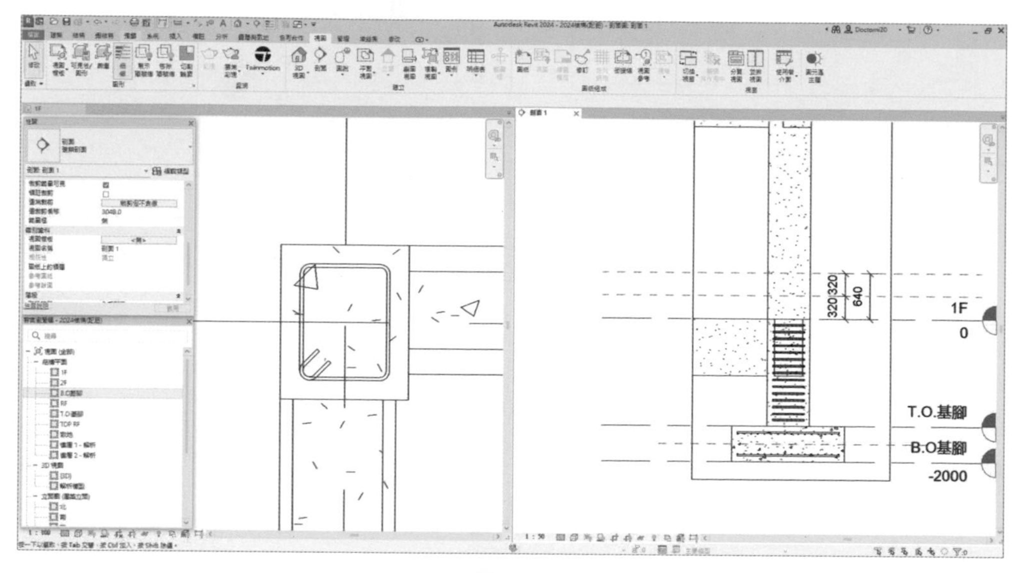

圖 16-4

5 ❶ 在「修改 | 放置 鋼筋」頁籤，點選「鋼筋」，❷ 在「放置平面」，點擊「近保護層參考」，❸ 在「放置方位」，選擇「平行於工作平面」，❹ 在「性質」視窗，選擇 19M 鋼筋，❺ 在「鋼筋造型瀏覽器」點選「鋼筋造型：17A」，❻ 在基礎柱放置柱主筋，❼ 在平面視圖，可看見鋼筋位置不是在正確位置；❽ 將鋼筋調整至所需位置，❾ 切換到垂直剖面，將底部鋼筋長度調整至所需長度，❿ 將垂直鋼筋拉伸至參考平面之長度，如圖 16-5、圖 16-6。

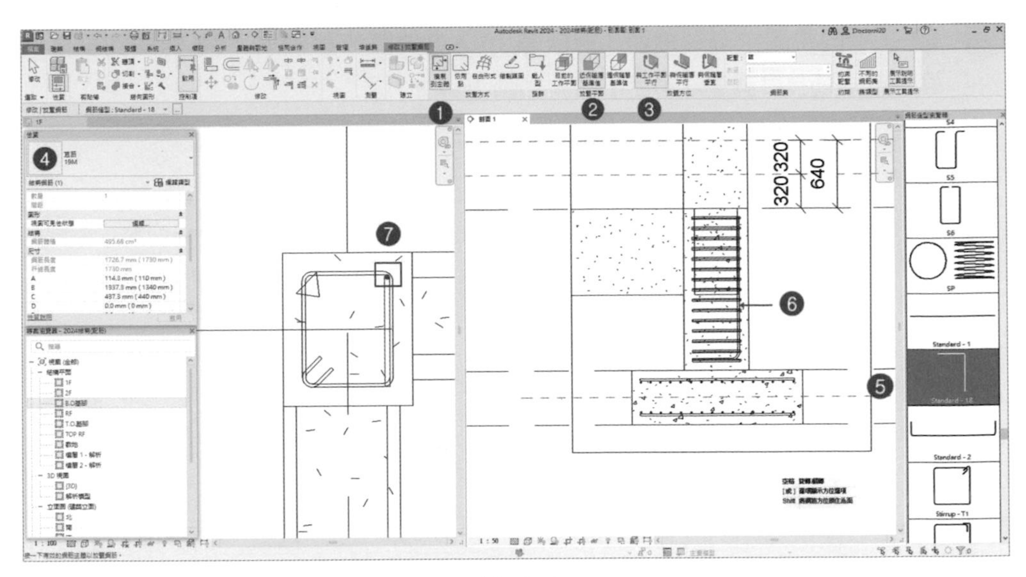

圖 16-5

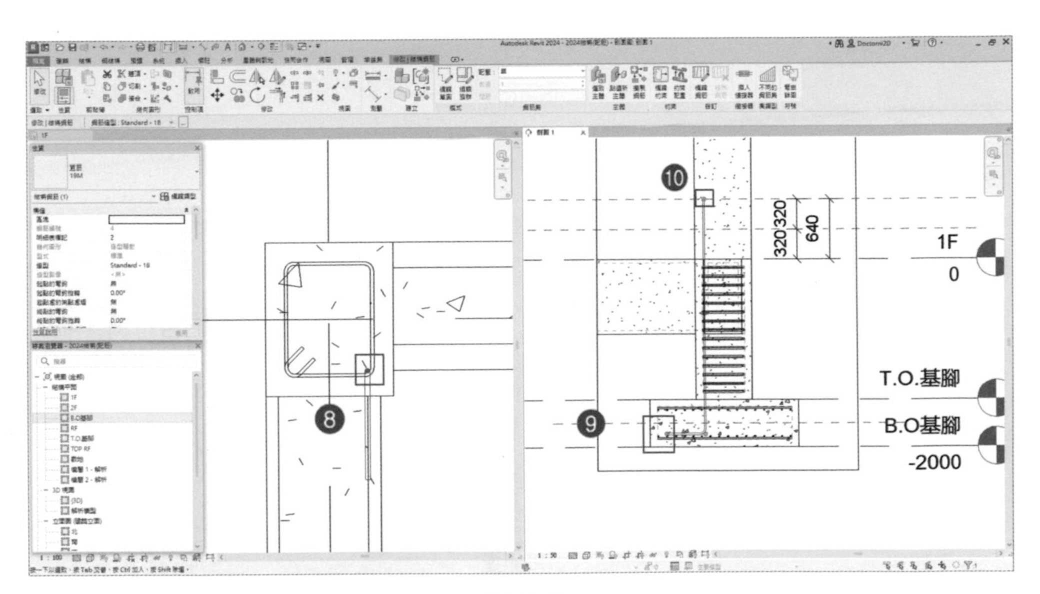

圖 16-6

6 ❶ 在平面視圖中複製鋼筋，並依圖 16-7 之位置放置鋼筋，❷ 切換到垂直剖面，將鋼筋長度調整之參考平面，如圖 16-7。

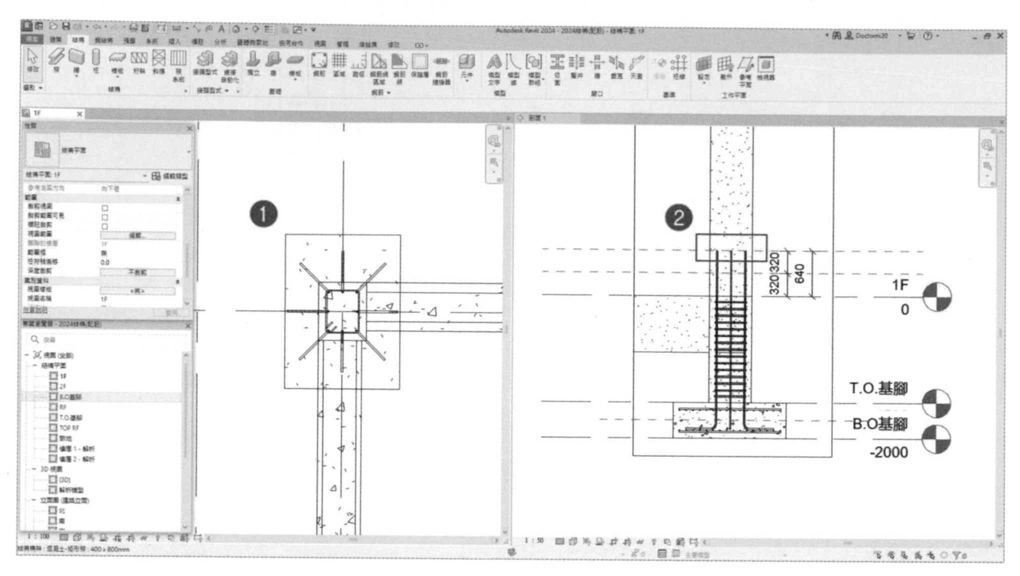

圖 16-7

7 完成 1 樓以上之主筋複製，如圖 16-8。

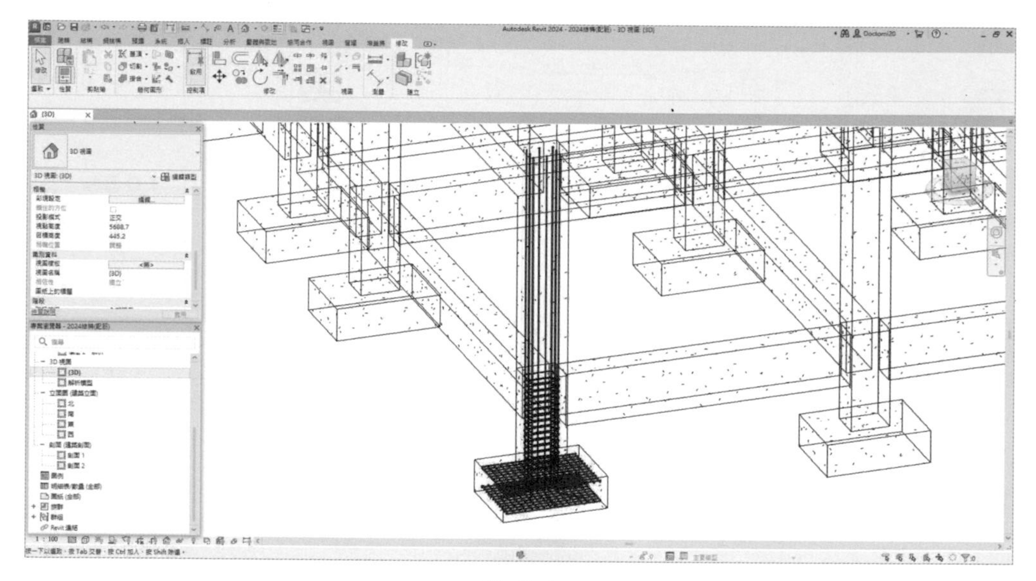

圖 16-8

8 ❶ 切換到「結構」頁籤下，❷ 點選「鋼筋續接器」，❸ 開啟警告視窗，❹ 同意載入結構鋼筋續接器；❺ 開啟「載入族群」視窗，選擇「M_ 標準續接器」(檔案位置 C:\ProgramData\Autodesk\RVT 2024\Libraries\Traditional Chinese_INTL\M_ 標準續接器 .rvt)。如圖 16-9 及圖 16-10。

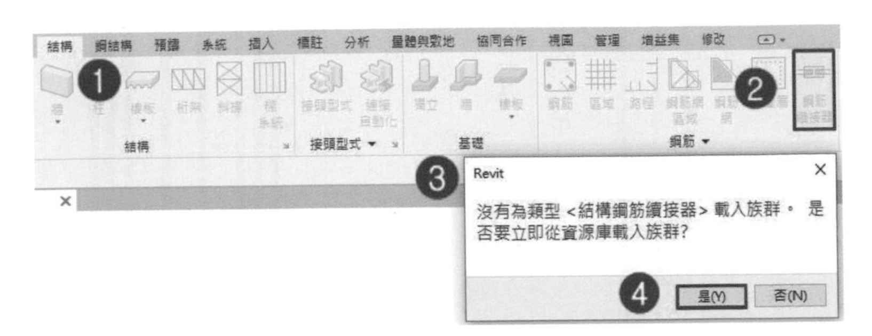

圖 16-9

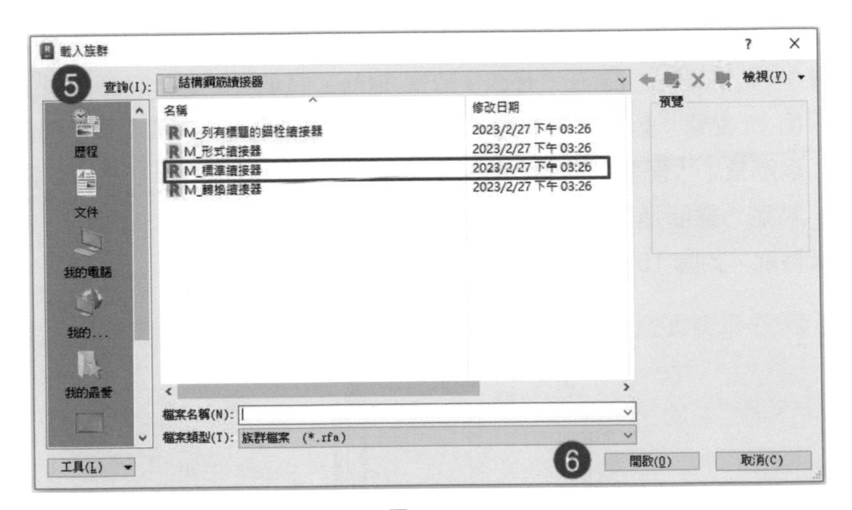

圖 16-10

9 ❶ 切換到「結構」頁籤下，點選「鋼筋續接器」，❷ 在「修改 | 插入鋼筋續接器構」頁籤，❸ 點選「放置在兩列之間」，❹ 在點選上、下兩根柱鋼筋，完成鋼筋續接器之接合 (續接器要由下往上選取鋼筋)。如圖 16-11。

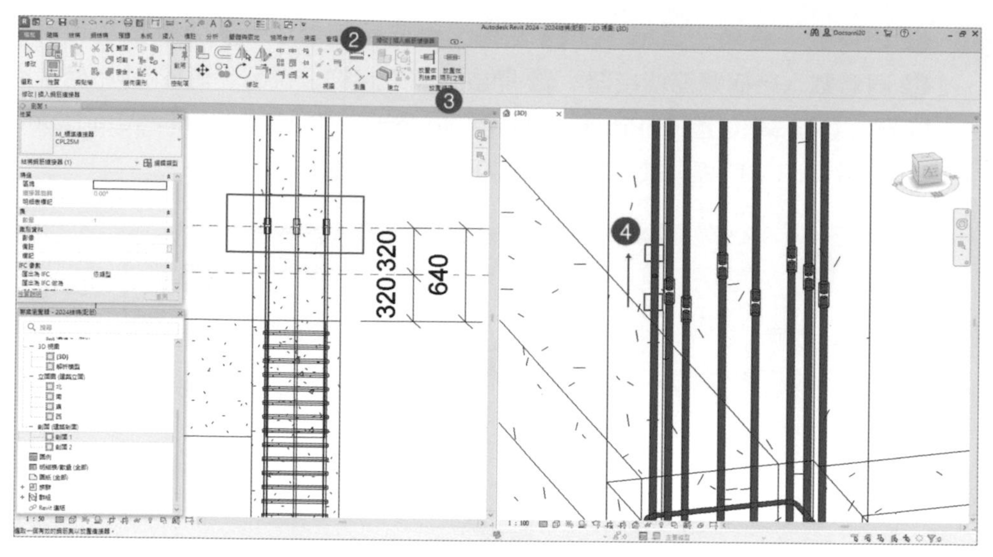

圖 16-11

10 配置 1 FL 柱箍筋，❶ 在「修改 | 放置 鋼筋」頁籤，點選「鋼筋」，❷ 在「放置平面」，點擊「近保護層參考」，❸ 在「放置方位」，選擇「平行覆蓋」，❹ 在「鋼筋集」，「配置」選取「最大間距」為「100mm」，❺ 在「鋼筋造型瀏覽器」點選「鋼筋造型：17A」，❻ 在「性質」視窗，選擇 13M 鋼筋，❼ 柱中放置箍筋。如圖 16-12。

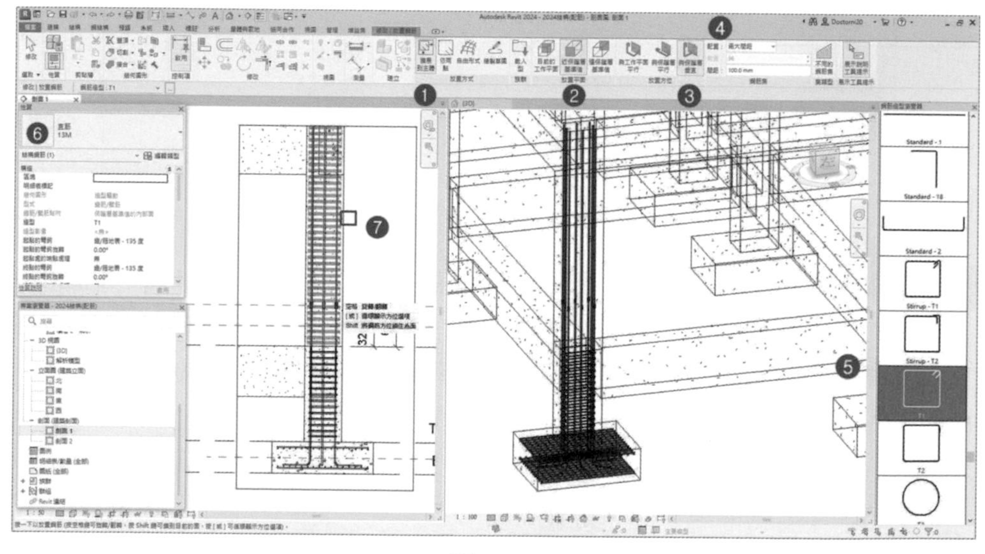

圖 16-12

11 依步驟 10，完成 1 FL 及 2 FL 之主筋配置及鋼筋續接器連接，如圖 16-13。

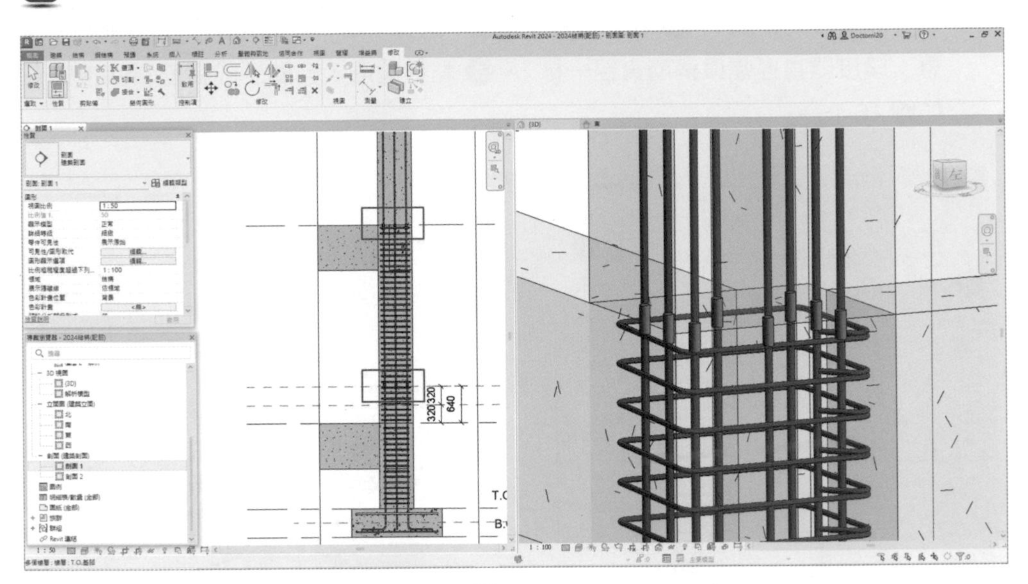

圖 16-13

12 在柱之最上層部分，柱鋼筋須放置末端接頭，❶ 切換到「結構」頁籤下，❷ 在「性質」視窗，點選「編輯類型」，❸ 開啟「編輯類型」視窗，❹ 點選「載入」，❺ 開啟舊檔，❻ 載入「M_ 型式續接器」，❼ 完成後，開啟，如圖 16-14。

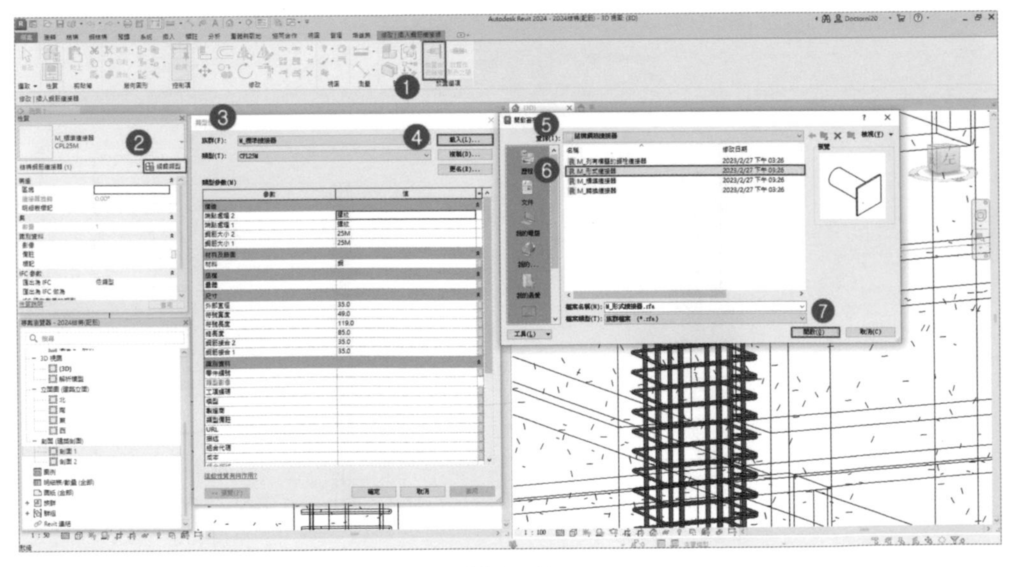

圖 16-14

13 在柱之最上層部分，柱鋼筋須放置末端接頭，❶ 切換到「結構」頁籤下，點選「放置在列結束」，❷ 在「性質」視窗，選擇「M_ 型式續接器 -FS19M」（注意：續接器直徑需與鋼筋直徑一樣），❸ 點選鋼筋，自動生成鋼筋末端接頭，如圖 16-15。

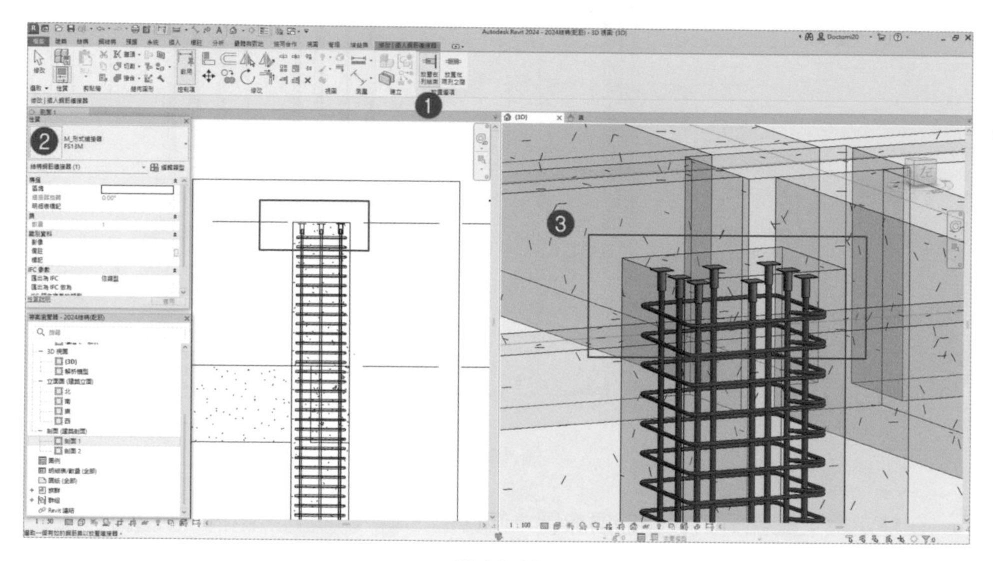

圖 16-15

14 依步驟 11 完成 2 FL 柱箍筋配置，如圖 16-16。

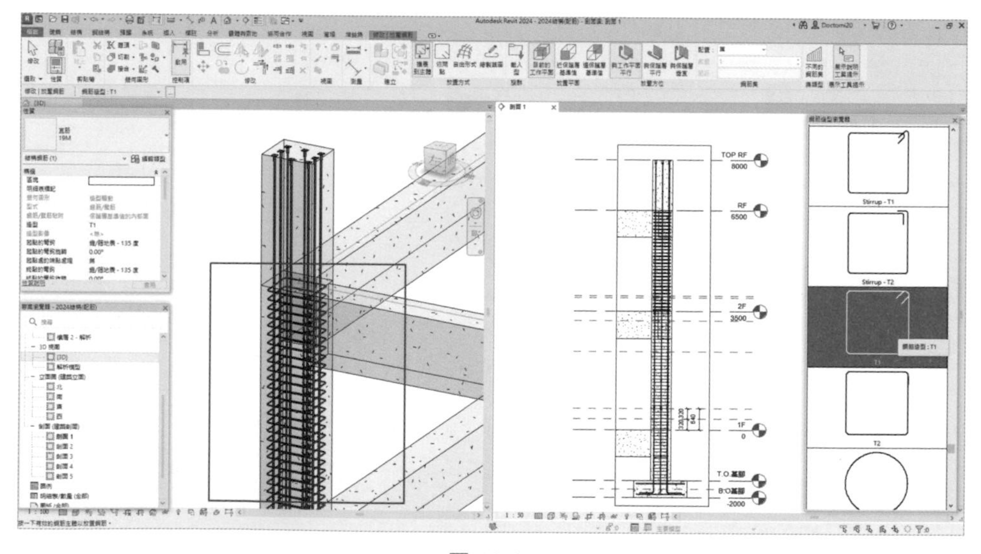

圖 16-16

15 ❶ 框選 2 FL 柱及箍筋，❷ 將鋼筋「標柱」欄位，填註為「2C1」，如圖 16-17。

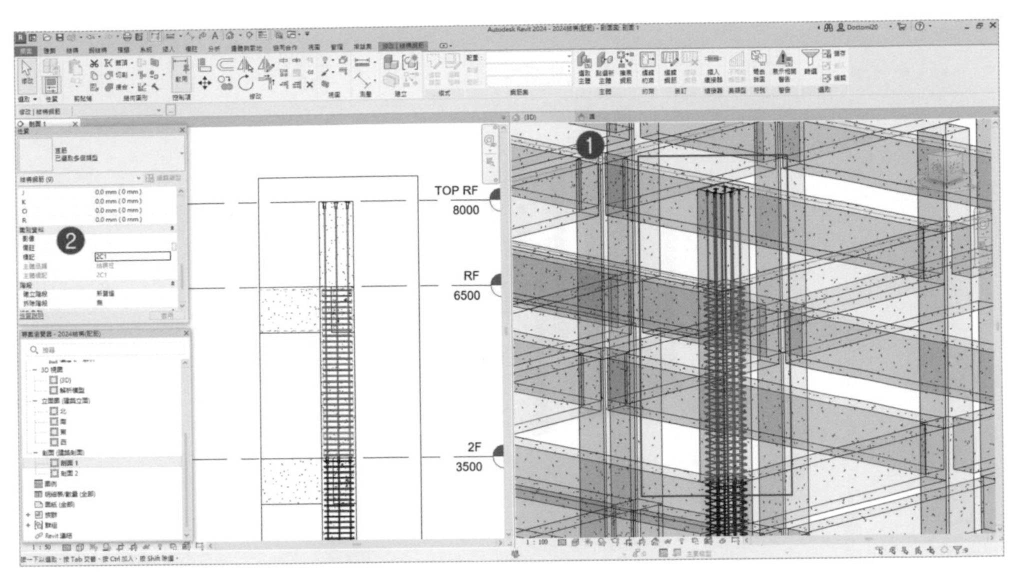

圖 16-17

16 依步驟 11 及步驟 16，完成柱頂端之箍筋及鋼筋標註，如圖 16-18。

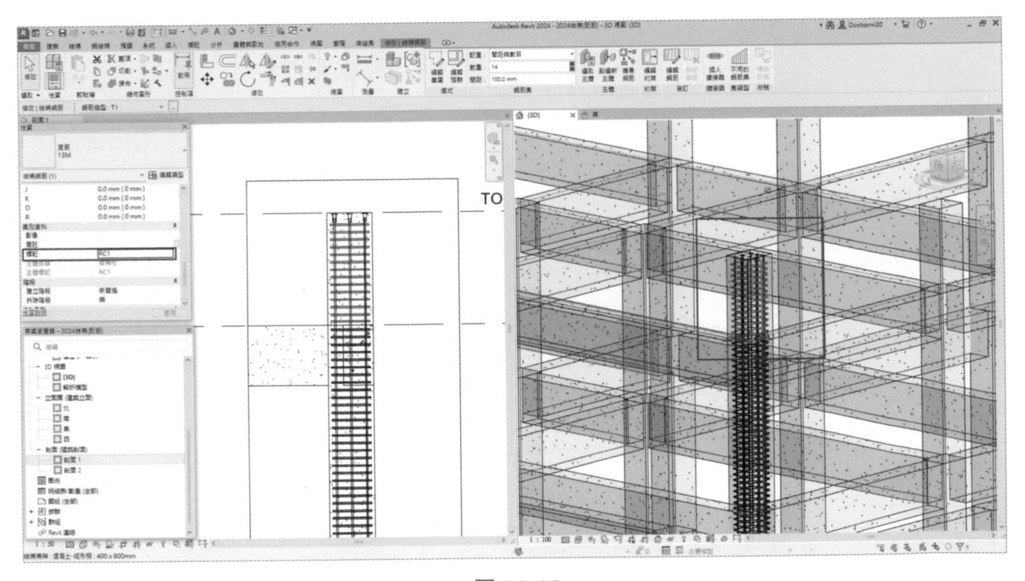

圖 16-18

17 將步驟 16 完成之基礎及柱鋼筋複製到其他基礎及柱，完成之視圖，如圖 16-19。

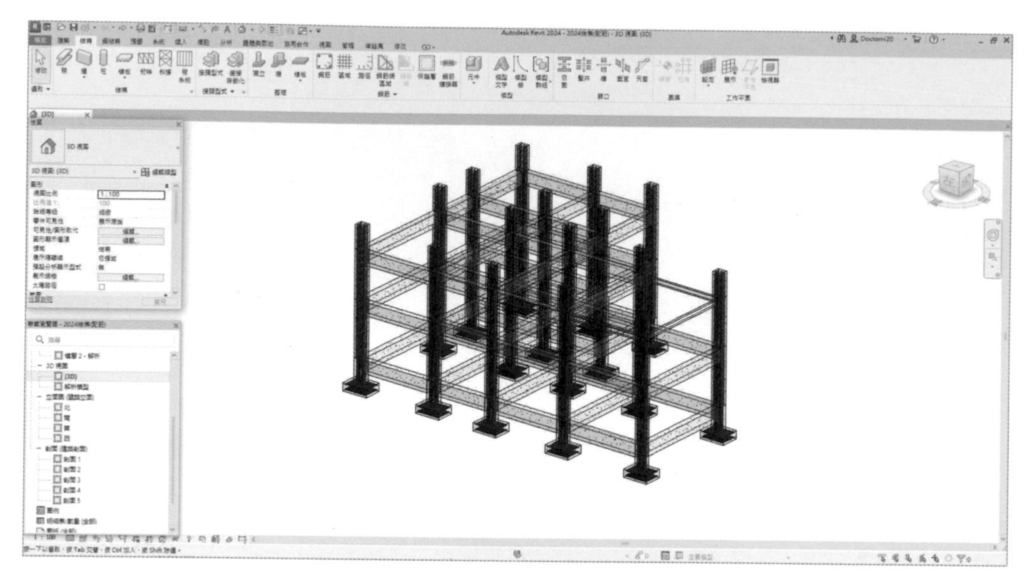

圖 16-19

CHAPTER

17

樑鋼筋配筋

17.1 樑鋼筋搭接設定

◆ 請讀者打開「範例檔案之第 17 章 \RVT\2024 結構（配筋）.rvt」

17.1 梁鋼筋搭接設定

1 ❶ 將視圖切換到「2F」平面圖，❷ 在視圖位置放置剖面圖圖示，如圖 17-1。

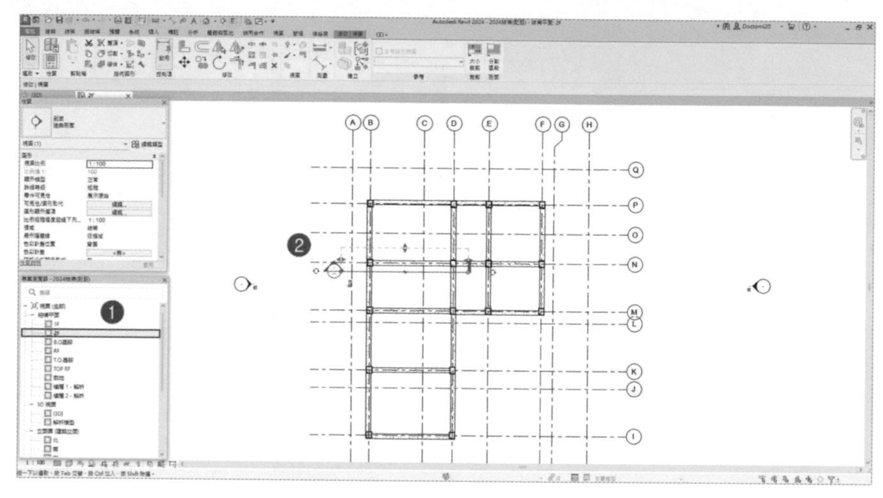

圖 17-1

2 ❶ 將視圖切換到剖面圖，❷ 依據圖 17-2 之圖示及尺寸，以參考平面繪製六條參考平面，如圖 17-2。

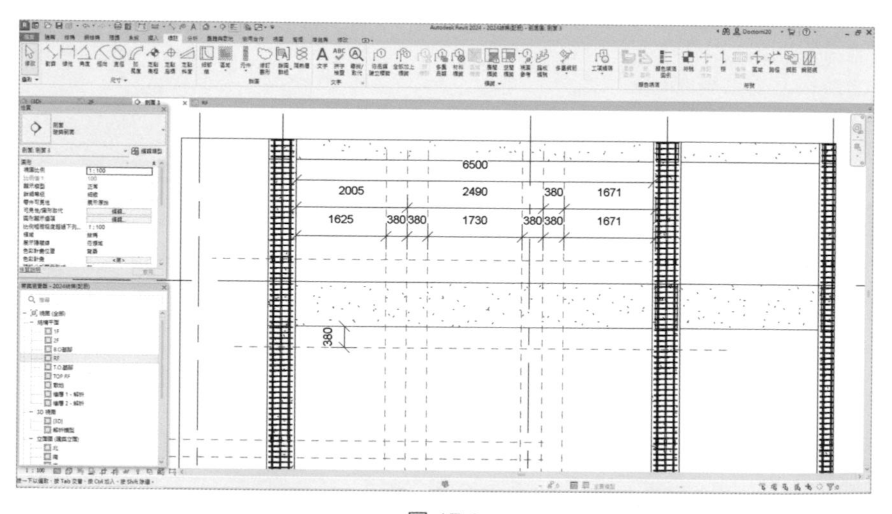

圖 17-2

17.1.1 樑箍筋繪製

1 繪製樑箍筋，❶ 點擊「鋼筋」 工具後，❷ 可在功能區選項列，選擇「近保護層參考」，❸ 點選「互垂覆蓋」，❹ 設定鋼筋配置「間距與數目」、「數量」、在「間距」設定為「100mm」配置方式；❺ 在「性質」視窗，點選所需直徑，選擇「13M」，❻ 在「鋼筋造型瀏覽器」，選擇「鋼筋造型：T1」繪製鋼筋，❼ 將滑鼠鼠標移至梁元件內，請靠橫向之鋼筋保護層邊界選擇，會產生橫向鋼筋配置，反之亦然，❽ 完成左邊箍筋放置；❾ 放置右邊箍筋放置，❿ 再次點點選鋼筋功能，間距設定為「150mm」，完成中間箍筋配置方式。如圖 17-3 及圖 17-4。

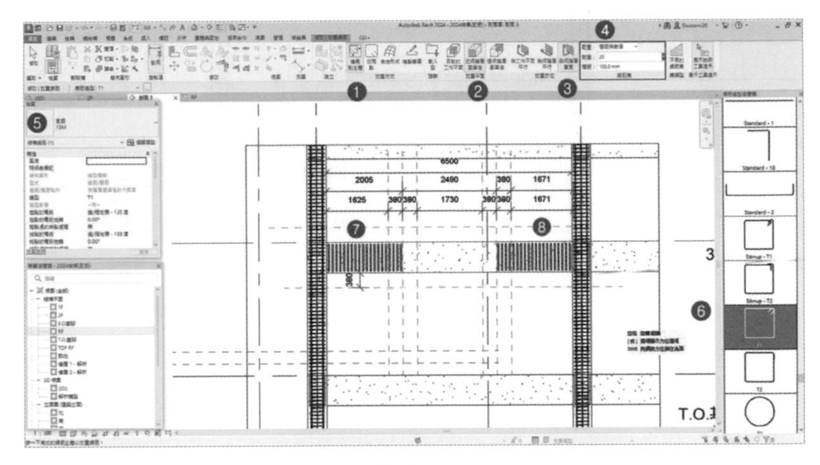

圖 17-3

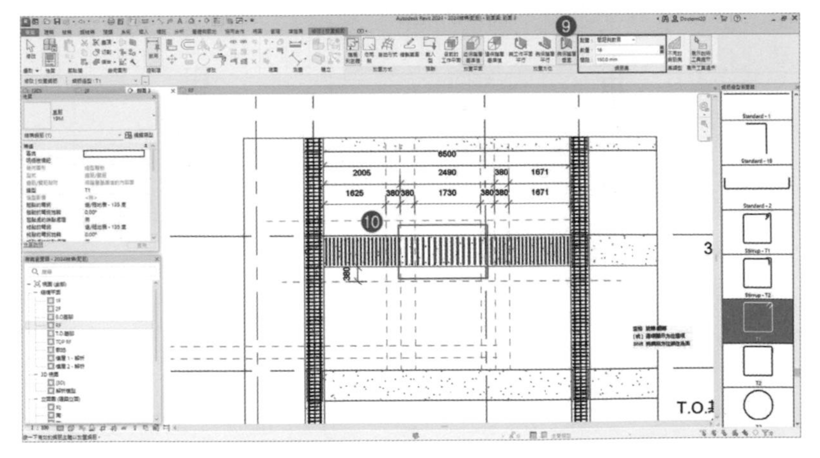

圖 17-4

2 繪製梁主筋，❶ 點擊「鋼筋」工具後，❷ 可在功能區選項列，選擇「近保護層參考」，❸ 點選「平行於工作平面」，❹ 設定鋼筋配置「單」及「數量」；❺ 在「性質」視窗，點選所需直徑，選擇「19M」，❻ 在「鋼筋造型瀏覽器」，選擇「鋼筋造型：17A」繪製鋼筋，❼ 將滑鼠鼠標移至梁元件內，請靠橫向之鋼筋保護層邊界選擇，會產生橫向鋼筋配置，反之亦然；❽ 將鋼筋長度調整至視圖參考平面之位置。如圖 17-5 及圖 17-6。

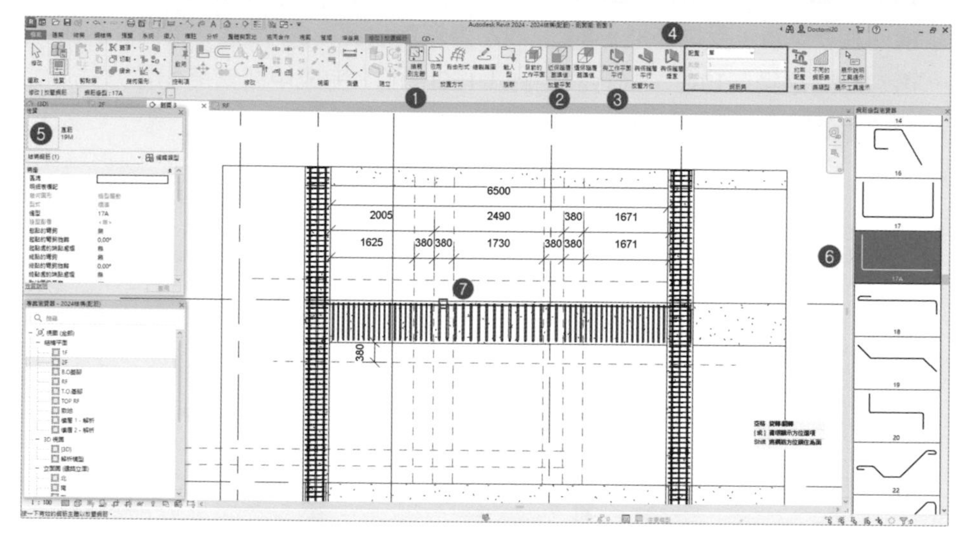

圖 17-5

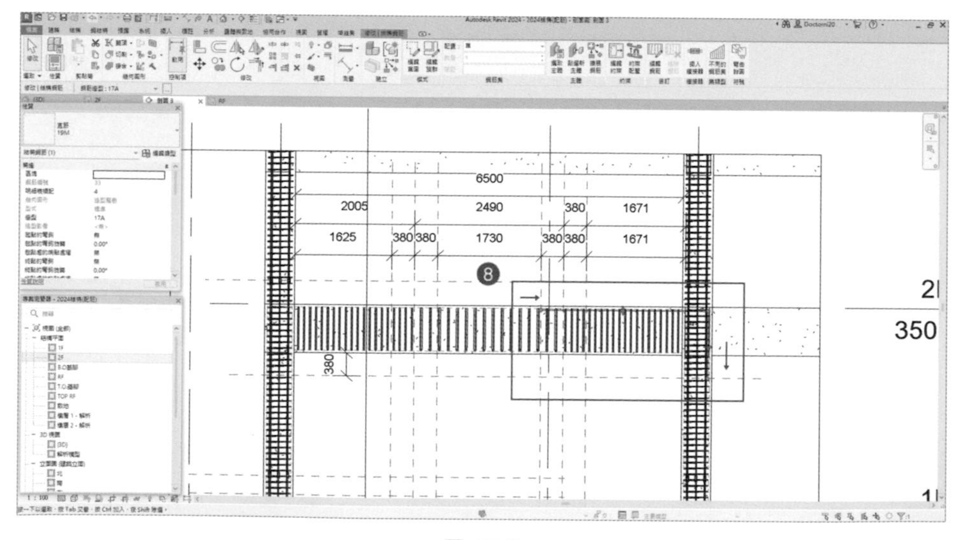

圖 17-6

3 ❶ 切換到「2F」平面視圖，❷ 將鋼筋調整到適當位置，不要與原有箍筋重疊，❸ 點選剖面圖示，如圖 17-7。

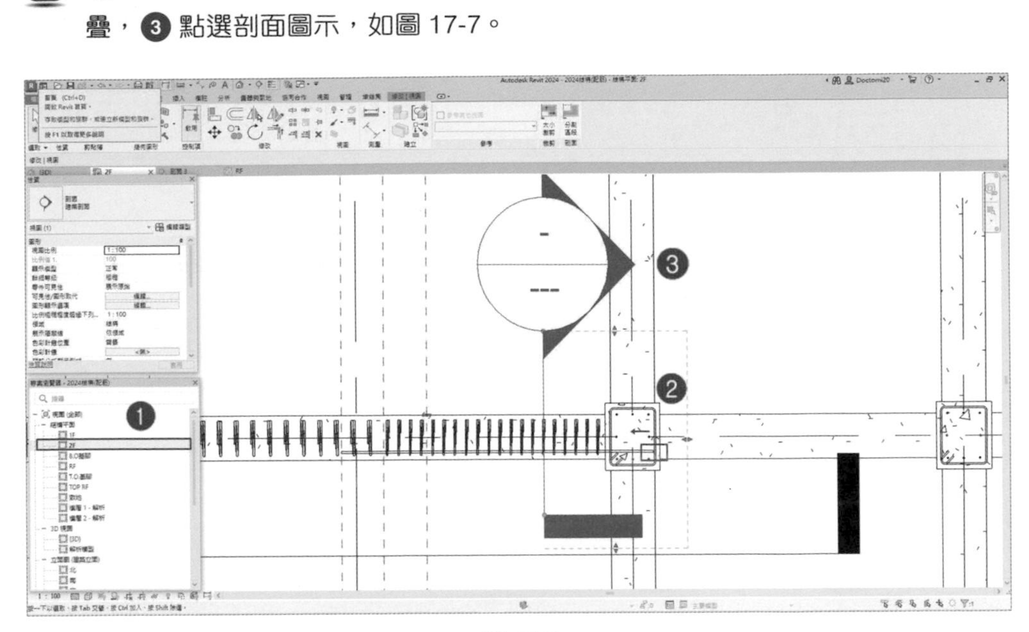

圖 17-7

4 ❶ 在切換「剖面 2」之視圖，將鋼筋調整到適當位置，不要與原有箍筋重疊，❷ 並複製其他兩支鋼筋，如圖 17-8。

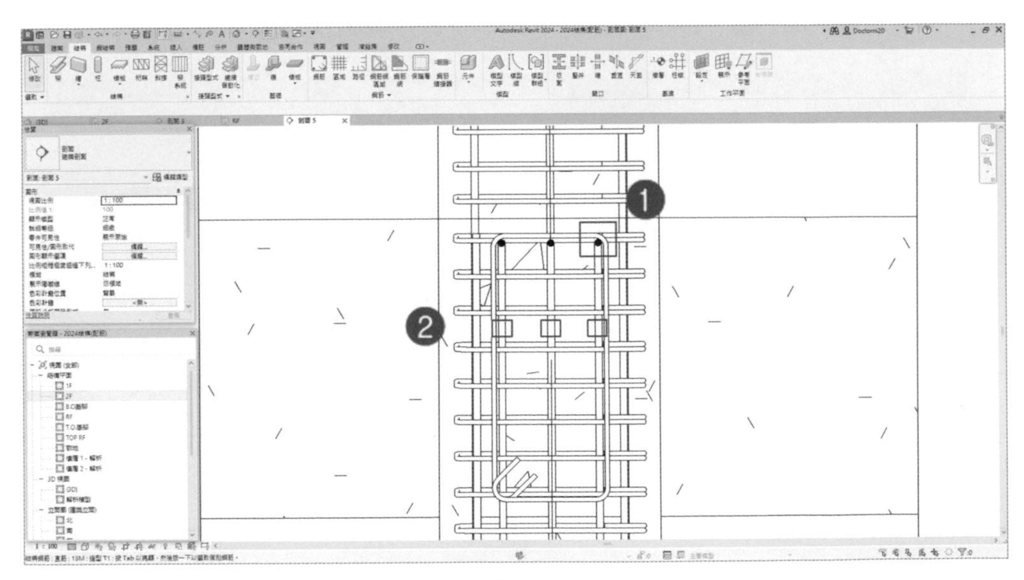

圖 17-8

5 切換到剖面 1 之視圖，❶ 在梁中心繪製一參考平面，❷ 框選步驟 5 完成之梁主筋，❸ 在功能區點選「鏡射」功能，❹ 完成另一端主筋配置，如圖 17-9。

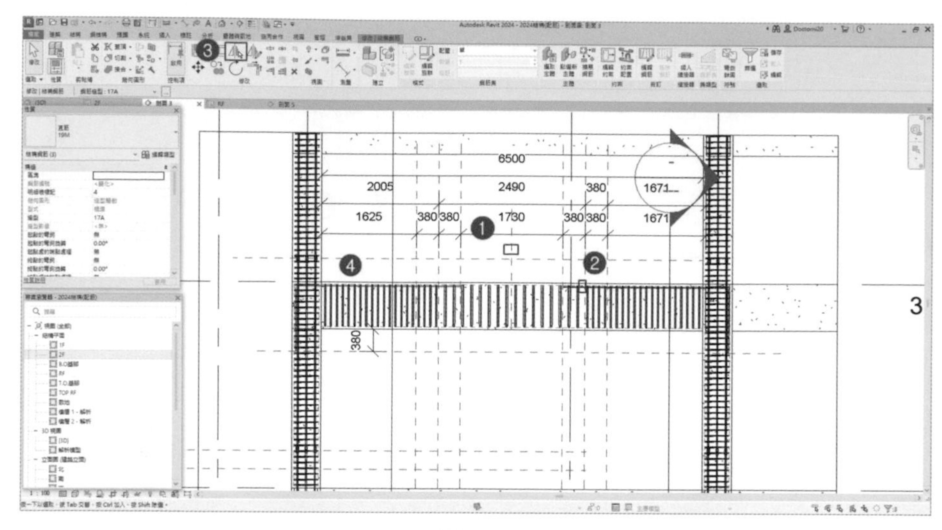

圖 17-9

6 ❶ 點擊「鋼筋」 鋼筋 工具後，❷ 可在功能區選項列，選擇「目前的工作平面」，❸ 點選「互垂覆疊」，❹ 設定鋼筋「配置」為「間距與數目」，「數量」為「2」，「間距」為「135mm」，❺ 在「鋼筋造型瀏覽器」，選擇「鋼筋造型：00」繪製鋼筋，❻ 將滑鼠鼠標移至梁元件內，完成兩支鋼筋配置，如圖 17-10。

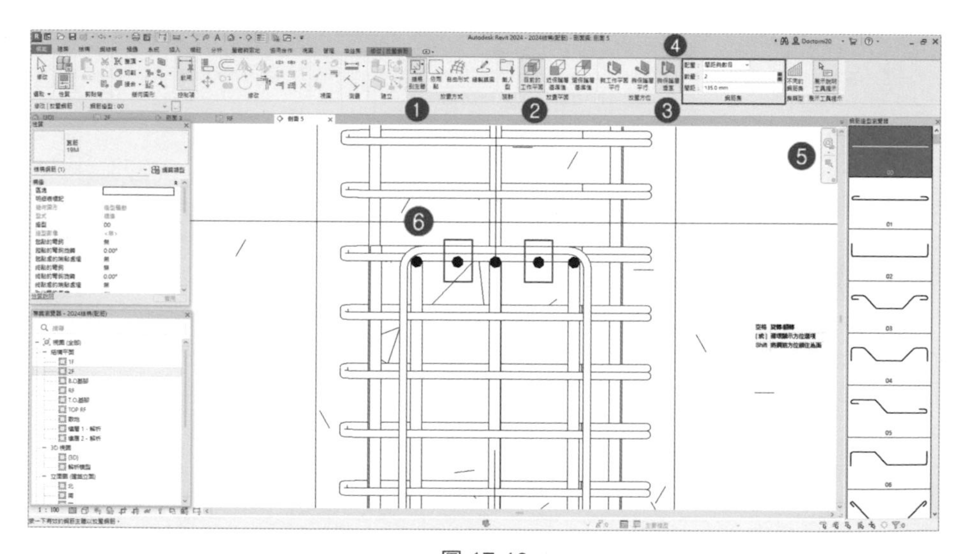

圖 17-10

7 ❶ 切換到「剖面 1」視圖，❷ 在中央區域框選步驟 7 繪製完成之鋼筋，如圖 17-11。

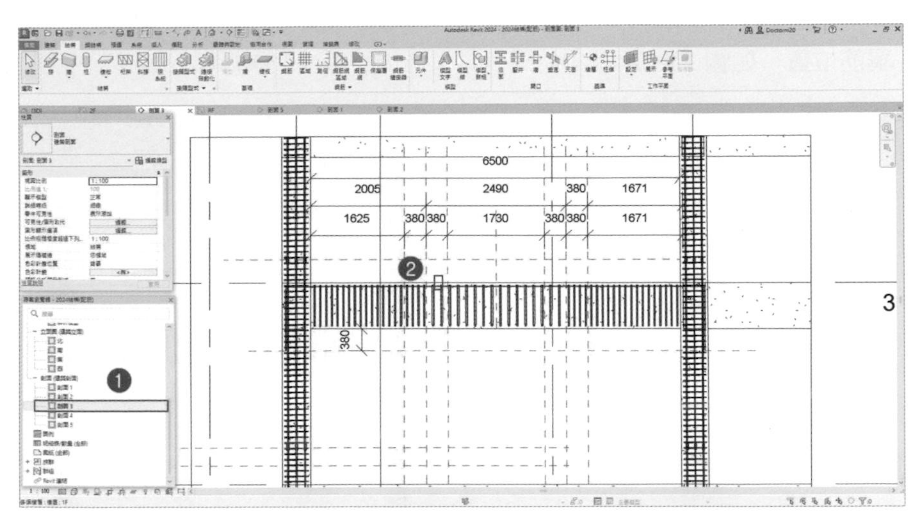

圖 17-11

8 首先將「剖面」1 及「剖面 2」視圖並列，❶ 點擊「鋼筋」工具後，❷ 可在功能區選項列，選擇「近保護層參考」，❸ 點選「平行於工作平面」，❹ 設定鋼筋「配置」為「單」，❺ 在「性質」視窗，點選所需直徑，選擇「19M」，❻ 在「鋼筋造型瀏覽器」，選擇「鋼筋造型：17」繪製鋼筋，❼ 將滑鼠鼠標移至梁元件內，❽ 完成鋼筋配置，如圖 17-12。

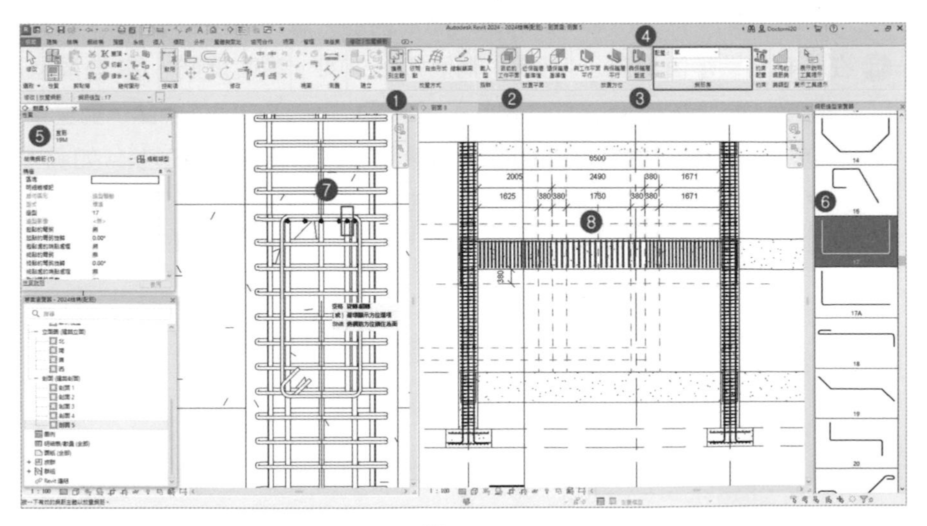

圖 17-12

9 ❶ 步驟 9 完成之鋼筋，調整其位置即主筋彎折長度，移至適當位置，在點選狀態下，設定鋼筋「配置」為「單」，❷ 在「剖面 5」視圖，點選鋼筋，選擇「複製」，❸ 共 3 根鋼筋（注意放置在間隙位置），❹ 在「剖面」視圖調，可看見鋼筋位置，如圖 17-13。

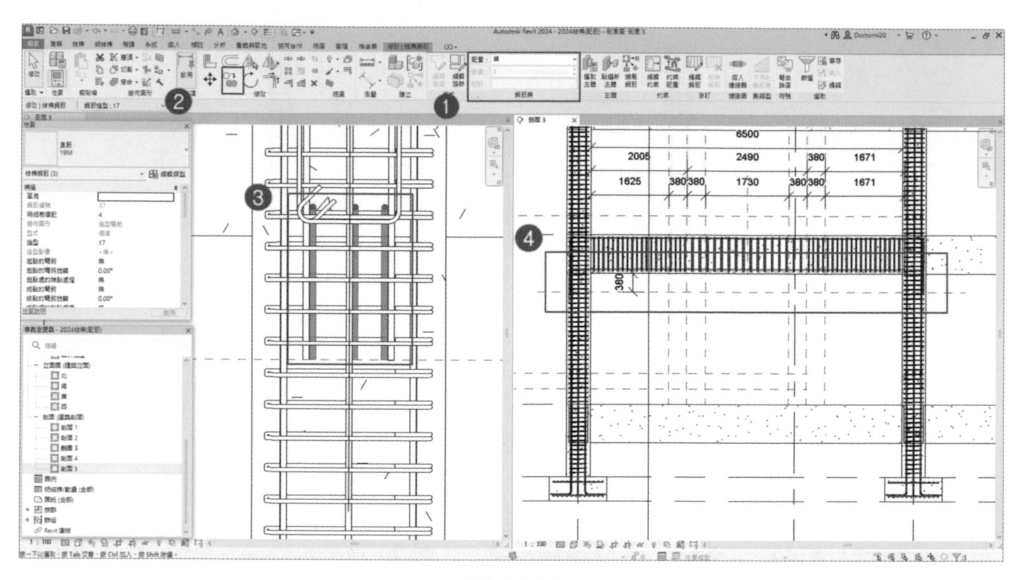

圖 17-13

10 ❶ 在左側視圖切換至「2F」視圖，❷ 點擊「鋼筋」 工具後，❸ 可在功能區選項列，選擇「目前工作平面」，❹ 點選「互垂護蓋」，❺ 設定鋼筋「配置」為為「單」，在「剖面 5」視圖，點選鋼筋，選擇「複製」，共 2 根鋼筋，❻ 在「鋼筋造型瀏覽器」，選擇「鋼筋造型：00」繪製鋼筋，❼ 將滑鼠鼠標移至梁元件內，完成鋼筋主筋之鋼筋配置，❽ 將完成之鋼筋兩端，調整至左右兩端參考皮面；❾ 切換到 3D 視圖，可看見梁鋼筋配置完成形狀。如圖 17-14 及圖 17-15。

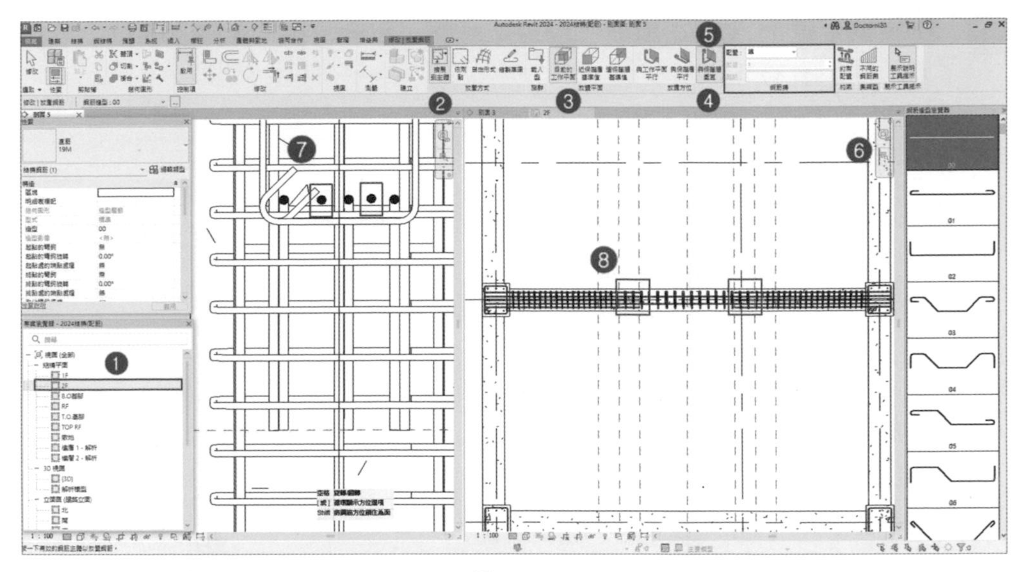

圖 17-14

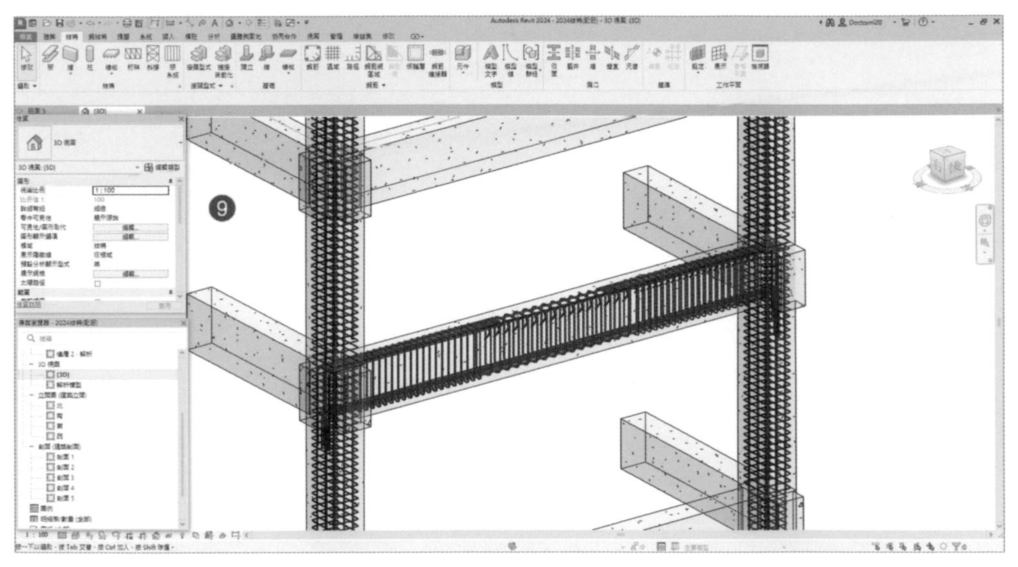

圖 17-15

11 ❶ 窗選步驟 11 完成之鋼筋，❷ 在「性質」視窗，在「標註」欄位中填註「1B1」，如圖 17-16。

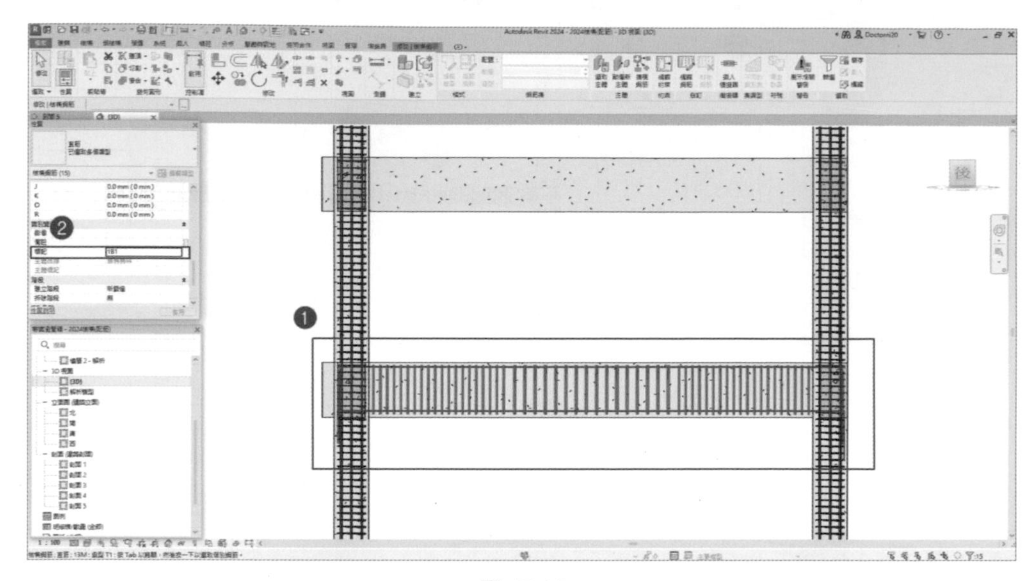

圖 17-16

CHAPTER

18

牆、樓板鋼筋配筋

◆ 請讀者打開「範例檔案之第 18 章 \RVT\2024 結構（配筋）.rvt」

18.1 牆鋼筋繪製

18.1.1 牆剖面圖製作

1 將視圖切換至「1 FL」視圖，將「視圖形式」改為「線架構」，如圖 18-1。

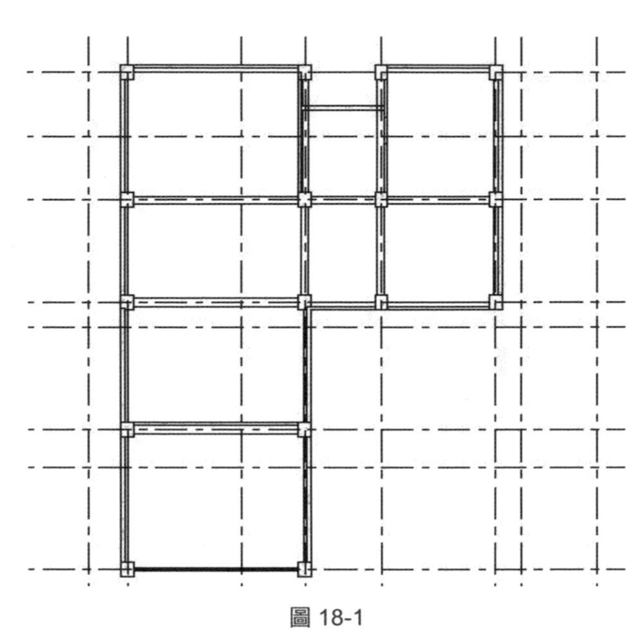

圖 18-1

2 ❶ 切換到南向立面圖，❷ 開啟功能區「結構」頁籤下，選擇「區域」 功能，❸ 點擊牆面邊緣，如圖 18-2。❹ 開啟「修改 | 建立鋼筋邊界」，❺ 選取繪圖功能區功能，❻ 在視圖中之牆面，繪製鋼筋邊界，❼ 點選「主筋方向」功能，於鋼筋邊界選擇主筋方向，並且於「性質」對話框，將鋼筋尺寸改為「13」，❽ 完成後勾選如圖 18-3。❾ 完成後會出現鋼筋網符號及鋼筋標籤，❿ 將「視圖形式」改為「線架構」，如圖 18-4。⓫ 完成後鋼筋配置如視圖，如圖 18-5。

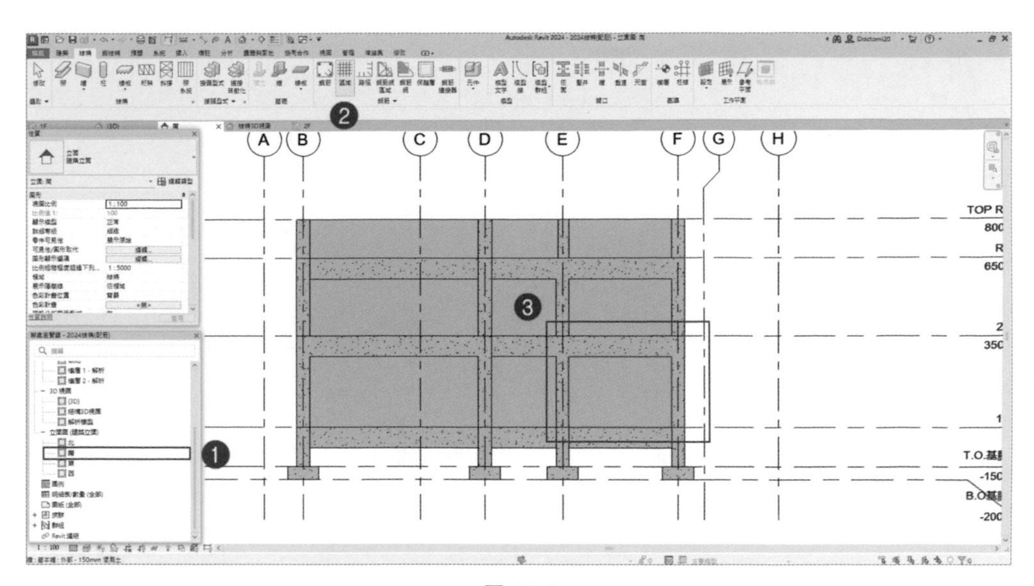
A
B
C
D
E
F
G
H
TOP R
800
R
650
2
350
1
T.O.基
-150
B.O基
-200

圖 18-2

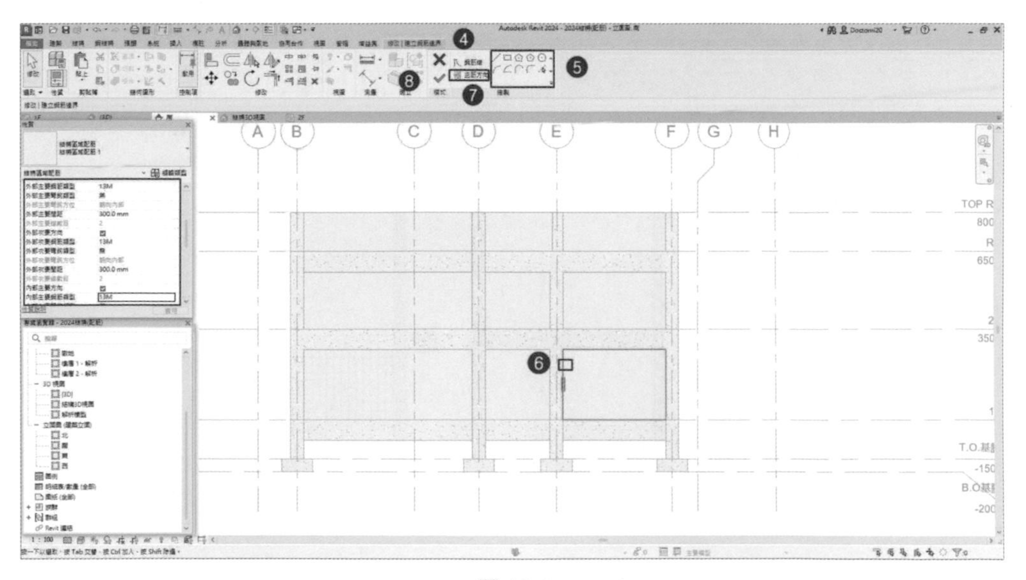
A
B
C
D
E
F
G
H
TOP R
800
R
650
2
350
1
T.O.基
-150
B.O基
-200

圖 18-3

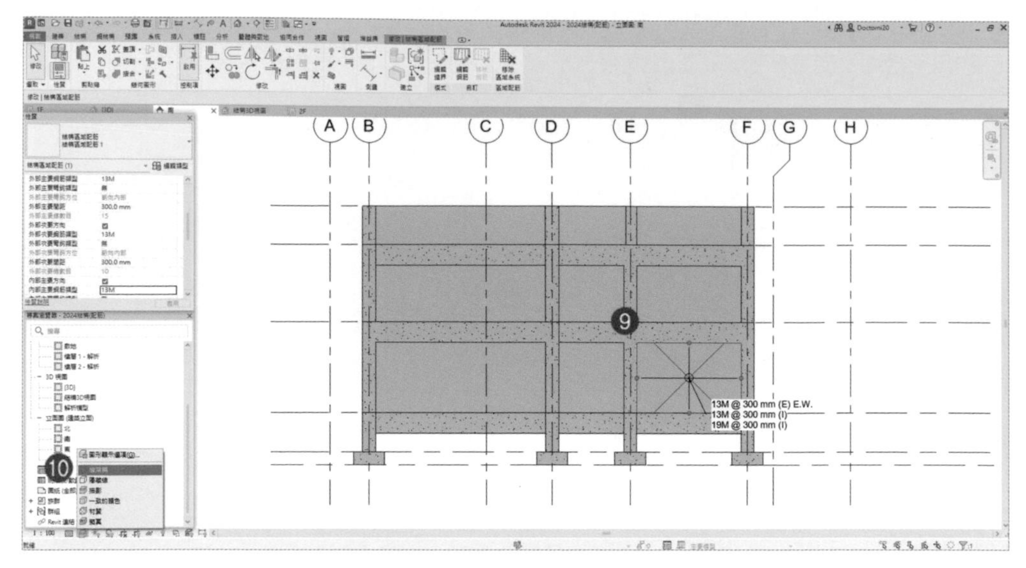
A
B
C
D
E
F
G
H
13M @ 300 mm (E) E.W.
13M @ 300 mm (I)
19M @ 300 mm (I)

圖 18-4

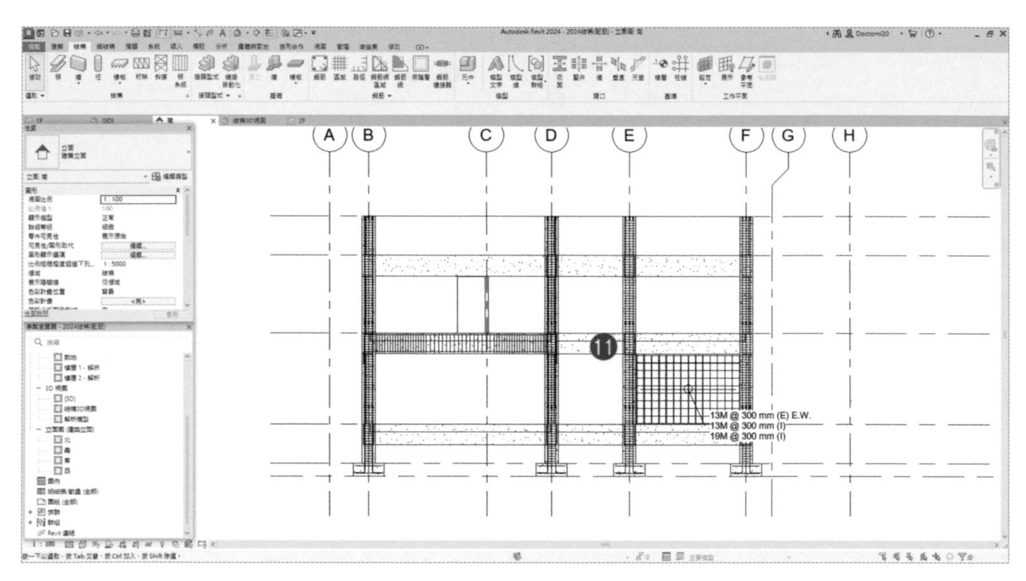
A
B
C
D
E
F
G
H
13M @ 300 mm (E) E.W.
13M @ 300 mm (I)
19M @ 300 mm (I)

圖 18-5

3 ❶ 點選完成之牆鋼筋，❷ 在「性質」視窗，在「標註」欄位中填註「1W1」，如圖 18-6。

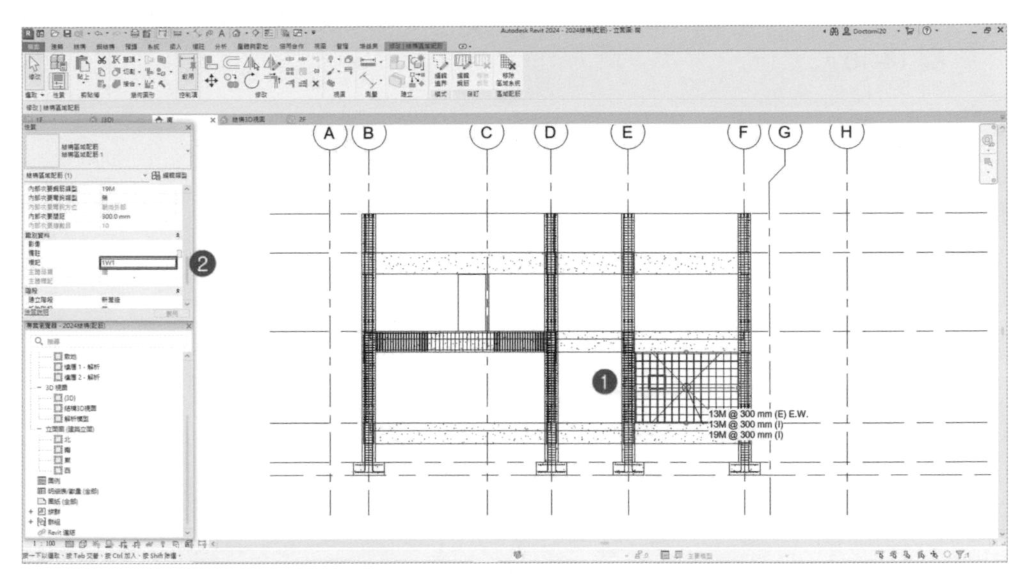

圖 18-6

18.2 樓板鋼筋繪製

18.2.1 樓板剖面圖製作

1 ❶ 在「專案瀏覽器」中，切換至「視圖」-「結構平面」-「1 FL」平面圖，❷ 在視圖位置，繪製剖面圖示，❸ 點選「剖面 1」視圖，並將視圖並列，如圖 18-7。❹ 在「剖面 1」視圖，點選樓板，❺ 切換到「修改 | 樓板」頁籤，❻ 點選「鋼筋」功能，如圖 18-8。❼ 切換到「修改 | 放置 鋼筋」頁籤，點選「鋼筋」，❽ 在功能區選項列，選擇「目前工作平面」，❾ 點選「與工作平面平行」，❿ 設定鋼筋「配置」為「最大間距」,「間距」為「200mm」，⓫ 在「鋼筋造型瀏覽器」，選擇「鋼筋造型：00」繪製鋼筋，⓬ 將滑鼠鼠標移至樓板元件內，完成鋼筋主筋之鋼筋配置，⓭「1 FL」平面圖，可看見樓板鋼筋配置完成形狀，如圖 18-9。⓮ 切換到「修改 | 放置 鋼筋」頁籤，點選「鋼筋」，⓯ 在功能區選項列，選擇「目前工作平面」，⓰ 點選「與保護層垂直」，⓱ 設定

鋼筋「配置」為「最大間距」，「間距」為「200mm」，⓲ 在「鋼筋造型瀏覽器」，選擇「鋼筋造型：00」繪製鋼筋，⓳ 將滑鼠鼠標移至樓板元件內，完成鋼筋主筋之鋼筋配置，⓴「1 FL」平面圖，可看見樓板鋼筋配置完成形狀，如圖 18-10。

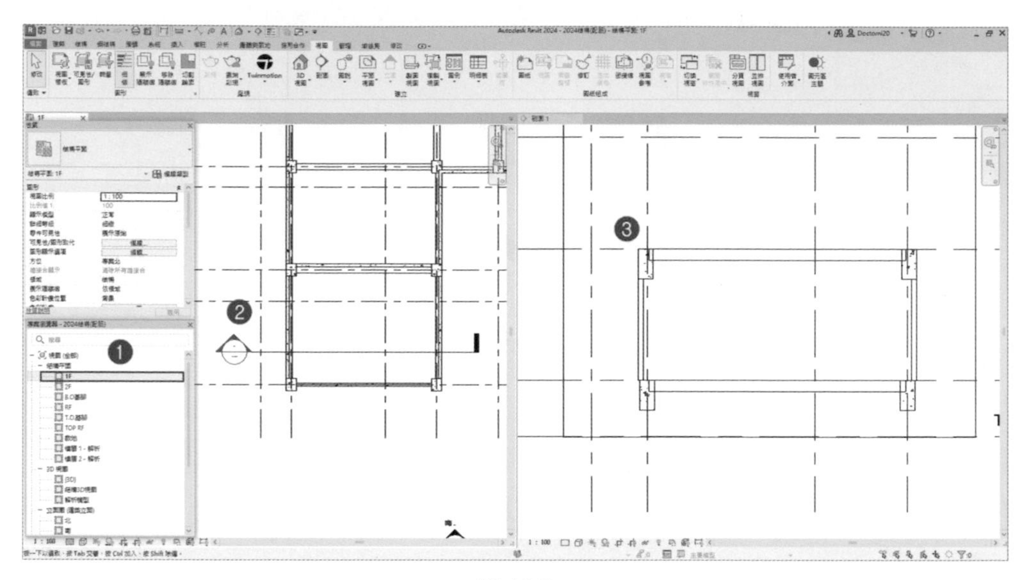

圖 18-7

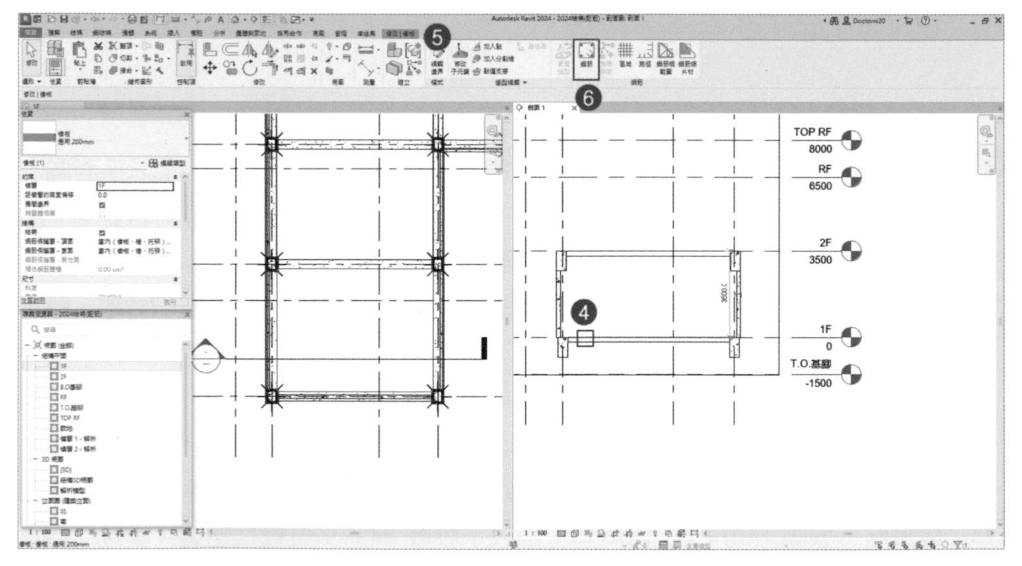

圖 18-8

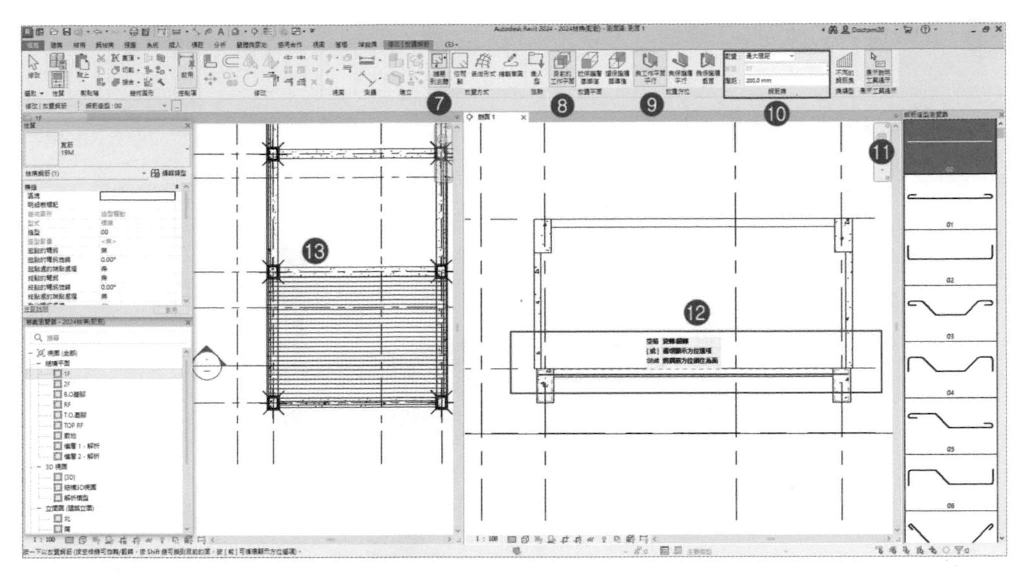

圖 18-9

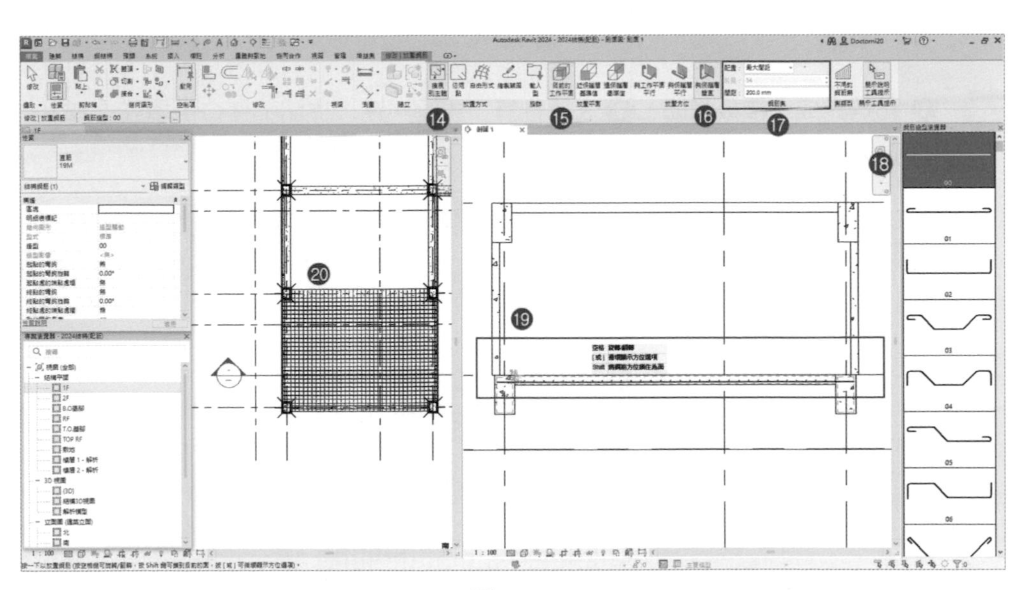

圖 18-10

2 完成後，切換到 3D 視圖，可看見版鋼筋配置，如視圖 18-11。

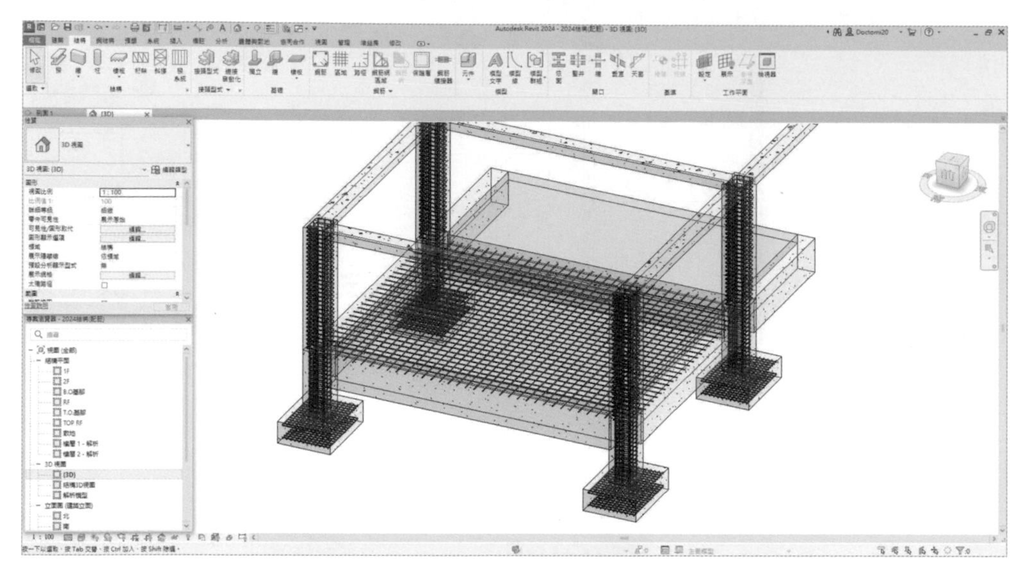

圖 18-11

3 ❶ 點選完成之樓板鋼筋，❷ 在「性質」視窗，在「標記」欄位中填註「1S1」，如圖 18-12。

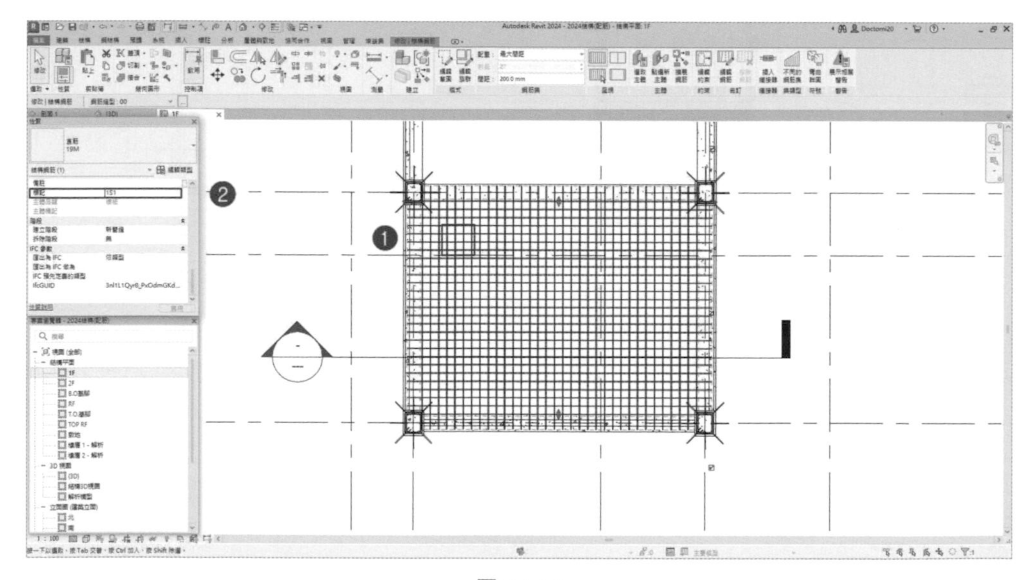

圖 18-12

CHAPTER 19

樓梯鋼筋配筋

19.1 樓梯鋼筋繪製

◆ 請讀者打開「範例檔案之第 19 章 \RVT\2024 結構（配筋）.rvt」

19.1 樓梯鋼筋繪製

19.1.1 樓梯剖面圖製作

❶ 切換到「1 FL」視圖，❷ 點擊「剖面」 工具後，繪製剖面：完成剖面繪製後，❸ 連續點擊視圖中 剖面符號兩次；❹ 切換視圖在「剖面 1」，❺ 切換到樓梯剖面後，調整視圖大小。如圖 19-1 及圖 19-2。

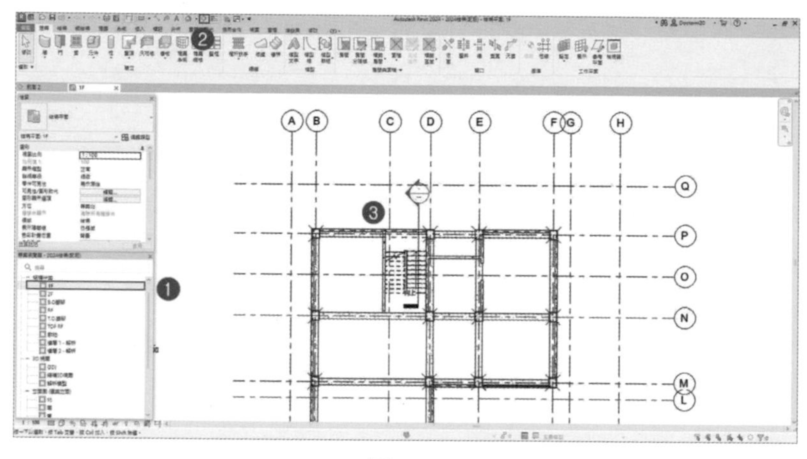

圖 19-1

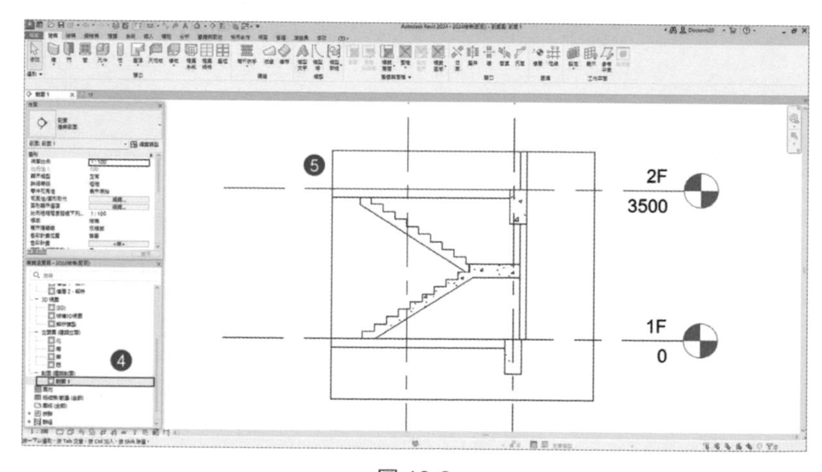

圖 19-2

19.1.2 樓梯鋼筋配置

1 ❶ 在「專案瀏覽器」中，切換至「視圖」-「剖面」(建築剖面)-「剖面 1」平面圖點擊樓梯邊緣，❷ 開啟「修改 | 樓梯」頁籤，在「專案瀏覽器」選擇樓鋼筋保護層，❸ 在功能區之「鋼筋」頁籤，點擊「鋼筋」 工具後；❹ 在開啟「修改 | 放置 鋼筋」頁籤，可在功能區選項列，選擇鋼筋類型，選擇鋼筋繪製「目前工作平面」，❺ 選擇「平行於工作平面」，❻ 設定鋼筋「配置」為「最大間距」，「單」，❼ 在「性質」視窗，點選所需直徑，選擇「16M」，❽ 在「鋼筋造型瀏覽器」，選擇「鋼筋造型：00」繪製鋼筋，❾ 將滑鼠鼠標移至樓梯元件內，完成鋼筋主筋之鋼筋配置。如圖 19-3、圖 19-4。

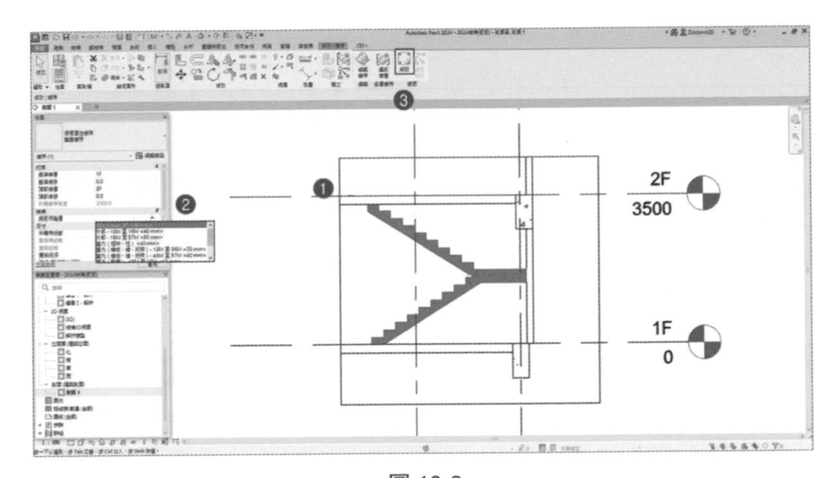

圖 19-3

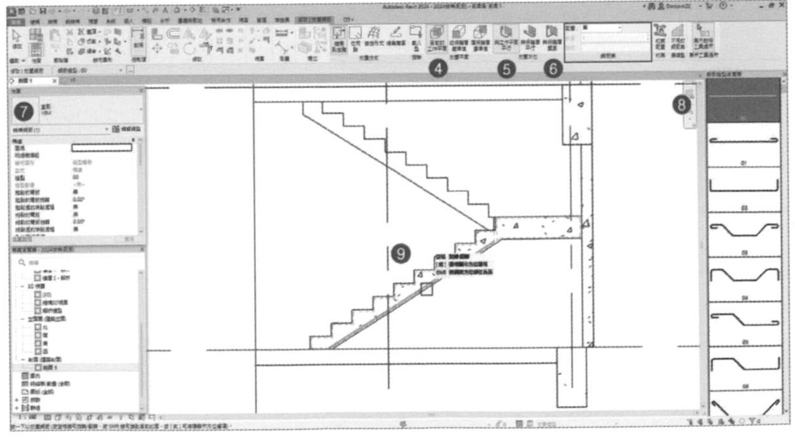

圖 19-4

2 ❶ 完成步驟 2 後，點擊鋼筋，開啟「修改 | 結構鋼筋」頁籤，在樓梯鋼筋上方端點，按「修改」鍵，❷ 然後延伸鋼筋，❸ 按「修改」鍵，完成繪製；再次點擊鋼筋，開啟「修改 | 結構鋼筋」頁籤，在功能區點選「模式」-「編輯草圖」，如圖 19-5。

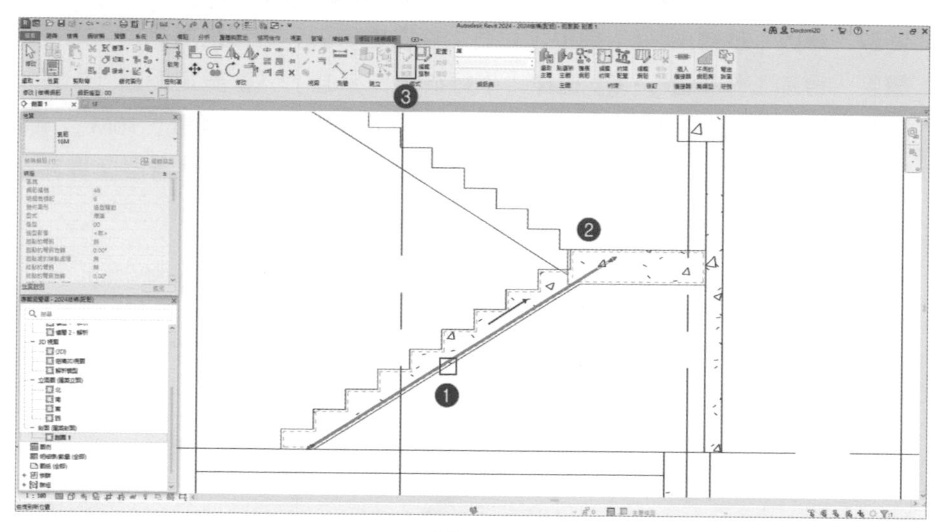

圖 19-5

3 切換到「修改 | 編輯鋼筋草圖」頁籤，在功能區「模式」❶ 以「線」 ❷ 依圖 19-6 樓梯鋼筋位置繪製鋼筋，❸ 完成後按 完成繪製，如圖 19-6。

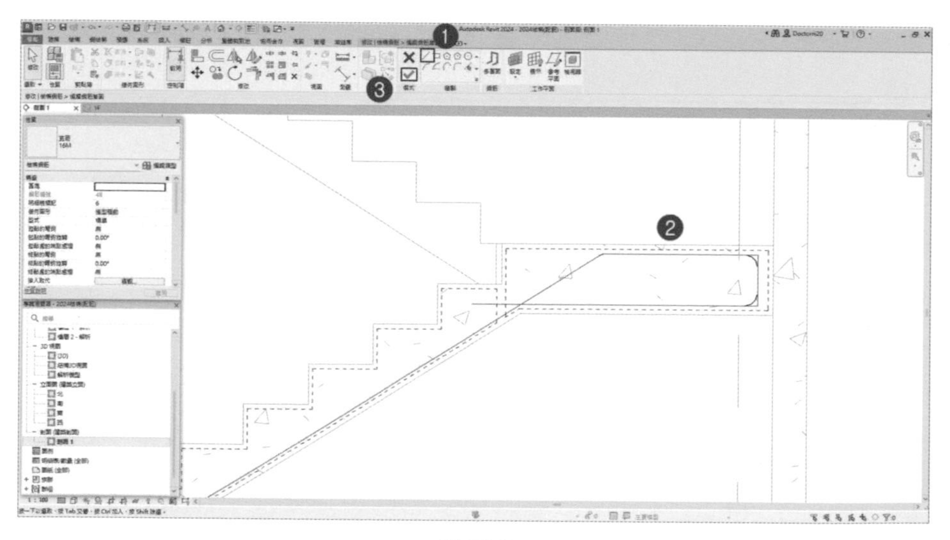

圖 19-6

4 完成步驟 3 後，❶ 再點擊樓梯邊界，❷ 切換到功能區「修改 | 樓梯」之頁籤，❸ 在「鋼筋」功能，點擊「鋼筋」 工具，如圖 19-7。

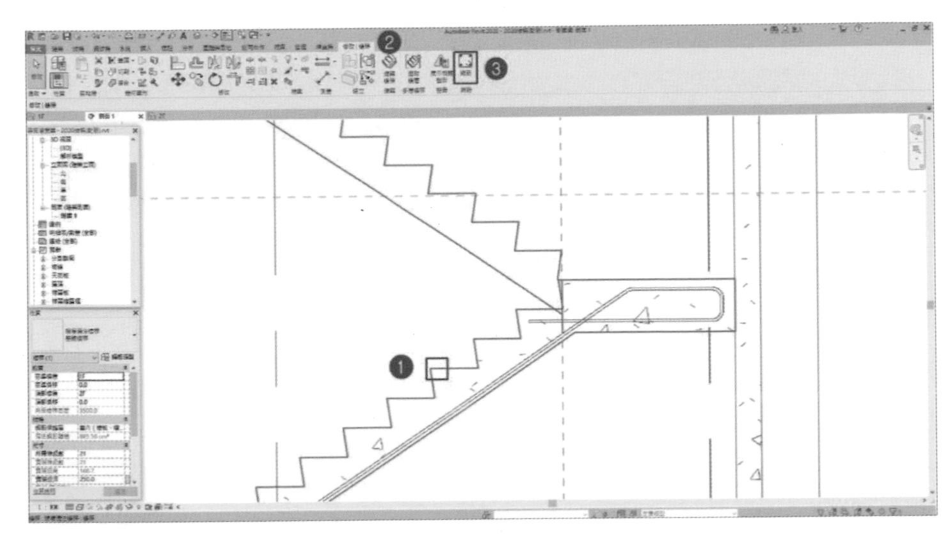

圖 19-7

5 ❶ 選擇鋼筋繪製「目前的工作平面」，❷ 選擇「與保護層垂直」，❸ 在上端兩支鋼筋，設定鋼筋「配置」為「最大間距」，「單」，❹ 在「性質」視窗，點選所需直徑，選擇「16M」，❺ 在「鋼筋造型瀏覽器」，選擇「鋼筋造型：00」繪製鋼筋，❻ 依圖 19-8 鋼筋位置繪製樓梯鋼筋，如圖 19-8。

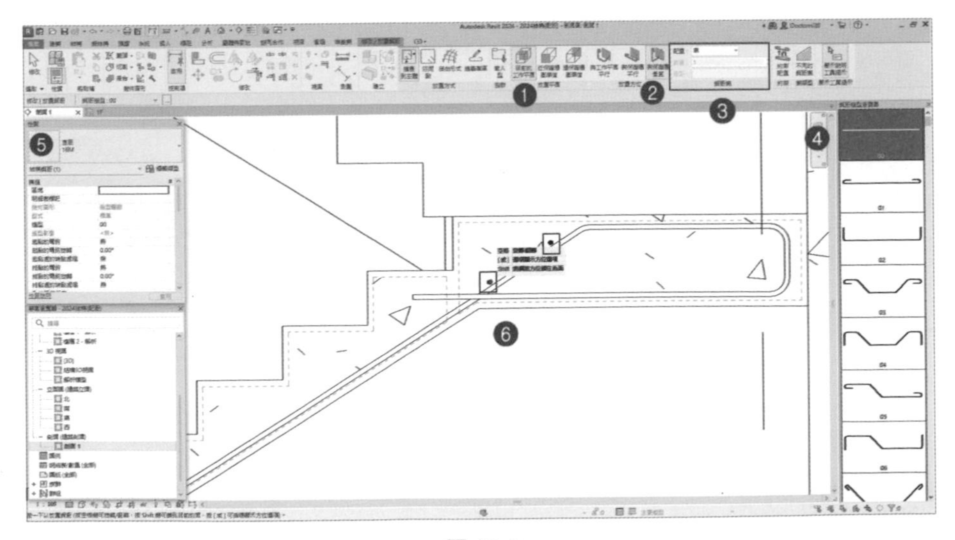

圖 19-8

6 在平台下端樓梯鋼筋，❶ 以功能區點選「鋼筋集」-「配置」選擇「最大」，「間距」為「150.0mm」方式來配置鋼筋 ❷ 依圖 19-9 鋼筋位置繪製樓梯鋼筋 19-9，如圖。

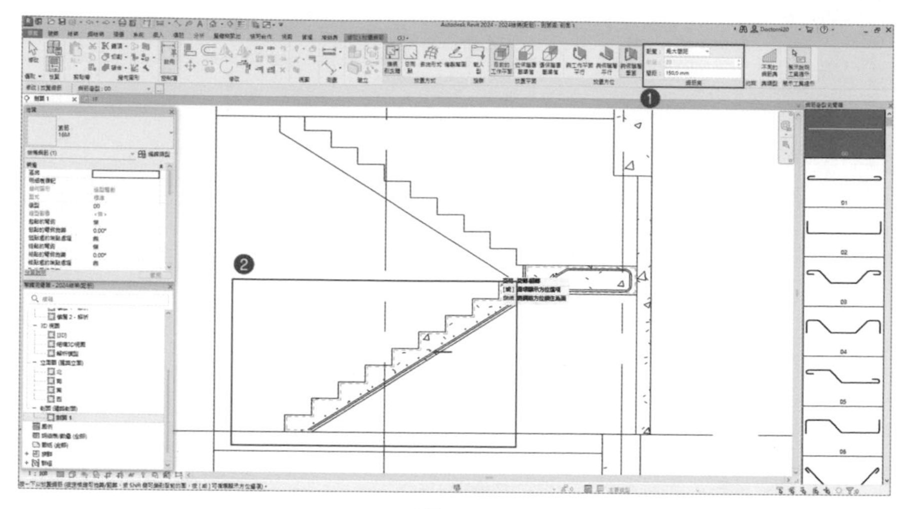

圖 19-9

7 在平台下層樓梯鋼筋，❶ 在「鋼筋造型瀏覽器」，選擇「鋼筋造型：00」繪製鋼筋，❷ 以功能區點選「鋼筋集」-「配置」選擇「最小淨間距」，「間距」為「150.0mm」方式來配置鋼筋，❸ 依圖 19-10 鋼筋位置繪製樓梯平台下層鋼筋，❹ 完成後按「修改」。如圖 19-10。

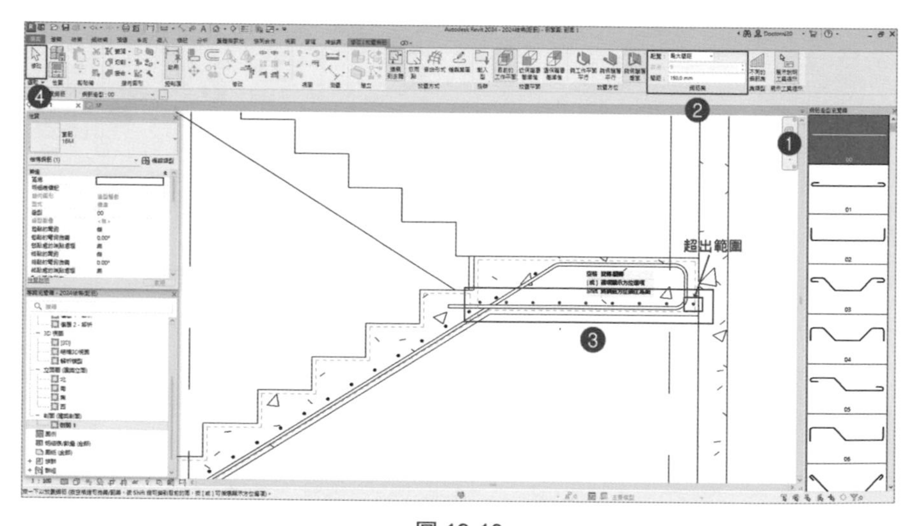

圖 19-10

8 ❶ 在圖 19-10 可看出平台下層樓梯鋼筋右側突出於箍筋外，❷ 用窗選方式選擇下層筋，將之移動適當位置，如圖 19-11。

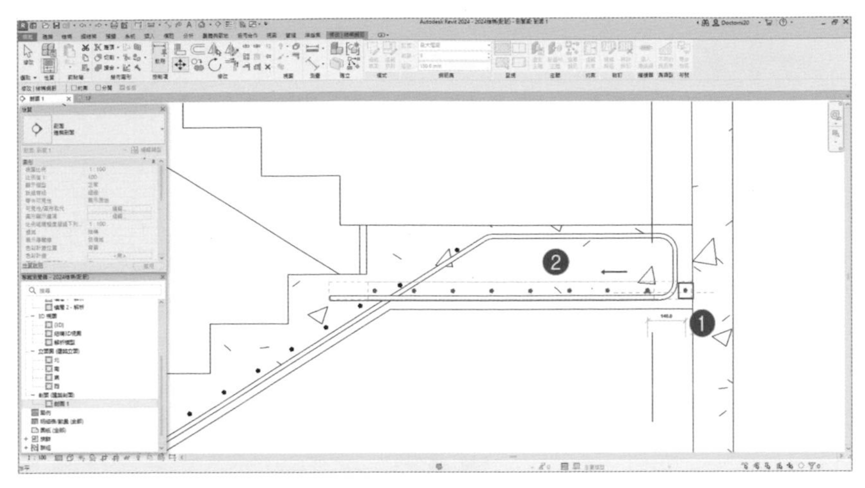

圖 19-11

9 繪製樓梯階梯鋼筋，點擊鋼筋在「修改 | 放置 鋼筋」頁籤，❶ 點擊「鋼筋」 工具，❷ 在功能區選項列，選擇鋼筋類型，選擇鋼筋繪製「目前工作平面」，❸ 選擇「平行於工作平面」，❹ 設定鋼筋「配置」為「最大間距」，「單」，❺ 在「鋼筋造型瀏覽器」，❻ 將滑鼠鼠標移至樓板元件內，完成鋼筋主筋之鋼筋配置，❼ 按「修改」功能，完成繪製；❽ 再點選繪製之鋼筋，切換「修改 | 結構鋼筋」頁籤，❾ 選擇在功能區「模式」-「編輯草圖」，調整鋼筋長度。如圖 19-12、圖 19-13。

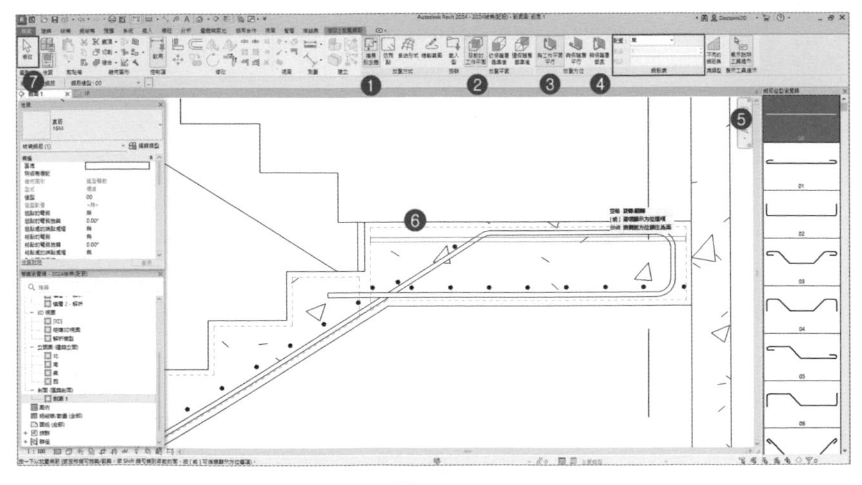

圖 19-12

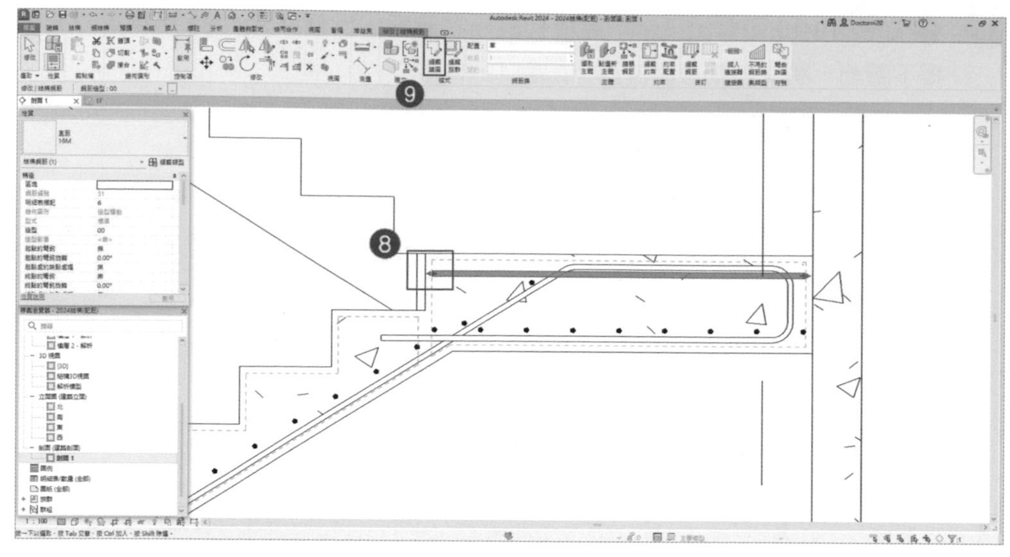

圖 19-13

10 ❶ 選擇在功能區「模式」-「編輯草圖」 後，切換到「修改 | 編輯鋼筋草圖」頁籤，以「線」 來繪製樓梯往下「第一階」樓梯鋼筋，❷ 鋼筋形狀如圖 19-14。

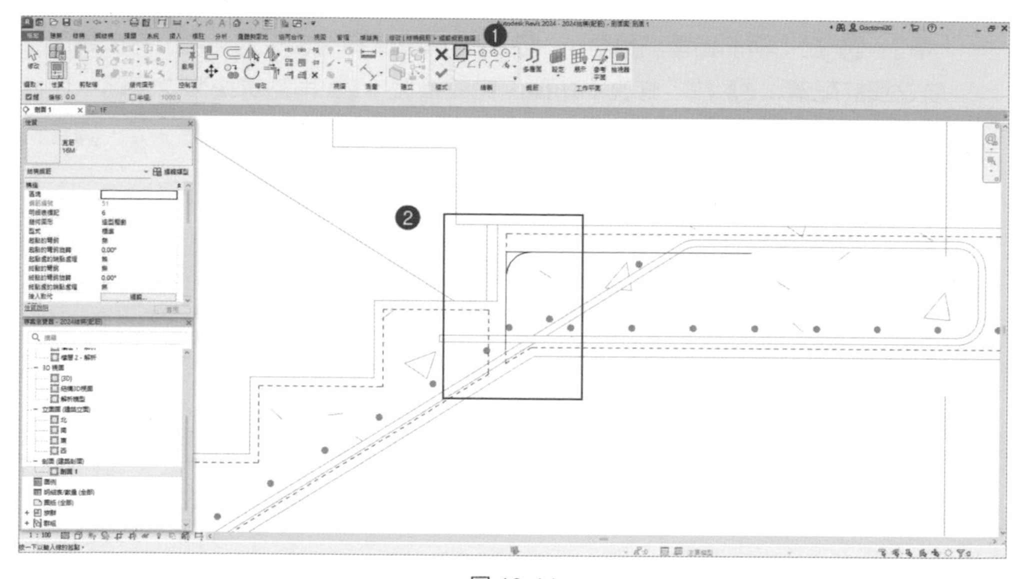

圖 19-14

11 ❶ 繪製樓梯往下「第二階」樓梯鋼筋，依步驟 10 以「線」 來繪製，❷ 完成往下第二階樓梯鋼筋之鋼筋形狀，❸ 完成後按 完成繪製，如圖 19-15。

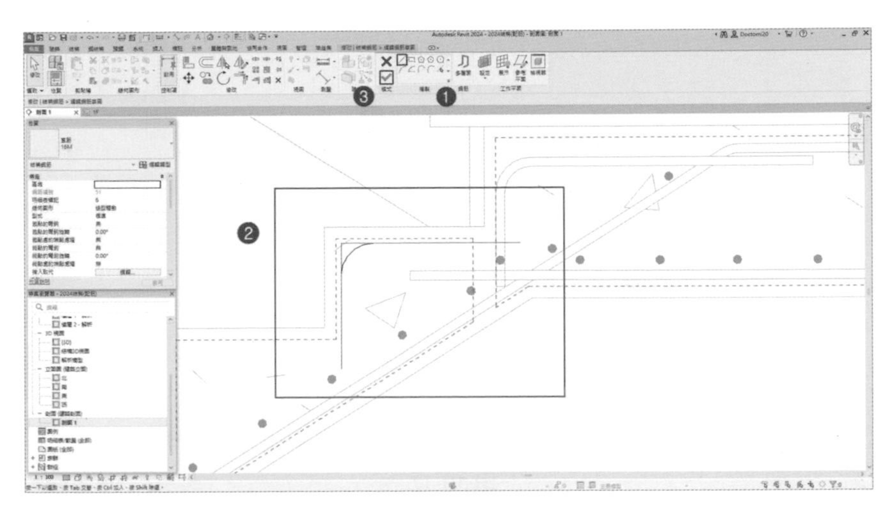

圖 19-15

12 ❶ 用窗選往下「第二階」樓梯鋼筋，❷ 選擇「複製」 ；❸ 在「修改｜結構鋼筋」頁籤下，功能區選項列，勾選「多個」，❹ 以樓梯梯面交點，為參考點，❺ 往下複製樓梯鋼筋；❻ 完成步驟鋼筋配置後，按 Ctrl 鍵，多重選取樓梯階梯鋼筋，選取完成後，❼ 在「修改｜結構鋼筋」頁籤下，在功能區「鋼筋集」，點選「配置」後，「配置」為「最小淨間距」，「間距」為「150.0mm」，❽ 按「修改」功能，完成繪製。如圖 19-16、圖 19-17、圖 19-18。

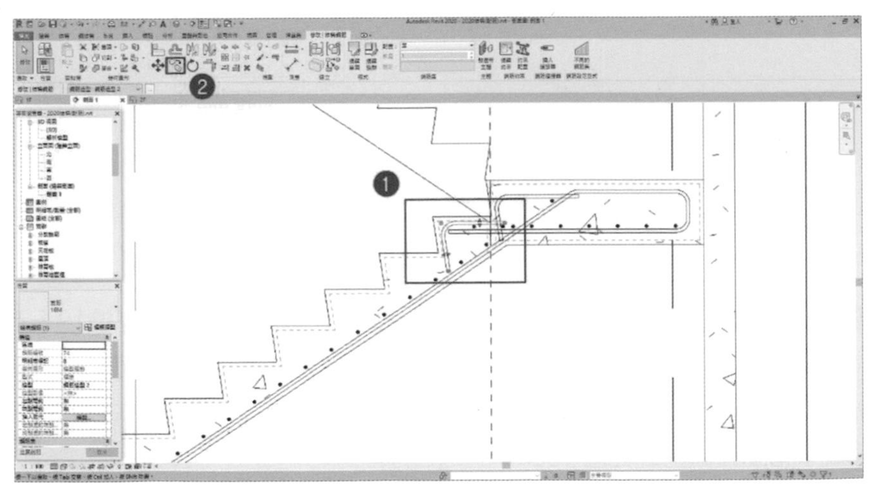

圖 19-16

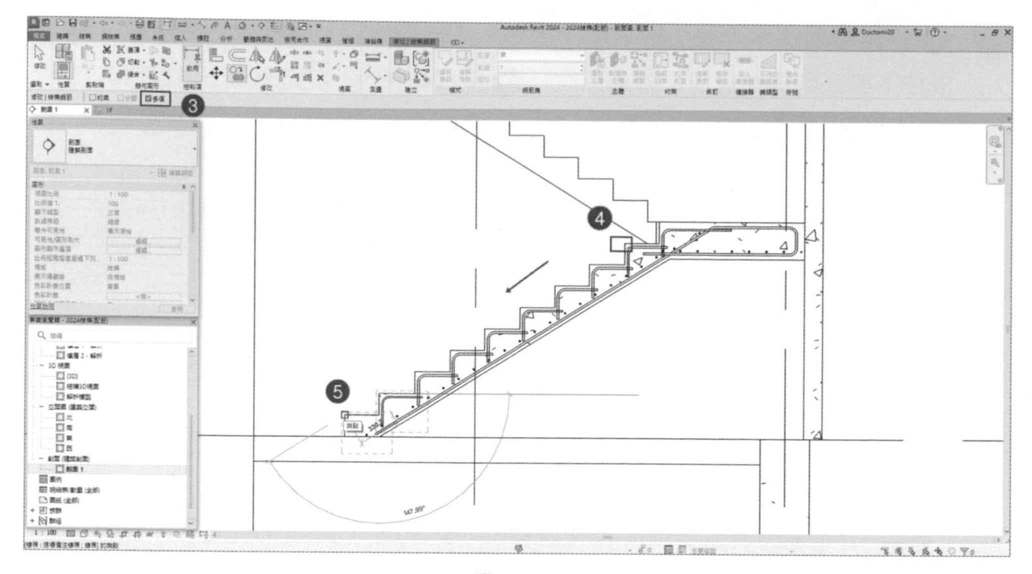

圖 19-17

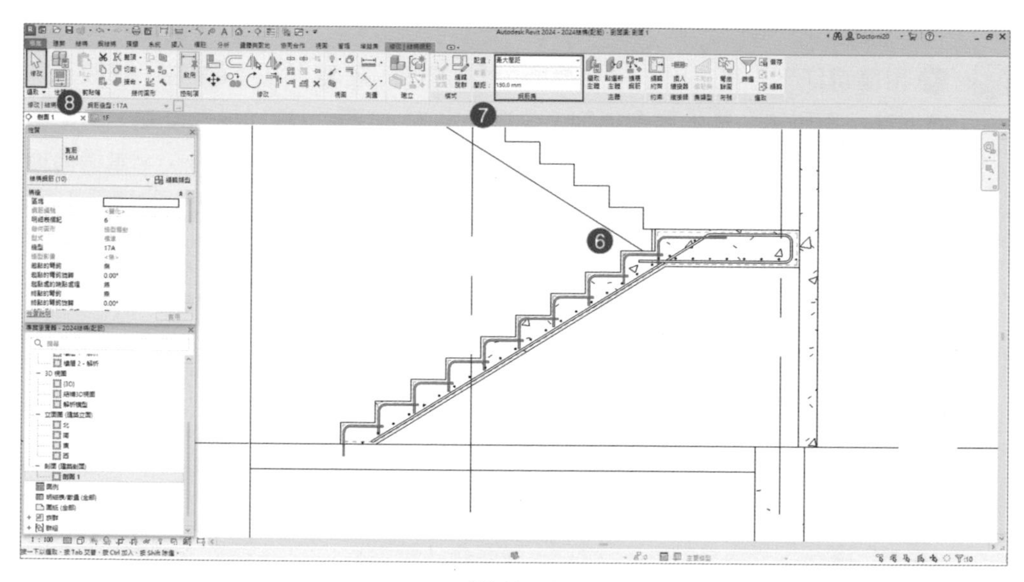

圖 19-18

13 ❶ 完成鋼筋配置後，切換到 3D 視圖，❷ 在「性質」視窗，點選按「可見性/圖形取代」-「編輯」，❸ 開啟「可見性 / 圖形取代」視窗，❹ 在「結構鋼筋」，調整顏色、線性及透明度，❺ 完成後按「確定」，❻ 完成後之 3D，可看見鋼筋形狀及顏色，如圖 19-19。

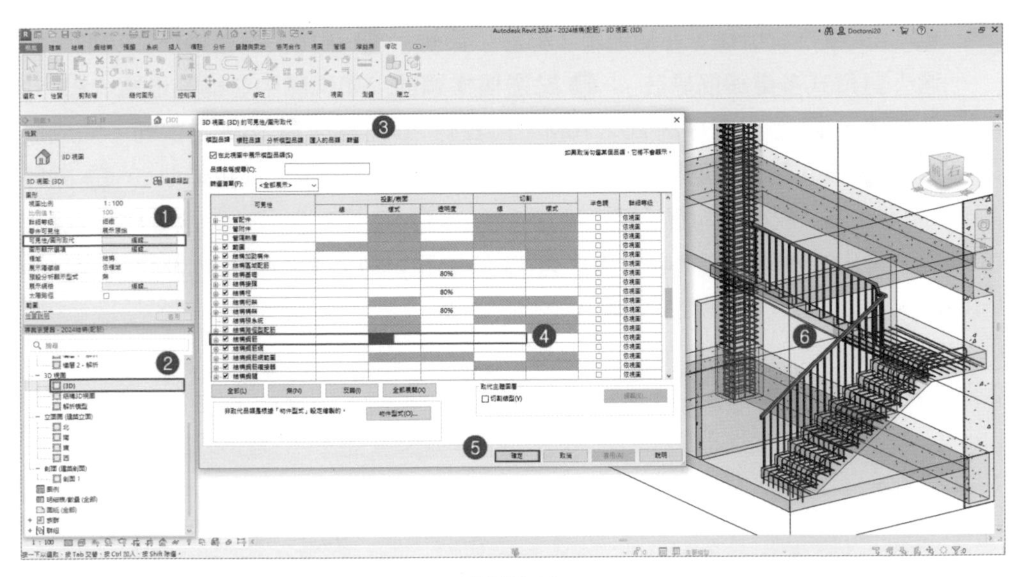

圖 19-19

19.1.3 樓梯鋼筋標註

1 ❶ 完成鋼筋配置後，切換到「剖面 1」視圖，❷ 在功能區「標註」頁籤，❸ 選擇「踏板編號」視窗，❹ 點選樓梯梯階，❺ 會自動產生樓梯編號，如圖 19-20。

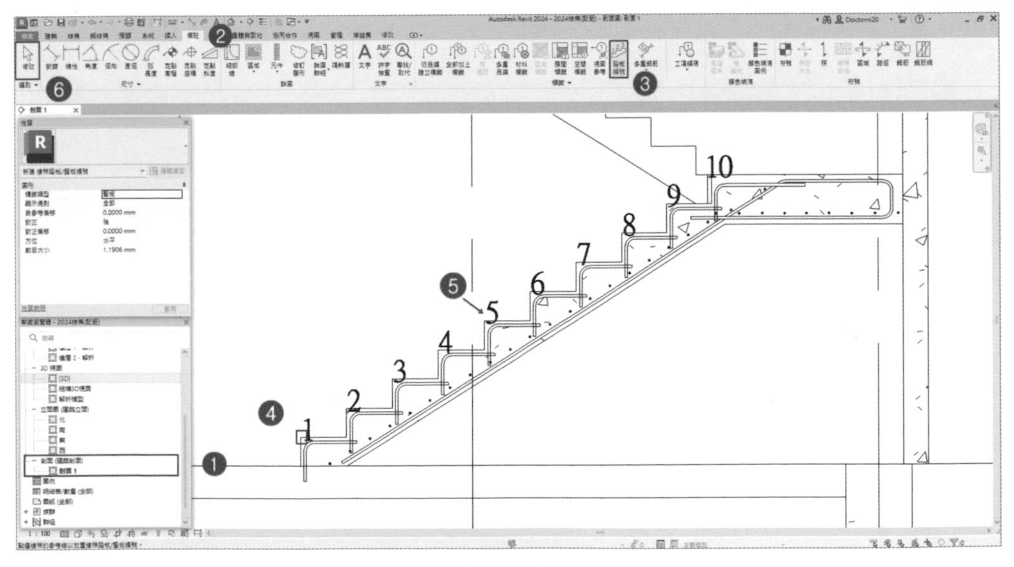

圖 19-20

2 ❶ 完成樓梯編號後，在功能區「標註」頁籤，❷ 選擇「多重鋼筋」功能，點選「對齊式多重鋼筋標註」；❸ 點選樓梯鋼筋，如視圖中之鋼筋位置，❹ 向外拖曳，❺ 會出現標註 20×16M，代表有 20 支直徑為 16M 之鋼筋，完成放置；❻ 再次點選鋼筋標註，❼ 在「性質」視窗，點選「編輯類型」，❽ 開啟「類型性質」視窗，勾選「展示標註文字」；❾ 完成後按「確定」，❿ 完成標註後，會出現標註 19×144，代表有 19 個間距，每個間距為 144MM。如圖 19-21、圖 19-22、圖 19-23 及圖 19-24。

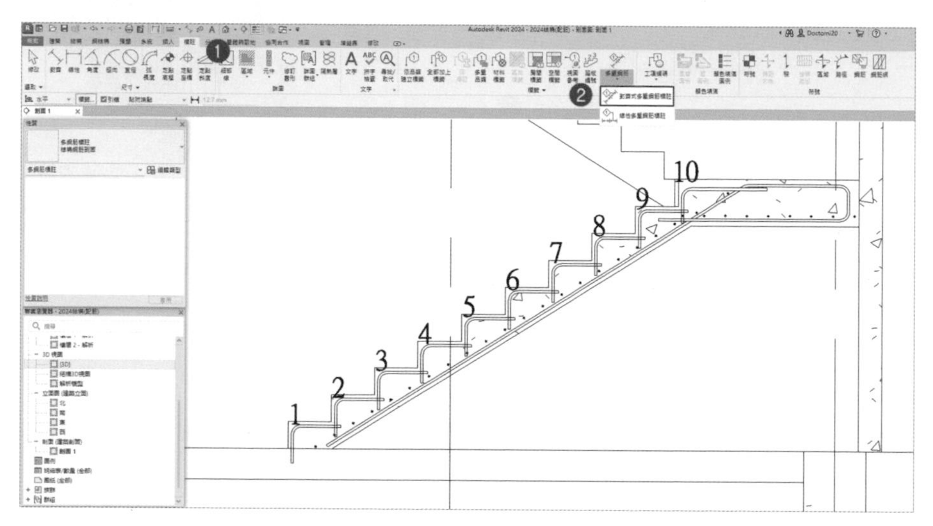

圖 19-21

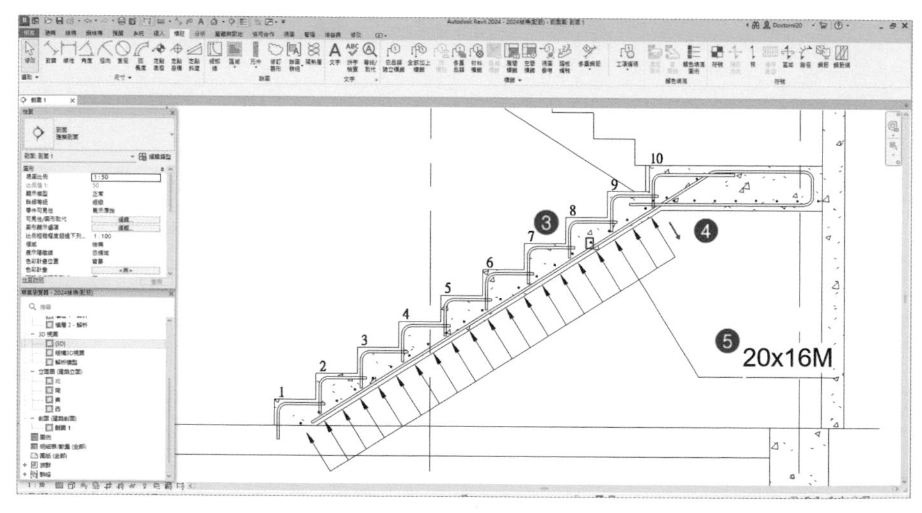

圖 19-22

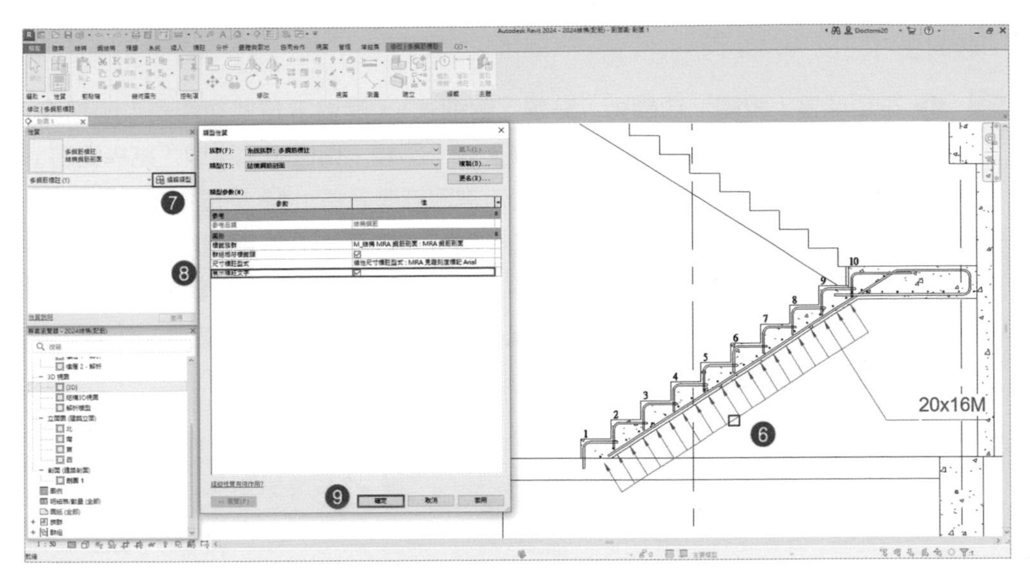

圖 19-23

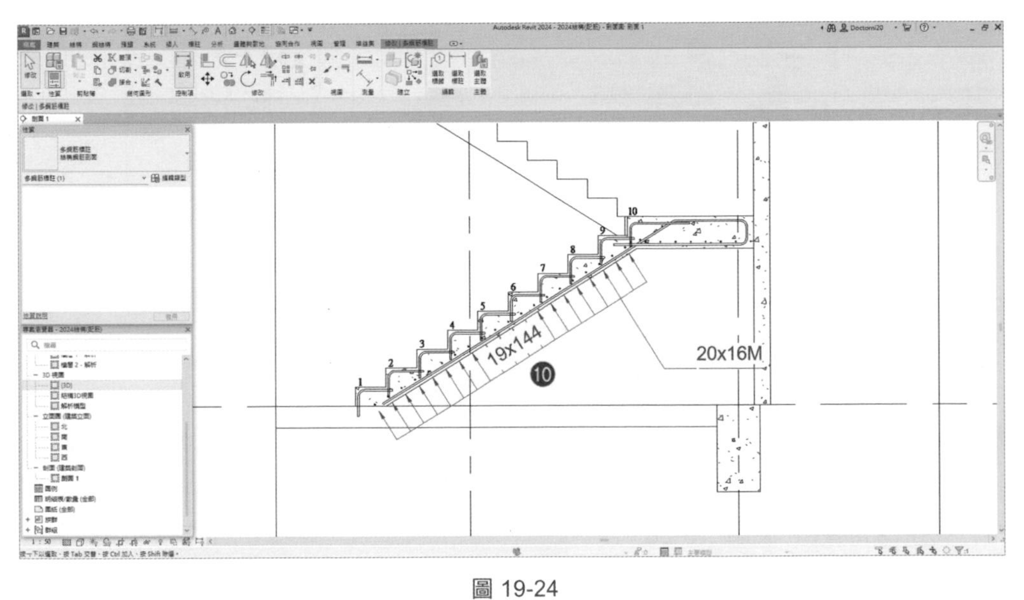

圖 19-24

19.1.4 鋼筋明細表

1 ❶ 在功能區「視圖」功能列，點選「明細表」，開啟下拉式功能表「明細表 / 數量」，❷ 開啟「新明細表」視窗，❸ 在「品類」欄位中，選取「結構鋼筋」完成鋼筋配置後，❹ 在「名稱」填列所需明細表名稱，❺ 完成後按「確定」，❻ 開啟「明細表性質」視窗，❼ 在「欄位」頁籤之「可用欄位」，選取「族群」、「類型」、「標記」、「鋼筋直徑」、「彎鉤詳圖」、「數量」、「鋼筋體積」，❽ 將「族群」、「類型」、「標記」、「鋼筋直徑」、「彎鉤詳圖」、「數量」、「鋼筋體積」移至「明細表欄位（按順序）（S）」，如圖 19-25。

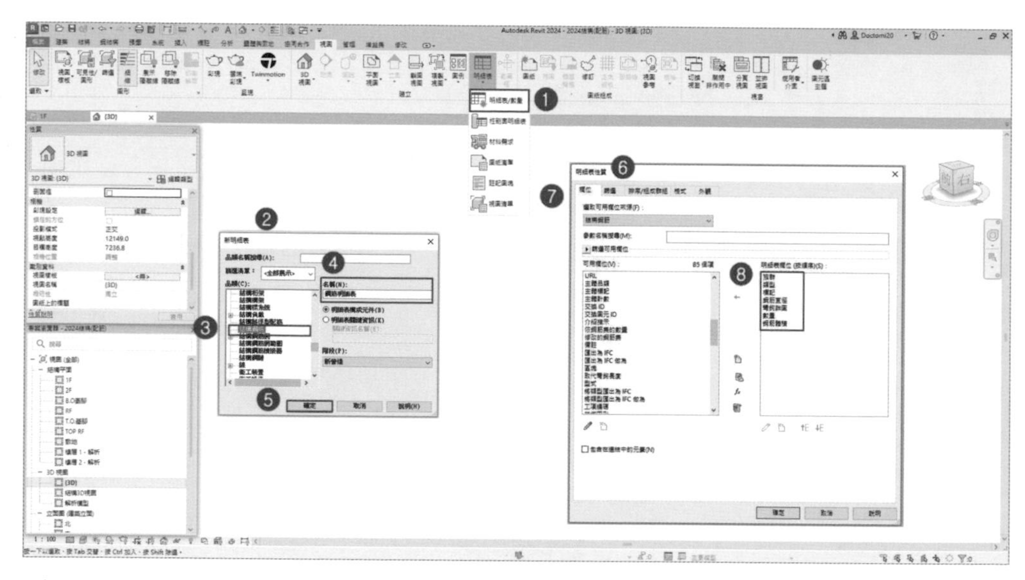

圖 19-25

2 ❶ 切換到「排序 / 組成群組」頁籤，❷ 在「排序依據 1（S）」，勾選「頁尾」、選擇「標題、合計和總數」、勾選「空白行」，❸ 勾選「總計」，選擇「標題、合計和總數」，如圖 19-26。

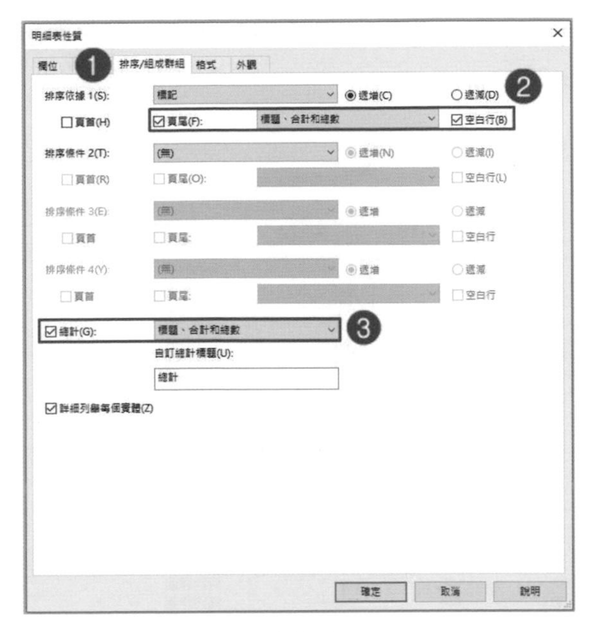

圖 19-26

3 ❶ 切換到「格式」頁籤，❷ 在「欄位」，選擇「鋼筋體積」，❸ 勾選「計算總數」，❹ 選擇「確定」，如圖 19-27。

圖 19-27

4 ❶ 開啟「鋼筋明細表」，❷ 在「鋼筋體積」欄位末端，會自動統計出鋼筋體積總計，如圖 19-28。

{3D}　鋼筋明細表 ❶

<鋼筋明細表>

A	B	C	D	E	F	G
族群	類型	標記	鋼筋直徑	彎鉤詳圖	數量	鋼筋體積
直筋	19M	1C1	19 mm	彎鉤詳圖	1	805.12 cm^3
直筋	19M	1C1	19 mm	彎鉤詳圖	1	805.12 cm^3
直筋	19M	1C1	19 mm	彎鉤詳圖	1	805.12 cm^3
直筋	13M	1C1	13 mm	彎鉤詳圖	1	9257.55 cm^3
直筋	19M	1C1	19 mm	彎鉤詳圖	1	805.12 cm^3
直筋	19M	1C1	19 mm	彎鉤詳圖	1	805.12 cm^3
直筋	13M	1C1	13 mm	彎鉤詳圖	1	9257.55 cm^3
直筋	19M	1C1	19 mm	彎鉤詳圖	1	805.12 cm^3
直筋	19M	1C1	19 mm	彎鉤詳圖	1	805.12 cm^3
直筋	13M	1C1	13 mm	彎鉤詳圖	1	9257.55 cm^3
直筋	19M	1C1	19 mm	彎鉤詳圖	1	805.12 cm^3
直筋	19M	1C1	19 mm	彎鉤詳圖	1	805.12 cm^3
直筋	13M	1C1	13 mm	彎鉤詳圖	1	9257.55 cm^3
直筋	19M	1C1	19 mm	彎鉤詳圖	1	805.12 cm^3
直筋	19M	1C1	19 mm	彎鉤詳圖	1	805.12 cm^3
直筋	13M	1C1	13 mm	彎鉤詳圖	1	9257.55 cm^3
直筋	19M	1C1	19 mm	彎鉤詳圖	1	805.12 cm^3
直筋	19M	1C1	19 mm	彎鉤詳圖	1	805.12 cm^3
直筋	13M	1C1	13 mm	彎鉤詳圖	1	9257.55 cm^3
直筋	19M	1C1	19 mm	彎鉤詳圖	1	805.12 cm^3
直筋	19M	1C1	19 mm	彎鉤詳圖	1	805.12 cm^3
直筋	13M	1C1	13 mm	彎鉤詳圖	1	9257.55 cm^3
直筋	19M	1C1	19 mm	彎鉤詳圖	1	805.12 cm^3
直筋	19M	1C1	19 mm	彎鉤詳圖	1	805.12 cm^3
直筋	13M	1C1	13 mm	彎鉤詳圖	1	9257.55 cm^3
直筋	19M	1C1	19 mm	彎鉤詳圖	1	805.12 cm^3
直筋	19M	1C1	19 mm	彎鉤詳圖	1	805.12 cm^3
直筋	13M	1C1	13 mm	彎鉤詳圖	1	9257.55 cm^3
直筋	19M	1C1	19 mm	彎鉤詳圖	1	805.12 cm^3
直筋	19M	1C1	19 mm	彎鉤詳圖	1	805.12 cm^3
直筋	13M	1C1	13 mm	彎鉤詳圖	1	9257.55 cm^3
直筋	19M	1C1	19 mm	彎鉤詳圖	1	805.12 cm^3
直筋	19M	1C1	19 mm	彎鉤詳圖	1	10773.19 cm^3
1C1: 33					33	121061.38 cm^3
總計: 33					33	❷ 121061.38 cm^3

圖 19-28

5 ❶ 在「性質」視窗中，點選「性質」，❷ 在「鋼筋體積」欄位末端，會自動統計出鋼筋體積總計，❸ 點選 *fx* 計算功能，開啟「計算數值」視窗，❹ 在「名稱」新增「鋼筋重量」，❺ 點選 ... 功能鍵，❻ 開啟「欄位」視窗，點選「鋼筋體積」；❼ 返回「計算數值」，填註下列公式在「鋼筋體積 /1*7.85」(鋼筋單位重為 7.85)，❽ 完成後按「確定」；❾ 返回「明細表性質」視窗，新增「鋼筋重量」，❿ 點選「格式」頁籤，⓫ 點選「鋼筋重量」，⓬ 在「圖紙上展示條件格式」勾選「計算總數」，⓭ 完成後按「確定」；⓮ 開啟「鋼筋明細表」，⓯ 在「鋼筋體積」欄位末端，會自動統計出鋼筋體積總計其單位為噸。如圖 19-29 至圖 19-32。

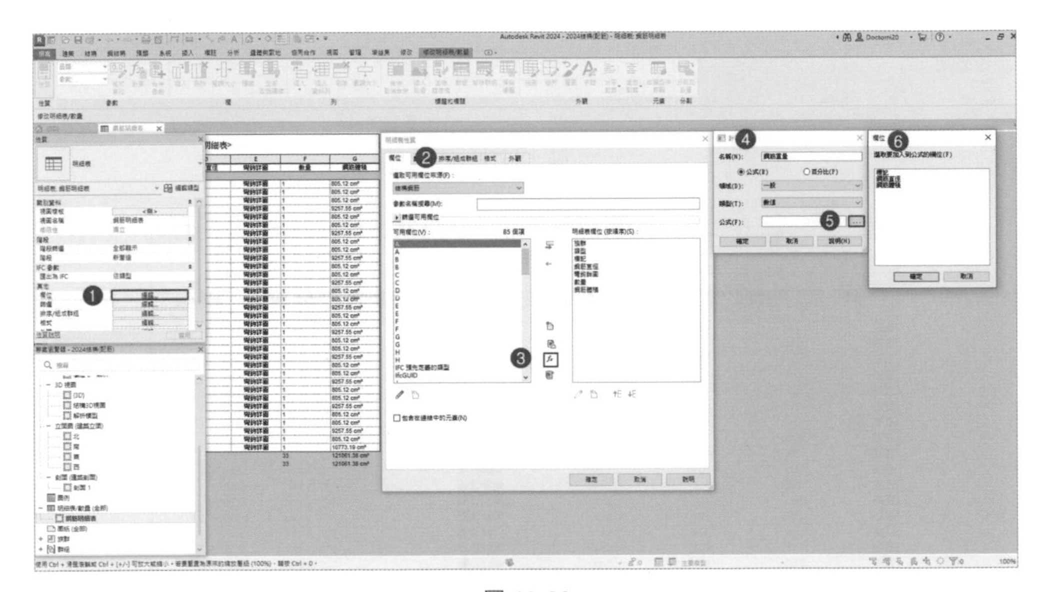

圖 19-29

圖 19-30

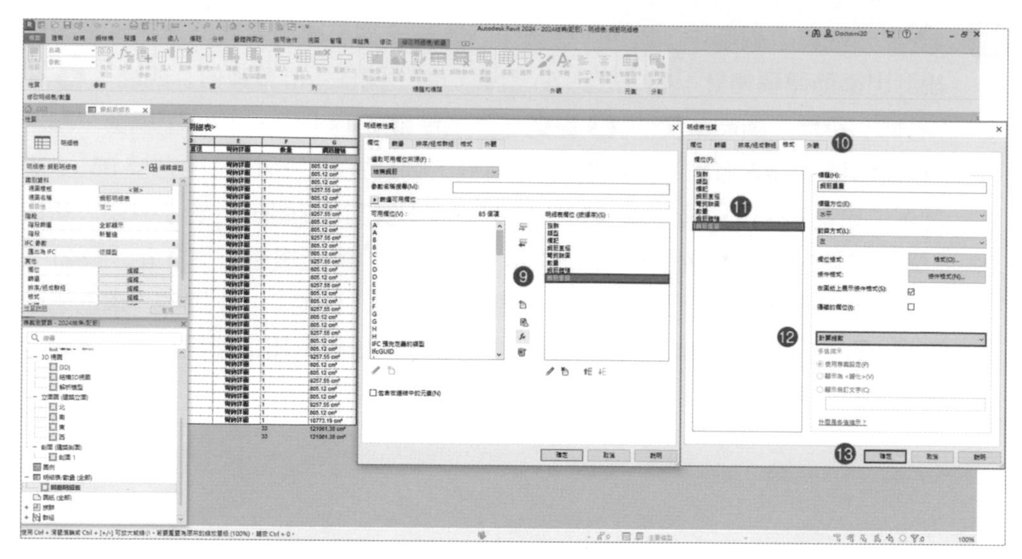

圖 19-31

<鋼筋明細表>

A	B	C	D	E	F	G	H
族群	類型	標記	鋼筋直徑	彎鉤詳圖	數量	鋼筋體積	鋼筋重量
直筋	19M	1C1	19 mm	彎鉤詳圖	1	805.12 cm^3	0.00632
直筋	19M	1C1	19 mm	彎鉤詳圖	1	805.12 cm^3	0.00632
直筋	19M	1C1	19 mm	彎鉤詳圖	1	805.12 cm^3	0.00632
直筋	13M	1C1	13 mm	彎鉤詳圖	1	9257.55 cm^3	0.072672
直筋	19M	1C1	19 mm	彎鉤詳圖	1	805.12 cm^3	0.00632
直筋	19M	1C1	19 mm	彎鉤詳圖	1	805.12 cm^3	0.00632
直筋	13M	1C1	13 mm	彎鉤詳圖	1	9257.55 cm^3	0.072672
直筋	19M	1C1	19 mm	彎鉤詳圖	1	805.12 cm^3	0.00632
直筋	19M	1C1	19 mm	彎鉤詳圖	1	805.12 cm^3	0.00632
直筋	13M	1C1	13 mm	彎鉤詳圖	1	9257.55 cm^3	0.072672
直筋	19M	1C1	19 mm	彎鉤詳圖	1	805.12 cm^3	0.00632
直筋	19M	1C1	19 mm	彎鉤詳圖	1	805.12 cm^3	0.00632
直筋	13M	1C1	13 mm	彎鉤詳圖	1	9257.55 cm^3	0.072672
直筋	19M	1C1	19 mm	彎鉤詳圖	1	805.12 cm^3	0.00632
直筋	19M	1C1	19 mm	彎鉤詳圖	1	805.12 cm^3	0.00632
直筋	13M	1C1	13 mm	彎鉤詳圖	1	9257.55 cm^3	0.072672
直筋	19M	1C1	19 mm	彎鉤詳圖	1	805.12 cm^3	0.00632
直筋	19M	1C1	19 mm	彎鉤詳圖	1	805.12 cm^3	0.00632
直筋	13M	1C1	13 mm	彎鉤詳圖	1	9257.55 cm^3	0.072672
直筋	19M	1C1	19 mm	彎鉤詳圖	1	805.12 cm^3	0.00632
直筋	19M	1C1	19 mm	彎鉤詳圖	1	805.12 cm^3	0.00632
直筋	13M	1C1	13 mm	彎鉤詳圖	1	9257.55 cm^3	0.072672
直筋	19M	1C1	19 mm	彎鉤詳圖	1	805.12 cm^3	0.00632
直筋	19M	1C1	19 mm	彎鉤詳圖	1	805.12 cm^3	0.00632
直筋	13M	1C1	13 mm	彎鉤詳圖	1	9257.55 cm^3	0.072672
直筋	19M	1C1	19 mm	彎鉤詳圖	1	805.12 cm^3	0.00632
直筋	19M	1C1	19 mm	彎鉤詳圖	1	805.12 cm^3	0.00632
直筋	13M	1C1	13 mm	彎鉤詳圖	1	9257.55 cm^3	0.072672
直筋	19M	1C1	19 mm	彎鉤詳圖	1	805.12 cm^3	0.00632
直筋	19M	1C1	19 mm	彎鉤詳圖	1	805.12 cm^3	0.00632
直筋	13M	1C1	13 mm	彎鉤詳圖	1	9257.55 cm^3	0.072672
直筋	19M	1C1	19 mm	彎鉤詳圖	1	805.12 cm^3	0.00632
直筋	19M	1C1	19 mm	彎鉤詳圖	1	10773.19 cm^3	0.08457
1C1: 33					33	121061.38 cm^3	0.950332
總計: 33					33	121061.38 cm^3	0.950332

圖 19-32

MEP 專案建立

20.1 Autodesk Revit MEP 概述

20.2 建立標高

20.3 建立平面視圖

20.4 視圖可見性

MEP 專案設計之基準，通常在建築及結構模型進行的，所以在 Revit® MEP 專案建立時，通常須先行鏈結建築及結構模型，並對於鏈結之文件進行基本設定，再進行 MEP 設計。

20.1 Autodesk Revit MEP 概述

20.1.1 新建 MEP 專案

❶ 單擊「應用程序目錄」下 按鈕 -「新建」-「專案」，❷ 開啟「新專案」對話框，選擇「瀏覽」，❸ 開啟「選擇樣板」，❹ 開啟「Systems-Default_MetricCHT.rte」樣板檔（樣板檔案位置在 C:\ProgramData\Autodesk\RVT 2024\Templates\Traditional Chinese_INTL）如圖 20-1。

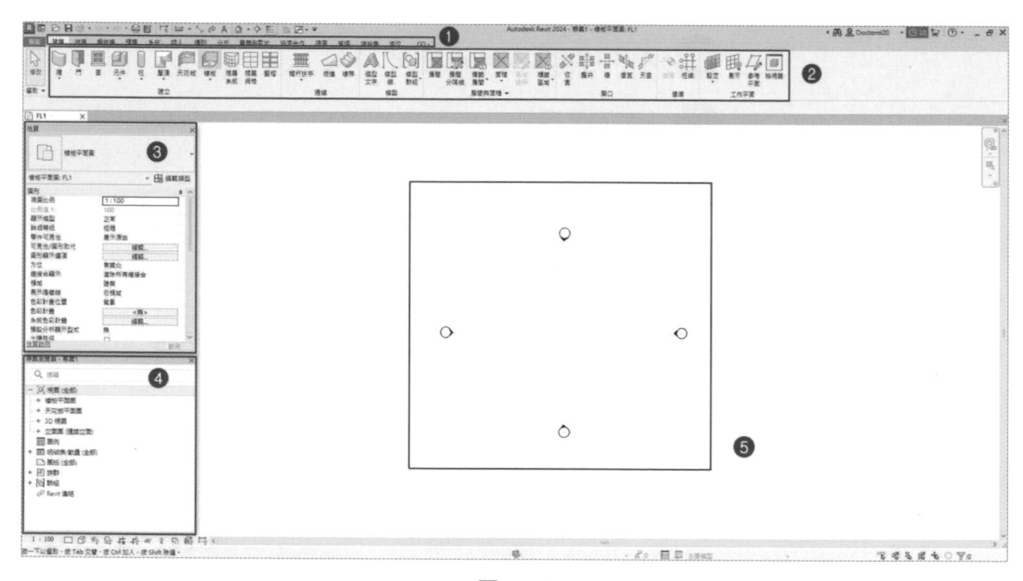

圖 20-1

附註：

Revit 在 MEP 專案中，提供四種樣板檔，分別為 ❶ Electrical-Default_MetricCHT.rte（電氣樣板檔），❷ Mechanical-Default_MetricCHT.rte（機械樣板檔），❸ Plumbing-Default_MetricCHT.rte（衛工樣板檔），❹ Systems-Default_MetricCHT.rte（系統樣板檔），如果使用電氣樣板檔、機械樣板檔、衛工樣板檔僅能使用該分類功能鍵模，如果無法判定所需建模用途，即可使用系統樣板檔樣板檔，使用者也可以使用自已預設樣板檔，如圖 20-2。

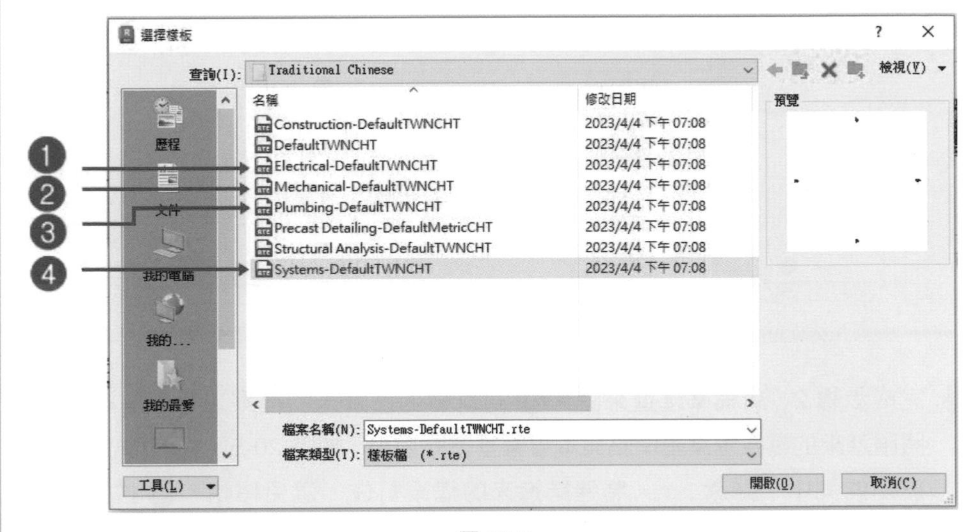

圖 20-2

20.1.2 連結模型

1. 在專案建立後，要將原有建築及結構模型連結到專案文件內；單擊功能區中「插入」頁籤，選擇「連結 Revit」，如圖 20-3。

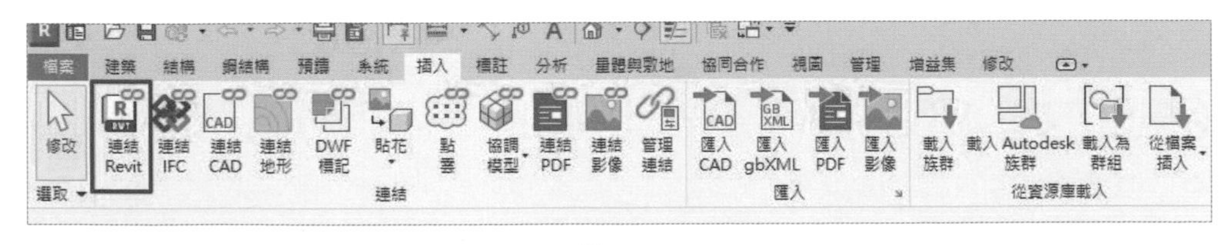

圖 20-3

2 ❶ 點選「顯示隱藏的元素」 ❷ 在視圖中，顯示「專案基準點」及「測量點」符號，❸ 選擇「連結 Revit」，❹ 開啟「匯入｜連結 RVT」，❺ 選擇光碟建立之「建築 2024.rvt」，❻ 並將「定位」設定在「手動 – 基準點」，❼ 單擊右下角「開啟」按鈕，如圖 20-4。

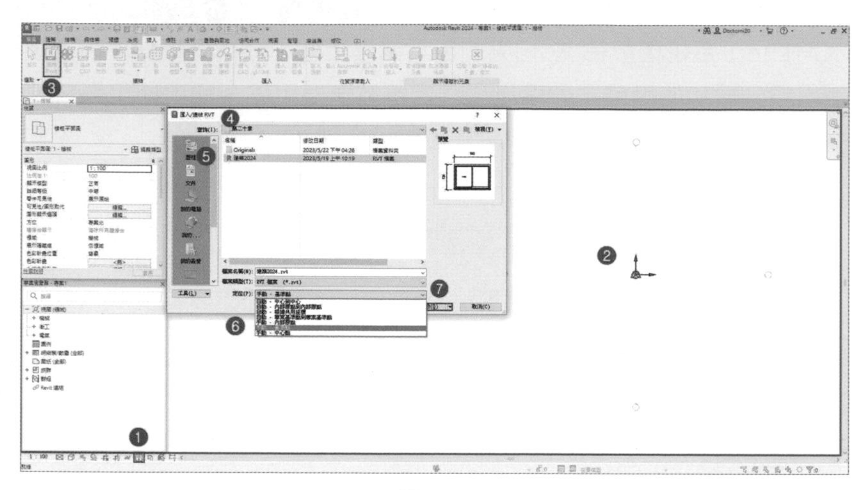

圖 20-4

3 完成步驟 2，將檔案匯進來時，❶ 可以看到匯進來的檔案之專案基準點，❷ 將匯進來的檔案專案基準點與本專案基準點重疊，如圖 20-5。❸ 完成重疊後，於功能列中，點選 ，將連結進來的檔案釘住，避免移動，❹ 並按「切換「顯示隱藏的元素」模式」切換視圖，如圖 20-6。

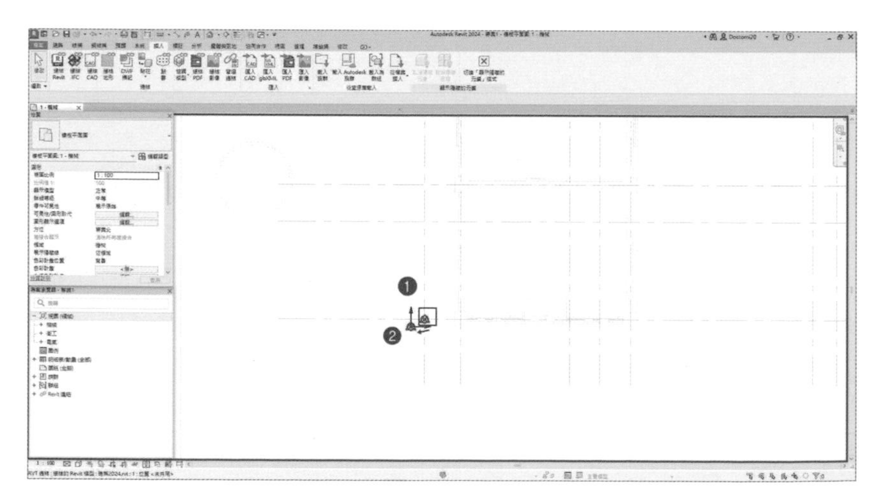

圖 20-5

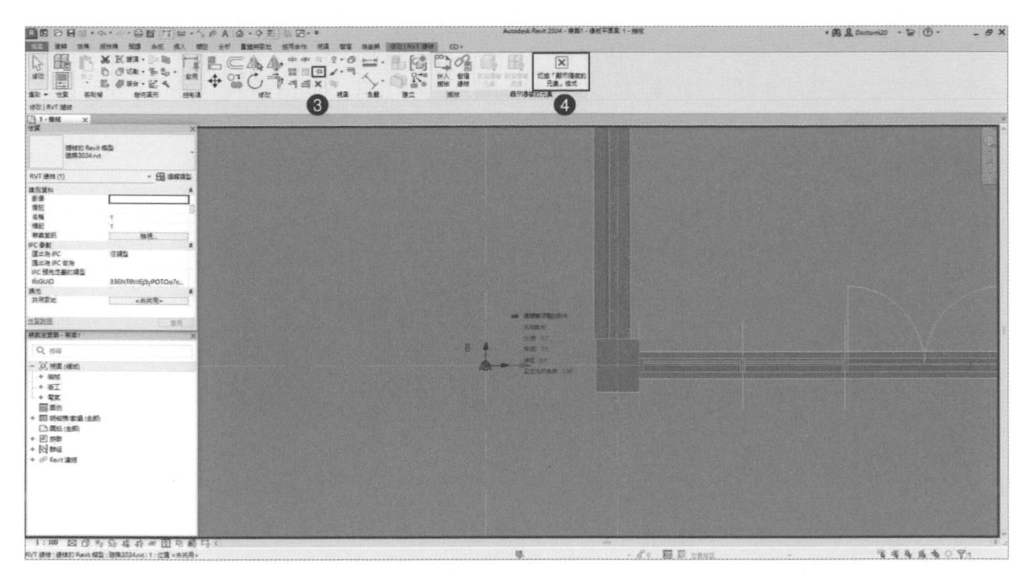

圖 20-6

20.2 建立標高

20.2.1 複製標高

在完成連結後，在 MEP 專案中會有兩種類型標高，一種是「Systems-Default_MetricCHT.rte」樣板檔文件內建之標高，另一種為原來匯入進來之檔案標高。

1 ❶ 在「專案瀏覽器」之視圖中，視圖領域區分為 A.「機械」，次領域為「HVAC」、B.「衛工」，次領域為「廚具及衛浴」、C.「電氣」，次領域為「動力」及「照明」，❷ 點選「電氣」-「動力」-「立面圖」(建築立面) -「南 – 電氣」立面圖，❸ 切換到立面圖，❹ 可看見在右側會有兩種不同樓層標高，如圖 20-7。

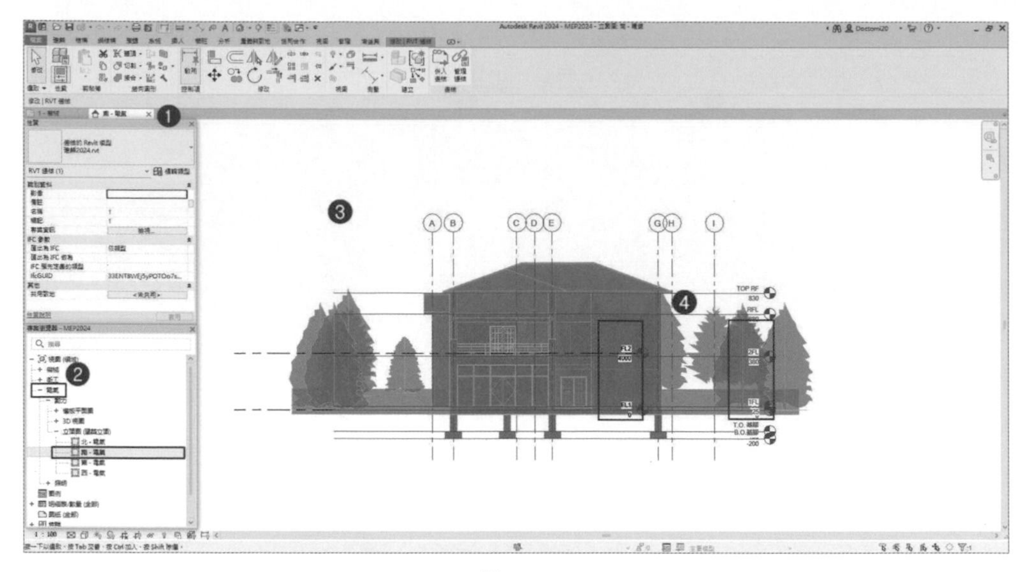

圖 20-7

2 ❶ 在「管理」頁籤，❷ 點選「專案單位」，❸ 開啟「專案單位」，在「長度」之「格式」，點選連接之 rvt 檔案，相同單位，❹ 完成後按「確定」，如圖 20-8。

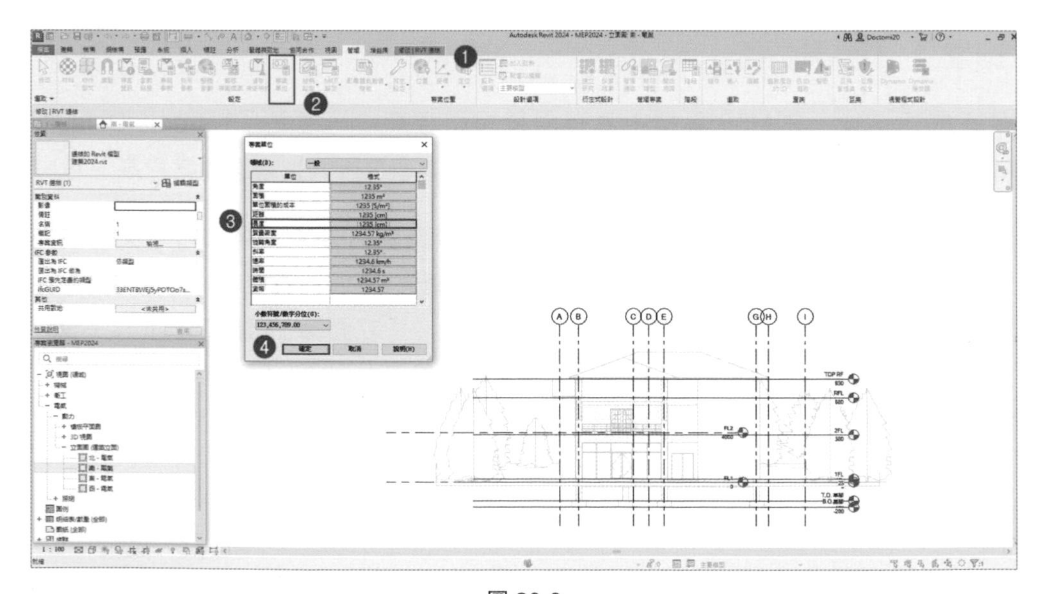

圖 20-8

3 ❶ 在「檔案」頁籤，選擇「另存」❷ 點選「專案」，❸ 開啟「另存新檔」，❹ 在「檔案名稱（N）」輸入檔案名稱，❺ 點選「儲存」，如圖 20-9。

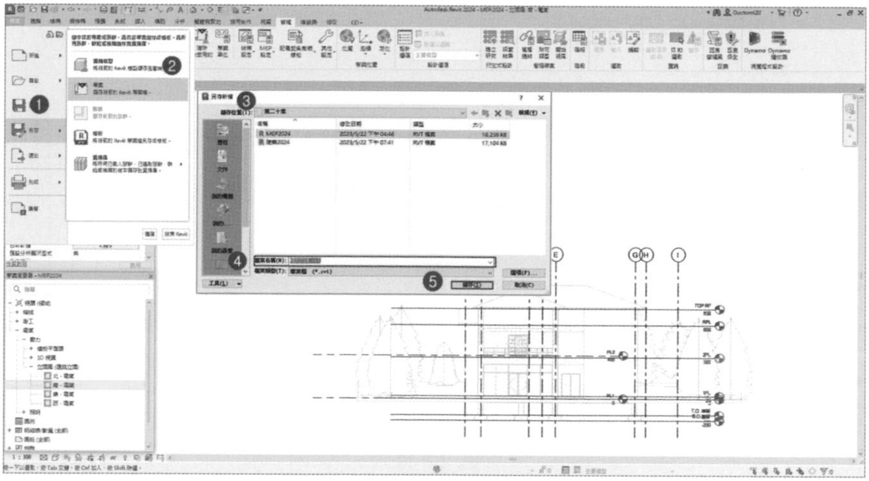

圖 20-9

4 ❶ 單擊功能區中「協同作業」頁籤下，❷「複製 / 監視」-「選取連結」，❸ 在繪圖區中點擊連結之模型；❹ 開啟「複製 / 監視」頁籤功能選項，❺ 點選按「複製」功能鈕，❻ 選擇勾選「多個」，❼ 後框選視圖內物件後，❽ 按功能選項下「過濾器」 篩選 按鈕，❾ 會出現「篩選」對話框，❿ 僅勾選「多個樓層」，⓫ 然後單擊「確定」，⓬ 在功能列，按「完成」，⓭ 完成後按 ✔ 完成「複製 / 監視」。如圖 20-10 及圖 20-11。

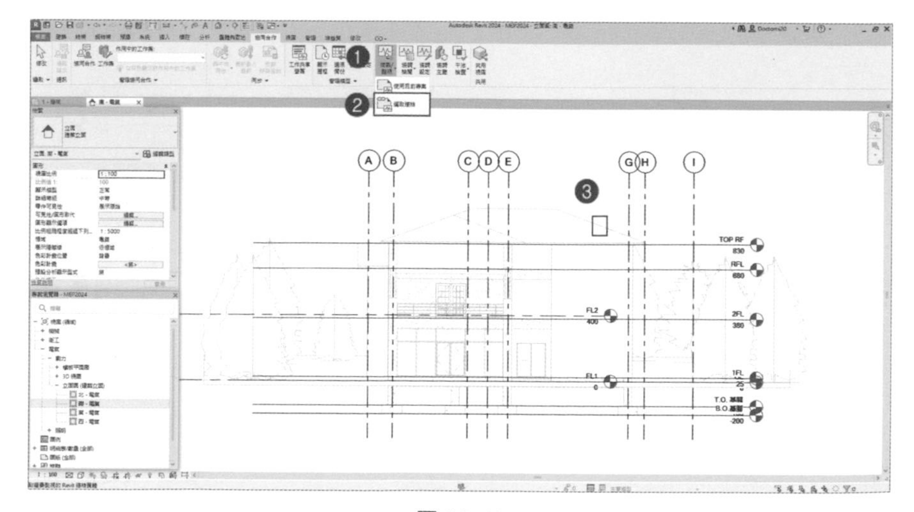

圖 20-10

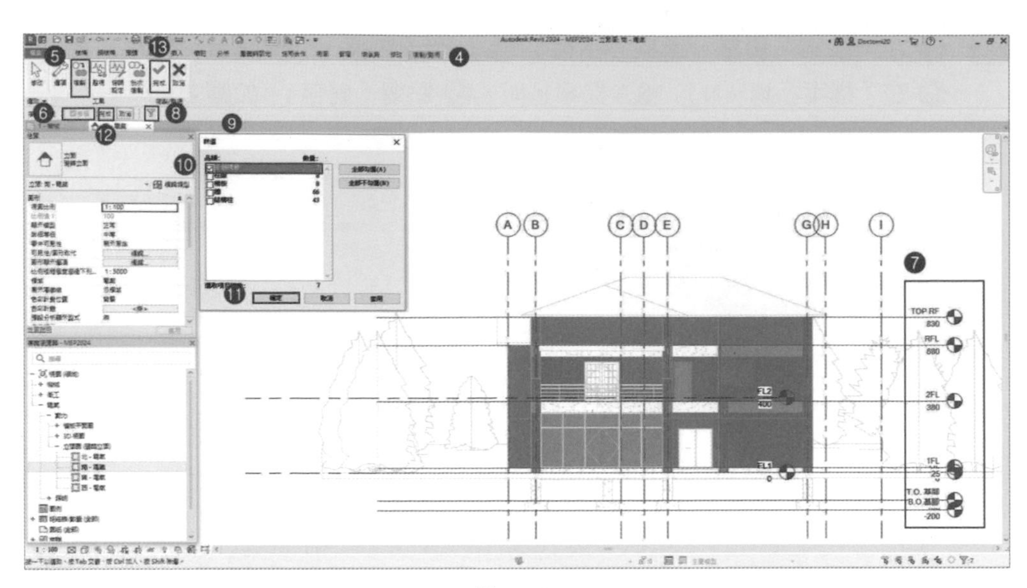

圖 20-11

5 在專案繪製過程中，只需要是連結建築模型中的標高。因此要獲取連結的建築模型標高，❶ 點選視圖中「1FL」、「2FL」樓層，刪除「Systems-DefaultTWNCHT.rte」內建之標高；❷ 刪除過程中會出現一個警告框，如圖 8-9，警告各視圖將會被刪除，❸ 單擊「確定」，如圖 20-12。

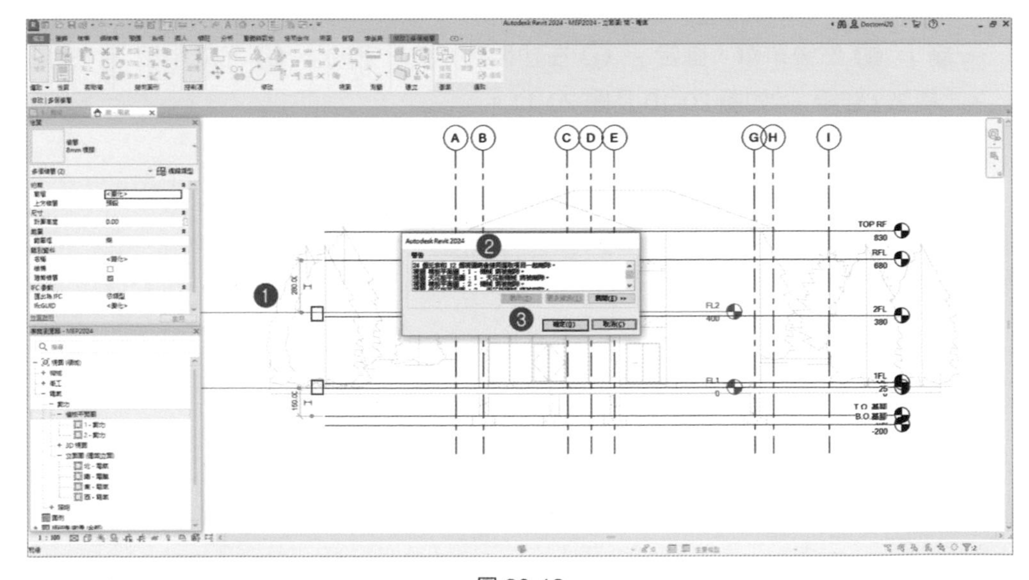

圖 20-12

20.2.2 樓層高更名

1 ❶ 連結之模型樓層線之圓點，❷ 向右拖曳，如圖 20-13。

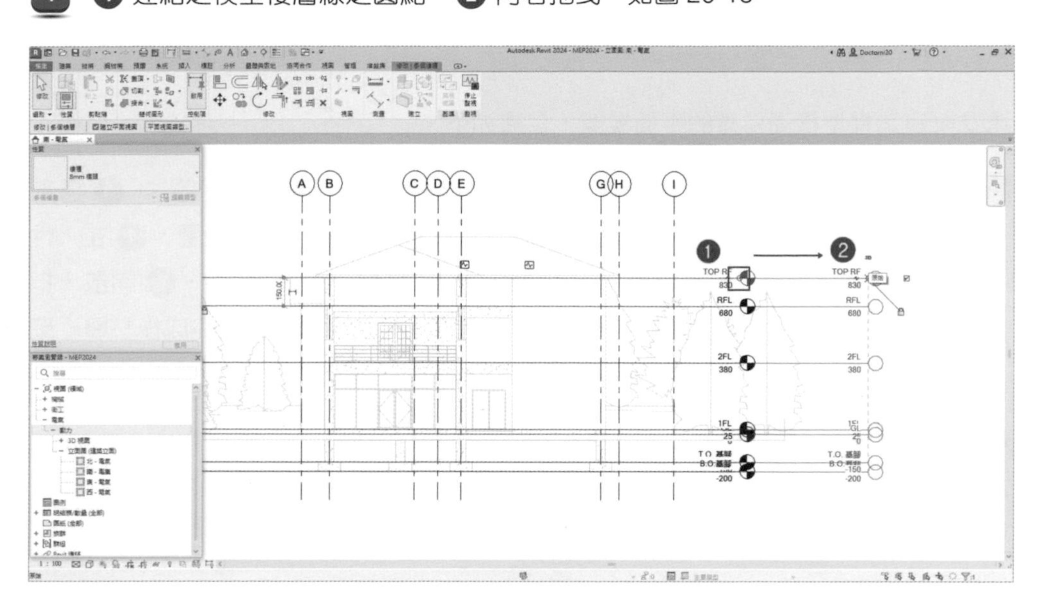

圖 20-13

2 ❶ 刪除不需要之樓層線，❷ 將樓層名稱更名，請讀者自行更名，如圖 9-14。

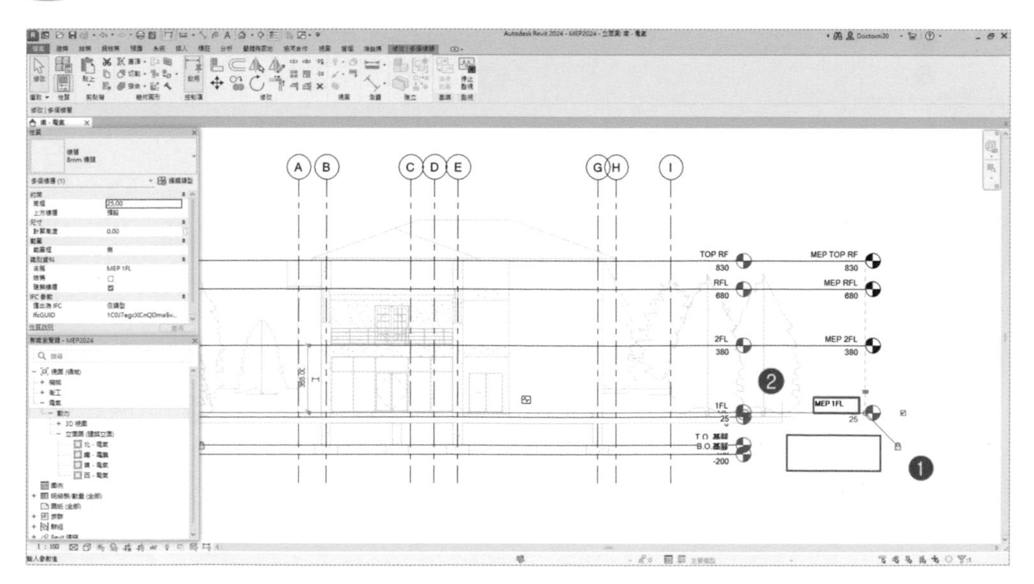

圖 20-14

20.3 建立平面視圖

20.3.1 建立平面視圖

建立與建築模型標高對應的平面視圖，步驟如下：

1 ❶ 在「專案瀏覽器」功能表，❷ 選擇「HVAC」-「樓板平面圖」，❸ 選取「MEP 1FL」、「MEP 2FL」、「MEP 3FL」、「MEP TOP RF」四張視圖，❹ 在「性質」對話框中之「識別資料」-「視圖樣板」，點擊「機械平面」，❺ 開啟「指定視圖樣板」對話框，❻ 於「名稱」下選取「電氣平面」，❼ 完成後點擊「確定」，同樣的步驟，請讀者建立「天花板平面圖」，如圖 20-15。

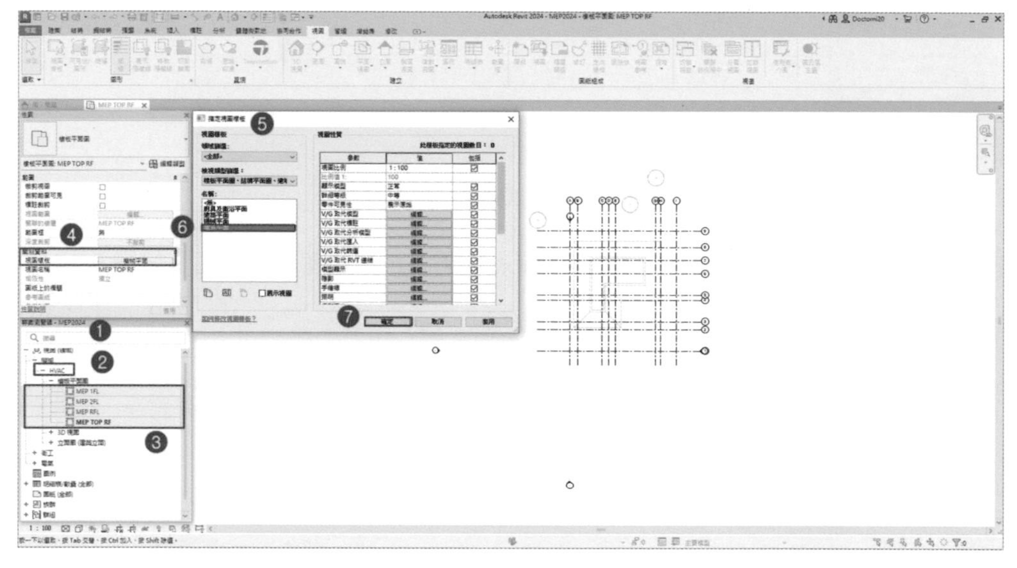

圖 20-15

2 ❶ 完成步驟 1 後，在「專案瀏覽器」中可看見新建之「樓板平面圖」及「天花板平面圖」分別建立於「動力」及「照明」領域分類，❷ 點選視圖「MEP 1FL」，❸ 將視圖切換到「MEP 1 FL」，如圖 20-16。

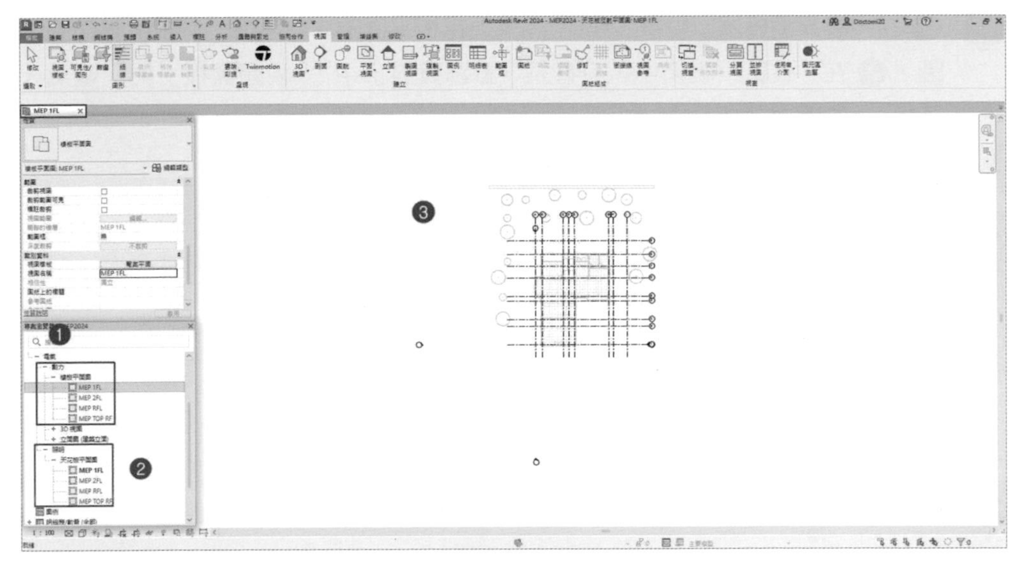

圖 20-16

3 ❶ 在「專案瀏覽器」點選「動力」-「樓板平面圖」-「MEP 1 FL」等四張視圖，❷ 在「性質」視窗中，可看見「識別資料」中，「視圖樣板」為「電氣平面」，如圖 20-17。

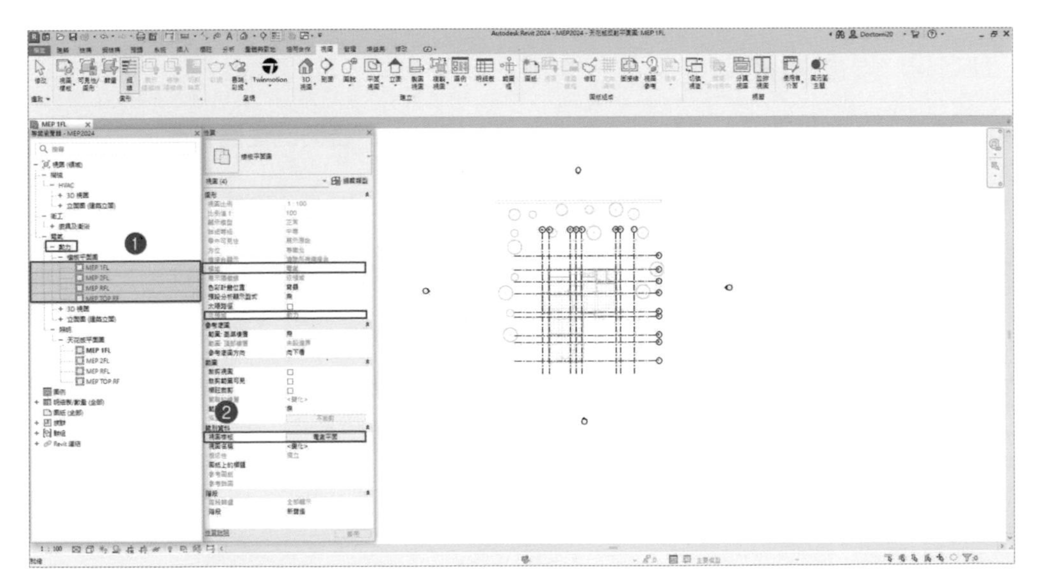

圖 20-17

4 ❶ 在「專案瀏覽器」點選「照明」-「天花板平面圖」-「MEP 1 FL」等四張視圖，❷ 在「性質」視窗中，可看見「識別資料」中，「視圖樣板」為「電氣天花板」，如圖 20-18。

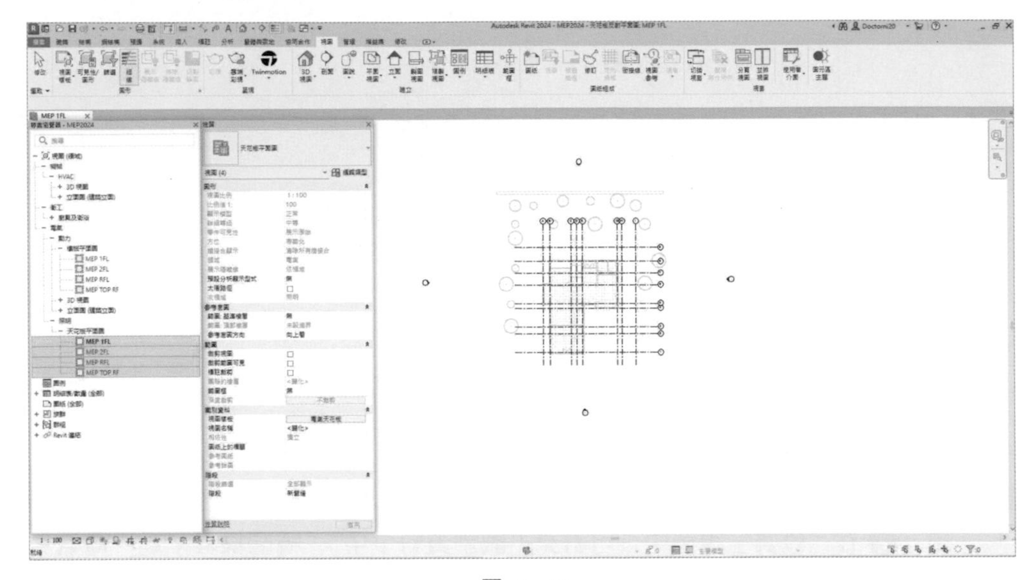

圖 20-18

20.3.2 複製視圖

複製視圖有三種模式：1. 複製；2. 與細節一起複製；3. 複製為從屬視圖。

1. 複製：視圖專用圖元（例如詳圖構件和尺寸標示），不會被複製到視圖中。
2. 與細節一起複製：視圖專用圖元（例如詳圖構件和尺寸標示），會被複製到現有視圖。
3. 複製為從屬視圖：複製的視圖將顯示在被複製視圖下方，相關視圖成為一個群組，且可以像其他視圖類型一樣進行過濾，如圖 20-19。

1 ❶ 在「專案瀏覽器」中，點選「MEP 1 FL」，按滑鼠右鍵，❷ 開啟功能列，❸ 點選「複製視圖」，❹ 開啟選擇功能，選擇「複製」，如圖 20-19。

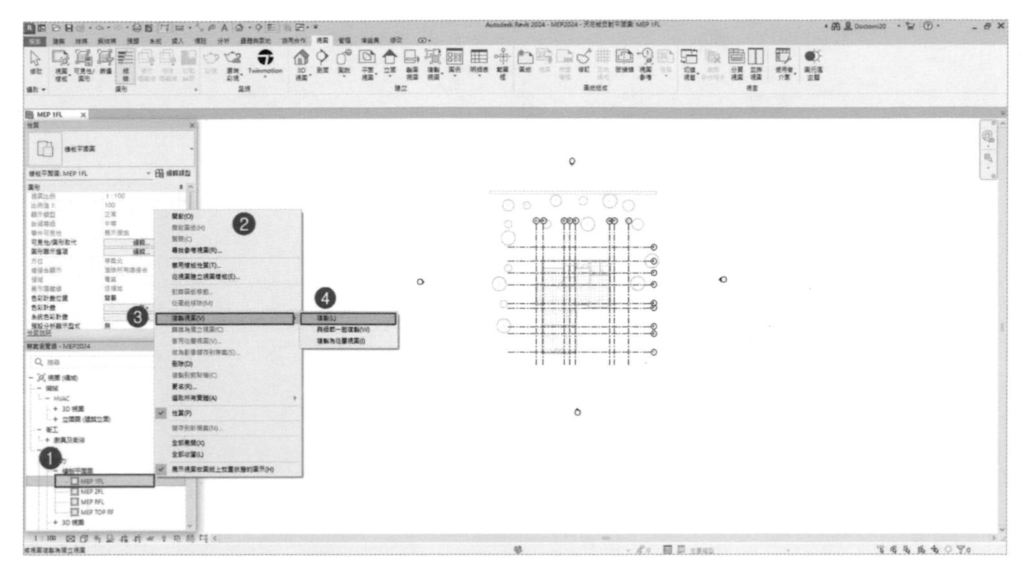

圖 20-19

2 ❶ 在「專案瀏覽器」中，產生「MEP 1 FL 複製 1」視圖，❷ 在「性質」視窗中，可在「識別資料」-「識別名稱」，點選「電氣平面」，開啟「指定視圖樣板」對話框，❸ 於「名稱」點選「電氣平面」，❹ 點選複製，❺ 開啟「新視圖樣板」，名稱改為「照明平面」，如圖 20-20。❻ 在「指定視圖樣板」對話框，「名稱」新增「照明平面」，❼ 在「視圖性質」-「次領域」，選擇「照明」，❽ 並按「確定」，如圖 20-21。❾ 在「專案瀏覽器」中，「照明」-「樓板平面圖」產生「MEP 1 FL 複製 1」視圖，❿ 按滑鼠右鍵，開啟功能列，點選「更名」，如圖 20-22。⓫ 將「MEP 1 FL 複製 1」視圖，更名為「MEP 1 FL 照明」，同理產生「MEP 2 FL 複製 1」、「MEP RFL 複製 1」、「MEP TOP RF 複製 1」視圖，並更名為「MEP 2 FL 照明」、「MEP RFL 照明」、「MEP TOP RF 照明」視圖，如圖 20-23。

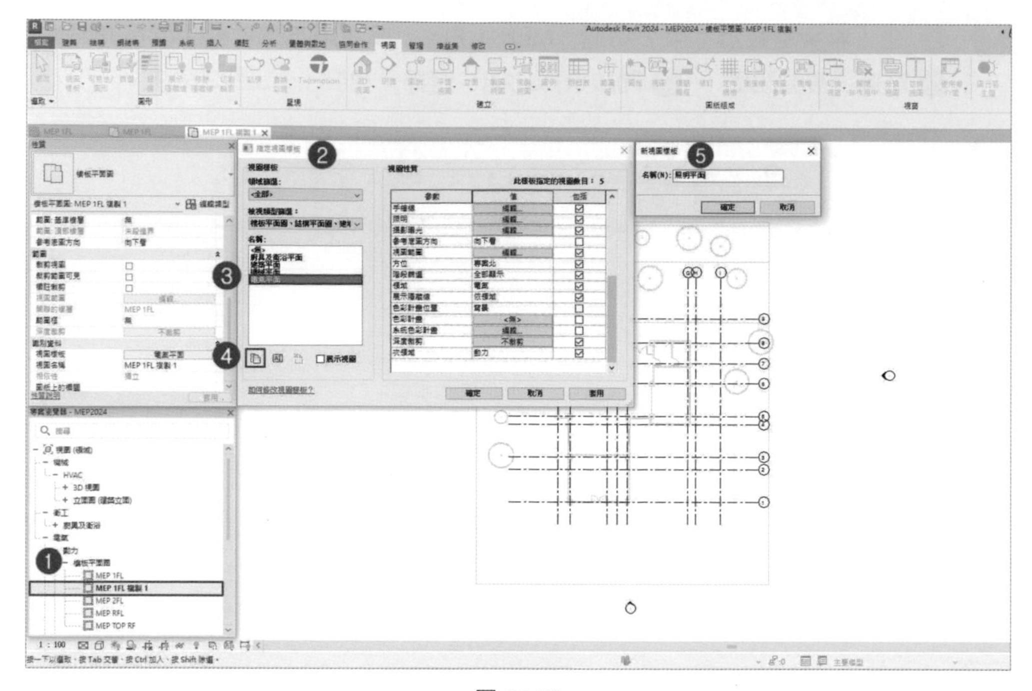

Autodesk Revit 2024 - MEP2024 - 樓板平面圖: MEP 1FL 複製 1
指定視圖樣板
視圖樣板
視圖性質
新視圖樣板
名稱(N): 照明平面
確定
取消
套用
顯示視圖

圖 20-20

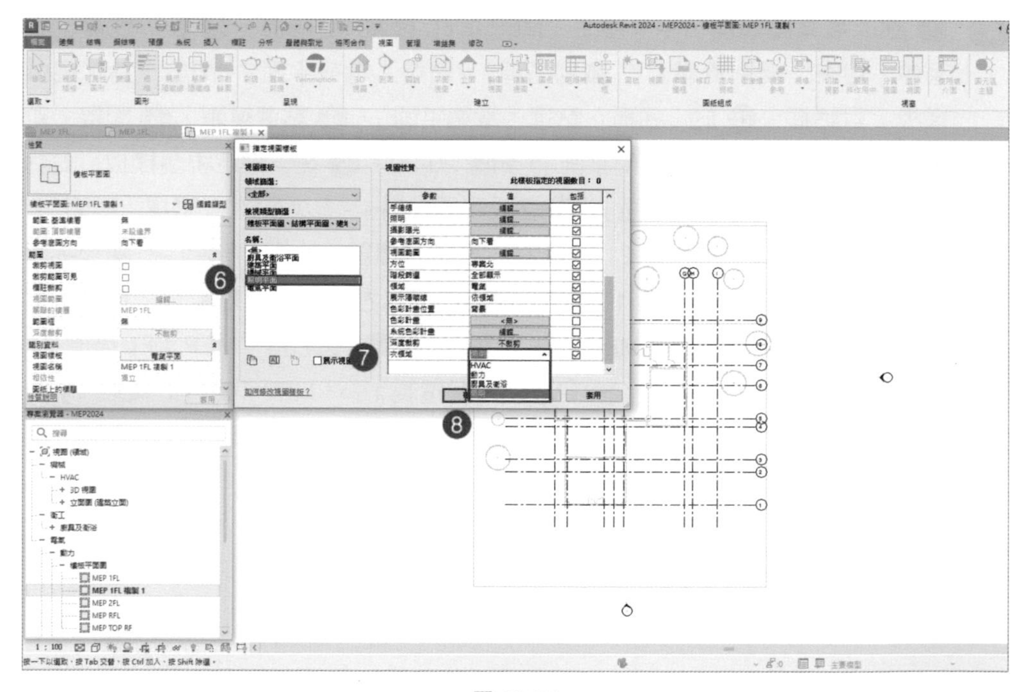

Autodesk Revit 2024 - MEP2024 - 樓板平面圖: MEP 1FL 複製 1
指定視圖樣板
視圖樣板
視圖性質
HVAC
動力
廚具及衛浴
套用

圖 20-21

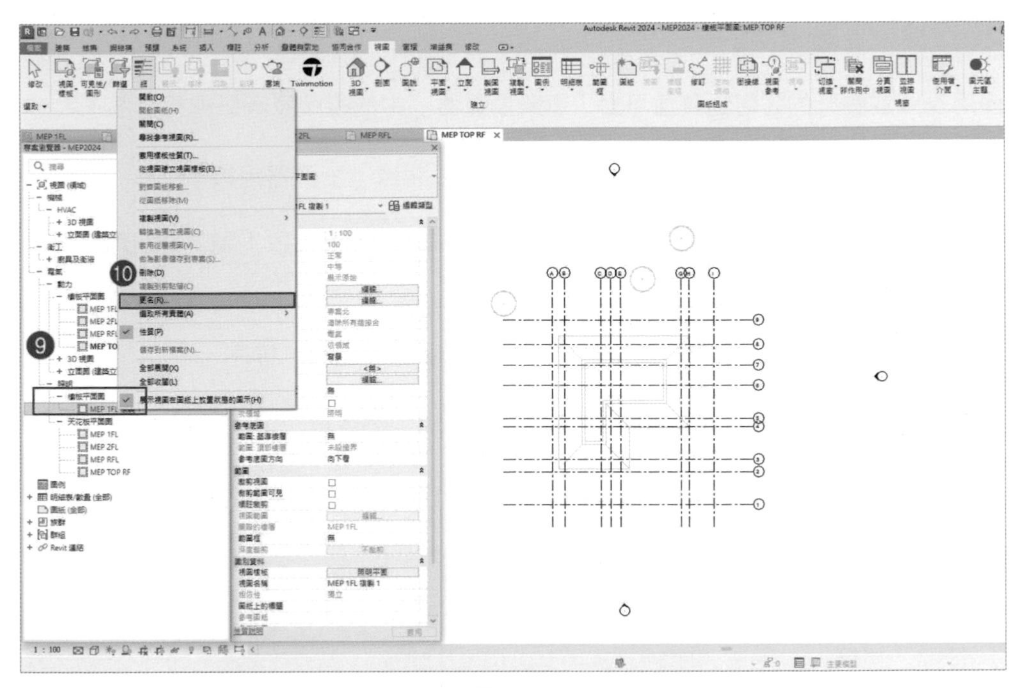

圖 20-22

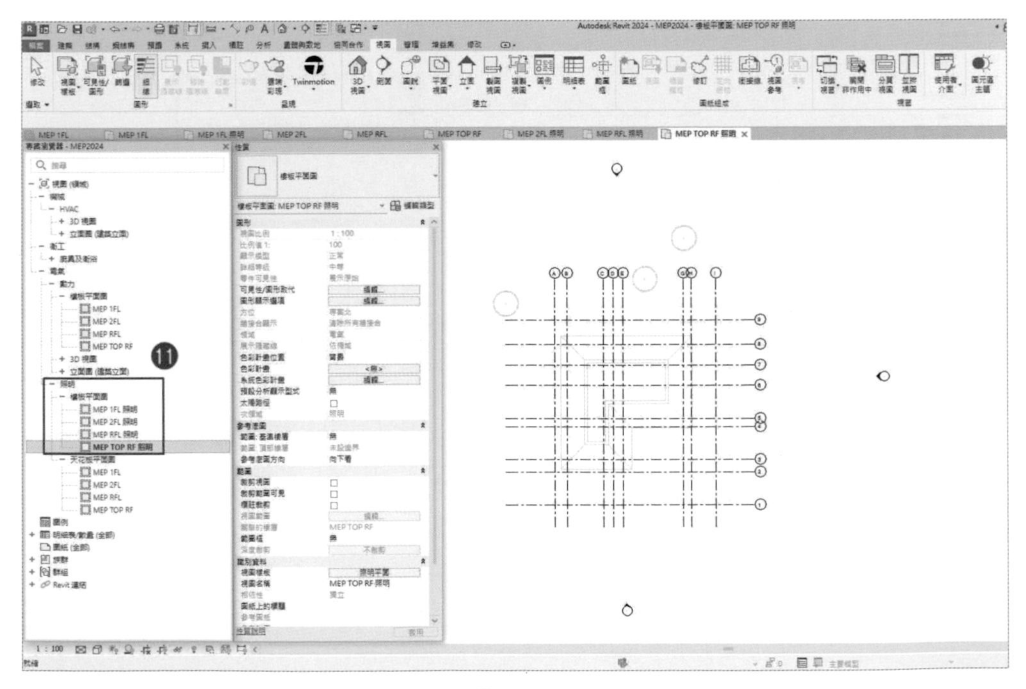

圖 20-23

20.3.3 視圖組織

使用視圖或圖紙的任何性質值可對「專案瀏覽器」中的視圖及圖紙進行排序。

1. 在「專案瀏覽器」之「視圖」，按滑鼠右鍵，開啟「瀏覽器組織」。
2. 在「瀏覽器組織」對話方塊中，再按一下「編輯」，可開啟「瀏覽器組織性質」對話框。
3. 在對話框中，可以依「篩選條件」來設定「瀏覽器組織」排序。
4. 若要檢視現有排序群組的性質，請選取此群組，然後按一下「編輯」。
5. 按一下「套用」，再按「確定」，如圖 20-24。

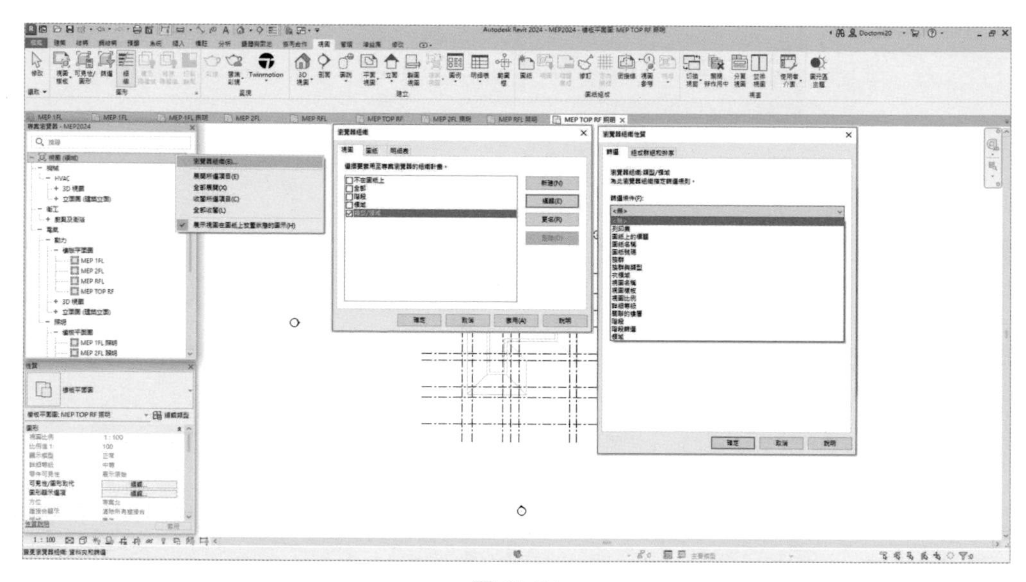

圖 20-24

20.4 視圖可見性

❶ 在「專案瀏覽器」下，切換到在「MEP 1 FL 照明」或其他平面圖視圖，❷ 在「性質瀏覽器」下，在「識別資料」-「視圖樣板」，點選「照明平面」，❸ 開啟「指定視圖樣板」對話框，❹ 選擇在「VG 取代模型」，點擊「編輯」，❺ 開啟「可見性 / 圖形取代」編輯對話框在「模型品類」、「註解品類」、「解析模型品類」、「匯入品類」、「篩選」、「Revit 連結」頁籤下之內容，可選擇圖元物件要不要顯示，❻ 可在「篩選清單」選擇所需分類，❼ 在「篩選」頁籤下，勾選電氣及照明之元件，使之顯示；在繪製機電設備常需設定可見性，以配合管路及設備繪製時，圖面顯現角度及重疊，無法看見物件時，就需使用可見性設定，❽ 最後選擇「確定」，完成設定，如圖 20-25。

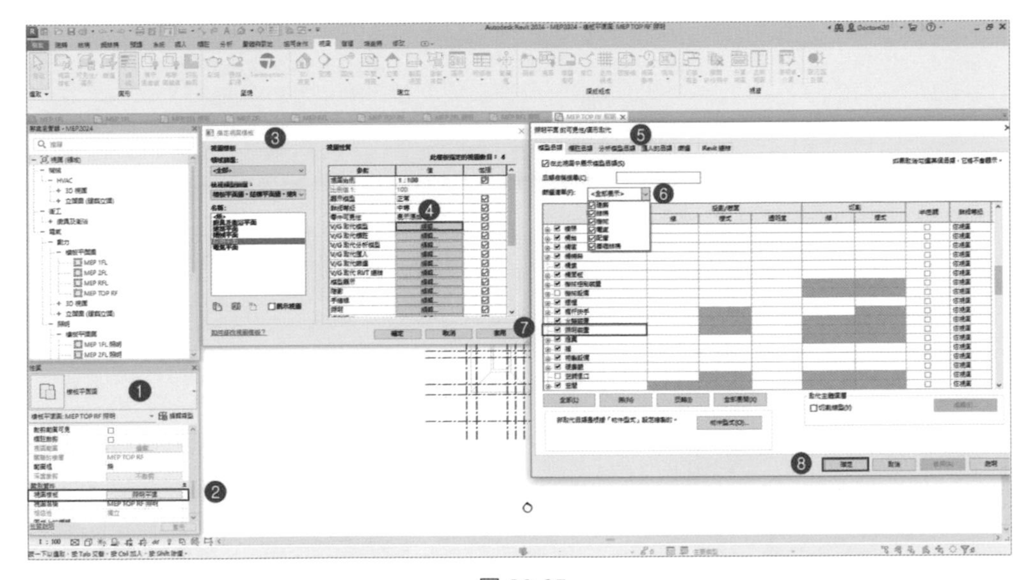

圖 20-25

CHAPTER

21

電氣系統繪製

◆ 請讀者打開「範例檔案之第 21 章 \RVT\MEP2024.rvt」

21.1 電氣系統

利用 Revit® MEP 來設計及繪製電氣系統流程，主要包括電氣設備平面配置、線路和導線的配置、相關設計之分析計算和線路的標註，其步驟如下：

1. **專案準備**：包括電氣設備配置、視圖設置及電氣族的選擇。
2. **設備配置**：在視圖中配置插座和用電設備，收集空調、給、排水動力設備等。
3. **系統建立**：在專案文件中，建立「電力」線路，連接所有電力設備線路。
4. **導線布置**：在完成的線路設計後，進行導線的連接及布置。
5. **系統分析**：使用軟體分析及檢查功能，進行配電相關設計分析。Revit® MEP 提供下列功能：檢查電路屬性、系統瀏覽器、檢查線路、產生配電盤明細表等。
6. **線路標註**：在平面視圖中，對線路及設備進行標註。

21.1.1 專案準備

1. 電氣設置

點擊功能區「管理」-「MEP 設定」，點選「電氣設定」，開啟「電氣設定」對話框，如圖 21-1。

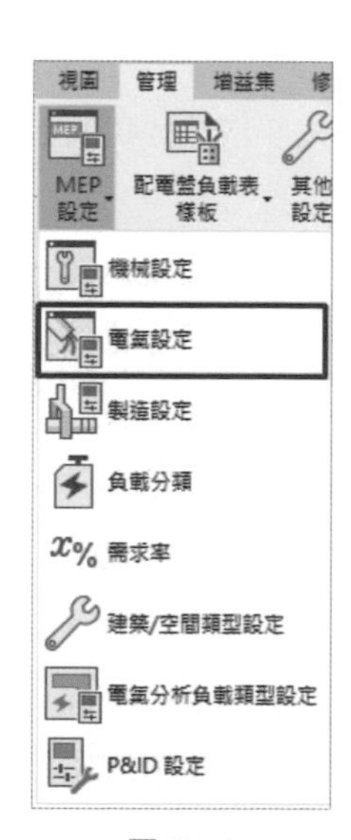

圖 21-1

在「電氣設定」對話框中，點選「一般」參數，其設定說明如下：

1. **「電氣接點分隔符號」**：用於分隔裝置「電氣數據」參數額定值之符號，內定參數為「-」，使用者可自行定義，如圖 21-2。

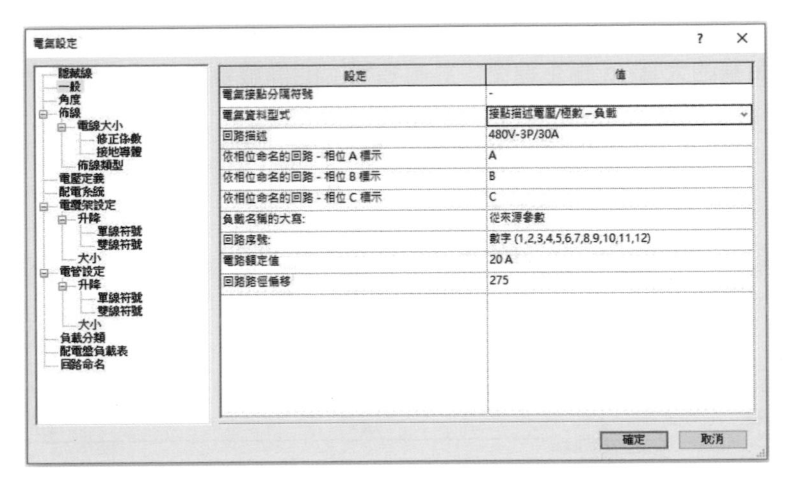

圖 21-2

2. **「電氣資料形式」**：為電氣圖元「性質」選項板中之電氣數據參數，如圖 21-3。在「電氣設定」對話框中，點擊該值之後，可以在下拉式功能表可選擇「接點描述電壓 / 極數 – 負載」、「接點描述電壓 / 相位 – 負載」、「電壓 / 極數 – 負載」、「電壓 / 相位 – 負載」之參數設定。

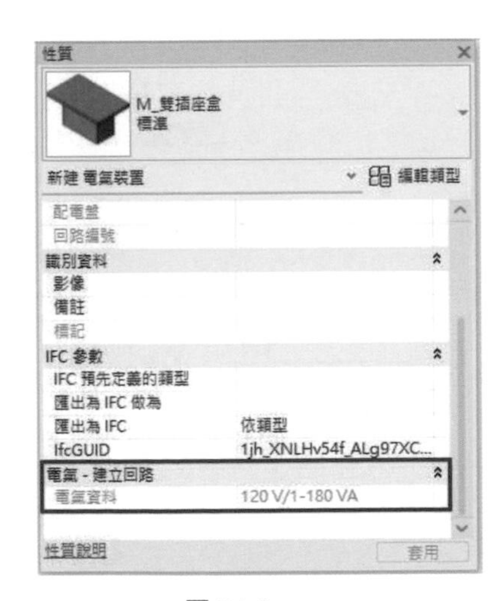

圖 21-3

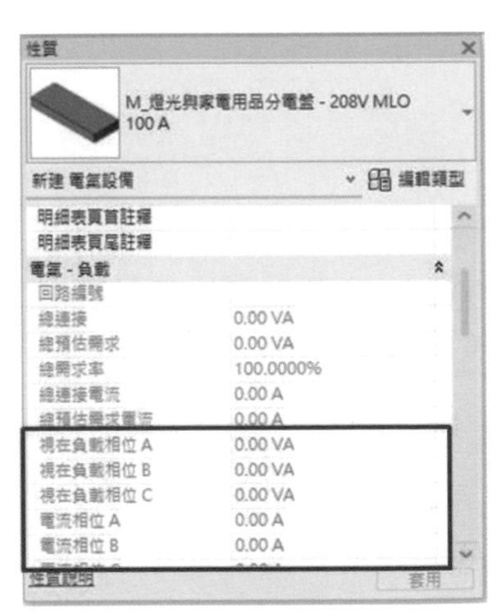

圖 21-4

3. **「回路描述」**：為設定設計之導線回路說明參數，有下列形式「480V-3P/30A」、「480-3/30」、「3P30A」、「3P/30A」、「3/30」、「3P30」「480-3/30」。

4. **「依相位命名的回路」**：相位標籤只有在使用「性質」選項板為配電盤指定按相位命名時，才使用，如圖 21-4。

5. **「負載名稱的大寫」**：指定線路「負載名稱」的標籤參數格式，有下列形式「從來源參數」、「初始」、「句子」、「上方」。

2. 佈線

在「電氣設定」對話框中，點選「佈線」參數，其主要為導線標記、尺寸、計算等參數，其設定說明如下，如圖 21-5。

圖 21-5

1. 「環境溫度」：為指定佈線所在環境的溫度。

2. 「佈線交叉間隙」：指定用於顯示相互交叉之未連接導線的間隙的寬度，如圖 21-6。

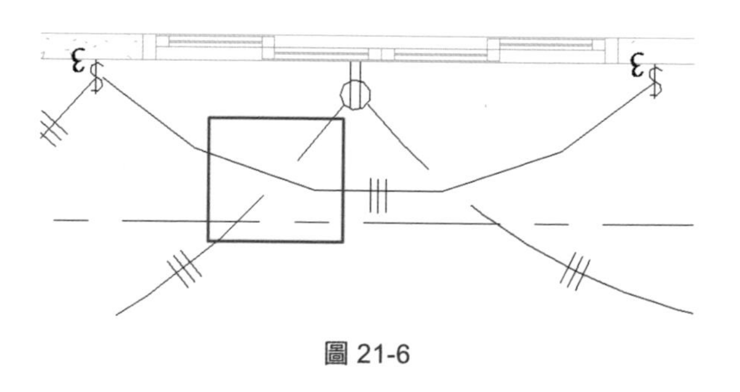

圖 21-6

3. 「火線標記 / 地線標記 / 中線標記」：分別為火線、地線及中性線選擇顯示的勾號標記樣式，需要將勾號電線標記族，如圖 21-7，載入專案文件中，否則這三種標記的下拉選項是空的。

圖 21-7

注意事項：

A. 在內定的請況下，勾號標記樣式之族，存放在「C:\ProgramData\Autodesk\RVT 2024\Libraries\Traditional Chinese_INTL\ 標註 \ 電氣 \ 勾號」路徑下。

B. Revit® MEP 內的族庫，提供四種導線勾號標記樣式，如圖 21-8。

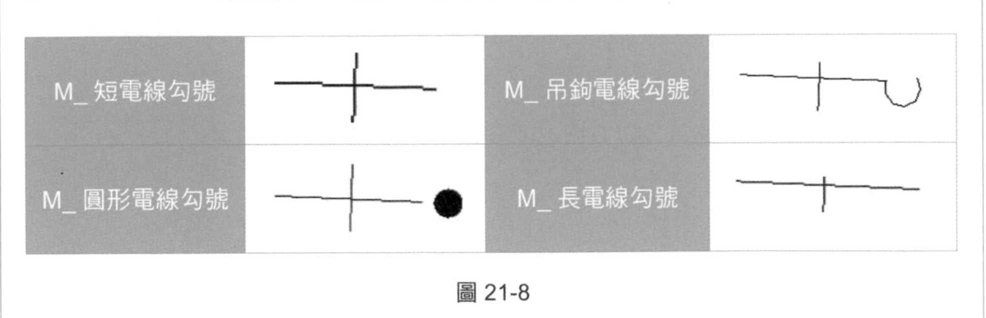

圖 21-8

4. 「斜線跨越短斜線標記」：可以將地線的記號顯示為橫跨其他導線的記號的對角線，如圖 21-9。

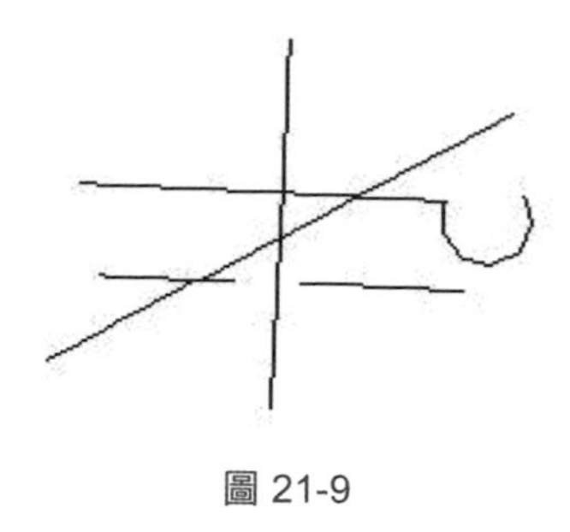

圖 21-9

5. 「展示短斜線標記」：可以將指定始終隱藏標記、始終顯示標記及只為回路顯示標記等三種參數。

為了把火線、中性線及地線區分，可把火線標記設為「M_ 吊鉤電線勾號」、地線標記設為「M_ 長電線勾號」、中性線標記設為「M_ 短電線勾號」；圖 21-10 為原設定之導線形式；圖 21-11 為重新設定後之導線形式。

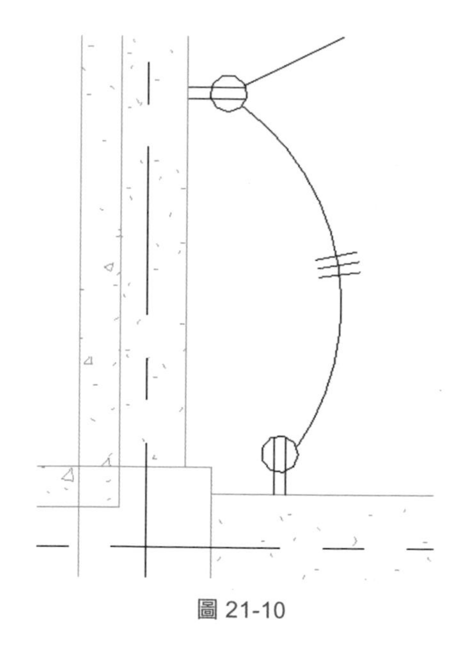

圖 21-10

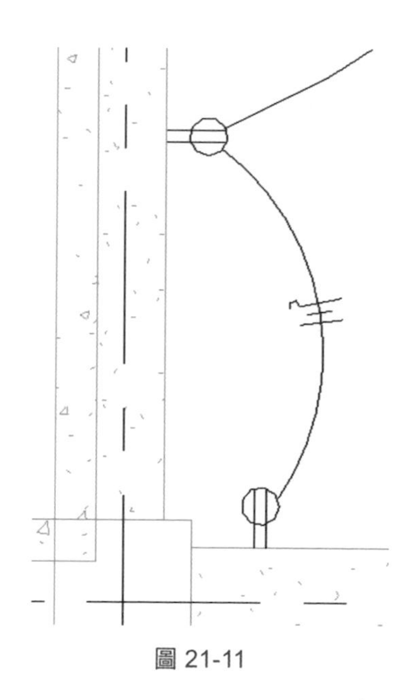

圖 21-11

3. 佈線類型

在「電氣設定」對話框中，點選「佈線類型」參數，其主要為導線尺寸、配線類型，如圖 21-12。

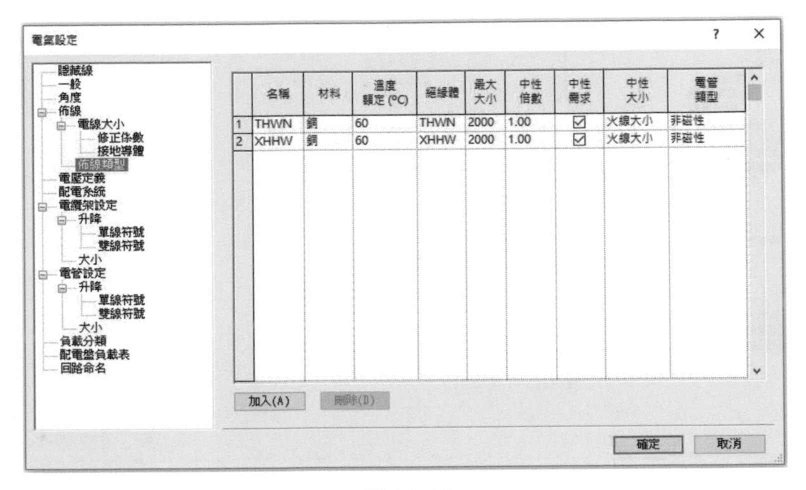

	名稱	材料	溫度額定 (°C)	絕緣體	最大大小	中性倍數	中性需求	中性大小	電管類型
1	THWN	銅	60	THWN	2000	1.00	☑	火線大小	非磁性
2	XHHW	銅	60	XHHW	2000	1.00	☑	火線大小	非磁性

圖 21-12

4. 電壓定義及配電系統

1. 在「電氣設定」對話框中，點選「電壓定義」參數，其主要定義配電系統所使用到的電壓系統，每種電壓可指定 ±20 的電壓範圍，以便於適合不同裝置之額定電壓，如圖 21-13。

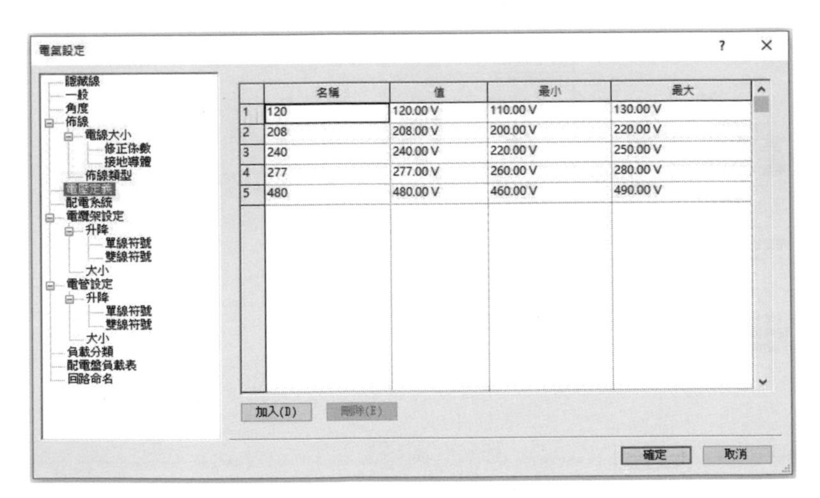

	名稱	值	最小	最大
1	120	120.00 V	110.00 V	130.00 V
2	208	208.00 V	200.00 V	220.00 V
3	240	240.00 V	220.00 V	250.00 V
4	277	277.00 V	260.00 V	280.00 V
5	480	480.00 V	460.00 V	490.00 V

圖 21-13

附註：

圖 21-14 為台灣常用電壓，讀者可以重新設置電壓定義。

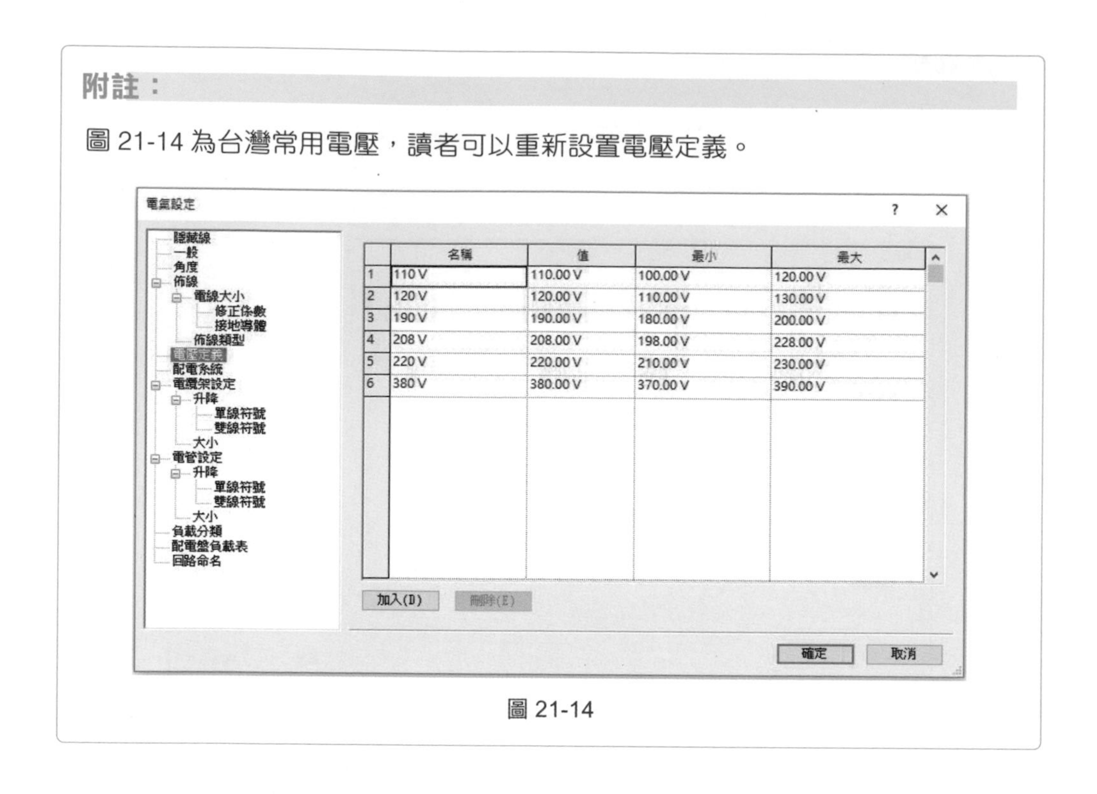

圖 21-14

2. 在「電氣設定」對話框中，點選「配電系統」參數，其主要設定不同配電系統之電壓系統，如圖 21-15。

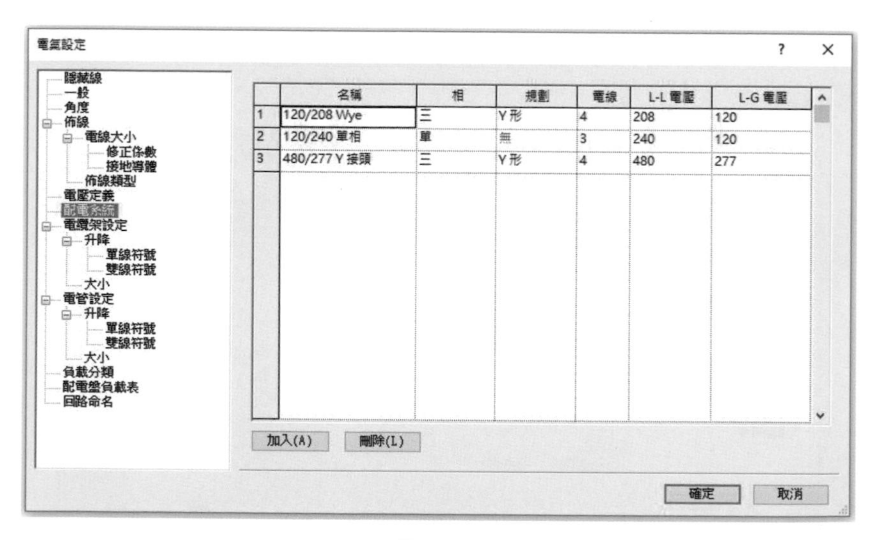

圖 21-15

附註：

圖 21-16 為台灣常用電壓系統，讀者可以重新設置電壓系統。

	名稱	相	規劃	電線	L-L 電壓	L-G 電壓
1	1φ2W 110 V	單	無	2	無	110 V
2	1φ2W 220 V	單	無	2	無	220 V
3	1φ3W 110/220 V	單	無	3	220 V	110 V
4	3φ3W 11.4K V	三	三角形	3	無	無
5	3φ3W 161K V	三	三角形	3	無	無
6	3φ3W 22.8KV	三	三角形	3	無	無
7	3φ3W 220V	三	三角形	3	220 V	無
8	3φ3W 3.3KV	三	三角形	3	無	無
9	3φ3W 345KV	三	三角形	3	無	無
10	3φ3W 380V	三	三角形	3	380 V	無
11	3φ3W 69KV	三	三角形	3	無	無
12	3φ4W 110/190V	三	Y 形	4	190 V	110 V
13	3φ4W 120/208V	三	Y 形	4	208 V	120 V
14	3φ4W 220/380V	三	Y 形	4	380 V	220 V

圖 21-16

5. 負載分類

在「電氣設定」對話框中，點選「負載分類」參數，使用者可以自行定義電氣負載類型並指定需求率。而針對需求率，可以藉由不同的需求率類型，指定相對應之需求率之計算方法，來計算需求率，如圖 21-17。

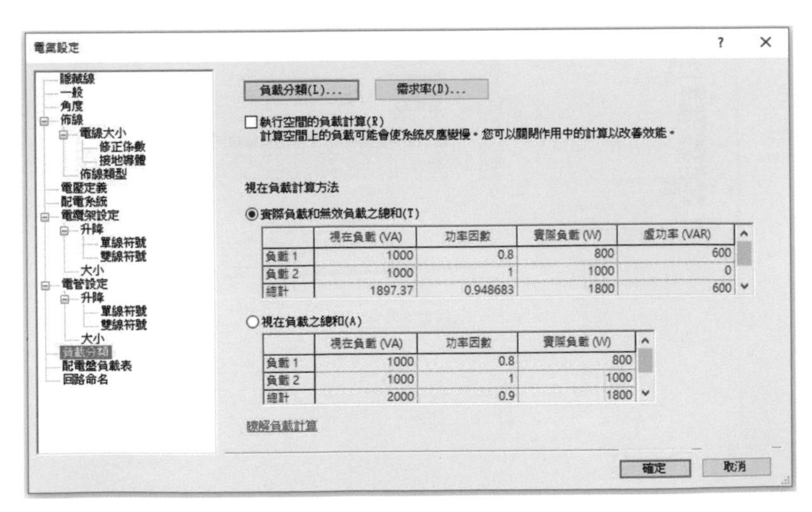

	視在負載 (VA)	功率因數	實際負載 (W)	虛功率 (VAR)
負載 1	1000	0.8	800	600
負載 2	1000	1	1000	0
總計	1897.37	0.948683	1800	600

	視在負載 (VA)	功率因數	實際負載 (W)
負載 1	1000	0.8	800
負載 2	1000	1	1000
總計	2000	0.9	1800

圖 21-17

在功能區「管理」頁籤下拉功能表，也可以點選「負載分類」、「需求率」設定所需參數，如圖 21-18。

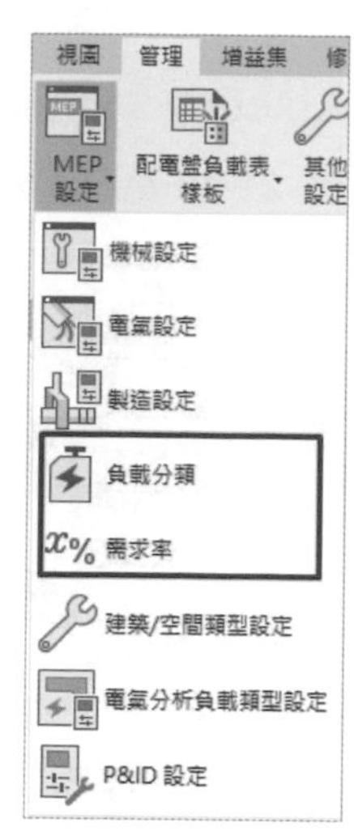

圖 21-18

在「電氣設定」對話框中，點選「負載分類」，可開啟「負載分類」對話框，在「負載分類類型」中，可選擇所要用到的負載分類，並依設計原意，選擇「需求率」及「選取要與空間搭配使用的負載類別」，如圖 21-19。點擊「需求率」右邊之 ... 按鈕，也可開啟「需求率」對話框（2024 版負載分類類型較少，可以參考 2023 版以前的負載分類類型）。

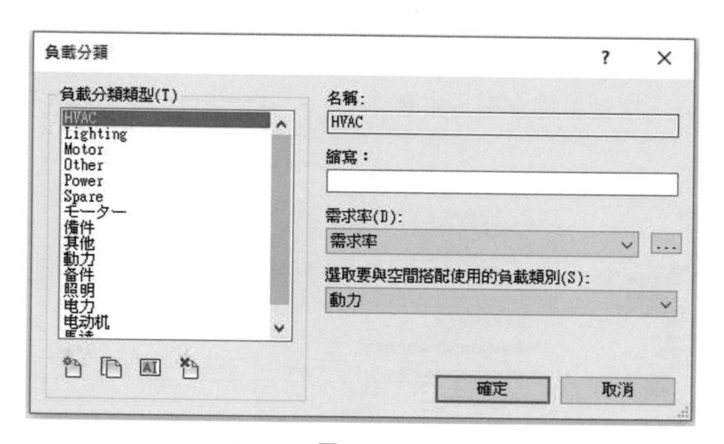

圖 21-19

在「電氣設定」對話框中，點選「需求率」，可開啟「需求率」對話框，可以設定不同需求率類型之計算方法（2024 版需求率分類較少，可以參考 2023 版以前的需求率分類），如圖 21-20。

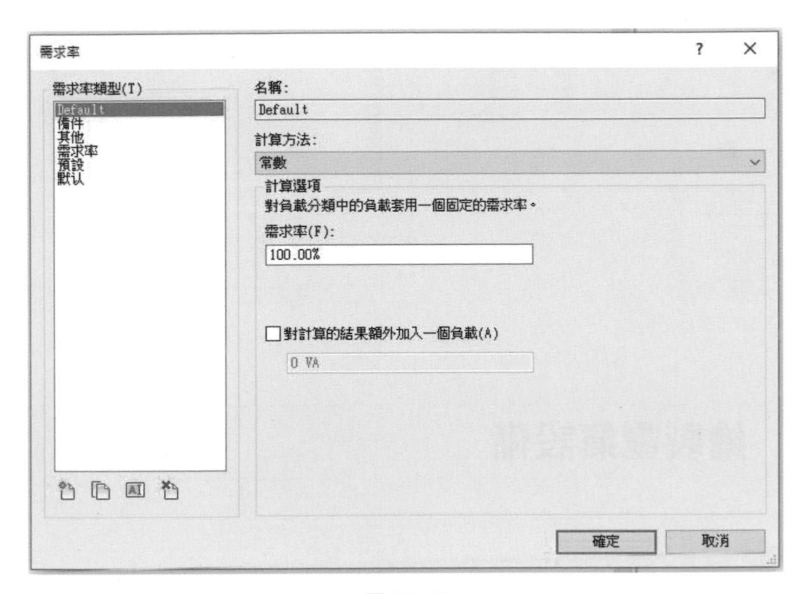

圖 21-20

21.2 電氣系統平面圖建立

在開始電氣系統繪製前，需先將所需平面圖規格建立，除了需在正確的「專案瀏覽器」下的分類外，另平面圖基本的設定，需依第 20 章內容繪設，可以依下列方式作業。

21.2.1 視圖可見性設定

❶ 切換到「專案瀏覽器」，原有「動力」-「樓板平面圖」-「MEP 1FL」平面視圖，❷ 更名為「MEP 1FL 動力」，其他樓層一併更名，❸「性質」對話框，於「視圖樣板」中，點選「電氣平面」，❹ 開啟「指定視圖樣板」對話框，點擊「V/G 取代類型」，點選「編輯」，❺ 開啟「可見性 / 圖形取代」編輯對話框，將「電氣」類之所有元件勾選，完成後按「確定」，設定所需圖元可見性，如圖 21-21。

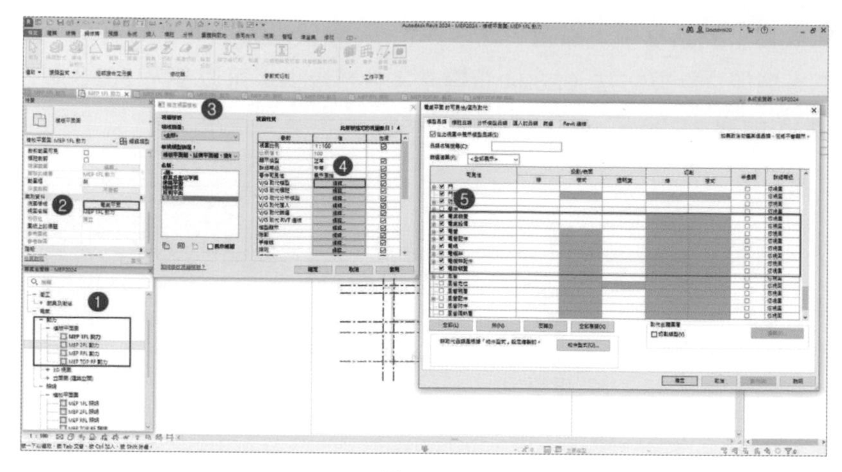

圖 21-21

21.3 繪製電氣設備

21.3.1 插座配置

1 ❶ 選擇點擊功能區「系統」頁籤，❷ 在「電氣」功能區右下角 ↘ 之按鈕，❸ 會出現「電氣設定」對話框，❹ 點選左邊「配電系統」，❺ 會出現目前內定之各種電壓及規格，如要新增，可在此設定，❻ 完成後按「確定」，如圖 21-22。

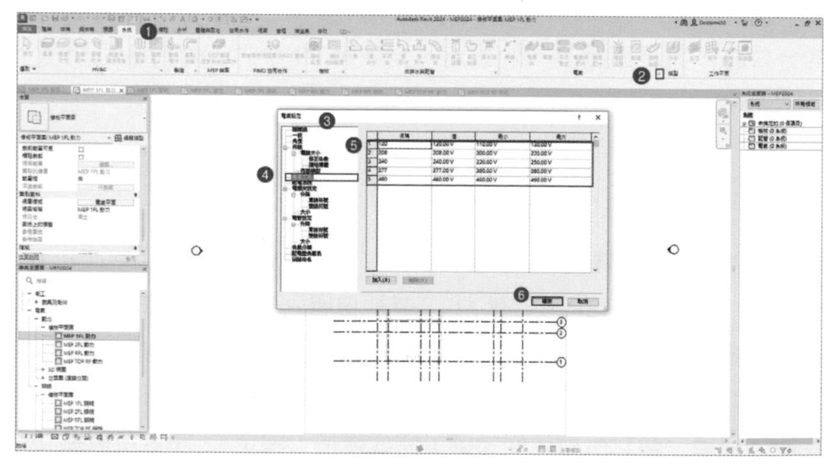

圖 21-22

2 ❶ 樓板平面圖將視圖切換到「專案瀏覽器」-「電氣」-「動力」-「樓板平面圖」-「1F 動力」，選擇點擊功能區「系統」-「電氣」-「裝置」-「電氣裝置」，❷ 在切換到「性質瀏覽器」選擇「M_ 雙插座盒 _ 標準」。(如果沒出現，可在功能區之「插入」下之「從資源庫載入」，點選「載入族群」選擇所需材料，樣板檔案位置在 C:\ProgramData\Autodesk\RVT 2024\Libraries\Traditional Chinese_INTL\ 電氣 \MEP\ 電力 \ 終端)，開啟「修改 | 放置 裝置」頁籤，❸ 點選「放置在垂直面上」功能，❹ 在「性質」視窗，選擇「M_ 雙插座盒 _ 標準」，❺ 將滑鼠鼠標沿著牆面，即可放置插座放置完成後，點選插座，可看見插座相關符號、規格及離牆面距離，可以調整所需位置距離，其中 ⊞ 符號，為插座電源線布置起點，後續於電源線繪製時，要以該點為參考點，❻ 會開啟「系統瀏覽器」，可在「系統瀏覽器」看見各分路配置，❼ 放置完插座後，按「修改」，取消指令。如圖 21-23 及圖 21-24。

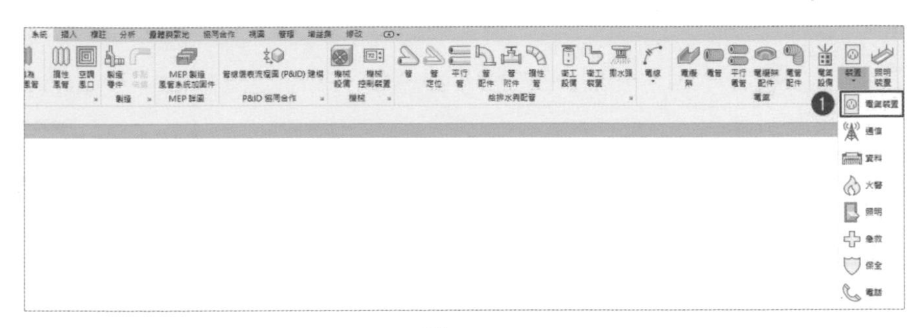

圖 21-23

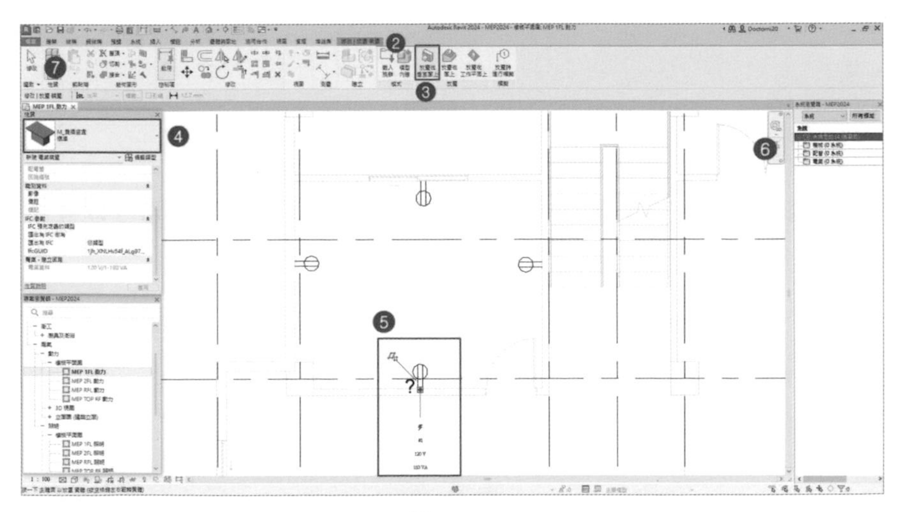

圖 21-24

3 ❶ 選擇點擊功能區「系統」-「電氣」-「電氣設備」，❷ 開啟「修改 | 放置 設備」頁籤，❸ 點選「放置在垂直面上」功能，❹ 在「性質」視窗，選擇「M_ 燈光與家電用品配電盤 -208V MLO-100A」，❺ 將滑鼠鼠標沿著牆面，即可放置配電盤，靠牆面放置，確認配電盤電壓，❻ 新增配電盤名稱為「1PP-1」，❼ 完成後按「套用」，❽ 可在「系統瀏覽器」看見各分路元件配置，如圖 21-25 及圖 21-26。

圖 21-25

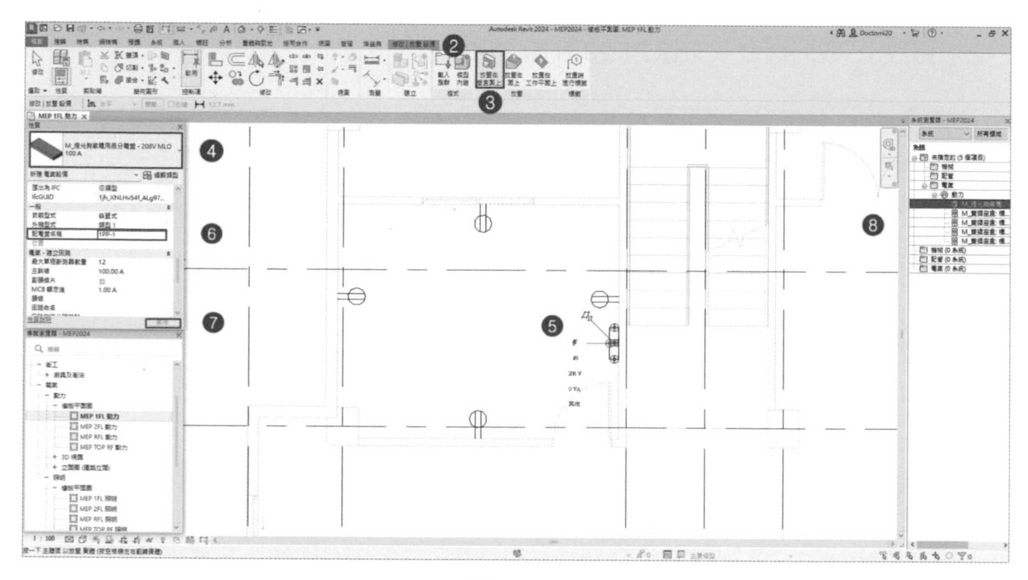

圖 21-26

4 點擊開關箱，會切換開啟「修改 | 電氣設備」頁籤，點擊開啟「建立系統」-「動力」，開啟「修改 | 電路」頁籤，如圖 21-27。

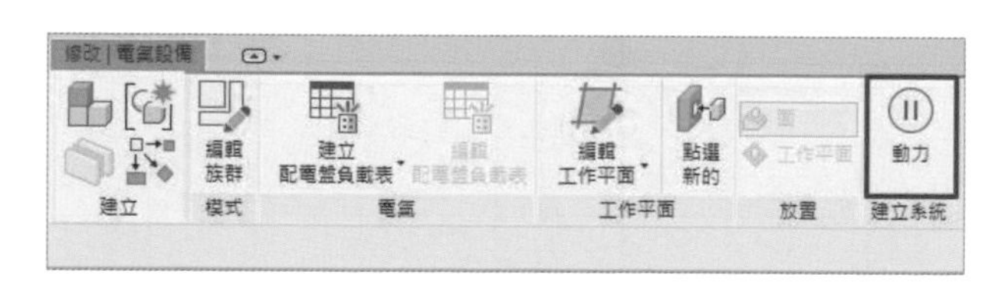

圖 21-27

21.3.2 插座電路編輯

1. ❶ 點擊開關箱，❷ 會切換開啟「修改 | 電器 裝置」頁籤，❸ 點選「動力」 ；❹ 會開啟「修改 | 回路」頁籤，❺ 點擊「編輯回路」 ；❻ 會開啟「編輯回路」頁籤，❼ 選擇「加入到回路」，❽ 點選「插座」，完成四個插座點選後，❾ 按 功能，❿「選取配電盤」，⓫ 選擇配電盤，完成後按 完成編輯電路。如圖 21-28、圖 21-29 及圖 21-30。

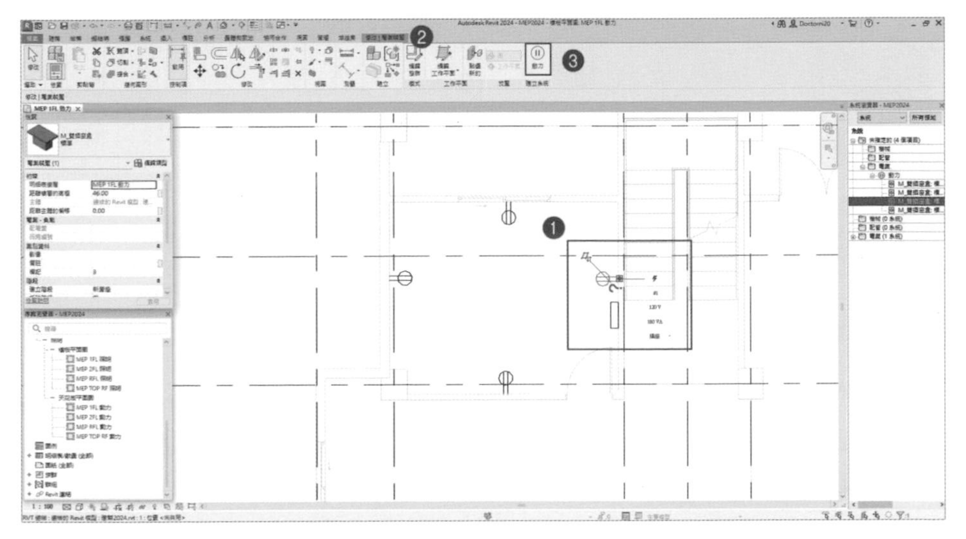

圖 21-28

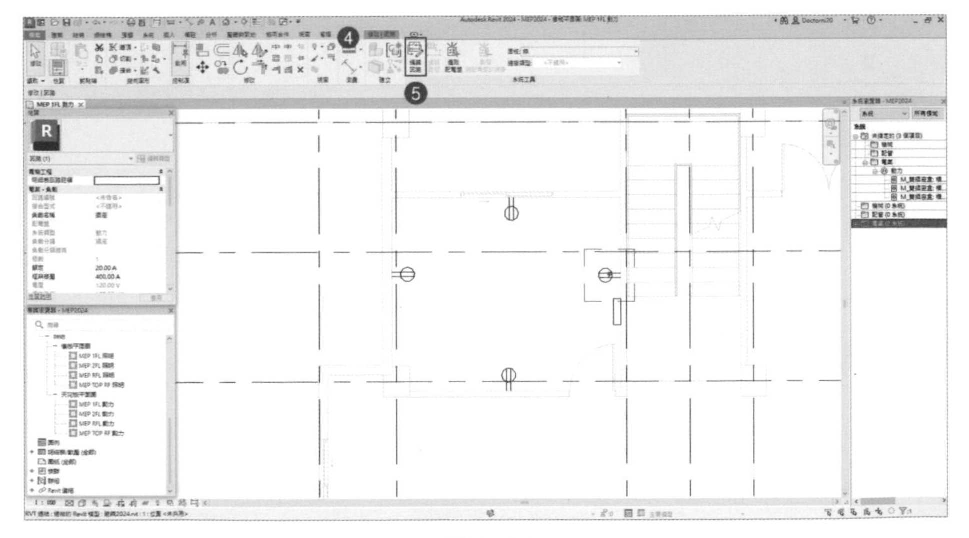

圖 21-29

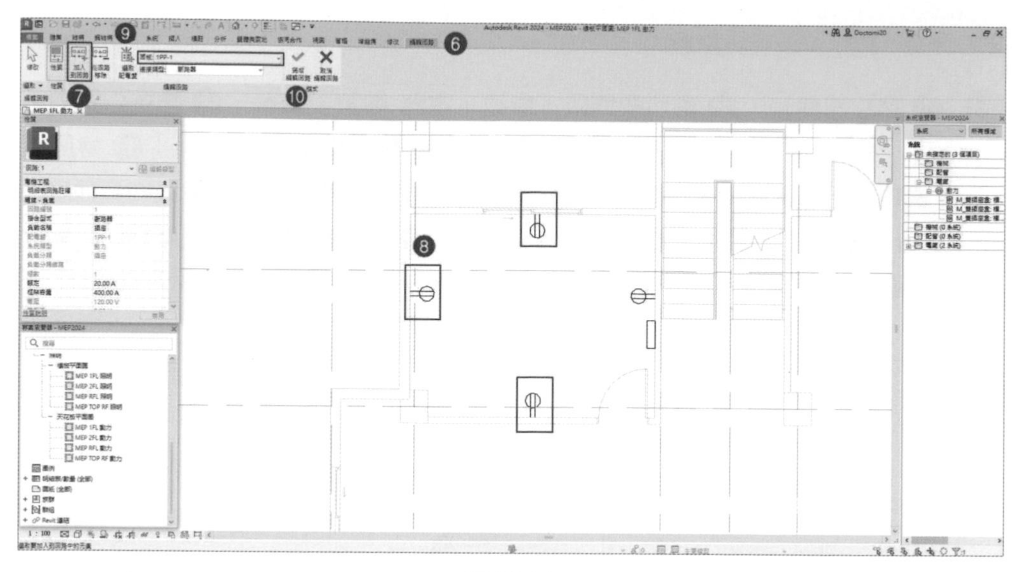

圖 21-30

2 「系統瀏覽器」，可以看見在「系統瀏覽器」中，在電氣系統，已增加動力「1PP-1」回路，負載包含四個插座，如圖 21-31。

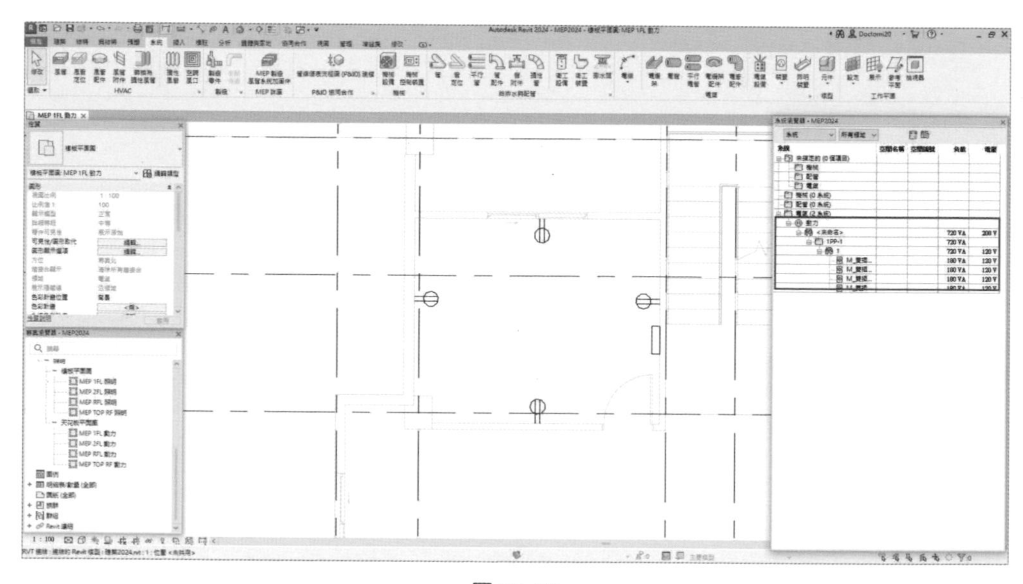

圖 21-31

3 ❶ 在平面視圖，點選「插座」，❷ 會在功能區產生「回路」頁籤，❸ 在「性質」視窗「回路 1」，❹ 在「明細表回路註釋」，填註「插座」，❺ 在「負載名稱」，填註「1P-1」，❻ 完成後按「套用」，如圖 21-32。

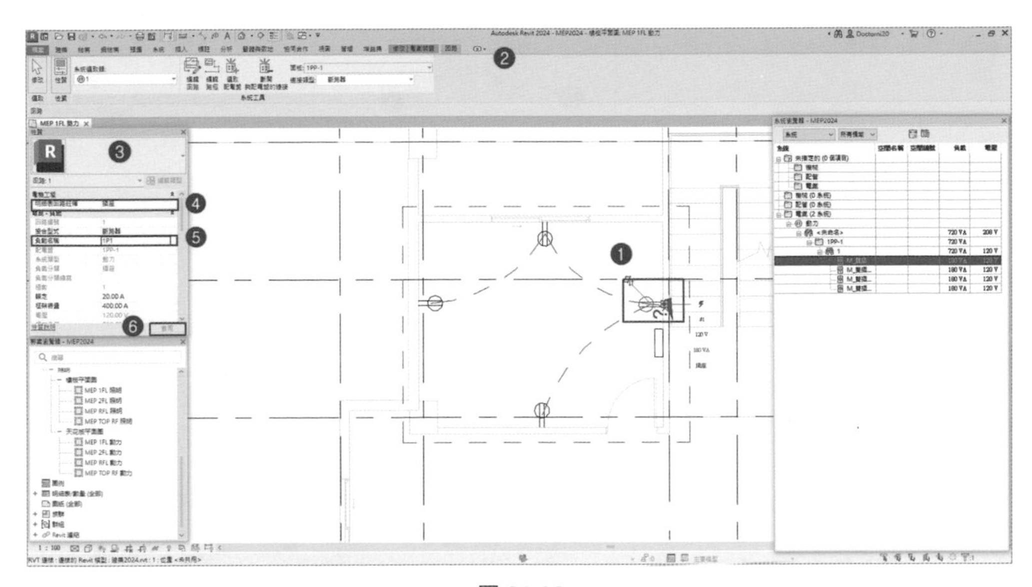

圖 21-32

21.3.3 插座電源線繪製

在 Revit 中繪製電源線有兩種方式，一種為自動生成導線，另一種為手動生成導線。

1. 自動生成導線

❶ 在「回路」頁籤下，點擊插座，❷ Revit 會暫時在三個插座圖元間顯現藍色虛線圍繞，此為系統自動生成的建議回路導線佈設其電路迴路設計；❸ 再點選「插座」一次，按 鍵以亮顯該圖元及電路，❹ 在「修改 | 回路」頁籤下，❺ 選取電路的佈線類型，按一下 或 以建立弧形佈線；弧形佈線通常用來表示已隱蔽在牆、天花板或樓板內的佈線。如圖 21-33、圖 21-34。

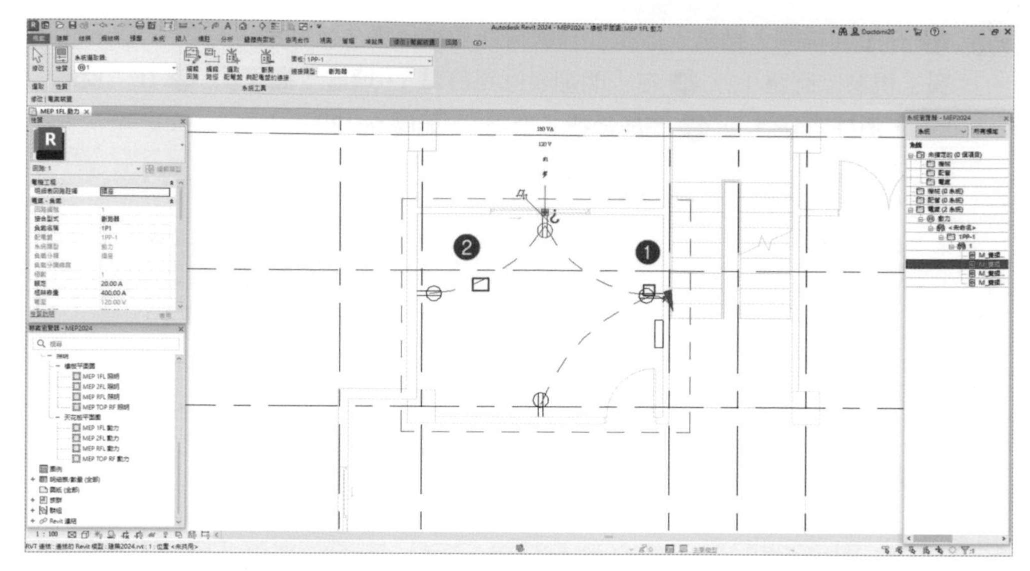

圖 21-33

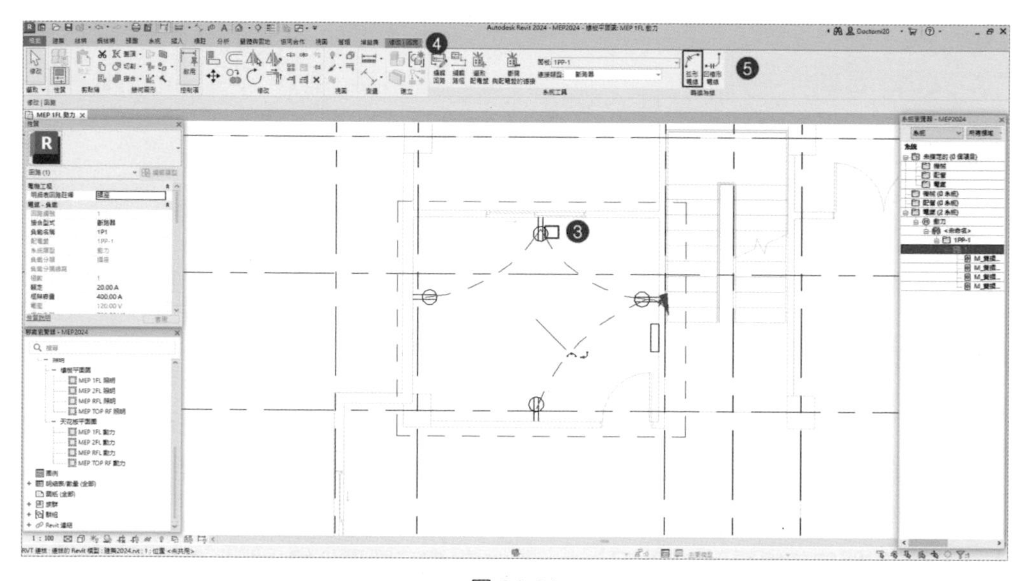

圖 21-34

2. 手動生成導線

當自動生成導線不能完全滿足設計要求，則需要手動調整導線。尤其當多條回路連接到同一配電盤時，可以將多條回路組合成一條多線之回路。而手動建立永久佈線，方法為 . 點選「系統」頁籤，在「電線」下拉式功能，可選擇「弧形電線」、「雲形線電線」、「凹槽形電線」。

1. ❶ 選擇點擊功能區「系統」-「電氣」-「電線」-「弧形畫線」；❷ 切換「修改 | 放置 電線」頁籤，將「放置時進行標籤」的功能，取消選取，❸ Revit 在以弧形繪製電源線，採用三點畫弧，在繪製時先要點選到圖元的紅色端點，3. 再繪製到下一點；❹ 完成後會自動產生線數符號，❺ 如末端端點沒有選取到圖元的端點，將自動產生箭頭標示，如圖 21-35 及圖 21-36。

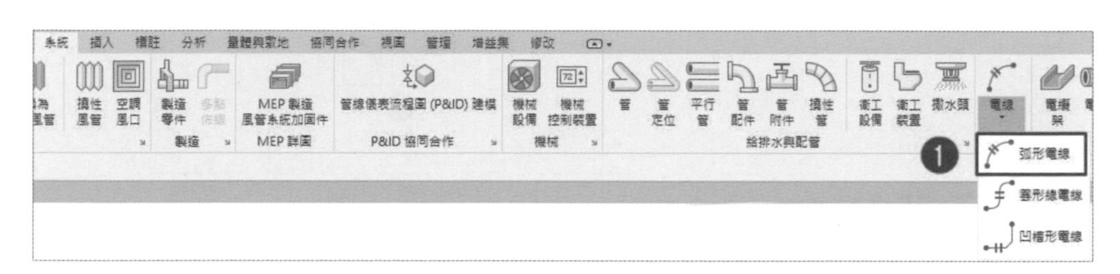

圖 21-35

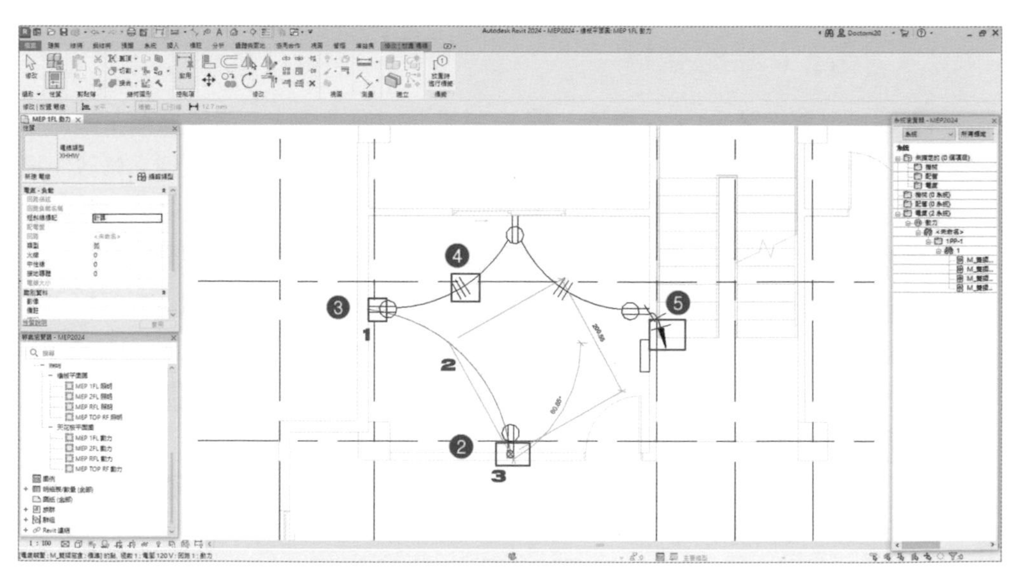

圖 21-36

❷ 在自動繪製及手動繪製，在繪製回路最後一段時，通常會標籤回路名稱，其方式如下，❶ 會切換「修改 | 放置 電線」頁籤，點選將「放置時進行標籤」的功能，❷ 以弧形繪製電源線，❸ 在自動產生回路標籤，如視圖產生「1」編籤，❹ 完成按「修改」，完成放置標籤，如圖 21-37。

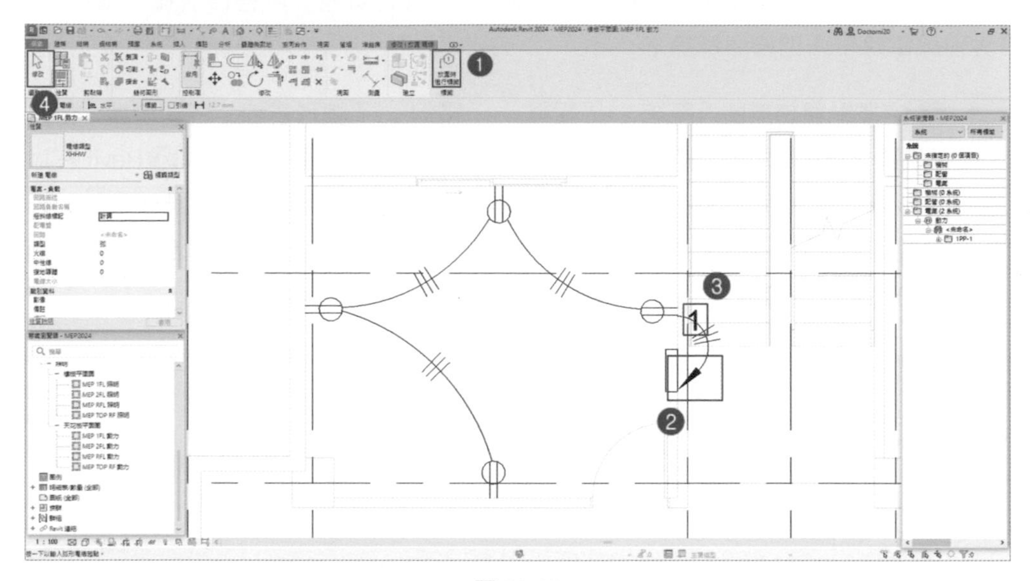

圖 21-37

21.3.4 插座電源編號標示

❶ 連續點擊編號「1」之標示，❷ 會將畫面切換「修改 | 電線標籤」頁籤，點選「編輯族群」，如圖 21-38。❸ 開啟族群編輯器，切換視圖到「修改 | 標示」頁籤，點選標籤，❹ 點擊「標示」-「編輯標示」，如圖 21-39。❺ 點選「編輯標示」對話框，❻ 在對話框「品類參數」中，A. 選擇「回路負載名稱」，按 ⇆ 鍵，移動到右邊之「標示參數」對話框內，B. 在「標示參數」對話框內，選擇「電路」，按 ⇇ 鍵，移動「電路」到左邊，❼ 完成後「確定」，如圖 21-40。❽ 切換到族群編輯器視圖，標籤已改為「回路負載名稱」，❾ 點選「載入到專案」，如圖 21-41。❿ 載入後，會出現「族群已存在」，按「覆寫現有版本」，如圖 21-42。⓫ 完成後，線路編號已更改為「1P-1」；而圖面上的線路有三條橫線，代表為兩條火線，一條地線，如圖 21-43。

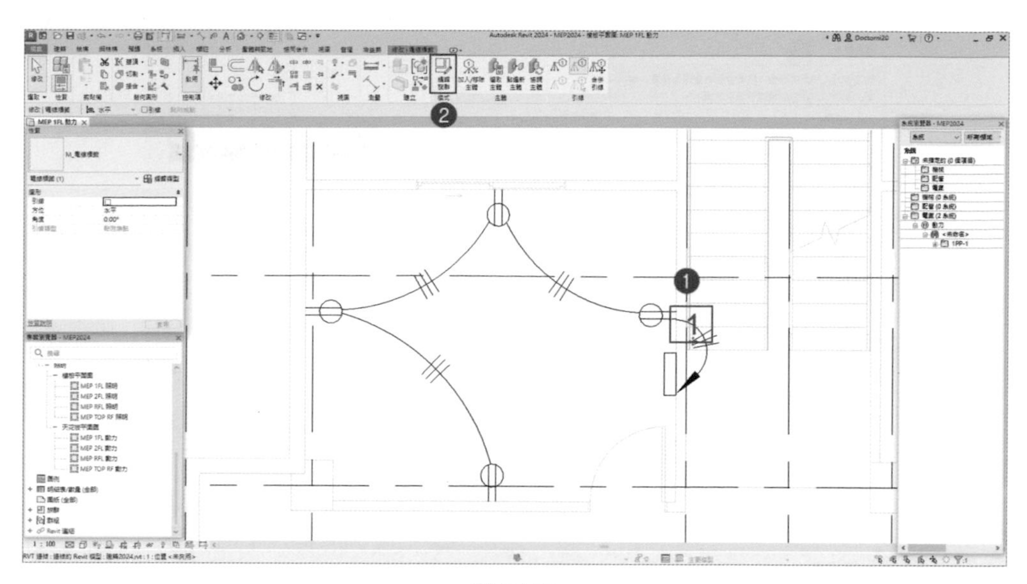

圖 21-38

圖 21-39

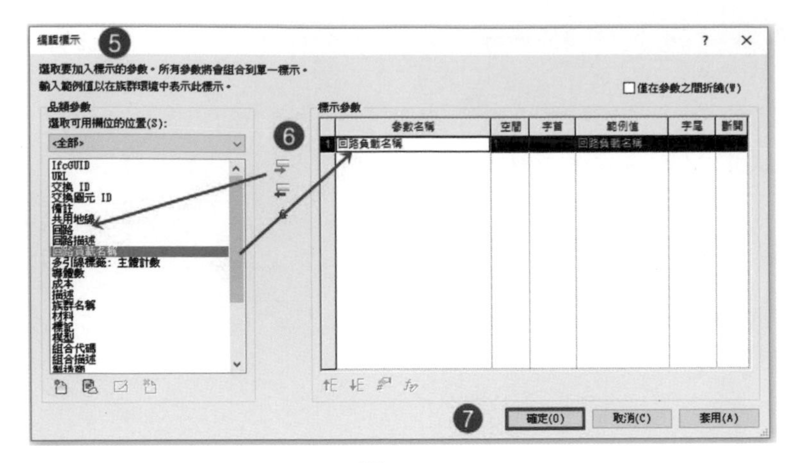

圖 21-40

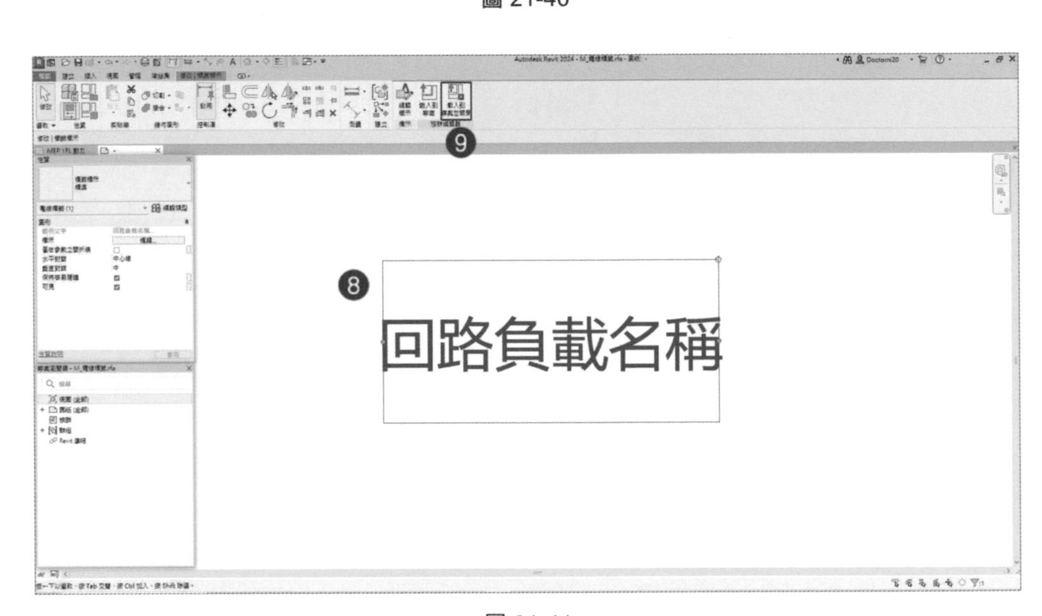

圖 21-41

族群已存在 10

您正在嘗試載入的族群 M_電線標籤 已存在於此專案中。您要如何處理?

→ 覆寫現有版本

→ 覆寫現有版本及其參數值

取消

圖 21-42

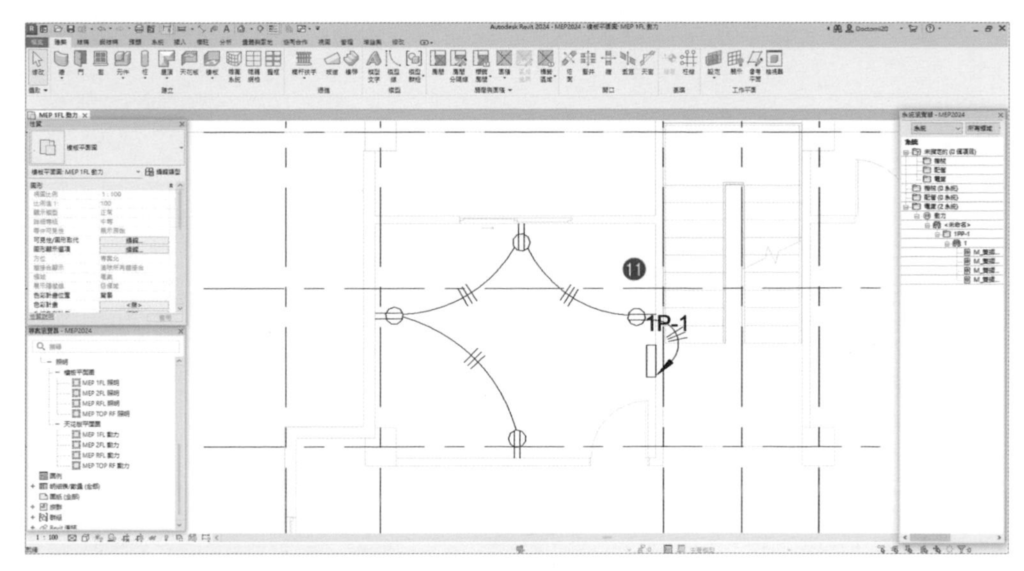

圖 21-43

21.3.5 配電盤明細表

❶ 點擊視圖中開關箱，❷ 功能區會切換在「修改 | 電氣設備」頁籤下，❸ 點選在「建立配電盤明細表」，❹「使用預設樣板」；❺ 點選完後，畫面切換到就可看見 1PP-1 配電盤負載及線路，如圖 21-44 及圖 21-45。

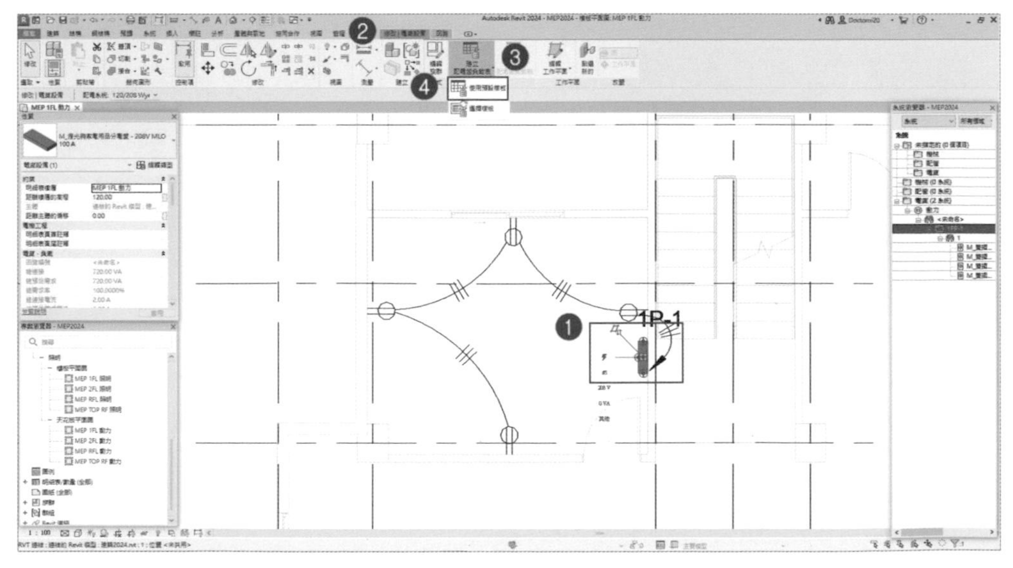

圖 21-44

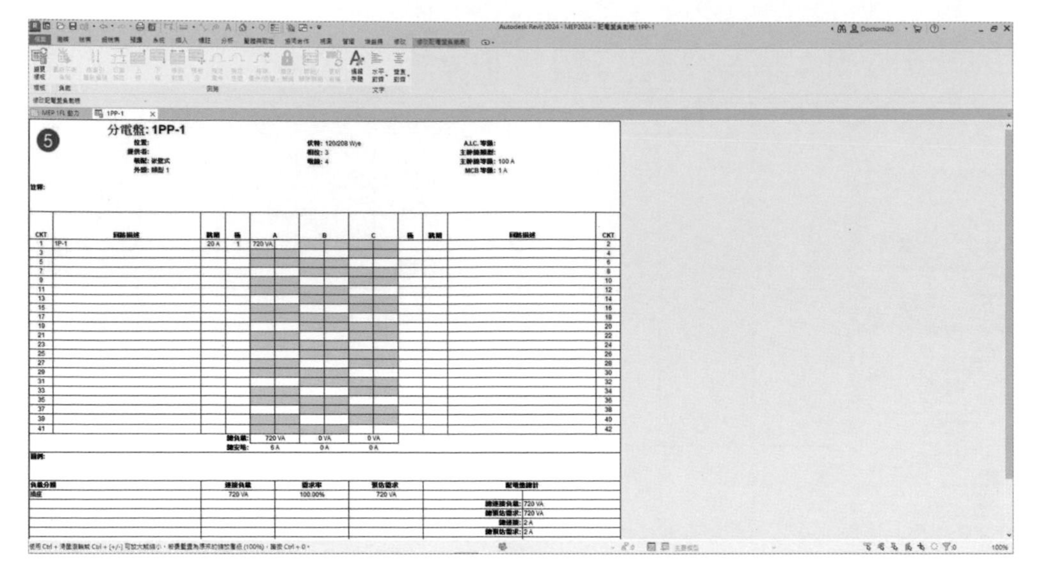

圖 21-45

照明系統及電力設備繪製

◆ 請讀者打開「範例檔案之第 22 章 \RVT\MEP2024.rvt」

22.1 繪製照明設備

22.1.1 燈具配置

1 ❶ 樓板平面圖將視圖切換到「專案瀏覽器」-「照明」-「動力」-「天花板平面圖」-「MEP 1FL – 照明」，❷ 選擇點擊功能區「系統」-「電氣」-「裝置」-「照明裝置」；❸ 在「性質 | 對話框」，點擊「編輯類型」，❹ 開啟「編輯類型」對話框，❺ 點選「載入」，❻ 開啟「開啟舊檔 | 對話框」，選擇「M_ 螢光燈管槽 - 拋物線狀矩形」。(樣板檔案位置在 C:\ProgramData\Autodesk\RVT 2024\Libraries\Traditional Chinese_INTL\ 照明 \MEP\ 內部 M_ 螢光燈管槽 - 拋物線狀矩形 .rfa)，❼ 完成後，點擊「開啟」。如圖 22-1 及圖 22-2。

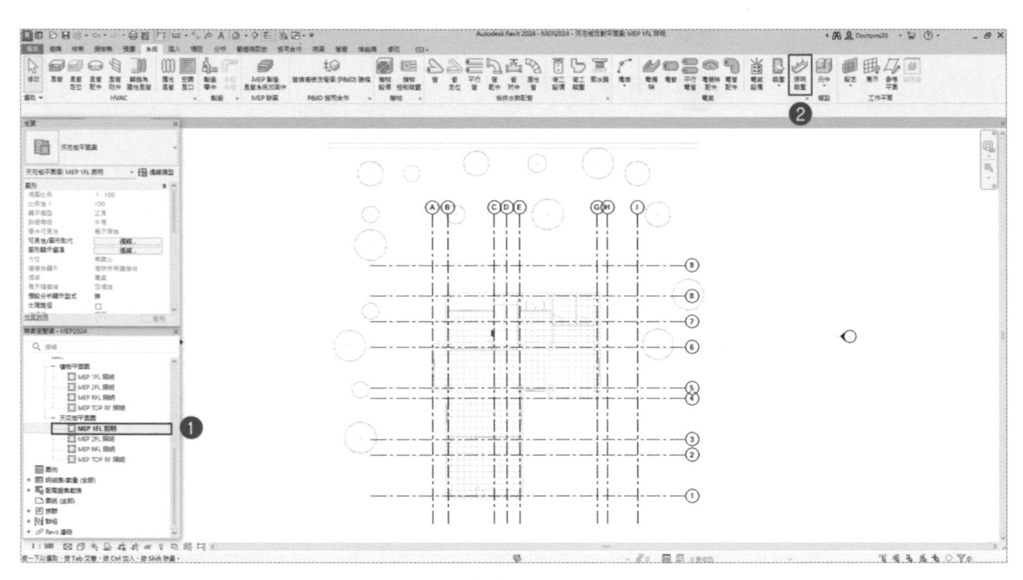

圖 22-1

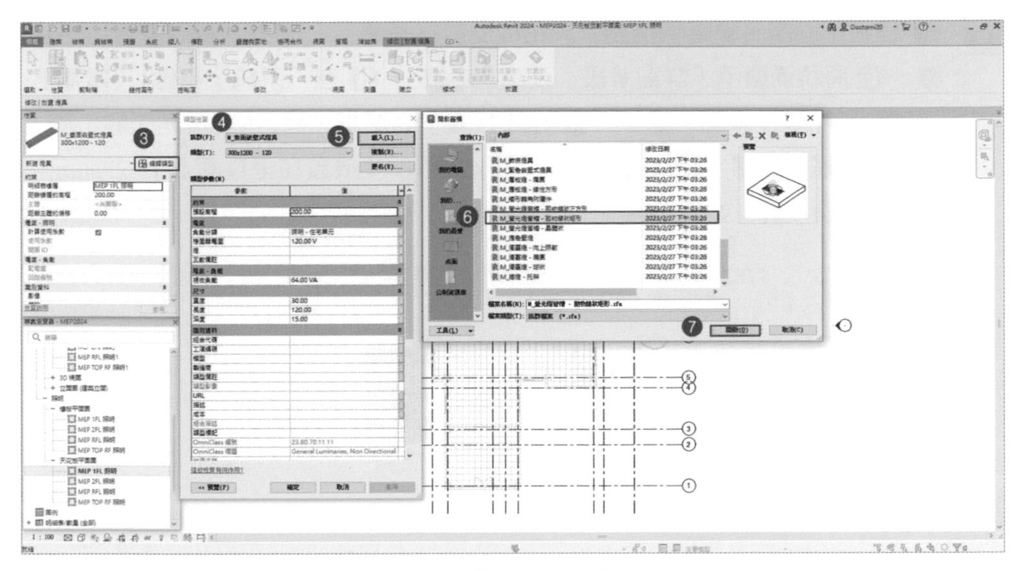

圖 22-2

2 畫面回到樓板平面圖，再次選擇點擊功能區「系統」-「電氣」-「裝置」-「照明裝置」，會切換到選擇功能區「修改 | 放置 燈具」頁籤，❶ 在「性質瀏覽器」下，選擇「M_ 螢光燈管槽 - 拋物線狀矩形 – 0600×1200mm（2 燈）- 120V」，❷ 在功能區點選「放置」-「放置在面上」，❸ 勾選「放置後旋轉」，❹ 放置燈具 ❺ 旋轉燈具，如圖 22-3。

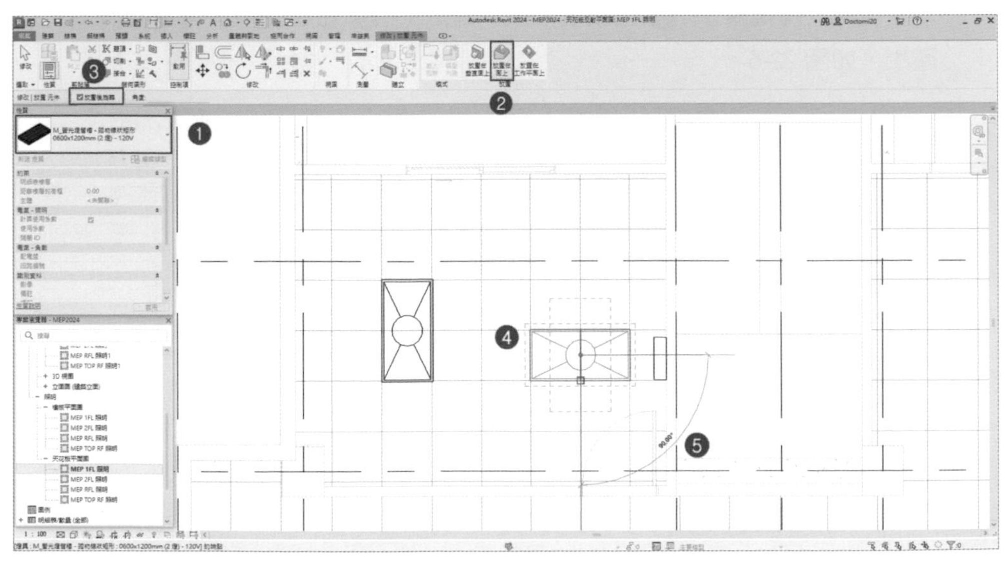

圖 22-3

3 ❶ 樓板平面圖將視圖切換到「天花板反射平面圖」-「MEP 1FL – 照明」平面圖，❷ 將視圖顯示「詳細等級」改為「細緻」，❸ 在「系統」頁籤，「電氣」-「裝置」，點選「照明」，❹ 在「性質」對話框，將「M_ 燈光開關」族，點選「單極」開關，❺ 在功能區點選「放置」-「放置在垂直面上」，並將元件拖曳在牆邊放置，如圖 22-4。

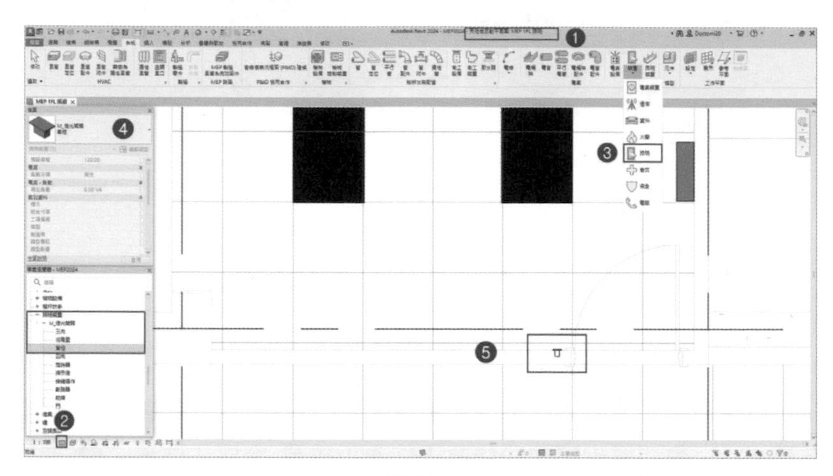

圖 22-4

4 ❶ 在「性質」對話框，點選「視圖樣板」中「電氣天花板」，❷ 開啟「指定視圖樣板」，❸ 在「視圖性質」中，「詳細等級」改為「中等」，❹「模型顯示」改為「隱藏線」，❺ 完成後，按「確定」，❻ 在視圖中，可看見開關符號產生，如圖 22-5。

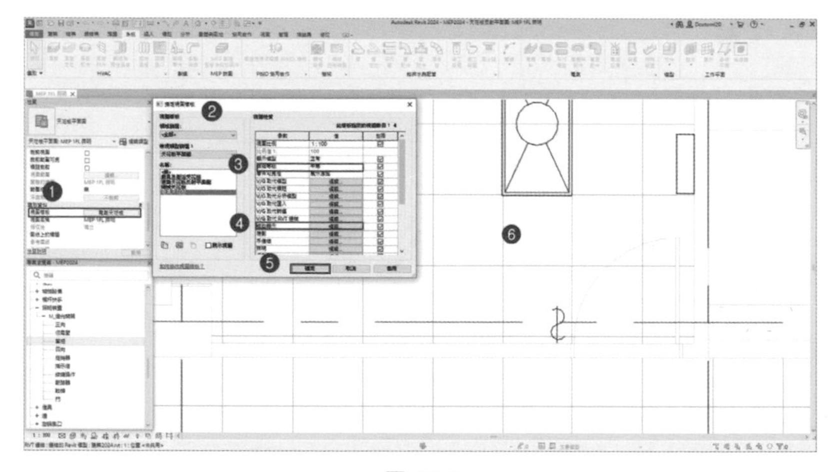

圖 22-5

5 ❶ 點選照明開關符號，❷ 點選功能列中「動力」 功能，❸ 開啟「指定迴路資訊」對話框，選擇「120V」，❹ 完成後，按「確定」，如圖 22-6。❺ 點選「編輯迴路」 ，如圖 22-7。❻ 點選兩個燈具，顏色會反黑，❼ 點擊「選取配電盤」，❽ 點選視圖中配電盤，❾ 可在功能列「面板」，自動選取「1PP-1」，❿ 選取「完成編輯回路」 ，如圖 22-8。

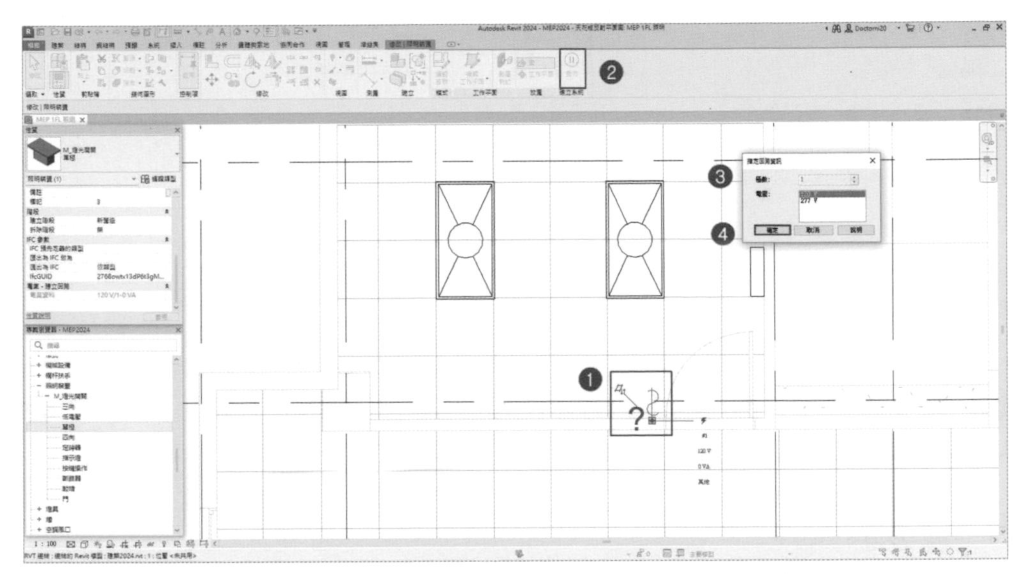

圖 22-6

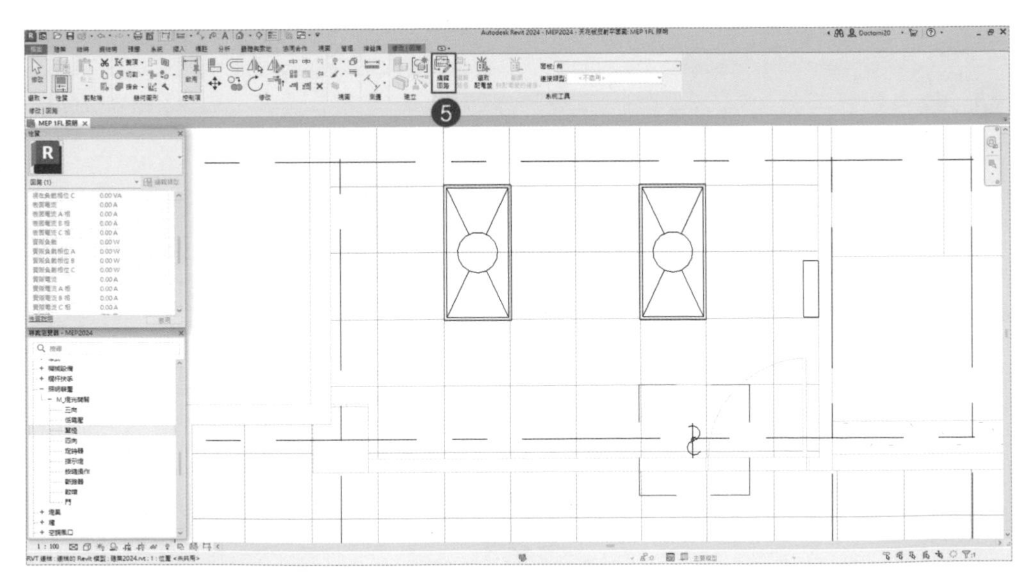

圖 22-7

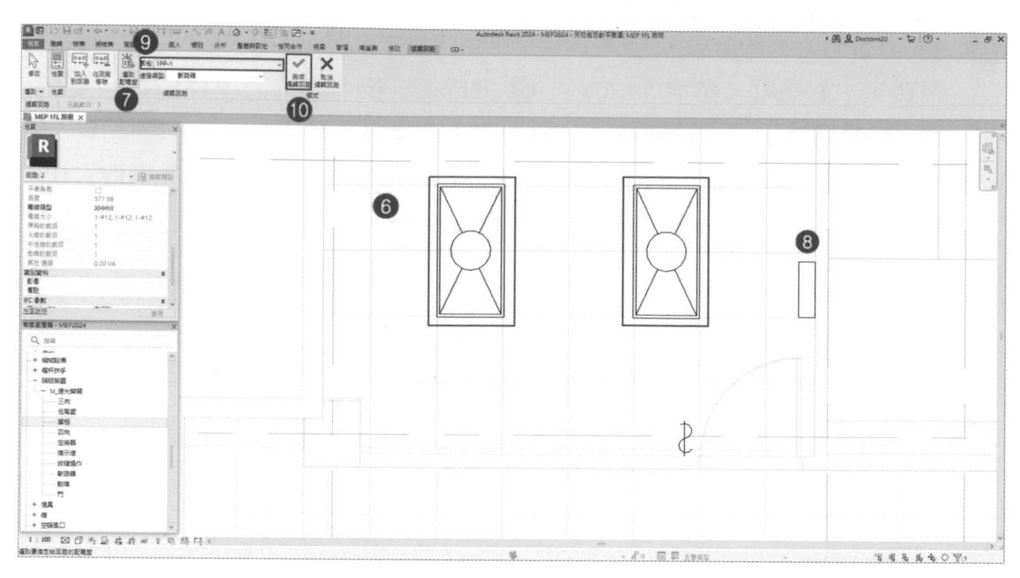

圖 22-8

6 ❶ 點擊開關符號，❷ 將頁籤切換到「回路」，❸ 在「性質」對話框，❹ 在「明細表迴路註釋」中，填註「燈具」，❺ 在「負載名稱」，填註「1L-1」，❻ 完成後，按「套用」(填註文字後，可快速按輸入鍵兩次，強迫填註)，如圖 22-9。

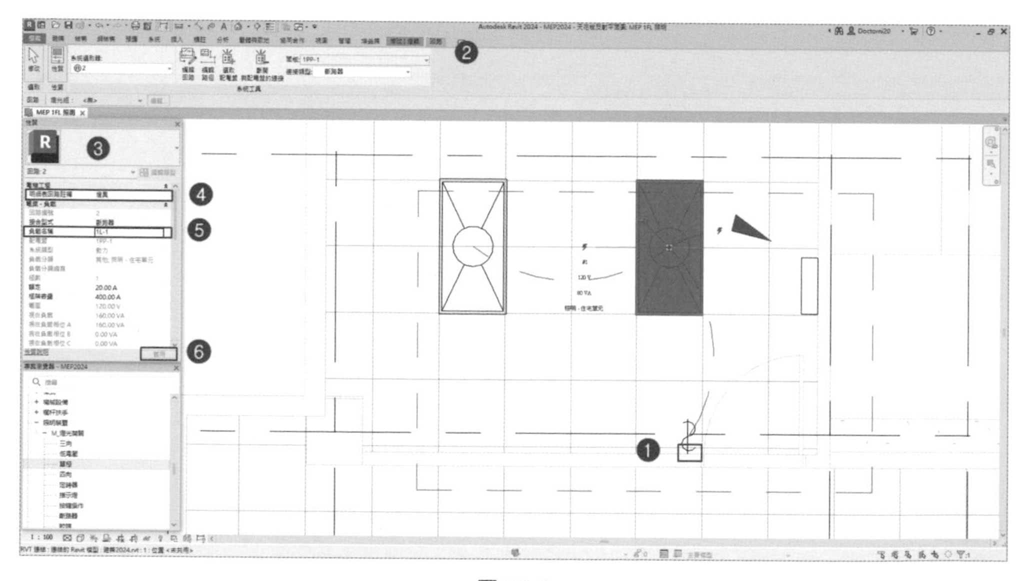

圖 22-9

7 ❶ 在「回路」頁籤下，點擊燈具，❷ Revit 會暫時在燈具、插座圖元間顯現藍色虛線圍繞，此為系統自動生成的建議回路導線佈設其電路迴路設計，❸ 再點選「燈具」一次，按 Tab 鍵以亮顯該圖元及電路，❹ 在「修改 | 回路」頁籤下，❺ 選取電路的佈線類型，按一下 ⌒ 或 ⌐ 以建立弧形佈線；弧形佈線通常用來表示已隱蔽在牆、天花板或樓板內的佈線，如圖 22-10。

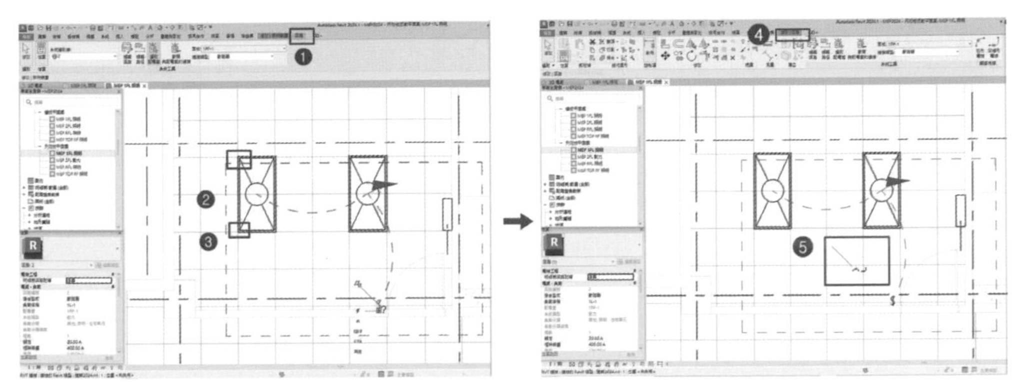

圖 22-10

8 ❶ 在「標註」頁籤下，點選「依品類建立標籤」，❷ 點選電線回路，❸ 自動標籤建立燈具回路標示為 1L-1，如圖 22-11。

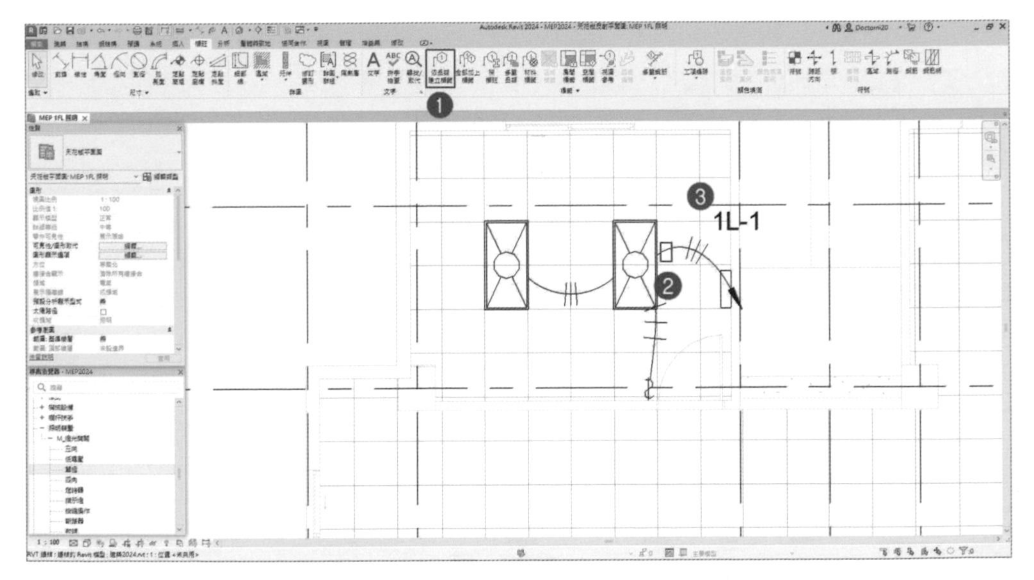

圖 22-11

22.1.2 配電盤明細表

❶ 點擊視圖中開關箱，❷ 功能區會切換在「修改 | 電氣設備」頁籤下，❸ 點選在「編輯配電盤負載表」，❹ 點選完後，在原有「1PP-1」配電盤明細表會增加「1L-1」回路，如圖 22-12 及圖 22-13。

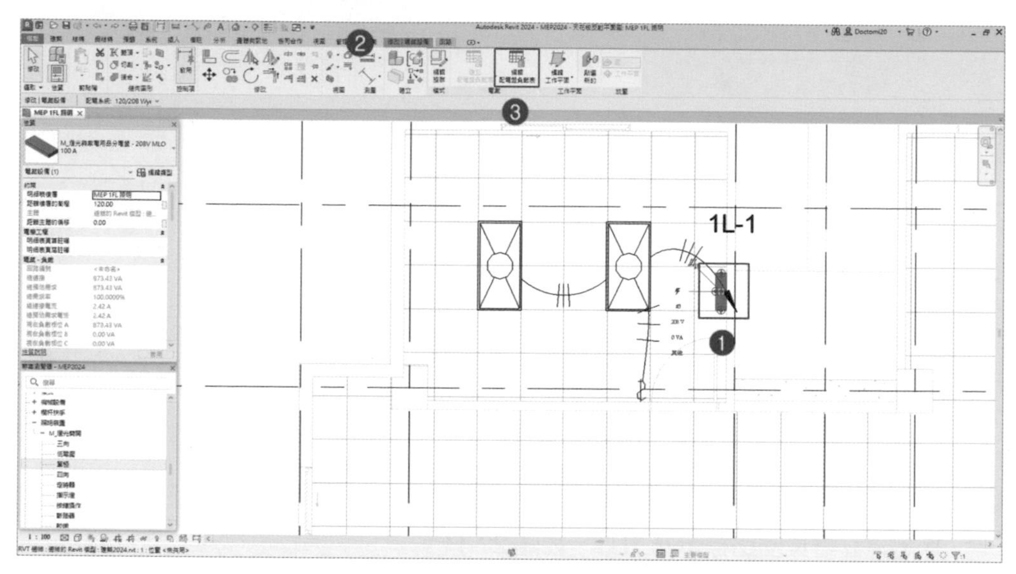

圖 22-12

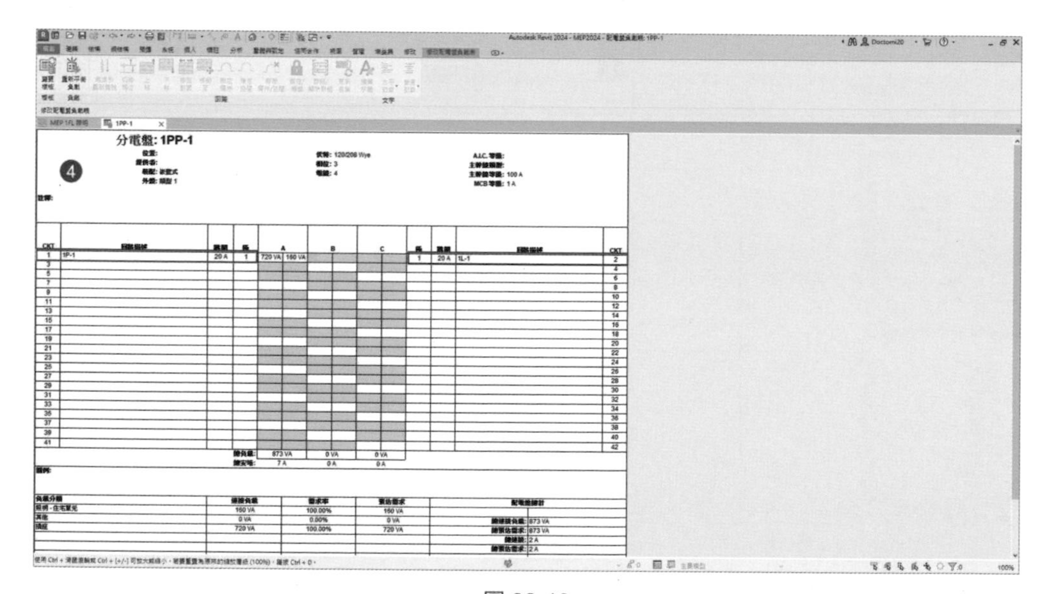

圖 22-13

22.2 開關箱設備

1 在平面視圖，❶ 將於「性質瀏覽器」內「視圖比例」改為的「1：50」，❷ 於功能區「視圖」頁籤下，點選「剖面」，❸ 如圖 22-14 位置，繪製剖面符號。

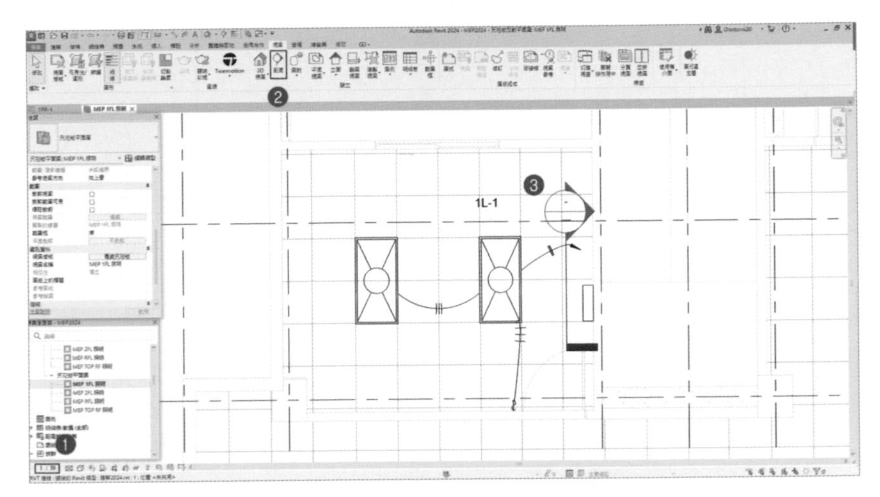

圖 22-14

2 ❶ 在步驟 1，連續點擊平面視圖「剖面」符號兩次，將視圖切換到剖面，並調整視圖大小，❷ 點擊「開關箱」，❸ 出現藍色開關箱形式及五個接點（為上、下、左、右、後），點擊上方接點並按右鍵，❹ 開啟功能選項列，點選「從面繪製導管」，如圖 22-15。

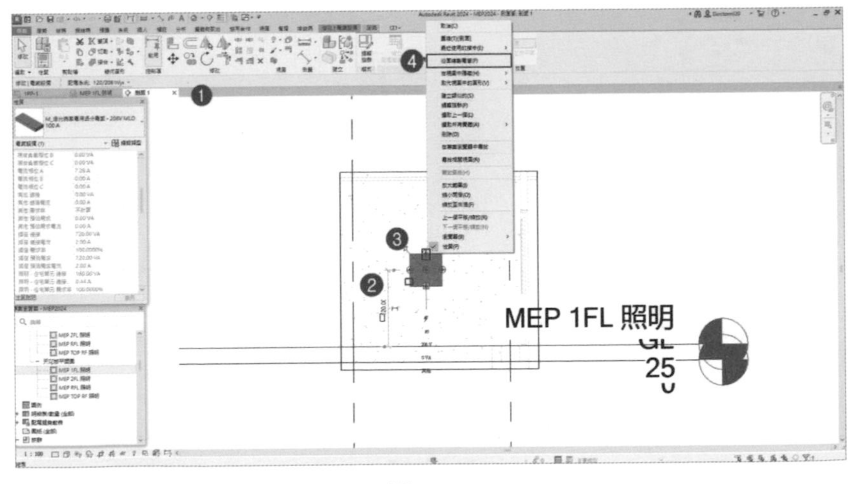

圖 22-15

3 點選「從面繪製導管」後，會切換如圖 22-16 視圖。❶ 點擊尺寸數據「25.4」改為「10」，位置改為如圖 22-17，完成後按 ✔ 完成連結。

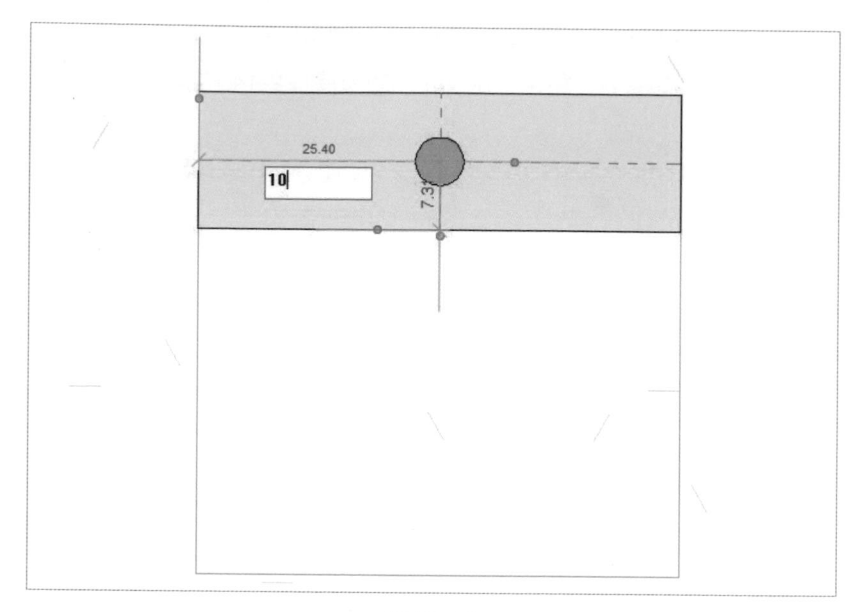

圖 22-16

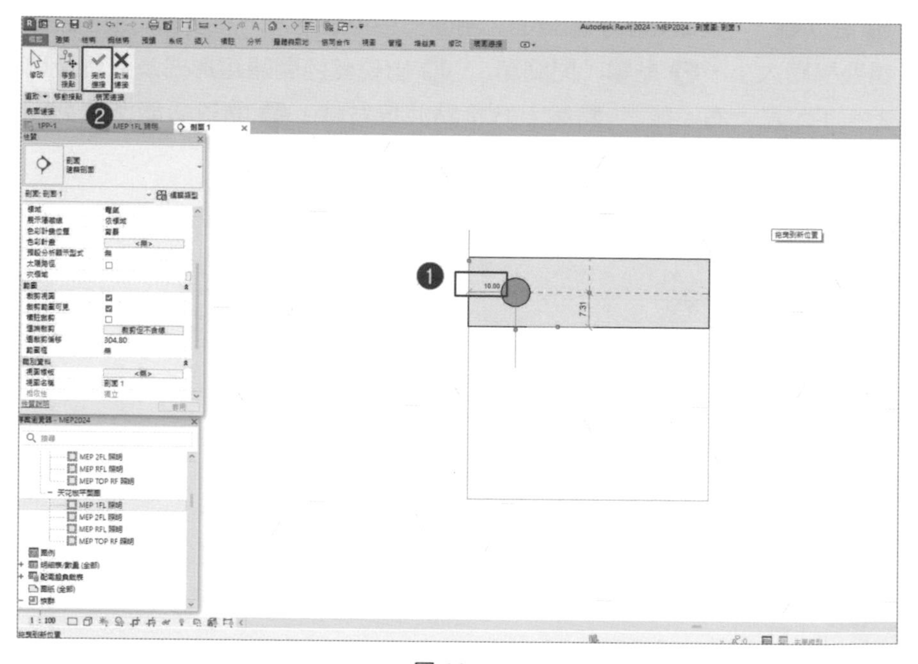

圖 22-17

4 步驟 3 完成，視圖會切換到剖面視圖，❶ 依圖 22-18 位置繪製管路，完成後按「修正」或按 ESC 鍵確認，❷ 在「性質瀏覽器」中，確認所繪製之管路材質，是否為設計材料。❸ 確認管路繪製及接合方式，如圖 22-18。

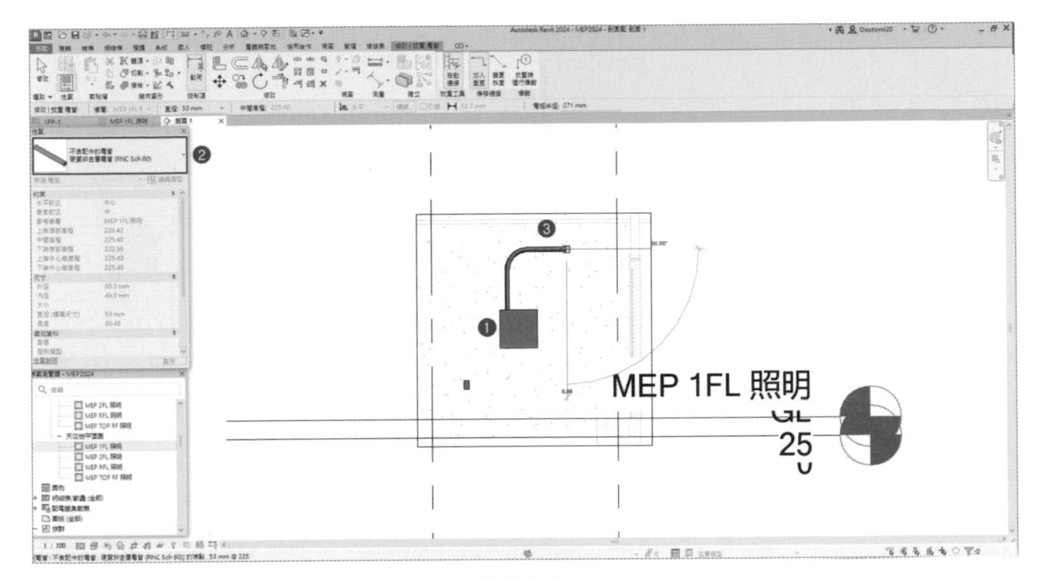

圖 22-18

5 如要在開關箱上方，再增加管路，再一次點選開關箱，依步驟 2 重新在操作一次，會在開關箱增加一管路開口，如圖 22-19；距離確定後，完成後按 ✔ 完成連結，再切換到剖面視圖繪製管路，完成後如圖 22-20。

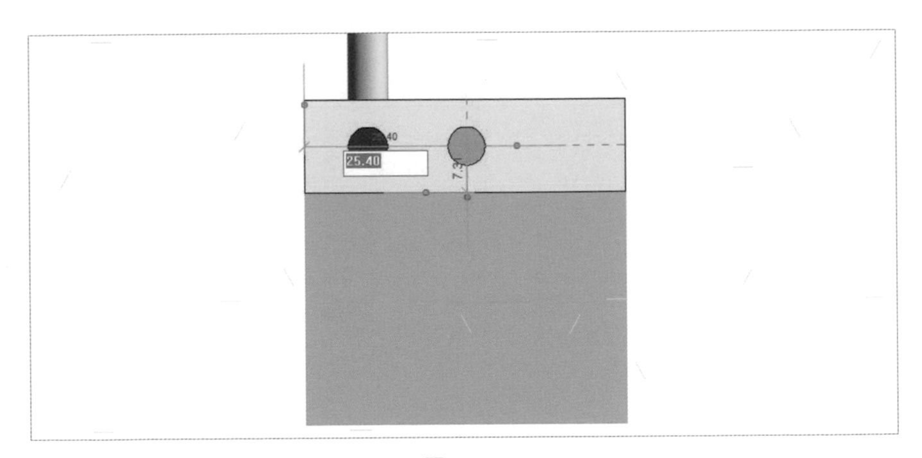

圖 22-19

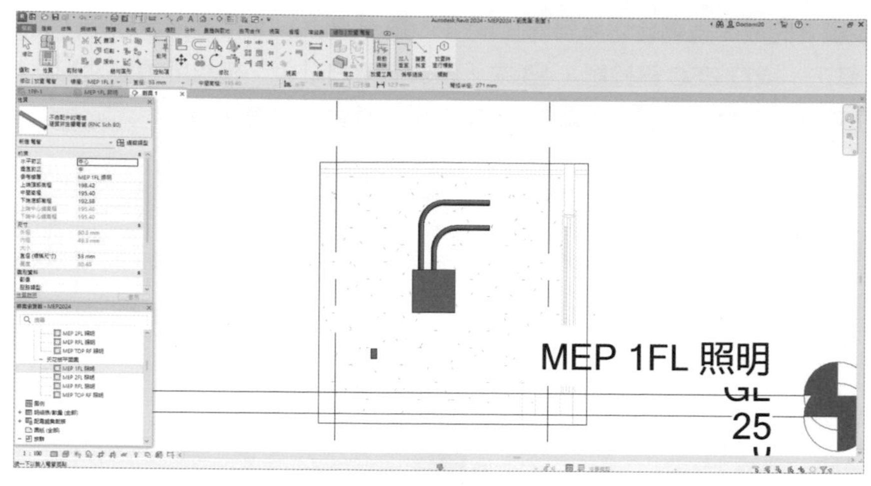

圖 22-20

22.3 圖說製作

22.3.1 建立圖說

1. 開啟功能區「視圖」頁籤，點選「圖說」-「矩形」 功能，從點 1 點擊到點 2，繪製圖說範圍，在「專案瀏覽器」下，可以看見在「HVAC」樓板平面圖之圖說內容，如圖 22-21。

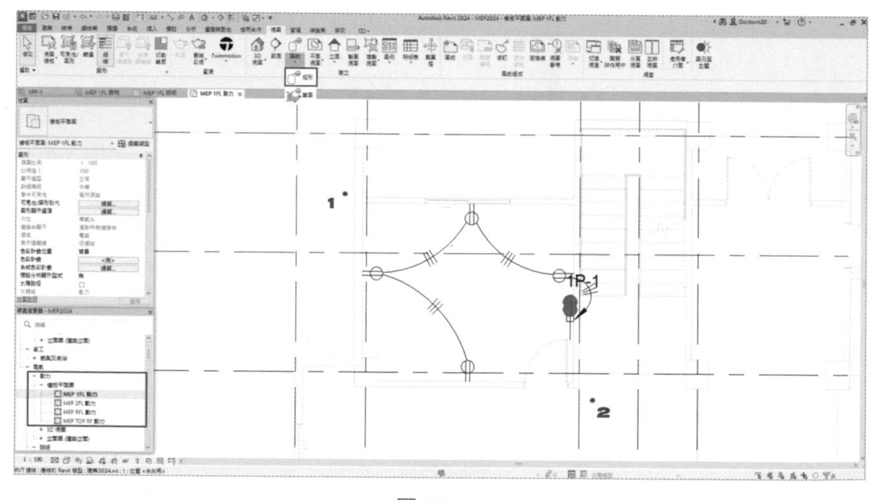

圖 22-21

2 完成範圍選取後，會出現「警告」對話框，可以忽略它，另在「專案瀏覽器」下，可以看見在「HVAC」樓板平面圖之圖說內容，增加「MEP 1 FL – 動力 - 圖說 1」圖說，如圖 22-22。

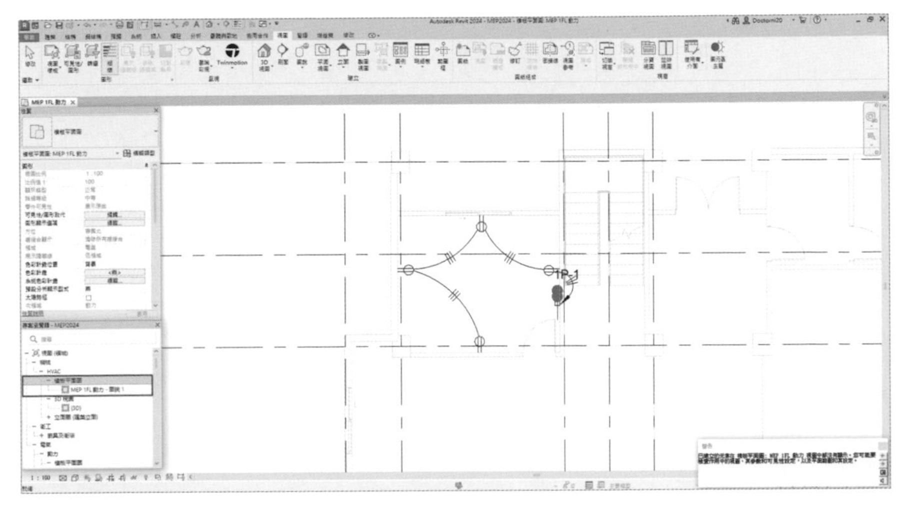

圖 22-22

3 點選「MEP 1 FL – 動力 - 圖說 1」視圖，❶ 再切換至「性質瀏覽器」之「視圖樣板」，點擊選項列，❷ 開啟「套用視圖樣板」，選擇「視圖樣板」-「名稱」-「電氣平面」，❸ 將「MEP 1 FL 動力 - 圖說 1」屬性更換在「電氣平面」，❹ 點擊「確定」，如圖 22-23。

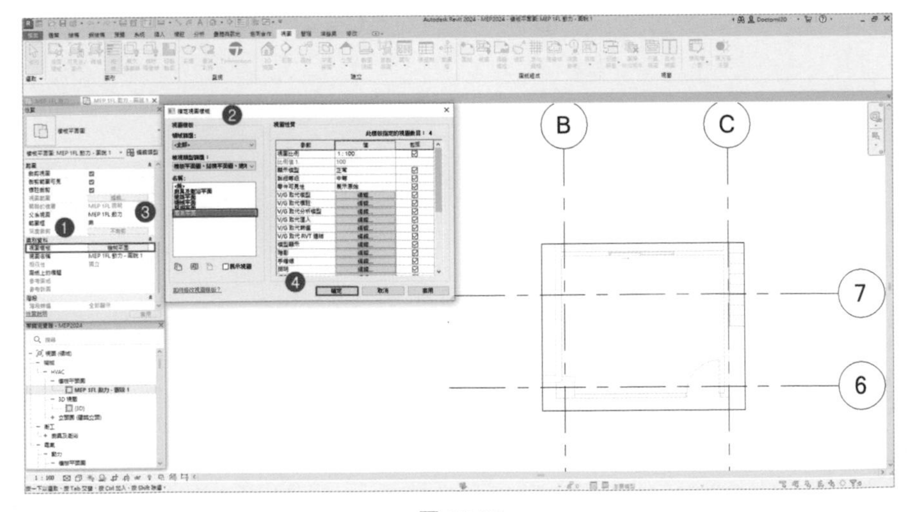

圖 22-23

4 經步驟 3 後，視圖「MEP 1 FL 動力 - 圖說 1」已更換在「動力」之樓板平面下，點擊「MEP 1FL 動力 - 圖說 1」，按右鍵出現選擇對話框，選擇「更名」，將圖說名稱改為「MEP 1FL 動力 -1FL - 儲藏室配電」，如圖 22-24 及圖 22-25。

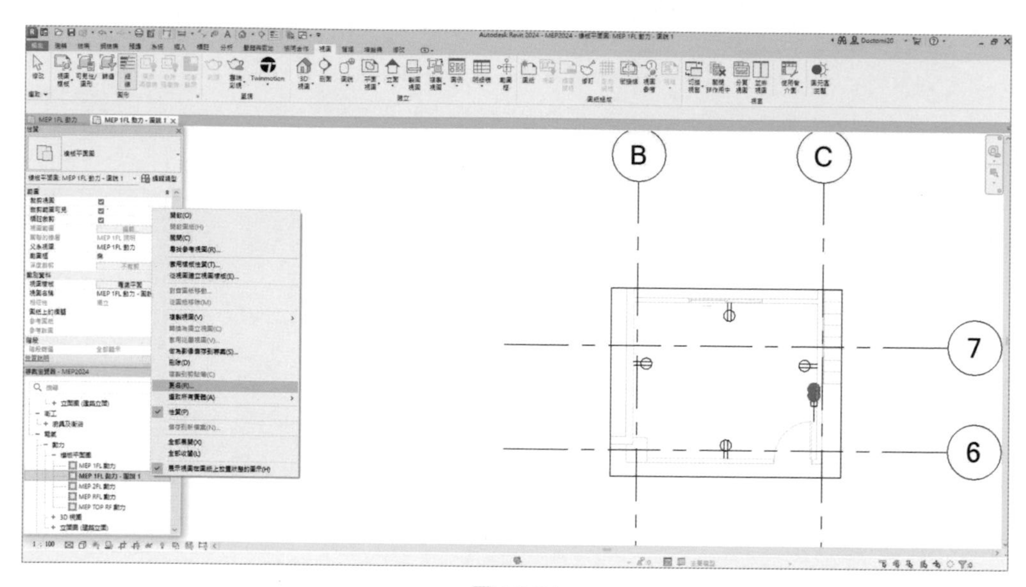

圖 22-24

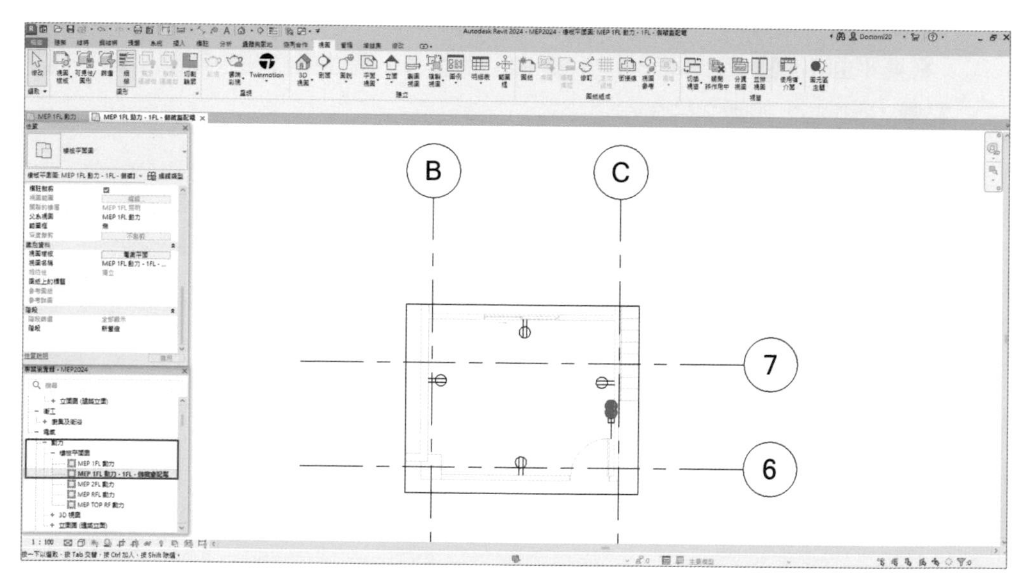

圖 22-25

22.3.2 立面管路繪製

1 ❶ 點選「剖面 1」視圖，❷ 切換「剖面 1」，❸ 視圖點選四面剖面框，拉伸到合適的圖面，點擊開關箱，如圖 22-26。

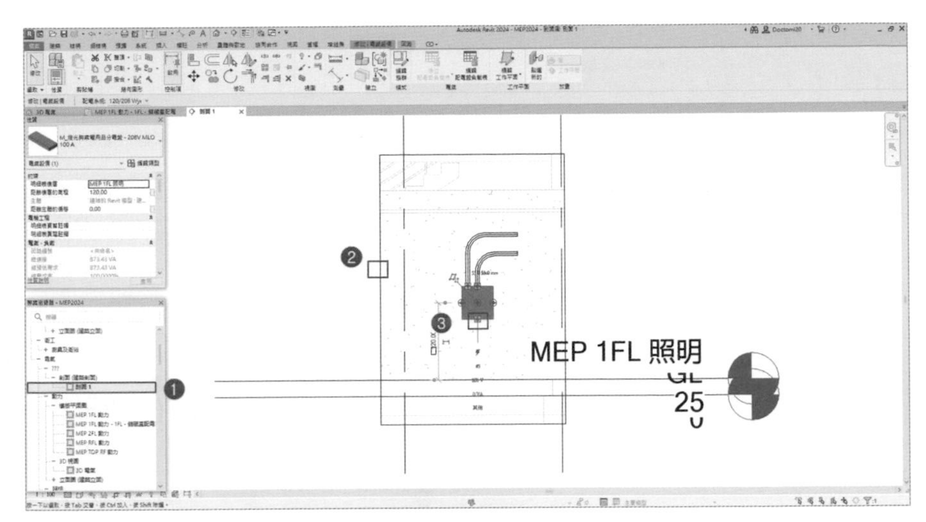

圖 22-26

2 並按右鍵，開啟功能選項列，點選「從面繪製導管」，完成後按 ✔ 完成連結，沿著下方繪製，完成後，按 ESC 鍵完成繪製，再次點擊剛完成之管路，會出現管路長度之數字，點擊數字，改為「-45」，如圖 22-27。

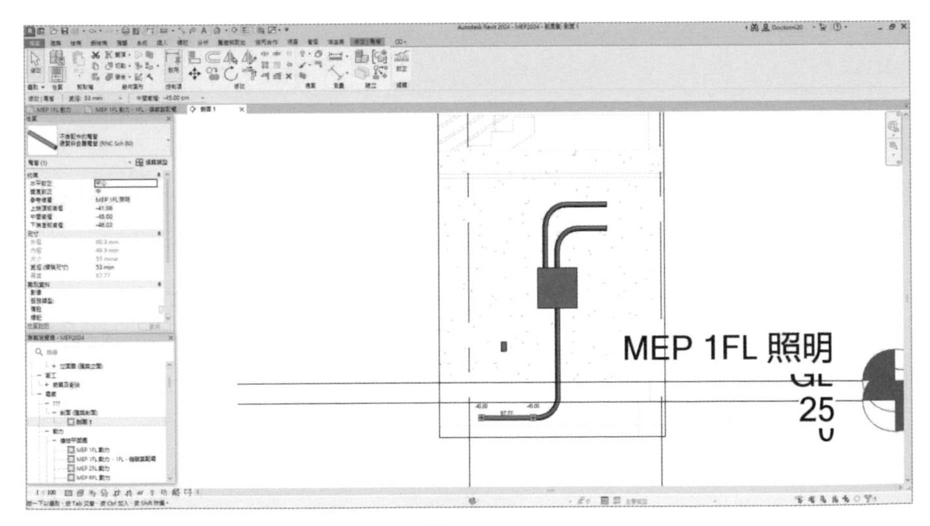

圖 22-27

3 完成步驟 2 垂直管路繪製後，要連接垂直管路，❶ 先點擊管路，並點選末端連接符號，❷ 選擇材料，❸ 選擇管徑，❹ 點選「繪製導管」，開始繪製管路，❺ 平管路繪製完成後，再次點擊管路，可以調整管路「直徑」、「偏移」、「對正」等功能。如圖 22-28、圖 22-29。

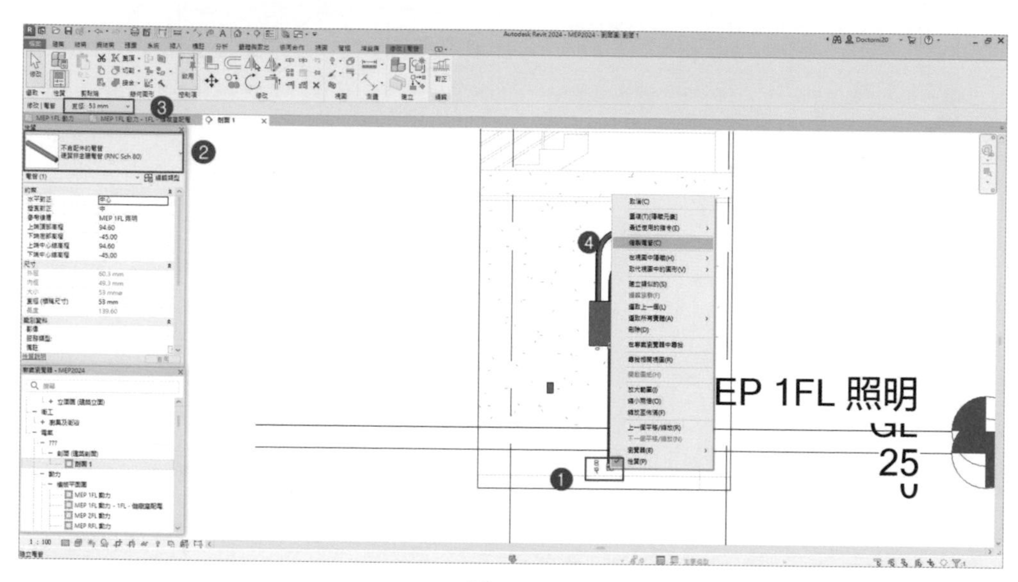

圖 22-28

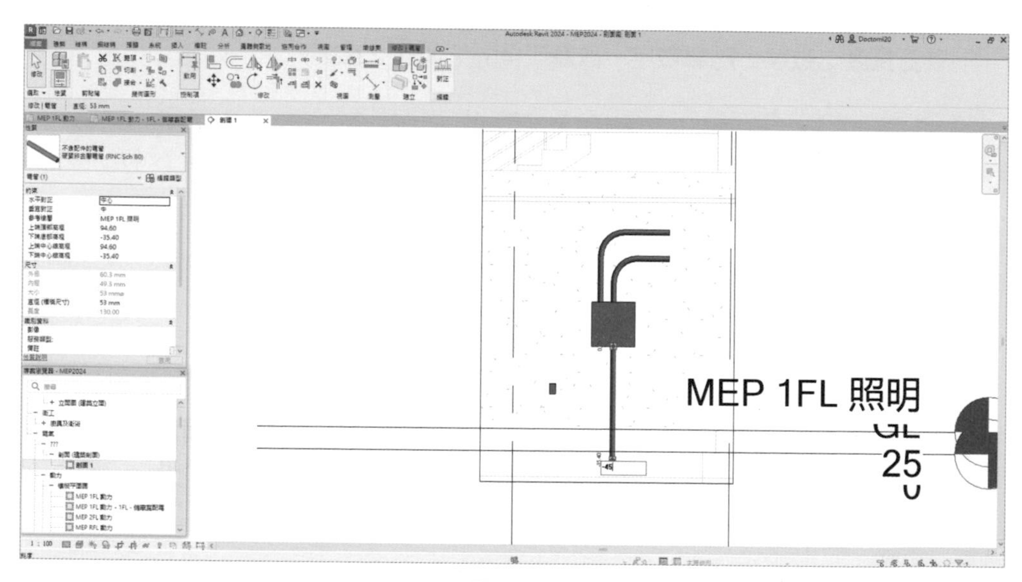

圖 22-29

4 完成步驟 3 水平管路繪製後，切換視圖為「MEP 1 FL – 動力」樓板平面圖（把圖說及剖面圖符號隱藏），其平面圖看不到步驟 3 所繪製之管路，因為視圖深度並沒有在 G.L. 以下，因此要調整視圖範圍，如圖 22-30。

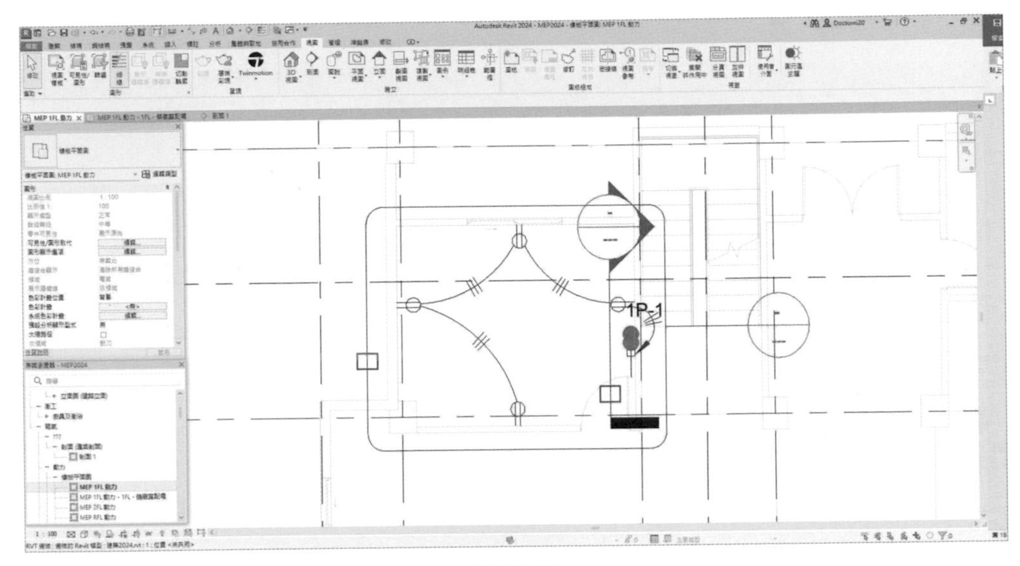

圖 22-30

5 在視圖下方功能選項列中設定，視圖顯示為「細緻」及「擬真」，在 Revit® MEP，繪圖過程中，為便於調整視圖，常會設定視圖顯示，如圖 22-31。

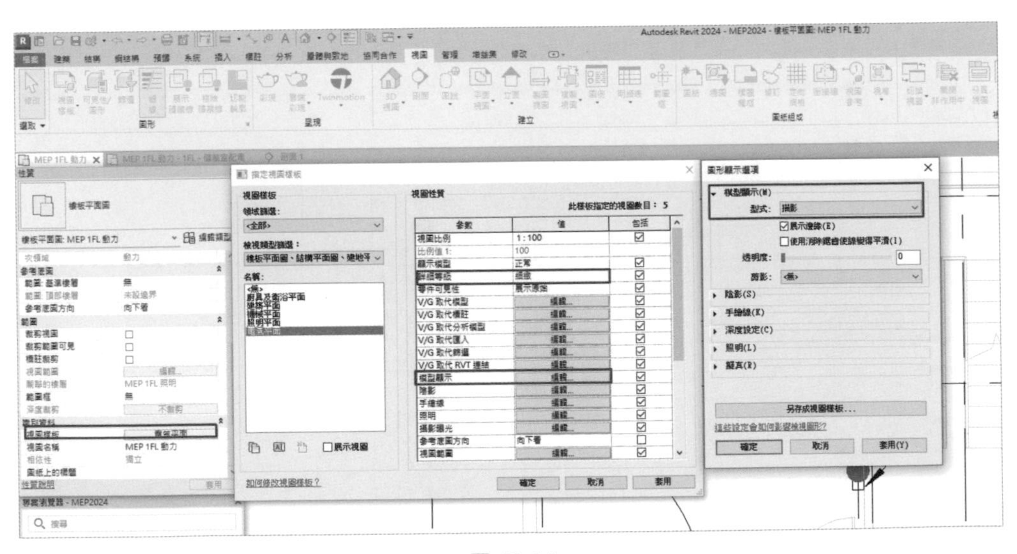

圖 22-31

6 ❶ 在「性質瀏覽器」下，選擇「視圖樣板」，點擊「電氣平面」；❷ 開啟「指定視圖樣板」視窗，點選「視圖範圍」-「編輯」，❸ 開啟「視圖範圍」對話框，將「底部」-「偏移」設為「-200」;「樓層」-「偏移」設為「-200」，❹ 按「確定」；❺ 視圖就顯示管路。如圖 22-32、圖 22-33。

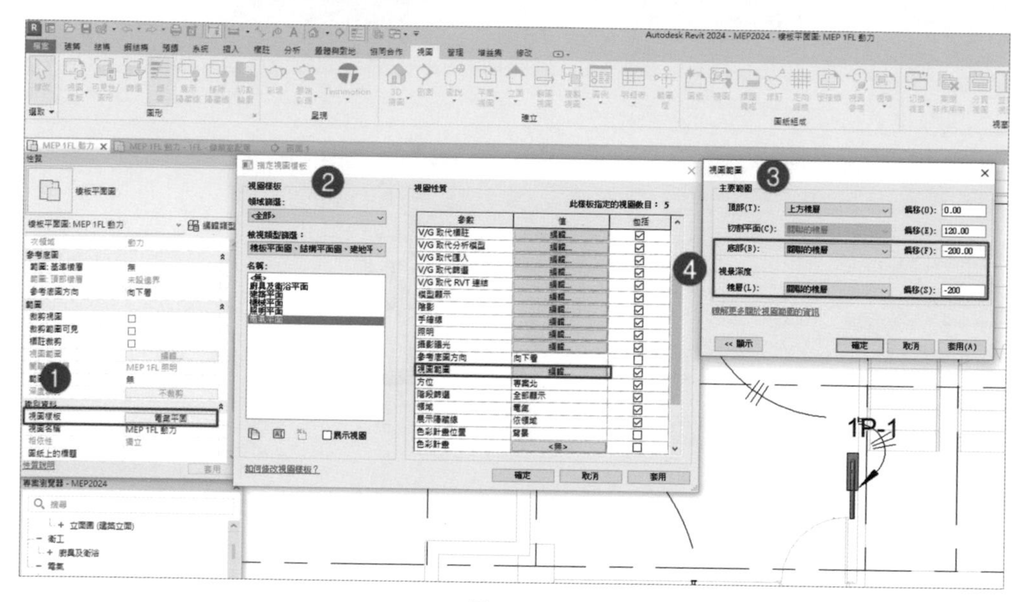

圖 22-32

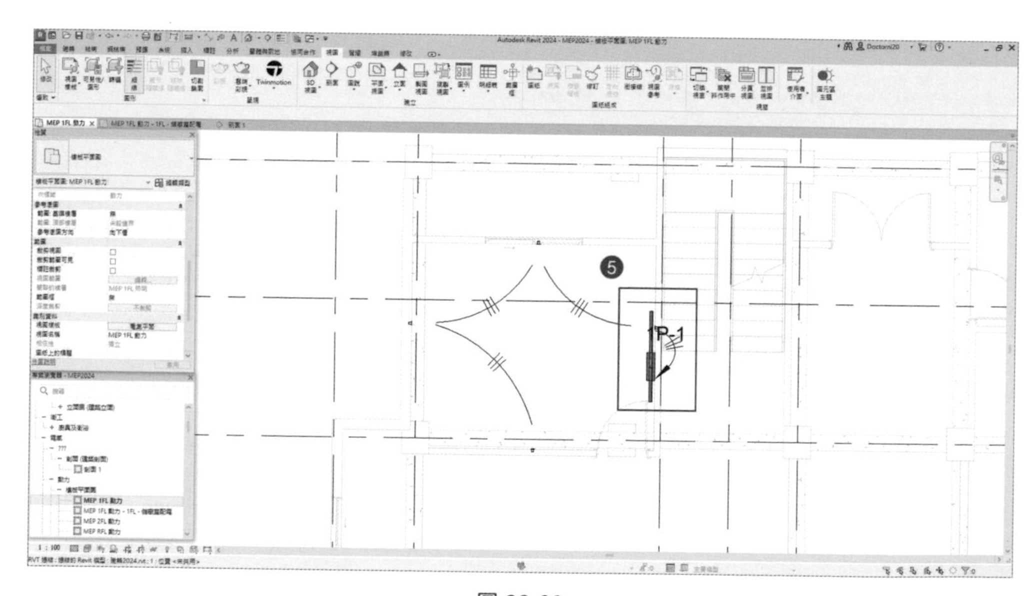

圖 22-33

22.4 電纜架

繪製電纜線架及托盤，需點籍功能區「系統」-「電纜架」，如圖 22-34。

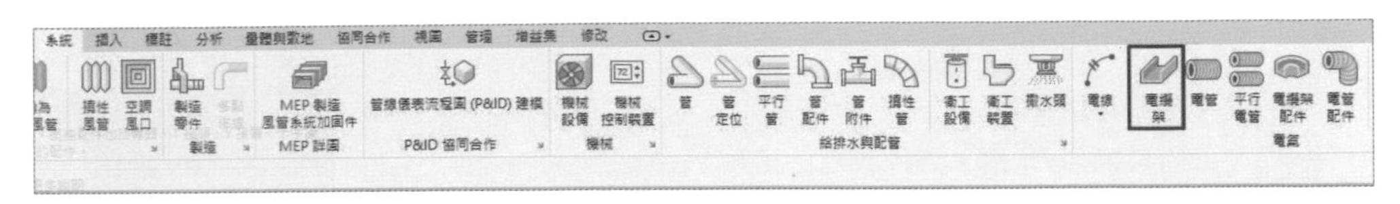

圖 22-34

22.4.1 平面管路繪製

1 點選「電纜架」功能區會切換到「修改 | 放置 電纜架」頁籤，❶ 先設定所需托盤寬度、厚度、離地面偏移高度，❷ 托盤彎矩半徑，❸ 點選「性質瀏覽器」，選擇托盤型式為「梯電纜架」，❹ 確認是否選擇「自動連接」，如圖 22-35。

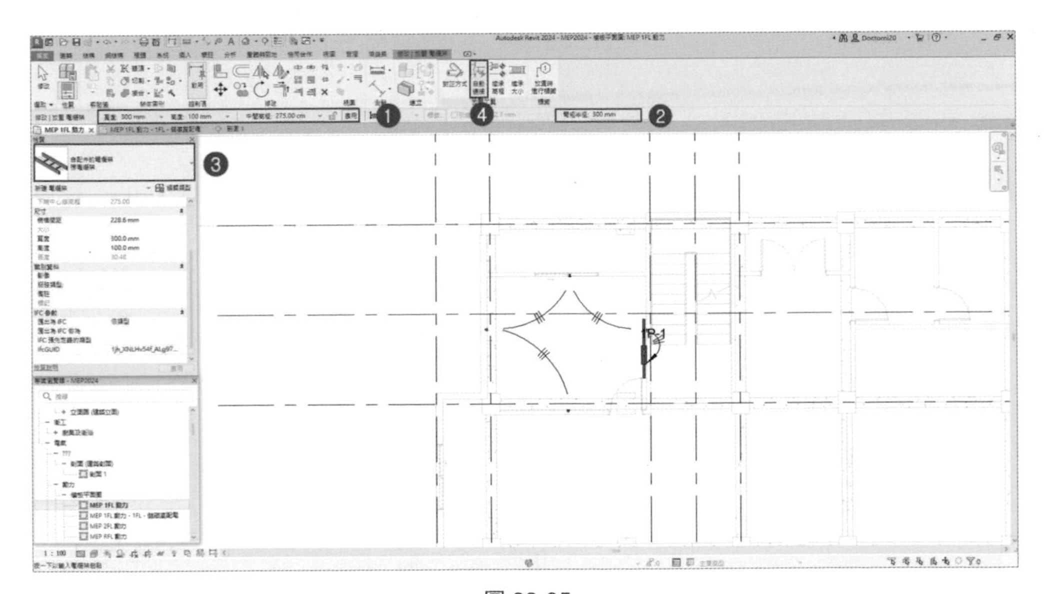

圖 22-35

2 選擇「含配件的電纜架 - 梯電纜架」、托盤寬度「300mm」、高度「100mm」、離地面偏移高度「275cm」，依圖 22-35 位置，繪製長「120cm」距離之托盤，在選項列下，選擇地面偏移高度「120cm」，接著步驟 2 完成之線段，接下去繪製長「120cm」距離之托盤，如圖 22-36。

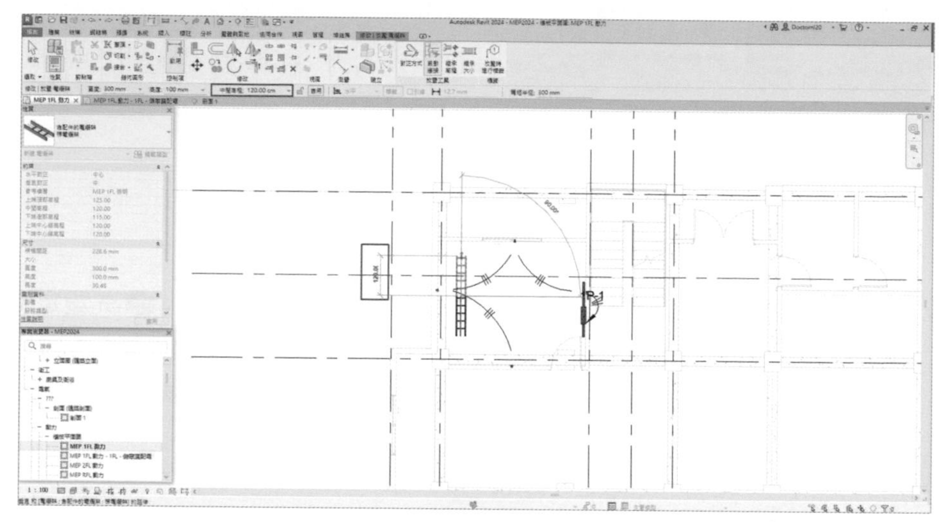

圖 22-36

3 在選項列下，選擇地面偏移高度「120cm」，「彎矩半徑」為「250mm」，接著去繪製長「300cm」水平距離之托盤，如圖 22-37。

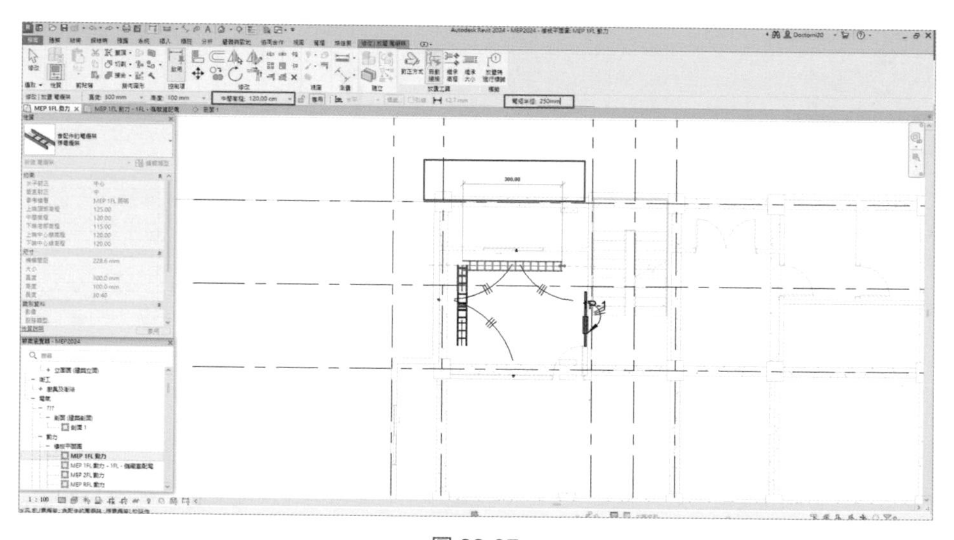

圖 22-37

4 在選項列下，選擇地面偏移高度「275cm」，在開關箱正對位置連接著在步驟 4 完成線段，繪製長「300cm」水平距離之托盤，如圖 22-38。

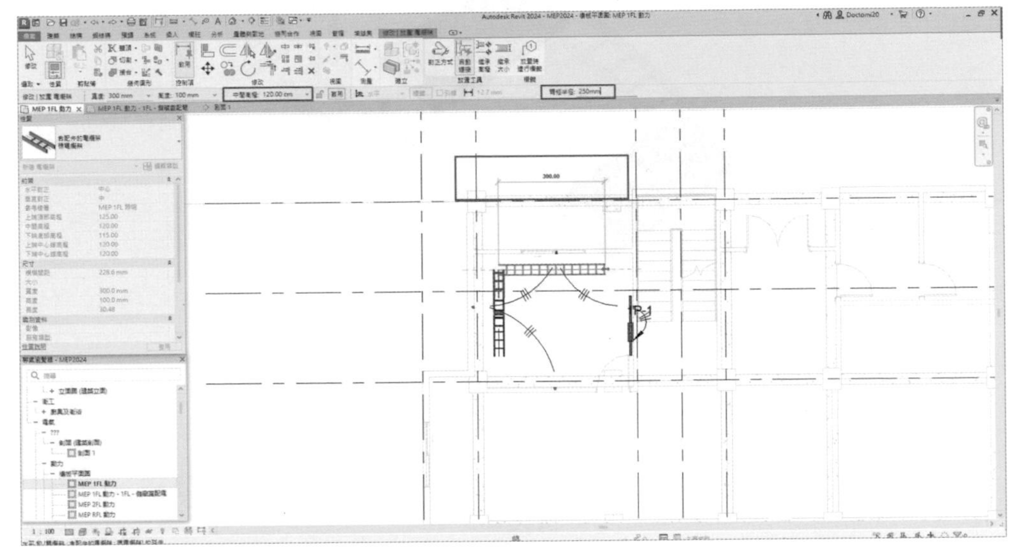

圖 22-38

5 完成步驟 1 至步驟 5 之托盤繪製，水平配置圖，如圖 22-39；切換到 3D 視圖，可以看見實際管路配置 3D 型狀，如圖 22-40。在 Revit 繪製管路、管道、風管等，以平面型式繪圖時，其模式為上述步驟。

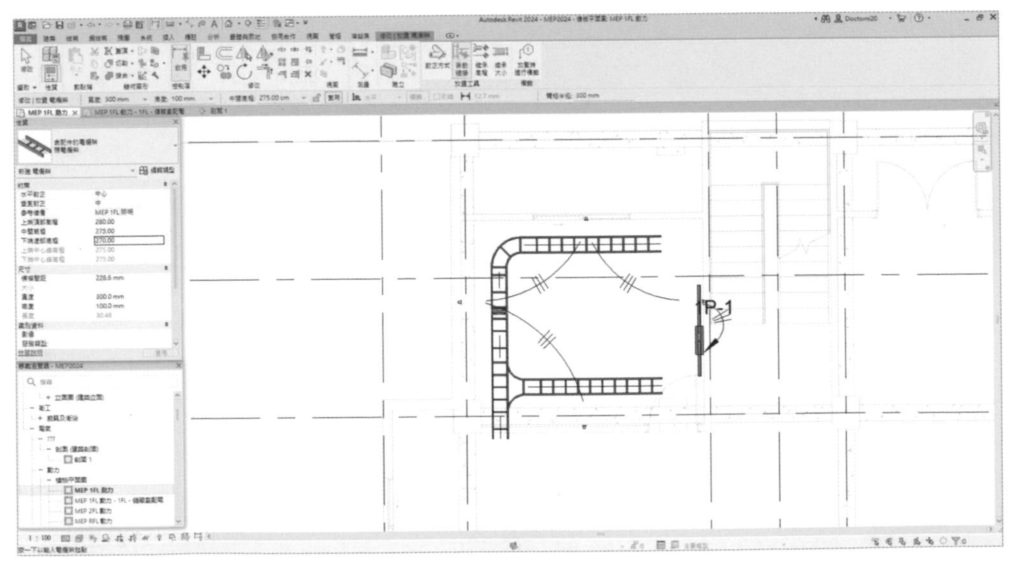

圖 22-39

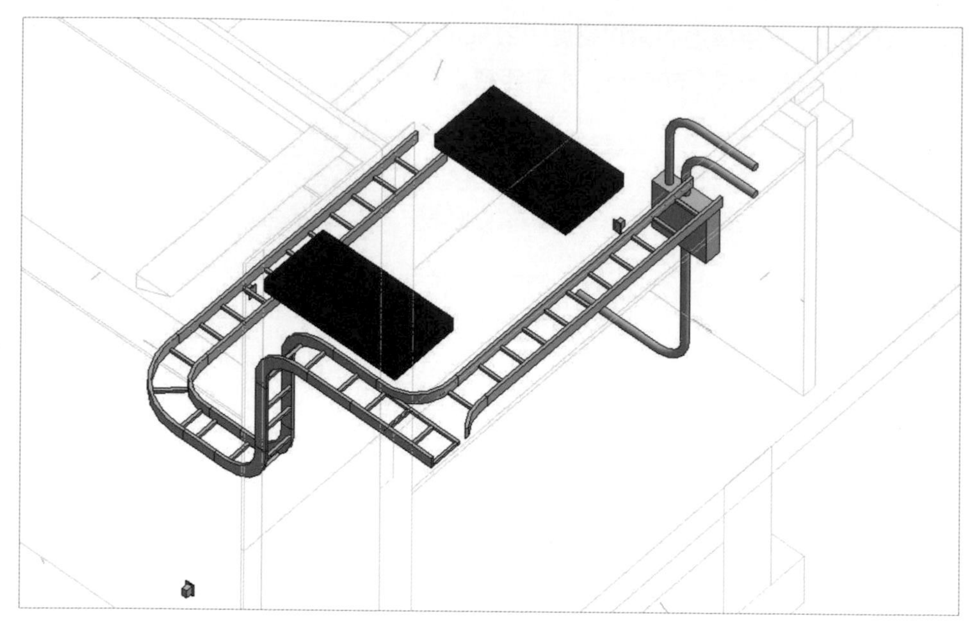

圖 22-40

CHAPTER

23

空調系統

◆ 請讀者打開「範例檔案之第 23 章 \RVT\HVAC2024.rvt」

23.1 建立空調系統專案

23.1.1 新建空調系統專案

在 Revit 空調系統是屬於機械設備，需使用不同的樣板檔。

1 ❶ 單擊「應用程序目錄」下 按鈕 -「新建」-「專案」，❷ 開啟「新專案」對話框，選擇「瀏覽」，❸ 開啟「選擇樣板」，❹ 開啟「Mechanical-DefaultTWNCHT.rte」樣板檔（樣板檔案位置在 C:\ProgramData\Autodesk\RVT 2024\Templates\Traditional Chinese_INTL）如圖 23-1。

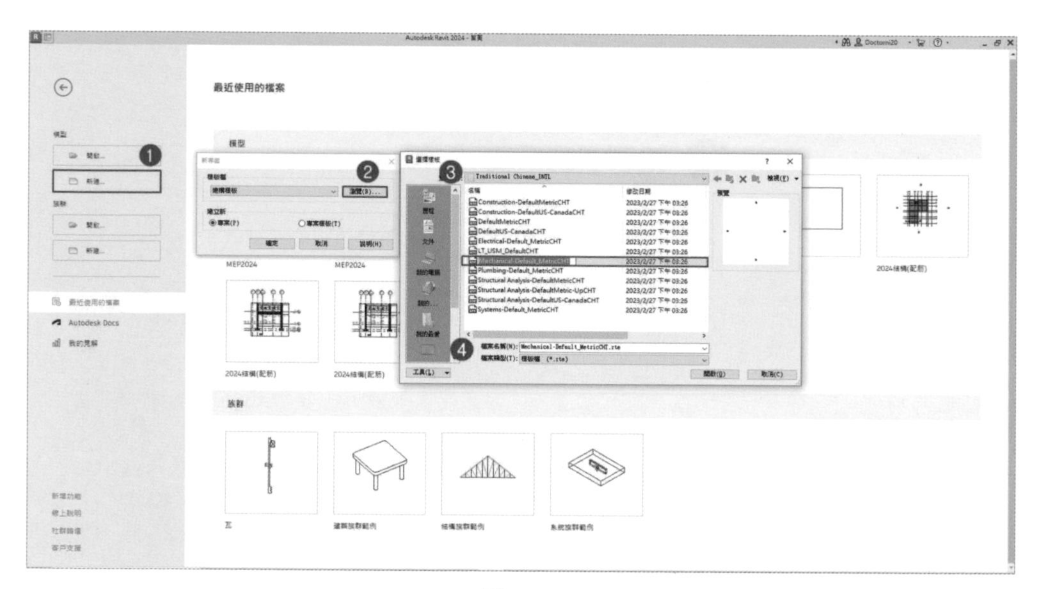

圖 23-1

後續空調系統專案設計之基準圖說，請依本書第 21 章及第 22 章，鏈結所需建築模型及建立平面圖，並對於鏈結之文件進行基本設定，再進行空調系統設計（注意：專案單位要設定為 CM），如圖 23-2。

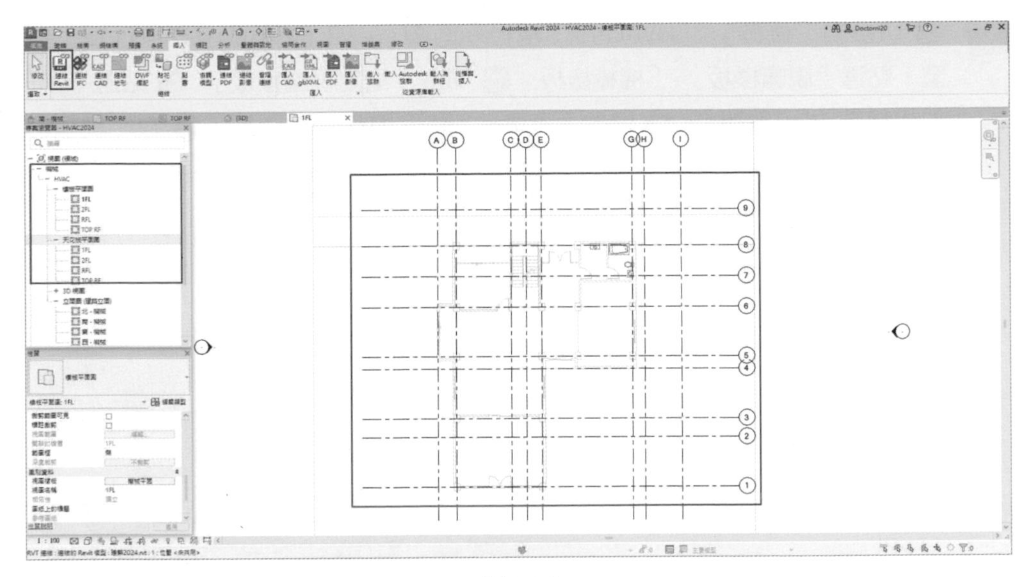

圖 23-2

2 ❶ 點擊連接之模型，❷ 開啟「性質」視窗，點選「編輯類型」，❸ 開啟「類型性質」，❹ 將「房間邊界」勾選，❺ 完成後按「確定」，如圖 23-3。

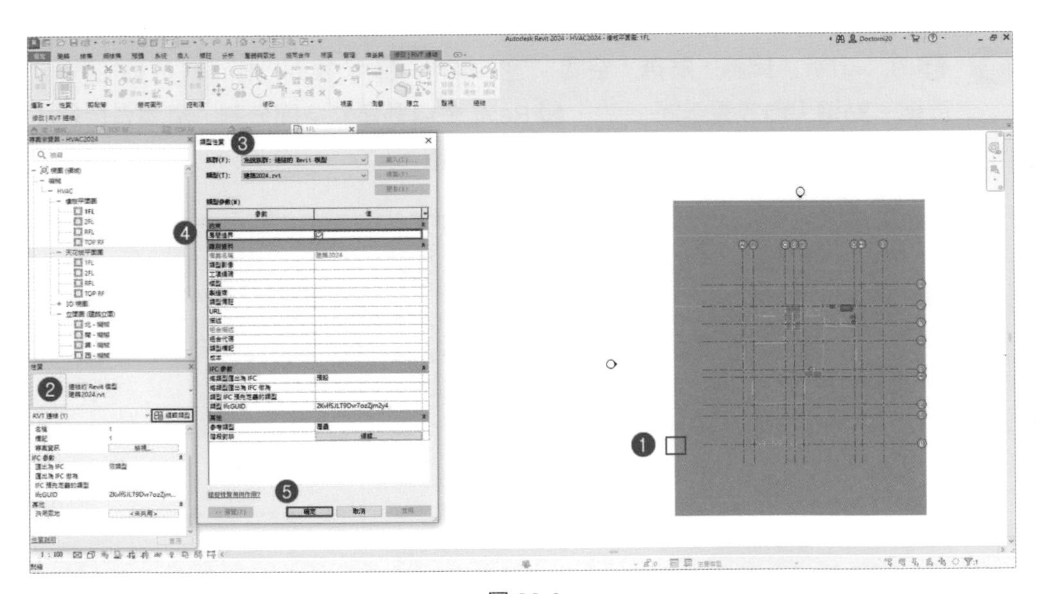

圖 23-3

3 ❶ 切換到「機械」-「HVAC」-「樓板平面圖」-「1 FL 視圖」之「性質」視窗，點選「視圖樣板」-「機械樣板」❷ 開啟「指定視圖樣板」，❸ 點選「V/G 取代模型」-「編輯」，❹ 開啟「可見性 / 圖形取代」對話框，❺ 在「模型品類」頁籤下，將需要的元件勾選，❻ 完成後按「確定」，如圖 23-4。

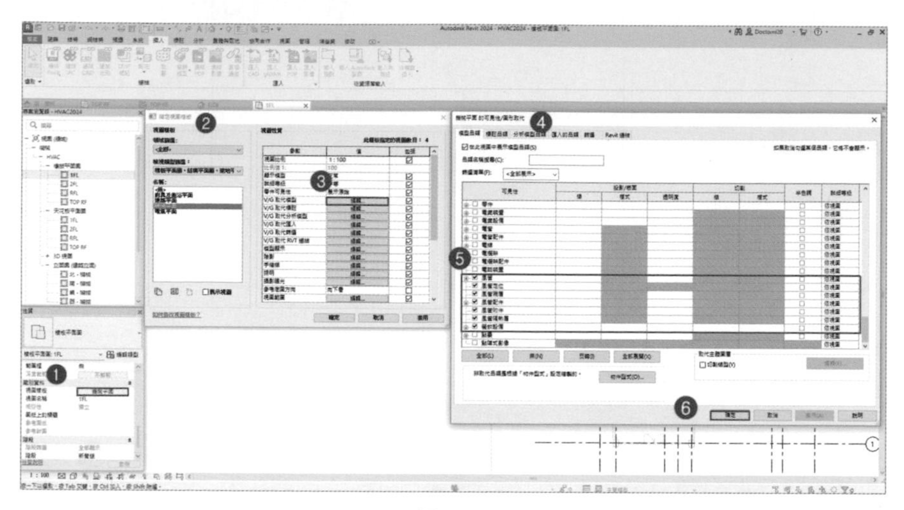

圖 23-4

4 ❶ 在「分析」頁籤，點選「空間」 功能，❷ 切換到「修改 | 放置 空間」頁籤，點選「自放置空間」，❸ Revit 會自動建立空間分割，請讀者自行完成 2 FL 之空間設置，如圖 23-5、圖 23-6、圖 23-7。

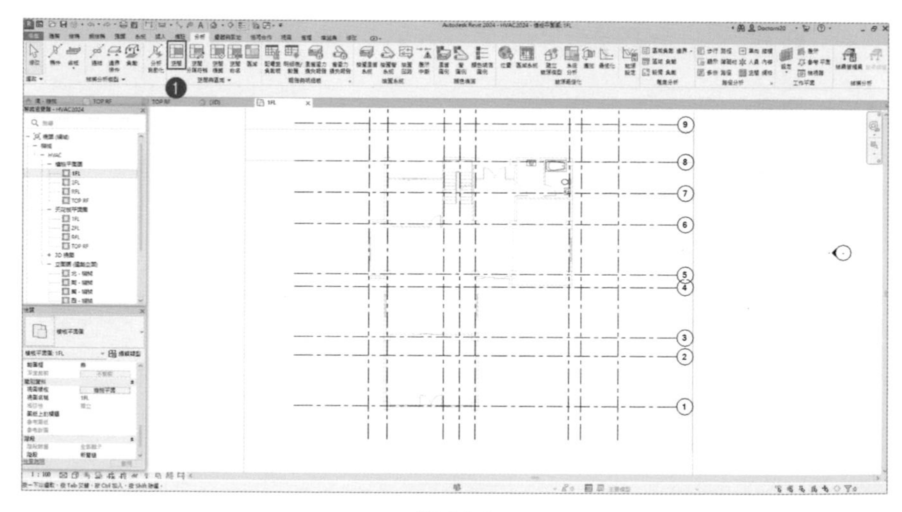

圖 23-5

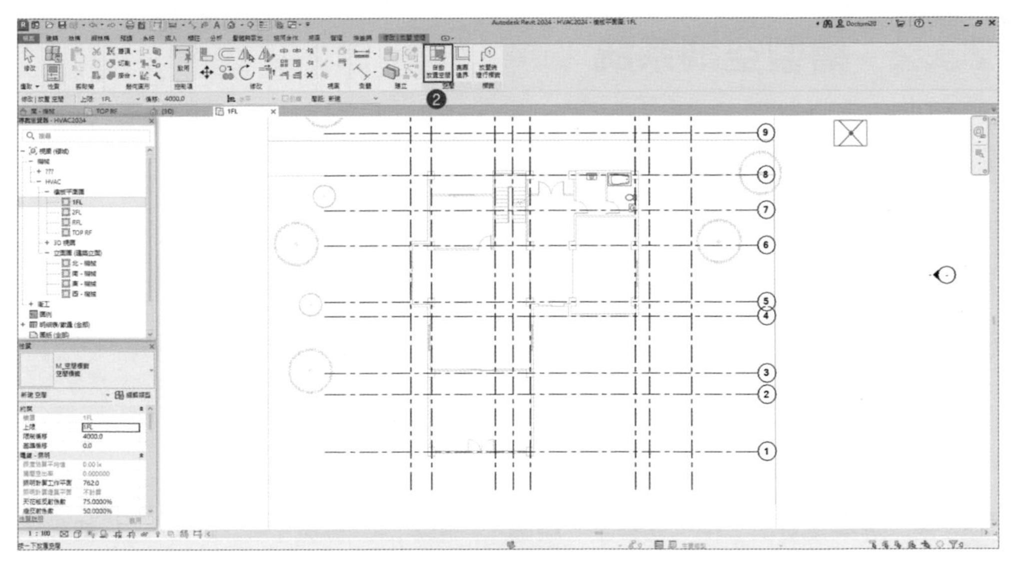

圖 23-6

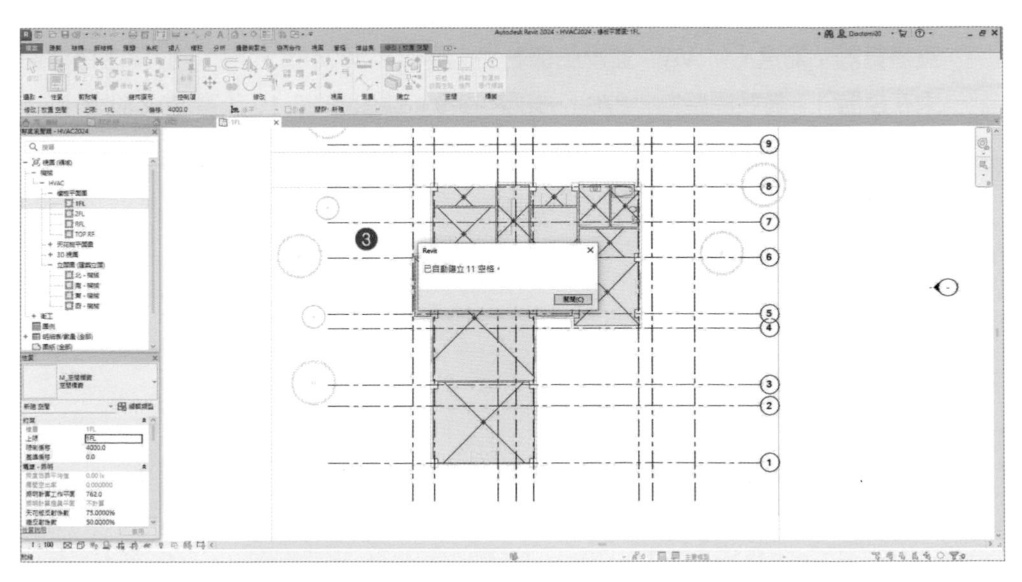

圖 23-7

23.2 繪製空調系統

23.2.1 出風口及回風口繪製

空調系統主要繪圖功能在功能區「系統」頁籤下 -「HVAC」及「機械」兩列功能，如圖 23-8。

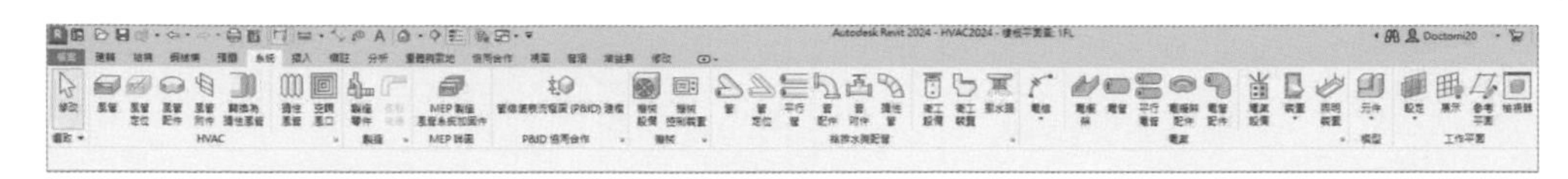

圖 23-8

1. 在「專案瀏覽器」中，切換至「視圖」(領域) -「機械」-「HAVC」-「樓板平面圖」(樓板平面) -「1- 機械」平面圖，在功能區之「系統」頁籤，點擊「機械」-「機械設備」工具後，會切換「修改 | 放置 機械設備」頁籤；在「性質瀏覽器」點選「M_VAV- 並聯風機動力 - 尺寸 2-300mm 入口」，並確定樓層約束在樓層 1，高度調整為「270」，如圖 23-9。並依圖 23-10 放置 VAV 設備。

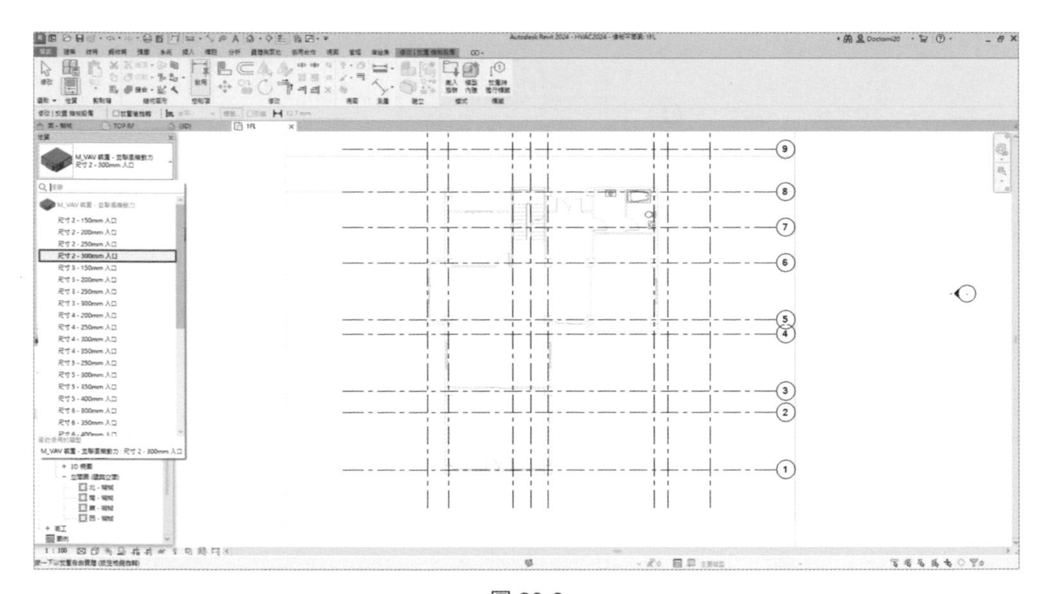

圖 23-9

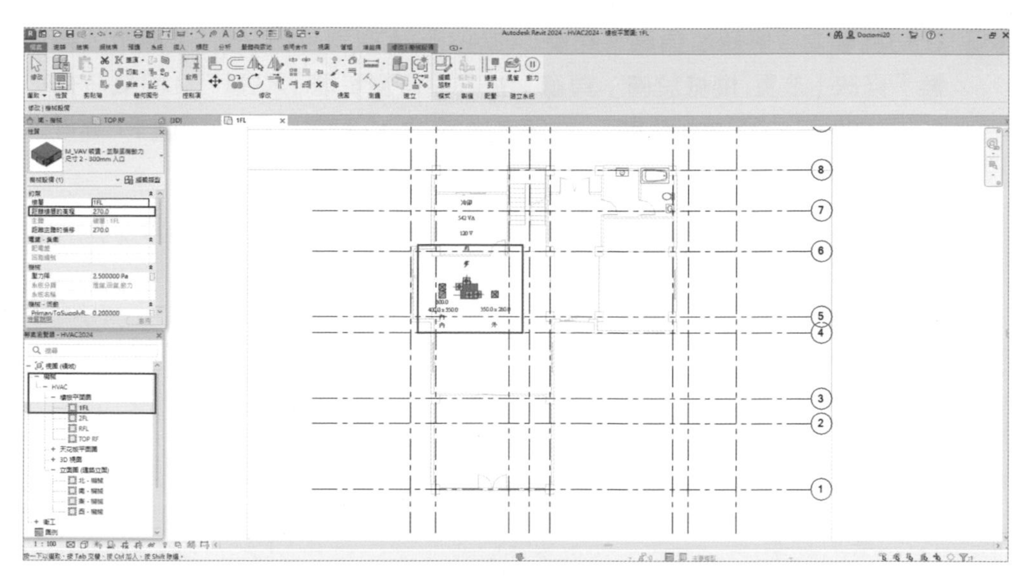

圖 23-10

2 在功能區之「系統」頁籤，點擊「HVAC」-「空調風口」 工具後，會切換「修改 | 放置 空調風口」頁籤；在「性質瀏覽器」點選「M_ 供氣分佈口 600×600 面 300×300 連接」，如圖 23-11。請讀者依圖 23-11 配置風管出風口，高度調整為「240」(本範例天花板高度為 240cm，出風口須調整與天花板同高)。

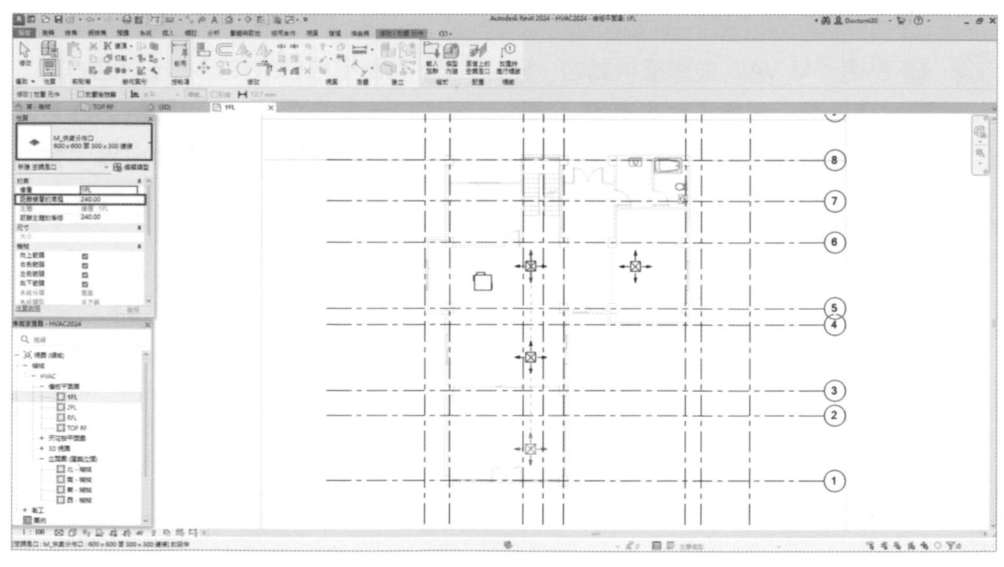

圖 23-11

3 在功能區之「系統」頁籤，點擊「HVAC」-「空調風口」 工具後，會切換「修改 | 放置 機械設備」頁籤；在「性質瀏覽器」點選「M 回氣分佈口 600×600 面 300×300 連接」，請讀者依圖 23-12 配置風管風回風口，高度調整為「240」。

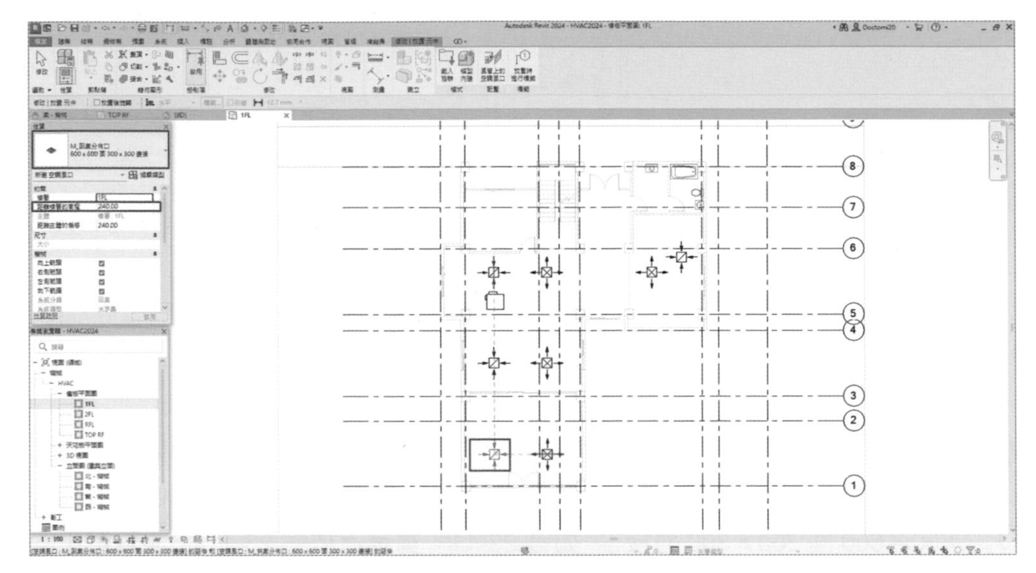

圖 23-12

23.2.2 風管管道繪製

1 ❶ 點選「M_VAV- 並聯風機動力」元件，❷ 點擊出風口的接點，按滑鼠右鍵，開啟功能列，選擇「繪製風管」，❸ 並確認管道寬度為 350、高度為 280 及距離 1FL 偏移高度為 270cm，❹ 用滑鼠拖曳，即可繪製風管，完成風骨主管繪製，❺ 繪製風管支管，如圖 23-13、圖 23-14 及圖 23-15。

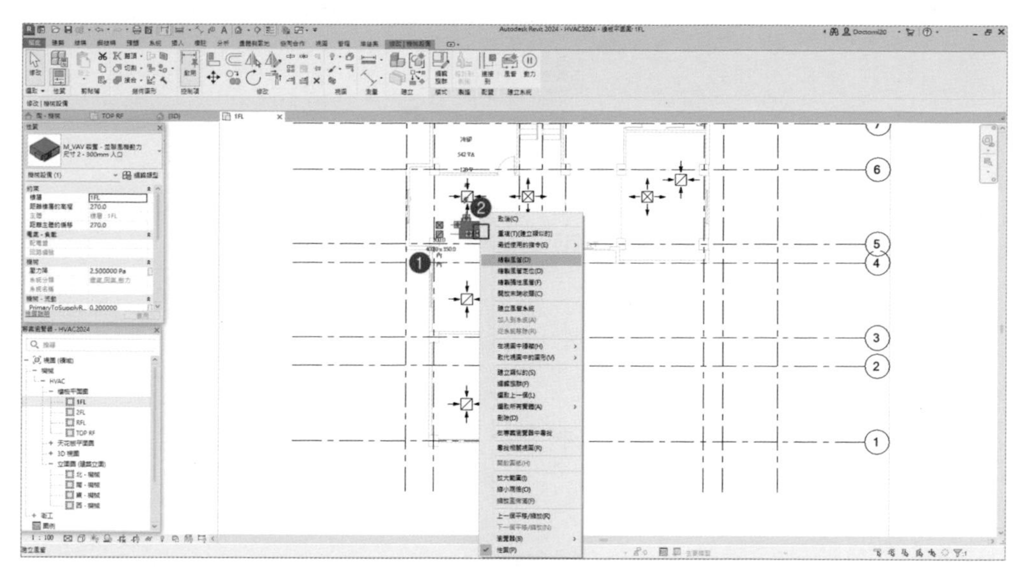

圖 23-13

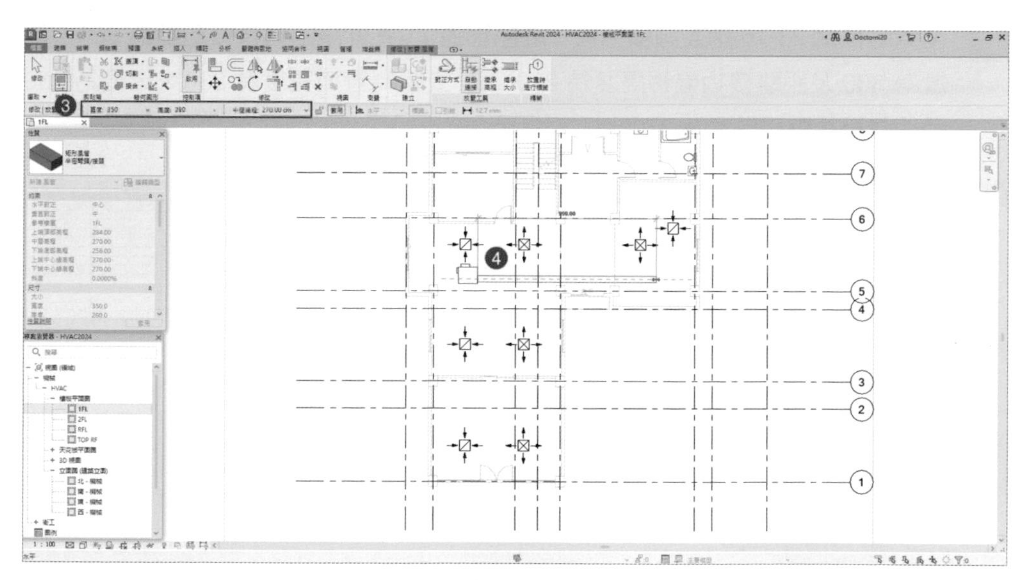

圖 23-14

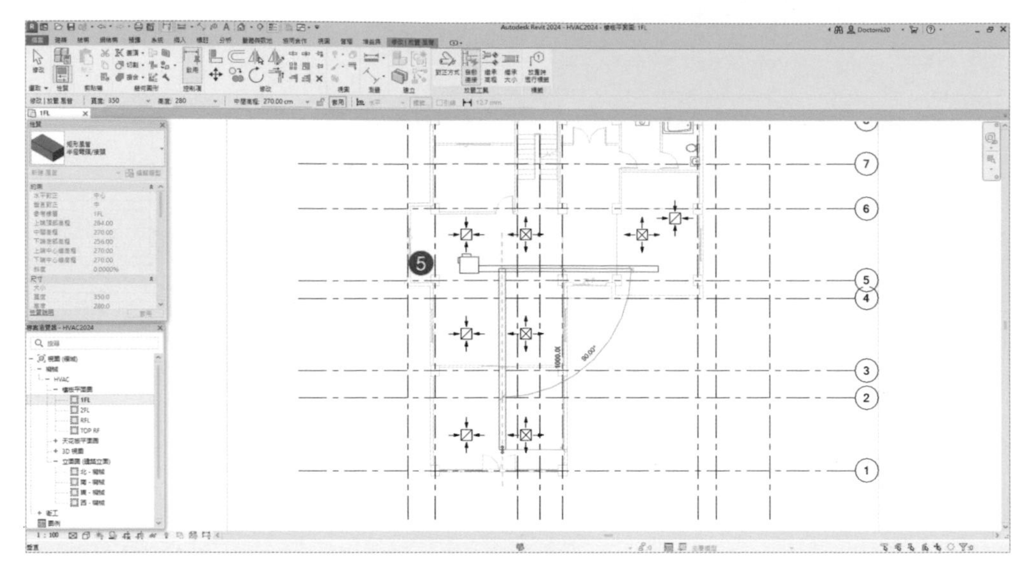

圖 23-15

2 請讀者依圖 23-16 繪製迴風風管（紅色管道），主幹設定為管道寬度為 300、高度為 300 及距離樓板偏移高度為 270cm；支管為管道寬度為 250、高度為 250 及距離樓板偏移高度為 270cm。

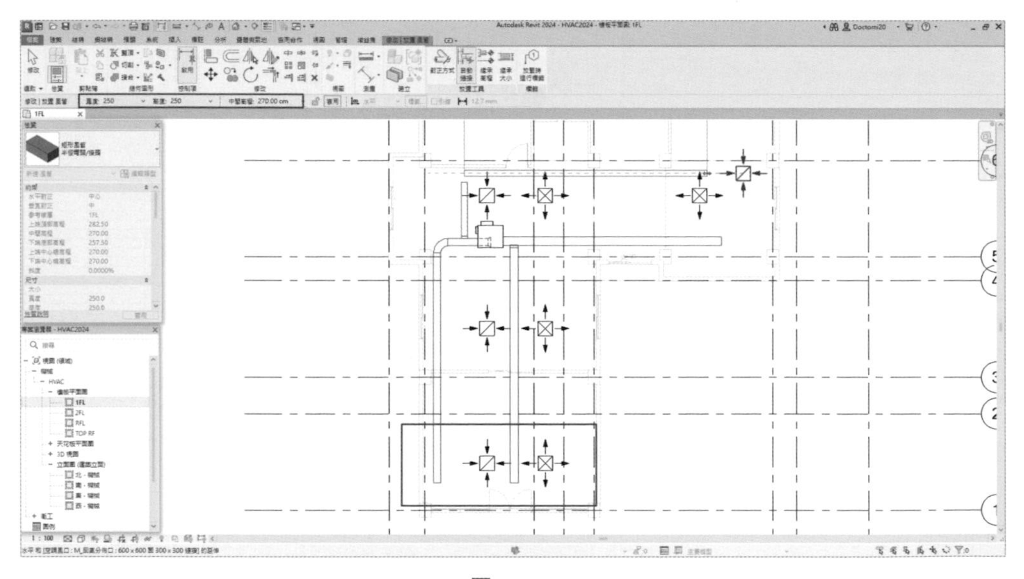

圖 23-16

3 在功能區之「系統」頁籤，點擊「HVAC」-「撓性風管」 工具後，會切換「修改 | 放置 可變彎管」頁籤；在「性質瀏覽器」點選「圓形可變彎管 - 可變 - 彎頭」，直徑選擇為「250」，連接各出風口及回風口，如圖 23-17（注意：撓性風管繪製，需從出風口或回風口接點開始，再接到風管，方能建立正確風管系統）。

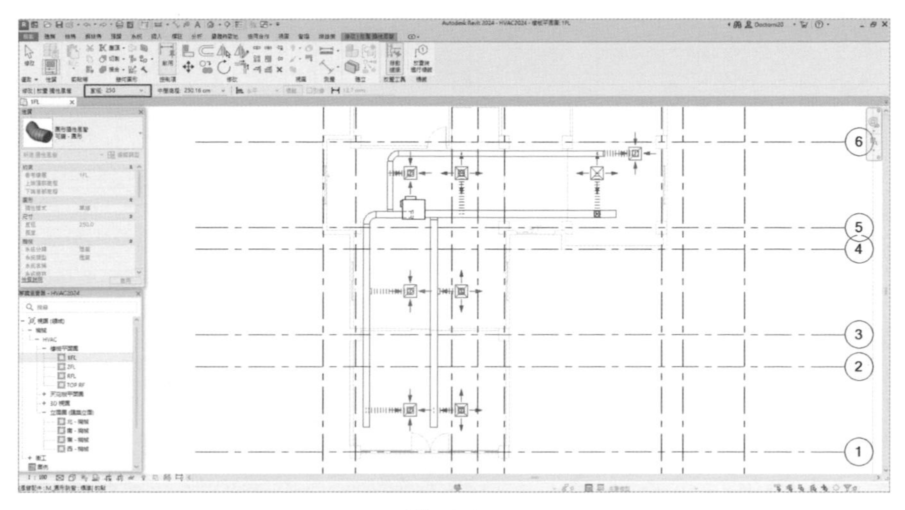

圖 23-17

4 在功能區之「系統」頁籤，點擊「HVAC」-「管道配件」 工具後，會切換「修改 | 放置 管道配件」頁籤；在「性質瀏覽器」點選「M_ 矩形末端蓋板 _ 標準」，如圖 23-18。將各出風管道及回風管道末端，予以封閉，如圖 23-19。切換到 3D 透視圖，可以看到風管及各風口配置，如圖 23-20。

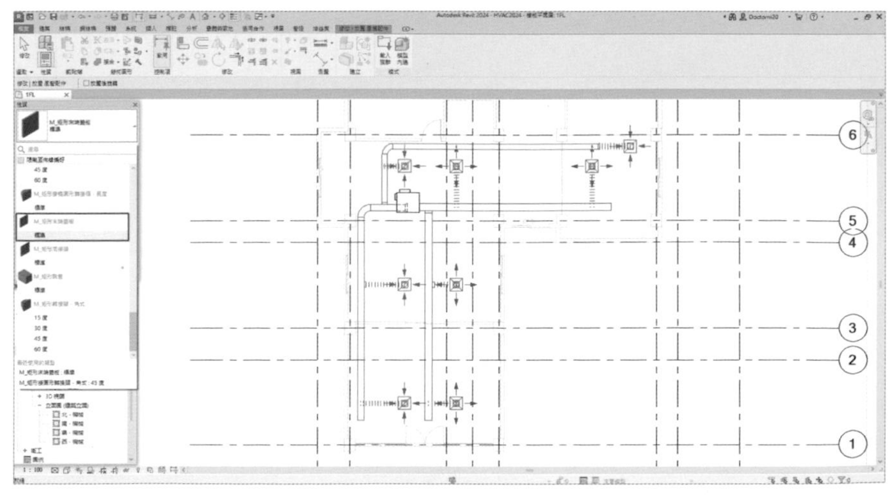

圖 23-18

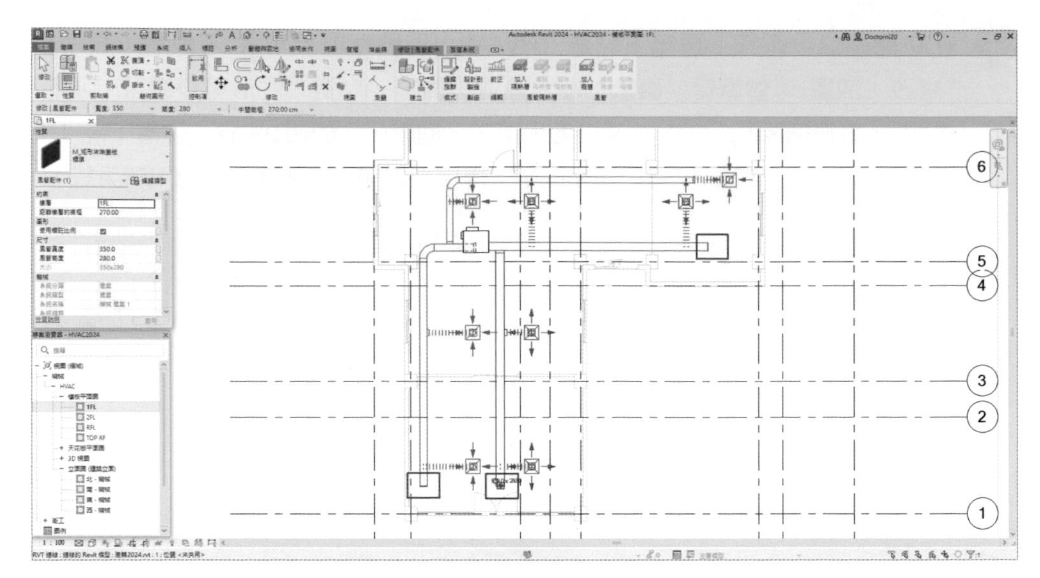

圖 23-19

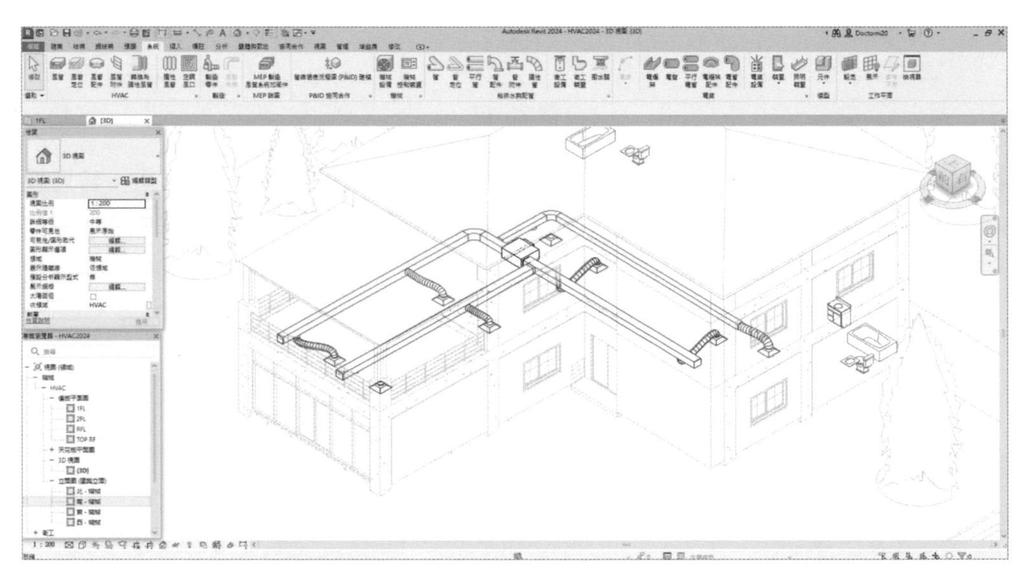

圖 23-20

5 在功能區之「系統」頁籤，點擊「HVAC」-「管道附件」 工具後，會切換「修改 | 放置 管道附件」頁籤；在「性質瀏覽器」點選「M_ 防火風門 _ 簡式 _ 矩形 _ 標準」；將各出風管道、迴風管道幹管與支管在出風口及為風口交接處設置防火風門，高度設為 270，如圖 23-21。

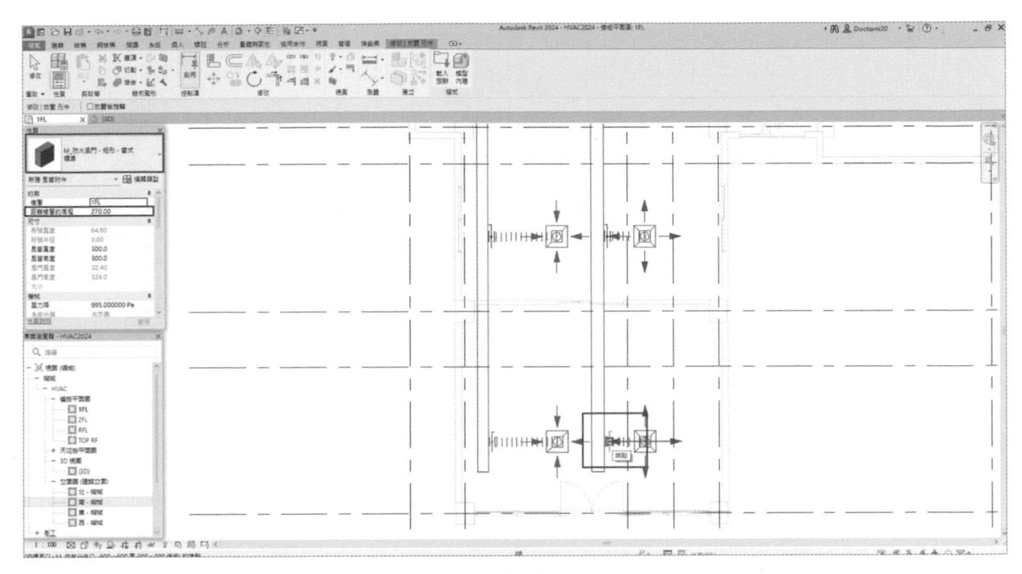

圖 23-21

23.2.3 風管管道分割與分析

1 點選風管，在功能區之「修改 | 放置 風管」頁籤，點擊「修改」-「分割元素」 工具後，如圖 23-22。依圖 23-23 分割風管。

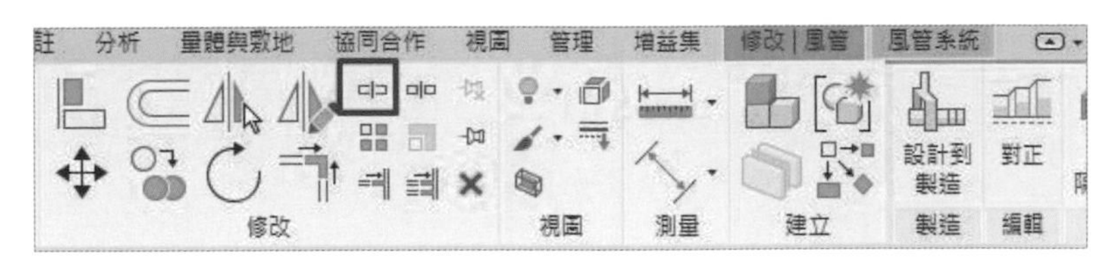

圖 23-22

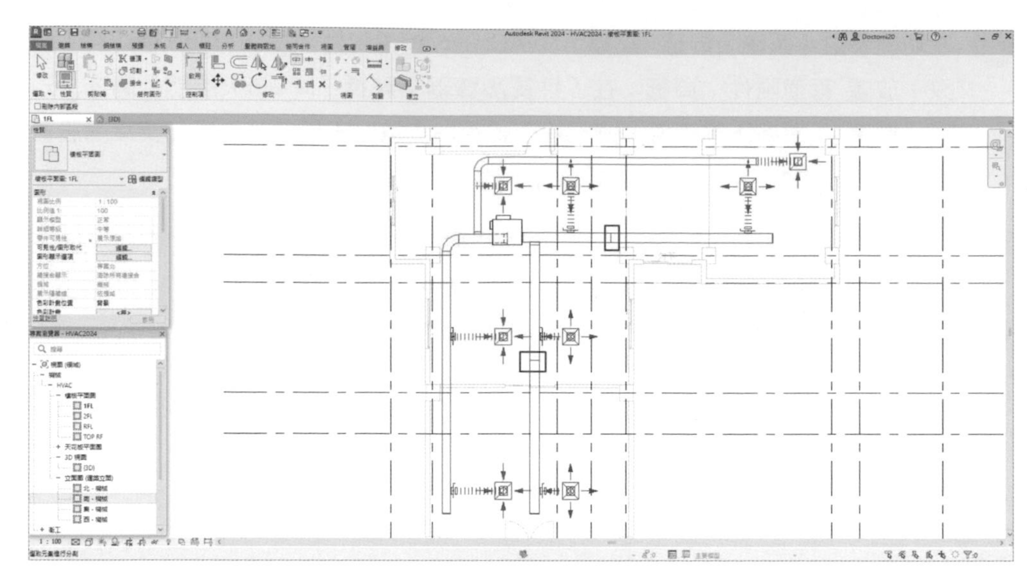

圖 23-23

2 點擊風管管路後，按著 Tab 鍵，點選其他管路，可將整個出風管路全選，如圖 23-24。

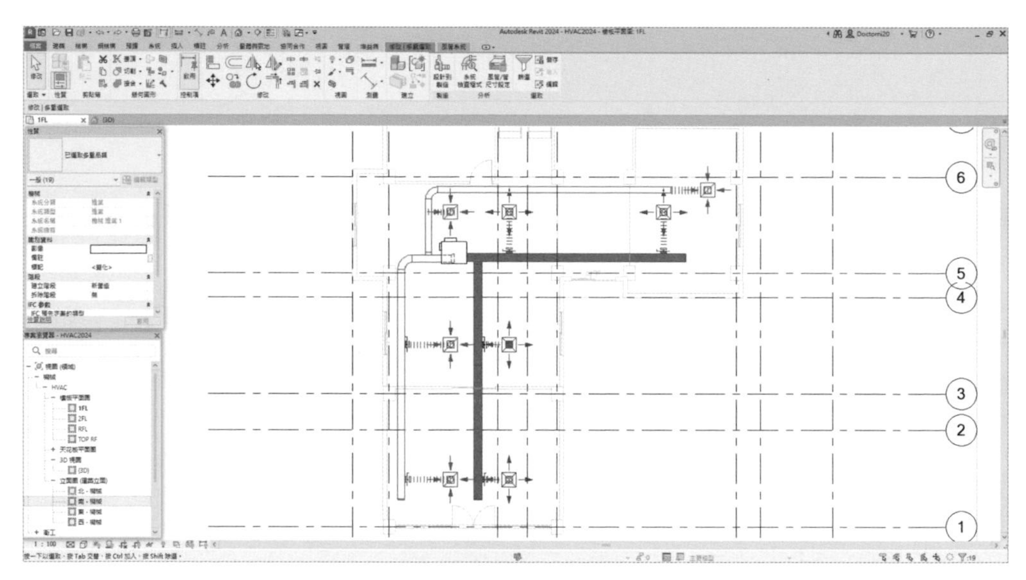

圖 23-24

3 管路全選後，會切換到「修改｜多重選取」頁籤，點選「分析」-「管道 / 管尺寸設定」 如圖 23-25。出現「管道尺寸設定」對話框，可設定風管速度及限制尺寸，如圖 23-26。Revit 會自動分析及計算風量後，會自行改步驟 1 繪製完成的風管尺寸，如圖 23-27。

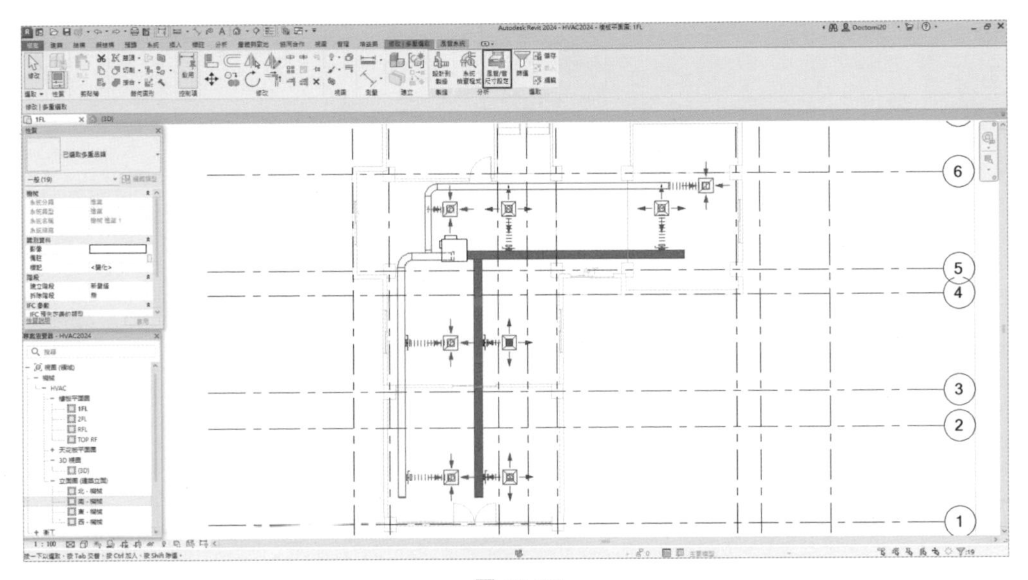

圖 23-25

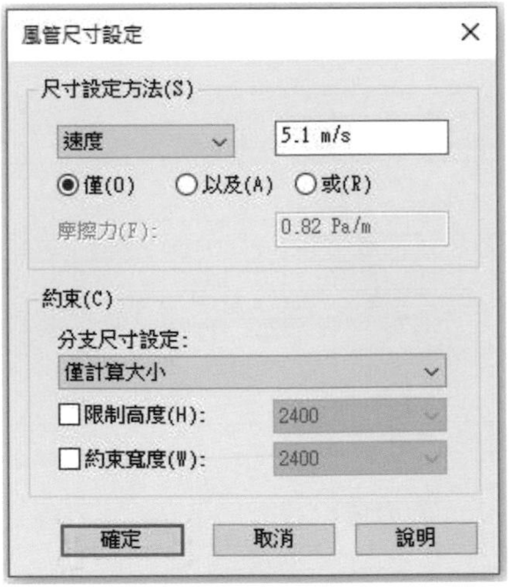

風管尺寸設定

尺寸設定方法(S)

速度 5.1 m/s

僅(O) 以及(A) 或(R)

摩擦力(F): 0.82 Pa/m

約束(C)

分支尺寸設定:

僅計算大小

限制高度(H): 2400

約束寬度(W): 2400

確定 取消 說明

圖 23-26

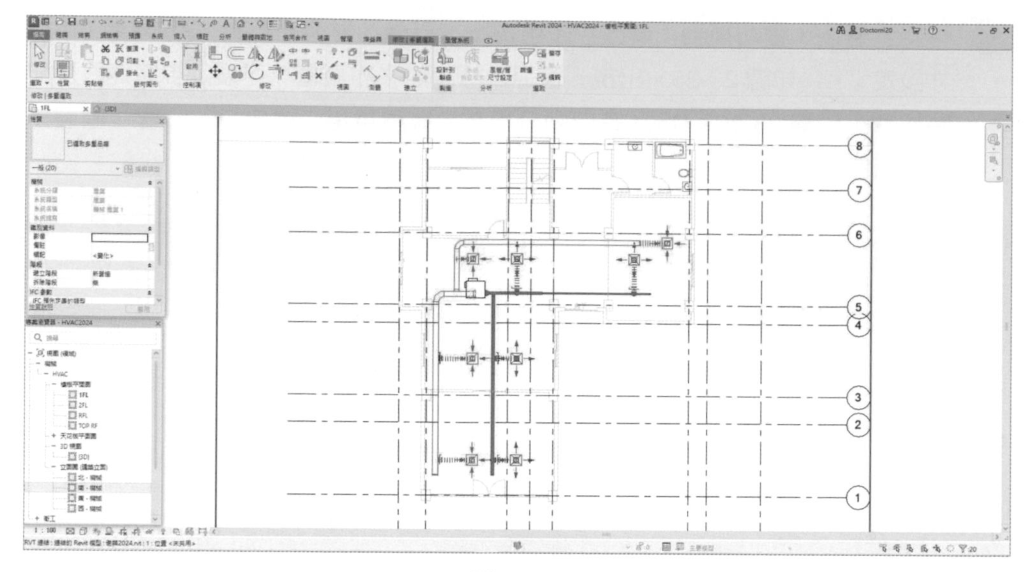

圖 23-27

23.2.4 風管尺寸標註

1. 在功能區之選項列，點擊「標籤」工具後，如圖 23-28，會切換「修改 | 標籤」頁籤；在選項列所需標籤內容設定，設定完成後，滑鼠游標點擊風管，就可標籤風管尺寸，如圖 23-28、圖 23-29。

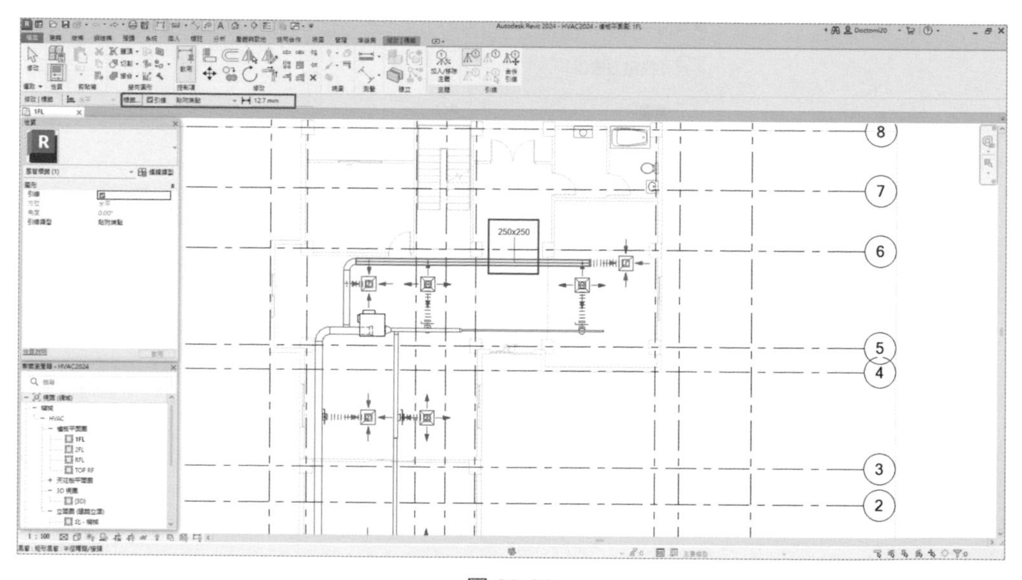

圖 23-28

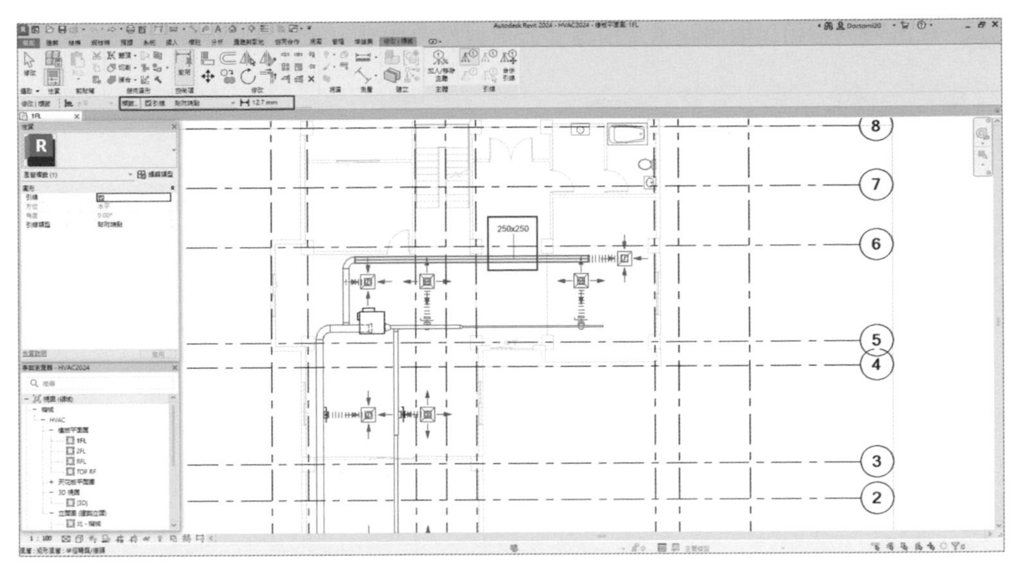

圖 23-29

2 ❶ 點選「M_ 管道大小標籤」，在「性質瀏覽器」，點選「編輯類型」，❸ 開啟「類型性質」對話框，❹ 點擊「類型參數」之可修改標籤箭頭型式，如圖 23-30。

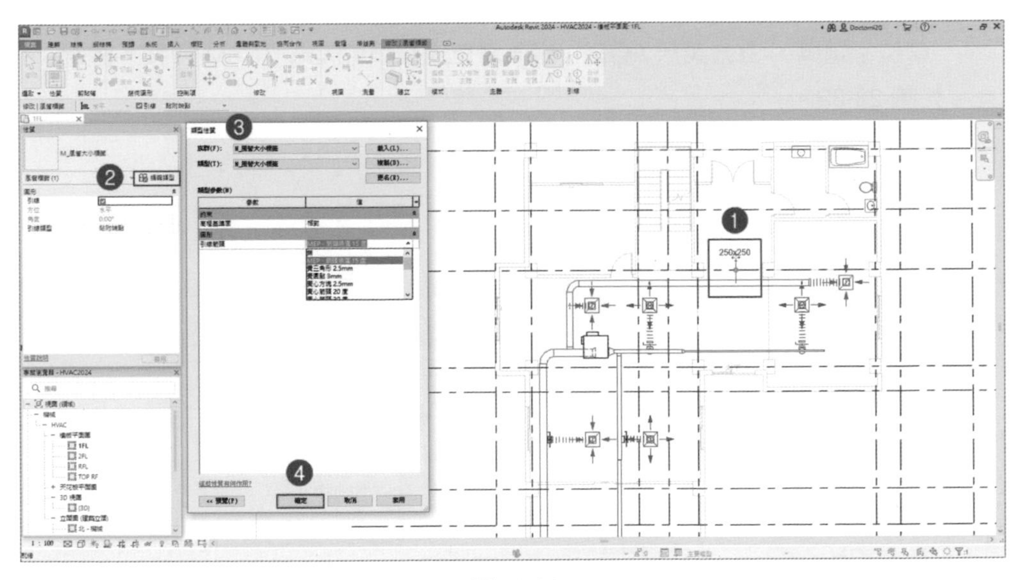

圖 23-30

3 在選項列中可以取消勾選「引線」去標籤管道尺寸，如圖 23-31。

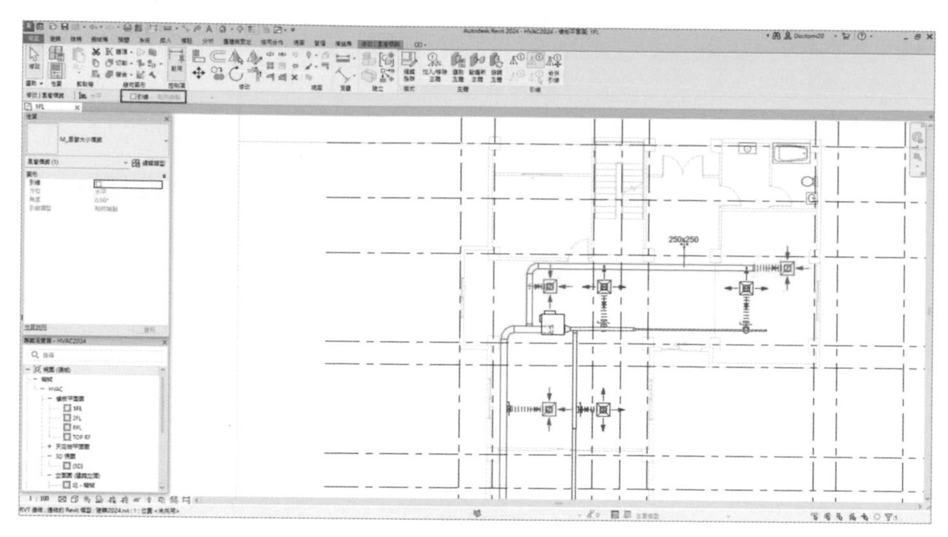

圖 23-31

23.2.5 風管風量標註

1 ❶ 在功能區之「管理」頁籤，點擊「專案單位」工具，❷ 會開啟「專案單位」對話框，❸ 在「領域」選項列下，選擇「HVAC」，點擊「氣流量」，❹「單位」選擇，「立方英尺 / 分鐘」，❺ 將氣流量單位改為「CFM」，按「確定」，如圖 23-32。

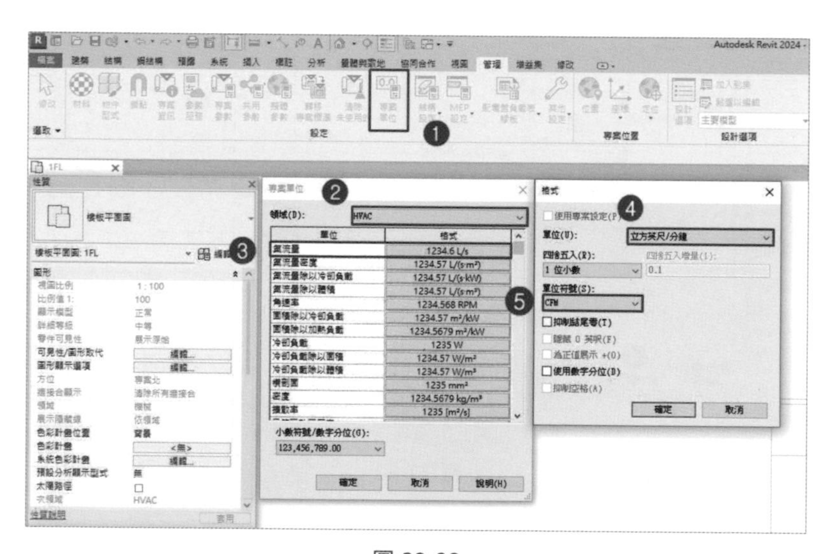

圖 23-32

2 在功能區之選項列，點擊「標籤」工具後，以滑鼠游標點擊出風口，就可標籤出風口之出風量，如圖 23-33。

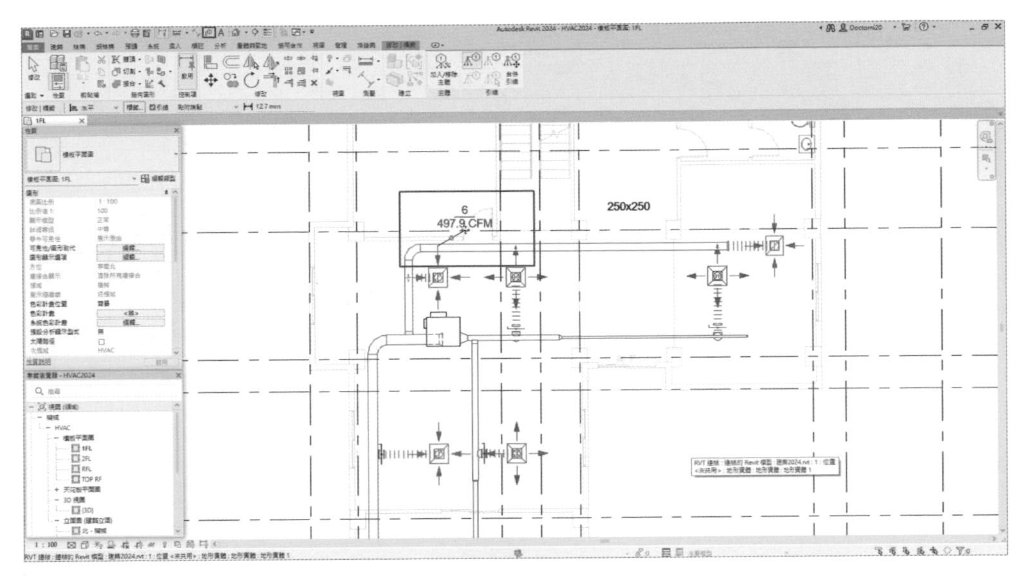

圖 23-33

23.2.6 設備名稱標註

1 ❶ 在視圖中，按「修改」點擊 VAV 圖元，❷ 在「性質瀏覽器」之「識別資料」-「標記」，輸入「VAV-1」，如圖 23-34。

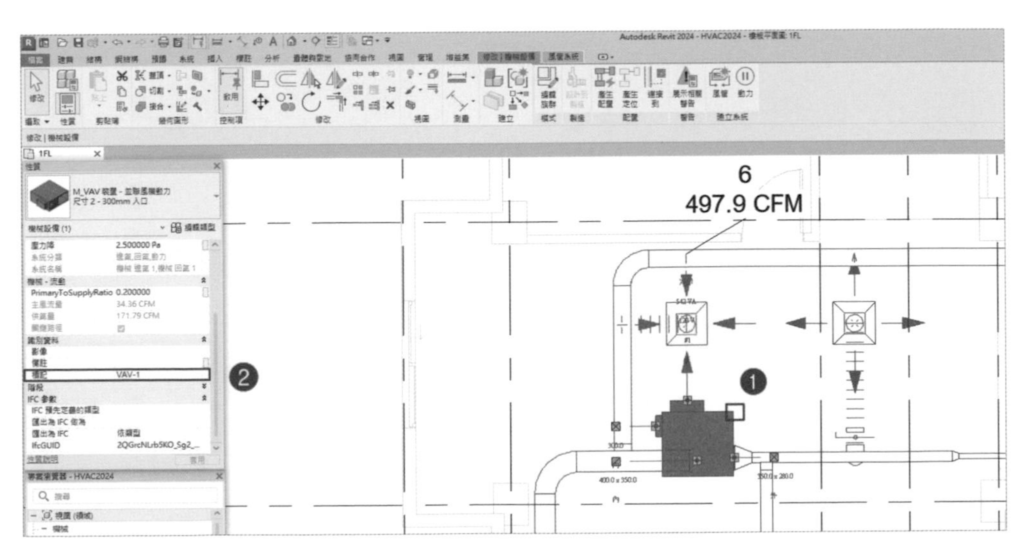

圖 23-34

2 ❶ 在功能區之選項列，點擊「標籤」 工具後，❷ 以滑鼠游標點擊出風口，就可標籤出風口之名稱改為「VAV-1」，如圖 11-35。

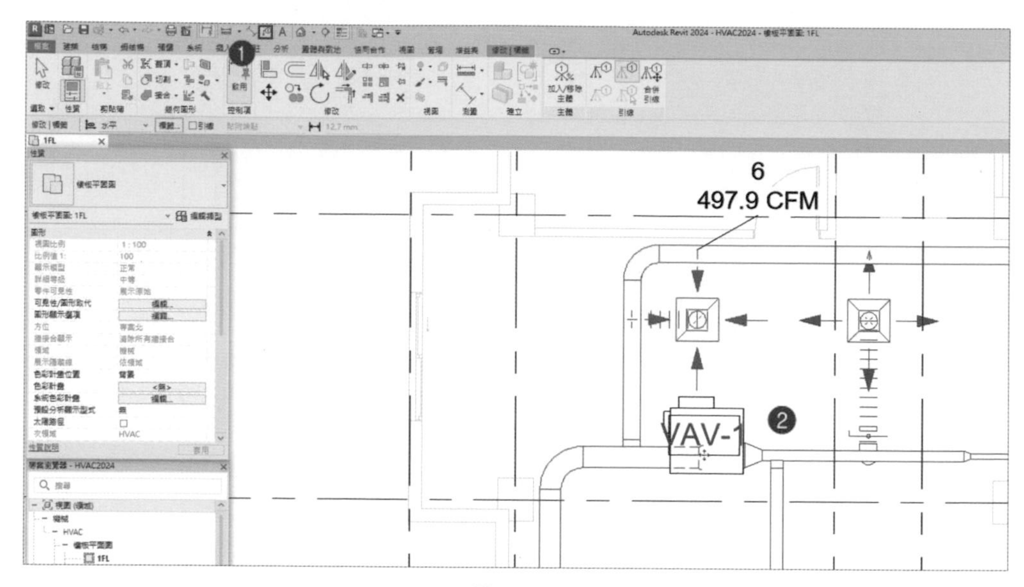

圖 23-35

CHAPTER

24

衛浴系統繪製

利用 Revit 提供強大的給、排水管路設計功能，而本章節主要介紹如何應用 Revit 進行給、排水設計及管路設計功能。

◆ 請讀者打開「範例檔案之第 24 章 \RVT\MEP-P-2024.rvt」

24.1 管路設計參數

24.1.1 管路尺寸

1. 在功能區「管理」頁籤，選擇「機械設定」，開啟「機械設定」對話框，如圖 24-1。（或在功能區「管理」頁籤，點選「機械設備」功能下方的箭頭。）

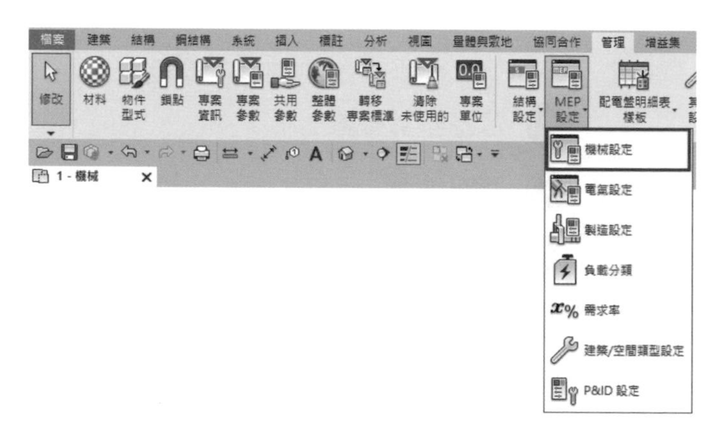

圖 24-1

2. 在對話框中，點選「區段和大小」參數，如圖 24-2。

3. 直接在鍵盤中，輸入「MS」。

1. 增加 / 刪除管尺寸

開啟「機械設定」對話框，點選「區段和大小」參數，右側面板顯示可用管路尺寸。在 Revit® MEP 中，管路可以藉由「區段」、「粗造度」、「區段描述」進行設置，而「粗造度」用於管路的路徑長度損失之水力計算，在圖 24-2。

點選「新大小」或「刪除大小」按鈕，可以添加或刪除管路大小之尺寸；而新建管路之標稱直徑和現有列表中管路之標稱直徑是不允許重複。

圖 24-2

2. 尺寸應用

藉由功能區選項列，可設定管路放置「樓層」、「直徑」及「偏移」量，如圖 24-3。

圖 24-3

24.1.2 管類型

本節所述為管路及冷凍水之族類型，管路屬於系統族類，無法自行建立，但可修改、複製及刪除。

點選「系統」-「管」後，在「性質」對話框中，可以選擇所需之「管類型」，並可編輯管路，如圖 24-4。

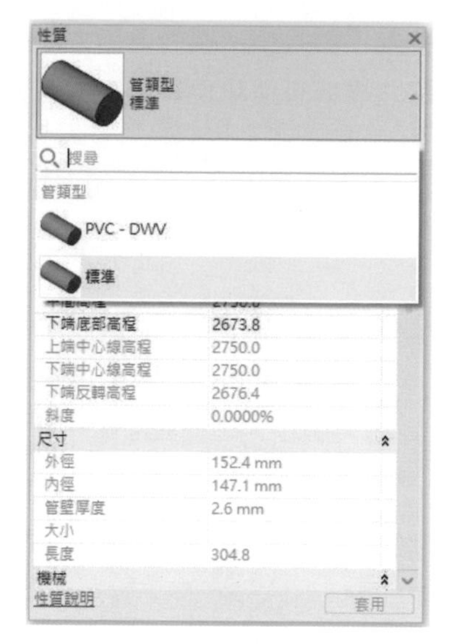

圖 24-4

在「性質」對話框中，❶ 選擇「編輯類型」，開啟「編輯類型」對話框，點選「佈線偏好」-「編輯」，❷ 開啟「佈線偏好」對話框，❸ 選擇「區段和大小」，❹ 開啟「機械設定」對話，可選擇管材形式；另可在「佈線偏好」對話框，編輯管路材質之「管段」、「彎頭」、「偏好的結合類型」、「連接器」、「交叉」、「轉接頭」、「聯軸」、「翼板」、「蓋」大小，如圖 24-5。

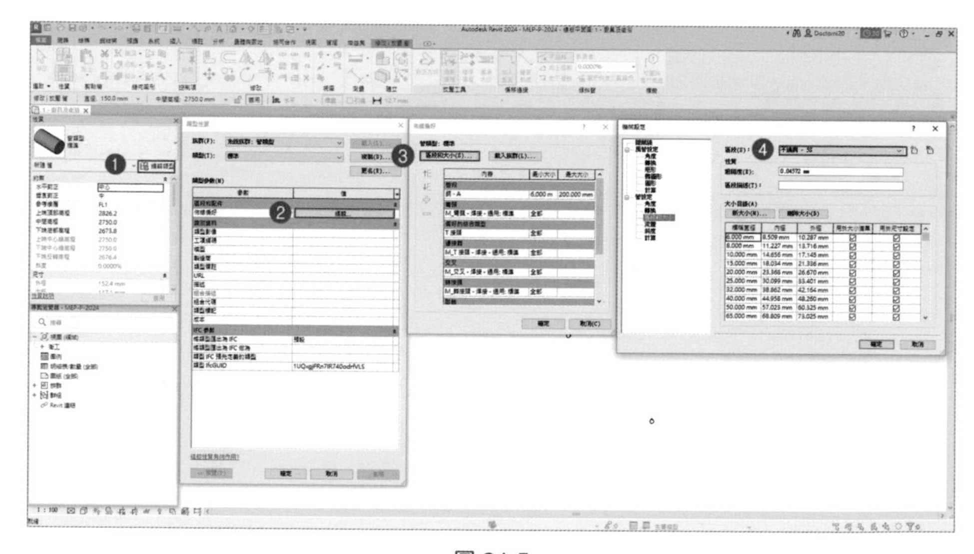

圖 24-5

24.2 管路繪製

24.2.1 基本管路繪製

進入管路繪製模式有下列幾種方式：

1. 點選功能區「系統」頁籤下，在「給排水與配管」功能，點選「管」功能，如圖 24-6。
2. 選擇繪圖區中，已完成繪製之管連接件，點擊滑鼠右鍵，開啟快捷目錄中之「繪製管（P）」。
3. 直接在鍵盤中，輸入「PI」。

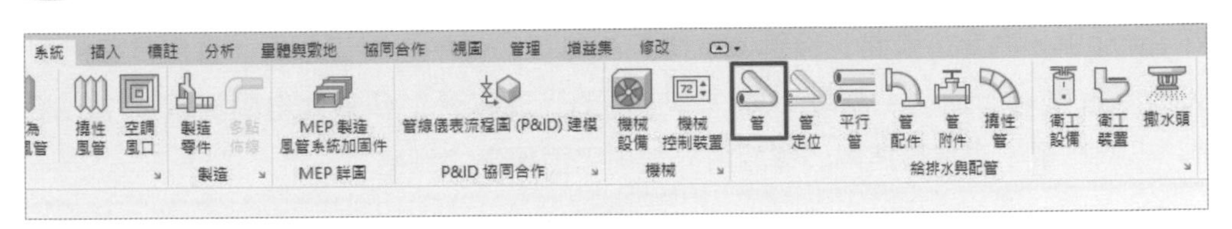

圖 24-6

24.2.2 選擇管尺寸及偏移

進入管繪製模式後，在「修改 | 放置管」頁籤及「修改 | 放置管」選項欄同時被開啟。

1. 在「性質」對話框中，選擇所需之繪製之管類型。
2. 點選「修改 | 放置管」選項欄中之「直徑」右側下拉式功能表，選擇所需管尺寸及「中間高程」距離，如圖 24-7。
3. 在「性質」對話框中，另可設定管高程 A. 上端頂部高程（TOP）、B. 中間高程（COP）、C. 下端底部高程（BOP）。

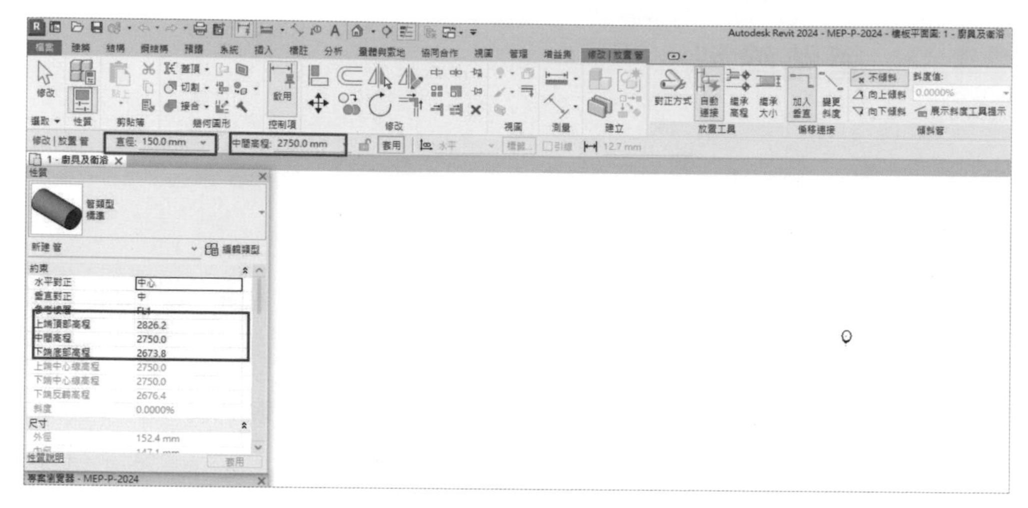

圖 24-7

在 Revit 中，內定的管路、風管、電纜架和線管都是中心對正的，而且將其垂直對正改為底後進行繪製，繪製完成時，它們的「偏移量」參數會自動標示成中心標高。「偏移量」是指管路中心線相對於當前平面標高之距離。

24.2.3 自動連接

進入管繪製模式後，在「修改 | 放置管」頁籤下，「自動連接」功能用於某一段管路開始或結束時，自動連接相交之管路，並完成管路連接，如圖 24-8。

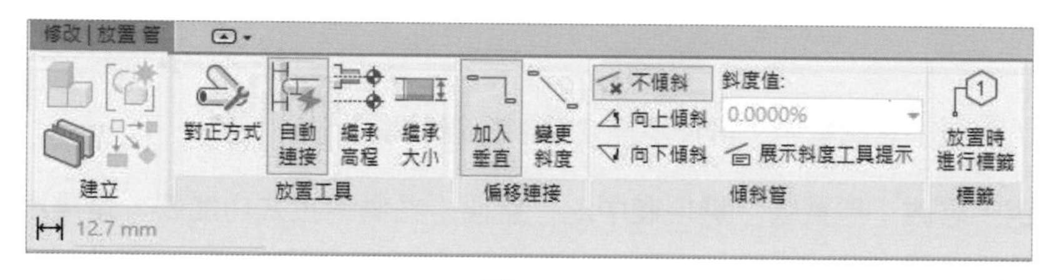

圖 24-8

當勾選「自動連接」時，在兩段管路相交位置，會自動生成四通，如圖 24-9 左邊。而如不勾選「自動連接」，則不生成管件，如圖 24-9 右邊。

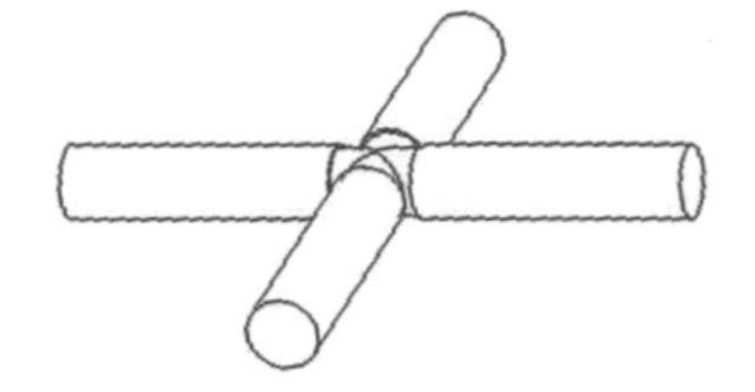

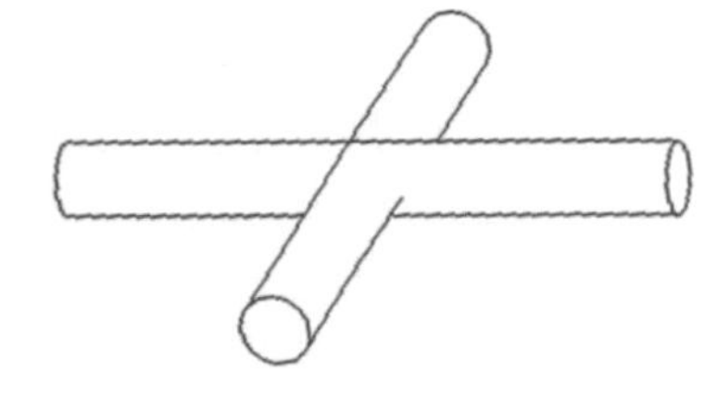

圖 24-9

24.2.4 斜度設定

Revit 可在繪圖功能中，同時指定管路、風管斜度，也可以在管路繪製完成後，再行編輯管路斜度。

設定管斜度

在功能區「管理」頁籤下，在「設定」-「MEP 設定」功能，點選「機械設定」，開啟「機械設定」對話框，在對話框中，點選「管設定」-「斜度」參數，如圖 24-10，完成設定後，會在功能區中之「斜度值」顯示，如圖 24-11。

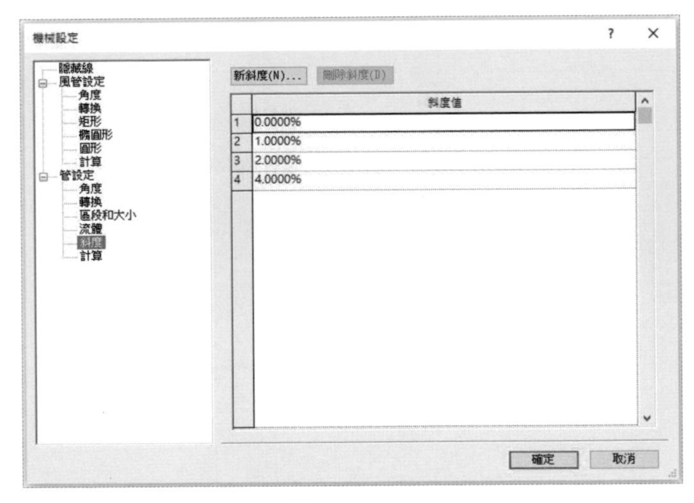

圖 24-10

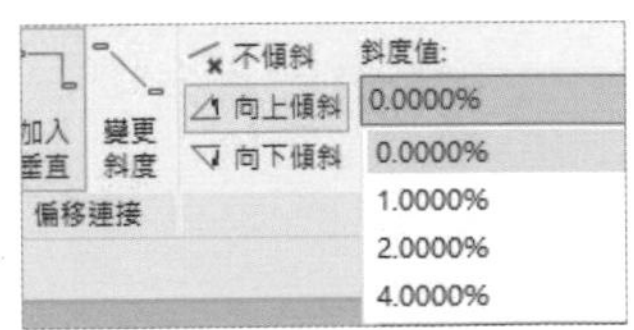

圖 24-11

24.2.5 設備管路連接

1 ❶ 點選「系統」-「給排水與配管」，點選「衛工裝置」，如圖 24-12。❷ 在「性質」視窗，點選「M_ 洗臉盆 - 梳洗台」，選擇「760mm×455mm - 私人」，❸ 點選「放置在工作平面上」，完成後，放置在視圖上。❹ 再次點擊「M_ 洗臉盆 - 梳洗台」，❺ 在「性質」視窗，點選「編輯類型」，❻ 開啟「類型性質」視窗，將「預設高程」，修正為「85」，如圖 24-13，即完成「M_ 洗臉盆 - 梳洗台」放置。

圖 24-12

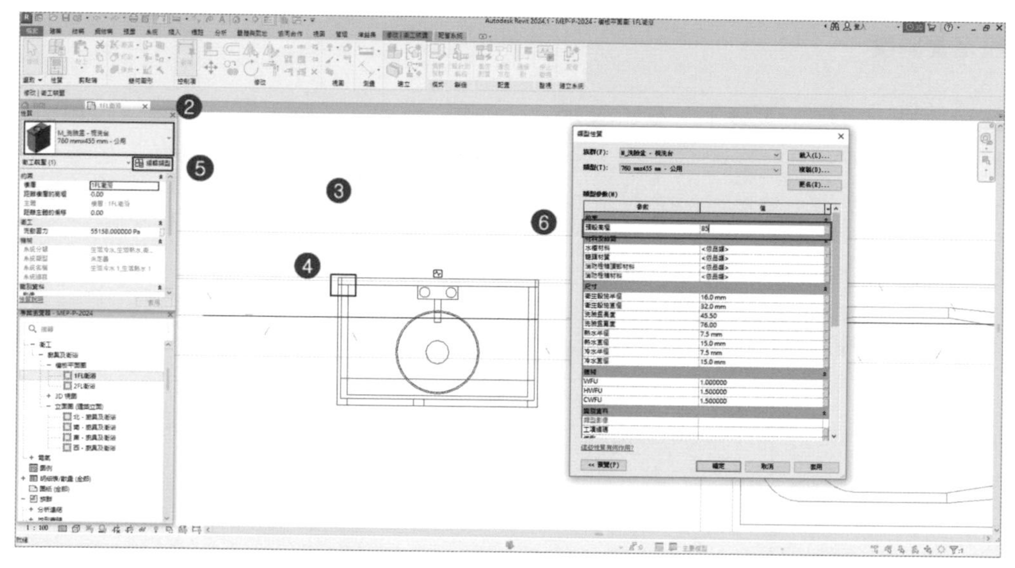

圖 24-13

2 ❶ 點選「系統」-「給排水與配管」-「管」，在「性質」視窗，點選「編輯類型」，❷ 開啟「類型編輯」視窗，❸ 點選「佈線偏好」選擇「編輯」，❹ 開啟「佈線偏好」視窗，❺ 將管路內容設定為「PVC 」材質，❻ 完成後按「確定」，❼ 完成後會產生「PVC-DWV」材質管路，如圖 24-14、圖 24-15。

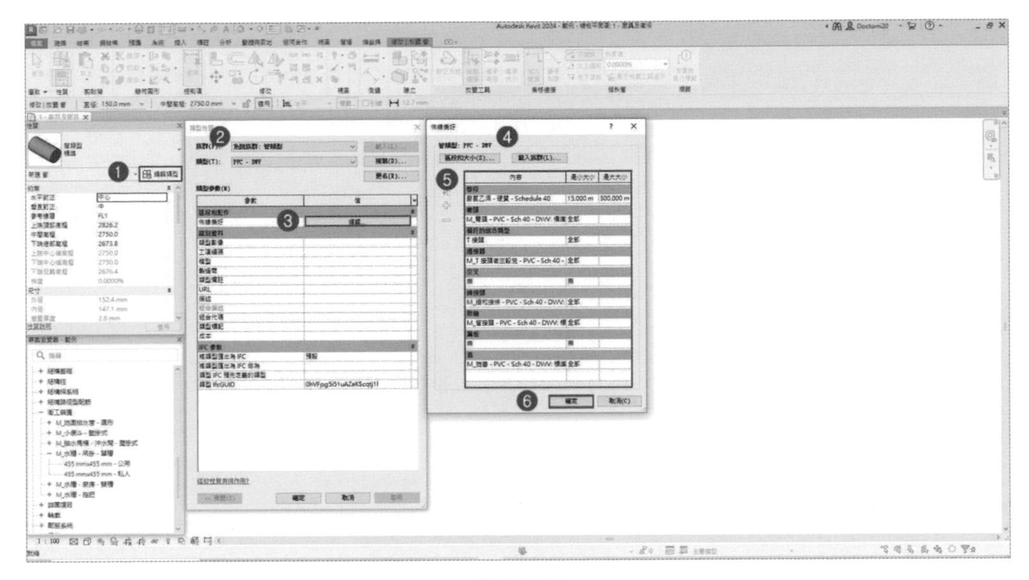

圖 24-14

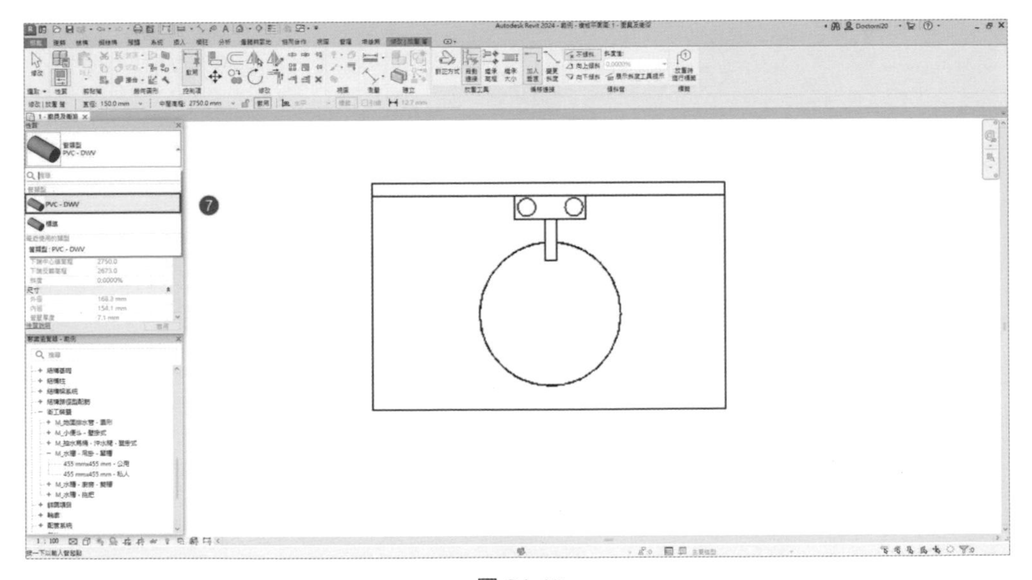

圖 24-15

3 ❶ 先以「PVC-DWV」管類型，❷ 在功能列「直徑」設為「15mm」，「中間高程」為「40cm」，❸ 在「性質」對話框，在「機械」-「系統類型」- 選擇「生活冷水」，❹ 繪製管路如圖 24-16。❺ 點選「M_ 洗臉盆 - 梳洗台」元件，❻ 在「修改 | 衛工裝置」頁籤下，點選「連接到」功能後，❼ 點選「接點 1：生活冷水」後，點選管件，如圖 24-17。

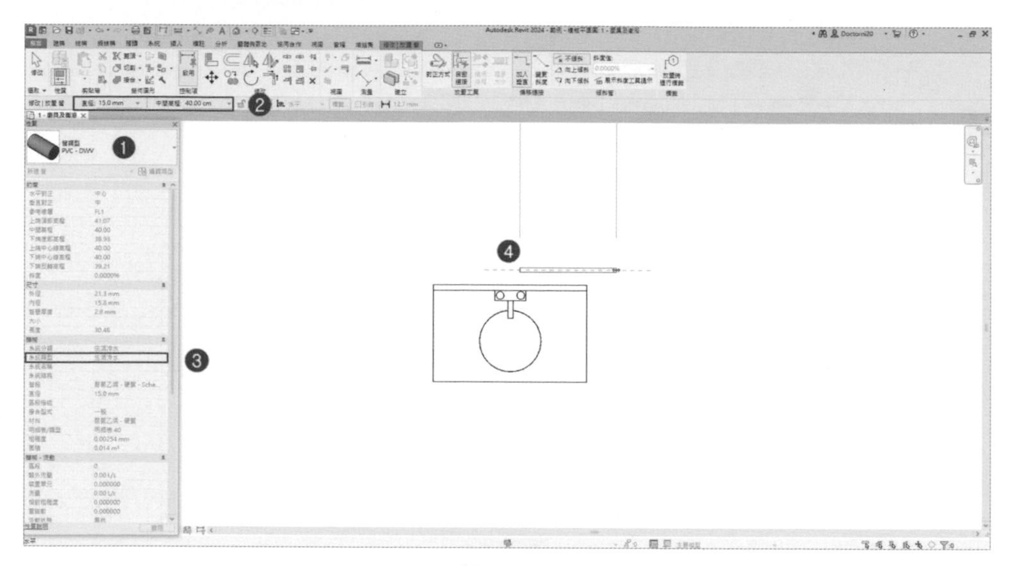

圖 24-16

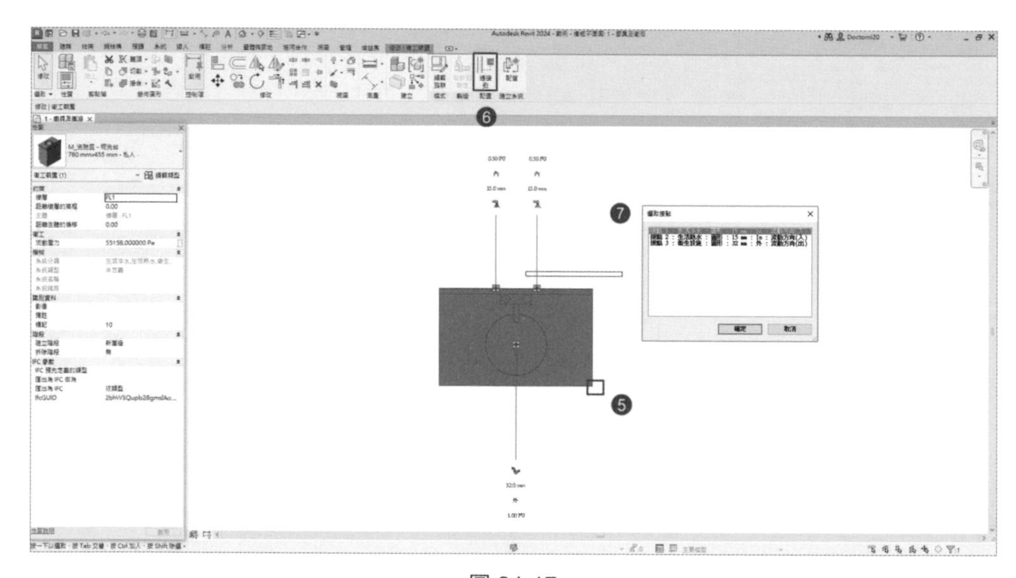

圖 24-17

4 完成步驟 3 設定後，點選步驟 1 繪製完成之管路後，即自動連接在一起，如圖 24-18。

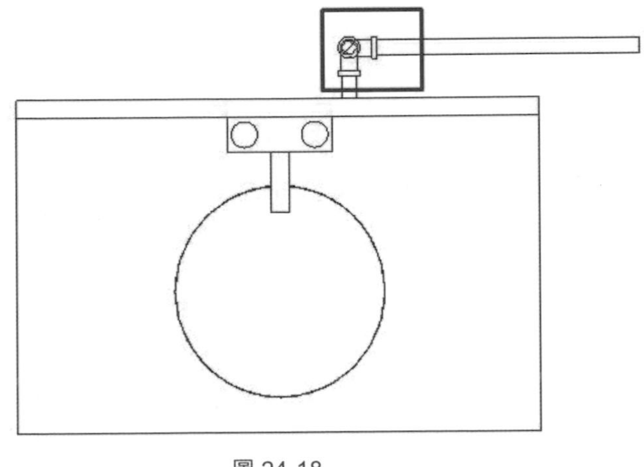

圖 24-18

繪圖技巧

1. 在完成管路連接後，需判定各設備是否連接成功，可在「分析」頁籤下，點選「展示中斷」，會開啟面板「展示中斷選項」對話框，勾選「管」，會顯示未連接之管及 ⚠ 符號，如圖 24-19。

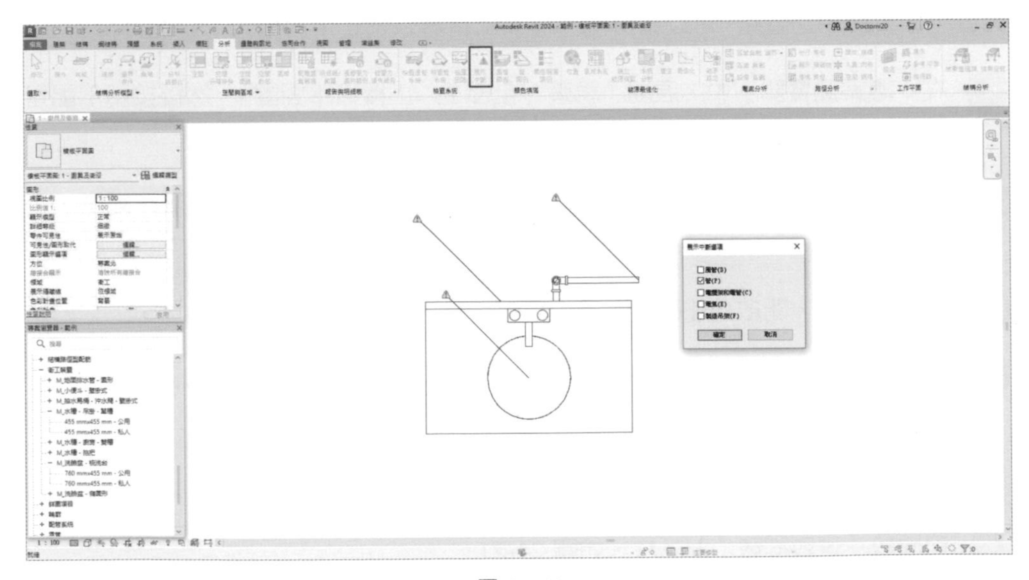

圖 24-19

2. 完成設備配製後，點選設備，會亮顯洗臉盆設備及配管接點，(❶ 為熱水管接點，❷ 為排水管接點，❸ 為冷水管接點)，如圖 24-20。

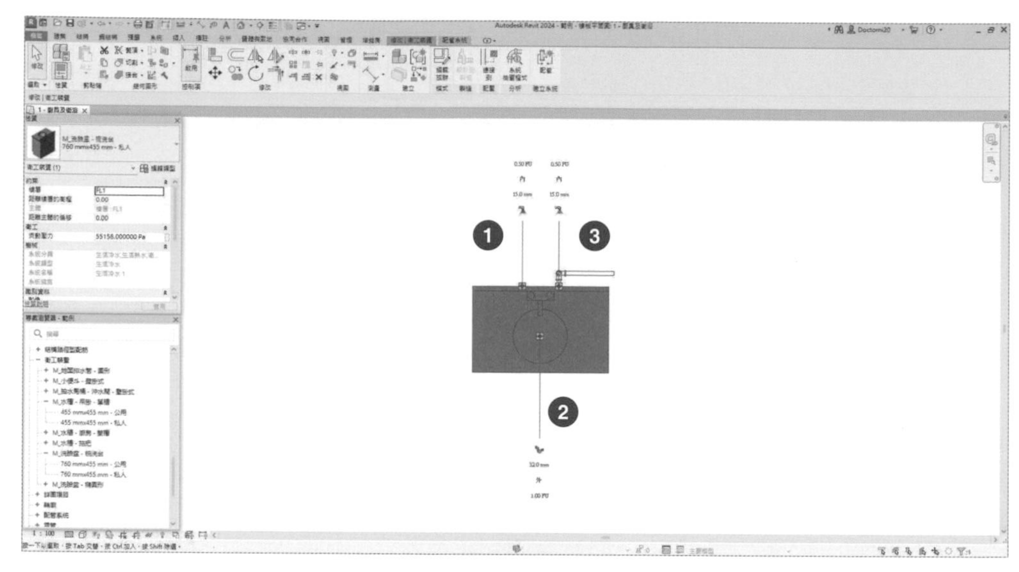

圖 24-20

24.2.6 配管系統的升降符號例

對於平面視圖中之管路，可以藉由使用專案瀏覽器來指定用於配管系統的升降符號。

1. 在「專案瀏覽器」中，展開「視圖 (全部)」-「樓板平面圖」，然後按兩下配管系統的視圖。
2. 在專案瀏覽器中，展開「族群」-「配管系統」-「配管系統」，用滑鼠點選「生活冷水」。
3. 按滑鼠右鍵，開啟功能列，點選「類型性質」。
4. 點擊「類型性質」，開啟「類型性質」對話框，在「類型參數」下，可設於「升/降」與所選取配管系統搭配使用的預設升降符號。
5. 設定符號型式，點選各類符號「值」欄右方，然後按一下 ▤ 。
6. 可開啟「選取符號」對話框，如圖 24-21。

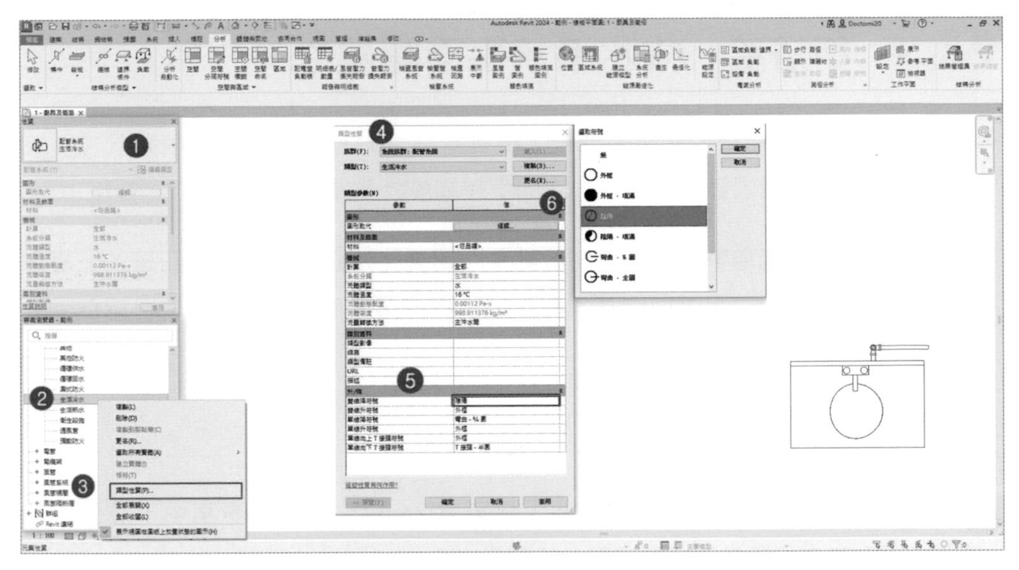

圖 24-21

附註：

可在「升 / 降」分類中，於各類型符號之「值」欄位右邊按一下 ...，開啟「選取符號」對話方塊，可從中選取這個符號設定，如下圖。

雙線降符號	陰陽
雙線升符號	外框
單線降符號	彎曲 - ¾ 圓
單線升符號	外框
單線向上 T 接頭符號	外框
單線向下 T 接頭符號	T 接頭 - 半圓

24.3 衛浴給、排水系統平面圖建立

Revit 在建築物視圖中繪製管路完成後，檢查管路水力分析，並調整管路尺寸，完成繪製進行管路明細表設定，可在一次同步完成設計作業。

在開始給、排水系統繪製前，需先將所需平面圖規格建立，除了需在正確的「專案瀏覽器」下的分類外，另平面圖基本的設定，除依第 3.3 節內容繪設，可以依下列方式作業。

24.3.1 平面圖複製及建立

1. 以「系統樣板」建立專案，並將「建築 2024.rvt」連結進專案中，並依照第二十章 20.2 步驟進行元件複製，如圖 24-22。

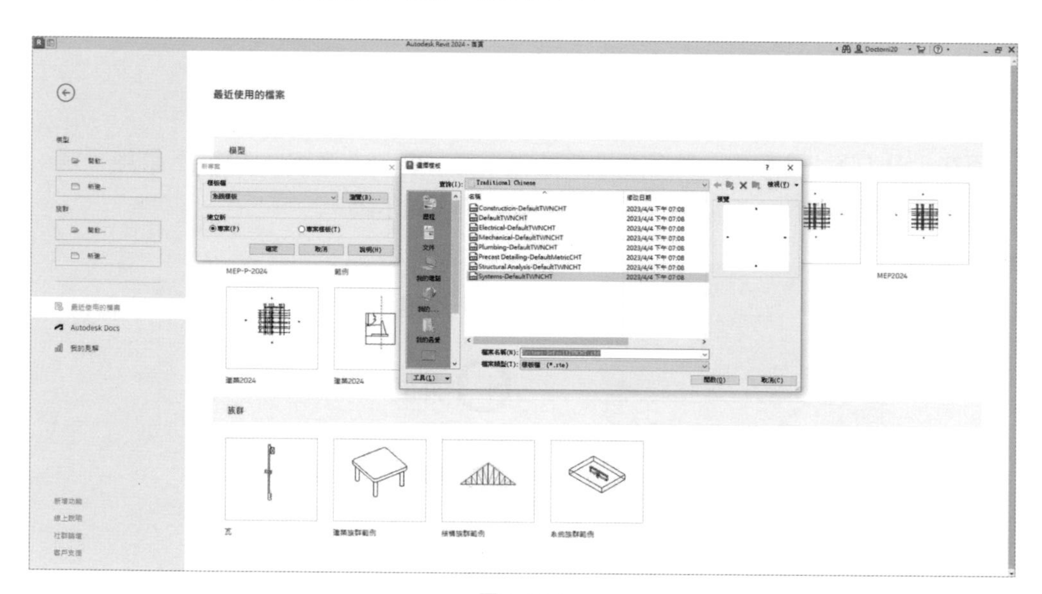

圖 24-22

2 經篩選後，選擇複製「多個樓層」及「衛工裝置」，如圖 24-23。

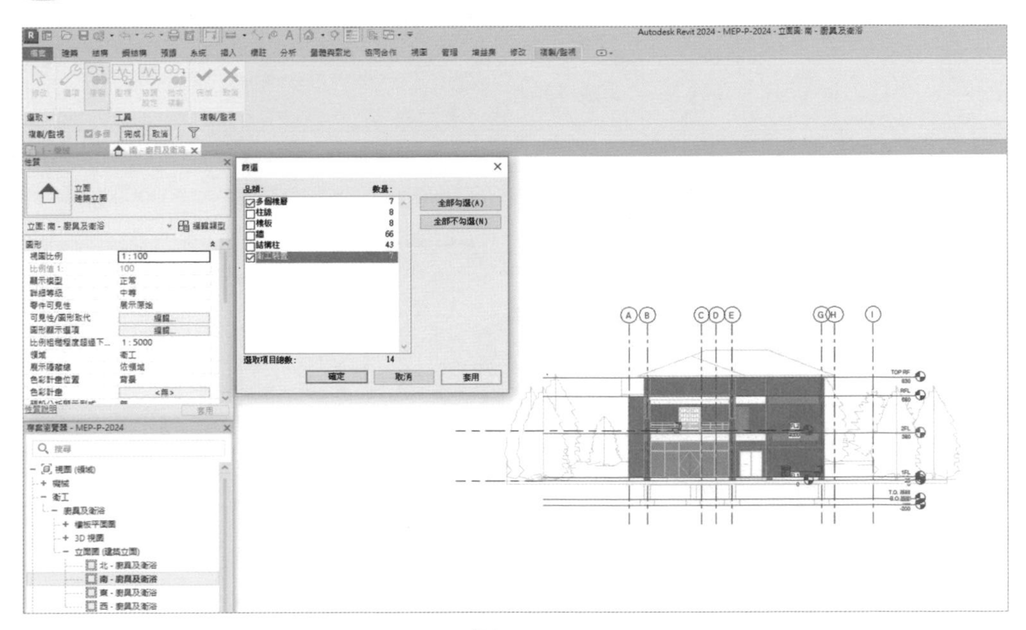

圖 24-23

3 在「視圖」頁籤下，於「平面視圖」功能複製「1FL」、「2FL」視圖，如圖 24-24。

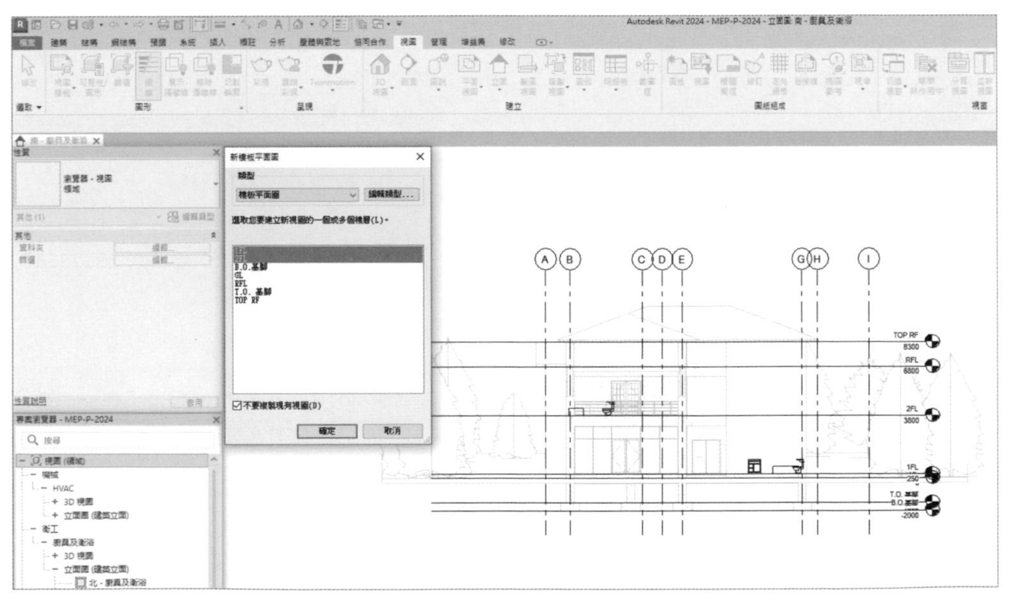

圖 24-24

4 在「性質」對話，點選「視圖樣板」，將「HVAC」-「樓板平面圖」-「1FL」、「2FL」，更換為「廚具及衛浴平面」樣板檔，如圖 24-25。

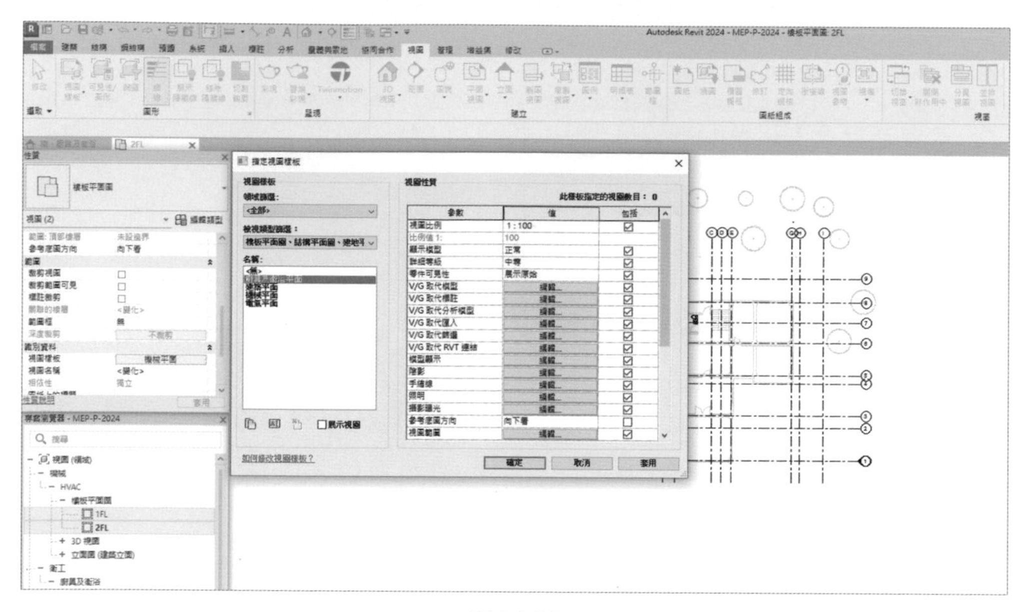

圖 24-25

5 視圖就會移動到「衛工」-「樓板平面圖」-「1FL」、「2FL」，如圖 24-26。

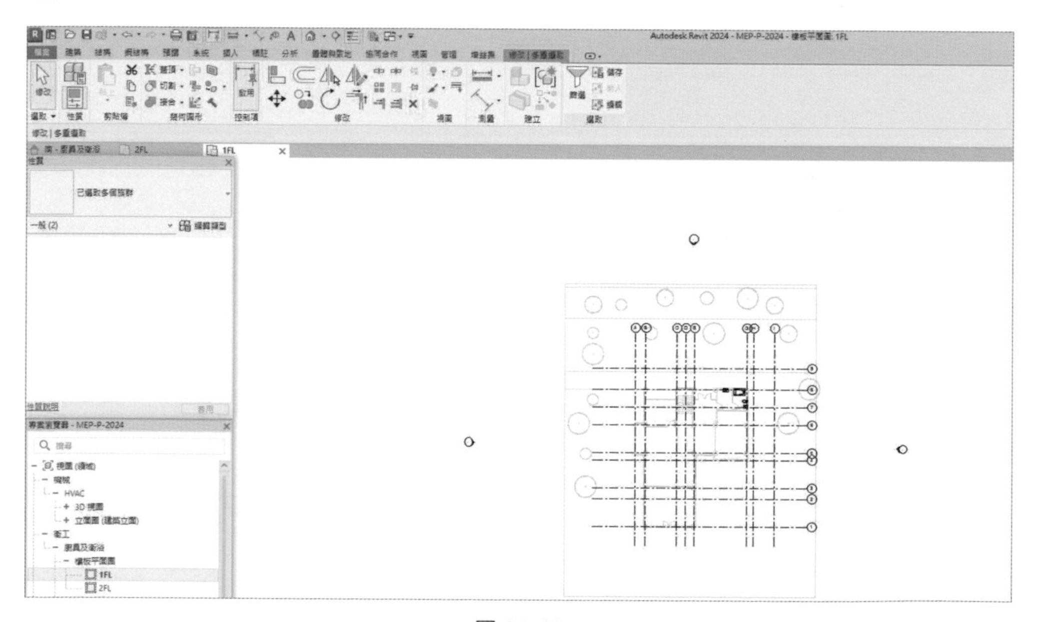

圖 24-26

24.3.2 視圖可見性設定

❶ 切換到「衛工」-「廚具及衛浴」-「樓板平面圖」-「1 FL」、「2 FL」視圖，並更名為「1 FL 衛浴」、「2 FL 衛浴」視圖，❷「性質」視窗，點選「視圖樣板」-「機械樣板」，❸ 開啟「指定視圖樣板」-「廚具及衛浴平面」，點選「V/G 取代模型」-「編輯」，❹ 開啟「可見性 / 圖形取代」對話框，在「模型品類」頁籤下，將需要的元件勾選，❺ 完成後按「確定」，如圖 24-27。

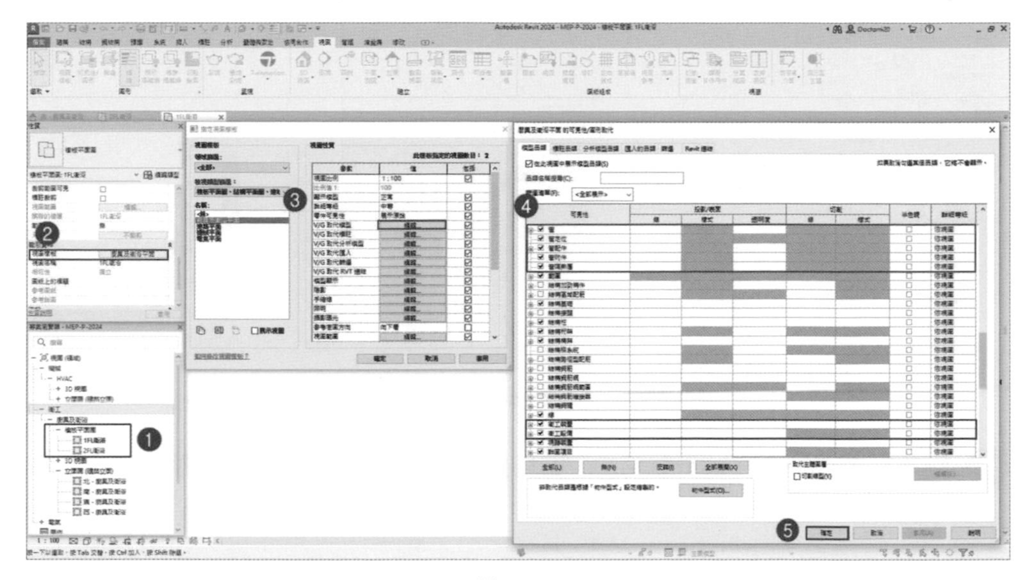

圖 24-27

24.4 繪製衛浴設備

衛浴設備主要繪圖功能在功能區「系統」頁籤下 -「給排水裝置」功能，如圖 24-28。

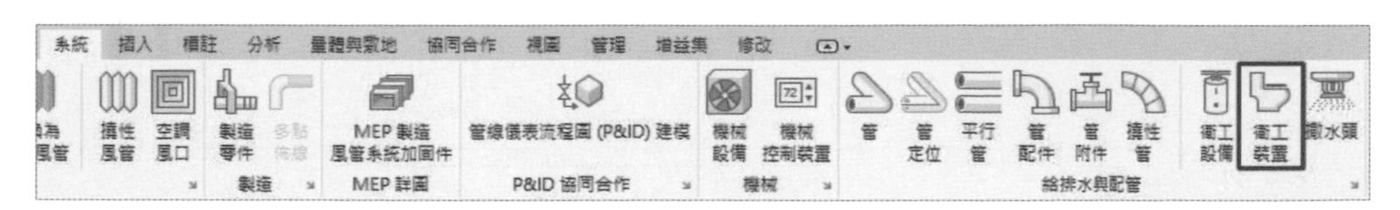

圖 24-28

24.4.1 存水彎配置

1. 在功能區「視圖」，選擇「剖面」，如圖 24-29 位置，繪製剖面符號。

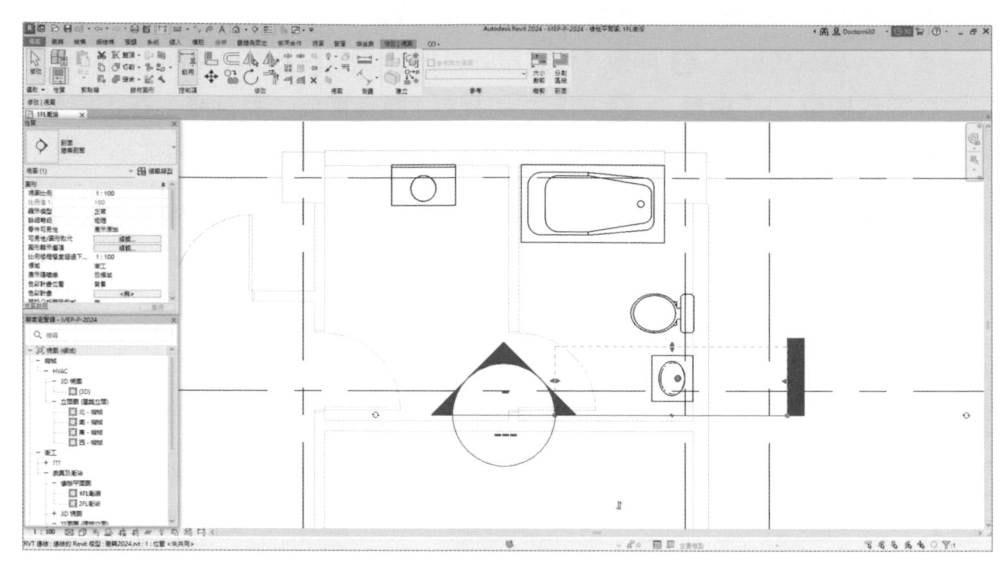

圖 24-29

2. 連續點擊視圖中 符號兩次，即切換到如圖 24-30，可看到洗臉盆下方無存水彎。

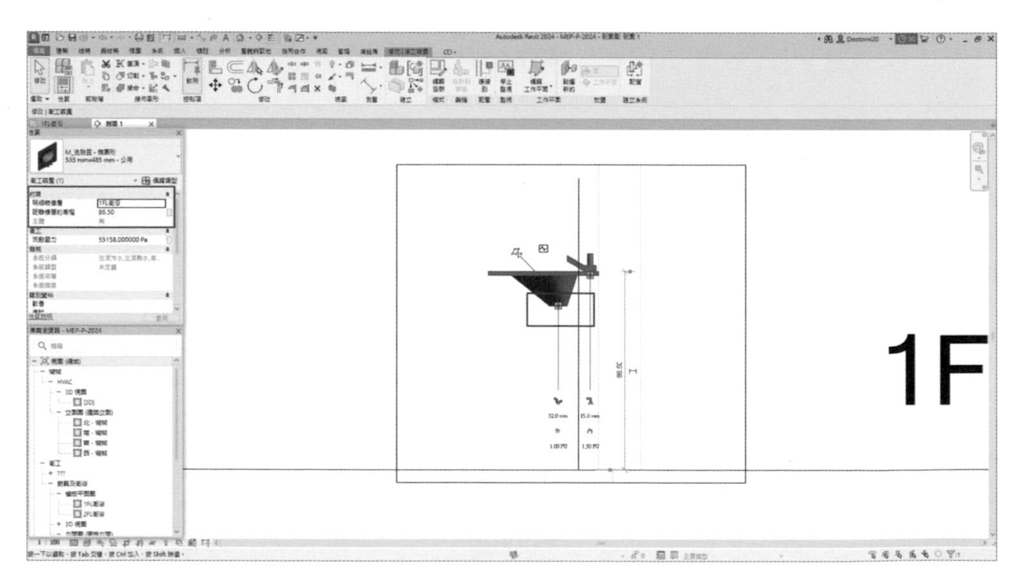

圖 24-30

3 在功能區「插入」頁籤下，選擇「從資源載入」-「載入族群」，載入所需「M_ 集水管 P - PVC - Sch 40 - DWV.rfa」」，繪製存水彎（樣板檔案位置在 C:\ProgramData\Autodesk\RVT 2024\Libraries\Traditional Chinese_INTL\ 管 \ 配件 \PVC\Sch 40\ 承口型 \DWV 之目錄下），再到「專案瀏覽器」，選擇「M_ 集水管 P - PVC - Sch 40 - DWV.rfa」，如圖 24-31。

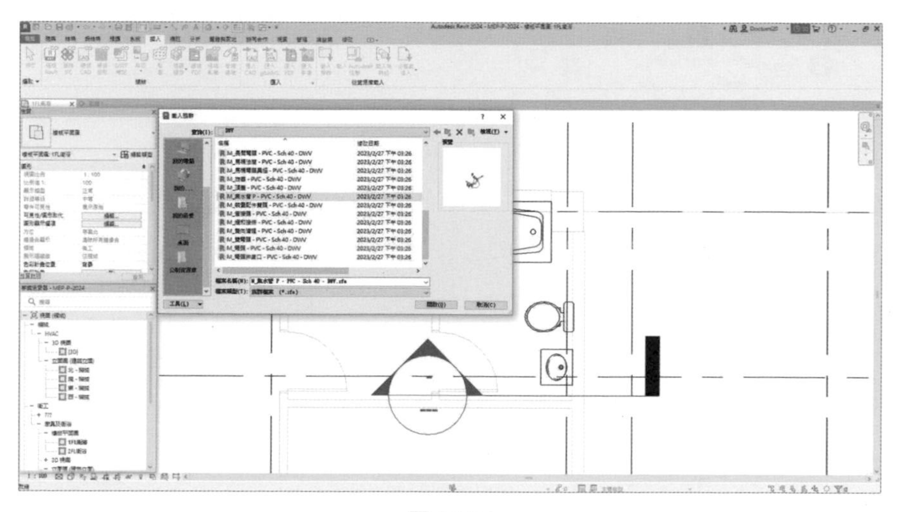

圖 24-31

4 將剖面圖及 1FL 衛浴視圖並排，並將 1FL 衛浴視圖顯示模式為線架構模式，如圖 24-32。

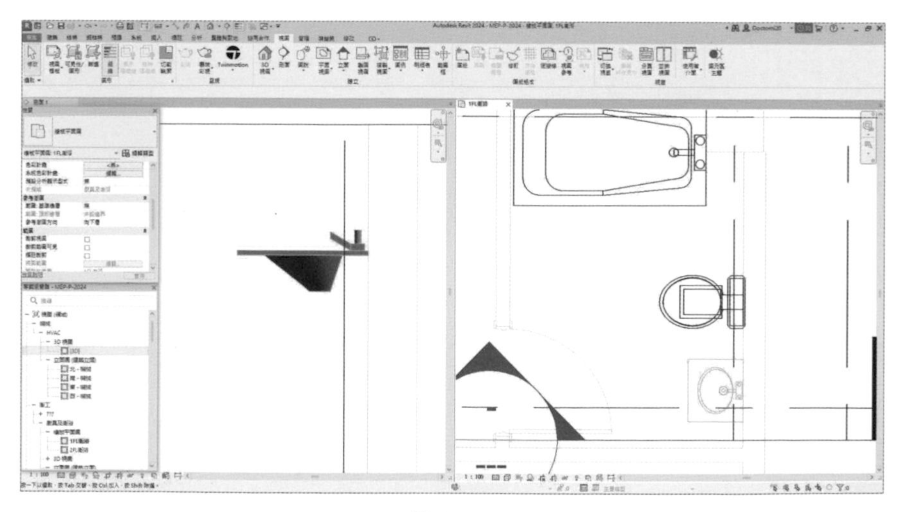

圖 24-32

5 ❶ 點選洗臉盆，❷ 在「性質」對話框，點選「編輯類型」，❸ 開啟「類型性質」對話框，❹ 在「尺寸」，將「衛生設施直徑」設定為「40mm」(因為 M_集水管 P - PVC - Sch 40 – DWV 直徑為 40mm)，完成後確定，如圖 24-33。

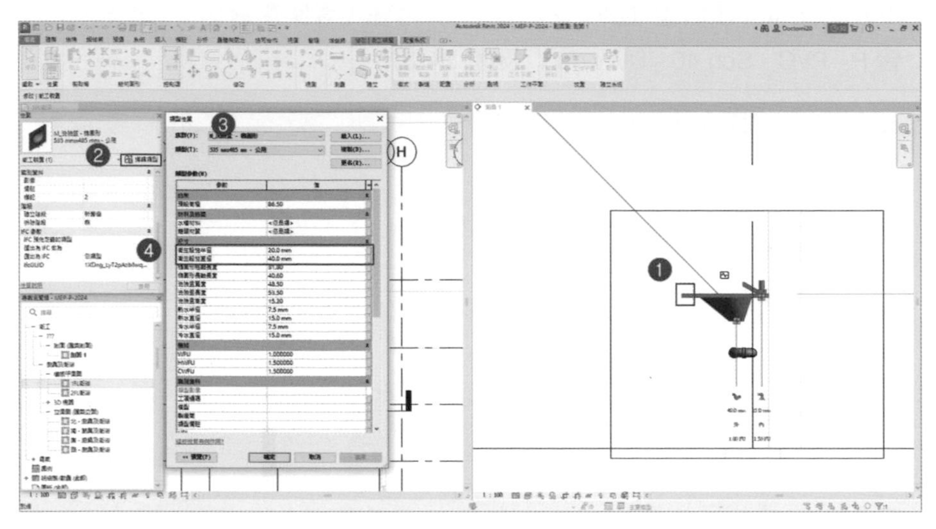

圖 24-33

6 ❶ 在族群中，將「M_ 集水管 P - PVC - Sch 40 - DWV」元件，❷ 拖曳至剖面視圖，可在平面視圖，看到元件位置，位置及方向不對，❸ 按 旋轉符號，調整至正確方位如圖 24-34。

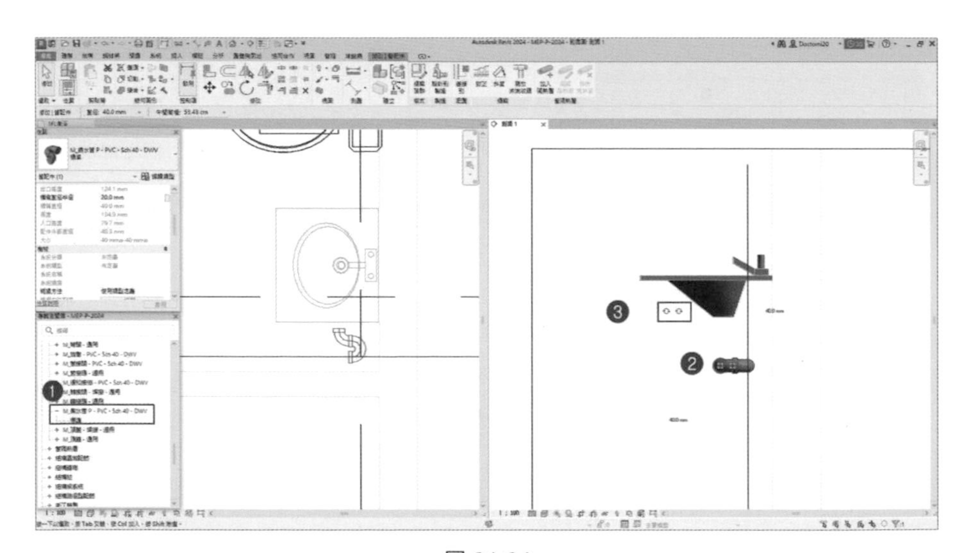

圖 24-34

7 ❶ 將集水管按 旋轉符號，調整至正確方位，❷ 調整高度為 60cm，❸ 在平面視圖，將集水管接點接至洗臉盆排水口接點；❹ 在剖面圖繪製管路接合。如圖 24-35、圖 24-36。

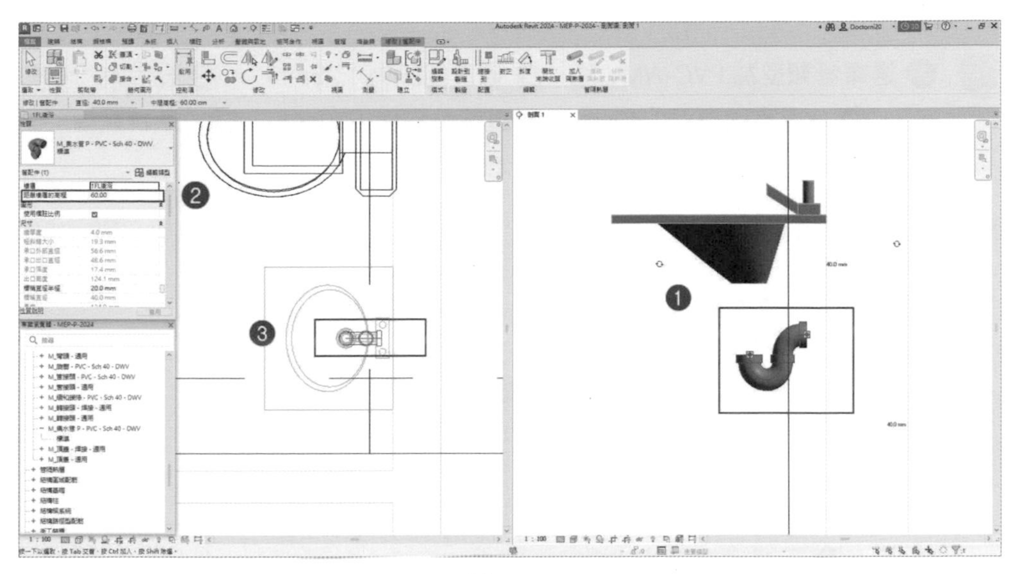

圖 24-35

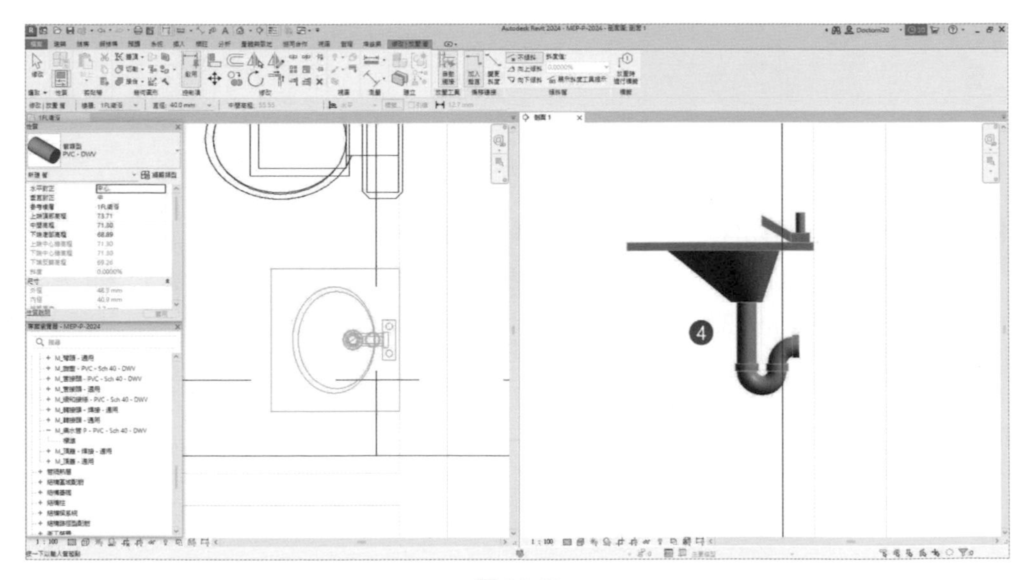

圖 24-36

24.5 給、排水管路配置

24.5.1 給水管路配置

1 ❶ 選擇管類型為 PVC-WMV 管，❷ 管直徑設為「25mm」，❸ 設定為「不傾斜」，❹ 水平管段高程「40cm」、垂直管段高程「30cm」，❺「系統類型」設為「生活冷水」，❻ 繪製幹管管段，如圖 24-37。

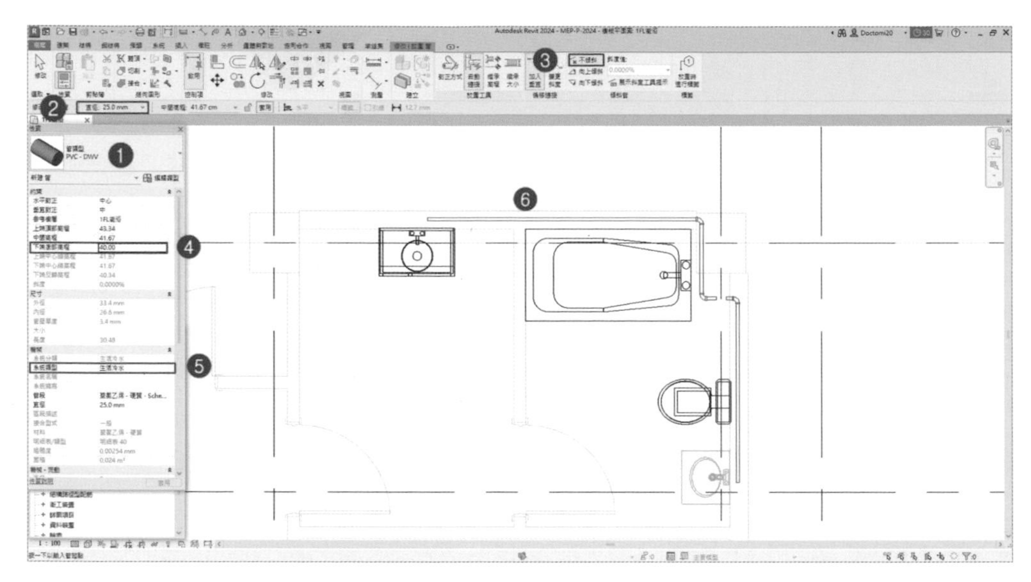

圖 24-37

2 ❶ 點選洗臉盆元件，可看見管路接點，❷ 在「修改 | 衛工裝置」頁籤，點選「連接到」，❸ 開啟「選取接點」對話框，選擇「接點 1：生活冷水」，❹ 完成後，按「確定」，如圖 24-38。

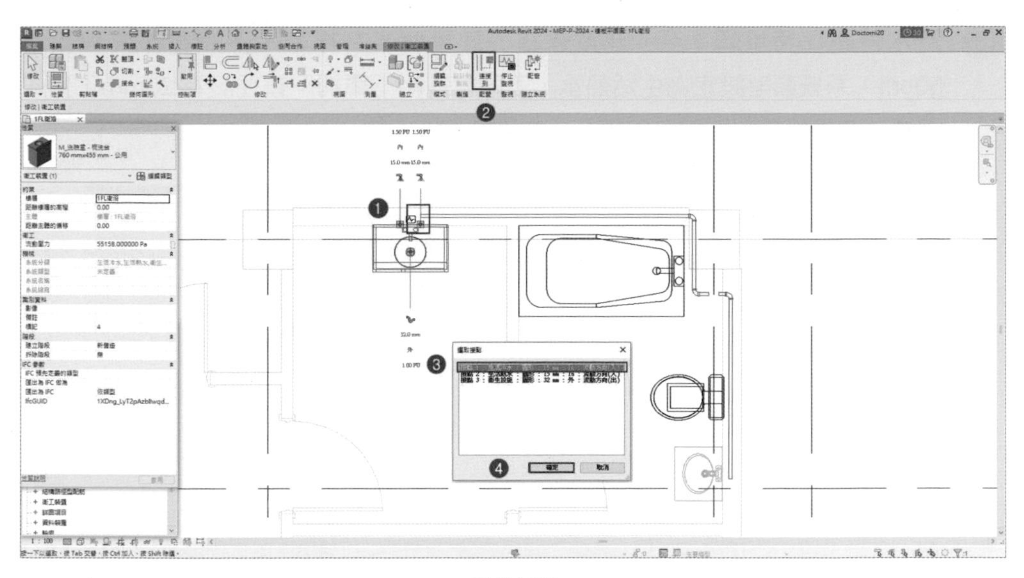

圖 24-38

3 依照步驟 2，完成浴缸、馬桶、洗臉盆冷水接點管路接合，如圖 24-39。

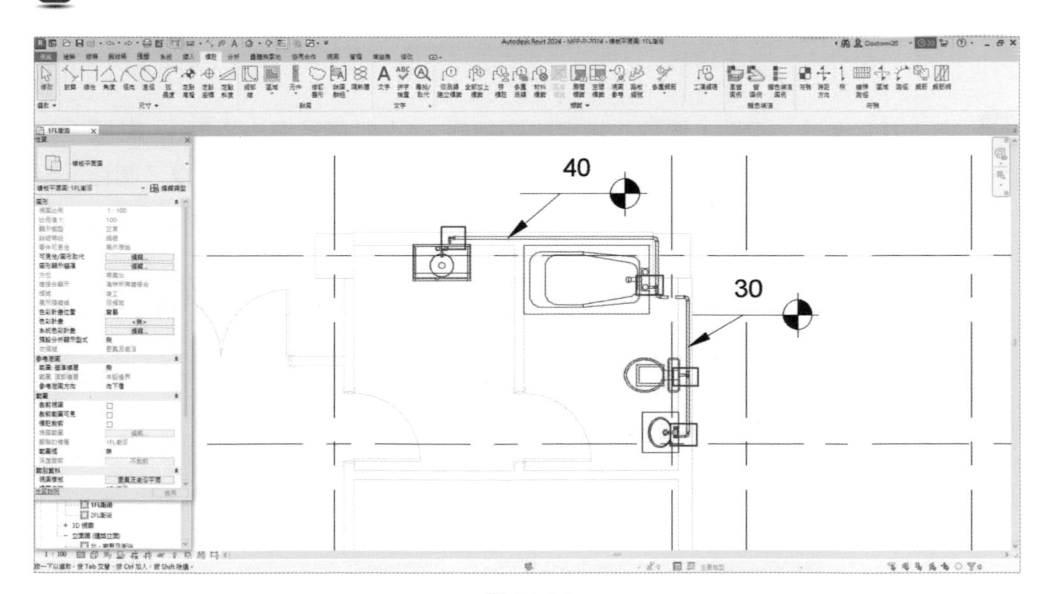

圖 24-39

4 熱水管路比照步驟 1 至 4 建置管路，管類型改為標準，下端底部高程改為 50cm，系統類型設定為生活熱水，管段材質為不鏽鋼，直徑設為 20mm，完成浴缸、洗臉盆熱水接點管路接合，如圖 24-40。

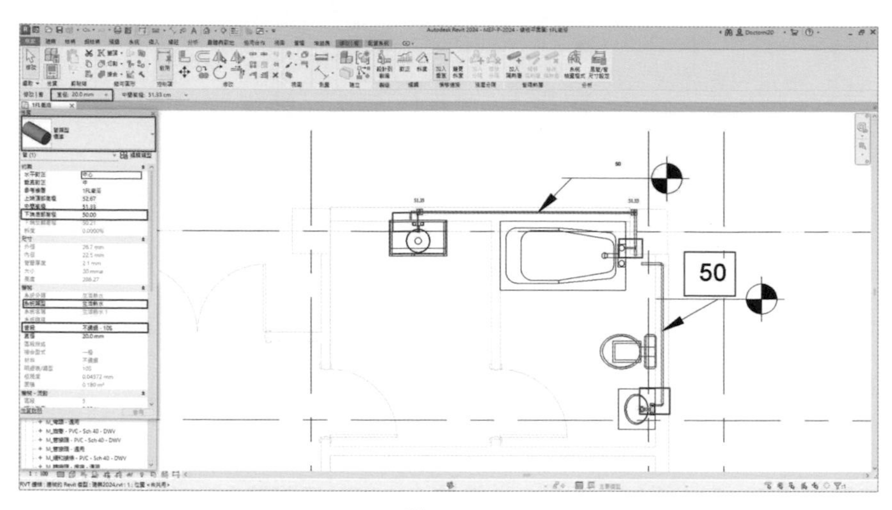

圖 24-40

24.5.2 排水管路配置

1 在「1FL 衛浴」視圖，開啟「指定視圖樣板」-「廚具及衛浴平面」，點選「視圖範圍」，將「視圖底部」之「偏移」設為「-100」，「視景深度」之「偏移」設為「-100」，完成後按「確定」，如圖 24-41。

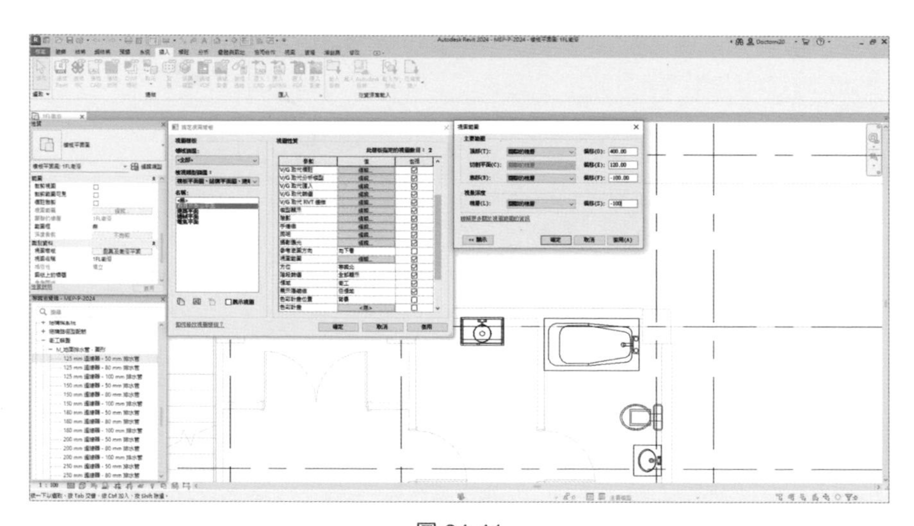

圖 24-41

2 ❶ 點選「分析」頁籤，點擊「衛工裝置」，❷ 在「性質」對話框，選擇「M_地面排水管 - 圓形 -125mm 過濾器 - 50mm 排水管」，❸ 放置在「放置在工作平面」，❹ 放置落水頭，如圖 24-42、圖 24-43。

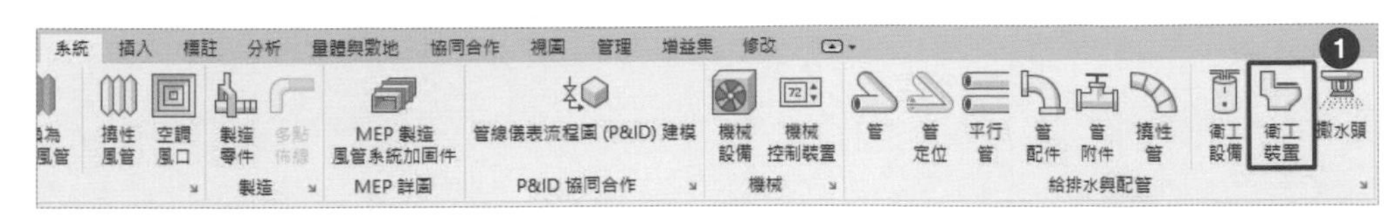

圖 24-42

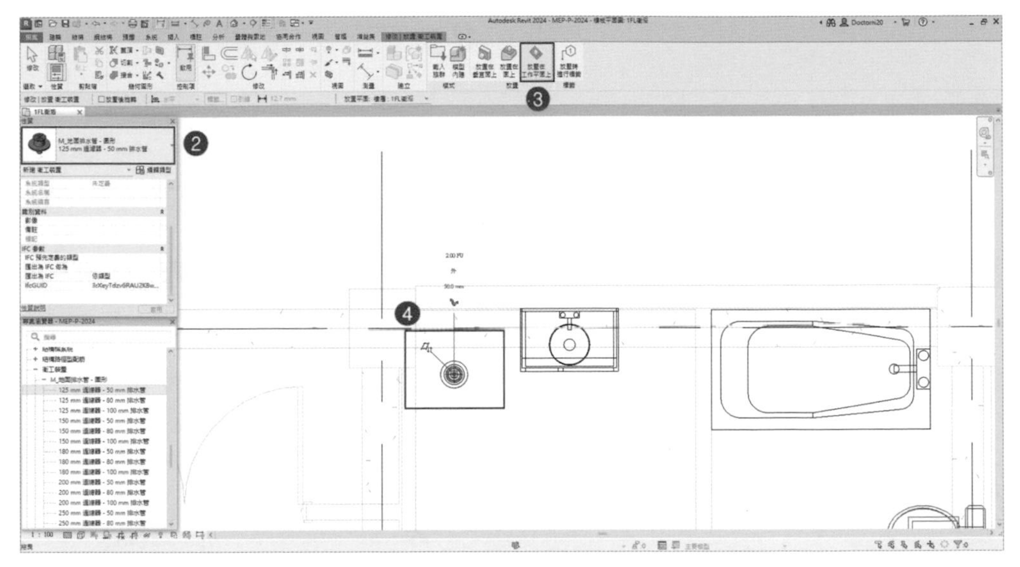

圖 24-43

3 先畫幹管，❶ 選擇管類型為 PVC-WMV 管，❷ 管直徑設為「50mm」，❸「中間高程」設定為「-60cm」❹ 設定為「自動連接」，❺ 設定「向下傾斜」，❻「斜度值」設為「1.0000%」，❼「系統類型」設為「衛生設施」，❽ 繪製幹管管段，如圖 24-44。

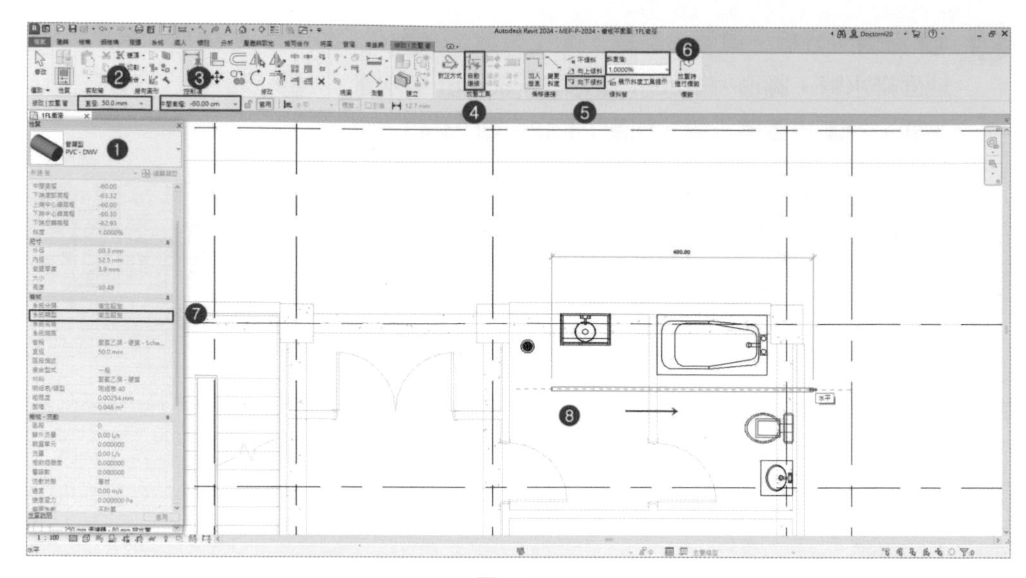

圖 24-44

4 再畫支管，❶ 選擇管類型為 PVC-WMV 管，❷ 設定為「繼承高程」、「繼承大小」，❸ 設定「向上傾斜」，❹ 繪製幹管管段，如圖 24-45。

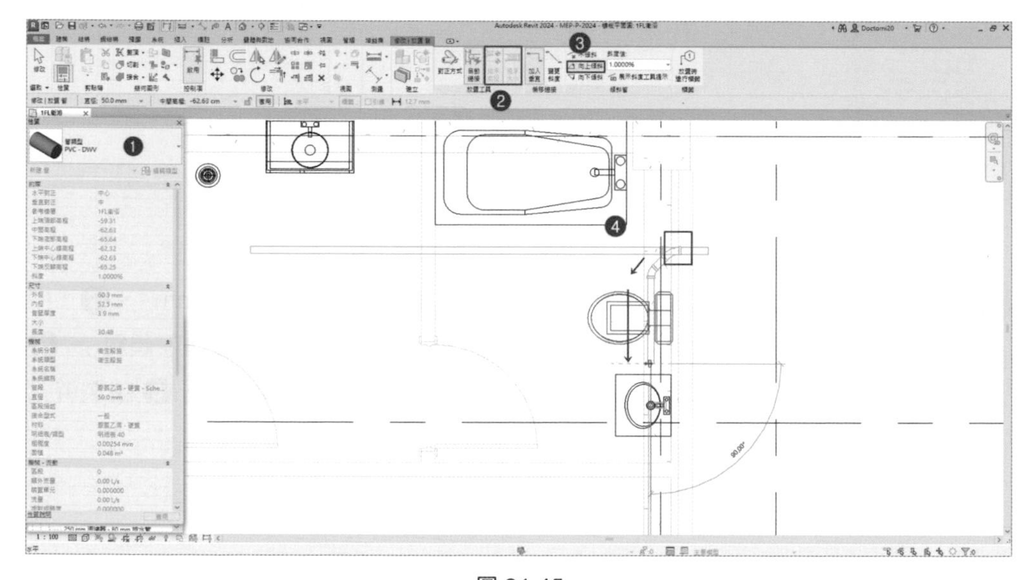

圖 24-45

5 ❶ 於洗手台排水孔中心點繪製一條參考平面，❷ 對齊符號，❸ 對齊排水管，如圖 24-46。❹ 點選洗手台，❺ 點選「連接到」，如圖 24-47。❻ 完成排水管與洗手台排水孔連接（自行完成洗手台排水孔直徑改為 50mm），如圖 24-48。

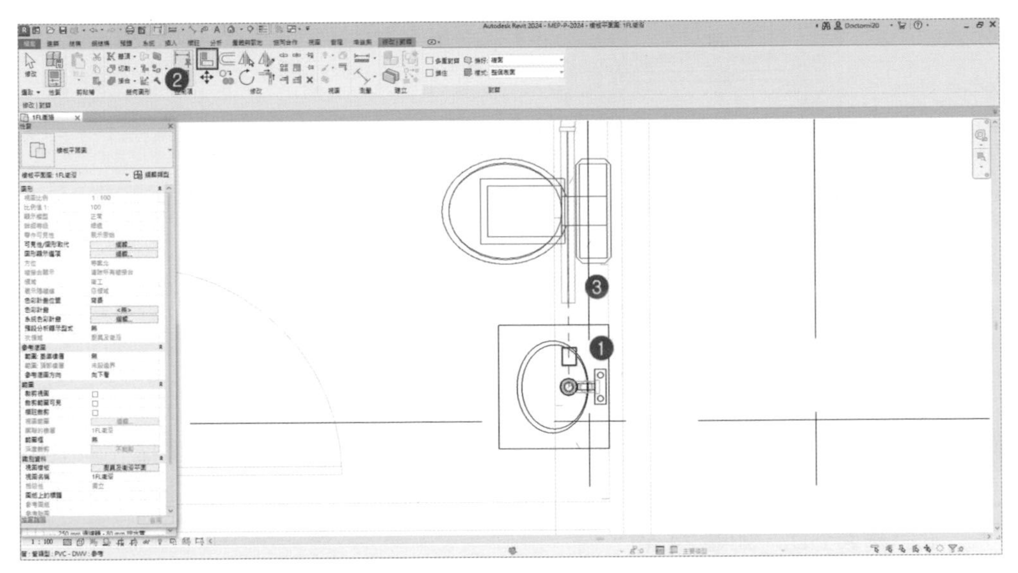

圖 24-46

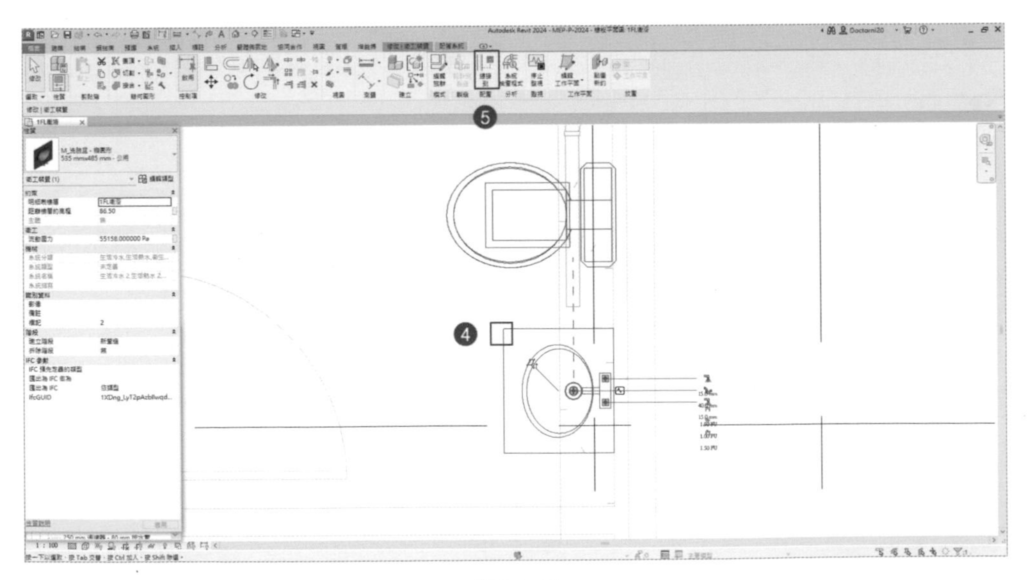

圖 24-47

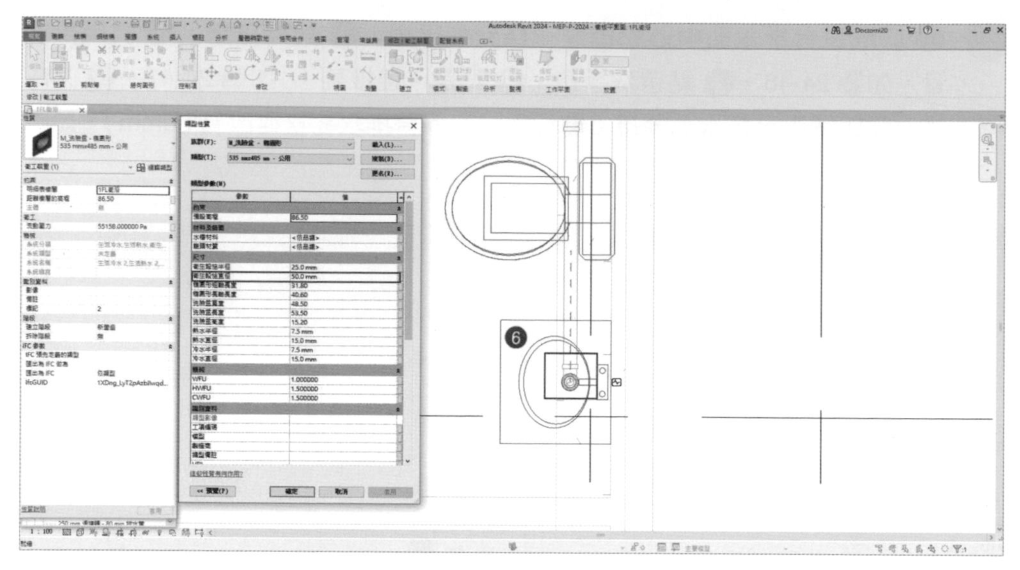

圖 24-48

6 ❶ 於幹管末段，按滑鼠右鍵，開啟功能列，選擇繪製管，❷ 選擇「向上傾斜」，❸ 以 45 度角繪製管，當管中心與落水頭中心對正時，會產生綠色虛線，此時繪製到此，如圖 24-49。

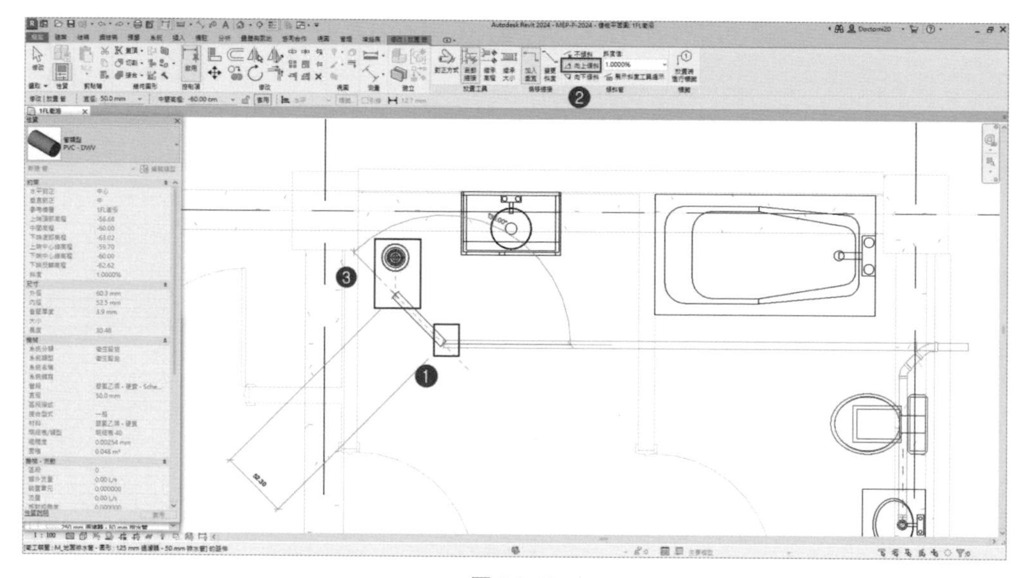

圖 24-49

7 ❶ 點選落水頭，❷ 點選「連接到」，❸ 完成排水管與洗手台排水孔連接（自行完成洗手台排水孔直徑改為 50mm）如圖 24-50、圖 24-51。

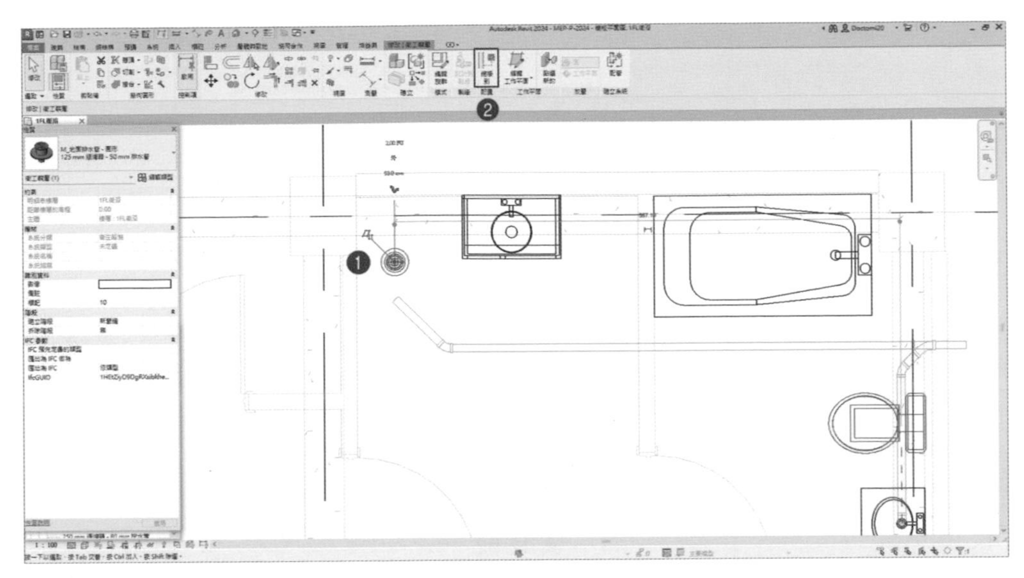

圖 24-50

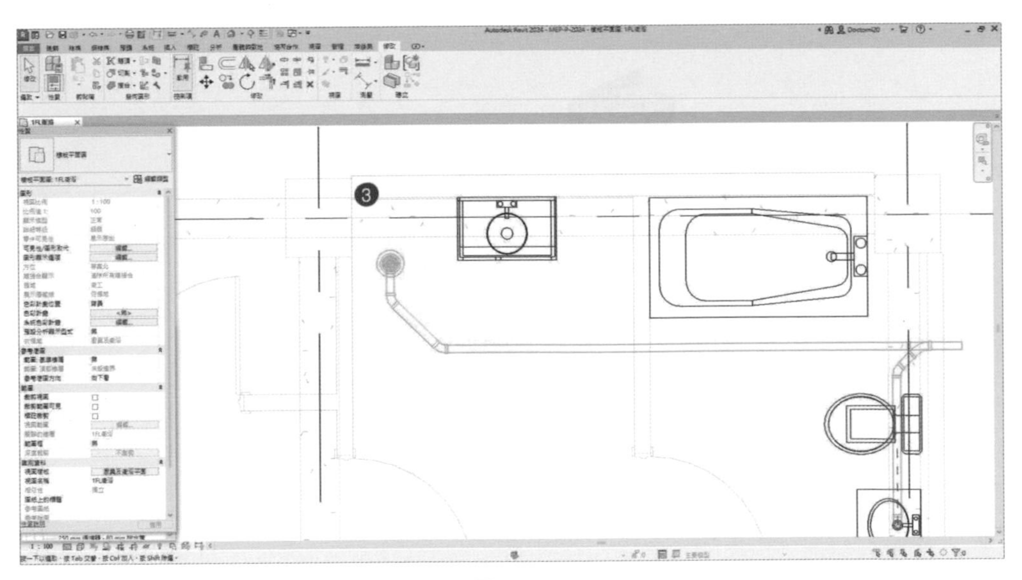

圖 24-51

8 請讀者依據圖 24-52，完成管路配置；圖 24-53 為完成後的 3D 管路配置圖。

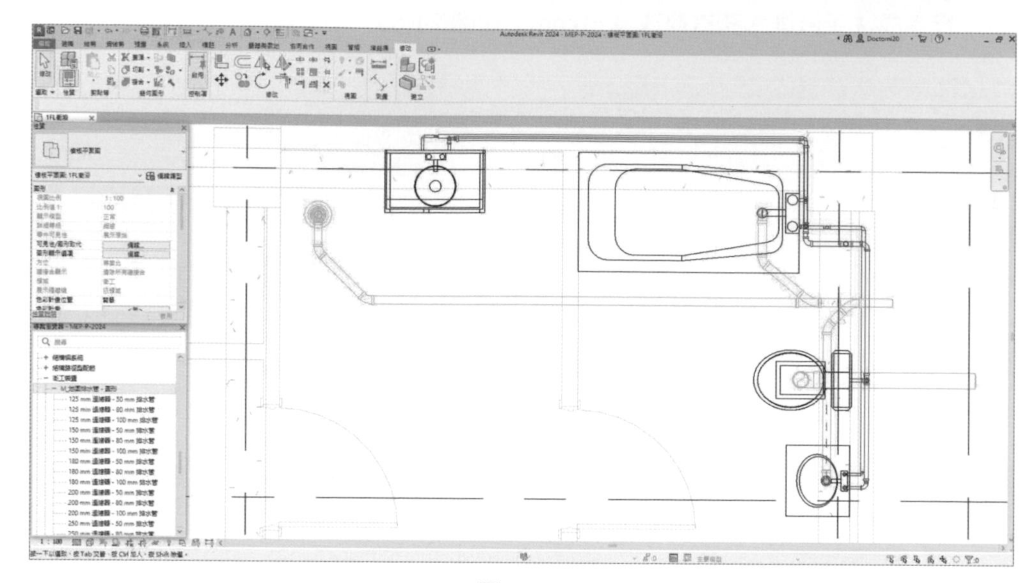

圖 12-52

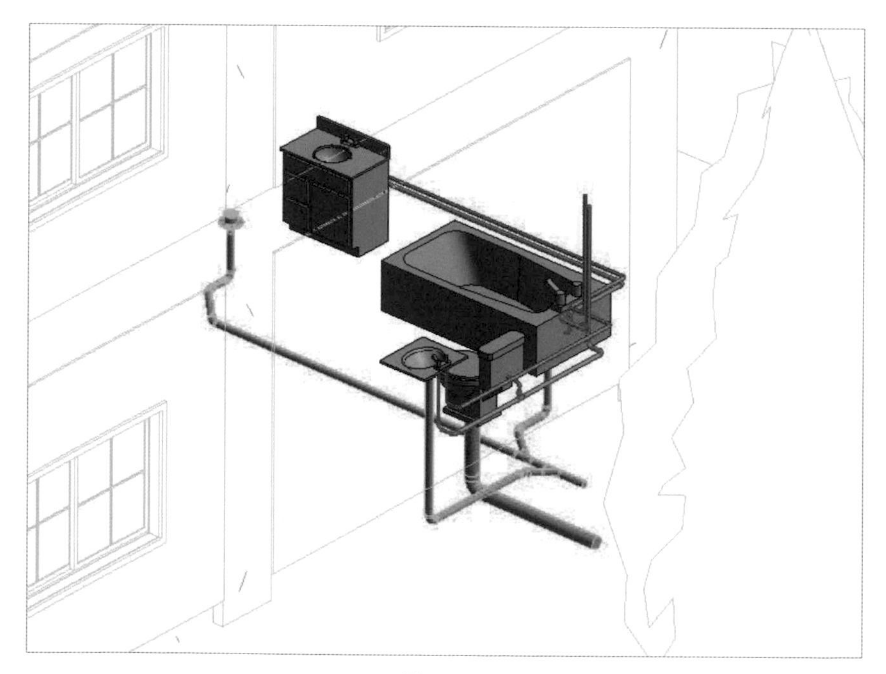

圖 22-53

CHAPTER

25

消防系統

- 25.1 火警系統平面圖建立
- 25.2 撒水系統設備
- 25.3 標籤管路
- 25.4 送水口設置
- 25.5 火警警報系統
- 25.6 干涉檢查

◆ 請讀者打開「範例檔案之第 25 章 \RVT\MEP-F-2024.rvt」

25.1 火警系統平面圖建立

Revit 在建築物視圖中繪製管路完成後，檢查管路水力分析，並調整管路尺寸，完成繪製進行管路明細表設定，可在一次同步完成設計作業。

在開始給、排水系統繪製前，需先將所需平面圖規格建立，除了需在正確的「專案瀏覽器」下的分類外，另平面圖基本的設定，除依第 20.3 節內容繪設，可以依下列方式作業。

25.1.1 平面圖複製及建立

1 按右鍵選擇「複製」平面圖，到「專案瀏覽器」-「視圖」-「衛工」-「廚具與衛浴」-「樓板平面圖」-「1FL 衛浴」，選用「與細節一起複製」，產生「1FL 衛浴 複製 1」視圖，按滑鼠右鍵開啟對話框，點選「更名」，改為「1 FL 消防」，如圖 25-1。

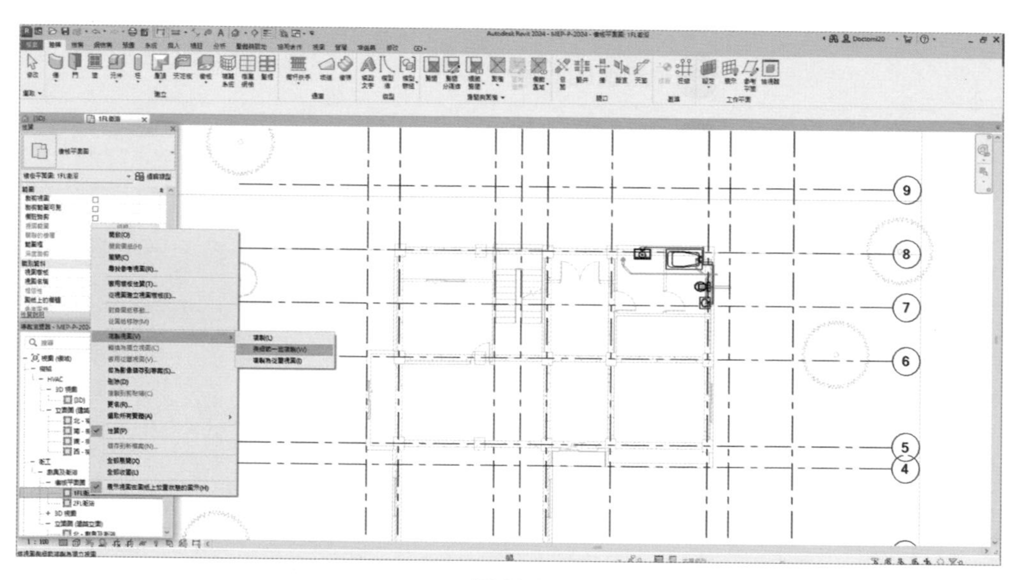

圖 25-1

2 ❶ 切換到「1 FL 消防」視圖，❷ 在「性質」對話框，點選「視圖樣板」-「廚具及衛浴平面」，❸ 開啟「指定視圖樣板」對話框，❹ 點選「複製」，❺ 開啟「新視圖樣板」，並更名為「消防平面」，如圖 25-2。❻ 新增「消防平面」樣板，❼ 在「視圖性質」中，在「領域」設定為「機械」，❽「次領域」要用輸入方式，設定為「消防」，❾ 完成後，按「確定」，如圖 25-3。

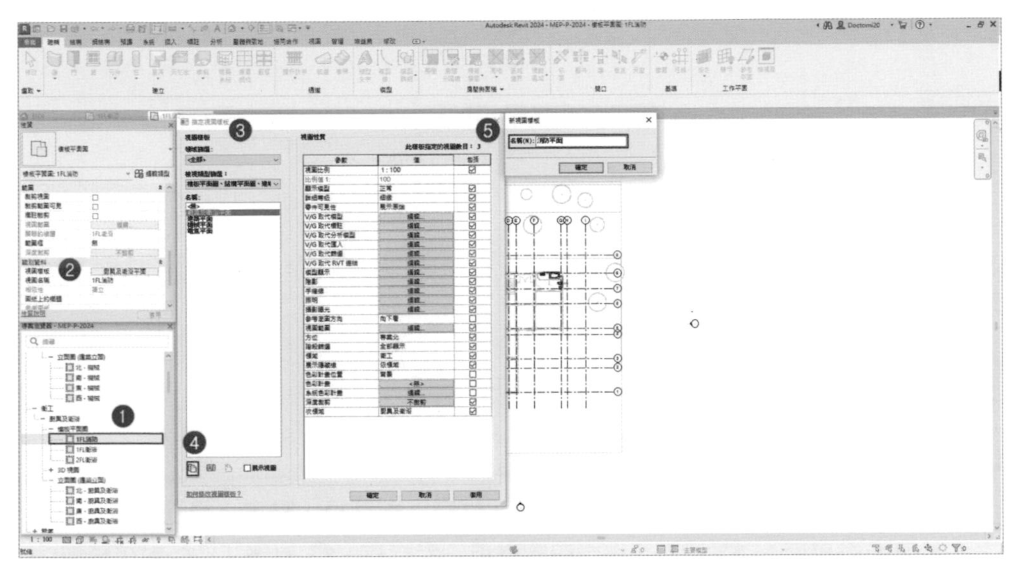

圖 25-2

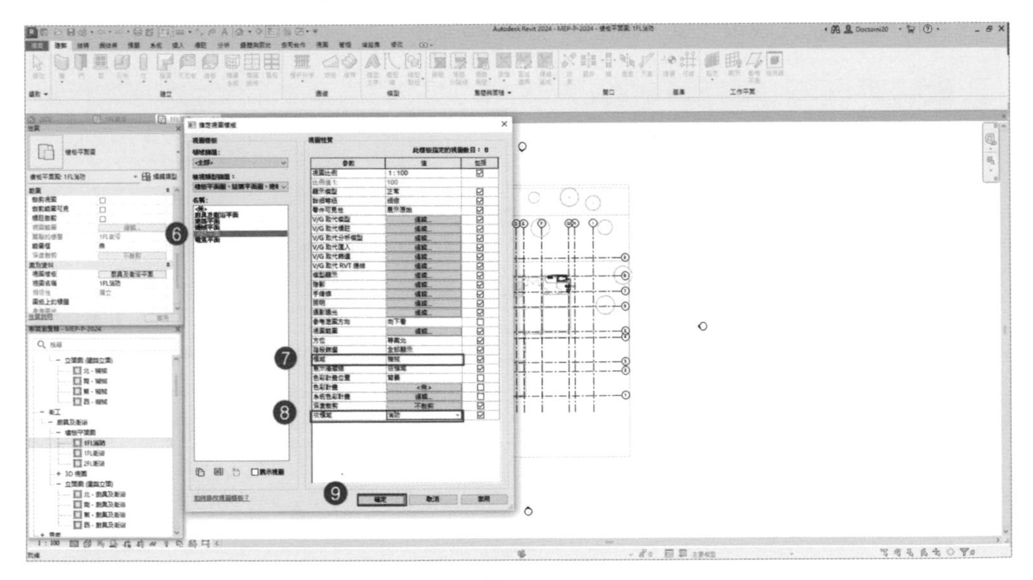

圖 25-3

3 在「專案瀏覽器」中，可看見在「機械」領域下，新增「消防」次領域；其他樓層廚具及衛浴平面圖，如步驟 1 方式複製及建立，如圖 25-4。

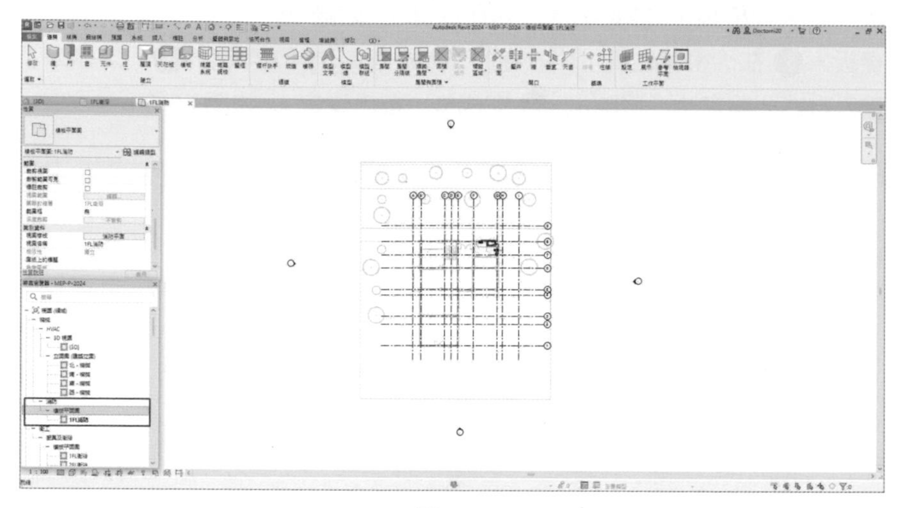

圖 25-4

25.1.2 視圖可見性設定

❶ 切換到「1 FL 消防」視圖，❷ 在「性質」對話框，點選「視圖樣板」-「廚具及衛浴平面」，❸ 開啟「指定視圖樣板」對話框，❹ 點選「V/G 取代類型」，點擊「編輯」，❺ 開啟「可見性 / 圖形取代」對話框，❻ 設定所需元件類型之可見性，❼ 完成後，按「確定」，如圖 25-5。

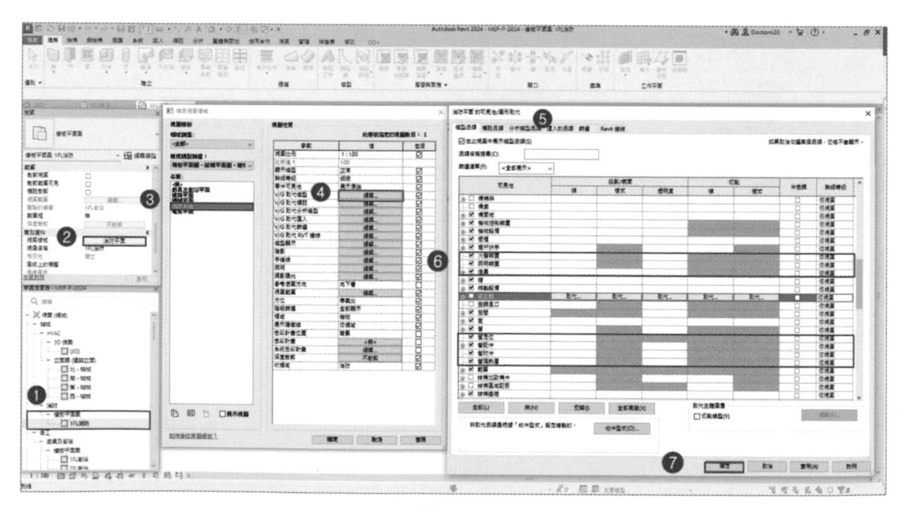

圖 25-5

在開始照明系統繪製前，需先將所需平面圖規格建立，除了需在正確的「專案瀏覽器」下的分類外，另平面圖基本的設定，除依第 8 章內容繪設，可以依下列方式作業。

25.1.3 平面圖複製及建立

1 ❶「視圖」頁籤下，點選「平面視圖」功能，❷點選「天花板反射平面」，開啟「天花板反射平面」對話框，❸點選 1FL、2FL 視圖，❹完成後，按「確定」，如圖 25-6。

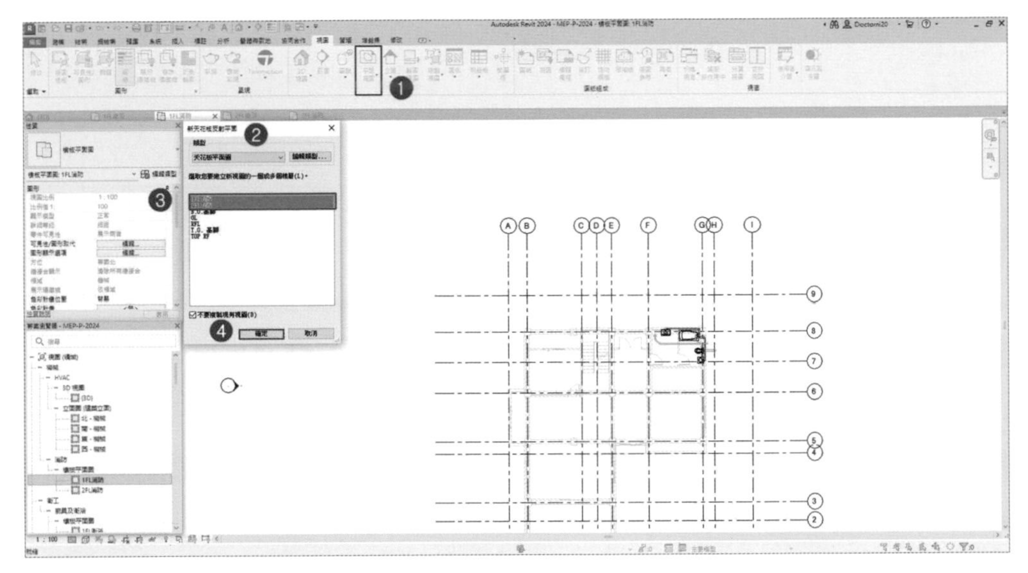

圖 25-6

2 新建天花板反射平面圖，會建置在「協調」領域，請修正「領域」為「機械」，「次領域」為「消防」，如圖 25-7。

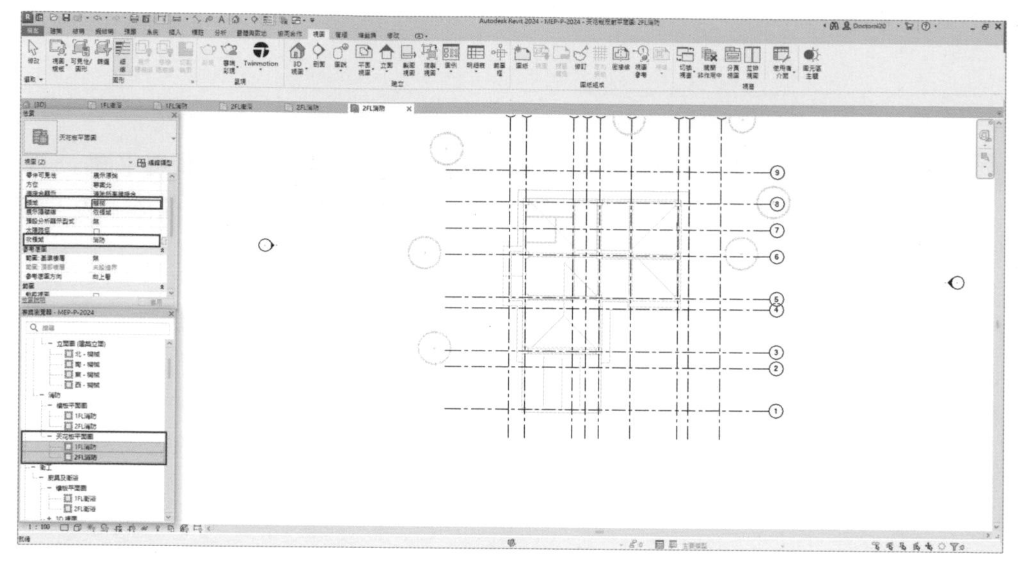

圖 25-7

3 ❶ 點選 1FL 天花板平面，並更名「1FL 消防撒水」，❷ 會開啟「確認平面視圖更名」，選擇「否」，並將 2FL 一起更名，如圖 25-8。

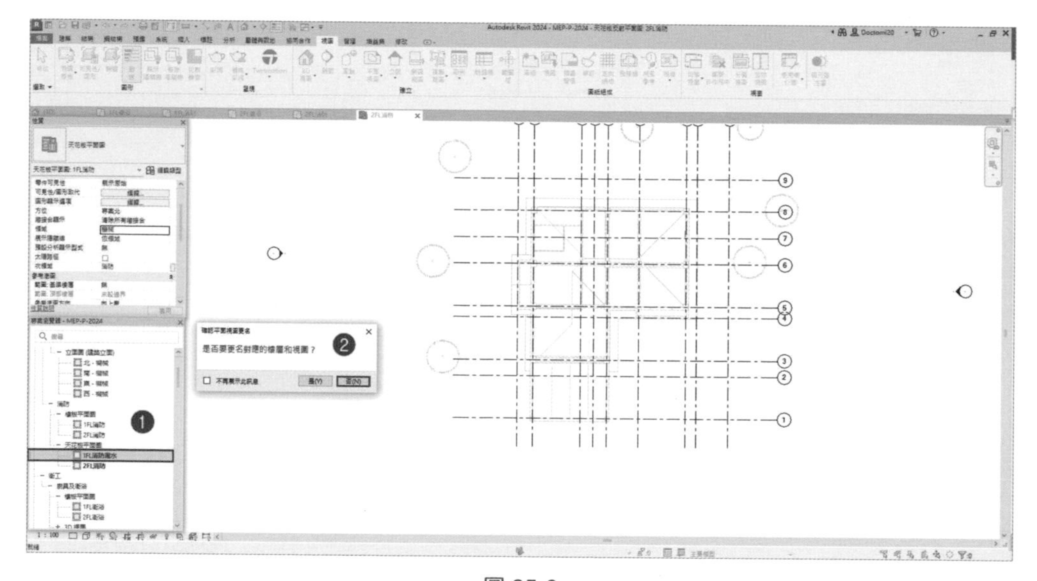

圖 25-8

4 依照上一節，新增消防天花板樣板，並在「視圖性質」中，在「領域」設定為「機械」，「次領域」設定為「消防」，如圖 25-9、圖 25-10。

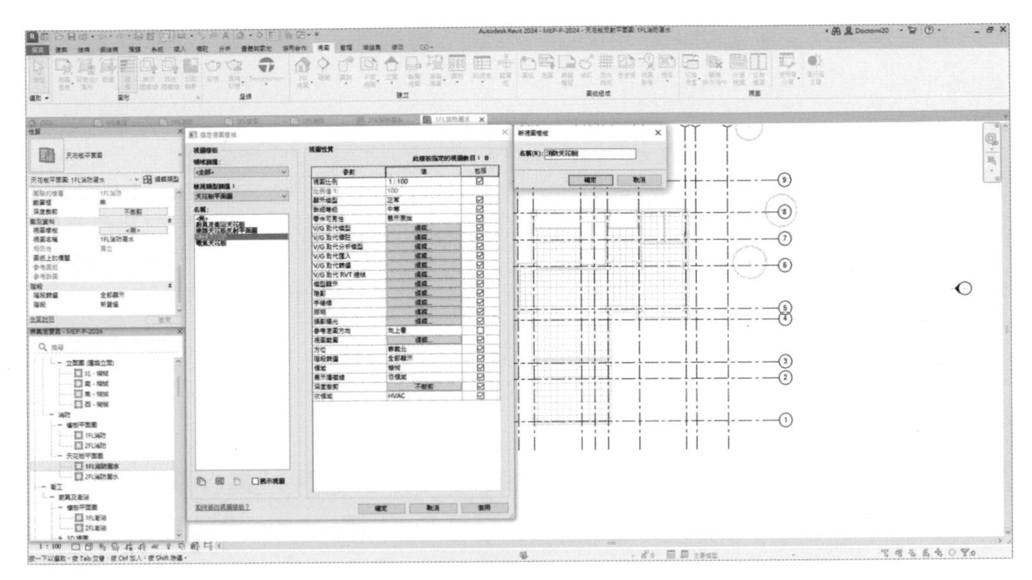

圖 25-9

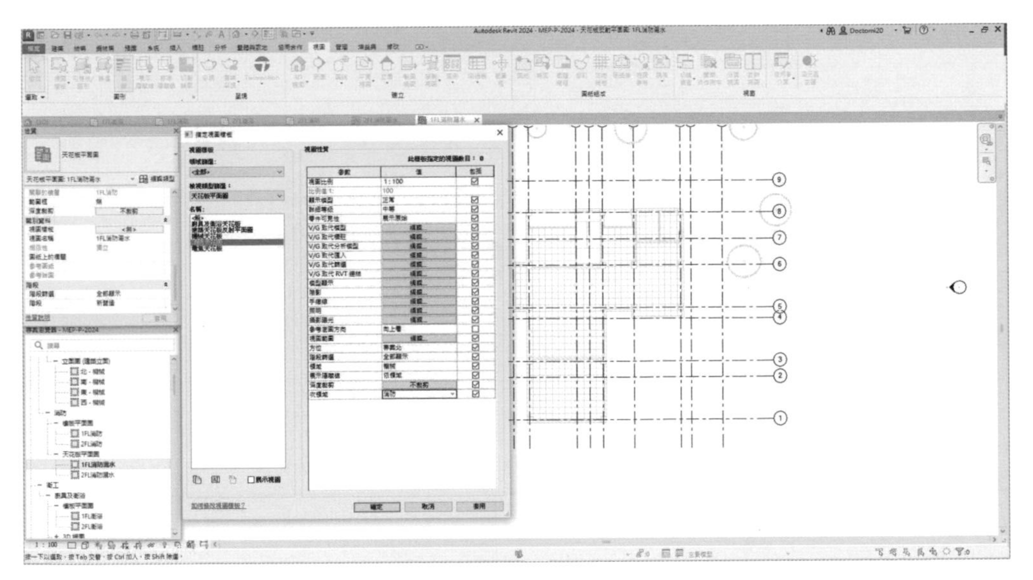

圖 25-10

25.2 撒水系統設備

撒水系統設備主要繪圖功能在功能區「系統」頁籤下 -「撒水頭」 功能，如圖 25-11。

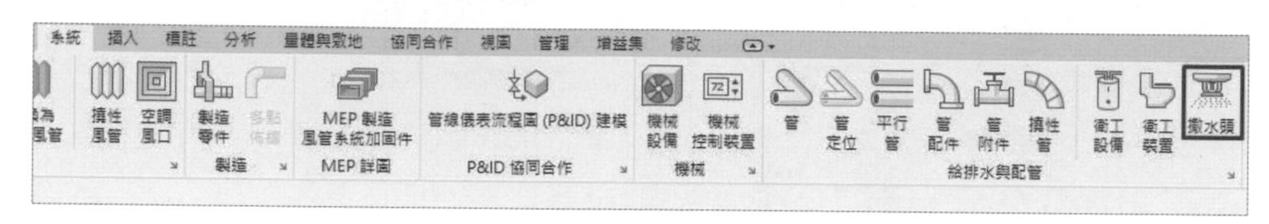

圖 25-11

25.2.1 撒水頭配置

1. ❶ 在「1FL 消防撒水」平面視圖，點選「系統」頁籤下 -「撒水頭」功能，❷ 在「性質瀏覽器」- 點擊「M_ 撒水頭 - 懸吊式 - 主體 -15mm 滴狀下垂」，❸ 在「修改 | 放置 撒水頭」，點選「放置在面上」，❹ 依照圖 25-12 位置，放置撒水頭。

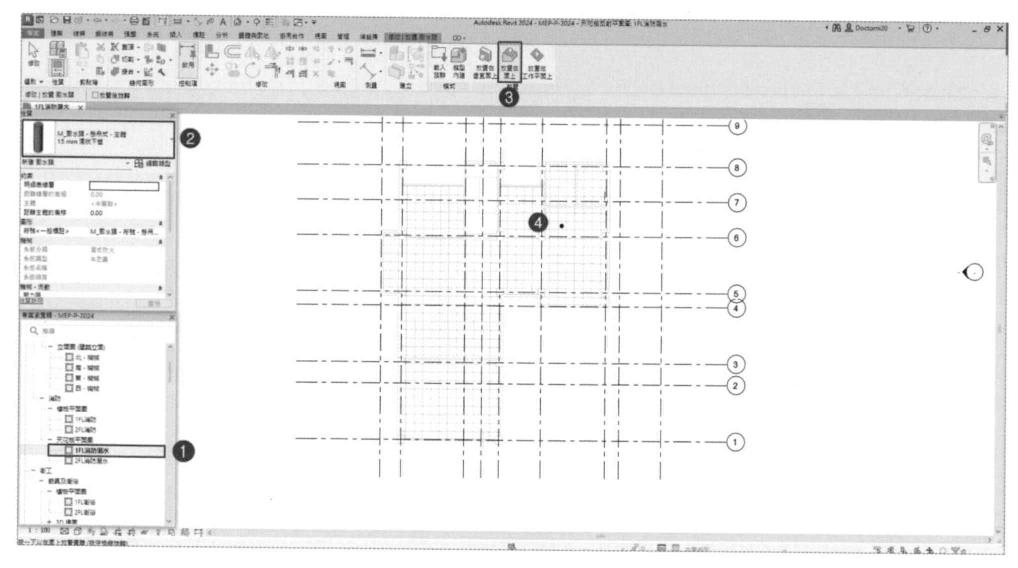

圖 25-12

2 ❶ 將撒水頭放置設計地點，❷ 在功能區「視圖」頁籤下，選「剖面」，於圖 25-13 位置設置剖面符號。

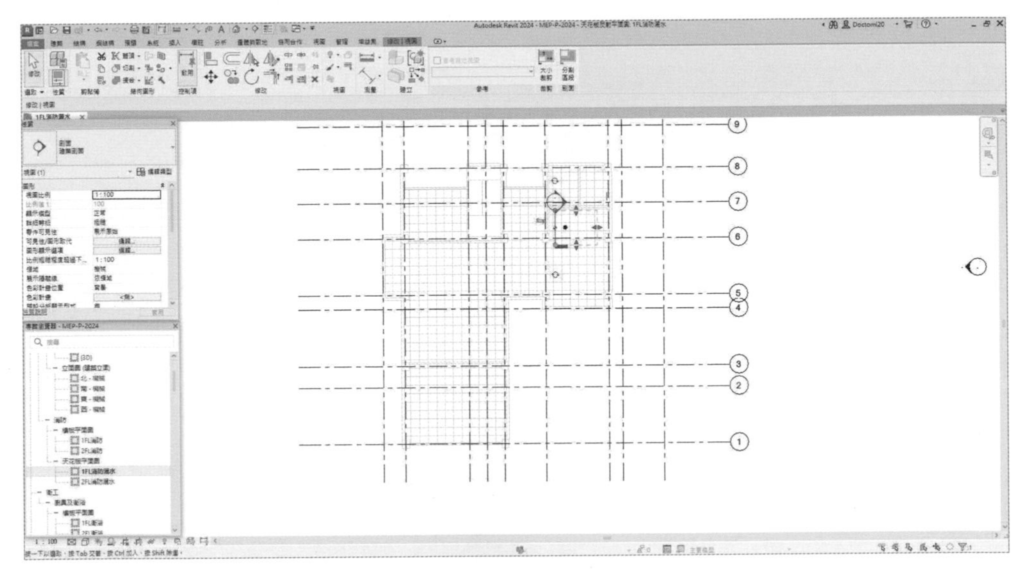

圖 25-13

3 連續點擊 ⊖ 剖面符號，切換畫面到剖面圖，可以看見撒水頭配置在天花板下，並有警告符號，表示尚未與給水管連結，如圖 25-14。

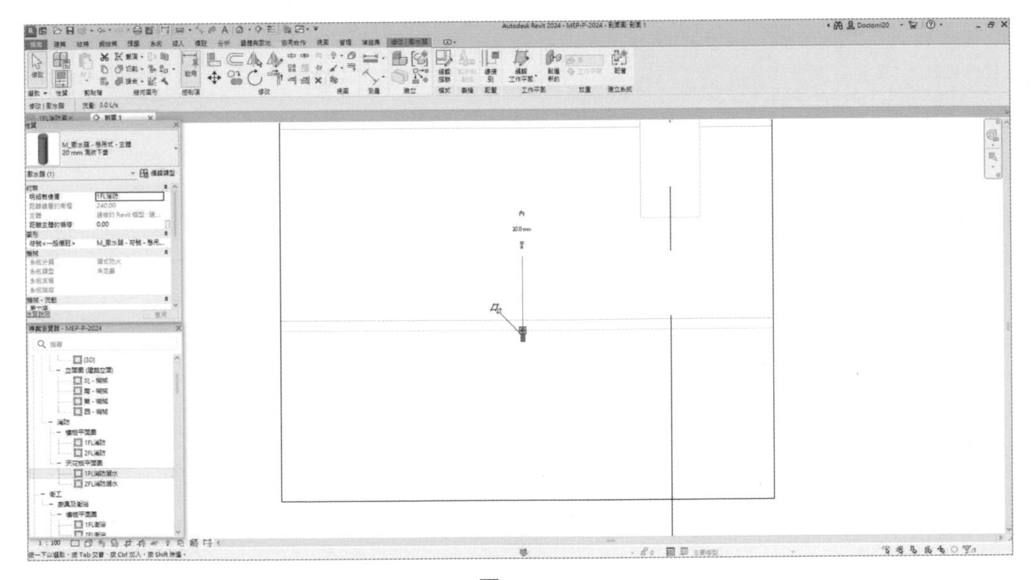

圖 25-14

4 切換到「專案瀏覽器」-「視圖」-「機械」-「消防」-「天花板平面圖」-「1FL 消防灑水」平面視圖，點擊撒水頭圖元連接點，按右鍵開啟功能選項列，選擇「建立類似的」，如圖 25-15。

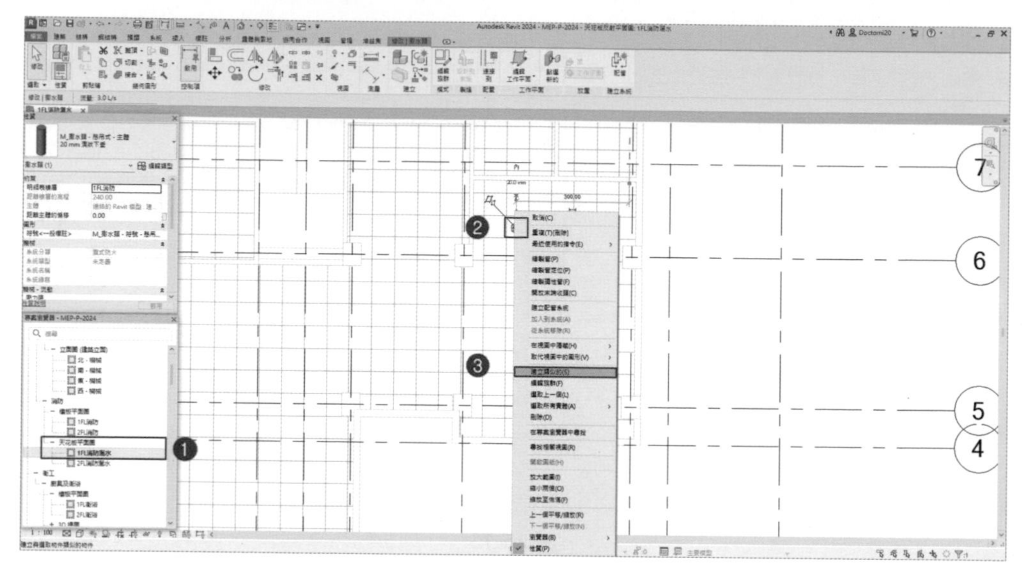

圖 25-15

5 選擇「建立類似的」，依圖 25-16 位置，放置撒水頭。

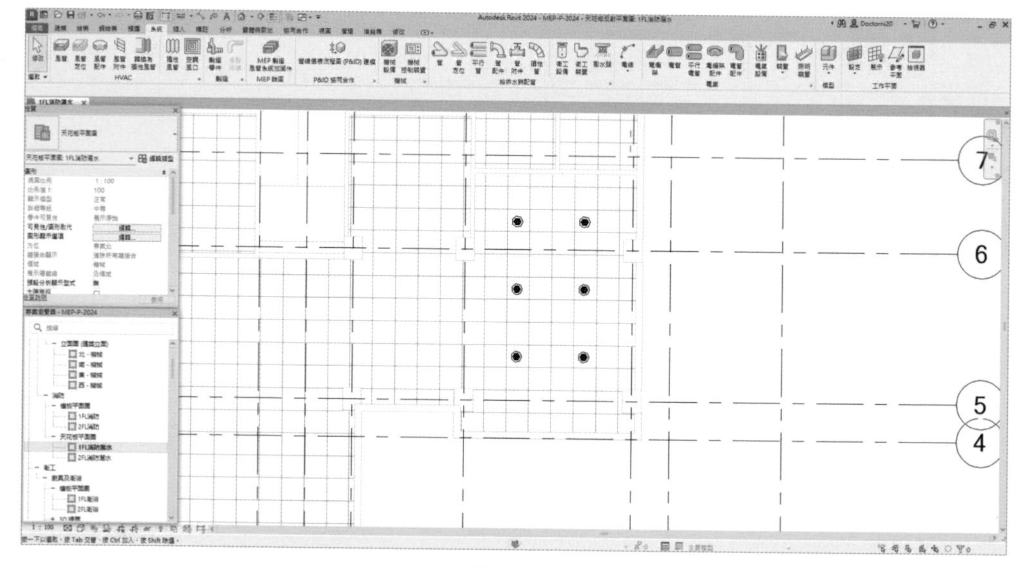

圖 25-16

25.2.2 撒水管路與配件材質

1 選擇功能區「系統」-「管」 後，❶ 在「性質瀏覽器」點擊「編輯類型」，❷ 開啟「類型性質」對話框，選擇「編輯」，❸ 開啟「佈線偏好」對話框，選擇依設計所需撒水管路材質，在「佈線偏好」對話框中，點選「內容」，選擇「鋼，碳鋼 -Schedule 80」管材，❹ 點選「載入族群」，❺ 載入所需撒水管路族群（樣板檔案位置在 C:\ProgramData\Autodesk\RVT 2024\Libraries\Chinese_Trad_INTL\ 消防 \ 撒水頭），選擇完成後，按「開啟」載入，如圖 25-17。

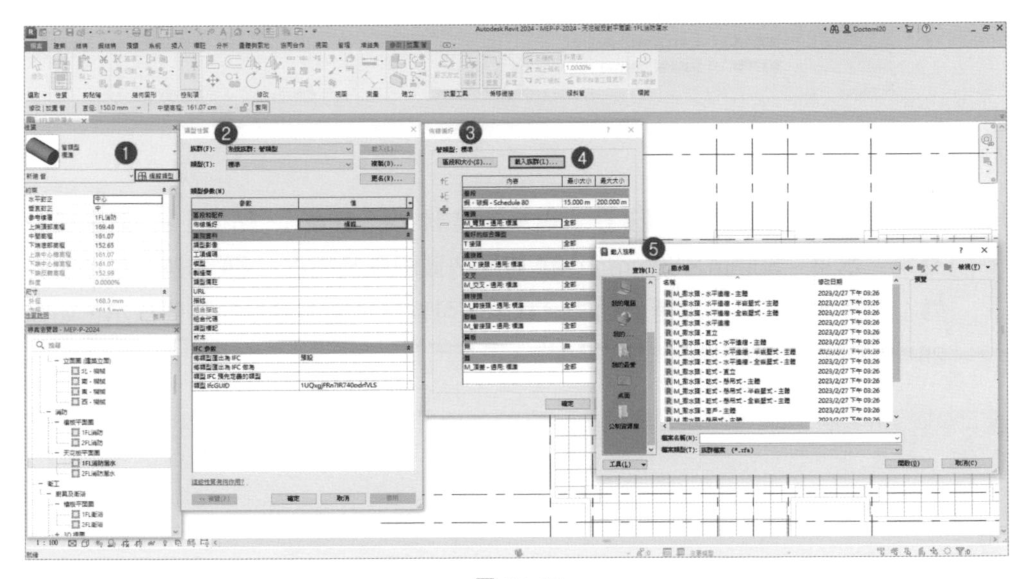

圖 25-17

25.2.3 加壓設備載入

1 選擇功能區「插入」-「載入族群」 後，選擇「M_ 氣動式冷凝泵 - 水平 .rfa」，如圖 25-18。（樣板檔案位置在 C:\ProgramData\Autodesk\RVT 2024\Libraries\Traditional Chinese_INTL\ 機械 \MEP\ 水系統元件 \ 泵）。

圖 25-18

2 ❶ 切換 1FL 消防視圖，❷ 在「專案瀏覽器」-「族群」，點選「M_ 氣動式冷凝泵 - 水平 - 50mm×50mm」，❸ 確認放置視圖及高程，❹ 勾選「放置後旋轉」，❺ 放置元件，點選氣動式冷凝泵，可看見冷凝泵連接點警告標示，如圖 25-19 及圖 25-20。

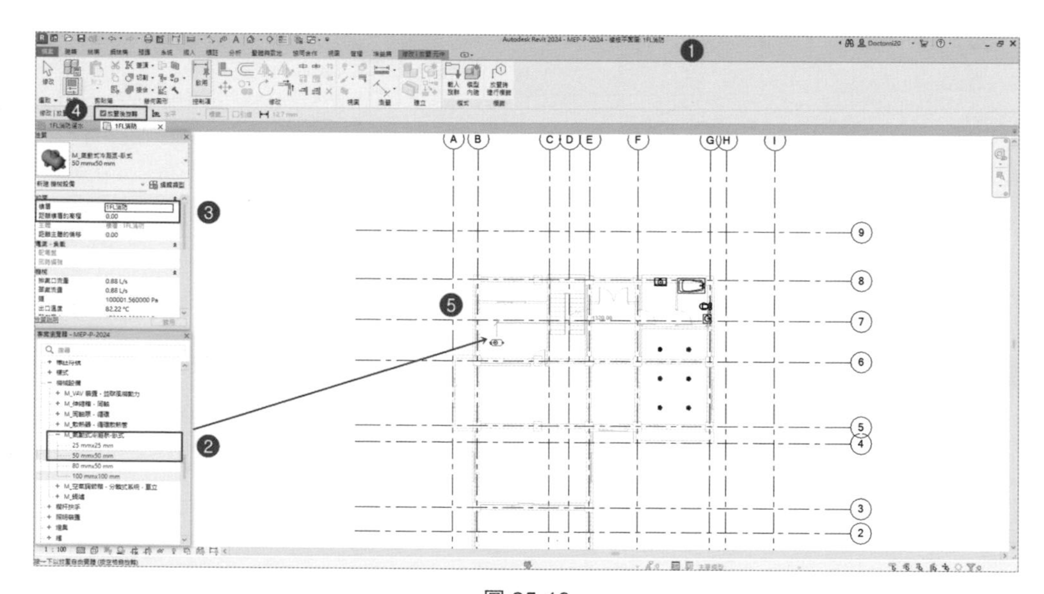

圖 25-19

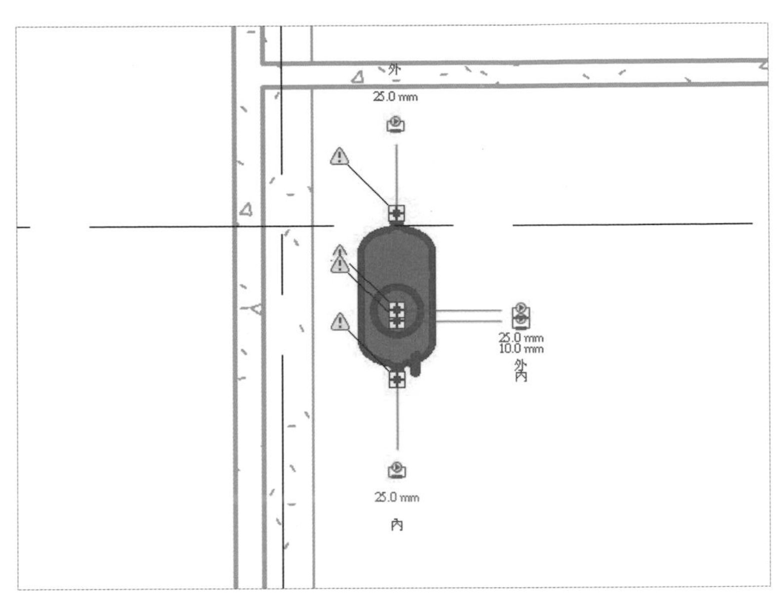

圖 25-20

3 為使後續繪圖便利，需先將氣動式冷凝泵圖元隱藏，❶ 點擊氣動式冷凝泵圖元後，❷ 按右鍵，開啟選項功能，點選「在視圖中隱藏」，出現選項，❸ 選擇「元素」，隱藏氣動式冷凝泵圖元，如圖 25-21。

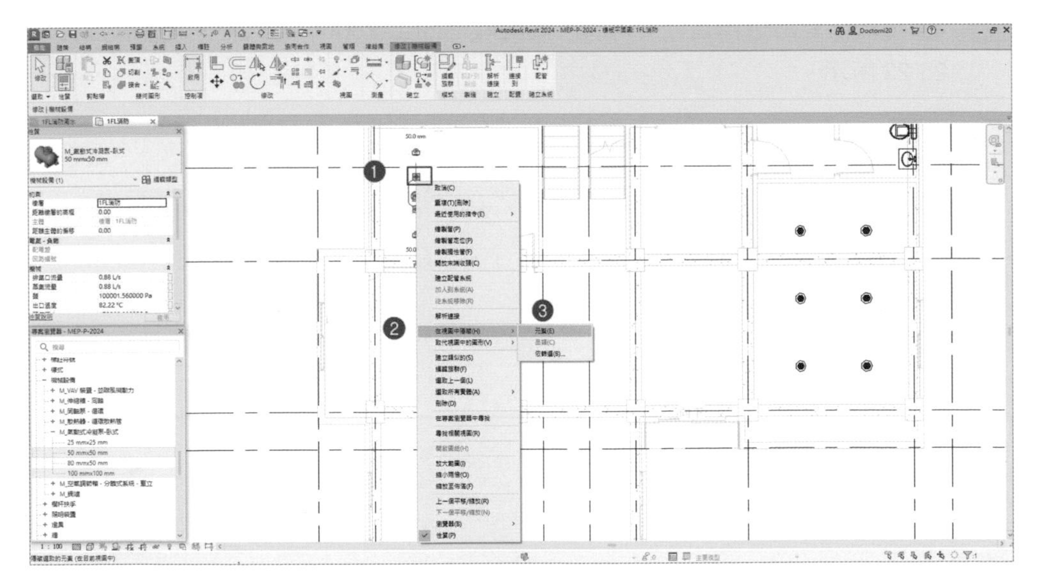

圖 25-21

25.2.4 撒水管路繪製

1 繪製撒水管路時，需完成 ❶ 圖形顯示設定，設定為「細緻」，❷ 撒水管路材料選擇，❸ 撒水高程設為「100」(BOP)，❹ 設定直徑「65mm」，❺ 繪製管段長度 250cm，管路系統要設定「濕式防火」，為如圖 25-22。

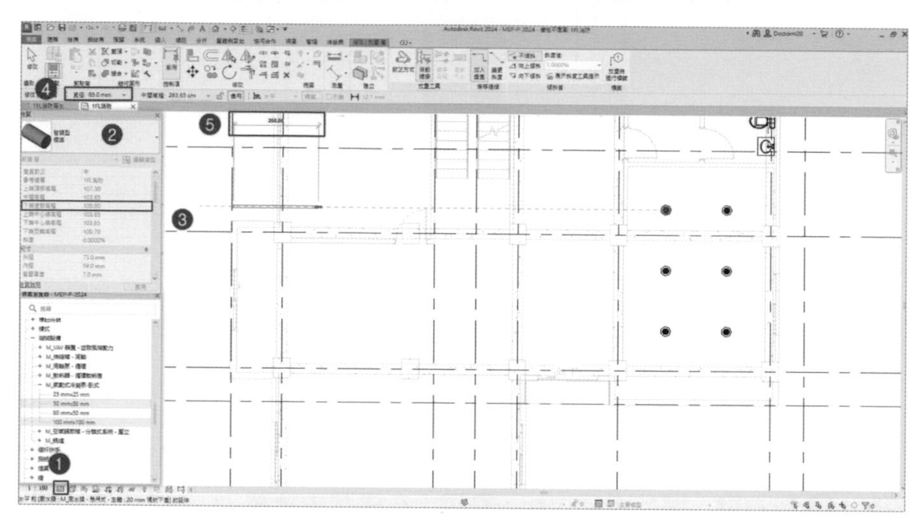

圖 25-22

2 ❶ 第二段管路選擇直徑 65mm，高度離地面上 280cm (BOP)，❷ 長度如圖 25-23 所示。

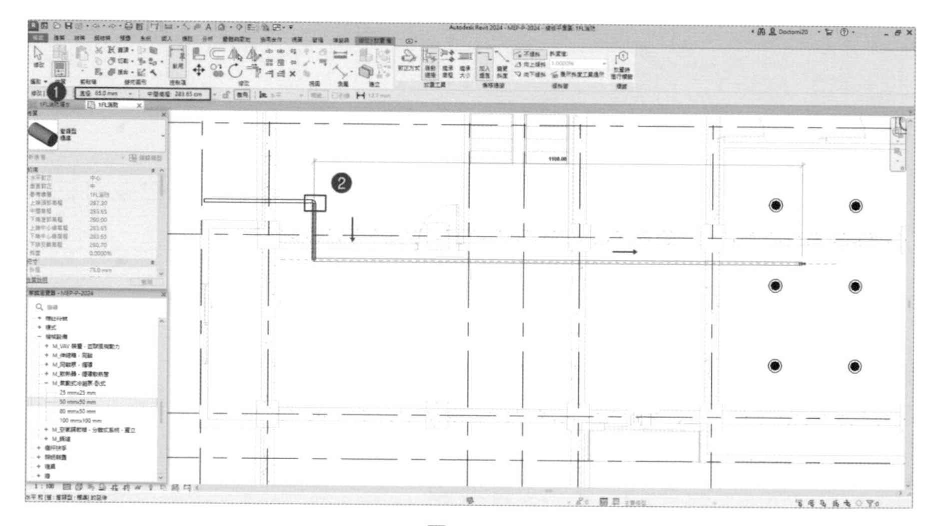

圖 25-23

3 第三段管路選擇直徑 50mm，高度離地面上 270cm（BOP），如圖 25-24。

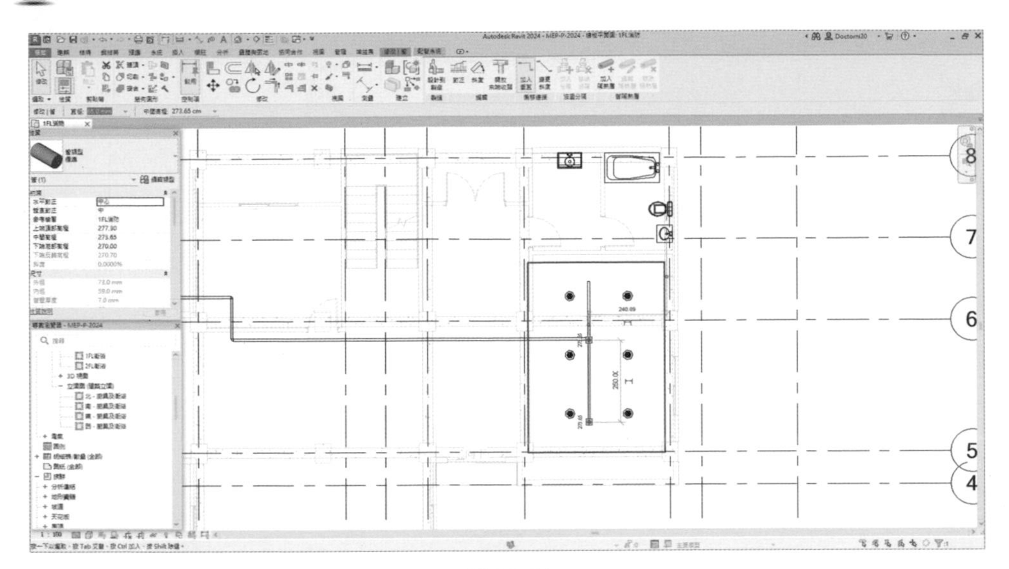

圖 25-24

4 ❶ 點擊撒水頭元件後，❷ 在「修改 | 撒水頭」頁籤下，點選「連接到」，❸ 完成左半邊撒水頭連接，如圖 25-25。❹ 選支管，按滑鼠右鍵，開啟功能列，點選建立類似的功能，❺ 繪製 3 根右邊支管，如圖 25-26。❻ 完成右半邊撒水頭連接，如圖 25-27。

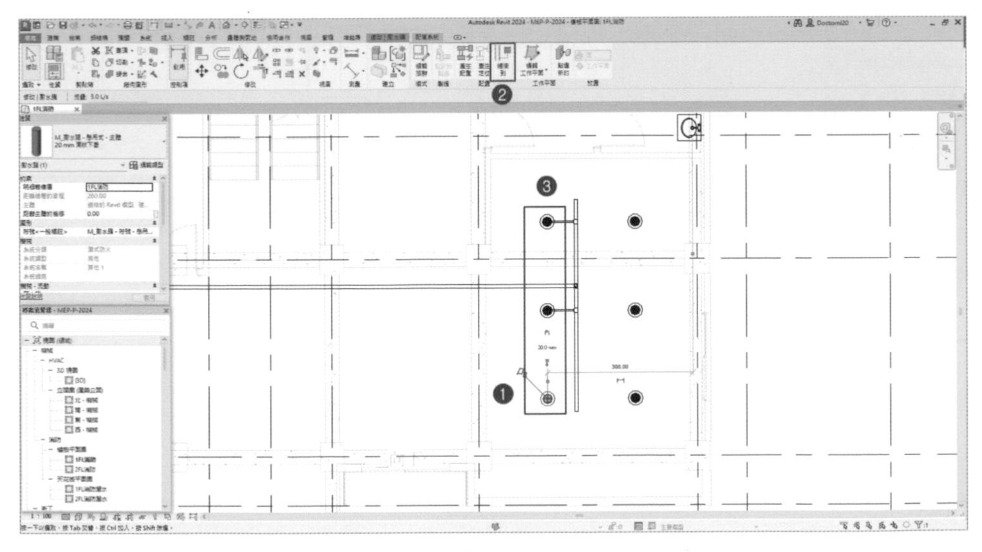

圖 25-25

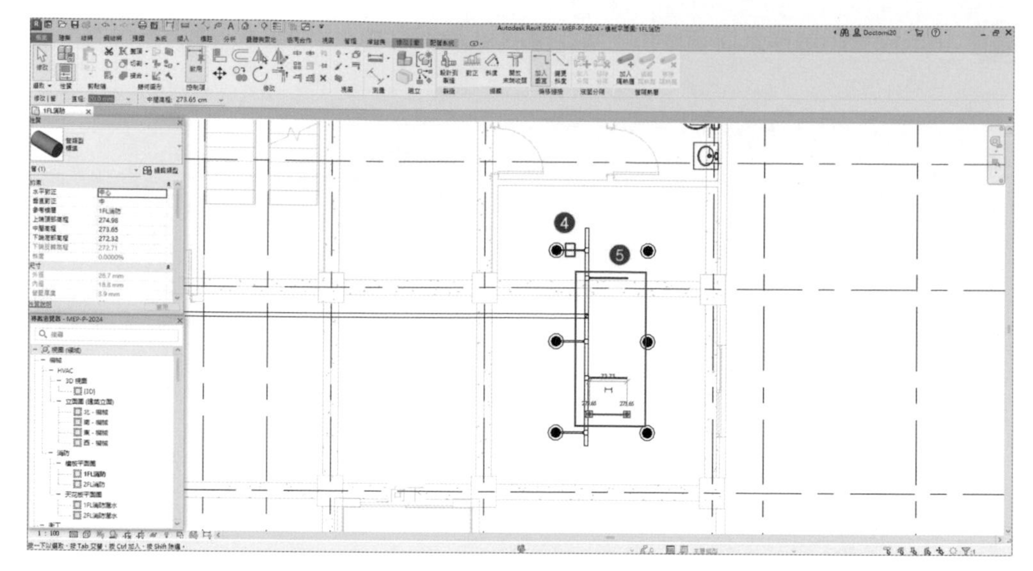

圖 25-26

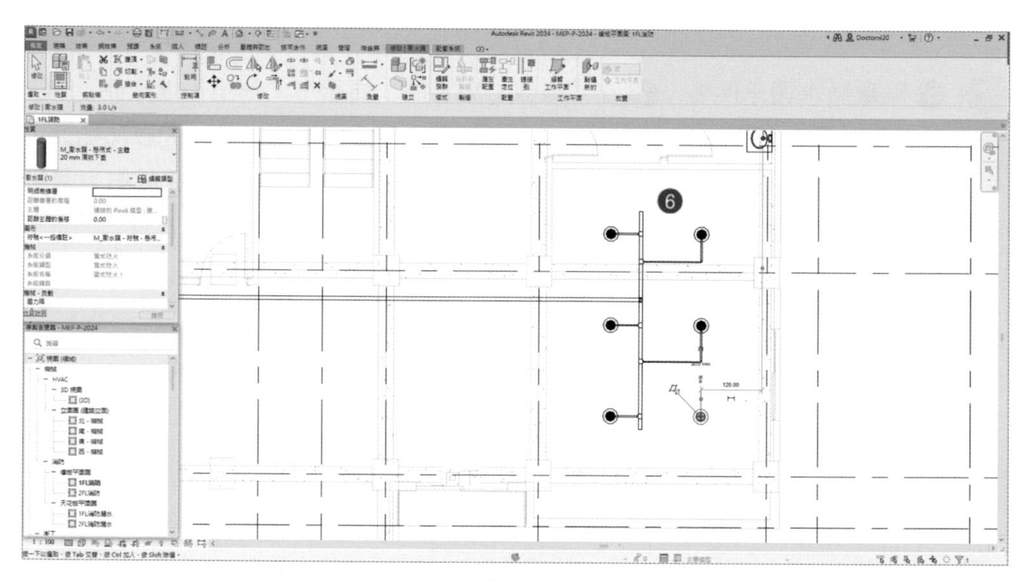

圖 25-27

5 在撤水幹管末端，並未閉合，因此需增設末端頂蓋封閉；在「性質瀏覽器」選擇元件族群為「M_ 頂蓋 - 通用 - 標準」後，點選管路末端，放置頂蓋，如圖 25-28、圖 25-29。

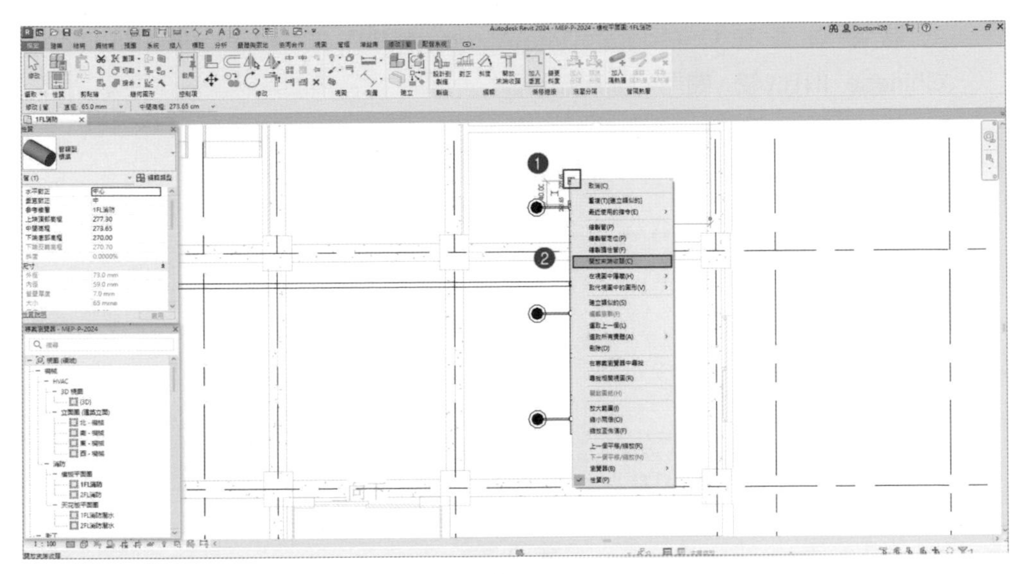

圖 25-28

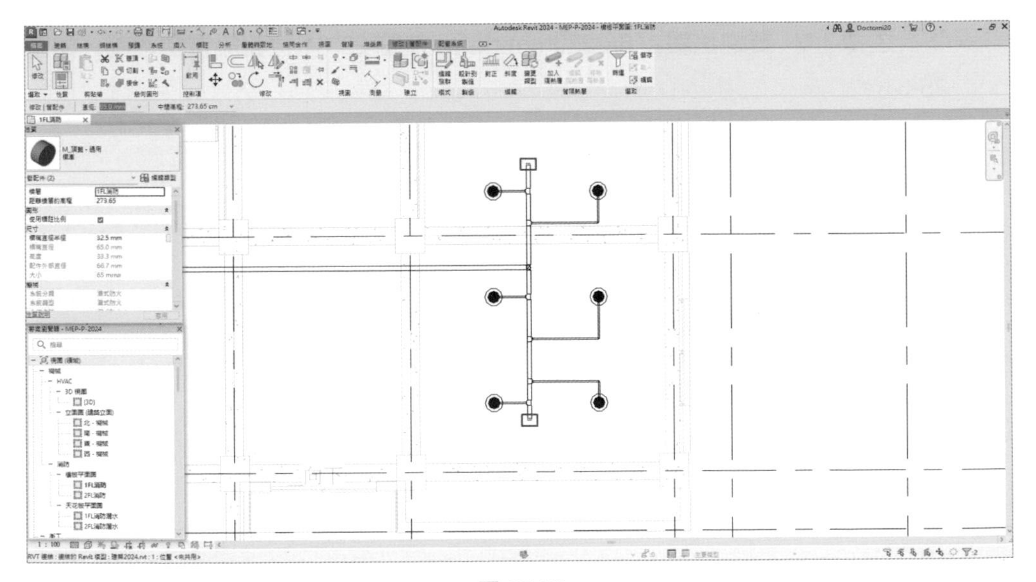

圖 25-29

25.2.5 管路配件設置

1. 在管路中，常依設計，需設置閥門等開關，以控制水流；選擇功能區「插入」-「載入族群」 後，選擇「M_ 雙逆止閥 - 65-250mm.rfa」，如圖 25-30。(樣板檔案位置在 C:\ProgramData\Autodesk\RVT 2024\Libraries\Traditional Chinese_INTL\ 管 \ 閥門 \ 回流防止器)。

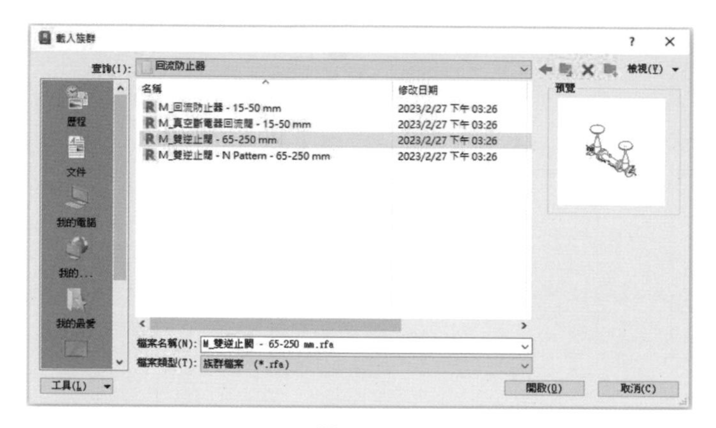

圖 25-30

2. 選擇功能區「系統」-「衛工與配管」-「管附件」 後，在「性質瀏覽器」下，選擇「M_ 雙逆止閥 – 65-250mm.rfa」，依圖 25-31 位置設置逆水閥，如圖 25-31。

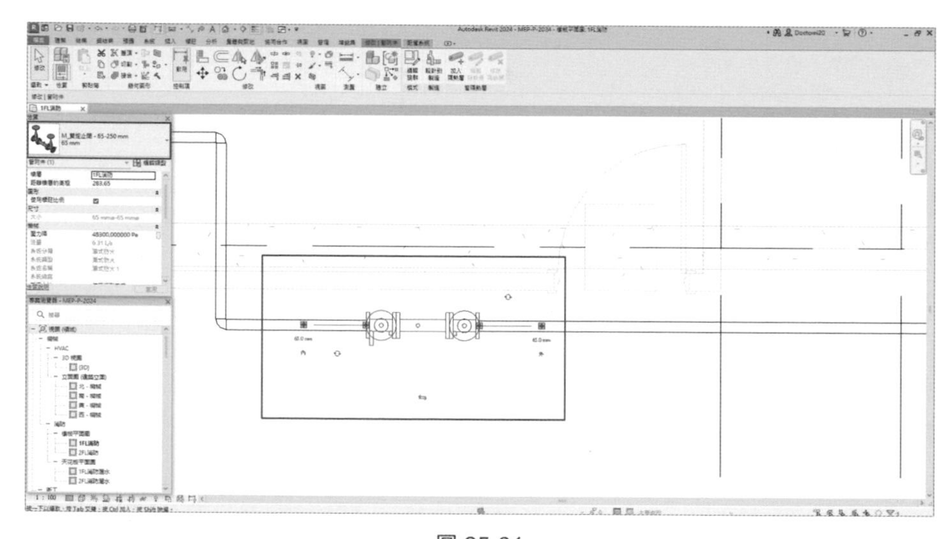

圖 25-31

3 切換到 3D 視圖，可檢查管路及配件是否與設計為內容相符，如圖 25-32。

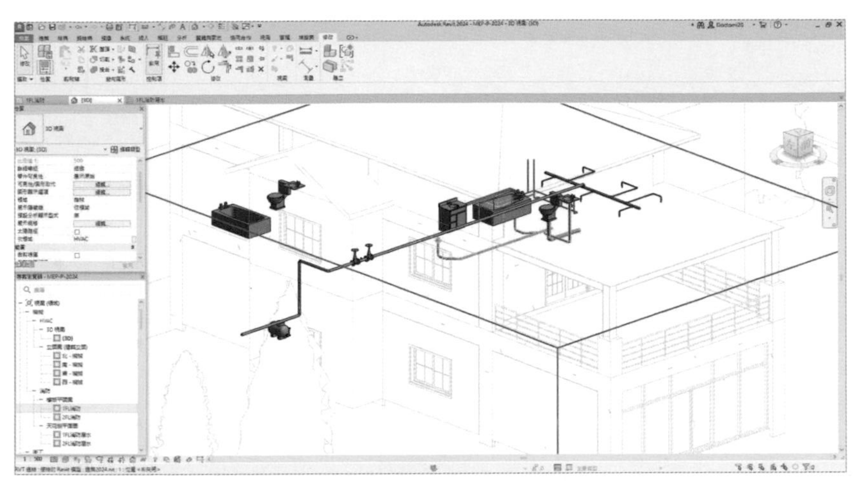

圖 25-32

25.3 標籤管路

25.3.1 管路尺寸標籤

1 在平面視圖 1FL 消防」，選擇功能區「標註」-「標籤」-「依品類建議標籤」 或在上方選項列選功能鈕，如圖 25-33。

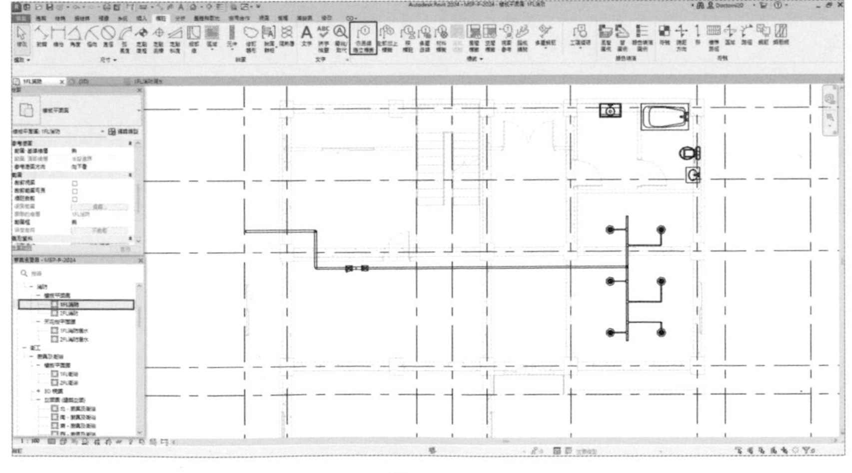

圖 25-33

2 選擇「依品類建立標籤」，依所需設定標籤形式，點擊管路標籤，如圖 25-34。

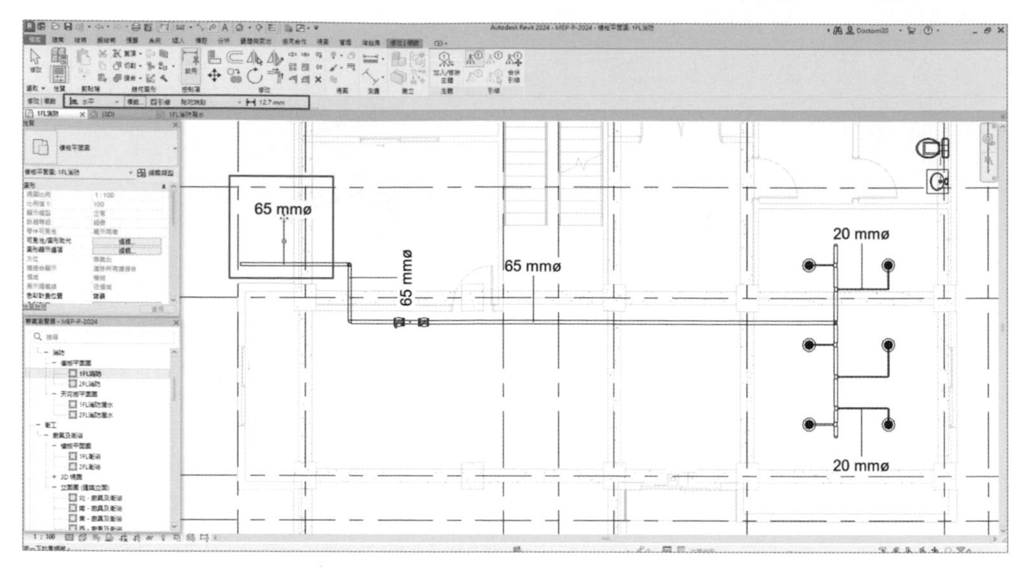

圖 25-34

25.3.2 管路高程標示

1 選取在功能區「標註」-「標註」-「定點高程」，如圖 25-35。

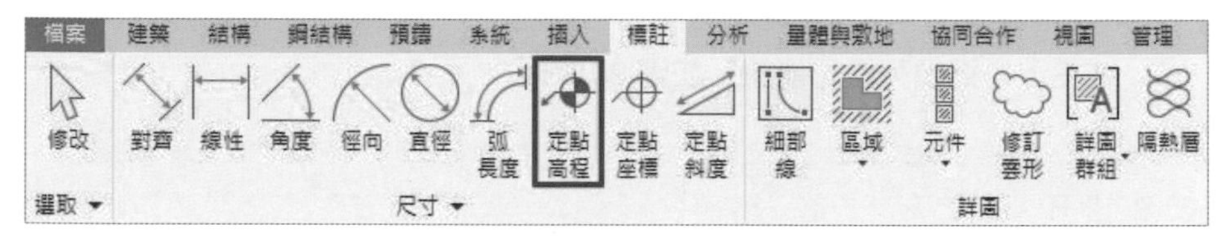

圖 25-35

2 選取「定點高程」後，會切換到「修改 | 放置標註」頁籤，請讀者依設計所需，決定是否勾選「引線」及「支點」，高程標註形式，如圖 25-36。

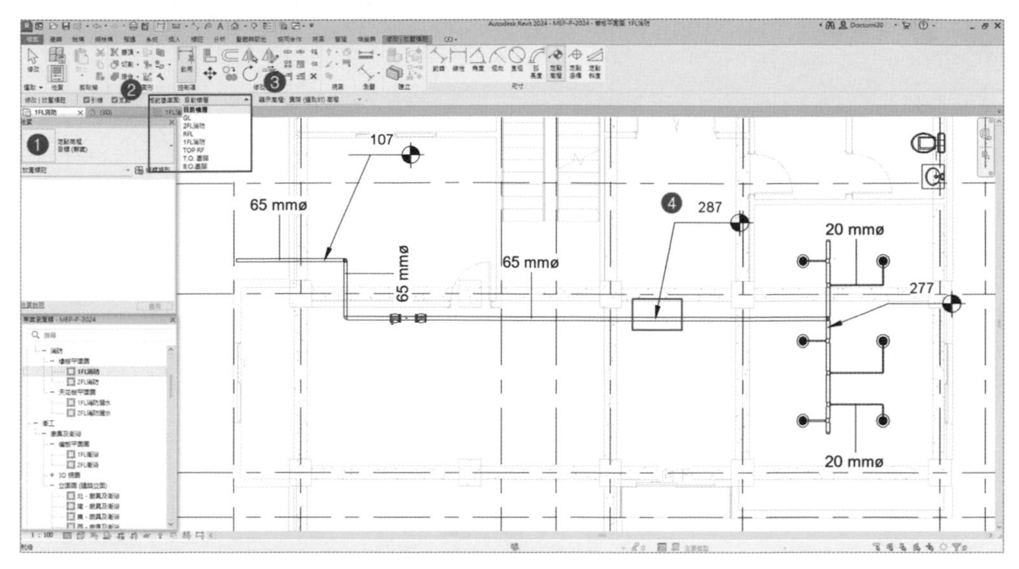

圖 25-36

25.3.3 分段改管徑

1 ❶ 點選管件，然後按 Tab 鍵，全選整段管路，❷ 在功能列，按「篩選」，❸ 開啟「篩選」對話框，勾選「管」、「管配件」，❹ 完成後，按「確定」，如圖 25-37。

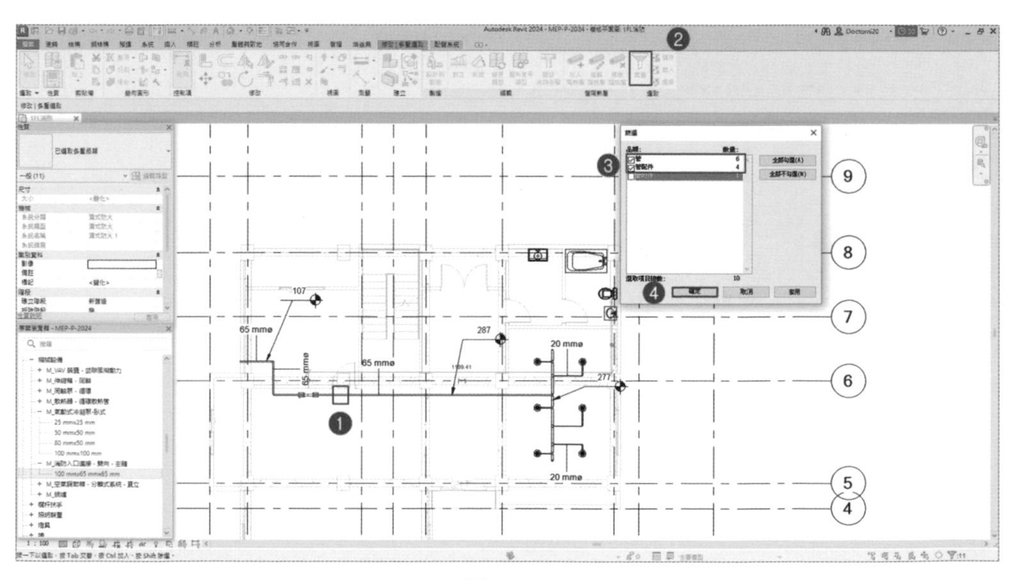

圖 25-37

2 ❺ 將管直徑改為「100」mm，如圖 25-38。

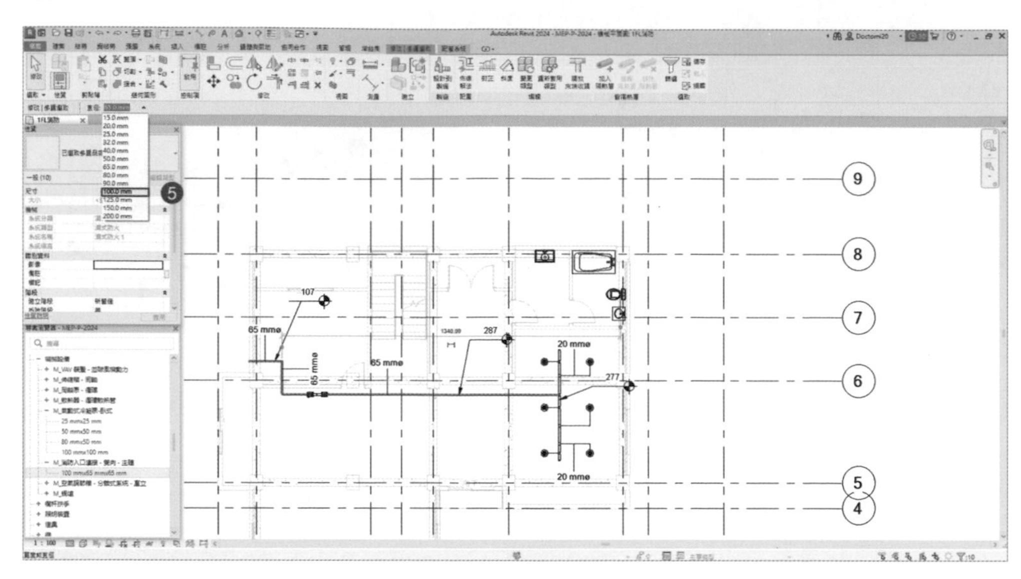

圖 25-38

3 ❻ 可看見管標籤，也改成「100」mm，❼ 點選「M_ 雙逆止閥 – 65-250mm」，❽ 在「性質」對話框，將「M_ 雙逆止閥 – 65- 250mm」改為 100mm，如圖 25-39。

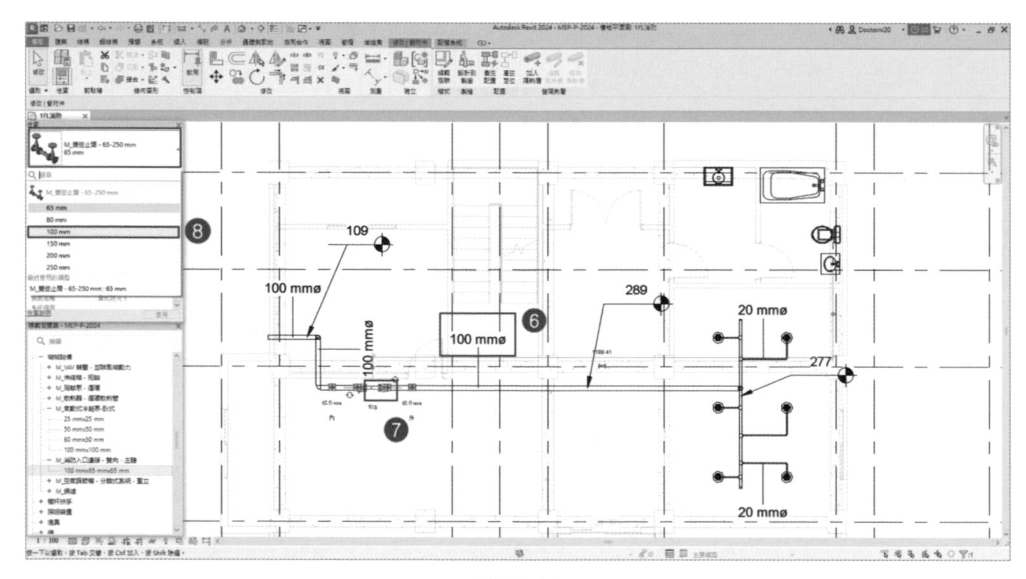

圖 25-39

25.4 送水口設置

25.4.1 送水口繪製

1. 在管路中，常依設計，需設置閥門等開關，以控制水流；選擇功能區「插入」-「載入族群」後，選擇「M_ 消防入口連接 - 雙向 - 主體 .rfa」，如圖 25-37。（樣板檔案位置在 C:\ProgramData\Autodesk\RVT 2024\Libraries\Traditional Chinese_INTL\ 消防 \ 連接 \M_ 消防入口連接 - 雙向 - 主體 .rfa），如圖 25-40。

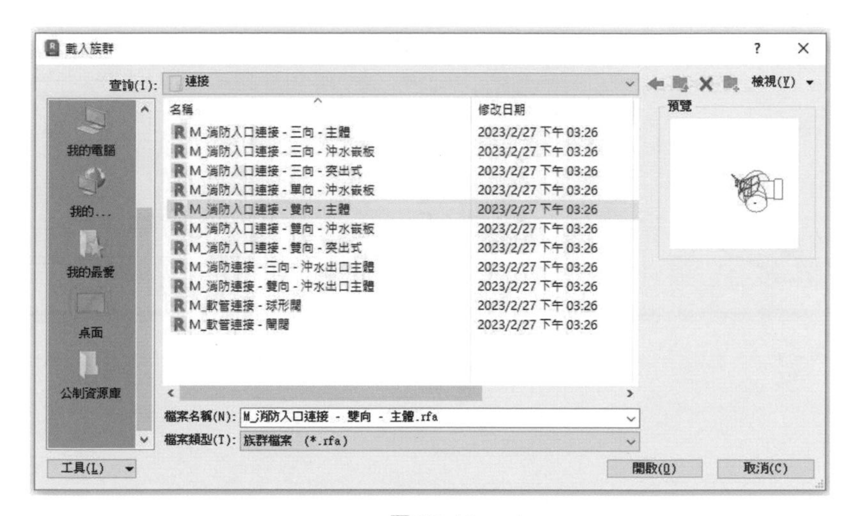

圖 25-40

2 ❶ 在「專案瀏覽器」中，點選「族群」-「機械設備」-「M_ 消防入口連接 - 雙向 - 主體」，❷ 將元件高程設定為「100」，❸ 將元件拖曳置接合點，如果方向不對，可以按空白鍵，調整方向，如管路未能接合，請重新將管路拉動接合，如圖 25-41。

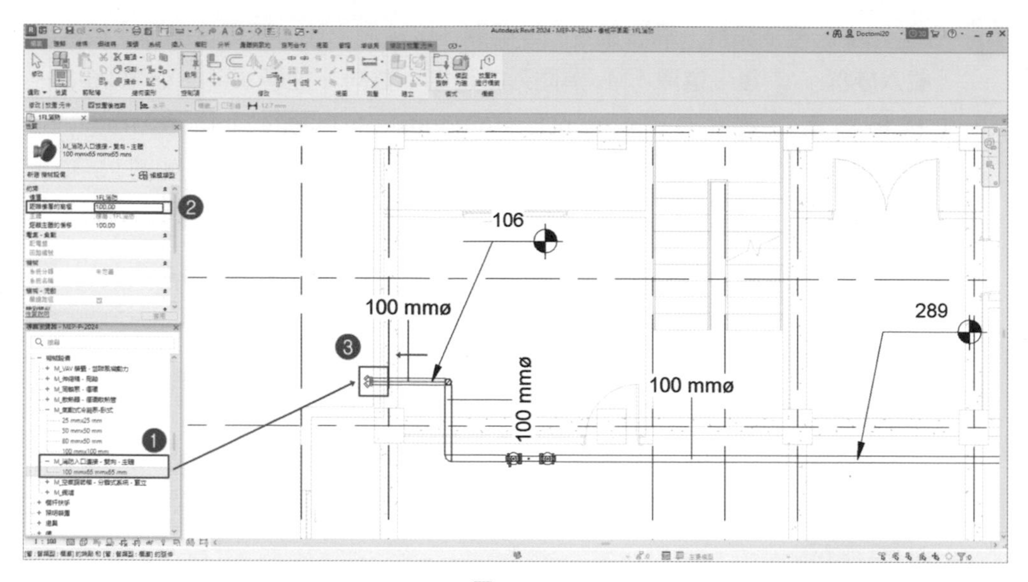

圖 25-41

25.5 火警警報系統

25.5.1 火警設備繪製

1 ❶ 在功能區「系統」-「電氣」-「裝置」後，選擇「火警」 功能，❷ 開啟「載入族群」對話框，❸ 選擇設計所需之警報器，❹ 載入「M_ 差溫感熱器」元件（C:\ProgramData\Autodesk\RVT 2024\Libraries\Traditional Chinese_INTL\ 電氣 \MEP\ 資訊與通訊 \ 火警 \M_ 消防入口連接 - 雙向 - 主體 .rfa），❺ 完成後，按「開啟」，如圖 25-42。

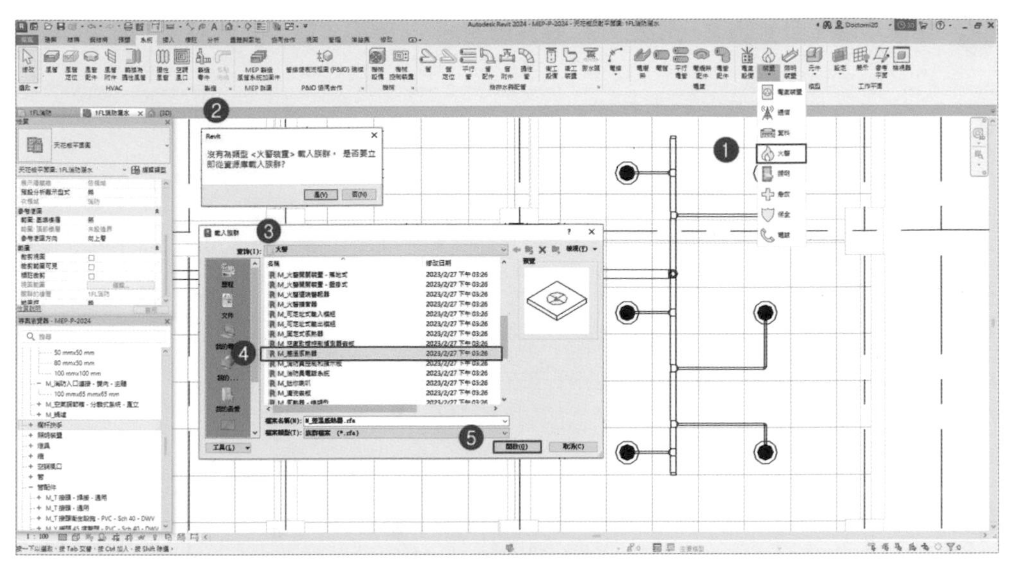

圖 25-42

2 ❶ 選擇「M_ 差溫感熱器」後，在功能區會切換到「修改 | 放置 火警」頁籤，在「放置」功能區，❷ 選擇「放置在工作平面上」功能，❸ 放置「M_ 差溫感熱器 _ 標準」感知器，如圖 25-43。

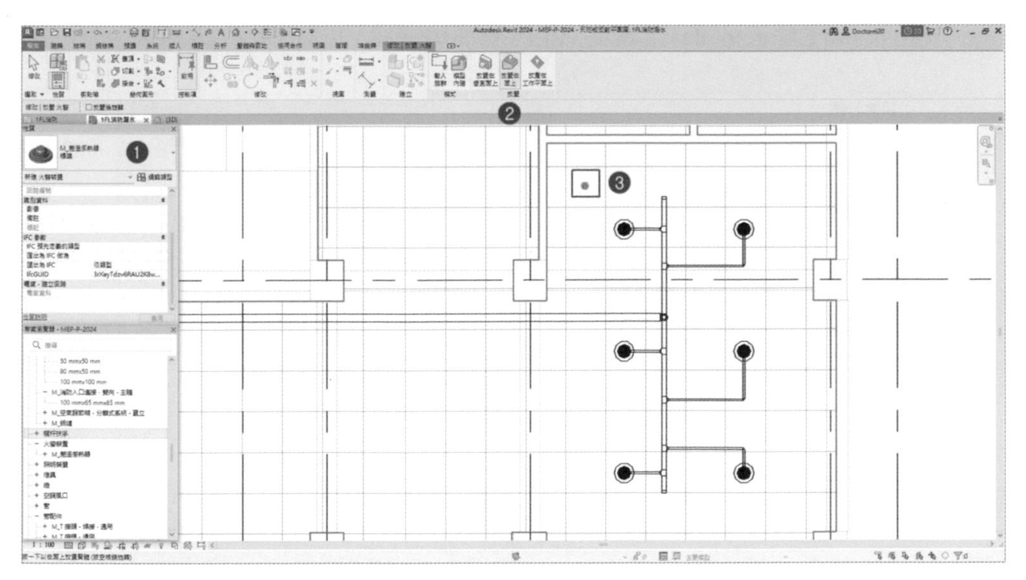

圖 25-43

3 重複步驟 1 及步驟 2，選擇「M_ 煙霧偵測器」，確認放置平面樓層，如圖 25-44。

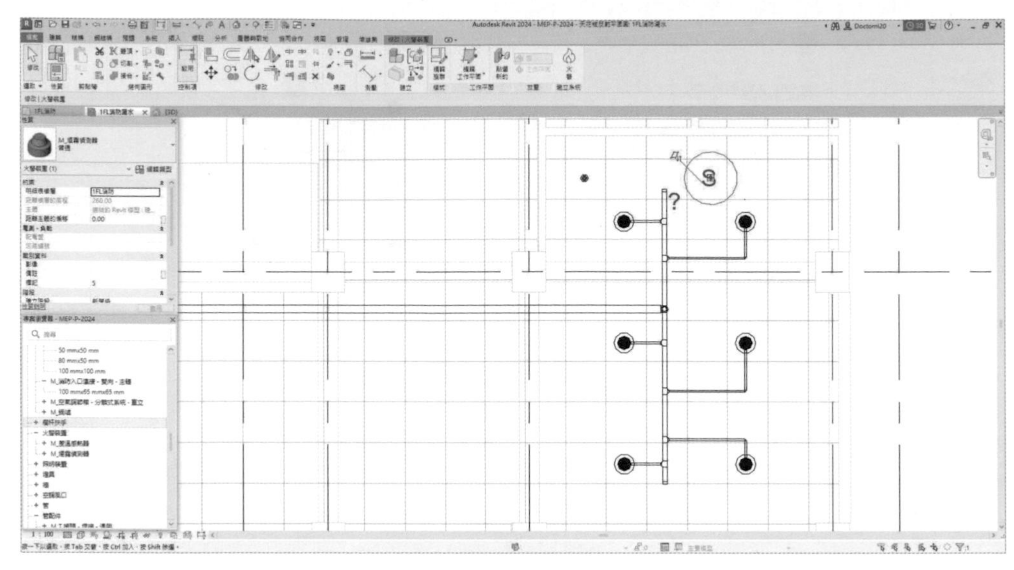

圖 25-44

4 選擇功能區「插入」-「載入族群」後，選擇「M_ 火警控制嵌板 .rfa」，如圖 25-45。（樣板檔案位置在 C:\ProgramData\Autodesk\RVT 2024\Libraries\Traditional Chinese_INTL\ 電氣 \MEP\ 資訊與通訊 \ 火警）

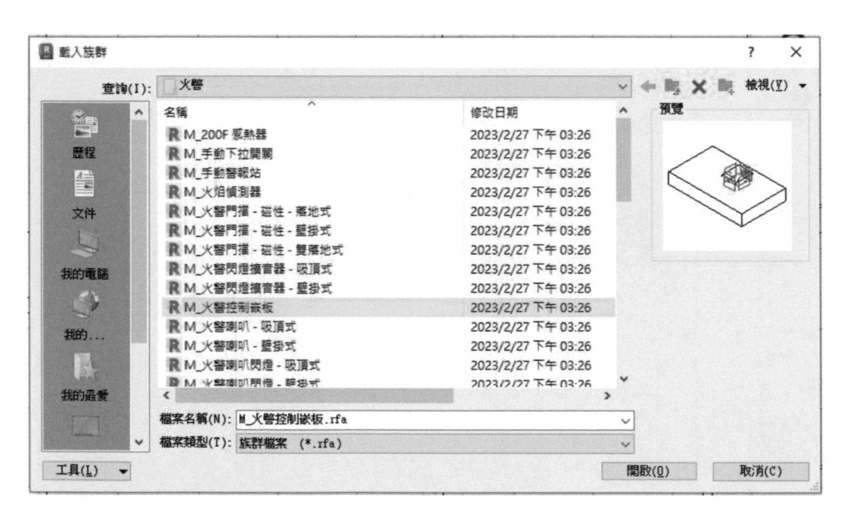

圖 25-45

5 ❶「1FL 消防」平面圖，在選擇在功能區「系統」-「電氣」-「電氣設備」，❷「性質瀏覽器」選擇「M_ 火警控制嵌板」，並將「配電盤名稱」改為「1FF」，❸ 選擇「放置在垂直面上」，❹ 如圖 25-46 位置放置火警控制盤。

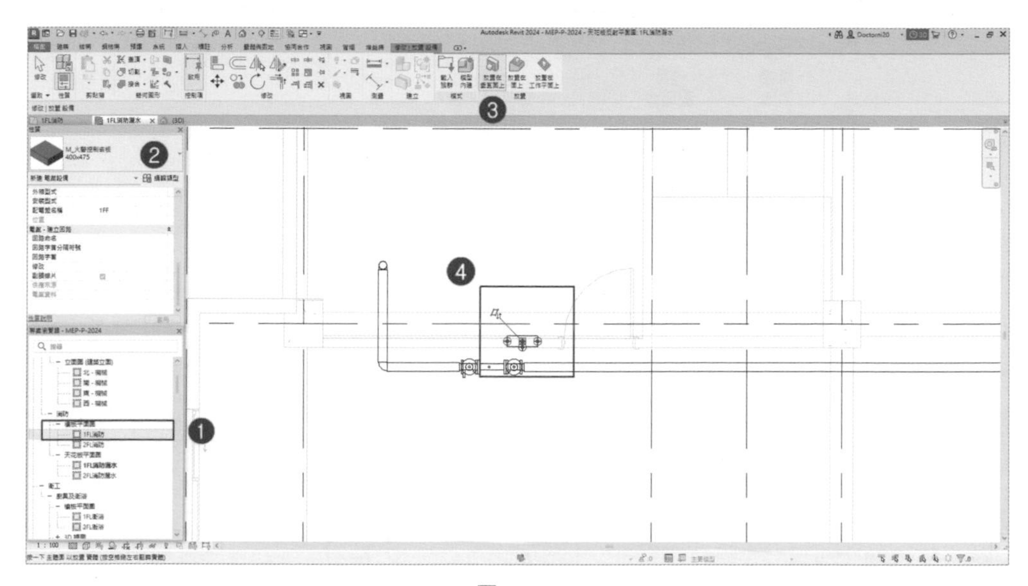

圖 25-46

6 點擊「M_ 煙霧偵測器」，在功能區會切換到「修改 | 火警裝置」頁籤，在「建立系統」功能，點擊「火警」 如圖 25-47。

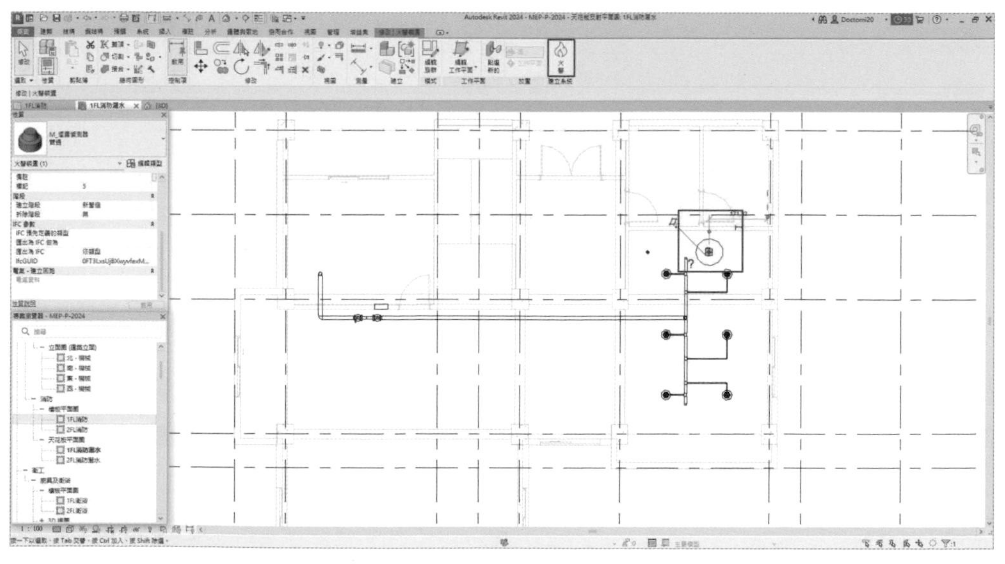

圖 25-47

7 點擊「火警」 ，會切換到「修改 | 電路」頁籤，如圖 25-48，開始編輯火警電路，其操作方式如同第 21.3 節方式一樣。完成後電路如圖 25-49。

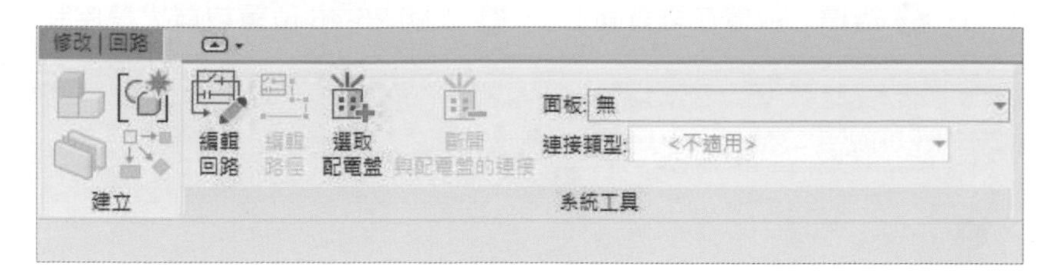

圖 25-48

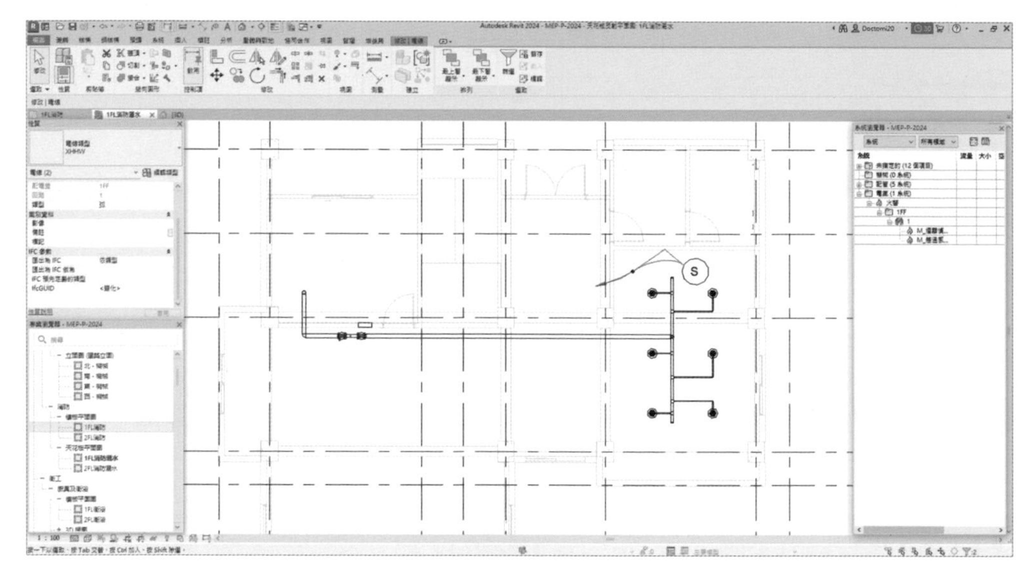

圖 25-49

25.6 干涉檢查

25.6.1 干涉檢查

機電工程在完成建模後，需進行各管線與建築物部分，找出有碰撞之管線，並予以調整，在 Revit MEP 中，提供能快速檢查各圖元間之碰撞，其操作步驟如下：

1 要進行干涉檢查（碰撞檢查），先選擇所需檢查圖元，如果要選擇整個圖面之管路，可以不選擇任何圖元，直接進行干涉檢查。

2 在功能區之「協同作業」頁籤下的「干涉檢查」，選擇「執行干涉檢查」執行干涉檢查，如圖 25-50，會開啟「干涉檢查」對話框，如圖 25-51。

圖 25-50

干涉檢查

品類來源
目前的專案
灑水頭
機械設備
火警裝置
管
管配件
管附件
衛工裝置
電氣設備
選取項目
全部(L) 無(N) 反轉(I)

品類來源
目前的專案
灑水頭
機械設備
火警裝置
管
管配件
管附件
衛工裝置
電氣設備
選取項目
全部(L) 無(N) 反轉(I)

確定 取消

圖 25-51

3 在「干涉檢查」對話框，在左邊「品類來源」，選擇建築模型檔案，可以在右邊選擇 MEP 檔案執行干涉檢查，如圖 25-52。

圖 25-52

4 在「干涉檢查」對話框，在左邊「品類來源」，選擇選擇 MEP 檔案，也可以在右邊選擇 MEP 檔案執行相互干涉檢查，如圖 25-53。

圖 25-53

5 在「干涉檢查」對話框，在右邊「品類來源」，選擇選擇 MEP 檔案，也可以在左邊「品類來源」，可勾選「+」符號，開啟下層分類，如圖 25-54。

干涉檢查
品類來源
目前的專案
品類來源
建築2024.rvt
撒水頭
機械設備
火警裝置
管
管配件
管附件
衛工裝置
電氣設備
天花板
屋頂
帷幕板
帷幕牆豎框
樓板
樓梯
欄杆扶手
牆
窗
結構基礎
結構柱
結構構架
其他
垂直支撐
大樑
小樑
弦桿
桁條
水平支撐
腹板
選取項目
全部(L)
無(N)
反轉(I)
確定
取消

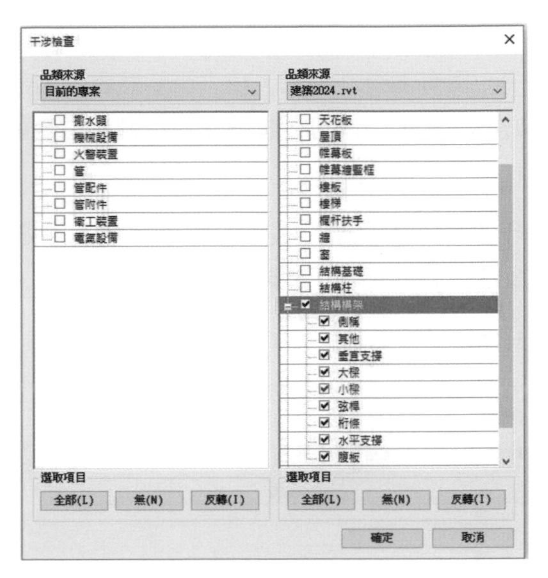

圖 25-54

6 完成上述步驟後，單擊「干涉檢查」對話框右下方「確定」；如果沒有檢查出碰撞，會顯示出一對話框，通知「未檢測到干涉」；如果檢查出干涉，則會顯示「干涉報告」對話框，該對話框會列出兩者之間有衝突之所有圖元，如圖 25-55。

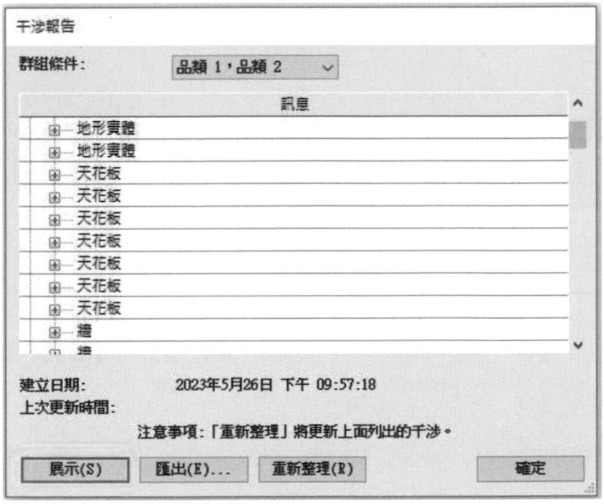

干涉報告
群組條件:
品類 1，品類 2
訊息
地形實體
地形實體
天花板
天花板
天花板
天花板
天花板
天花板
天花板
牆
建立日期:
2023年5月26日 下午 09:57:18
上次更新時間:
注意事項:「重新整理」將更新上面列出的干涉。
展示(S)
匯出(E)...
重新整理(R)
確定

圖 25-55

7 在「干涉報告」對話框，點擊「+」符號，開啟干涉報告之內容，列出管道類別、兩者對應之圖元 ID 編號，如圖 25-56；在「干涉報告」對話框，可進行以下操作：

1. **展示**：要檢查其中一個有衝突之圖元，在「干涉報告」對話框中，選擇該圖元的名稱，點擊下方的「展示」按鈕，該圖元會在視圖中亮顯，要解決干涉，在視圖中直接修改。
2. **重新整理**：解決干涉後，在「干涉報告」對話框中，點選「重新整理」按鈕後，則會從「干涉報告」列表中，刪除發生干涉之 H 圖元。
3. **匯出**：可以產生 HTML 版本報告。

干涉報告

群組條件: 品類 1，品類 2

訊息

牆

牆

牆

衛工裝置

建築2024.rvt : 衛工裝置 : M_抽水馬桶 - 沖水箱 : 公用 - 沖洗量大於 6.1 Lpf - 標記 2 : ID 245004

衛工裝置 : M_抽水馬桶 - 沖水箱 : 公用 - 沖洗量大於 6.1 Lpf - 標記 1 : ID 877266

衛工裝置

衛工裝置

衛工裝置

建立日期: 2023年5月26日 下午 09:57:18

上次更新時間:

注意事項:「重新整理」將更新上面列出的干涉。

展示(S) 匯出(E)... 重新整理(R) 確定

圖 25-56

8 關閉「干涉報告」對話框後，要再次查看上次產生之報告，可以點擊「展示上次報告」，如圖 25-57；該工具不會重新進行干涉檢查。

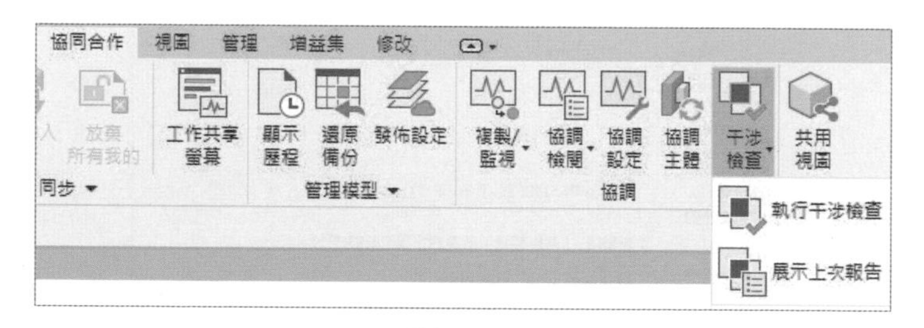

圖 25-57

CHAPTER

26

量體設計

 量體設計

26.1 量體設計

當建築師依業主或設計意念，要將構想轉換為圖面時，需先將基本外觀設計出來，因此會以簡略的圖形，構思幾個量體，以供參考，因此 Revit 提供較為簡單之量體設計功能，以供設計者使用。

26.1.1 檔案建立

1. 單擊「應用程序目錄」下「新建」-「專案」，開啟「新專案」對話框，選擇「瀏覽」，如圖 26-1，開啟新專案。

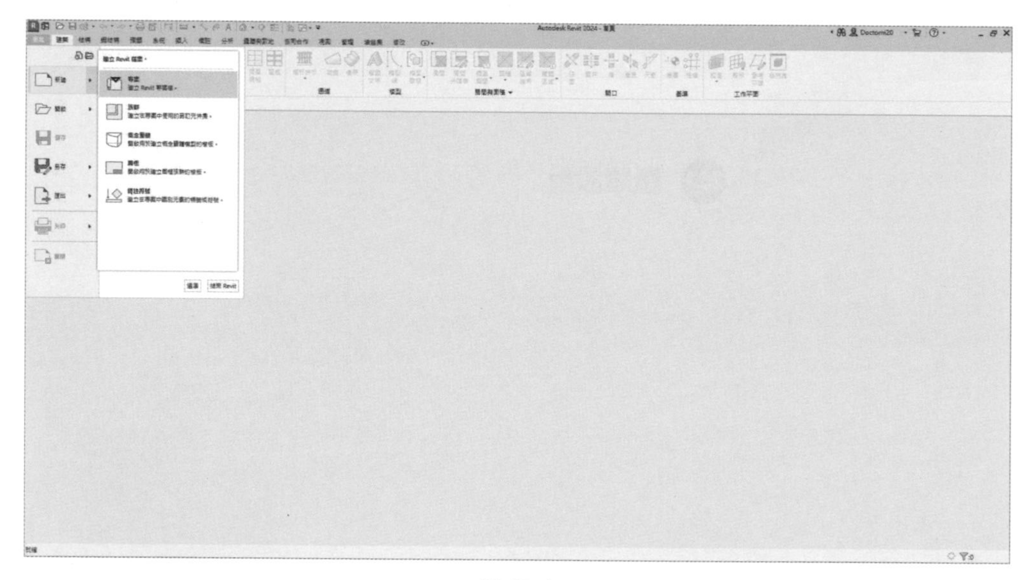

圖 26-1

2. 點選「專案瀏覽器」-「視圖」-「立面圖」(建築立面)-南，切換至南向立面視圖後，在「建築」頁籤下，選用「基準」-「樓層」工具，建立三個樓層之樓層網格，間距「3000」(專案單位為 mm)，如圖 26-2。

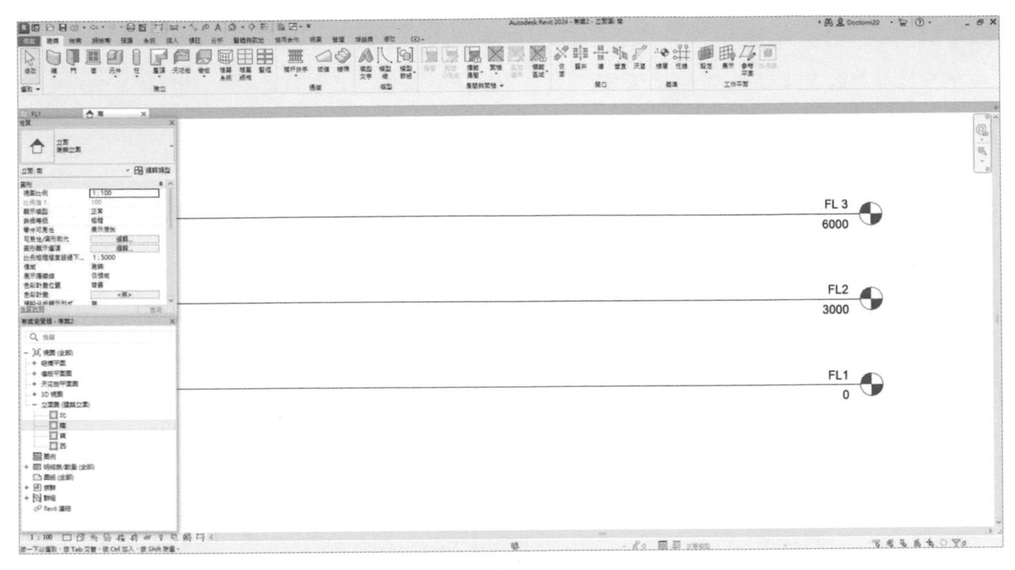

圖 26-2

26.1.2 工作介面介紹及量體構型建立

1 將視圖切換到「FL 1」，點選「量體與敷的」頁籤，選擇「依面建立模型」-「內建量體」，如圖 26-3，開啟「名稱」對話框，如圖 26-4。

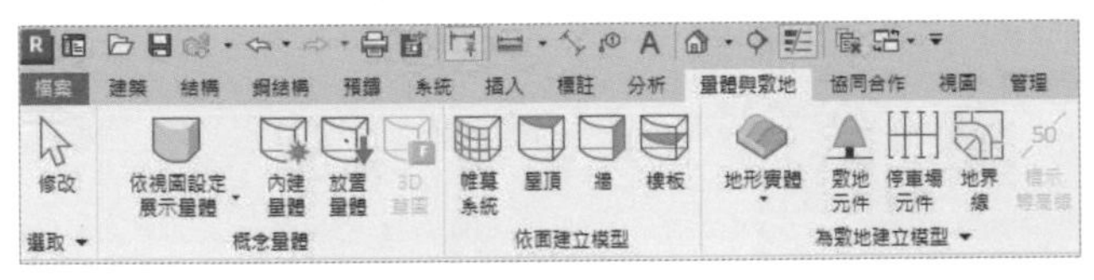

圖 26-3

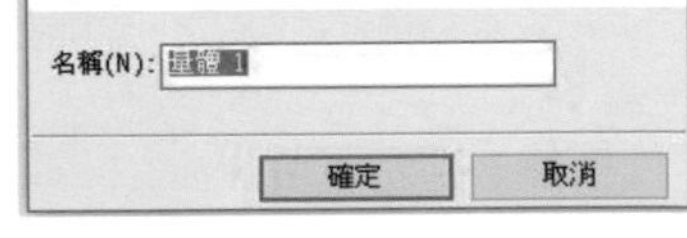

圖 26-4

2 完成步驟 1，按「確定」後，功能區切換到「建立」頁籤，再以「繪製」功能區工具，如圖 26-5；依圖 26-6 之尺寸，繪製量體底部。

圖 26-5

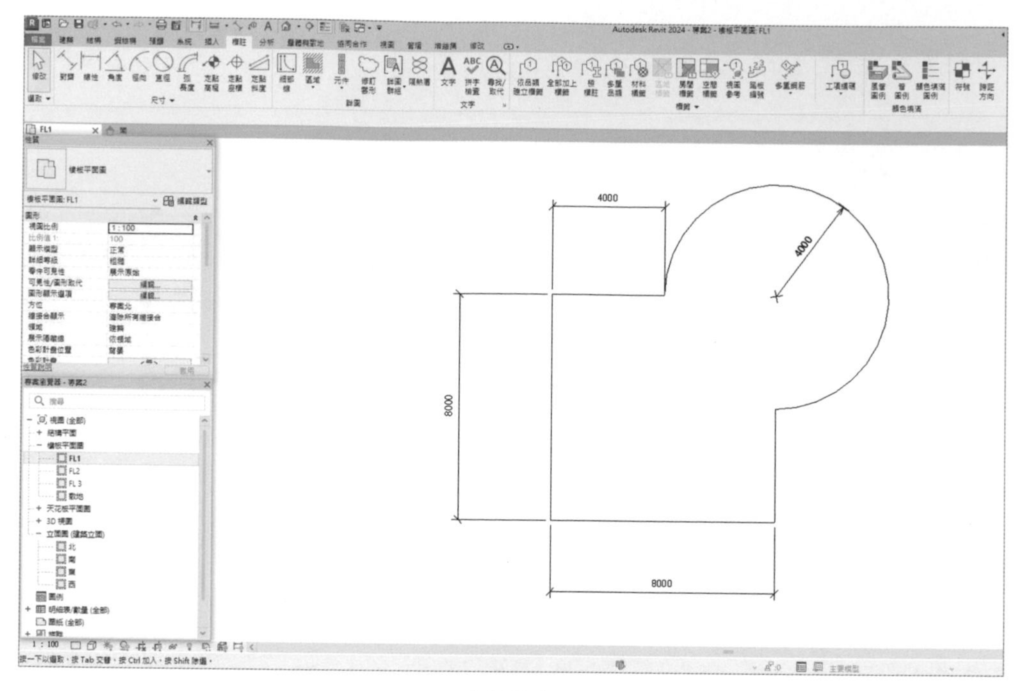

圖 26-6

3 ❶ 點擊量體圖元邊界，亮顯圖元；❷ 功能區切換至「修改｜線」頁籤，選擇「塑形」-「建立塑形」-「實體形式」 實體形式 功能，如圖 26-7。

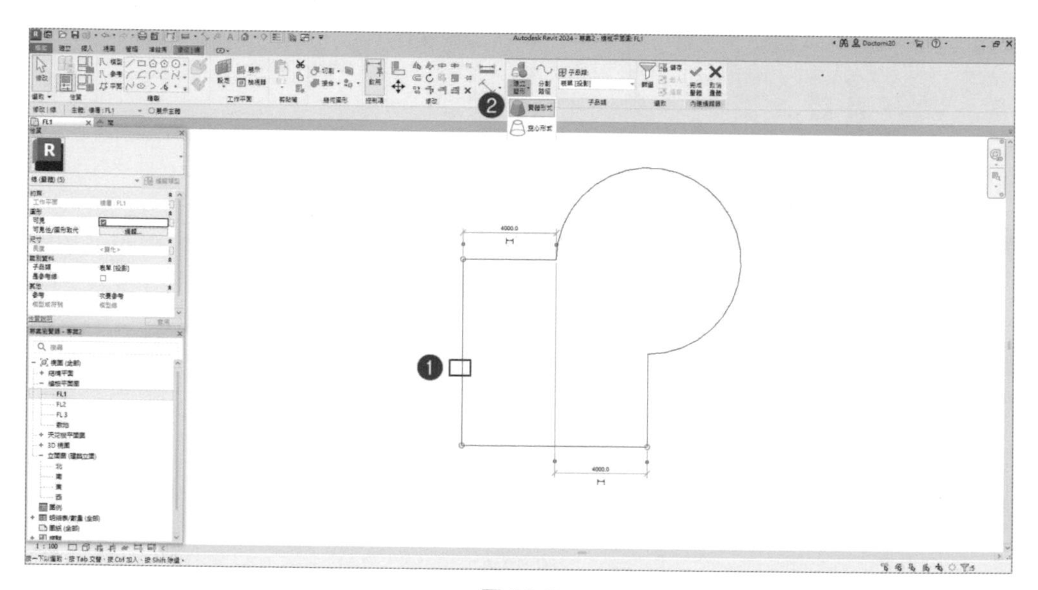

圖 26-7

4 點選「實體形式」 實體形式 功能後，視圖畫圖，會新增方向箭頭，如圖 26-8。❶ 在「專案瀏覽器」點選「視圖」-「立面圖」(建築立面) - 南立面，切換至南向立面視圖後，❷ 點擊方向箭頭，❸ 拖曳藍色圓圈及線至 FL 3 樓層網格線，完成樓高設定，如圖 26-9。

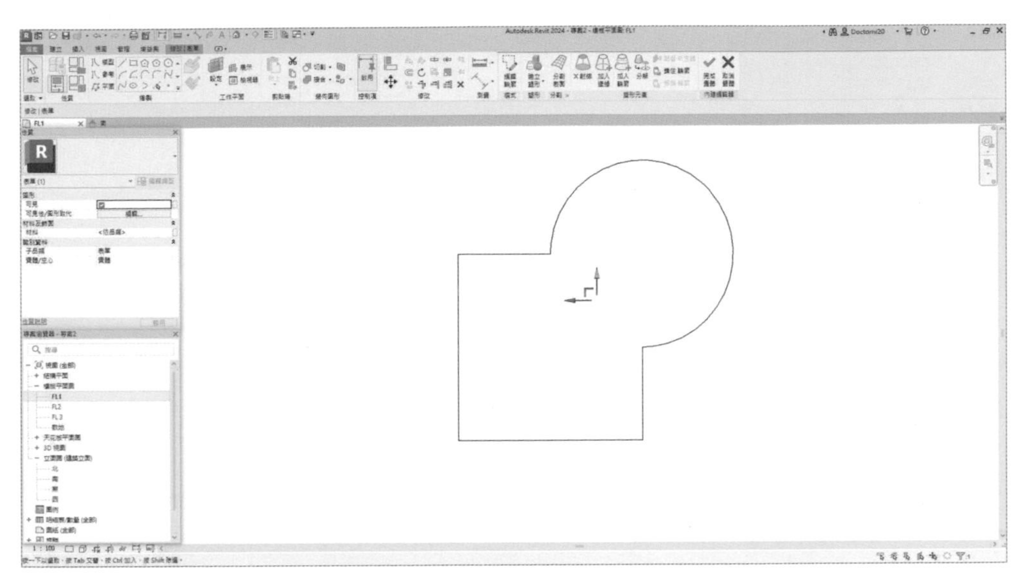

圖 26-8

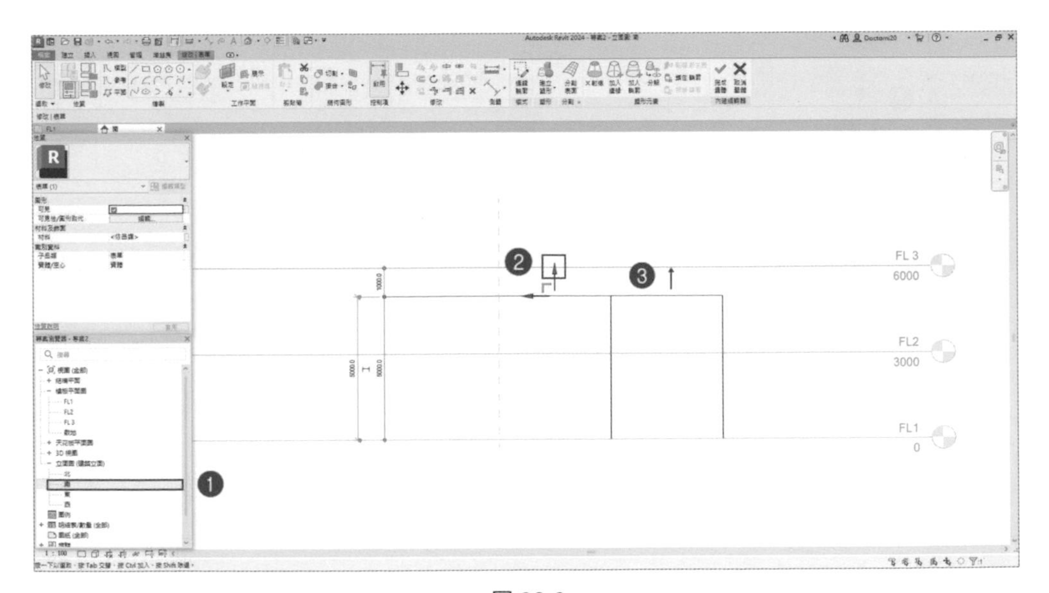

圖 26-9

5 完成後，切換到 3D 視圖，可看見完成之量體，如圖 26-10。

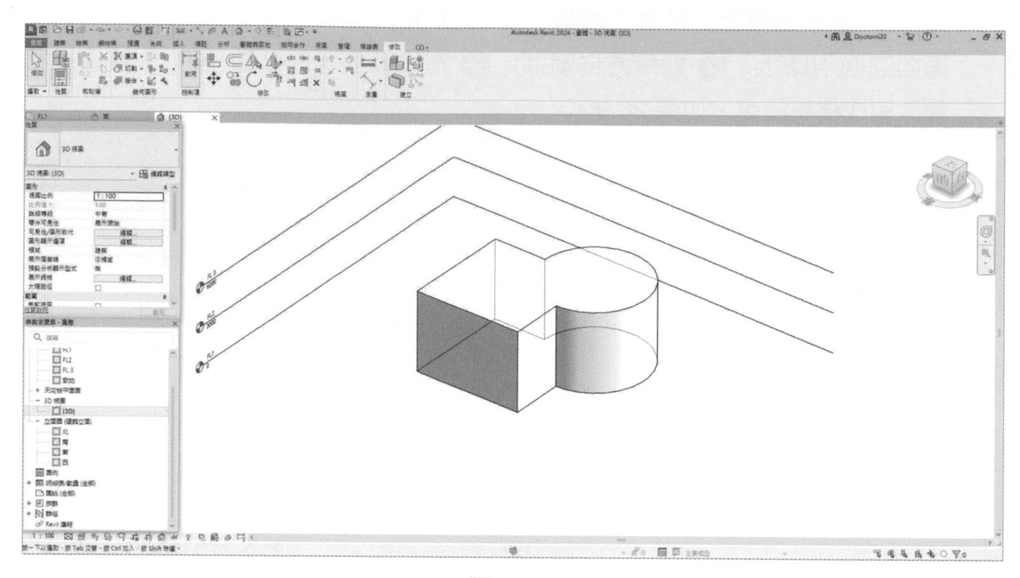

圖 26-10

26.1.3 量體挖空

1 點選量體，功能區切換至「修改 | 線」頁籤，❶ 點選「繪製」-「圓」工具，❷ 選擇「在工作平面上繪製」，如圖 26-11。

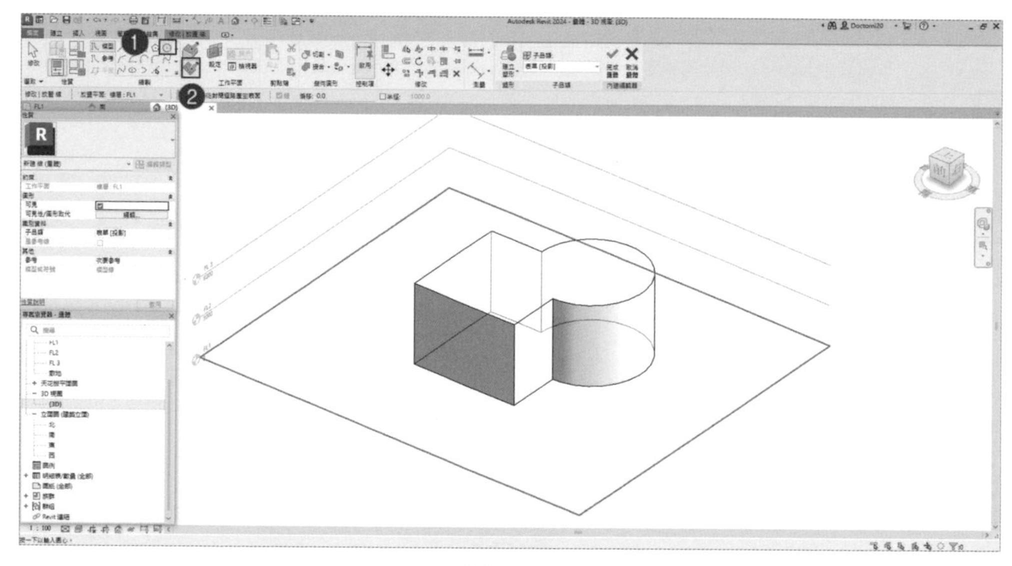

圖 26-11

2 點選功能區「設定工作平面」 工具，❶ 點選量體下方平面，❷ 將滑鼠游標靠近圓中心位置，點擊設定，如圖 26-12。

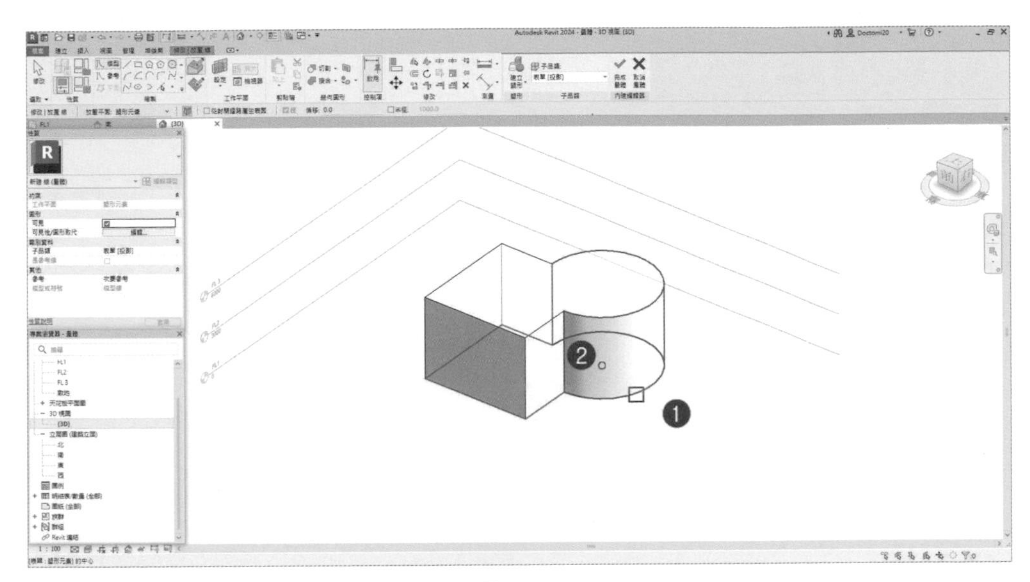

圖 26-12

3 在量體圓形下方平面，繪製一個半徑 2000 之圓，如圖 26-13。

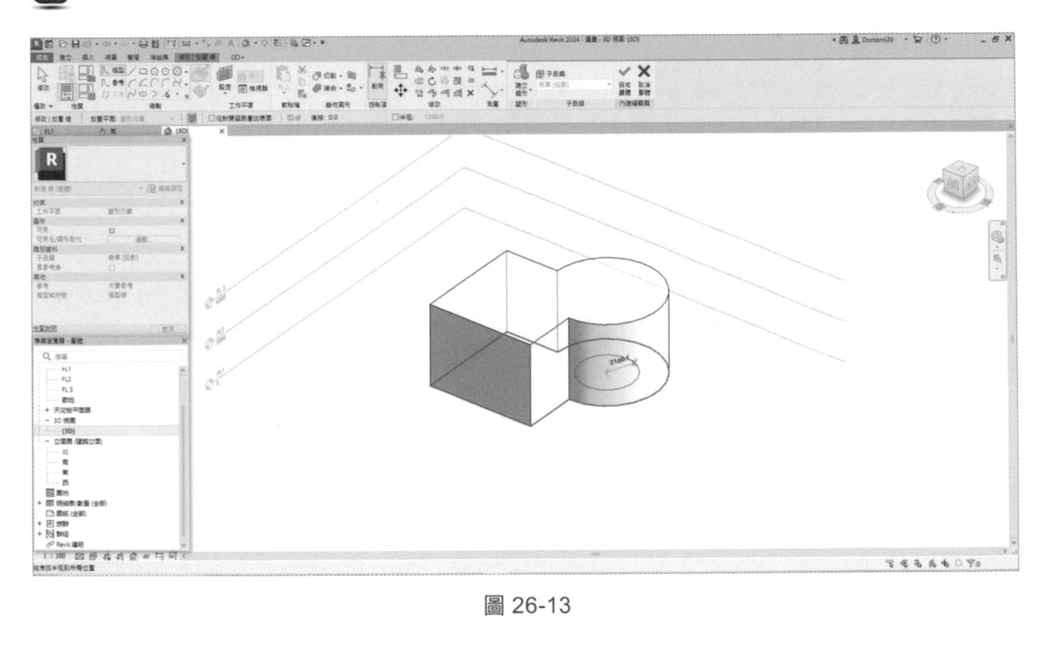

圖 26-13

4 ❶ 點擊步驟 3 完成之圓邊界，❷ 在選擇「塑形」-「建立塑形」-「空心形式」功能，如圖 26-14。

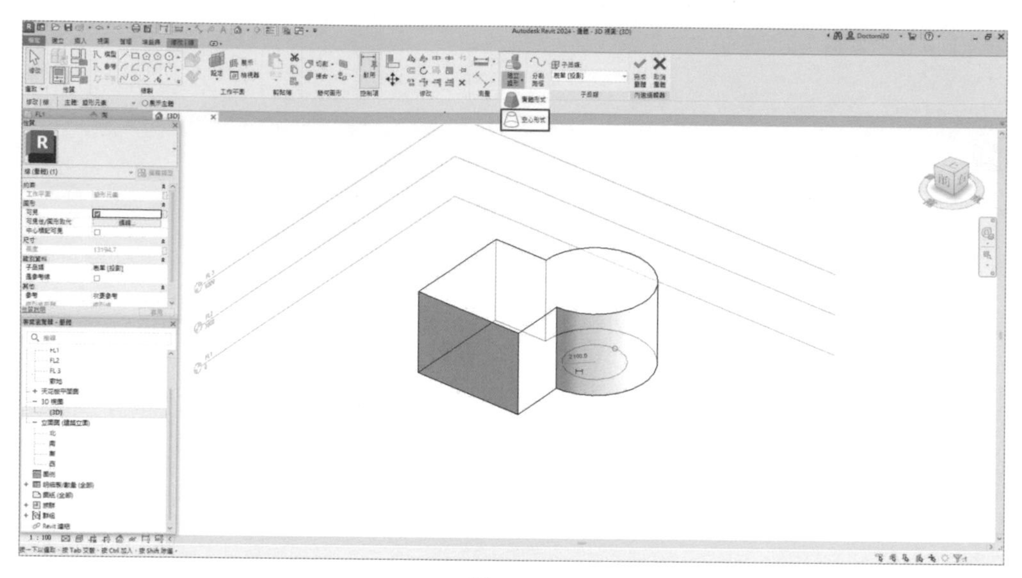

圖 26-14

5 點選「空心形式」功能，會在視圖顯示兩種「空心形式」，以供選擇，如圖 26-15 及圖 26-16；本範例選擇圖 26-15 形式。

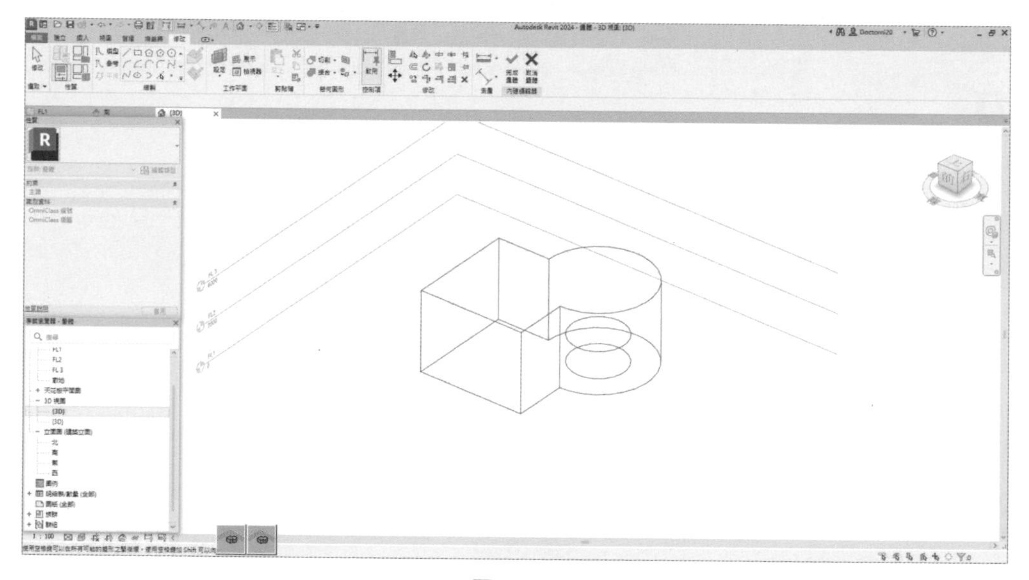

圖 26-15

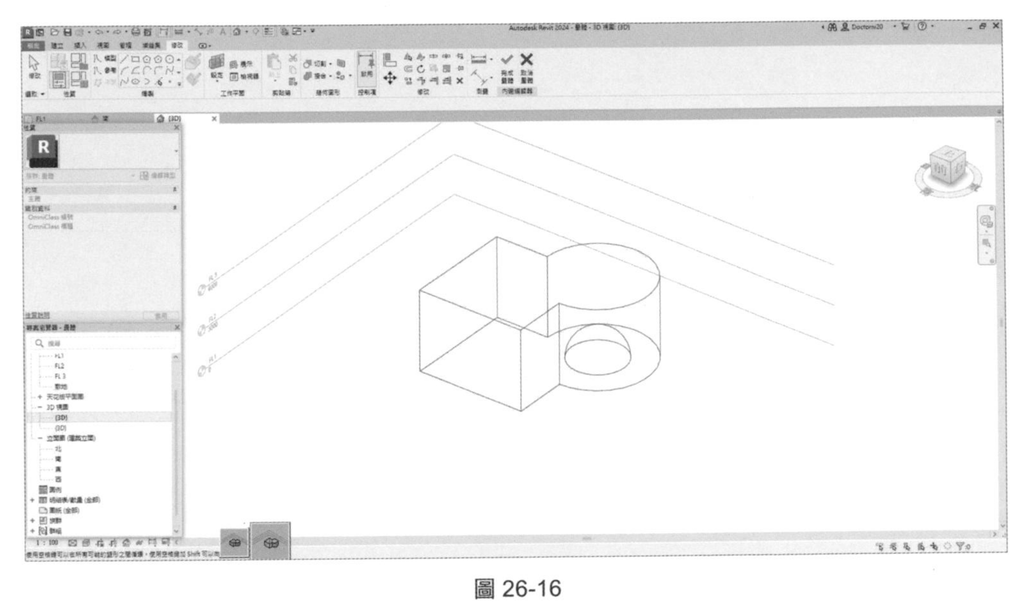

圖 26-16

6 ❶ 點擊圓形圖元，會出現方向箭頭，❷ 選擇上方箭頭，如圖 26-17；拖曳箭頭至屋頂頂部，如圖 26-18。

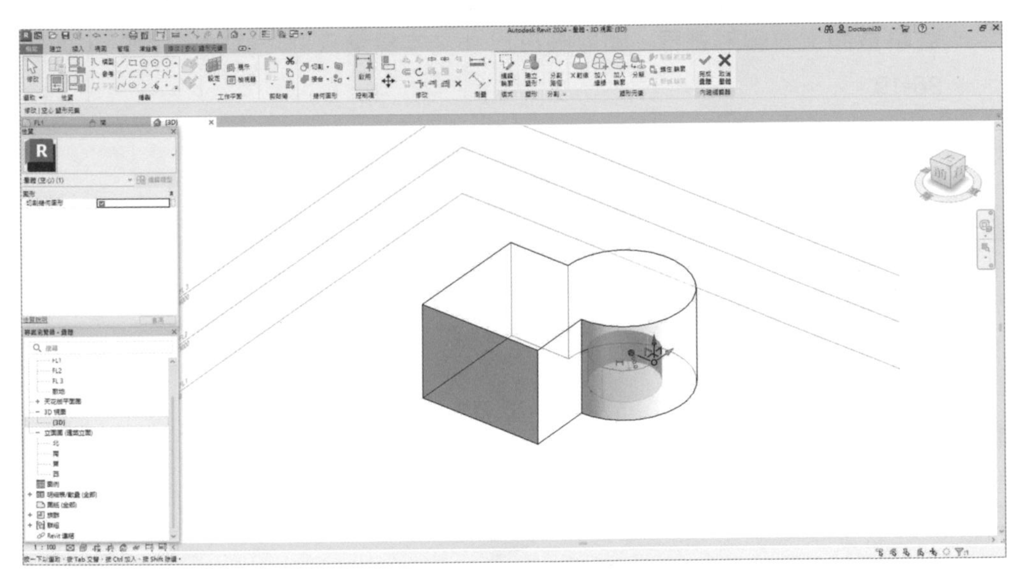

圖 26-17

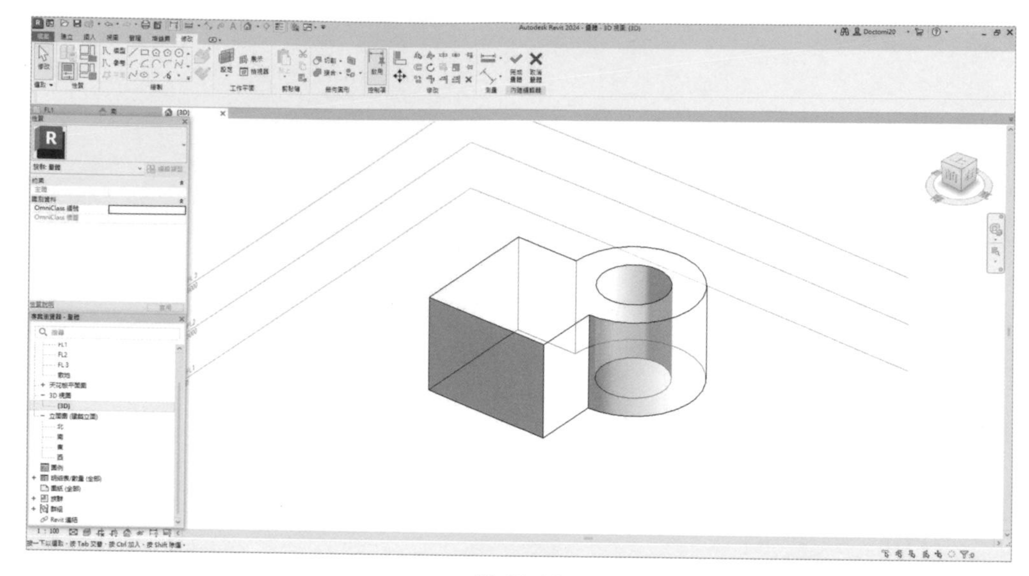

圖 26-18

26.1.4 量體輪廓編輯

1 點選量體，功能區切換至「修改 | 空心 塑形元素」頁籤；選擇「編輯輪廓」，點擊量體上方圓形邊界，開啟圓形尺寸文字標籤尺寸，修改「1000」，如圖 26-19。

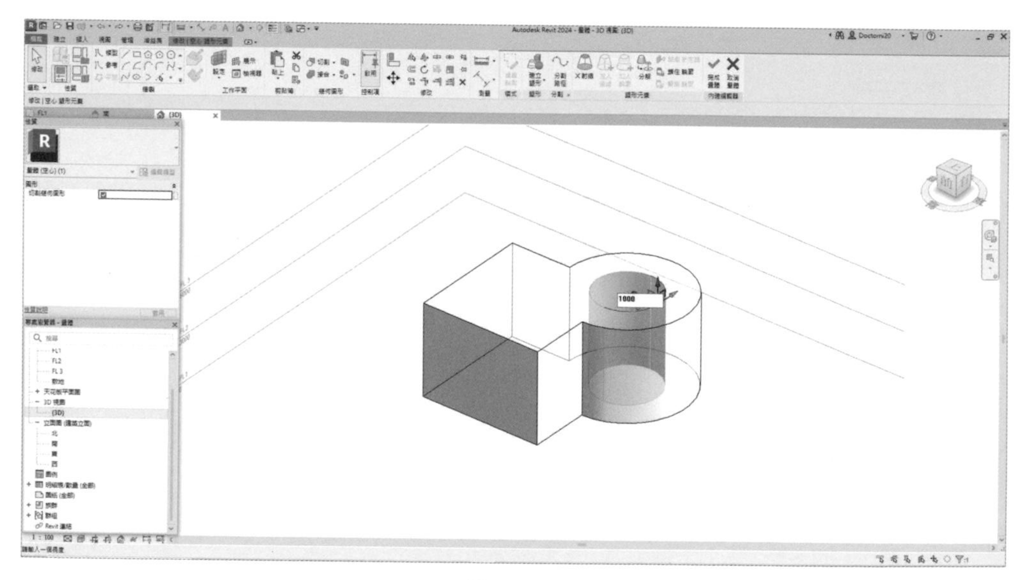

圖 26-19

2 完成後之圓柱體形狀，如圖 26-20。本範例使用圖 26-20 之空心圓柱，再將圓柱半徑改為「2000」，並按 ✔ 確定，完成之量體形狀，如圖 26-21。

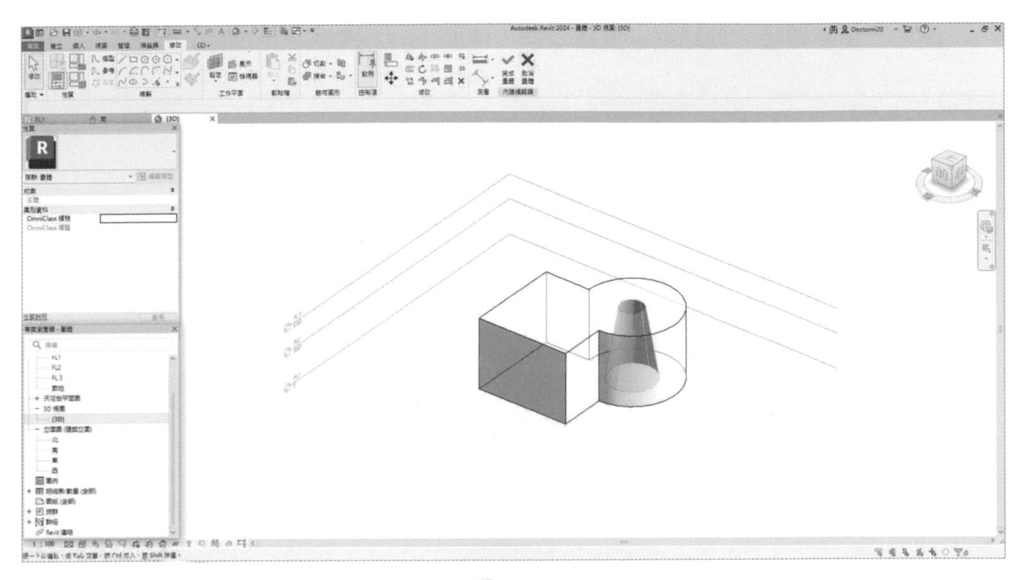

圖 26-20

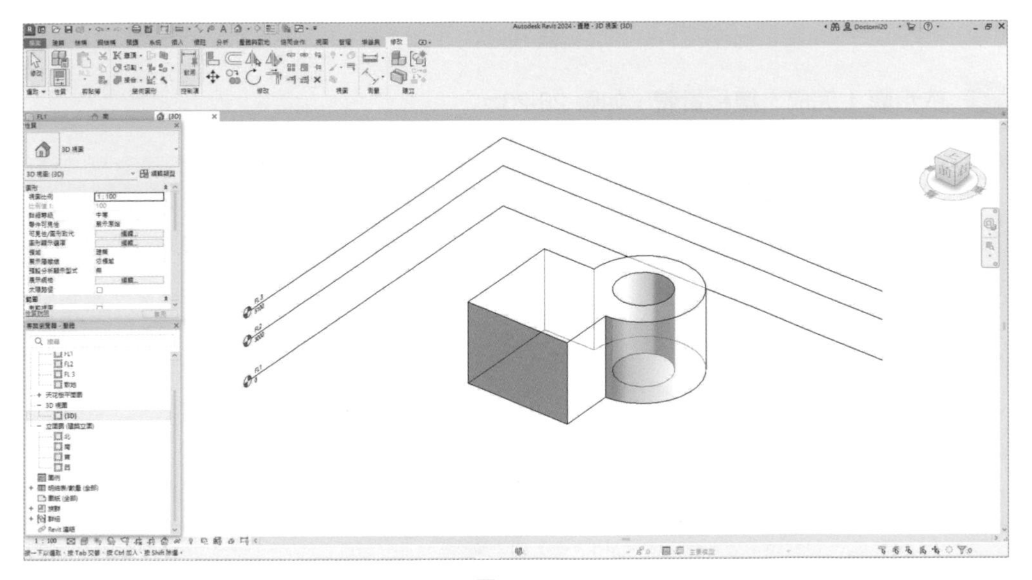

圖 26-21

26.1.5 量體樓板繪製

1. 點選量體，功能區切換至「修改 | 量體」頁籤；選擇「模型」-「編輯樓板」，開啟「量體樓板」對話框，選擇勾選「樓層 1」、「樓層 2」，如圖 26-22。

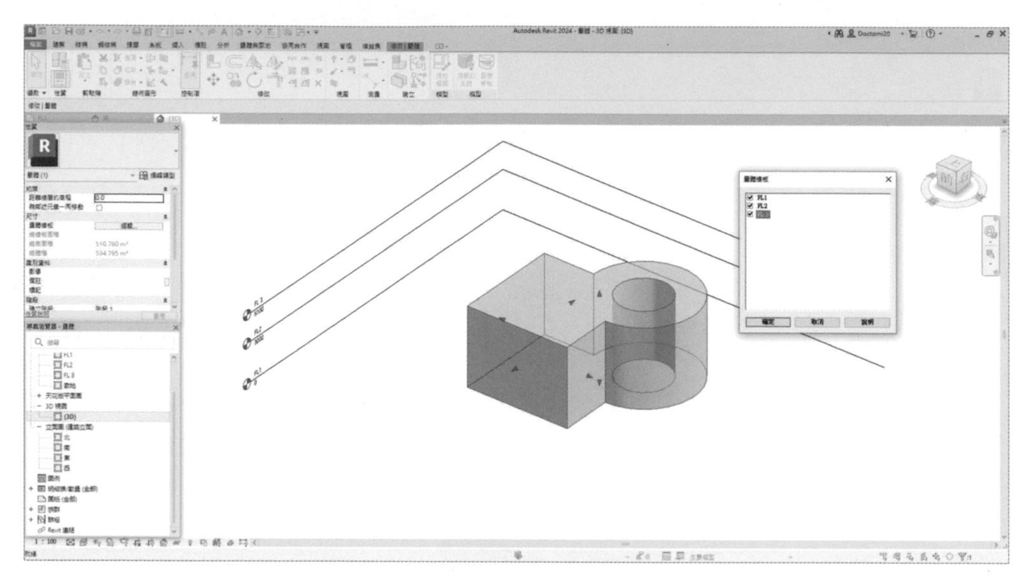

圖 26-22

2. 依步驟 1 完成之樓板量體，如圖 26-23。

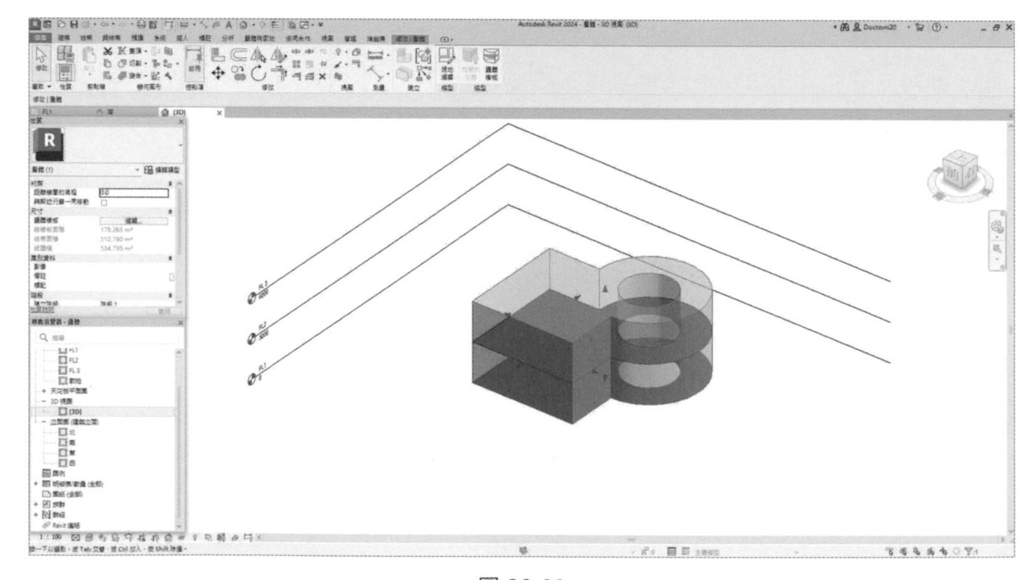

圖 26-23

26.1.6 樓板性質繪製

功能區切換至「量體與敷地」頁籤，在「依面建立模型」功能下，可繪製「帷幕系統」、「屋頂」、「牆」及「樓板」，如圖 26-24。選擇「樓板」，切換至「修改 | 依面放置樓板」頁籤，在「性質瀏覽器」，❶ 選擇勾選「樓板 - 通用 -15cm」，❷ 點選 1、2 樓樓板，❸ 按「建立樓板」，如圖 26-25。

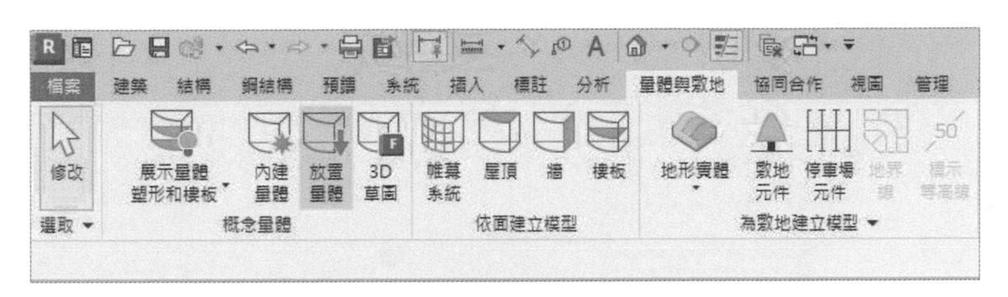

圖 26-24

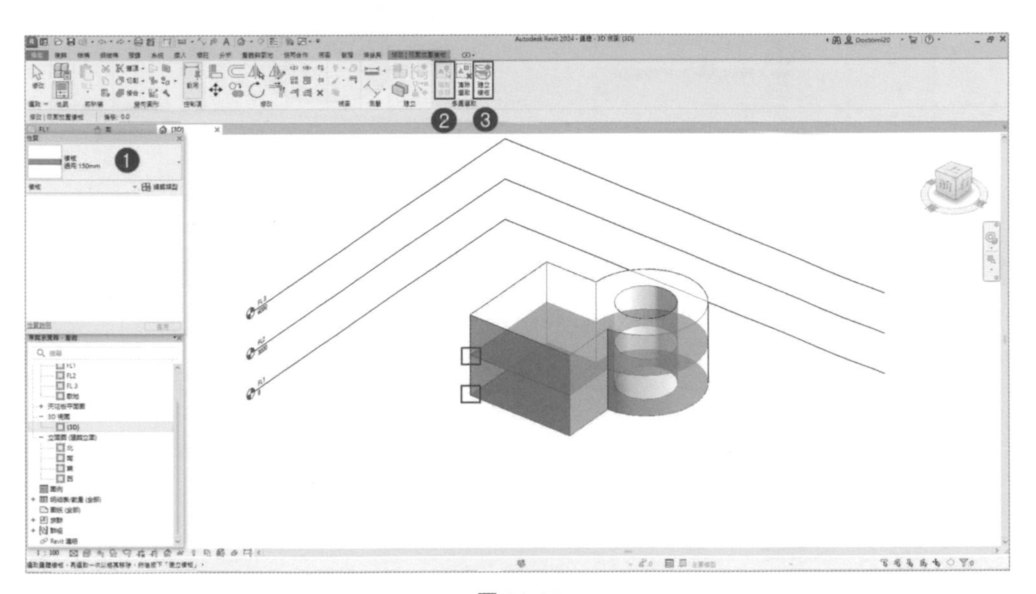

圖 26-25

26.1.7 牆性質繪製

1. 功能區切換至「量體與敷地」頁籤，在「依面建立模型」功能下，選擇「牆」（牆），切換至「修改 | 放置 牆」頁籤，❶ 在「性質瀏覽器」，選擇勾選「帷幕系統 -1500×2000mm」（請讀者自行設定帷幕牆規格），❷ 點選圓弧牆面，❸ 選平面牆面，就完成帷幕牆繪製，如圖 26-26。

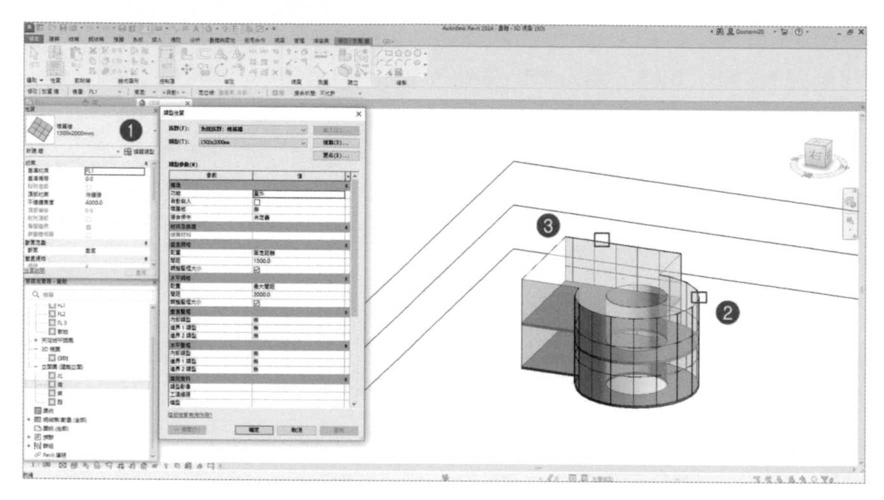

圖 26-26

2. ❶ 在「性質瀏覽器」，選擇勾選「基本牆 -RC 牆 15cm」，❷ 點選牆面，❸ 選牆面，❹ 點選牆面，就完成 RC 牆繪製，如圖 26-27。

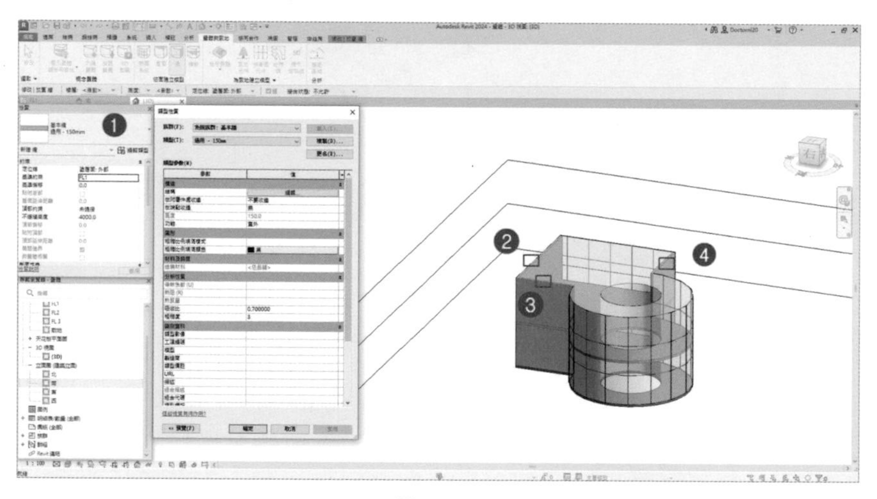

圖 26-27

26.1.8 帷幕系統性質繪製

1. 在「性質瀏覽器」，點選「編輯類型」，開啟「類型性質」對話框，選擇「複製」，完成「1500×2000mm 2」複製，點選「1500×2000mm」，按「更名」，將名稱改為「500×2000cm」，如圖 26-28。

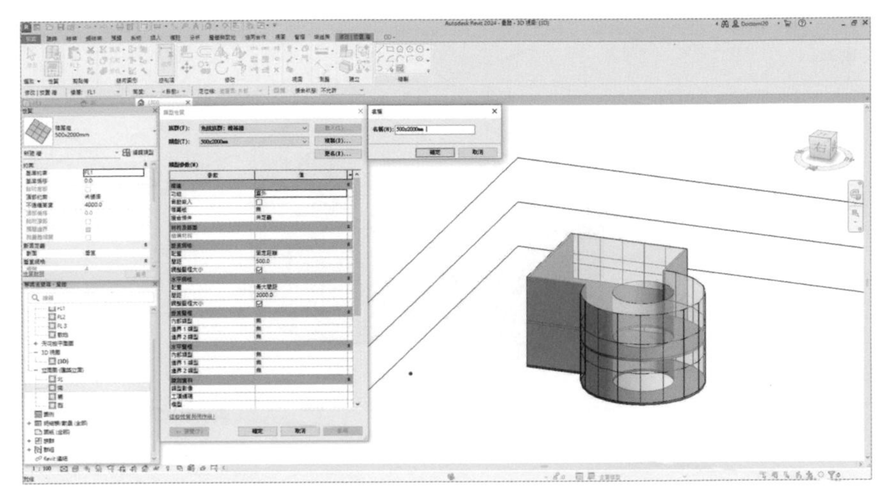

圖 26-28

2. 在「類型性質」對話框，在「垂直網格」，「配置」改為「固定間距」；「間距」改為「500.00」；在「水平網格」，「配置」改為「固定間距」；「間距」改為「2000.00」，如圖 26-29。

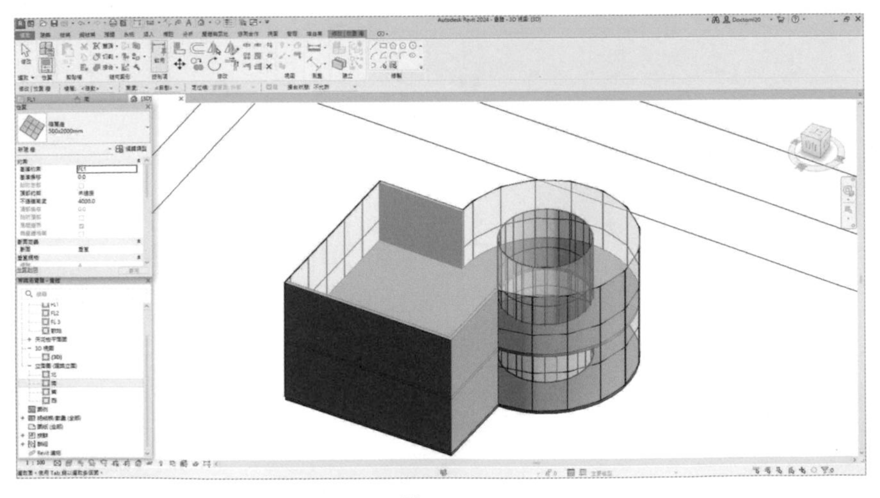

圖 26-29

3 在「性質瀏覽器」，點選「500×2000cm」，點選量體內部圓柱主，主要由兩個半圓組成，因此要點選兩個半圓，完成指定性質，完成後，在功能區按「建立系統」，完成之帷幕系統，如圖 26-30。

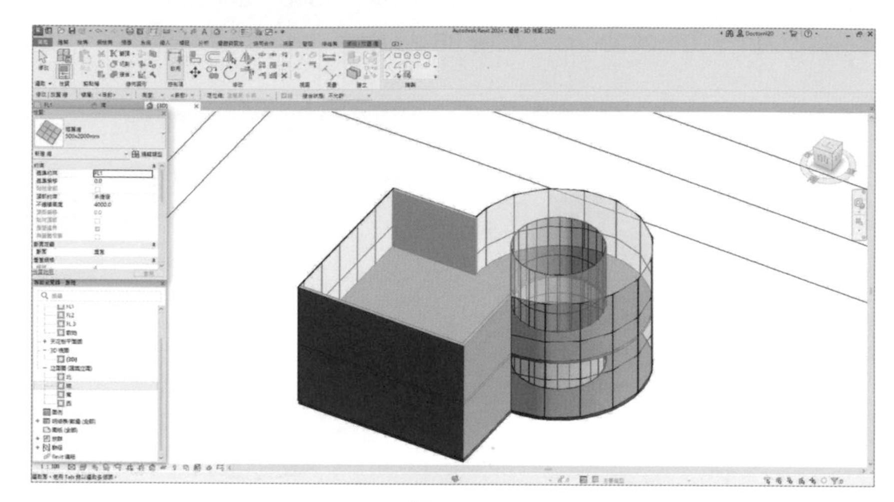

圖 26-30

26.1.9 屋頂性質繪製

1 功能區切換至「量體與敷地」頁籤，在「依面建立模型」功能下，選擇「屋頂」，切換至「修改 | 依面放置屋頂」頁籤，❶ 在「性質瀏覽器」，確認在「FL 3」，❷ 點擊樓層高邊界，❸ 按「建立屋頂」，完成後之量體，如圖 26-31。

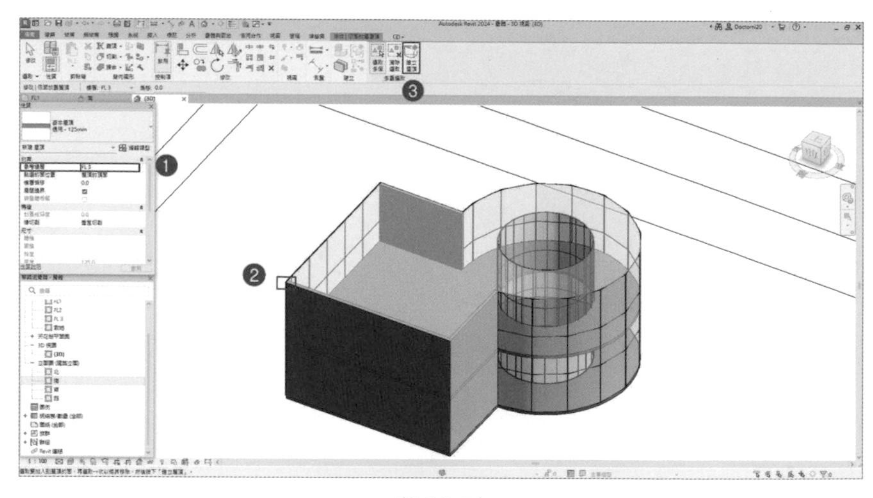

圖 26-31

2 完成之屋頂層，如圖 26-32。

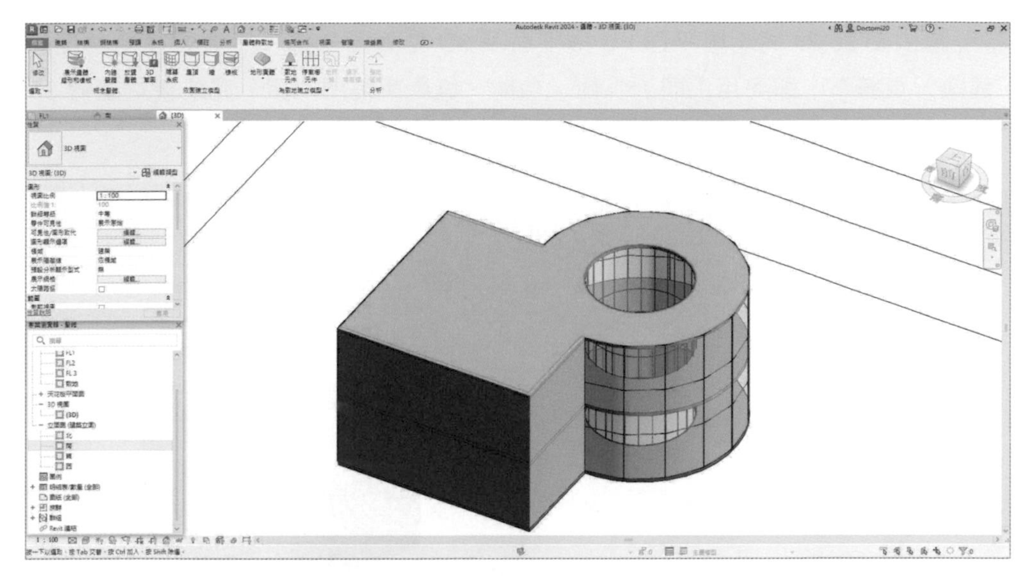

圖 26-32

26.1.10 量體關閉

依第 26.1.9 節完成量體基本架構後，即可把量體關閉；在功能區「量體與敷地」頁籤下，選擇「概念量體」-「展示量體塑形和樓板」，點擊「依視圖設定 展示量體」，如圖 26-33。

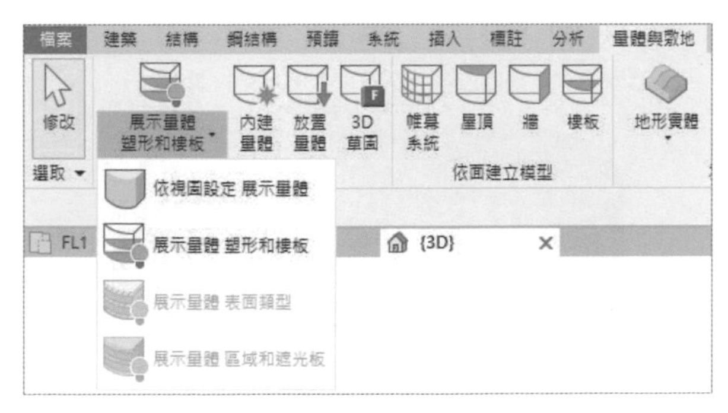

圖 26-33

26.1.11 建立門窗

將視圖依圖 26-34 將 1 樓平面、2 樓平面及 3D 立面圖並排，然後切換至功能區「建築」頁籤下，即可用「門」、「窗」功能，繪製所需門、窗。完成後之量體 3D 視圖，如圖 26-35。

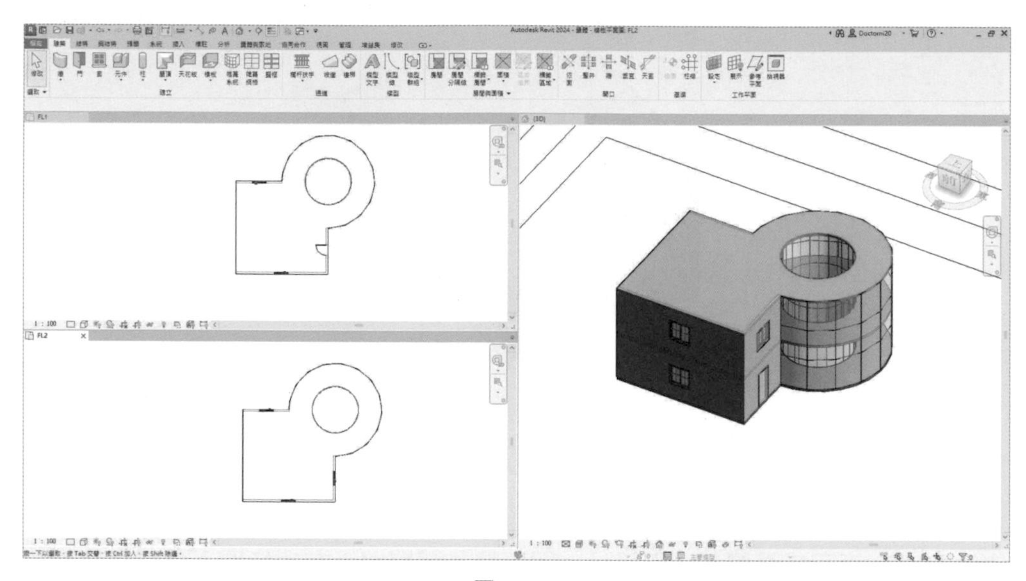

圖 26-34

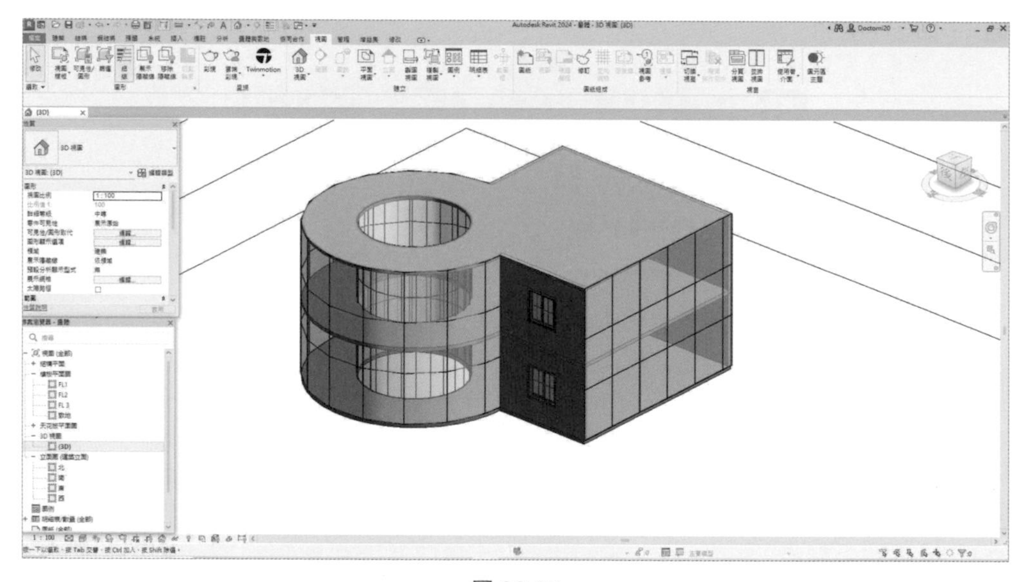

圖 26-35

CHAPTER

27

圖面配置與列印

◆ 請讀者打開「範例檔案之第 27 章 \RVT\ 建築 2024.rvt」

27.1 建立圖紙與專案資訊

當完成所有圖面繪製，就將所繪之圖說列印，提供人員施工時作為依據，而 Revit 提供幾種圖紙格式，以供設計者使用。

27.1.1 圖元區主題更換

1. 2024 版安裝完成後，會新增 ❶「Twinmotion」及 ❷「圖元區主題」兩種功能，如圖 27-1。

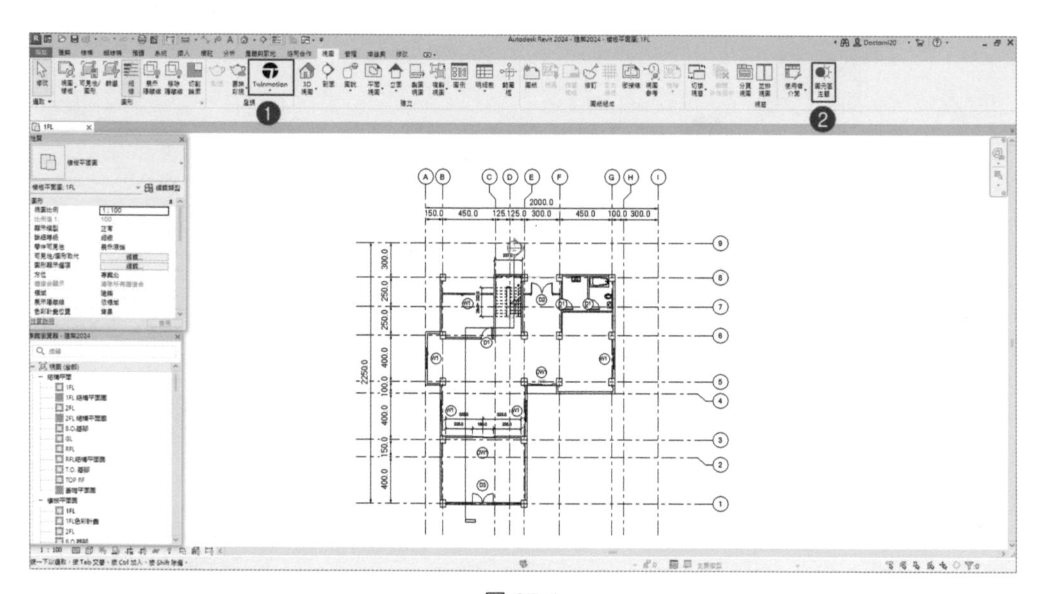

圖 27-1

2 ❶ 點選「圖元區主題」，❷ 在圖元區視圖底色更換為黑色，如不使用黑色底色，可再點選一次，切回白色底色，如圖 27-2。

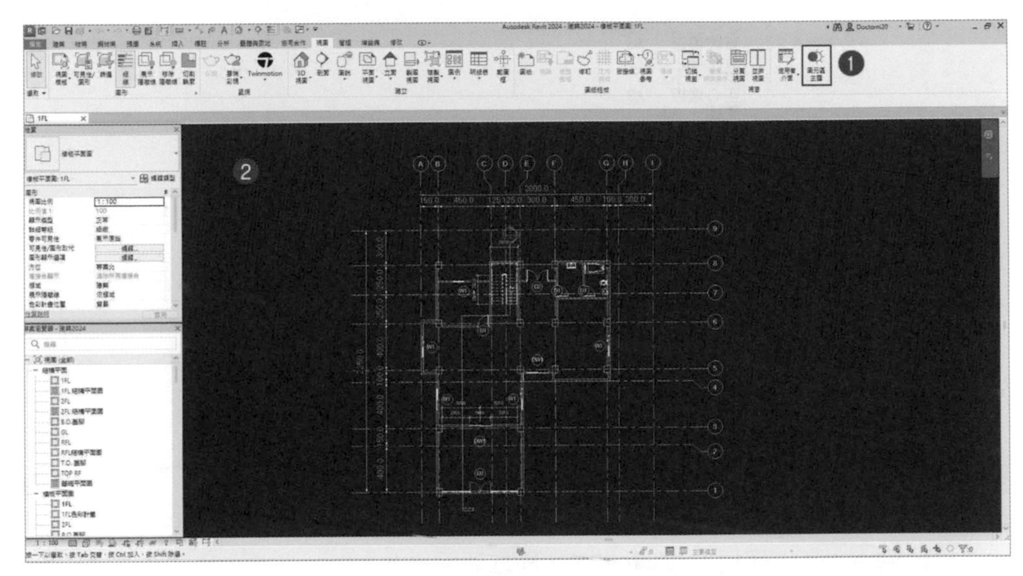

圖 27-2

27.1.2 建立圖紙

1 開啟「視圖」頁籤，在「建立」功能區點選下「圖紙」，如圖 27-3；開啟「新圖紙」對話框，對話框內僅提供 A1、A3、A4 圖紙樣本，如圖 27-4。

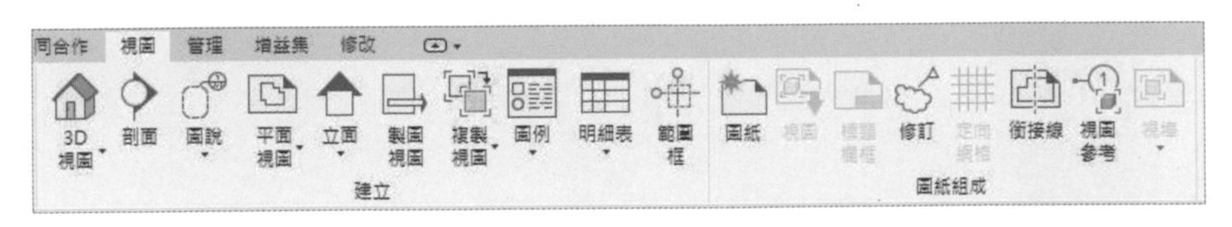

圖 27-3

圖 27-4

2 在「新圖紙」對話框中，點選「載入」，將 Revit 提供圖紙格式載入到專案（樣板檔案位置在 C:\ProgramData\Autodesk\RVT 2024\Libraries\Traditional Chinese_INTL\ 圖框），如圖 27-5，開啟新圖紙。

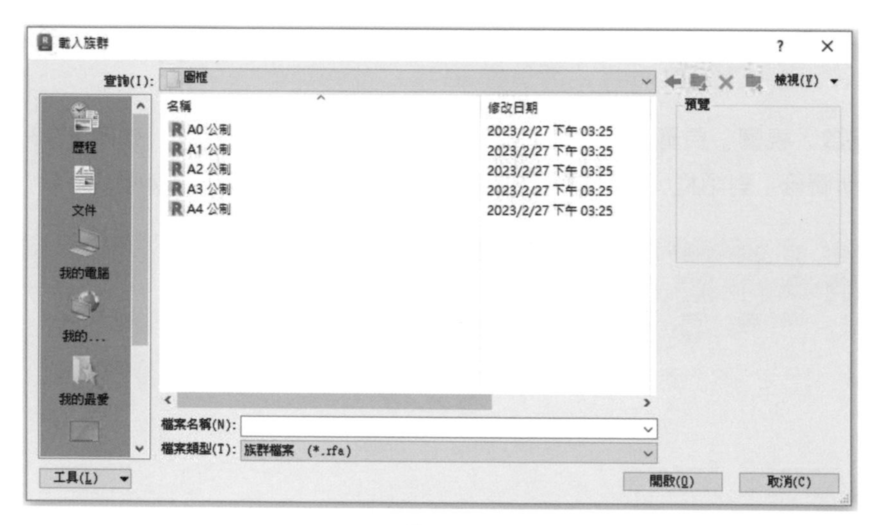

圖 27-5

3 載入後，可看見在「A2 公制」圖紙載入「新圖紙」對話框中，已有各式圖紙以供使用，如圖 27-6，以下範例請點選 A1 圖紙，按「確定」，開啟新圖紙。

圖 27-6

4 完成圖紙載入後，可看見圖紙右下角，圖紙資訊皆為內定，並沒有修改成設計所需，因此必序重新設定；❶ 在功能區「管理」頁籤下，點選「建立」-「專案資訊」，❷ 開啟「專案性質」對話框，請依設計所需，填註「組織名稱」、「組織描述」、「建築名稱」、「作者」、「客戶名稱」、「專案地址」、「專案名稱」、「專案編號」等資料，完成後按「確定」，如圖 27-7。

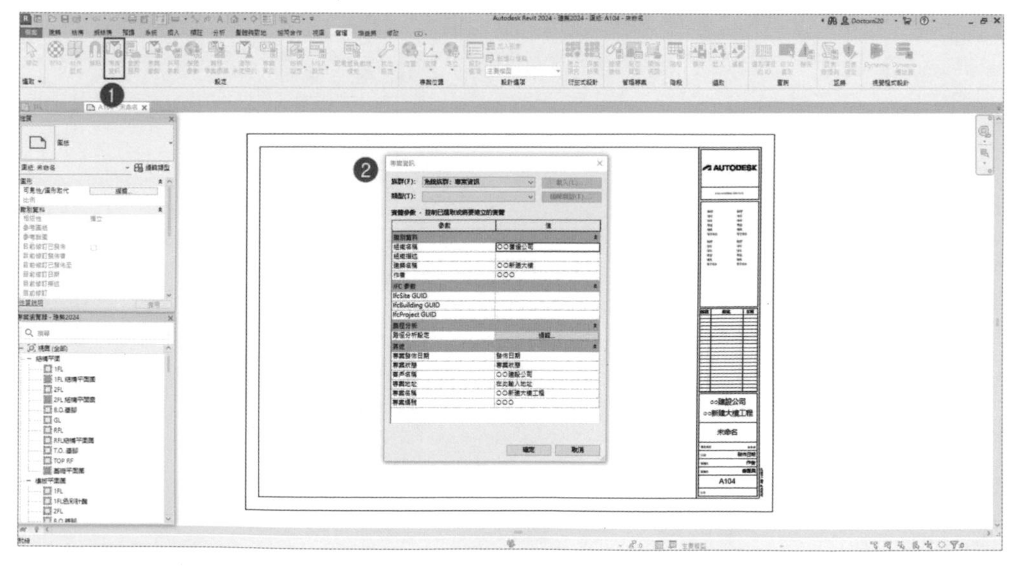

圖 27-7

5 完成步驟 4 後，會在圖紙圖面上之基本資料上顯示出設定，也在「性質瀏覽器」中，顯示相關資料，如要修改，可在「性質瀏覽器」修改，如圖 27-8。

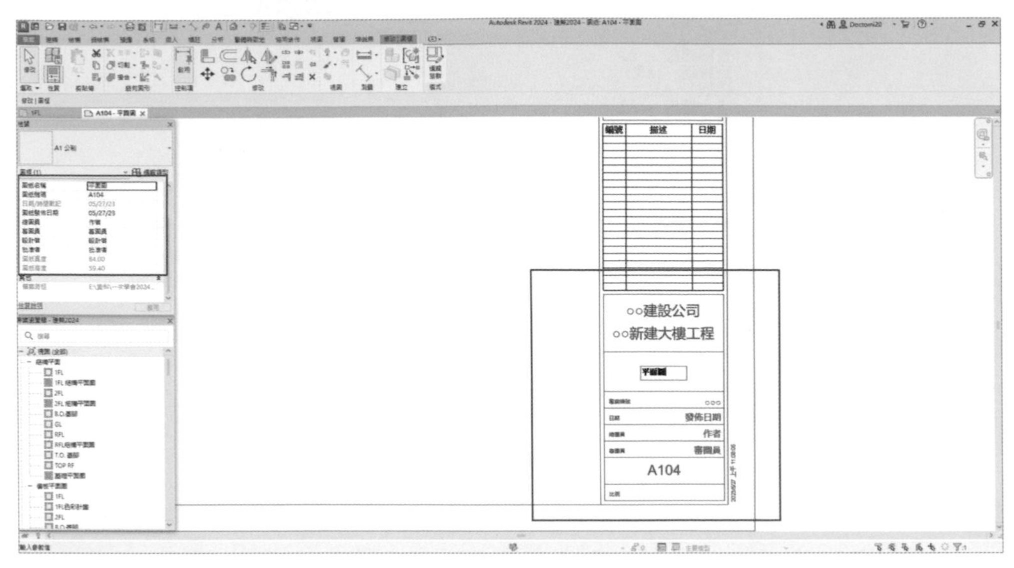

圖 27-8

6 完成之圖面，如圖 27-9。

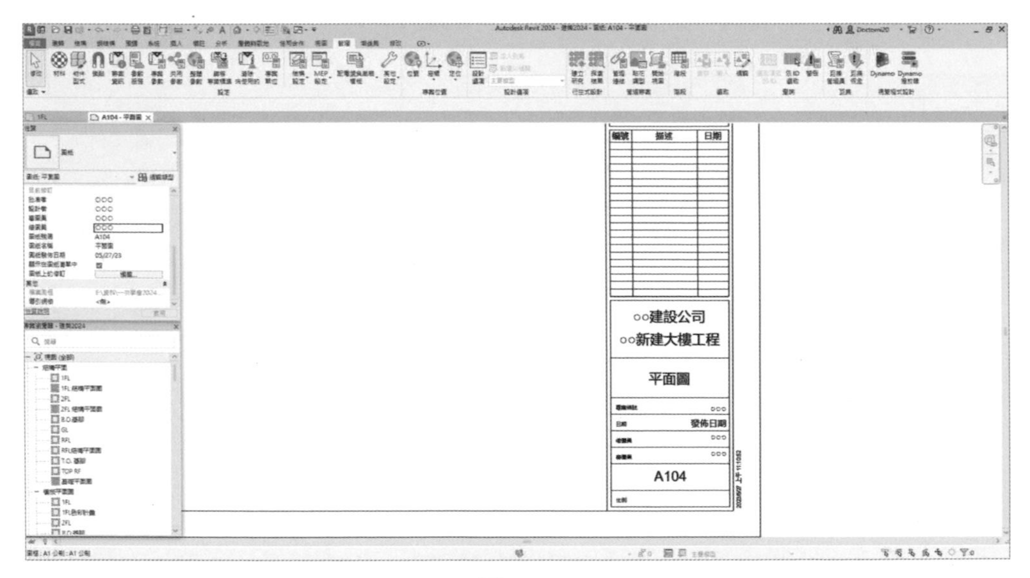

圖 27-9

27.2 配置視圖

27.2.1 配置視圖

1 在配置視圖時，要先行將圖面整理，尤其要將視圖圖面放置於圖紙中，就先須將不需要之元件清理，以便圖面比較整齊；❶ 將視圖切換到「1 FL」平面視圖，❷ 選取「立面圖」圖示，❸ 點選後，按滑鼠右鍵，開啟功能列，選取「在視圖中隱藏」，選擇「元素」，隱藏「立面圖」圖示，如圖 27-10。

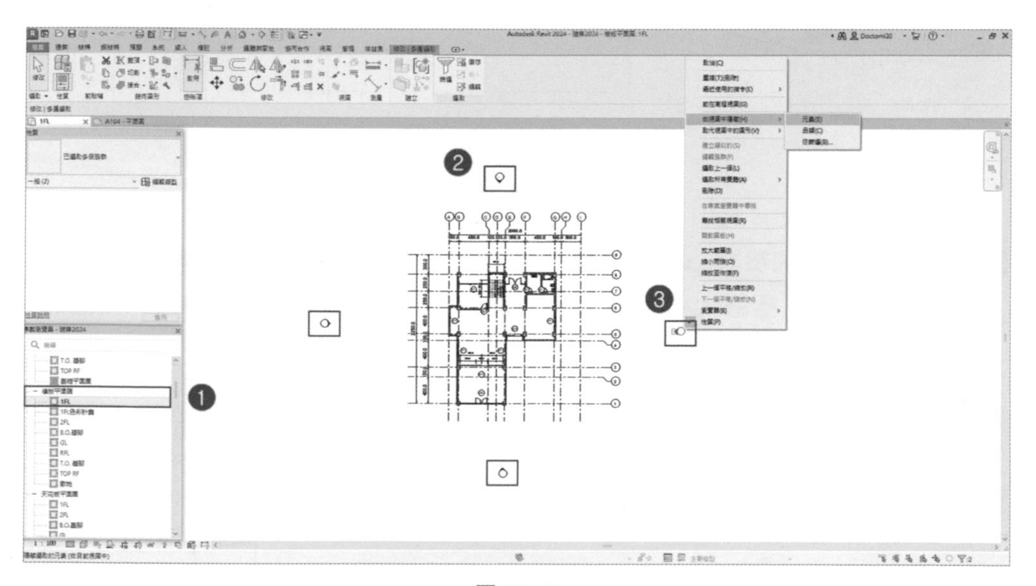

圖 27-10

2 於第 27.1.2 節完成之圖紙中，❶ 選擇「專案瀏覽器」，點選「1 FL」樓板平面圖，按住滑鼠，拖曳至視圖畫面中，❷ 如圖面超出圖紙範圍，可在「性質瀏覽器」中，修改「視圖比列」，如圖 27-11，以符圖面大小。

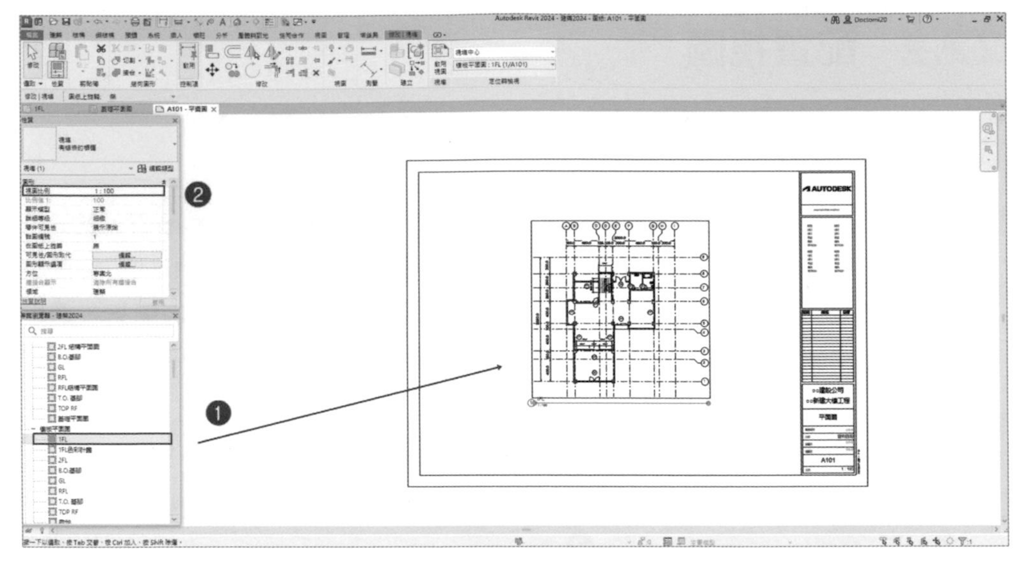

圖 27-11

3 ❶ 在「專案瀏覽器」，點選「圖紙（全部）」，❷ 按右鍵開啟「新圖紙」對話框，選擇所需圖紙大小，❸ 完成後按「確定」，即可建立新圖紙，如圖 27-12。圖紙名稱請使用者自行命名，如圖 27-13。

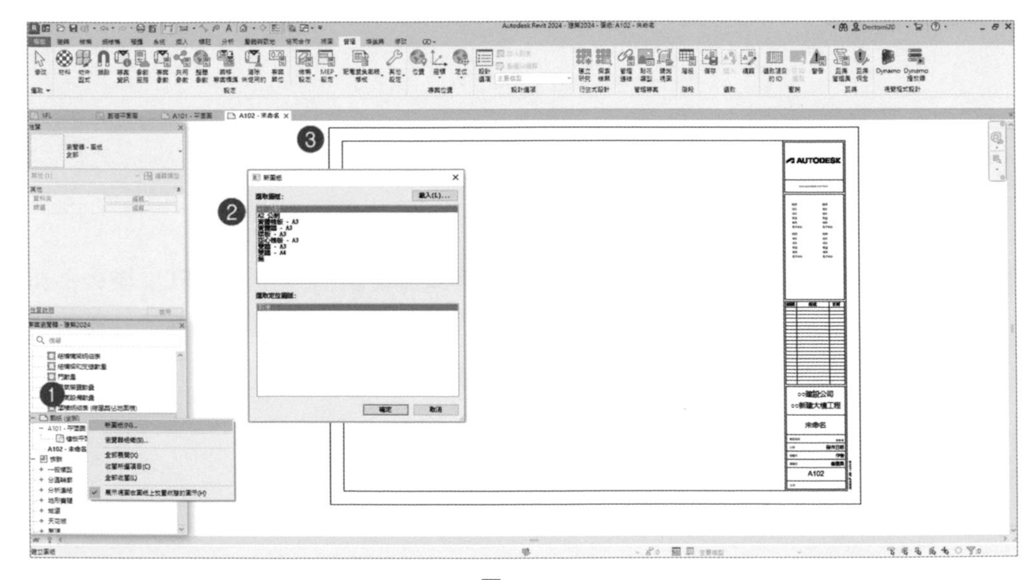

圖 27-12

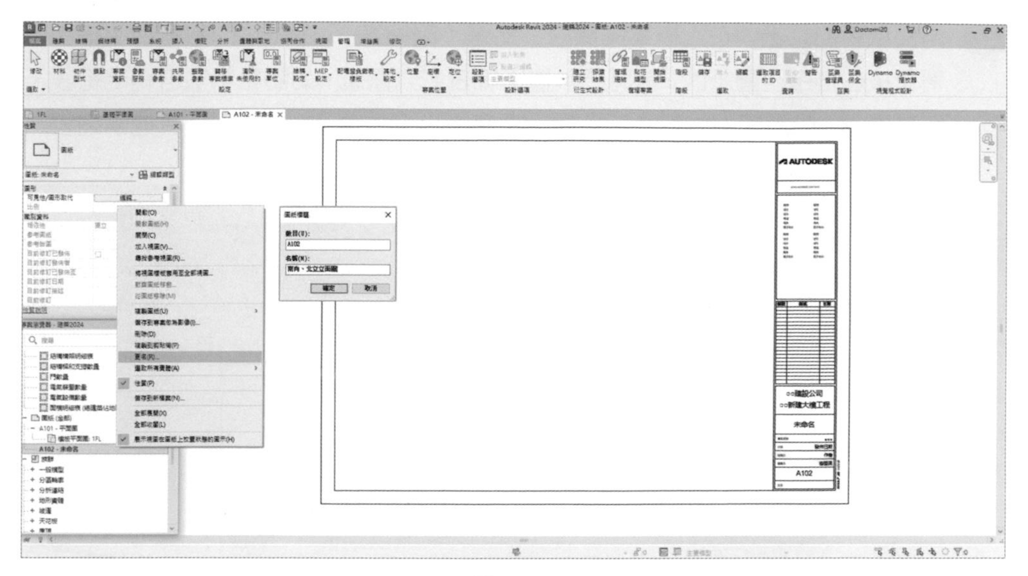

圖 27-13

4 在「專案瀏覽器」點選「立面圖（建築立面）」，❶ 選擇「南」立面圖，拖曳至圖紙上方位置，❷ 點選「北」立面圖，拖曳至圖紙方下位置，在對齊南立面圖之垂直線時，會有藍色參考線出現，可提供使用者參考，如圖 27-14。

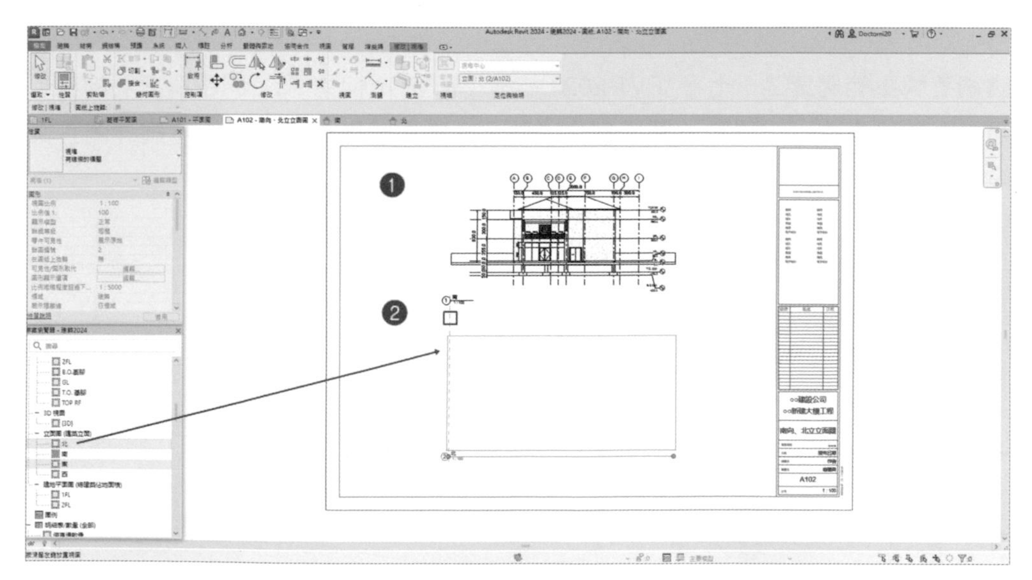

圖 27-14

5 再開啟新的圖紙，在「專案瀏覽器」點選「明細表」，選擇「門數量」明細表，滑鼠按住拖曳至圖紙內，會將門數量明細表載入圖紙，如圖紙無法容納明細表，可點選 ▼ 明細表上方藍色三角形，調整大小，如圖 27-15；同理其他明細表、圖例等，皆可以上述方式載入圖紙。

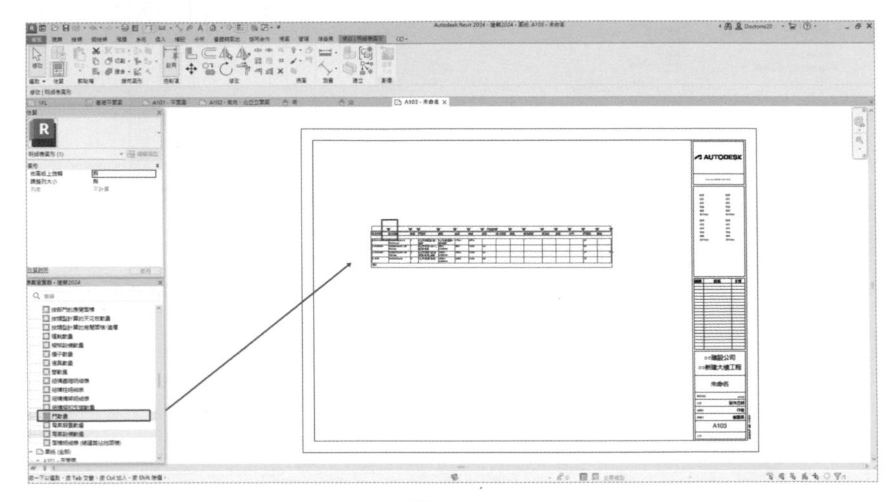

圖 27-15

27.2.2 鋼筋明細圖

請讀者開啟範例第二十七章 \RVT\2024 結構（配筋）.rvt 檔案，開啟鋼筋明細表，可看見明細表中之「彎鉤詳圖」欄位，並沒有數據或圖像，僅有「彎鉤詳圖」文字，如圖 27-16。

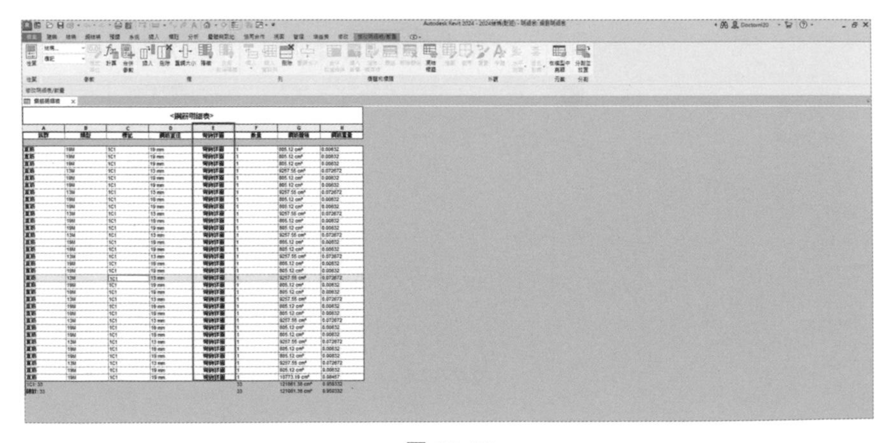

圖 27-16

1 再開啟新的圖紙，在「專案瀏覽器」點選「明細表」，選擇「鋼筋明細表」明細表，滑鼠按住拖曳至圖紙內，會將鋼筋數量明細表載入圖紙，如圖 27-17。

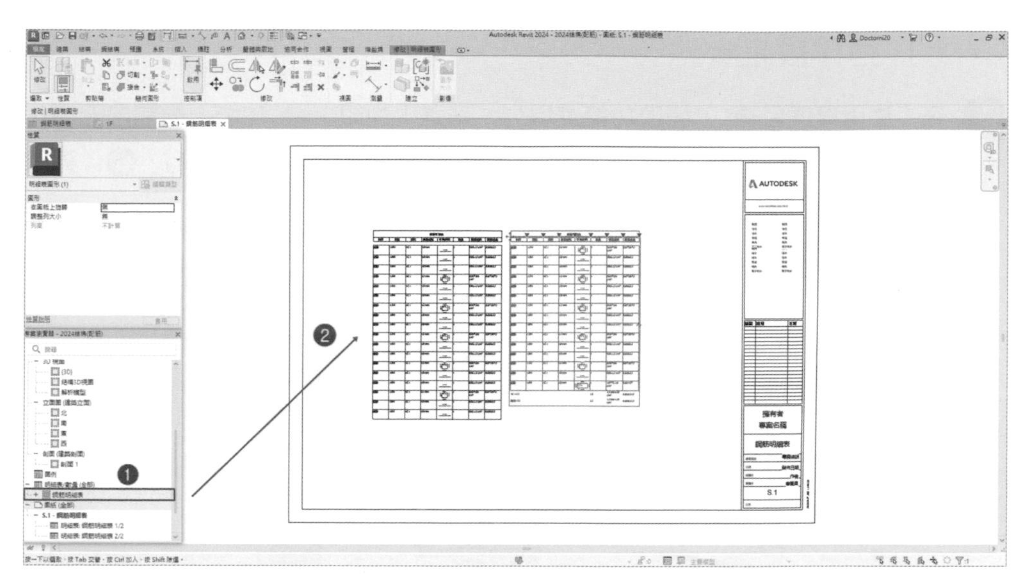

圖 27-17

2 將視圖放大後，可看見明細表中之「彎鉤詳圖」欄位，已變成有彎鉤詳圖圖像及尺寸，如圖 27-18。

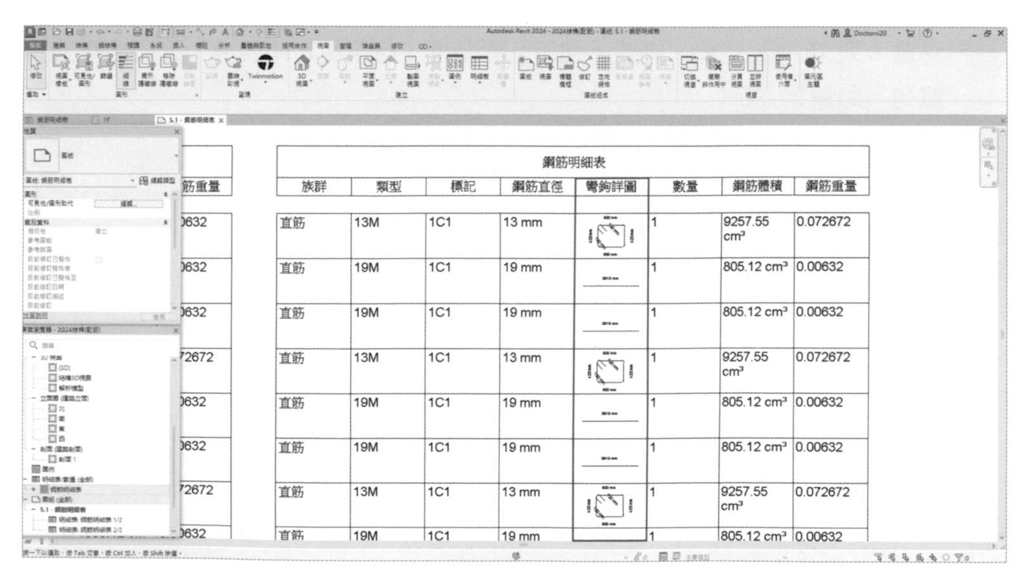

鋼筋明細表							
族群	類型	標記	鋼筋直徑	彎鉤詳圖	數量	鋼筋體積	鋼筋重量
直筋	13M	1C1	13 mm		1	9257.55 cm³	0.072672
直筋	19M	1C1	19 mm		1	805.12 cm³	0.00632
直筋	19M	1C1	19 mm		1	805.12 cm³	0.00632
直筋	13M	1C1	13 mm		1	9257.55 cm³	0.072672
直筋	19M	1C1	19 mm		1	805.12 cm³	0.00632
直筋	19M	1C1	19 mm		1	805.12 cm³	0.00632
直筋	13M	1C1	13 mm		1	9257.55 cm³	0.072672
直筋	19M	1C1	19 mm		1	805.12 cm³	0.00632

圖 27-18

27.3 列印

27.3.1 列印設定

1 在「應用程序目錄」，開啟功能選項列，點選「列印」 功能，再開啟五項功能，❶「列印」，❷「Batch Print」，❸「PDF」，❹「預覽列印」，❺「列印設置」，如圖 27-19。

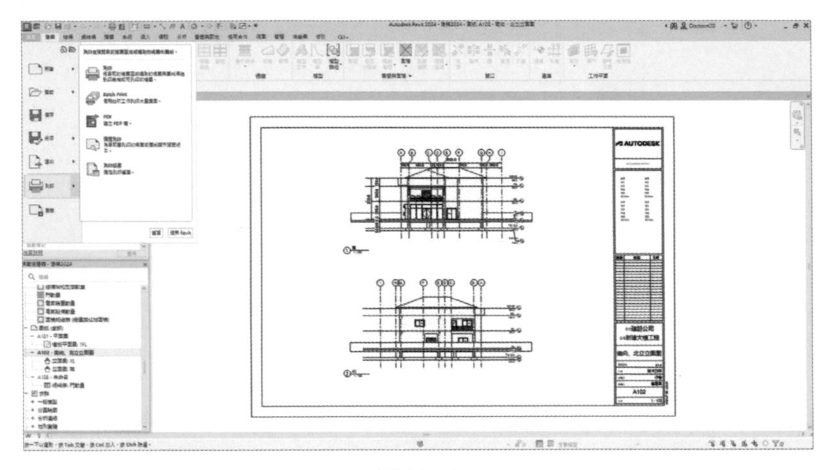

圖 27-19

2 點選「列印」 功能，開啟「列印」對話框，可是設定印表機、列印範圍及預覽列，如圖 27-20。

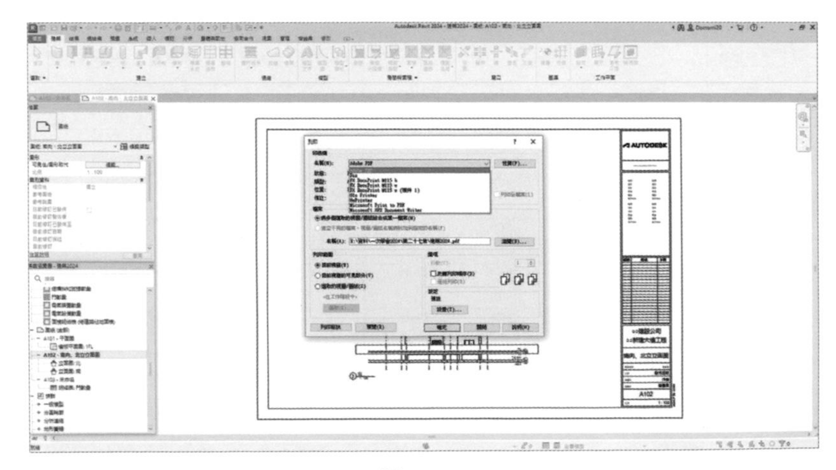

圖 27-20

3 點選「列印設置」 功能，開啟「列印設置」對話框，可設定印表機、列印紙張大小、列印縮方及相關選項，如圖 27-21。

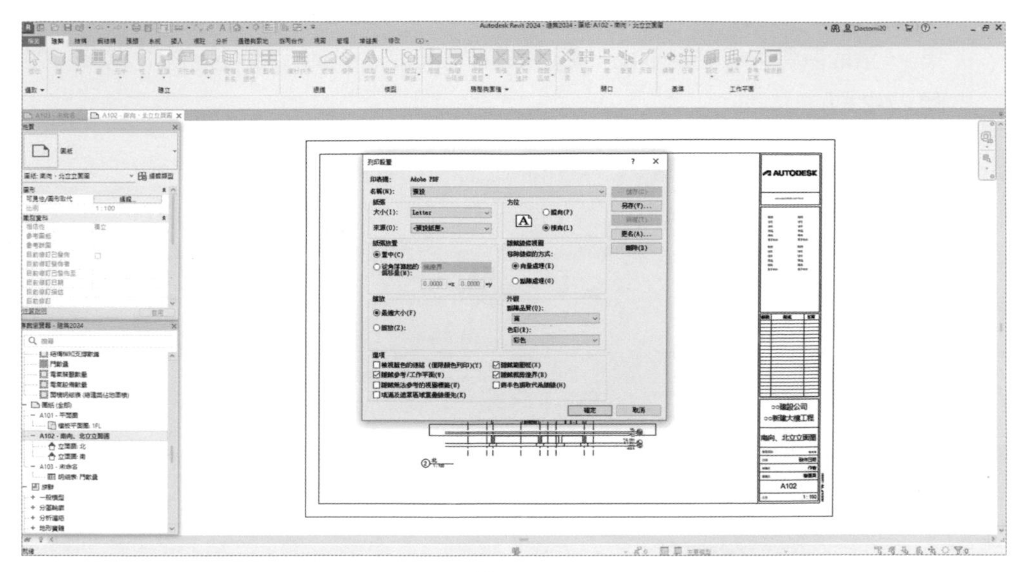

圖 27-21

4 點選「列印」 功能，開啟「列印」對話框，設定印表機為 PDF 格式（本範例採用 Adobe PDF），如圖 27-22。

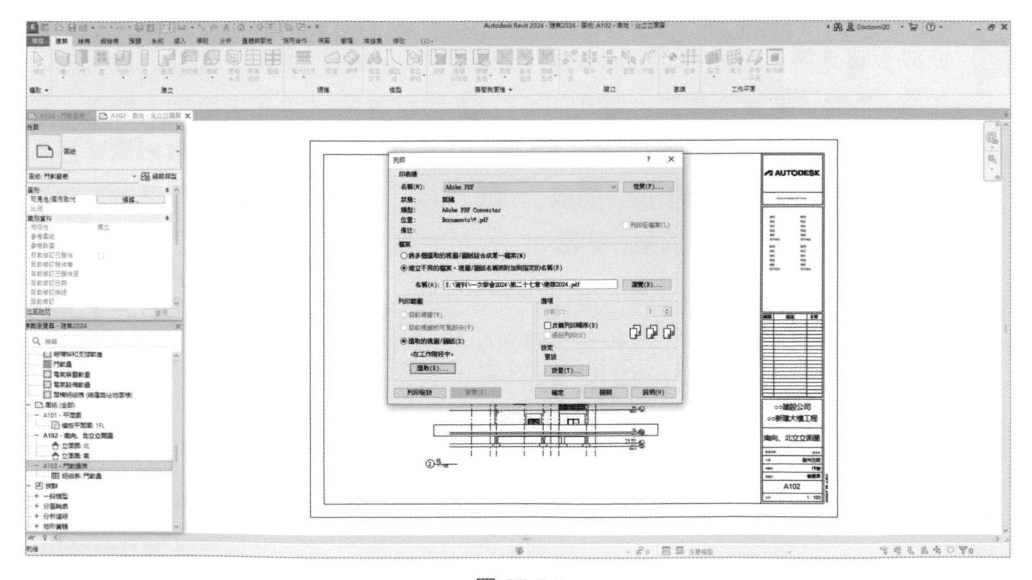

圖 27-22

5 ❶ 在「檔案」設定，依需求設定「將多個選取範圍 / 圖紙結合成單一檔案」或是「建立不同的檔案。視圖 / 圖紙名稱將附加到指定的名稱」，❷ 在「列印範圍」選取「選取的視圖 / 圖紙」，❸ 點擊「選取」，❹ 開啟「視圖 / 圖紙集」，選取所需列印之圖紙後，❺ 完成按「確定」列印，即可列 PDF 檔案，如圖 27-23。

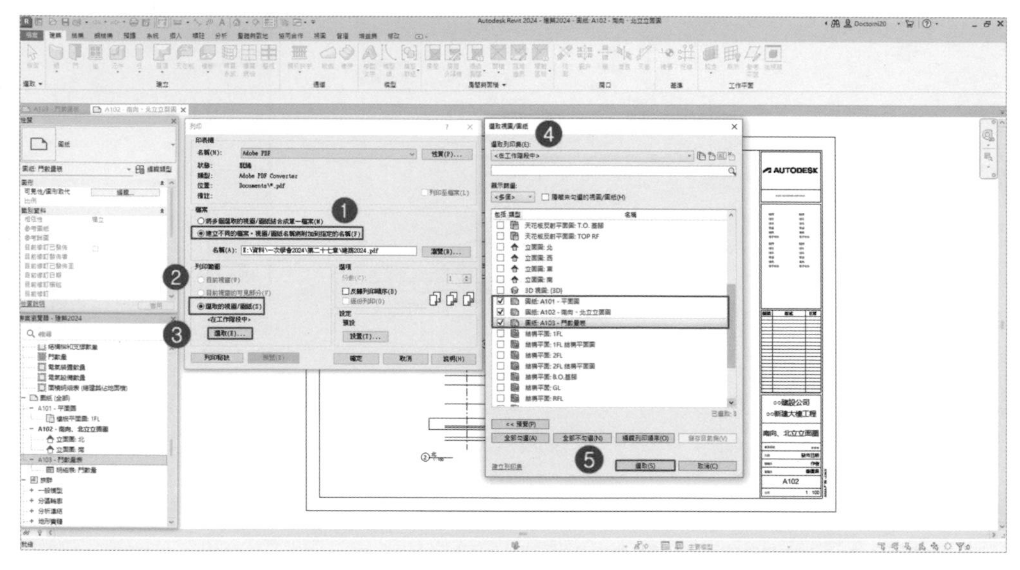

圖 27-23

6 完成步驟 5 後，即可列印 PDF 檔案，如需將 PDF 檔案，再插入或匯入圖紙內，如圖 27-24，要匯入圖紙，方式如下：❶ 新建專案，並在功能列「插入」頁籤，選取「匯入 PDF」 功能，❷ 開啟「匯入 PDF」視窗，選取所需要插入之 PDF 檔案，❸ 完成後按「開啟」；❹ 開啟「匯入 PDF」視窗，並選取解析度；❺ 即可插入 PDF 檔案，如圖 27-25 至圖 27-27。

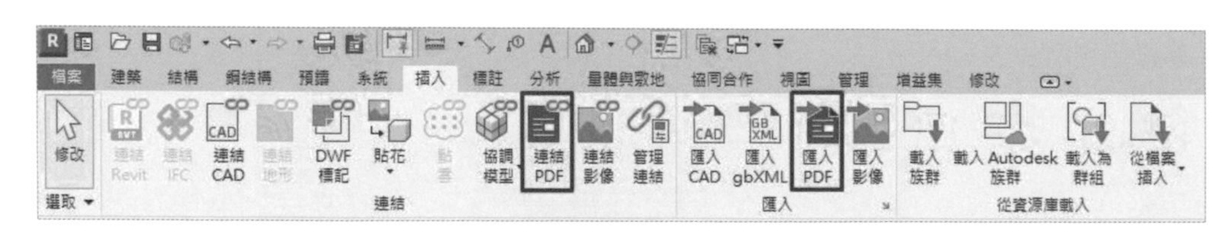

圖 27-24

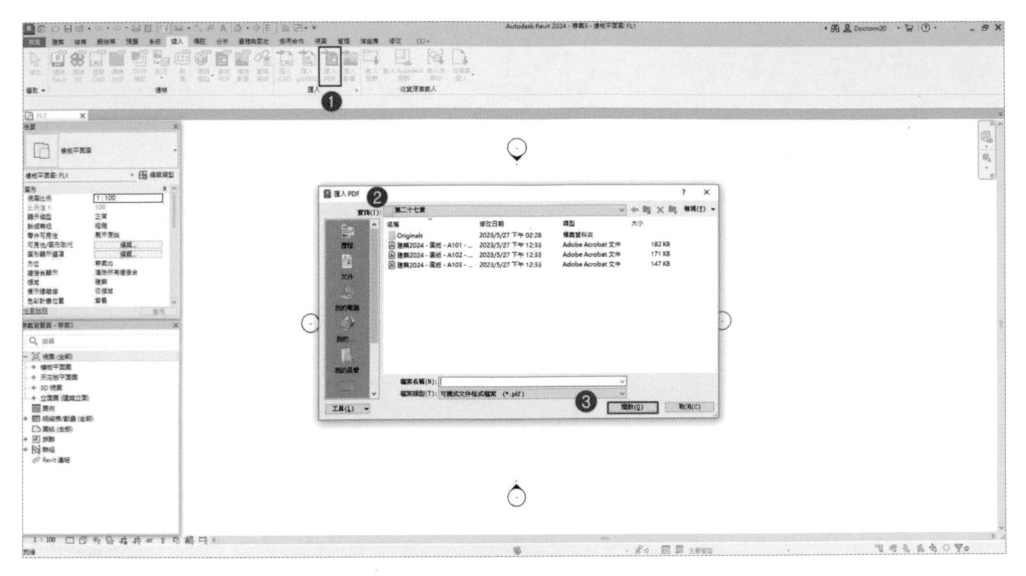

圖 27-25

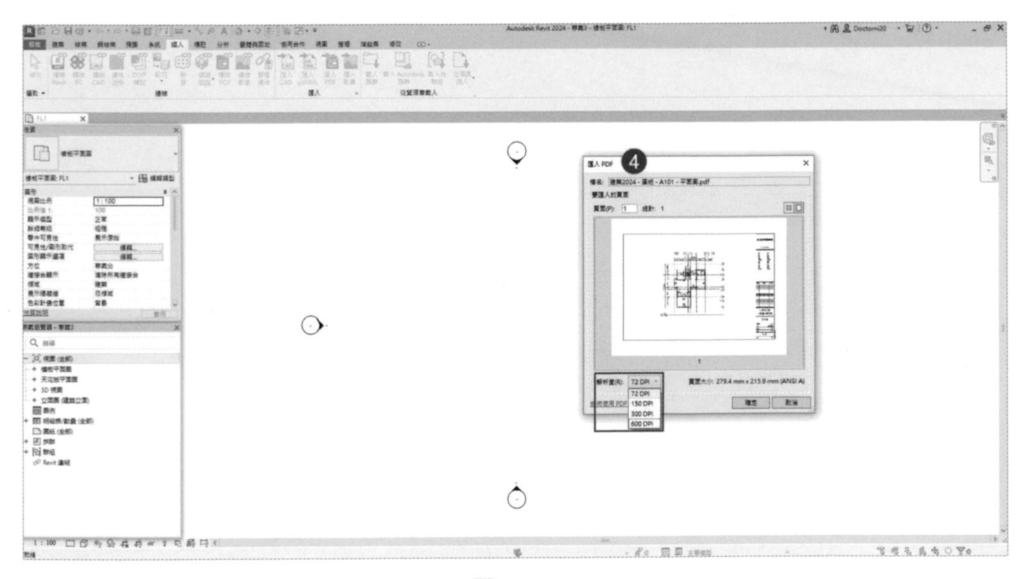

圖 27-26

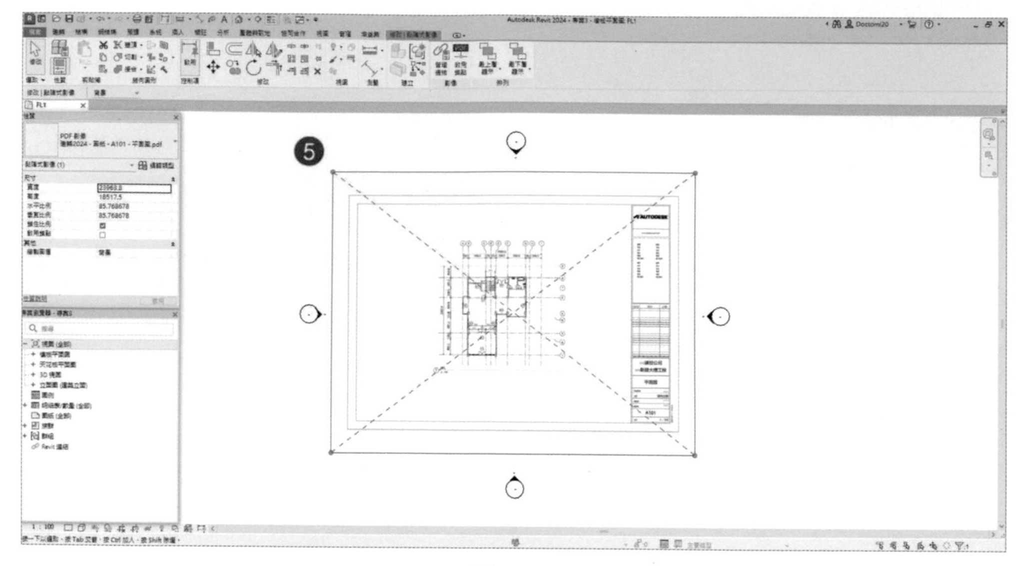

圖 27-27

CHAPTER

28

能源分析

Revit 的能源最佳化是一種快速、可靠且彈性的工具，能夠獲得更好的建築能源效能，以供設計者使用；Revit 的能源最佳化是一項固定期限的使用授權權益，若要使用它，必須使用已啟用 Autodesk 帳戶登入至 Revit。

28.1　能源最佳化

在「分析」頁籤下，在「能源最佳化」，共有「位置」、「區域系統」、「建立能源模型」、「系統分析」、「產生」、「最佳化」六種功能，如圖 28-1。

圖 28-1

28.1.1　位置

❶ 在「分析」頁籤下，點擊「位置」，❷ 開啟「位置和場所」，❸ 可在「專案地址」，輸入專案地址，可以設定位置，❹ 完成後，按「確定」，如圖 28-2。

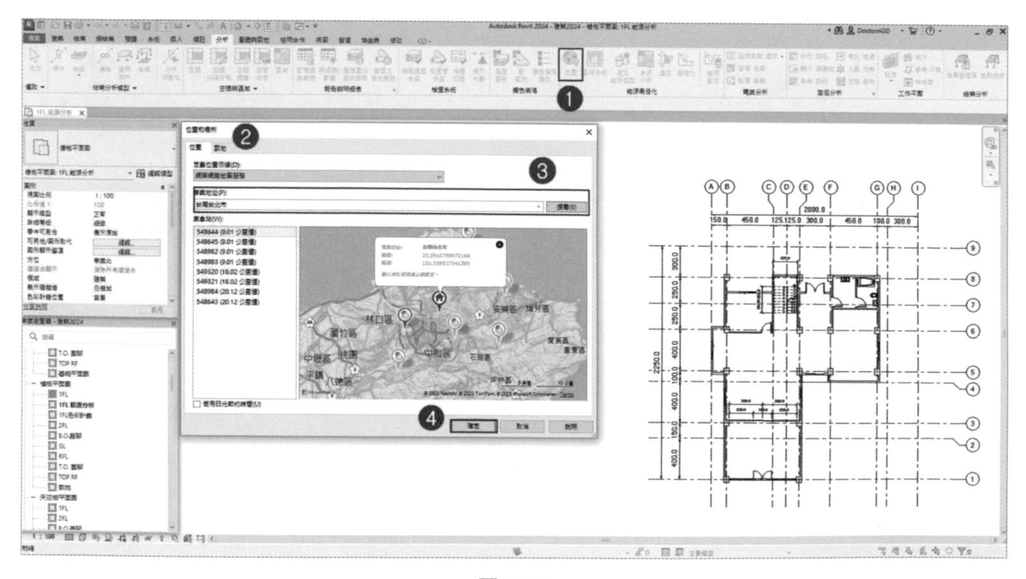

圖 28-2

28.1.2 區域系統

1 ❶ 建立「1FL 能源分析」視圖，❷ 在「性質」對話框，點選「可見性 / 圖形取代」-「編輯」，❸ 開啟「可見性 / 圖形取代」對話框，❹ 在「分析模型品類」頁籤中，勾選「在此視圖中展示分析模型品類」，開啟設定，❺ 完成後，按「確定」，如圖 28-3。

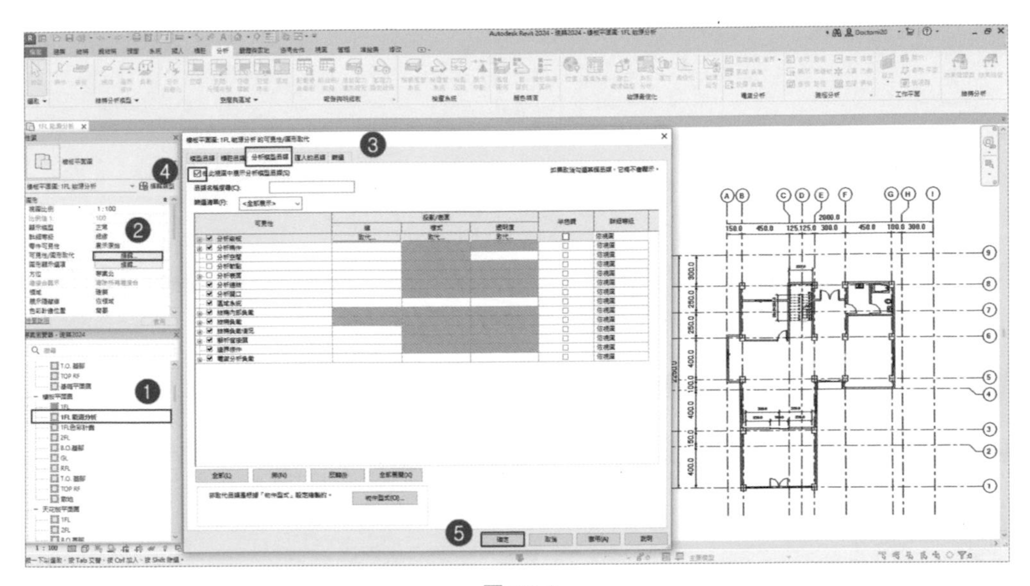

圖 28-3

2 在「分析」頁籤下，點擊「區域系統」，如圖 28-4。❶ 以繪圖工具繪製分析區域，❷ 完成後，按 ✔，如圖 28-5。

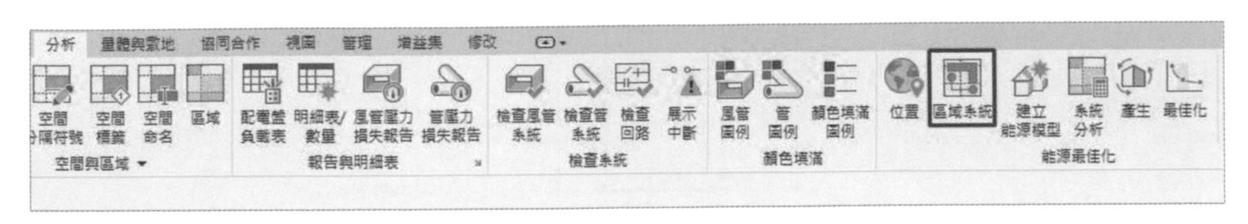

圖 28-4

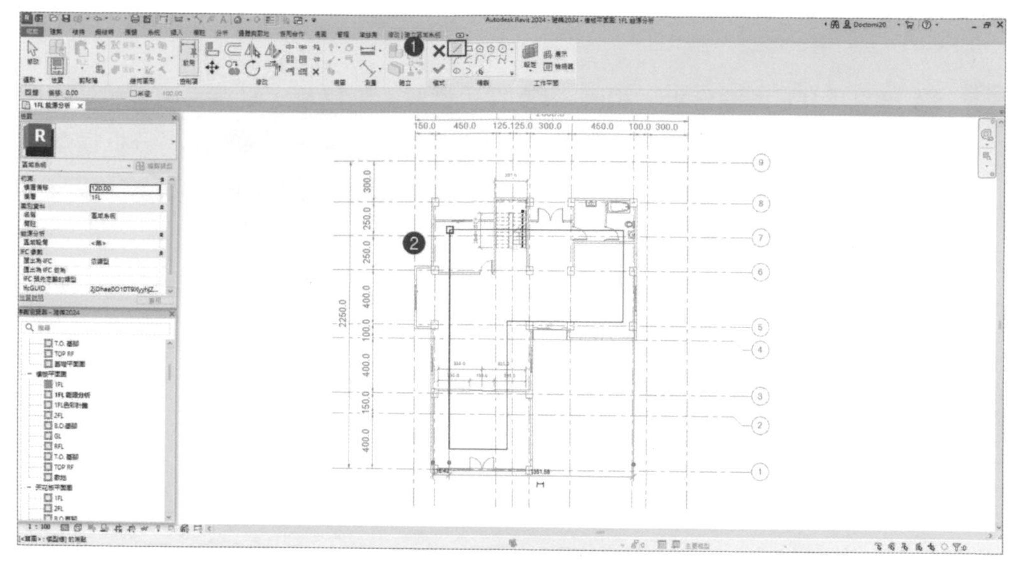

圖 28-5

3 完成後，可以看見分析區域系統範圍線，如圖 28-6。

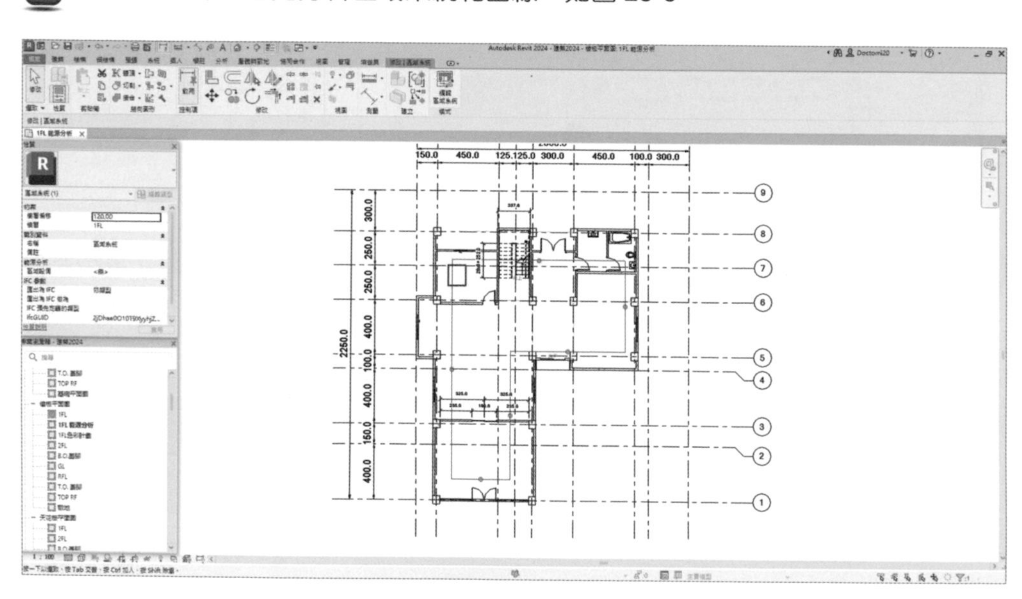

圖 28-6

28.1.3 建立能源分析模型

1 ❶ 切換到「3D」視圖，❷ 在「分析」頁籤下，點擊「建立能源模型」，❸ 開啟「建立能源模型」對話框，點選「建立能源分析模型」，如圖 28-7。

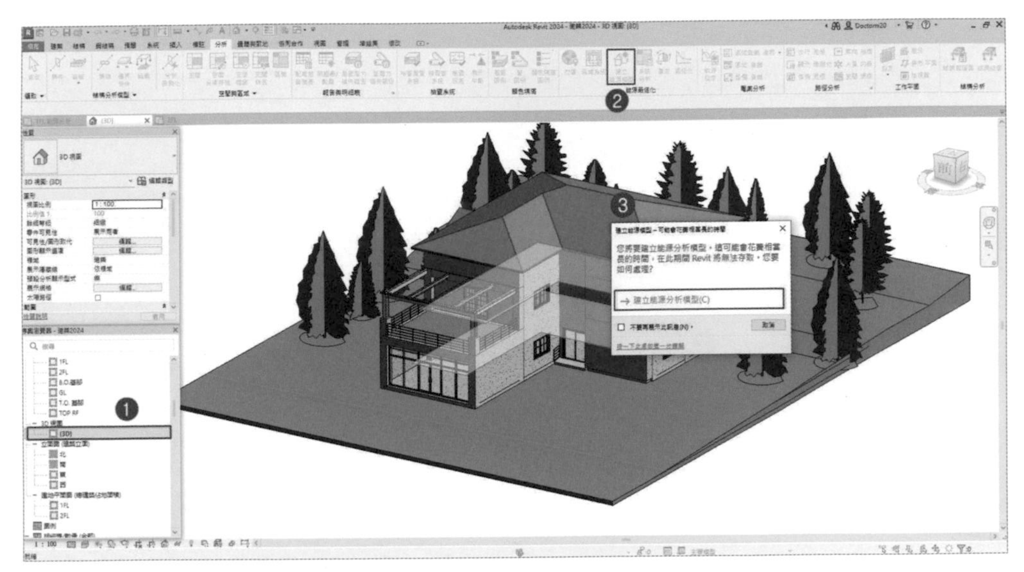

圖 28-7

2 ❶ 完成能源分析之模型，❷ 如果模型不要，可以刪除，如圖 28-8。

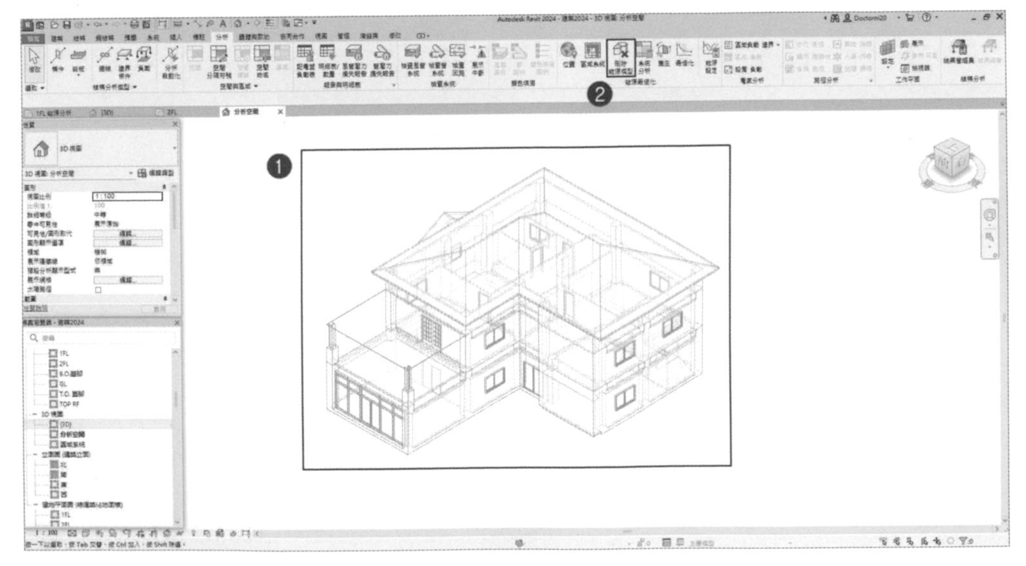

圖 28-8

28.1.4 系統分析

❶ 在「分析」頁籤下，點擊「系統分析」，❷ 開啟「系統分析」對話框，❸ 設定「報告資料夾路徑」，❹ 完成後，按「執行分析」，如圖 28-9。❺ 會產生執行分析畫面，如圖 28-10。

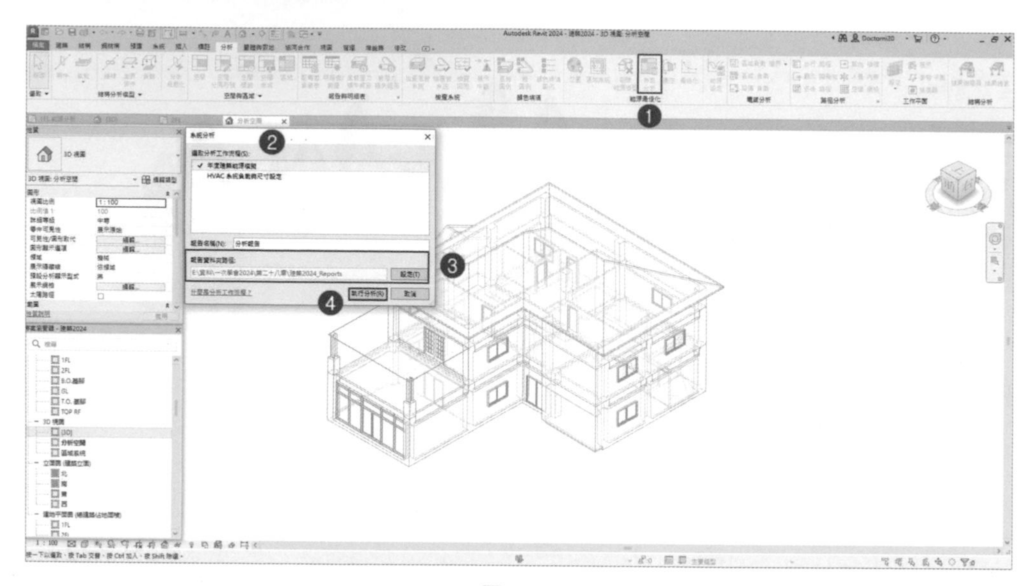

圖 28-9

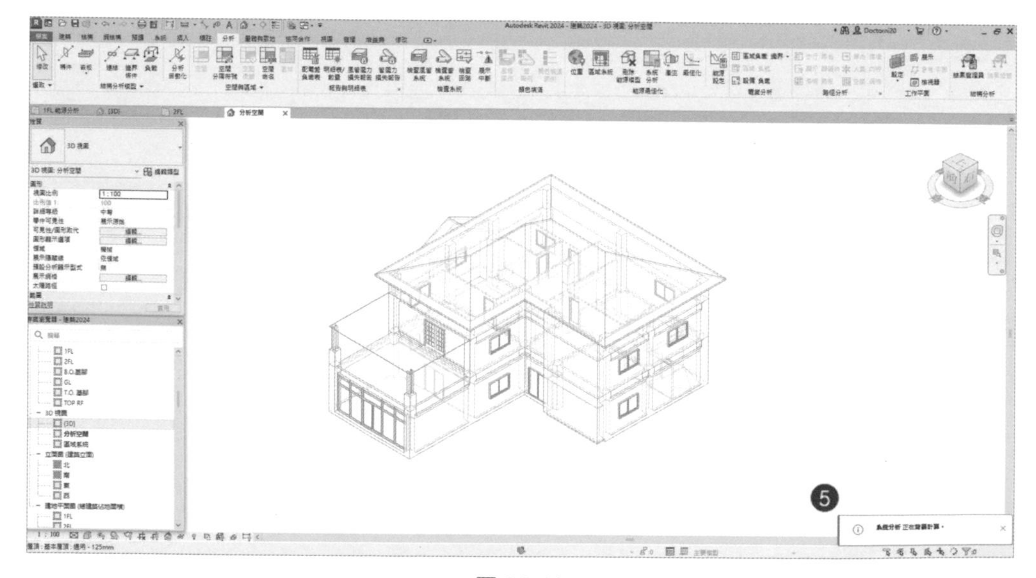

圖 28-10

28.1.5 產生

1. 在「分析」頁籤下，點擊「產生」，建立能源分析模型並執行模擬，如圖 28-11。

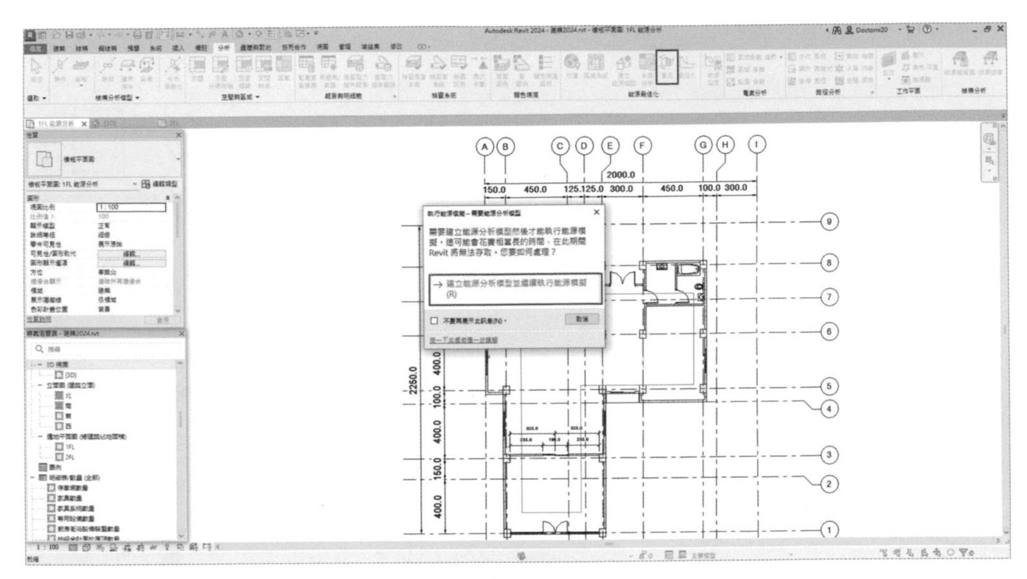

圖 28-11

2. 建立能源分析模型並執行模擬後，會提示能源分析模型已成功建立，如圖 28-12。

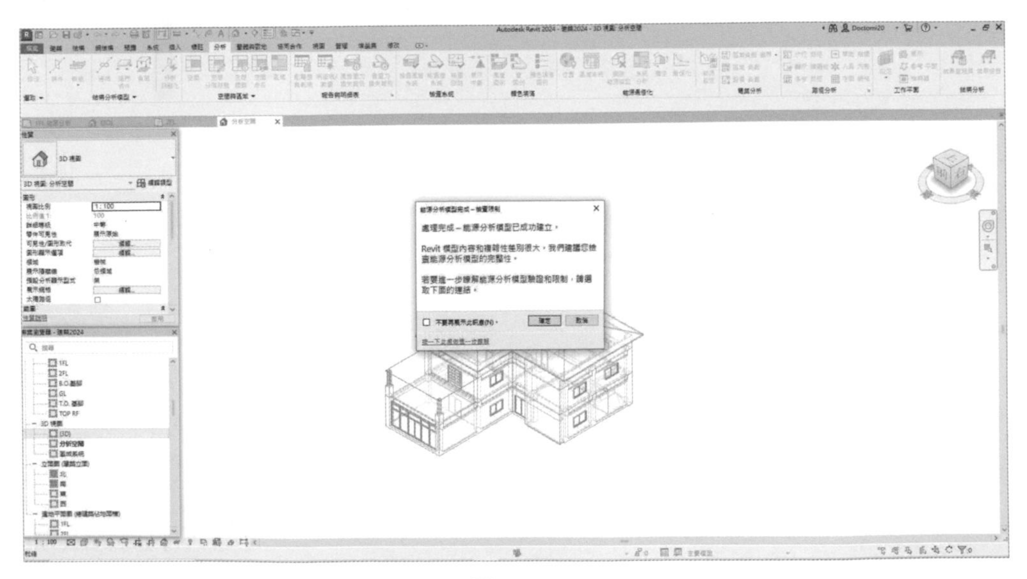

圖 28-12

28.1.6 最佳化

在「分析」頁籤下，點擊「最佳化」，如圖 28-13，會馬上切換到「Autodesk Insight」網頁，去執行「最佳化」分析（要用「Autodesk Insight」必須是購買正式版之 Revit 軟體的用戶），如圖 28-14。

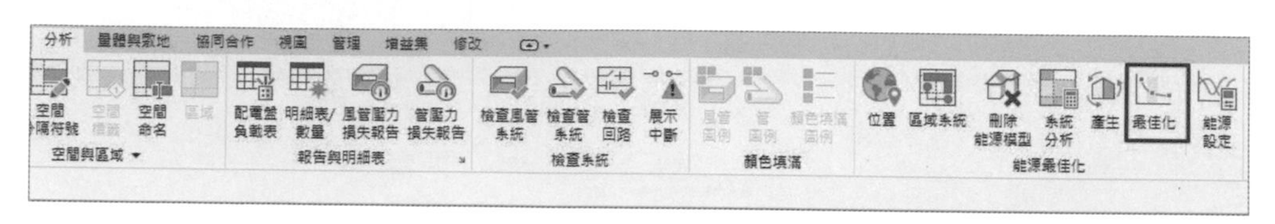

圖 28-13

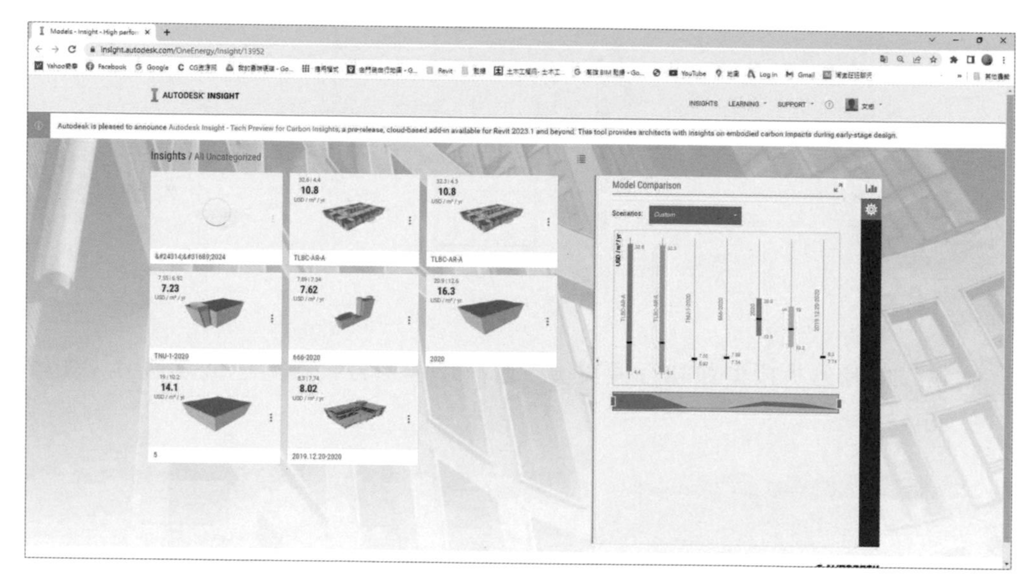

圖 28-14

28.1.7 Autodesk Insight

1 圖 28-15，為完成「最佳化」模型之圖示。

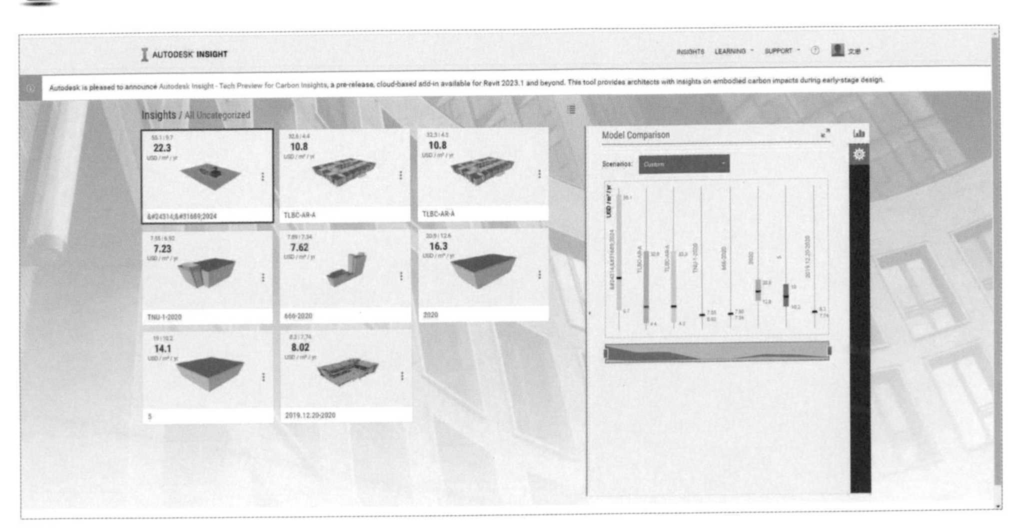

圖 28-15

2 圖 28-16，為完成「最佳化」模型之結果。

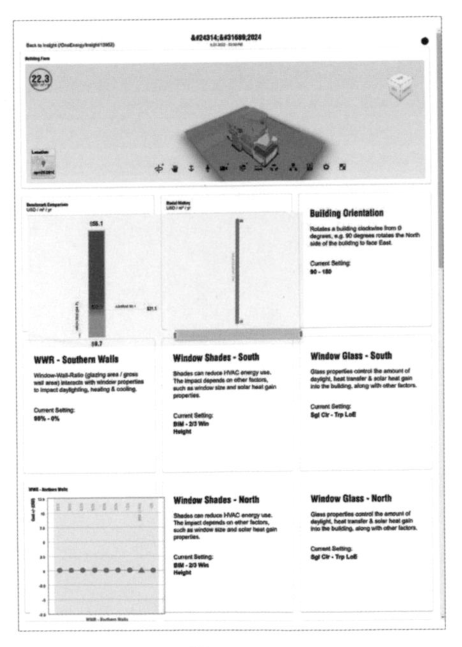

圖 28-16

鋼結構接頭

Revit 要使用鋼結構在 3D 視圖中，能顯示元件形狀，必需使用「結構樣板」（Structural Analysis-DefaultTWNCHT.rte）。

◆ 請讀者打開「範例檔案之第 29 章 \RVT\ 鋼結構 .rvt」

29.1 繪製鋼結構接頭

1. ❶ 將視圖切換到「3D」視圖，❷ 將顯示模式設為「細緻」，❸ 在「鋼結構」頁籤，點選「接頭型式」右下角箭頭，❹ 開啟「結構接頭設定」，❺ 選擇「可用接頭」所需接頭後，按「加入」，會加入「載入接頭」，❻ 完成後，按「確定」，如圖 29-1。

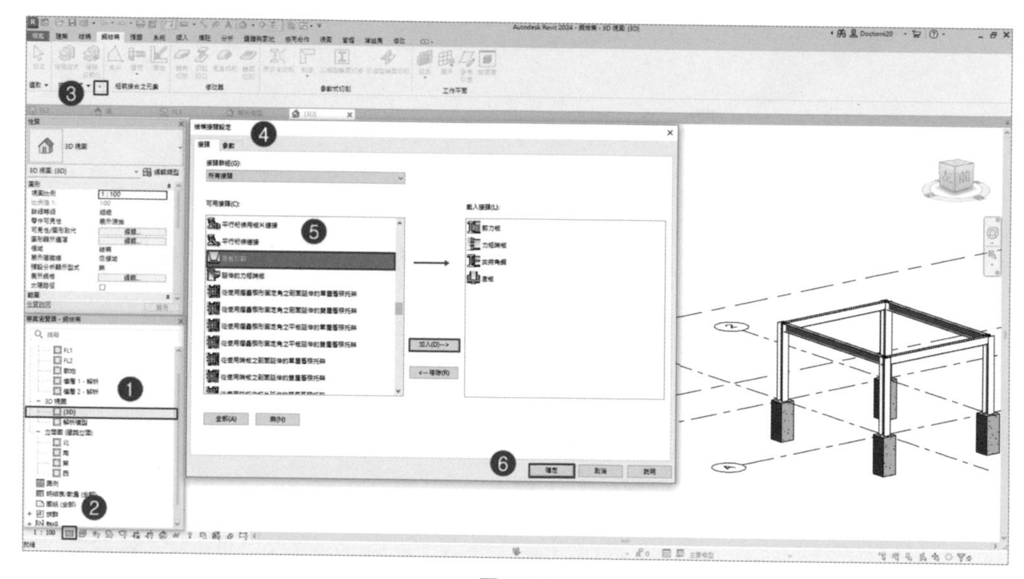

圖 29-1

2 在「鋼結構」頁籤，點選「接頭型式」 接頭型式 ，如圖 29-2。

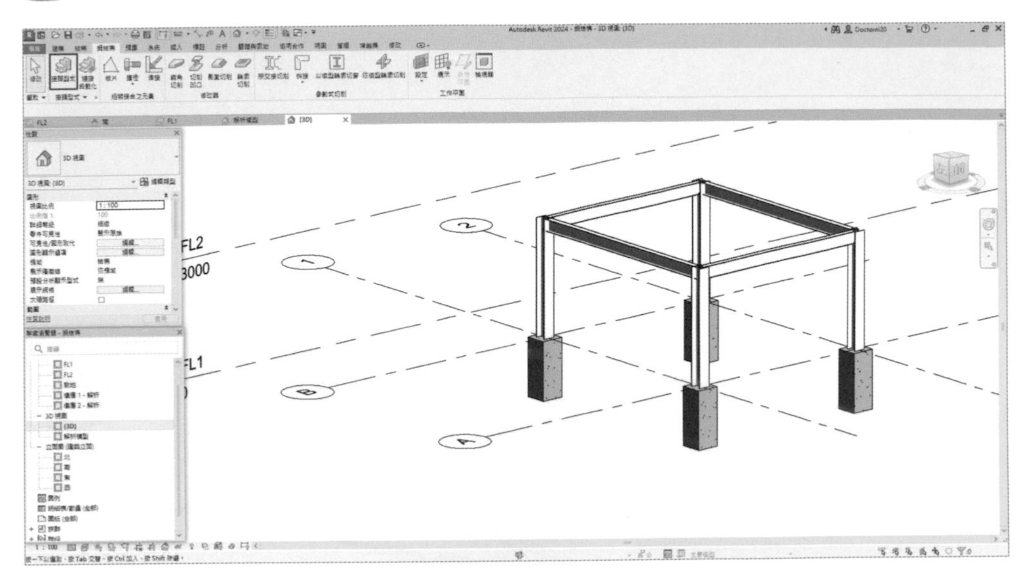

圖 29-2

3 ❶ 在「性質」對話框，選擇「夾持角鋼」元件，❷ 先點選柱，再點選樑，要按鍵盤 Enter 鍵，完成設定，如圖 29-3。

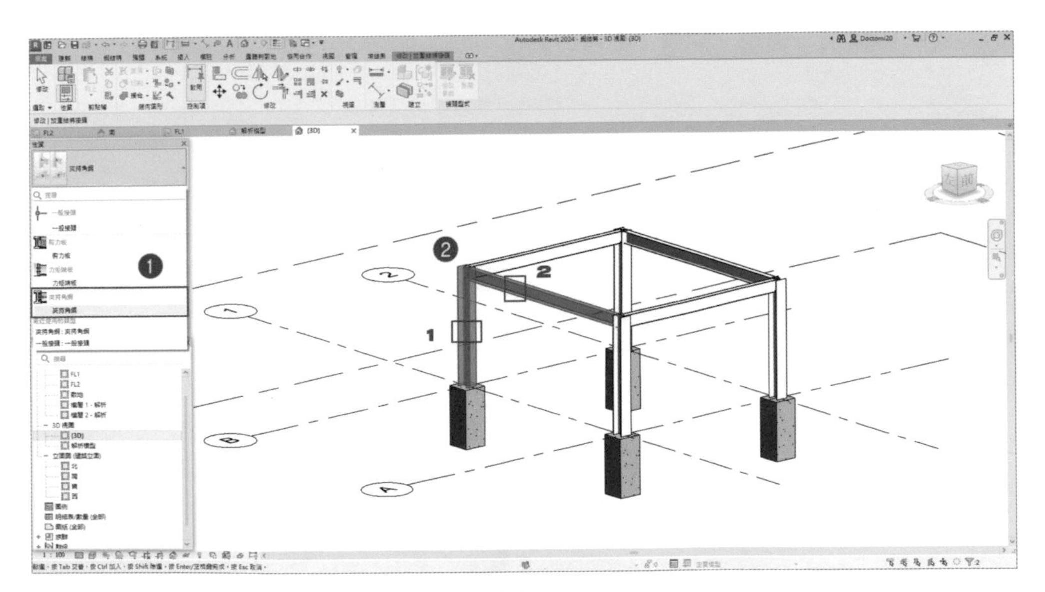

圖 29-3

4 完成步驟 3 後，就會產生接頭，如圖 29-4。

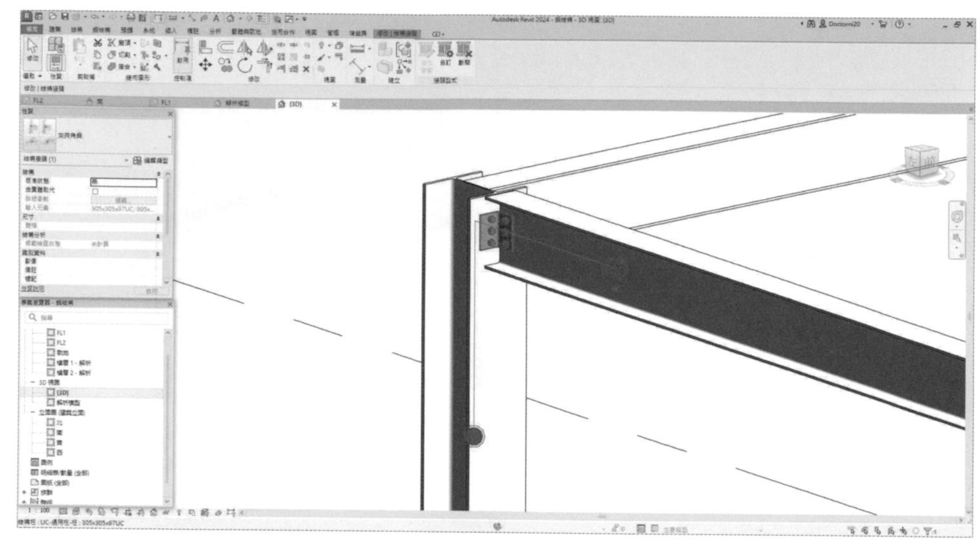

圖 29-4

29.2 自動化接頭

1 在「鋼結構」頁籤，點選「連接自動化」，如圖 29-5。

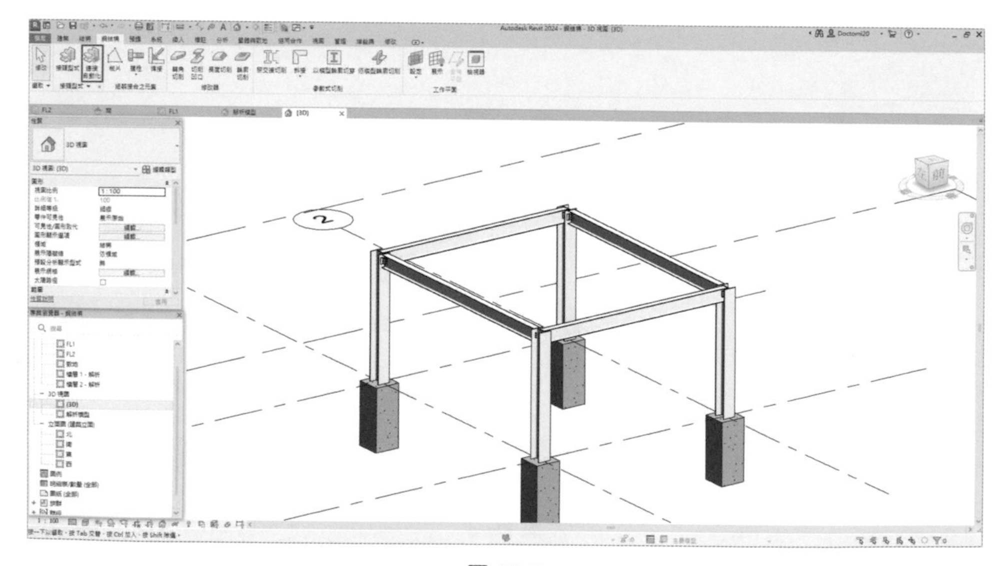

圖 29-5

2 ❶ 開啟「鋼構接頭自動化」對話框，❷ 點選「使用範例接頭類型的底板 - 公制」，❸ 開啟「鋼構接頭自動化」之 Dynamo 程式，點選「選取」功能，❹ 在視圖中，框選鋼柱及鋼柱基礎接頭，❺ 點選「要加入接頭的性質類型」，選擇設計的鋼柱型式，❻ 完成後，點選「執行」，如圖 29-6。

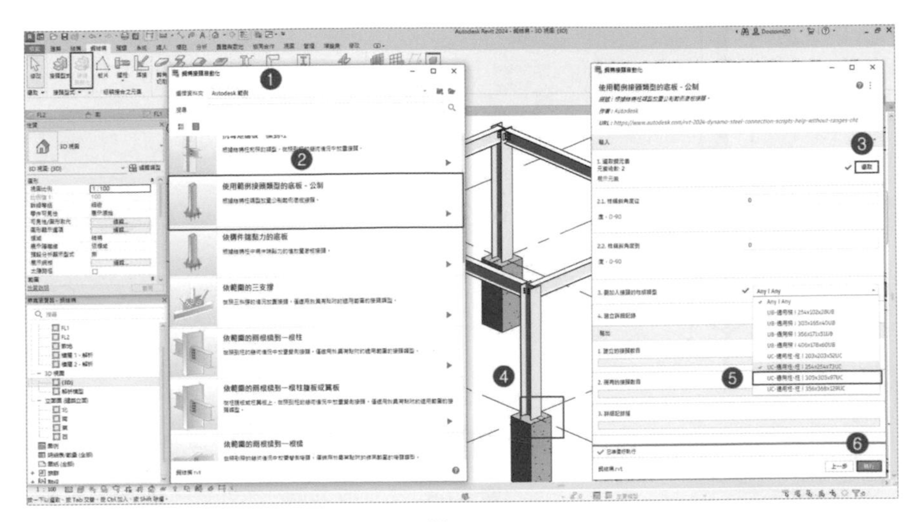

圖 29-6

3 ❶ 完成步驟 2，可看見底板接頭，尺寸不正確，點選底板元件，❷ 在「性質」對話框，點選「編輯類型」，❸ 開啟「編輯類型」對話框，點選「修改參數」-「編輯」，如圖 29-7。

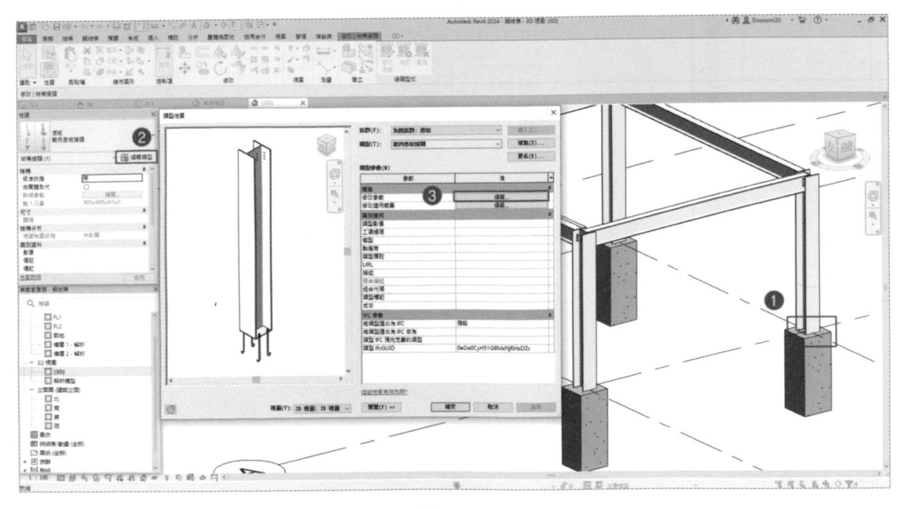

圖 29-7

4 開啟「編輯連接類型」對話框，在「底板配置」-「配置」，設定為「總計」，如圖 29-8。

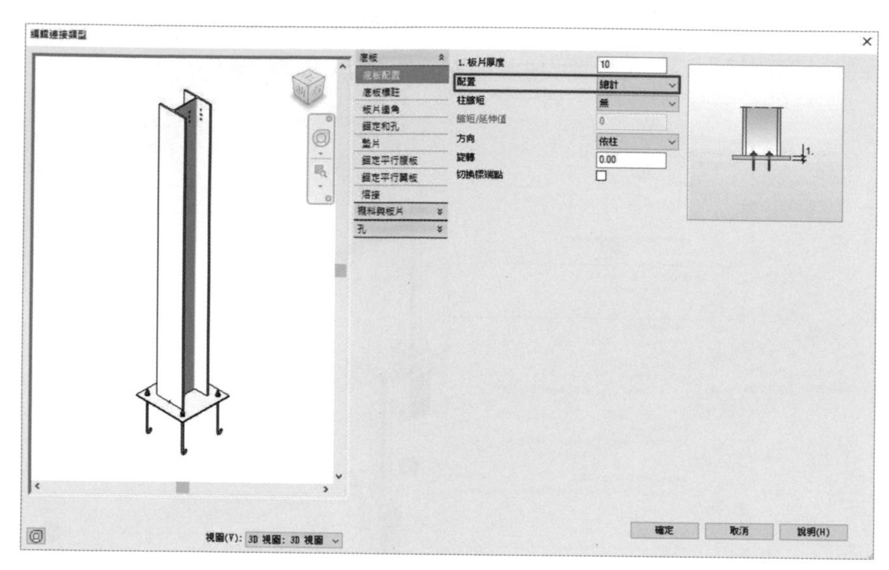

圖 29-8

5 在「底板標註」，「版片長度」，設定為「550」，「版片寬度」，設定為「550」，如圖 29-9。

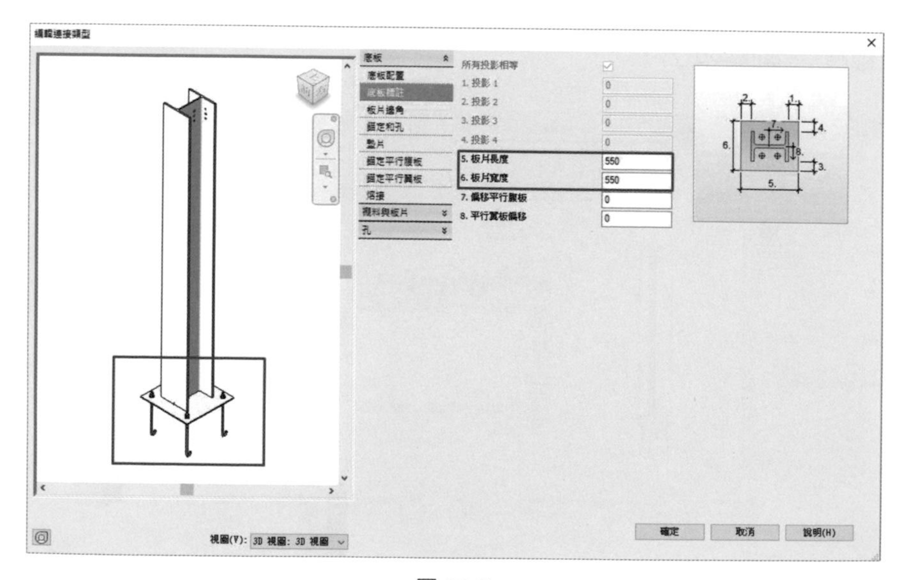

圖 29-9

6 在「錨定平行腹板」,「中間距離」,設定為「420」,如圖 29-10。

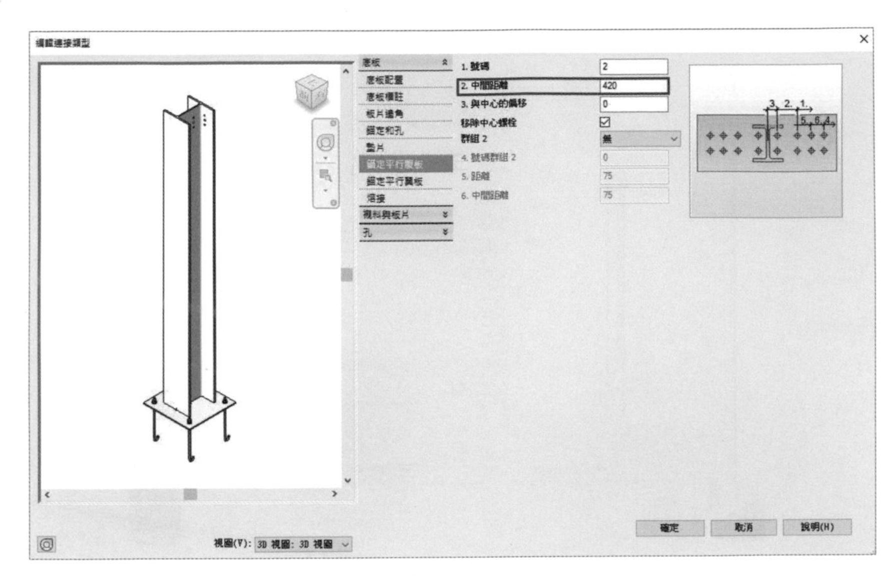

圖 29-10

7 在「錨定平行翼板」,「中間距離」,設定為「420」,如圖 29-11。

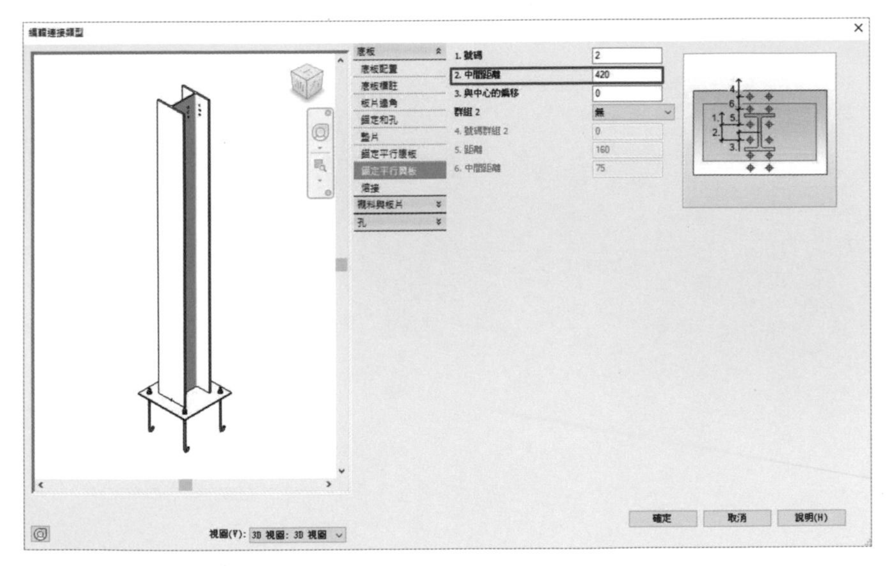

圖 29-11

8 完成步驟 6 後，按「確定」，可看見鋼構底板接頭，已完成修正，如圖 29-12。

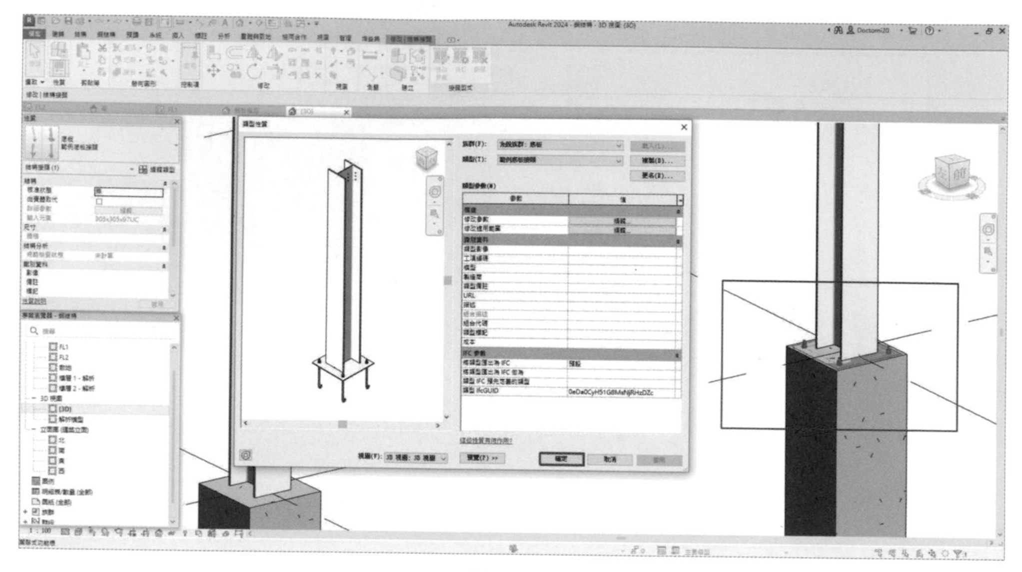

圖 29-12

一次學會 Revit 2024 -- Architecture、MEP、Structure

作　　者：倪文忠
企劃編輯：石辰蓁
文字編輯：詹祐甯
設計裝幀：張寶莉
發 行 人：廖文良

發 行 所：碁峰資訊股份有限公司
地　　址：台北市南港區三重路 66 號 7 樓之 6
電　　話：(02)2788-2408
傳　　真：(02)8192-4433
網　　站：www.gotop.com.tw
書　　號：AEC010700
版　　次：2023 年 09 月初版
建議售價：NT$600

國家圖書館出版品預行編目資料

一次學會 Revit 2024：Architecture、MEP、Structure / 倪文忠著. -- 初版. -- 臺北市：碁峰資訊, 2023.09
面；　公分
ISBN 978-626-324-595-2(平裝)
1.CST：建築工程 2.CST：電腦繪圖 3.CST：電腦輔助設計
441.3029　　112012393

讀者服務

- 感謝您購買碁峰圖書，如果您對本書的內容或表達上有不清楚的地方或其他建議，請至碁峰網站：「聯絡我們」\「圖書問題」留下您所購買之書籍及問題。（請註明購買書籍之書號及書名，以及問題頁數，以便能儘快為您處理）
http://www.gotop.com.tw
- 售後服務僅限書籍本身內容，若是軟、硬體問題，請您直接與軟體廠商聯絡。
- 若於購買書籍後發現有破損、缺頁、裝訂錯誤之問題，請直接將書寄回更換，並註明您的姓名、連絡電話及地址，將有專人與您連絡補寄商品。